再生水
滴灌原理与应用

Principles and Applications for
Drip Irrigation with Reclaimed Sewage Effluents

李久生 著

科学出版社
北京

内 容 简 介

本书依据作者承担的国家自然科学基金重点项目研究成果撰写而成。全书共16章，除绪论外，其余内容分为三篇。第一篇（第2～5章）聚焦再生水滴灌系统安全，探讨不同再生水水质条件下灌水器堵塞物质——生物膜组分及矿物组分，分析水质对灌水器堵塞形成过程及堵塞机制的影响，提出综合考虑减缓堵塞、减轻对土壤环境及作物生长不利影响的加氯/酸处理运行方式。第二篇（第6～12章）聚焦再生水滴灌的环境效应，选择指示性病原体——大肠杆菌（*E. coli*）为研究对象，紧扣滴灌的非饱和入渗特征，阐释 *E. coli* 在不同土壤以及土壤-作物系统中的运移、分布、淋失和衰减规律，分析再生水地表和地下滴灌农田酶活性的时空变化规律及其调控效果，提出降低污染风险的再生水滴灌优化管理措施。第三篇（第13～16章）聚焦再生水滴灌养分的高效利用，采用^{15}N示踪法，阐明定量评价再生水中氮素有效性的肥料当量法，通过盆栽和田间试验相互印证，提出再生水中氮素与尿素氮相比的有效性指标，建立考虑再生水中氮素有效性的作物模型，提出大田作物再生水滴灌优化水肥管理制度。

本书可供从事农田灌溉、水肥管理等专业研究与推广的技术人员和高等院校相关专业的师生阅读参考。

图书在版编目(CIP)数据

再生水滴灌原理与应用 / 李久生著. —北京：科学出版社，2020. 6

ISBN 978-7-03-065227-0

Ⅰ. ①再… Ⅱ. ①李… Ⅲ. ①再生水-滴灌 Ⅳ. S275. 6

中国版本图书馆 CIP 数据核字（2020）第 088819 号

责任编辑：李　敏　杨逢渤 / 责任校对：樊雅琼

责任印制：肖　兴 / 封面设计：无极书装

科学出版社 出版

北京东黄城根北街16号

邮政编码：100717

http://www.sciencep.com

天津市新科印刷有限公司 印刷

科学出版社发行　各地新华书店经销

*

2020年6月第　一　版　开本：787×1092　1/16

2020年6月第一次印刷　印张：28 3/4

字数：700 000

定价：298.00 元

（如有印装质量问题，我社负责调换）

本书各章作者名单

第 1 章 王　珍　栗岩峰　李久生

第 2 章 郝锋珍　李久生　王　珍

第 3 章 李久生　郝锋珍　王　珍

第 4 章 郝锋珍　王　珍　李久生

第 5 章 郝锋珍　王　珍　李久生

第 6 章 李久生　仇振杰　赵伟霞

第 7 章 仇振杰　李久生　赵伟霞

第 8 章 温　洁　李久生　王　珍　栗岩峰

第 9 章 温　洁　王　珍　王　军　李久生

第 10 章 李久生　温　洁　王　珍

第 11 章 仇振杰　李久生　赵伟霞　王　珍

第 12 章 仇振杰　李久生　王　珍　王　军　赵伟霞

第 13 章 郭利君　李久生　栗岩峰

第 14 章 李久生　郭利君　栗岩峰

第 15 章 郭利君　李久生　栗岩峰

第 16 章 郭利君　李久生　栗岩峰　王　军

索　引 王　军

前　　言

水资源短缺是制约我国社会经济可持续发展的主要瓶颈之一。近年来我国的水资源量持续减少，对农业节水和高效用水的要求更加迫切。将污水处理回用，作为替代性水源，可以有效缓解农业用水紧缺的局面。我国的再生水水源稳定、供给可靠，截至2011年，全国水务系统污水处理厂已达1765座，年污水处理总量206.6亿m^3，约占农业用水总量的5.5%。如何有效利用再生水资源已成为当前面临的重要课题。再生水灌溉作为再生水利用的主要途径，已经在世界许多国家得到广泛应用。据估计，全世界污水灌溉面积已超过2000万hm^2。

再生水灌溉的安全和高效是两个广为关注的话题。再生水灌溉的安全性既包含再生水灌溉系统（管网及灌水器）本身的安全性，又包括再生水中的有害物质通过灌溉对农田生态环境以及作物和人类健康带来的污染风险。

2012年，我们向国家自然科学基金委员会提交了“再生水滴灌关键理论与调控机制及方法”的重点项目建议书，2013年国家自然科学基金委员会工程与材料科学部将“再生水的高效安全灌溉”（E0902）列入该年度择优资助重点项目研究方向。随后，我们以“再生水灌溉对系统性能与环境介质的影响及其调控机制”为题提交了重点项目申请书。2013年8月15日材料工程学部下达了批准通知，项目批准号：501339007，项目负责人为李久生，依托单位为中国水利水电科学研究院，合作单位为中国农业大学和北京市水科学技术研究院，执行期限为2014年1月~2018年12月。项目于2019年2月21日通过国家自然科学基金委员会的验收。

项目以再生水高效安全灌溉为目标，重点围绕灌水效率最高的灌水技术——滴灌，开展了系统的室内外试验和理论研究。在提高再生水灌溉安全性方面，重点关注灌溉系统安全、环境安全和农产品安全，探讨再生水中典型污染物（如病原体、大肠菌群）从滴灌灌水器内部流道到农田环境介质中的迁移富集规律和行为特征，揭示再生水灌溉对灌溉系统性能和环境介质的影响机理与数学描述方法，提出再生水灌溉环境污染风险评估方法和安全的系统防堵塞化学处理模式；在提高再生水灌溉水肥利用率方面，以水、盐分和微生物（酶）对养分迁移转化及吸收利用规律的影响和参与机制为重点，从土壤根际到田间尺度研究再生水灌溉的水肥盐耦合循环机理，提出利用灌溉技术参数对养分、盐分和典型污染物行为特征进行调控的方法及优化技术参数组合。集成中国水利水电科学研究院取得的相关研究结果撰写了本专著。

全书按绪论和三篇共16章设计。第一篇（第2~5章）聚焦再生水滴灌系统安全，紧扣影响灌水器堵塞的两种关键离子——Fe^{2+}和Ca^{2+}，探讨了不同再生水水质条件下灌水器堵塞物质生物膜组分（干重、胞外多聚物和有机质含量）及矿物组分，分析了水质对灌水器堵塞形成过程及堵塞机制的影响。为了提高滴灌系统加氯处理的效果，构建了再生水滴灌管网氯衰减模型，阐释了余氯在滴灌管网内衰减分布规律，提出了综合考虑减缓堵塞、减轻对土壤环境及作物生长不利影响的加氯处理运行方式。

第二篇（第6～12章）聚焦再生水滴灌的环境效应，从公众普遍关注的病原体污染风险入手，选择指示性病原体——大肠杆菌（*E. coli*）为研究对象，紧扣滴灌的非饱和入渗特征，阐释了*E. coli*在不同土壤及土壤-作物系统中的运移、分布、淋失和衰减规律，建立了*E. coli*滴灌条件下运移的动力学模型，提出了减低*E. coli*污染风险的再生水滴灌系统设计与运行管理方法。选择可以较早反映农田生态系统中土壤退化的化学物质——酶为对象，分析了再生水地表和地下滴灌农田酶活性的时空变化规律及其调控效果，探讨了酶活性与土壤养分的相互关系，提出了降低水、氮和病原体淋失风险的再生水滴灌优化管理措施。

第三篇（第13～16章）聚焦再生水滴灌养分的高效利用。采用^{15}N示踪法，阐明了定量评价再生水中氮素有效性的肥料当量法，通过盆栽和田间试验相互印证，提出了再生水中氮素与尿素氮相比的有效性指标，建立了考虑再生水中氮素有效性的作物模型，提出了大田作物再生水滴灌优化水肥管理制度。

本专著按章节分工执笔撰写，全书由李久生审定、统稿。国家自然科学基金重点项目的支持为研究工作的开展提供了经费保障，中国水利水电科学研究院技术员王随振参与了项目所有试验工作；中国水利水电科学研究院许迪教授、龚时宏研究员等同事对重点项目的立项和申请提供了精心指导和大力帮助，研究过程中还得到中国农业大学水利与土木工程学院杨培岭教授、李云开教授，北京水科学技术研究院刘洪禄教授，中国水利水电科学研究院吴文勇教授等诸多同仁的指导和帮助，专著出版得到流域水循环模拟与调控国家重点实验室的经费资助，在此一并表示衷心感谢。

在本书写作过程中，我们力求数据准确可靠、分析全面透彻、论证科学合理、观点客观明确，撰写中既考虑了全书的逻辑性和系统性，又照顾了各章的相对独立性和完整性，以方便读者阅读。尽管尽了最大努力，避免出现错误，但由于作者水平所限，书中仍可能存在疏漏和不当之处，敬请读者不吝赐教，批评指正。

作　者

2020年2月

目　　录

第二篇 环境效应

第三篇　养分高效利用

第 1 章　绪　论

再生水，是指污水或雨水经适当处理后，达到一定的水质标准，满足某种使用要求，可进行有益使用的水。按照处理工艺不同，再生水可以分为一级、二级和三级再生水，分别对应于城市污水处理的一级、二级和三级处理。一级处理，主要去除污水中呈悬浮状态的固体污染物质，属于二级处理的预处理，尚未达到排放或回用标准；二级处理，主要去除污水中呈胶体和溶解状态的有机污染物质，去除率可达 90% 以上，处理后可达到排放标准；三级处理，进一步处理难降解的有机物、氮和磷等能够导致水体富营养化的可溶性无机物等。本书中所述再生水均指达到排放标准的二级再生水。

1.1　我国再生水灌溉利用历史及现状

世界许多城市将城市污水处理回用、作为替代性水源进行灌溉，为改善城市及其周边生态环境、缓解农业用水短缺发挥了重要作用。在过去几十年中，持续加重的水资源短缺和水质恶化对现有水资源平衡提出了新的挑战，也进一步加大了世界范围内对再生水利用的重视程度。2012 年 FAO 出版的 38 号水报告 *Coping with water scarcity: An action framework for agriculture and food security* 指出，在水资源日益紧缺的形势下，再生水在农业灌溉中发挥着重要作用，据估计，全世界污水灌溉面积约达到 2000 万 hm^2，并将再生水灌溉列为解决水危机的重要举措（FAO，2012）。为最大限度地利用再生水，许多发达国家制定了适合于自己国情的再生水利用规划。以色列通过系统研究，研发了大量再生水高效安全利用技术，用于灌溉的再生水量占灌溉用水量的比例由 1985 年的 6% 上升到 1988 年的接近 20%，2003 年又上升到接近 30%（Fuchs，2007）。在我国，利用城市生活污水或将其简单处理后进行利用也有几十年历史。但是，与发达国家相比，我国再生水灌溉发展水平仍相对落后（康绍忠，2005；辛松梅等，2006）。我国城市污水回用历史可以追溯至 1957 年。当年，我国建设部、农业部和卫生部联合将城市污水灌溉纳入国家科研攻关计划，并开始着手建立污水灌区。自此开始，我国污水灌溉发展历史大致可以分为三个阶段：①探索发展阶段（1957～1972 年）；②快速推广阶段（1972～1995 年）；③稳定平衡阶段（1995 年至今）。在第一阶段，污水灌溉在政府的主导下开始探索性发展，污水灌溉面积自 1957 年的 1.15 万 hm^2 增加到 1972 年的 9.33 万 hm^2（图 1-1）。由于该阶段污水灌溉农田呈现地块小、分布散的特点，同时受限于当时我国经济社会发展水平，污水灌溉对生态环境的影响并未受到关注。我国污水灌溉发展的第二阶段始于 1972 年，政府出台了针对污水灌溉的积极政策，在此推动下，20 世纪 70 年代我国污水灌溉面积稳步增加。自 1978 年开始，在我国改革开放政策的作用下，污水灌溉面积随城镇化加速开始快速增加，污水灌溉面积自 1979 年的 33. 33 万 hm^2增加到 1995 年的 363. 93 万 hm^2。在第二阶段后半段，污水灌溉导致的环境污染事件时有发生，污水灌溉对生态环境的潜在负面影响逐渐得到公众关注。自此，污水灌溉发展进入第三个阶段——稳定平衡阶段，污水再生利用与生态环境的保护开始平衡发展，污水（再生水）灌溉面积随时间呈现轻微波动状态。2014 年环境保护部发布的《全国土壤污染状况调查公报》显示，全国 50 个规模化污水灌区中有 33 个呈现出不同程度的土壤污染现象。21 世纪以来，公众对生态环境和农产品质量安全的追求促使人们对污水灌溉的态度由曾经的积极转向迟疑，这是经济社会发展的必然。

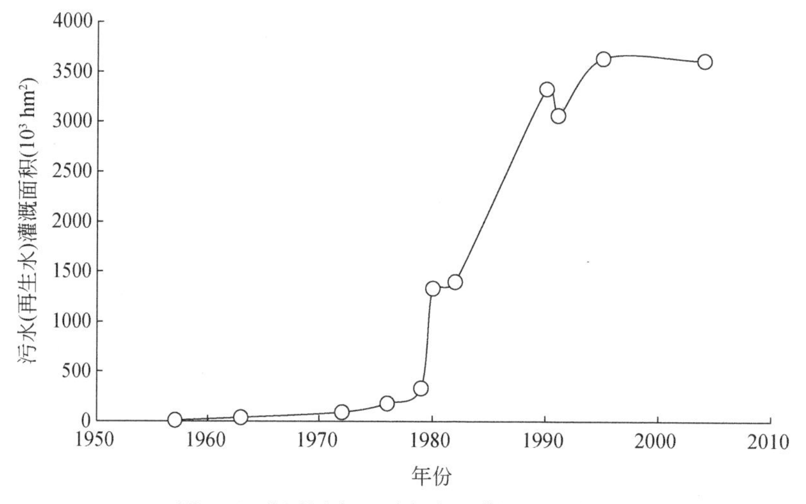

图 1-1 我国污水（再生水）灌溉面积变化

随着城市原污水或初级处理污水排放对城市周边自然及农业生态环境负面影响的加剧，我国污水处理体系近 20 年来发展迅速。全国多数大中型城市逐步开始建设和完善城市污水处理回用系统，并开始利用污水处理后产生的再生水以满足日益增长的城市用水需求。与此同时，各级政府均投入了大量资源用于再生水回用方面的研究工作，以提高再生水回用的安全性和高效性。城市污水再生回用被认定为我国水资源管理中的一项重要战略付诸实施。以引领我国再生水回用领域发展的北京市为例，城市污水处理能力及处理率在 1978 年和 1999 年呈现缓慢发展趋势；但城市污水处理能力从 1999 年的 $5.9\times10^5 m^3/d$ 快速增加到 2013 年的 $4.25\times10^6 m^3/d$①。北京市城市污水处理率（污水实际处理量/污水总量）也由 1999 年的 25% 增加到 2014 年的 86%，增加 2.4 倍（图 1-2）。与此同时，城市污水再生回用量自 2003 年开始稳步快速增长，再生水回用率从 2003 年 38% 增加到 2014 年的 62%。在 2014 年，北京市再生水利用量达到 $8.6\times10^8 m^3$，而其中约 40% 用于北京东南部约 4 万 hm^2的再生水灌区农业灌溉上。

在全国范围内，城市污水处理率近年来也得以快速发展，住房和城乡建设部统计数

① 北京市统计局. 2014. 北京统计年鉴 2013. 北京：中国统计出版社.

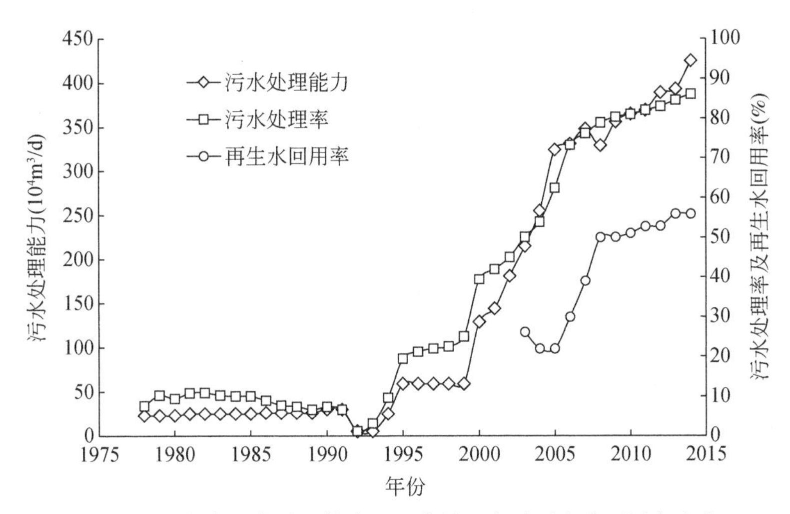

图1-2　北京市污水处理能力、污水处理率及再生水回用率变化

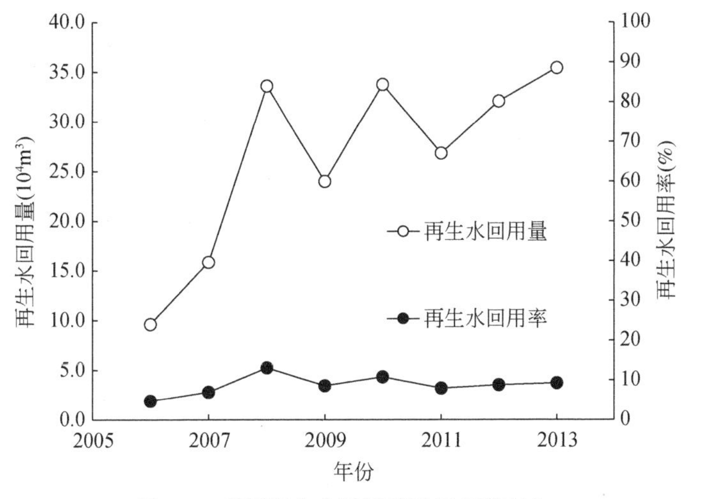

图1-3　我国再生水回用量及回用率变化

据显示，全国城市污水处理率自1991年（15%）至2017年（95%）增加了533%①。尽管如此，我国再生水回用率仍然处于较低水平，2006～2013年在5%～13%变动（图1-3），这表明未来我国再生水回用潜力亟待挖掘。调查显示，我国再生水回用量主要用于农业灌溉、生态环境、城市杂用、工业和地下水回灌，分别占再生水回用量的29%、34%、12%、23%和2%（Yi et al.，2011）。与以色列及欧洲南部国家相比，我国再生水用于农业灌溉的比例明显较小。例如，在以色列绝大多数再生水被用于农业灌溉，而在希腊、西班牙和葡萄牙等欧洲南部国家再生水用于农业灌溉的比例也在40%以上（Hamilton et al.，2007）。在我国农业灌溉用水资源极度短缺的现状条件下，使用再生水进行灌溉十分必要。

① 中华人民共和国住房和城乡建设部. 2018. 中国城市建设统计年鉴2017. 北京：中国统计出版社.

1.2 不同再生水灌溉水质标准比较

污水中往往含有可能对人体健康和环境安全构成威胁的化学物质和微生物。许多国家都制定了涉及再生水灌溉的标准、政策和法律，用于指导用户安全高效地使用再生水进行灌溉，以尽量减少再生水灌溉对公众健康和环境的潜在风险。污水处理的目标一般是使处理过的水满足排放或一定用途的水质要求，控制指标包括物理指标［总悬浮固体（TSS）］、化学指标［生化需氧量（BOD）、化学需氧量（COD）］和微生物指标［总大肠菌群（TC）和粪大肠菌群（FC）、粪大肠杆菌（*E. coli*）和蛔虫卵数］、营养指标［总氮（TN）和总磷（TP）］及余氯等。与此同时，全盐含量、钠吸附比、硼、重金属含量和有机污染物等可影响植物生长或土壤特性的其他灌溉水质参数也常在再生水灌溉水质标准中予以考虑（Pedrero et al.，2010）。

首部相对完善的再生水灌溉水质标准由 Westcot 和 Ayers（1985）提出，该标准对部分关乎农田环境及作物生长的再生水水质指标范围进行了界定，为后续不同组织或国家出台相应的再生水灌溉标准提供了很好的参考。在此之后，世界卫生组织（WHO）综合考虑再生水处理过程、灌溉系统、灌溉作物类型等因素出台了相对具体的再生水灌溉标准（WHO，1989），并首次将微生物指标纳入再生水灌溉标准。在灌溉作物方面，WHO 标准考虑了树木、工业作物、饲料作物、食用作物的用水特点；在用水场所方面，WHO 标准建议将其分为运动场、公共场所和普通农田等类别，明确规定了不同灌溉情况下的再生水微生物指标限制范围（如粪大肠菌群最高浓度）及最低处理要求（一级处理、二级处理或三级处理）（未列举在表 1-1 中）。随着污水处理技术的发展，各国根据本国的经济技术发展水平制定了不同的再生水灌溉水质标准。美国环境保护署（US EPA）在 2004 年制定了更加严格的再生水灌溉水质指南（US EPA，2004）。在 EPA 指南中指出，当再生水用于对可能被生吃的作物灌溉时，再生水中不允许检出粪大肠菌群（WHO 标准中规定粪大肠菌群≤1000 CFU/100mL）；而当再生水用于工业加工类作物（如棉花）灌溉时，粪大肠菌群可检出浓度上限为 200 CFU/100mL。但是，对于多数发展中国家，再生水灌溉往往采用基于世界卫生组织建议的较低技术标准来控制其潜在的健康风险。我国于 1985 年首次发布了《农田灌溉水质标准》（GB 5084），该标准在我国第一次对可能影响作物生长和土壤特性的部分灌溉水质参数阈值进行了限定，并在 1992 年（GB 5084—92）和 2005 年（GB 5084—2005）分别进行了修订。随着再生水灌溉的推广，直到 2007 年，我国才形成了第一部涉及再生水灌溉的国家标准——《城市污水再生利用 农田灌溉用水水质》（GB 20922—2007）（以下简称“再生水农田灌溉水质标准”）（表 1-1）。随后，我国又颁布了《城市污水再生利用 绿地灌溉水质》（GB/T 25499—2010），用于规范再生水在绿地上的应用。与农业灌溉标准相比，景观灌溉过程中再生水的暴露风险较高，因此 GB/T 25499—2010 对再生水中生化需氧量（BOD）和粪大肠菌群数（FC）提出了更严格的限制。

表 1-1　再生水灌溉水质标准对比

参数	单位	Westcot 和 Ayers（1985）	WHO（1989）	US EPA（2004）	GB 20922—2007（2007）	GB/T 25499—2010（2010）
常规指标						
电导率（EC）	dS/m	0.7～3			—	
钠吸附比（SAR）	—	3～9			—	≤9
溶解性固体（TDS）	mg/L	450～2000		500～2000	≤1000；≤2000[d]	≤1000
悬浮物（SS）	mg/L	50～100		≤30	≤60；≤80；≤90；≤100[e]	
pH	—	6.5～8		6～9	5.5～8.5	6.0～9.0
BOD	mg/L			≤10；≤30[a]	≤40；≤60；≤80；≤100[e]	≤20
COD	mg/L				≤100；≤150；≤180；≤200[e]	
养分指标						
全氮（TN）	mg/L	5～30		≤10	—	—
全磷（TP）	mg/L			≤5	—	—
微生物指标						
蛔虫卵数	个/L		≤1		≤2	≤1；≤2[h]
粪大肠菌群数（FC）	CFU/100mL		≤1000	≤0；≤200[a]	≤2000；≤4000[f]	≤20；≤100[h]
总大肠菌群数（TC）	CFU/100mL			0～1000[b]	—	
重金属及其他有毒物质						
Cl	mg/L	140～350			≤350	≤250
S	mg/L	0.5～2			≤1	
余氯	mg/L	1～5		≤1	≤1；1.5[g]	0.2～0.5
Petroleum	mg/L				≤1；≤10	
Hg	mg/L				≤0.001	≤0.001
Cd	mg/L			≤0.01；≤0.05[c]	≤0.01	≤0.01
As	mg/L			≤0.1；≤2[c]	≤0.05；≤0.1[g]	≤0.05
Cr	mg/L			≤0.1；≤1[c]	≤0.1	≤0.1
Pb	mg/L			≤5；≤10[c]	≤0.2	≤0.2

注：a. 参数值分别对应于可食用作物（包括可生食作物）和不可食用作物；b. 参数值依据美国不同地域（州）、再生水处理水平和作物类型（粗加工食物或可食用作物）确定；c. 参数值分别对应于长期灌溉和短期灌溉作物；d. 参数值分别对应于盐碱土和非盐碱土；e. 参数值分别对应于蔬菜、水田谷物、旱地谷物和纤维作物；f. 参数值分别对应于蔬菜作物和其他作物；g. 第一个参数值对应于水田蔬菜和水田谷物，后一个参数值对应于旱地谷物和纤维作物；h. 参数值分别对应非限制性绿地和限制性绿地。

通过对比可知，我国再生水农田灌溉水质标准（GB 20922—2007）选择的水质参数与美国 EPA 标准类似，指标范围相对完善，且同样针对不同土壤属性及作物类型进行了水质指标的分类设定。但是，我国再生水农田灌溉水质标准中对微生物指标的要求明显低于美国 EPA 标准，如我国标准中规定再生水用于蔬菜类作物灌溉时粪大肠菌群上限为 2000 CFU/100mL，用于其他作物灌溉时允许上限为 4000 CFU/100mL，这远远高于美国 EPA 标准中给定的可食用作物和不可食用作物分别为 0 和 200 CFU/100mL 的上限标准。在重金属方面，我国再生水农田灌溉水质标准与美国 EPA 指南存在明显差异。在美国 EPA 指南中，再生水中汞、镉、砷和铬等重金属含量按照长期灌溉（100 年）和短期灌溉（20 年）分别给定；我国再生水农田灌溉水质标准中对有关重金属离子的设定与美国 EPA 标准中长期再生水灌溉时的设定值类似。同时，美国 EPA 标准中设定的长期和短期再生水灌溉时再生水中 Pb 的允许浓度远远高于中国标准设定值。

1.3 再生水灌溉对作物生长的影响

1.3.1 牧草类作物

因再生水中含有丰富的易吸收类营养物质，进行灌溉时不仅能为作物提供必要的水分，并可有效减少作物对肥料的需求。与此同时，因担心再生水中可能存在的有害物质对蔬菜或谷类作物安全性产生影响，再生水灌溉最早大多用于景观草坪灌溉，在世界范围内已有几十年的发展历史（Wu et al., 1995）。我国情况与此类似，景观类草坪也是我国污水再利用早期最主要的受水作物。21 世纪初，随着污水灌溉向再生水灌溉转变，针对再生水灌溉对草类作物生长影响的研究逐渐增多。李晓娜等（2011）研究了再生水灌溉对紫花苜蓿（*Medicago sativa* L.）和白三叶（*Trifolium repens* L.）生长的影响，结果表明，再生水灌溉显著提高了牧草产量。再生水对草坪草生长影响的研究也表明，再生水能促进草坪草生长（左海涛等，2005；彭致功等，2006b）。再生水灌溉对草类作物生长的积极影响可能主要归因于再生水中相对较高的 N、P 和 K 浓度及其高有效性（李波等，2007；王晋兴等，2009）。然而，再生水灌溉对草类作物生长的负面影响也时有报道。部分研究结果表明，草类作物对灌溉水中氯离子含量及盐分的含量非常敏感，当再生水中氯化物或全盐含量超过一定值时，草类作物的生长会受到明显抑制（Wu et al., 1995；张楠等，2006）。

随着公众对生态景观质量的追求，再生水灌溉条件下草坪草品质和生理特性也越来越受到关注。彭致功等（2006a）比较了再生水和常规水灌溉条件下草坪质量，研究发现再生水灌溉可以促进草坪草分蘖，进而提高草坪的颜色等级。左海涛等（2005）研究指出，再生水灌溉不会影响 5 种常见草坪草（草地早熟禾、高羊茅、结缕草、野牛草和山麦冬）的感官质量。李晓娜等（2011）发现，再生水灌溉条件下苜蓿和白三叶草的粗蛋白、纤维蛋白和脂肪含量与常规水灌溉无明显差异。但是，也有部分研究者发现，由于有害物质（重金属、硼和盐分等）的影响，再生水灌溉会对草类作物品质产生负面影响（Lucho-

Constantino et al., 2005；张志华等，2009）。再生水灌溉条件下，对草类植物质量进行定期监测和评价，对于保障再生水安全高效灌溉十分必要。

1.3.2　谷类作物

自 2002 年以来，为缓解我国日趋严重的水资源危机，再生水在粮食作物灌溉上的使用明显增加。在干旱缺水地区，使用再生水灌溉对蔬菜、粮食和果树等作物产量的增加是显而易见的（Wang et al., 2007）。与草类作物相比，再生水中富含的营养物质对于谷类作物的意义更加明显。黄占斌等（2007）通过盆栽试验研究了再生水和常规水对玉米和大豆生长的影响，结果表明，再生水灌溉对玉米、大豆的生长和产量有明显的促进作用，这与 Hussain 和 Al-Saati（1999）研究结果类似，均指出再生水灌溉对谷类作物生长所需营养的补充效应明显。再生水灌溉条件下，作物产量的提高与作物类型和再生水中所含养分浓度有关。但是，也因为灌溉水质的差异，已有研究结果表明，再生水灌溉与常规水灌溉对谷类作物产量并无明显影响，甚至会产生负面影响（黄冠华等，2004；Mok et al., 2014），这也说明相较于常规水，再生水灌溉条件下养分供应、养分吸收及作物生长之间的关系更为复杂。进一步研究再生水中营养物质的转化和吸收，对提高再生水灌溉的适宜性具有重要意义。

再生水灌溉条件下，通过食用经再生水灌溉的粮食作物是再生水灌溉条件下人体暴露风险增加的重要途径（Khan et al., 2008）。大量研究表明，即使经过处理，部分污染物仍会残留在再生水中，因而很容易通过食物链在人体内形成累积（Pedrero et al., 2010；Arunakumara et al., 2013；Liang et al., 2014）。因此，再生水灌溉条件下谷类作物的品质一直是人们关注的问题。杨军等（2011）对小麦籽粒重金属含量的调查显示，重金属并未在小麦籽粒中形成积累。黄占斌等（2007）发现再生水灌溉条件下玉米籽粒中的铅和镉含量高于常规水灌溉处理，但重金属含量低于国家食品卫生标准（GB 2715—2005）中相应指标的规定。居煇等（2011）也得出再生水灌溉小麦中镉含量超标的试验结果。植物种类的差异、土壤和再生水中重金属的浓度会导致重金属积累过程产生明显差异（Forslund et al., 2012）。现阶段，进一步开展再生水灌溉条件下典型污染物在作物中的累积并及时开展人类健康风险评估是未来需要着重关注的方向。

1.3.3　蔬菜类作物

在世界范围内，蔬菜是除谷类作物外使用再生水灌溉最常见的作物（Qadir et al., 2010）。随着再生水灌溉的发展，自 2006 年开始国内首次出现了涉及再生水灌溉蔬菜的研究报道。大量研究表明，再生水灌溉对蔬菜生长和产量具有积极影响（许翠平等，2008；吴文勇等，2010；李中阳等，2014）。例如，与常规水灌溉相比，再生水灌溉的 9 批（6 种作物）叶菜平均产量增加了 23%（徐翠平等，2008）。对于果菜类蔬菜，再生水灌溉对作物产量的积极影响也比较明显。吴文勇等（2010）研究指出，再生水灌溉条件下番茄、黄瓜、茄子和芸豆的产量比常规水灌溉高 15%、24%、61% 和 7%，这与其他国家研究人员的研究结果类似，均发现了再生灌溉对蔬菜类作物生长的积极影响（Al-Lahham et al., 2003；Kiziloglu et al., 2008）。

民众对蔬菜安全的关切促使研究者针对再生水灌溉对蔬菜品质的影响开展了大量研究，其中常见指标包括蔬菜中的粗蛋白、氨基酸、可溶性糖、维生素 C、粗灰分、硝酸盐含量等。已有的多数研究表明，再生水灌溉对蔬菜品质没有产生显著影响（许应明等，2009；吴文勇等，2010；薛彦东等，2011）。但是，也有研究结果显示，再生水灌溉对蔬菜品质产生了负面影响（李波等，2007）。例如，薛彦东等（2011）研究表明，再生水灌溉后，黄瓜和西红柿果实中硝酸盐含量高于常规水灌溉处理，但是其浓度仍低于《农产品安全质量 无公害蔬菜安全要求》（GB 18406.1—2001）中的要求（≤600mg/kg）。再生水灌溉条件下，重金属在蔬菜作物中的累积也引起了人们的广泛关注。不同研究者研究结果针对重金属是否产生累积并未形成一致结论（李波等，2007；许应明等，2009；李中阳等，2012），这种不一致与其他国家学者研究结果呈现规律类似（Tiwari et al., 2011; Christou et al., 2014）。

由于蔬菜常被用来生吃，且其与灌溉水直接接触的情况更为多见，蔬菜果皮或果肉中的总大肠菌群、粪大肠菌群、大肠杆菌和沙门氏菌的微生物污染水平比其他作物引起了更多的关注。为了评价再生水灌溉蔬菜的潜在微生物污染风险，国外已进行了部分田间试验。Forslund 等（2012）和 Christou 等（2014）研究发现再生水灌溉后，番茄果实中微生物指标并未上升；但 Oliveira 等（2012）研究得出，再生水灌溉莴苣植株易受大肠杆菌的污染。除了基于试验评估再生水灌溉风险外，国外研究者已建立了定量微生物风险评估（QMRA）模型，用于评估再生水灌溉条件下的生物风险（Forslund et al., 2012）。整体来说，在微生物风险的试验及模型研究评估上，我国的研究仍处于起步阶段，迫切需要研究再生水灌溉对蔬菜微生物污染风险的影响。

1.4 再生水灌溉的环境安全

1.4.1 病原体污染风险

病原体污染风险是灌溉农户和农产品用户最为关心的安全性指标之一，也是各国灌溉水质标准中的重要指标。以我国《城市污水再生利用 农田灌溉用水水质》（GB 20922—2007）中限定的粪大肠菌群为例，经二级处理后含量明显降低，基本在 10^3 ~ 10^5 个/100mL 的水平（仇付国，2005），总体上高于我国现行灌溉水质标准的规定值（4000 个/100mL）。病原体在土壤、作物中存活的时间是病原体感染致病的重要因素之一。病原体在土壤基质中的衰减速率比在再生水中小很多（Gerba and Mcleod, 1976），而且还可能继续生长，存活时间受光照、温度等气象条件的影响，也与土壤中的有机物种类和数量、盐离子含量、pH、湿度以及细菌自身的特性有关（Meschke and Sobsey, 1998）。此外，灌水技术参数也会影响病原体在土壤中的存活，如增加滴灌带埋深和增加灌水频率都会显著减小土壤中的病原体含量（Campos et al.，2005；Hassan et al.，2005）。土壤对微生物的吸附、解吸是一个复杂的动态过程，利用传统的静态试验方法研究病原体传输时，由于未充分考虑病原体的繁殖特性，很难掌握病原体的实际行为特征，因此利用动态试验研究病原体的传输规律已成为主要的发展方向。病原体在土壤中富集后，不仅可以通过气溶胶或粉尘进入大气，污染大气环境及危害人类健康，还可能进入作物体内，对农产品造成污染，危害人体健康（Cirelli et al.，2012）。滴灌（尤其是地下滴灌）能够有效避免再生水中的病原体和人体直接接触，污染风险相对较小，病原体在滴灌系统中的存活率也明显低于地面灌溉（Kouznetsov et al.，2004）。在玉米和番茄等作物的再生水地下滴灌试验中，均未在果实中检测到病原体残留（Oron et al.，1991；Oron et al.，1996）。虽然目前还没有再生水灌溉引起疾病传播的报道，但如何科学认识与合理评价病原体的污染风险始终是人们关注的焦点。因此，急需深入研究病原体在土壤中的迁移、繁殖和衰减机制以及在作物中的存活规律，探讨通过调控灌溉技术参数减轻病原体污染的可能性，从而有效降低土壤和作物中的病原体数量，减小疾病传播的危险。

1.4.2　持久性有机污染物影响

再生水中的持久性有机污染物虽然含量较低，但往往具有环境持久性和生物累积性等污染特征，且种类繁多、数量庞大，对环境和人体健康造成危害的风险较大。最受关注的有：《斯德哥尔摩公约》中首批控制的12种化学物质之一——多氯联苯PCBs；被美国环境保护署和一些国际组织列入优先控制有机污染物的多环芳烃PAHs和邻苯二甲酸酯PAEs，以及有机杀虫剂等（Zhang et al.，2013a）。这几类物质都具有难生物降解、危害持续时间长等典型特征。以多环芳烃PAHs为例，研究者在北京东南郊运行20余年的再生水灌区检出表层土壤中有14种多环芳烃PAHs，平均含量虽然不及附近污灌区的1/3，但也达到了污染土壤的临界值（何江涛等，2010）。多数持久性有机污染物由于具有低溶解性和憎水性，在污水处理过程中去除效果较差，进入土壤后会吸附于颗粒物上，长期累积在土壤中。目前国内外对于持久性、微量有机污染物在农田生态系统中的迁移转化规律研究才刚刚起步，取得的结果还不能很好解释其机理。同时，由于有机污染物的种类、化学结构及其代谢产物或降解产物的不同，其迁移过程与机制更为复杂。土壤中有机污染物的增加会对作物的生长和品质产生一定影响。研究表明，作物对有机污染物的吸收与有机污染物的理化特性密切相关，包括有机物的正辛醇-水分配系数和蒸汽压等指标（Smith et al.，1996）。此外，作物品种和土壤类型对有机污染物的吸收与富集也有很大影响（刘文莉等，2010）。因此，有必要系统研究典型土壤-作物系统中有机污染物富集规律及其调控机制，探寻有机污染物从土壤进入作物根系的途径，分析作物对有机污染物污染胁迫的适应机制及其根际效应。

1.4.3 重金属累积

再生水灌溉引起的重金属污染风险也是研究和应用中广受关注的热点问题。我国的《城市污水再生利用 农田灌溉用水水质》（GB 20922—2007）在基本控制项目里对汞、镉、砷、铬和铅等5项重金属指标做出了限定。来源于工业污水的再生水中重金属含量通常较高，以生活污水为主要来源的再生水中含量较低。刘洪禄等（2008）对北京18座污水处理厂再生水水质的监测结果表明，各污水厂出水的重金属浓度均远低于农田灌溉水质标准，超标率为0。对北京市东南部具有40年历史的污灌区土壤调查发现，长期再生水灌溉不会引起土壤的重金属污染（Bao et al.，2014）。但也有多项研究指出，污水灌溉会引起土壤中重金属严重超标（Carlos et al.，2005），长期再生水灌溉条件下的重金属累积问题不容忽视。可见，土壤中的重金属污染程度与再生水来源、土壤类型以及灌溉负荷和灌溉方式等因素有关（Chen et al.，2013）。科学评估再生水灌溉引起的土壤重金属污染风险，需要对不同灌溉条件下重金属在各种类型土壤中的运移分布规律开展系统研究。此外，采用合理的灌溉方式也可以减小重金属在土壤中的累积，如采用滴灌和分根交替灌溉等技术较沟灌和常规灌溉方式会显著降低土壤中的重金属含量（李平等，2008）。土壤重金属污染会引起重金属在作物中的累积，直接影响作物生长和农产品的质量。重金属在作物各部位的累积程度存在差异，针对粮食作物的研究表明（冯绍元，2002），重金属在根部的累积量最大，籽粒中最小，作物的根系生长和种子发芽率因此受到明显的抑制作用（王军涛等，2008），幼苗死亡率也明显增加（Bhati and Singh，2003）。可以认为，作物的根茎叶系统起到了减少重金属向果实迁移的屏障作用。尽管如此，作物的产量和果实品质指标也可能受到不利的影响。庞妍等（2015）研究发现在再生水灌溉的叶菜类作物中，重金属的累积则比较明显。土壤中的重金属累积还会通过改变酶活性影响土壤中的各类生化过程，而重金属对土壤酶活性的作用也要受到土壤中黏粒和有机质（Bansal et al.，2014）吸附作用的影响。因此，再生水灌溉条件下的重金属污染是包含土壤中物理、化学和生物各类反应，同时还有作物参与的复杂行为过程。

1.4.4 盐分累积

再生水灌溉引起的土壤盐碱化也是最为关注的问题之一。据估计，二级处理再生水中的全盐含量约为地下水的1.5～2.0倍，在干旱少雨地区土壤盐分累积问题尤为突出（刘洪禄等，2008）。Qian和Mecham（2005）对美国干旱半干旱区运行4～33年的5处再生水灌区土壤化学特性进行了监测，结果表明，土壤电导率（EC）和钠吸附比（SAR）分别比常规水灌溉增加187%和481%。我国也有许多再生水灌溉引起盐分累积的研究报道（商放泽等，2013）。但也有一些室内土柱模拟试验和短期田间试验（Reyes et al.，2003）研究得出再生水灌溉后土壤盐分累积不明显的结论。可见，再生水灌溉条件下的土壤盐分累积具有时间尺度效应，土壤盐分的分布累积在不同年际间如何变化，对降雨等气象环境因素的变化如何响应以及对地下水的影响等都是值得进一步深入研究的问题。滴灌属于局部灌溉，盐分的分布和累积比地面灌溉更趋复杂，积盐区域是值得关注的问题。有研究表明（Suarez-Rey et al.，2000），滴灌带埋深较浅时土壤表层的含盐量要高于地面灌溉，尤其在两条滴灌带中间的地表处累积盐分的浓度最高，而滴灌带下方的盐分累积最少。盐分在土壤中的分布和累积状况很大程度上受土壤性质和灌溉技术参数的影响（Chen et al.，2013b），也与再生水中的离子特性密切相关。不同盐分离子在土壤中的迁移速度与分布特征并不相同，如 Ca^{2+}、Mg^{2+} 与 SO_4^{2-} 主要分布在湿润体外围，而 HCO_3^-、Na^+ 主要分布在湿润体内部（王丹等，2007）。因此，要全面认识再生水滴灌条件下盐分在土壤中的累积特性，需要系统研究不同时间尺度内不同再生水灌溉方式引起的土壤盐分变化动态，分析不同尺度区域的土壤盐分在灌溉季节和年间的变化。

1.4.5 对土壤酶活性的影响

土壤酶是由土壤微生物、动植物活体分泌及动植物残体、遗骸分解释放于土壤中的一类具有催化功能的生物化学物质，参与土壤中各种生物化学过程和物质循环，是各种生化反应的催化剂。土壤酶活性反映了土壤养分转化的快慢以及各种生物化学过程的动向和强度。与土壤的理化指标相比，酶活性对各种自然和人为因素的变化更加敏感，土壤理化性质的改变、不同的水肥管理措施、耕作措施、种植条件和轮作情况等都可能引起土壤酶活性的变化（Bruce，2005），因此土壤酶活性也常被作为评价土壤肥力的指标。再生水中的养分、盐分、有机污染物和重金属等指标都会引起土壤酶活性的变化。养分指标中最重要的氮、磷、碳等都与土壤酶活性有较好的相关性，如与全氮显著正相关的酶包括脲酶、脱氢酶、β-葡萄糖苷酶和蔗糖酶活性等，与全磷和有机碳显著正相关有磷酸酶活性（Green et al.，2009）。土壤中可溶性盐分的累积对酶活性有潜在的负效应，如 β-葡萄糖苷酶、酸性磷酸酶和芳基硫酸酯酶活性会随含盐量和含钠量增加分别呈指数和线性降低（Rietz and Haynes，2003）。有机污染物会引起土壤生态群的毒性反应，降低酶活性。然而，这类物质在再生水中的浓度通常是很低的，即使土壤酶活性暂时受到抑制，也会很快恢复。与有机污染物相反，再生水中的重金属会长期累积在土壤中破坏土壤的微生物群落，影响土壤酶的活性，且随含量增加抑制作用明显增强。影响较大的重金属指标主要包括砷、汞、镉、硒、锌等，尤其以水溶性可交换状态存在时毒性最大（Bhattacharyya et al.，2008）。以往的研究大多仅考虑单项水质指标对土壤酶活性影响，而没能考虑各指标间的交互作用。研究表明，不同的重金属元素间、不同的重金属元素和多环芳烃组合（Shen et al.，2005）都会对酶活性产生交互作用。因此，再生水灌溉对土壤酶活性的影响是各种水质指标相互影响、多种环境因子综合作用的结果，而且由于土壤酶的种类很多，不同酶的活性对各项水质指标与环境参数的反应也有很大差异，以致相关的研究成果较为零散，系统性较差，未能较好地揭示土壤酶活性对再生水灌溉的响应机制。此外，由于缺乏再生水灌溉条件下土壤酶活性对养分转化过程的系统研究，利用土壤酶活性对再生水灌溉条件下土壤肥力特征进行评价的指标体系还很不完善。

1.5 再生水灌溉系统安全

在灌溉系统安全方面，被认为最适宜再生水灌溉的滴灌技术是关注的重点。影响滴灌系统安全问题的主要是灌水器堵塞。据调查，国内已报废的滴灌工程中，1/3 是由于堵塞问题处理不当（马学良等，2004）。再生水中的悬浮物、溶解盐、化学沉淀、溶解性有机物及微生物等污染物都极易形成灌水器的生物和化学堵塞，对系统性能的影响相对常规水滴灌会更加严重，机制更加复杂。Li 等（2009）通过不同水质滴灌的连续运行试验得出，再生水滴灌的灌水器流量与初始值的比率平均比地下水滴灌低 26%，均匀系数比地下水滴灌降低 23%。因此，堵塞问题已成为关系再生水滴灌系统成败的关键因素，堵塞的防止和安全处理技术也成为国内外研究的热点。Nakayama 和 Bucks（1991）系统全面地总结了灌水器堵塞方面的研究成果，给出了防止物理、生物和化学堵塞的水质标准。由于再生水中含有比常规水多得多的藻类、微生物（细菌）和各种盐分离子及氮、磷等化学物质，堵塞物的形成机制更加复杂，灌水器内部不规则形状底层上沉积物的不断聚集（Adin and Sacks，1991）、有机物和细菌组成的微生物絮团表面的固体颗粒吸附（Taylor et al.，1995）都可能导致灌水器堵塞。鉴于堵塞物形成过程的微观特征，揭示再生水滴灌灌水器的堵塞机制还需要对再生水中引起堵塞的污染物和颗粒物的运移累积过程进行动力学描述。多位学者利用 CFD（Li et al.，2008；牛文全等，2010）和分形几何理论（李云开等，2007）等手段模拟灌水器流道内的颗粒物随水流的运动，分析流道结构参数与灌水器堵塞状况、水力性能之间的关系，为明确灌水器内部的堵塞物富集形成机制以及灌水器流道结构优化提供了新思路。现代观测技术和分析手段的应用使得从微观上揭示灌水器的堵塞机制成为可能。多位学者借助现代观测和分析技术研究了生物膜在灌水器堵塞形成和发展过程中的作用（李贵兵等，2012；李云开等，2013）。生物膜是微生物、固体颗粒、絮状物质经过不断沉积而黏附于介质表面的一层物质，再生水中丰富的微生物群落及其生长所需的养分、悬浮颗粒物等都为生物膜的形成提供了条件，而且在微生物作用下，再生水中化学离子的参与也会对生物膜的稳定状态产生较大影响（Gouidera et al.，2009）。因此，再生水灌溉条件下堵塞物的形成和演变过程主要受灌溉系统内部水环境中物理、化学和生物等多过程的控制。

灌水器堵塞对系统性能的影响直接表现为系统的灌水均匀性下降。现行滴灌系统均匀性设计与评价标准多是从水力学设计出发，很少考虑土壤中水肥分布的均匀性以及作物的响应特征。例如，我国的《微灌工程技术规范》（GB/T 50485—2009）和美国的《微灌系统田间评价方法》①，均未能建立在对田间尺度土壤水肥动态和作物生长影响定量评估的基础上而显得依据不足。再生水滴灌系统性能的田间评价，除了需要考虑管网水力特性、农田水肥动态与淋失、作物产量与品质等因素，还需考虑再生水中污染物和盐分在土壤中的分布累积特性及作物的响应特征，其核心问题是田间尺度上非均匀供水条件下的水分、

① ASAE Standards. 2000. EP458. Field Evaluation of Microirrigation Systems. St. Joseph，MI，ASAE.

养分、盐分和各类污染物的运移转化规律研究，这也是相关学科近年来关注的具有挑战性的热点问题。现有滴灌系统性能评价的试验结果多在常规水试验（Li et al.，2007）或室内无作物条件下获得（Hills and Brenes，2001），所得结论还需在大田再生水滴灌试验和整个灌溉季节内进一步研究和验证。在堵塞对滴灌系统水力性能影响的模拟研究方面，多数成果都是针对清水滴灌建立的（康跃虎，1999；Chieng and Ghaemi，2003），而再生水滴灌与常规水滴灌发生堵塞的机制有很大不同。因此，现有模型如何应用于再生水滴灌系统，还需要进一步确认。

灌水器堵塞的防止和处理是再生水滴灌系统安全运行的关键问题，处理的方法包括化学处理和生物处理两大类。其中，化学处理方法的研究和应用较为广泛，主要包括曝气池、加氯/酸处理、紫外线消毒、管网冲洗等，研究和应用最多且经济实用的是加氯/酸处理。加氯处理的效果与再生水的水质有很大关系。以往的研究中所用的水质差别很大，有人工配制的咸水、经二级处理的城市污水（Coelho and Resende，2001；Li et al.，2010）、土地渗滤系统处理后的畜禽养殖场废水及藻类和细菌含量较高的水库水（Dehghanisanij et al.，2005）等，再加上试验的气候条件、灌水器类型等不尽相同，得出的加氯模式千差万别。可见，制定适宜加氯模式应综合考虑防堵塞效果、作物的响应特征和土壤特性变化等因素的影响。堵塞的生物处理方法是通过在灌溉系统中加入有机物质，防止微生物的生长和堵塞的形成。通常是借助拮抗微生物原理，从植物体表面和土壤等各种生态环境中筛选具有拮抗作用的细菌，或者从滴灌系统堵塞物水相中分离拮抗微生物加入再生水滴灌系统，包括放射性土壤农杆菌、荧光假单胞杆菌和芽孢杆菌等，清除堵塞的效果显著（Ustun and Figen，2005）。目前，关于堵塞生物处理方法的研究尚处在起步阶段。总体而言，目前对于灌水器堵塞的化学和生物处理方法的研究还很不全面，各种处理方法对堵塞的减缓和清除机制还不明确，对土壤-作物系统，尤其是土壤环境的影响也不清楚，急需开展相关研究。

1.6　再生水灌溉水肥高效利用与安全调控

1.6.1　再生水灌溉水肥利用机制

再生水中含有一定量的营养物质（如氮、磷、钾、碳等），通常认为能够增加土壤中和植物体内的养分含量，促进植株的发育、增加产量。国内外有关再生水和污水灌溉条件下的养分平衡和利用效率的研究结果表明（Feigin et al.，1984；黄冠华等，2004），从增加土壤肥力和产量的角度来看，再生水中的养分可以起到部分替代施肥的作用，但与施入肥料的吸收利用模式仍存在差异（da Fonseca et al.，2005）。再生水中养分的形态多样性可能是造成与施入肥料的吸收模式存在差异的原因之一。以氮素为例，再生水中除了与施入肥料类似的矿物质氮，还有藻类代谢等形成的有机氮。据估计，再生水中有机氮的比例约占 10% ~30%，虽然有机氮可能会被土壤颗粒吸附，但是其在土壤中的运移程度比铵态氮要大很多，有机氮的运移转化对整个氮素的循环过程有较大贡献（Feigin et al.，1991）。然而，目前对再生水中氮素的研究以矿物质氮为主，关于有机氮的运移转化的研究还很少，对再生水中养分有效性的定量研究也十分缺乏。从上述分析可以看出，由于缺乏对再生水灌溉条件下不同来源养分吸收利用和转化机制的系统研究，对再生水中各类营养元素被植物吸收利用的程度难以定量评估，进而无法对再生水中的养分能在多大程度上代替施肥、对施入肥料吸收过程的影响等问题予以准确回答。

再生水中的养分含量相对于作物的生长需求来说通常较小，还需要与施肥结合来满足作物的生长需要。目前关于再生水灌溉施肥的研究十分缺乏，对再生水灌溉条件下的水肥吸收利用机制和影响因素还不清楚。再生水灌溉会引起土壤离子环境和微生物环境的变化从而导致土壤中养分含量的变化，并改变作物对水肥的吸收利用过程，影响途径包括：①通过改变土壤水总溶解盐的浓度改变渗透压，物理性地阻碍作物对水肥的吸收（Yurtseven et al.，2005）。②通过改变土壤理化性质，引起土壤渗透性的变化，间接影响作物代谢和水肥吸收过程。再生水灌溉条件下土壤中微生物活动的变化可能会导致土壤大孔隙体积减小而使饱和导水率降低（Jnad et al.，2001），土壤孔隙表面的悬浮固体和有机物沉积、高钠和低盐度引起土壤黏粒分散（Patterson，1997）等也会引起土壤渗透性和通气性降低。然而，也有研究认为，再生水灌溉引起的有机质含量增加会提高土壤团聚体的稳定性（Chenu et al.，2000）。这取决于再生水中各类指标的相对含量。③通过改变土壤的离子环境，影响作物的水肥吸收利用过程。再生水中过量的盐分会引起植株体内养分的失衡，如会增加土壤中钠和氯的含量，导致更多的钠离子和氯离子被吸入植株体内，抑制叶片的气体交换作用（Murray et al.，2006），降低叶片的叶绿素含量，影响作物的同化作用。不同盐分离子在作物吸收过程中也存在竞争和置换作用。例如，钠离子在根区的生化反应中与钾离子和钙离子竞争，干扰根系对钾离子和钙离子的吸收，并通过置换作用导致作物体内的钙离子缺失。目前关于各种离子影响的研究大多只是机理性的描述，定量分析较少。④改变土壤的微生物环境，影响养分的转化过程。研究发现，再生水灌溉能够加速土壤中养分的矿化作用和硝化反应等过程（da Fonseca et al.，2007a），引起土壤中总碳和总氮等含量的变化。土壤中盐分含量的增加也会降低土壤中水解酶的活性（Garcia and Hernandez，1996），引起氮素形态和含量的变化。可见，再生水灌溉条件下水肥吸收利用机制的复杂性在于：一方面再生水中盐分离子的多样性及其交互作用导致水肥盐耦合过程的不确定性；另一方面，再生水灌溉引起的土壤微生物种群数量变化也会对水肥盐耦合过程产生影响。目前，相关的研究工作还十分缺乏，再生水灌溉条件下的水肥吸收利用机制尚不明晰。

1.6.2 再生水灌溉安全调控

再生水灌溉条件下的水肥管理调控原理与常规灌溉类似，主要是借助灌溉施肥技术参数，如地面灌溉中的单宽流量、关口时间和施肥时机等参数以及滴灌技术中的滴头流量、灌水频率、灌水量、滴灌带埋深及分根交替灌溉等措施，改变水肥在土壤中的时空分布特性，进而影响作物的吸收利用过程。还有研究（Bhattarai et al.，2008）通过给灌溉水中掺气的方式改善地下滴灌时作物根区的缺氧状况，增加根系的活力，改善水肥的吸收。然而，再生水灌溉条件下的系统运行管理调控除了要提高水肥的利用效率以外，还需实现防止污染物和病原体的淋失扩散及盐分累积、降低污染风险、保证再生水灌溉安全运行的目标。因此，再生水灌溉条件下的调控应综合考虑养分、盐分和污染物等的运移转化过程及作物生长和产量的响应。以往研究中，考虑最多的调控手段是灌水量。通过改变灌水量调控不同土层深度的盐分含量，减少根区土壤的盐分累积和淋失风险，同时也可影响土壤中微生物的活性（苗战霞等，2008），改善土壤肥力状况。此外，合理调控根区附近的水分状况还能够补偿盐分对作物耗水的抑制效应（Michelakis et al.，1993）。滴灌技术通常采用较小的灌水量，因此盐分和污染物在土壤中的累积状况更值得关注。例如，通过改变距离滴头较近范围内的土壤电导率可以有效调节作物的蒸腾（Dehghanisanij et al.，2006）；通过改变滴灌带埋深可以调节根区土壤的盐分累积，进而影响作物水肥吸收利用和生长；在淡水资源丰富或地下水位较低的地区还可以通过持续的清水滴灌把累积在根区的盐分进一步淋溶到更深层的土壤以减少盐分对作物的危害（Oron，1996）。可以看出，目前有关再生水灌溉调控的研究大都仅考虑了盐分累积的影响，对养分和污染物指标及其相互作用的影响均未涉及，存在调控目标单一、描述技术参数影响的定量化程度不够、对水肥盐和污染物指标转化过程及作物响应特征等因素考虑不足等问题，影响了调控的效果，限制了再生水灌溉综合效益的发挥。

1.7　研究架构与关键科学问题

1.7.1　研究架构

本书内容从再生水灌溉的高效和安全利用出发，选取再生水中的病原体和养分等为主要研究对象，着重考虑滴灌，按照灌溉系统安全、环境和农产品安全、养分高效利用等三个方面，设置以下研究内容（图1-4）。

1）再生水滴灌对系统性能的影响特征及控制方法

● 复杂水质条件下的灌水器堵塞机理：研究再生水中化学离子类型及浓度在灌水器内部的累积规律，综合应用分子生物学、精细电子显微等现代分析技术，分析流道内堵塞物质的物理、化学及生物组分，定量描述灌水器堵塞程度与堵塞物质组分浓度的关系，探寻诱发灌水器堵塞物质形成的根源。

● 灌水器堵塞的减缓机制及安全处理模式：研究加氯处理等措施对堵塞物质变化特征的影响，分析加入的氯在灌溉系统管网以及土壤中的输移与衰减规律，分析加氯处理运行参数对灌水器堵塞程度以及土壤特性和作物生长的影响，建立协同考虑堵塞减缓效果、土壤环境健康与作物生长安全的防堵塞处理模式。

2）再生水灌溉对环境介质的影响机理与过程模拟

● 土壤酶活性对再生水灌溉的响应机制：选择土壤介质中参与氮、磷等养分循环的

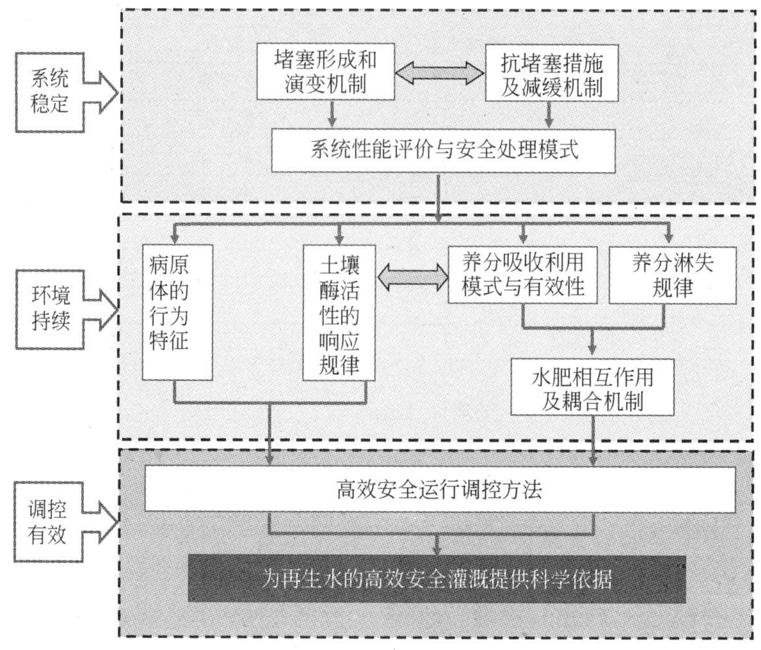

图 1-4 技术路线图

脲酶、磷酸酶、过氧化氢酶和蔗糖酶等，定量评价不同灌溉方式、灌溉制度下土壤酶活性对氮、磷等养分含量变化及转化过程的影响规律，建立再生水灌溉的土壤肥力特征评价指标体系；分析土壤酶活性对各项水质参数和环境参数的敏感性，探寻再生水灌溉过程中土壤酶活性变化的主要影响因素，建立土壤酶活性与再生水水质指标间的定量关系，揭示土壤酶活性对再生水灌溉的响应机制。

- 再生水灌溉条件下病原体在环境介质中的行为特征：选择二级处理再生水中的典型病原体（大肠杆菌），研究不同灌溉方式下病原体在土壤-作物系统中的迁移传输特性、存活状态和衰减规律，分析病原体在作物果实、叶片、茎秆表面的分布及行为特征；分析水质和环境变化对病原体行为特征的影响，揭示病原体在农田生态环境介质中的分配特征与归宿。

3）再生水灌溉条件下水肥耦合机理

- 不同来源和形态营养元素的吸收特征：利用同位素标记等技术研究再生水中营养元素在土壤-作物系统中的运移、转化和吸收的动力学过程，探寻有机碳、有机氮作用条件下氮在土-水界面的生物学过程与机制，明确再生水中氮在土壤中的形态与吸收利用模式，分析不同来源和形态养分资源的有效性，探讨不同的再生水灌溉方式下合理的施肥模式。
- 再生水灌溉条件下氮素淋失规律：针对环境、气象因素以及土壤条件和农艺措施的变化，研究不同的再生水灌溉方式引起的土壤氮素淋失特征，构建不同再生水灌溉模式下的土壤氮素淋失预测模型。

1.7.2 关键科学问题

（1）再生水灌溉影响系统运行的微观机制与宏观特征，包括灌溉系统内部的污染物行为特征对堵塞形成的诱发机制，堵塞灌水器在灌溉系统中的分布特征及堵塞的减缓机制。

（2）再生水灌溉对环境影响的动力学过程，包括典型病原体等在环境介质中的行为特征以及土壤肥力指标的响应机制。

（3）再生水灌溉对养分吸收利用及转化过程的影响机制，包括不同来源和形态营养元素的吸收特征，滴灌水肥管理措施对养分吸收模式的影响机制。

1.8 主要研究成果

项目围绕再生水高效安全灌溉的目标，重点针对灌溉系统安全、环境和农产品安全及养分高效利用三个方面的科学问题开展了系列研究工作。研究尺度从灌水器内部堵塞物质及病原体在土壤–作物系统中迁移转化的微观行为到引起灌溉系统性能变化的宏观特征，研究方法强调理论分析、数值模拟、室内试验、田间试验和产品研发相结合，试验手段重视传统灌溉试验方法与现代分析测试技术相结合，实现了再生水安全高效灌溉的关键理论和技术的系统突破。

1.8.1 系统安全

堵塞是关系再生水滴灌系统成败的关键因素，堵塞的减缓和安全处理技术也是国内外研究的热点。针对再生水滴灌系统堵塞形成机理和减缓机制不清、抗堵塞方法缺乏等问题，系统研究再生水滴灌条件下污染物在灌水器内部的行为特征及控制机理，揭示灌水器堵塞的诱发机制和演变规律，提出再生水滴灌灌水器堵塞化学处理方法，为保障再生水灌溉系统的运行安全提供理论基础和科学依据。

1.8.1.1 灌水器堵塞规律及其诱发机制

（1）开展二级处理再生水和地下水滴灌试验，研究再生水滴灌灌水器堵塞发生规律及其影响机制，发现再生水滴灌堵塞程度比地下水滴灌严重得多，灌水时长、水质、灌水器结构（类型）及流道尺寸等是影响灌水器堵塞的主要因素，堵塞随灌水时长的变化表现为初期发展缓慢，部分流道发生堵塞后开始加速发展；流道尺寸小和制造偏差大的灌水器更容易发生堵塞（Hao et al.，2017）。

（2）选取对化学堵塞和生物堵塞影响最大的 Fe^{2+} 和 Ca^{2+}，定量分析典型化学离子浓度对滴灌系统堵塞特征的影响，利用 X 射线衍射仪对堵塞物质的矿物组分进行扫描，发现较低浓度的 Fe^{2+}（0.8mg/L）会明显促进微生物生长和堵塞物质的形成，Ca^{2+} 浓度升高会增加灌水器内化学堵塞风险（Hao et al.，2017）。

1.8.1.2 灌水器堵塞的减缓机制及安全处理模式

对加氯处理控制灌水器堵塞效果的评估试验结果表明，定期对再生水滴灌系统进行加氯处理可以明显防止和降低再生水滴灌系统的堵塞，加氯间隔和余氯浓度的交互作用对灌水器堵塞影响显著，低浓度多次加氯措施的防堵塞效果优于大剂量的集中加入；采用一周一次加氯处理方式可有效减少高铁钙再生水滴灌系统中微生物的生长和繁殖以及固体颗粒物沉淀的形成，而高钙再生水滴灌时，降低灌溉水 pH 至 5.0 左右可有效降低化学沉淀的形成。因此，采用加氯加酸间隔 1 ~2 周可以将堵塞控制在较轻微程度，使系统均匀系数保持在 80% 以上（Hao et al.，2018a）。

1.8.1.3 加氯措施对土壤环境及作物生长的影响

（1）开展 2 季作物试验定量评估了加氯措施对土壤理化特性及作物生长的影响，试验结果表明，随着加氯次数的增加，0 ~40cm 土壤中氯离子含量增加，根区土壤酶活性和玉米吸氮量呈降低趋势，但余氯浓度和加氯历时对作物生长和产量的影响未达到显著水平。建议采用低浓度、长历时的加氯方式以降低高浓度余氯对土壤环境可能产生的负面影响（Hao et al.，2018b）。

（2）再生水滴灌系统加氯处理后的余氯浓度及分布状况是影响土壤环境和作物生长的主要因素。滴灌管网中余氯分布均匀性测试结果表明，余氯浓度沿滴灌带随距入口距离的增加呈指数降低，降低速度随目标余氯浓度的增加而减小。余氯浓度均匀系数的变化范围为 87% ~97%，低于灌水器流量的均匀系数（97% ~98%）。在毛管长度小于 30m 时，余氯分布不均匀性不会对土壤酶活性、作物生长和产量等产生不利影响。基于 EPANET 软件构建了再生水滴灌系统余氯分布特征模拟模型，得出当毛管长度由 10m 增加至 150m 时，滴灌均匀系数由 99% 降至 93%，余氯浓度均匀系数也随之降低。

1.8.2 环境效应

针对再生水灌溉条件下典型污染物的环境行为特征及其污染风险评估的难题，系统研究病原体在土壤–作物系统中的运移、分布及累积规律，构建典型病原体的运移分布模拟模型，研究再生水灌溉对土壤肥力特征的影响，科学评估再生水灌溉对环境介质的影响，为保障再生水灌溉的环境安全和农产品安全提供理论基础和科学依据。

1.8.2.1 再生水灌溉条件下病原体在环境介质中的行为特征

（1）选择二级处理再生水中的典型病原体大肠杆菌 *Escherichia coli*（*E. coli*）作为研究对象，开展了土柱试验，通过添加人工培养的具有青霉素抗性的 *E. coli*-DH5α 指示菌，并利用青霉素抗性筛查检测方法和聚合酶链反应（polymease chain reaction，PCR）技术确认检测到的 *E. coli* 与注入 *E. coli* 的一致性。结果表明，*E. coli* 在进入土壤后，受土壤颗粒吸附作用明显，主要分布在滴头附近。砂土中 *E. coli* 浓度最大值出现在距滴头 0 ~5cm 的范围内，且随离开滴头距离的增加而减小。砂壤土条件下 *E. coli* 主要分布在表层 5cm 范围内，分布范围随滴头流量增大而增加。随 *E. coli* 浓度增大，无论是砂土还是砂壤土，表层 *E. coli* 浓度都会明显增大。滴头流量和土壤初始含水率增大均会不同程度增加 *E. coli* 在土壤中运移距离（Wen et al.，2016）。

（2）构建了再生水滴灌条件下 *E. coli* 在非饱和土壤中的运移–衰减过程模拟模型，首次提出了 *E. coli* 运移的双点位动态吸附参数描述方法，为非饱和条件下的 *E. coli* 运移模拟提供了有力工具（Wen et al.，2017）。

（3）利用温室莴笋和大田玉米再生水滴灌试验，研究了 *E. coli* 在土壤–作物系统中运移、繁殖和残留特征。试验结果表明，*E. coli* 随灌溉水进入土壤后存在明显的衰减过程，灌后 72h *E. coli* 浓度即与地下水对照处理无明显差异，生育期内多次再生水灌溉不会引起土壤中 *E. coli* 的累积，*E. coli* 也不会随深层渗漏进入浅层地下水。整个生育期内玉米和莴笋茎中均无 *E. coli* 检出，莴笋少量叶表面的 *E. coli* 残留量并未高于地下水灌溉处理，说明再生水滴灌不会增加土壤和作物的 *E. coli* 污染风险，采用地下滴灌可进一步降低 *E. coli* 的污染风险。对于大田作物，应避免雨季再生水灌溉，以降低灌后降雨径流造成的 *E. coli* 污染风险（Li and Wen，2016；Qiu et al.，2017a）。

1.8.2.2　土壤酶活性对再生水灌溉的响应机制

选取土壤中参与氮、磷等养分循环的脲酶、磷酸酶和蔗糖酶，研究土壤酶活性对再生水灌溉的响应规律。结果表明，再生水灌溉后碱性磷酸酶、脲酶和蔗糖酶活性在土壤剖面均呈层状分布。分析酶活性与土壤化学指标的相关性，得出碱性磷酸酶、脲酶和蔗糖酶活性在播种前和再生水灌溉后均与土壤有机质、全磷、全氮和 pH 呈显著正相关关系，与土壤电导率 EC_e 相关不显著。分析土壤酶活性与硝态氮在玉米生育期内的相关性，得出碱性磷酸酶、脲酶和蔗糖酶活性与硝态氮在玉米生育期内均呈现极显著正相关关系，表明土壤中的碱性磷酸酶、脲酶和蔗糖酶具有相同的来源。碱性磷酸酶、脲酶和蔗糖酶活性对灌溉施肥管理响应一致，灌水量对土壤酶活性的影响随土壤深度、生育阶段和酶活性类型而变化，较小滴灌带埋深明显提高了表层土壤酶活性，而较大滴灌带埋深显著促进了深层土壤酶活性，通过改变滴灌带埋深可实现对根区土壤酶活性的调控。与地下水灌溉相比，再生水地下滴灌提高了根区土壤酶活性，没有干扰和改变土壤 C、N、P 养分转化，不会对土壤肥力水平造成负面影响（仇振杰等，2016；Qiu et al.，2017b）。

1.8.3　养分高效利用

针对以往再生水灌溉调控对再生水中养分以及安全性指标考虑不足等问题，研究作物耗水对水质变化及调控措施的响应特征，探寻不同来源养分的吸收利用机制，深入揭示再生水中氮的有效性，为再生水高效安全灌溉提供技术支撑。

（1）利用 ^{15}N 同位素示踪技术及氮素平衡分析方法，研究了再生水滴灌条件下肥料氮和再生水氮的耦合作用机理及其对作物生长的影响。结果表明，施氮量和灌溉水质对作物吸氮量的影响都达到极显著水平，增加施氮量显著提高肥料氮吸收量，但也降低了肥料氮和再生水氮的利用率。和地下水灌溉相比，再生水灌溉能促进作物对肥料氮的吸收，提高总氮吸收量（郭利君等，2016；Guo et al.，2017a）。

（2）首次提出^{15}N示踪-肥料当量法，定量评价了再生水氮素对玉米生长的有效性，得出再生水氮的肥料替代当量与施氮量之间为二次曲线关系，增加施氮量会降低再生水氮的有效性，等氮素施入量下再生水中的氮对玉米生长的有效性仅相当于尿素氮的50%～69%。综合考虑产量和氮素的吸收利用，华北平原玉米地下水滴灌的适宜施氮量为136～185kg/hm^2，再生水滴灌的适宜施氮量为111～149kg/hm^2。再生水地下滴灌较地表滴灌更能提高土壤肥力，地下滴灌适宜的埋设深度为20～30cm（Guo et al.，2017a，2017b；Qiu et al.，2017a）。

（3）基于定位通量法评价了再生水灌溉水肥管理措施对农田水氮淋失的影响，氮素淋失量的估算结果表明，NO_3^--N累积淋失量与灌溉水中氮、肥料氮、土壤初始氮和水分渗漏量成正相关关系，肥料氮是影响NO_3^--N淋失量的最主要因素，其次为土壤水分深层渗漏量、灌溉水氮和土壤初始氮。相同施氮量条件下，再生水滴灌条件下水氮淋失风险高于地下水，适当降低施氮量是减少再生水灌溉条件下NO_3^--N淋失量的有效措施（Qiu et al.，2017b）。

（4）构建了考虑再生水氮素有效性的作物模型，利用验证后的模型对不同水质、不同施氮量和不同灌水量下的玉米生长进行模拟，提出华北地区再生水滴灌玉米的水肥优化调控措施，推荐灌水量为75%充分灌溉，再生水灌溉的氮肥减施量为20kg/hm^2（Guo et al.，2018）。

第一篇　滴灌系统安全

第2章 再生水水质对滴灌系统堵塞的影响

灌水器堵塞是影响滴灌系统灌水均匀性和使用寿命的主要因素。对再生水滴灌系统来说，由于再生水中含有比常规水更多的藻类、微生物和各种盐分离子及氮、磷等化学物质，堵塞物的形成机制更加复杂，是再生水中各类物理、化学和生物指标共同作用的结果。全面掌握灌水器堵塞的微观机制还需要对悬浮颗粒物和各类典型污染物的运移累积规律开展系统研究，利用先进的观测和分析手段探寻堵塞形成的根源。本章选取2种典型化学离子（Fe^{2+}和Ca^{2+}）为研究对象，定期测定灌水器流量，试验结束运行后取灌水器样测定堵塞物质干重、矿物组分和胞外多聚物，研究离子种类和浓度对滴灌系统堵塞形成过程及机制的影响。

2.1 概　　述

水资源供需矛盾日益加剧，是制约社会经济可持续发展的主要问题之一。再生水作为替代性水源，是解决水资源危机的重要举措（FAO，2012；吴文勇等，2008）。与喷灌和地面灌溉相比，滴灌能有效避免再生水与作物及人体的直接接触，被认为是再生水灌溉的适宜方式之一（Bixio et al.，2006；Aiello et al.，2007；Muyen et al.，2011）。再生水较地下水含有更多的藻类、微生物、各种盐分离子和固体悬浮物等物质，极易引起灌水器堵塞的发生（Nakayama and Bucks，1991）。灌水器堵塞是影响系统灌水均匀性和使用寿命的主要因素，极少数的灌水器堵塞也会造成灌水均匀性的急剧下降（Pitts et al.，1990；Ghaemi and Chieng，1997；Bralts et al.，1981）。

灌溉水质是引起灌水器堵塞发生的直接原因。Nakayama和Bucks（1991）全面系统地总结了灌水器堵塞的研究进展，提出了灌水器堵塞水质判别准则。由于自然因素和人类活动的影响，目前地下水总硬度、溶解性总固体、铁和锰含量超标。除外来污染物外，经过配水管网增加的污染主要包括管壁腐蚀引起的浊度、色度、铁和锰等含量的增加；其次是细菌等微生物的增加（中国城镇供水协会，2005）。与地下水相比，再生水中含有更多的藻类、微生物及化学离子等，其引起堵塞的风险更高且堵塞机制更为复杂（Nakayama and Bucks，1991；Ravina et al.，1992；Li et al.，2012b）。大部分学者认为，再生水滴灌灌水器内部堵塞物质是由固体颗粒物、微生物及其分泌的黏性聚合物等构成的聚合体，表现为复杂的生物膜结构，以生物堵塞为主（Hills and Brenes，2001；Li et al.，2009；Li et al.，2012b）。再生水中含有丰富的微生物群落及微生物生长所需要的营养成分、悬浮颗粒物等，为生物膜的形成提供了条件，在微生物的作用下，再生水中的化学离子也会对生物膜的结构稳定性产生影响（Gouidera et al.，2009）。灌溉水中的铁离子易析出沉积，并促进相关菌体滋生，是灌水器化学堵塞并引发生物堵塞的关键因素（Singh et al.，2002；Cararo et al.，2006；闫大壮，2010）。二价阳离子（钙和铁）增加了胞外多聚物 EPS 的分泌，影响细菌生物膜的形成过程（Ahimou et al.，2007；Wang et al.，2011；Amano et al.，2013）。Goode 和 Allen（2011）研究了不同钙离子浓度对生物膜结构的影响，结果表明，随着钙离子浓度的增加，生物膜厚度增加且结构更密实。钙离子浓度高于 300mg/L 时，生物膜主要由无机组分钙沉淀组成。也有学者提出，再生水滴灌条件下灌水器堵塞物质主要成分是钙镁碳酸盐沉淀，以化学堵塞为主（Liu and Huang，2009）。灌溉水中含有的化学可溶性物质，钙、镁、铁和锰等离子结晶和沉淀等理化过程会造成灌水器化学堵塞的发生（Pitts et al.，1990；Hills et al.，1989；Shatanawi and Fayyard，1996；Liu and Huang，2009；Li et al.，2009）。

现代精细测试技术的迅速发展，为测定灌水器堵塞物质三维分布特征、表面形貌特征以及堵塞物质特征组分（包括胞外多聚物、干重、磷脂脂肪酸等）提供了技术支持，灌水器堵塞物质测试评价体系逐步建立（李云开等，2018）。李贵兵（2009）根据形貌学理论建立了生物膜的三维形貌评价体系，利用反射式光学显微镜测定生物膜厚度，探索性地引入微生物学和分形理论研究再生水滴灌系统微生物堵塞机理。闫大壮（2010）综合利用 ESEM（环境样品电子扫描显微镜）、PLFA（磷脂脂肪酸）和 T-RFLP（末端限制性片段长度多态性）等现代生物学技术手段，提出了再生水滴灌灌水器中生物膜提取及表征方法，结果表明，菌体及其胞外多聚物组成的复杂的三维结构是流道内沉积物的主要组成。Zhou 等（2013；2017a；2017b）研究表明，灌水器堵塞程度随着特征组分的增长而加深，不同阶段堵塞程度对堵塞物质组分增长的敏感性不同；基于灌水器堵塞发生特征提出了灌水器抗堵塞能力评估指数（I_α）以快速评估灌水器自身抗堵塞能力。

综上，再生水灌溉条件下堵塞物质的形成和演变过程是再生水中各类物理、化学和生物指标共同作用的结果，目前有关再生水滴灌灌水器堵塞的研究大多集中于物理、化学或生物堵塞的单一堵塞过程进行，难以全面反映灌水器堵塞的形成过程和堵塞机制。急需对悬浮颗粒物和各类典型污染物的运移累积规律开展系统研究，利用先进的观测和分析手段探寻堵塞形成的根源，明确再生水滴灌灌水器堵塞机制。

2.2 灌水器堵塞机制试验方法

2.2.1 灌水器选择

试验选取内镶贴片式灌水器和单翼迷宫式灌水器各 2 种，0.1MPa 压力下标称流量为 1.1～1.8L/h，不同灌水器流量及特征参数见表 2-1。试验开始前按照 ASAE 标准①测定灌

① ASAE Standards. 2003. S553. Collapsible Emitting Hose (drip tape) – Specifications and Performance Testing. St. Joseph, MI, ASAE.

水器流量-压力关系和制造偏差，每种灌水器测定 11 个压力点（0.05～0.15MPa，间隔 0.01MPa），灌水器流量-压力关系用下式表示：

$$q_e = kh^x \tag{2-1}$$

式中，q_e 是灌水器流量，L/h；h 是工作压力，MPa；k 是流量系数；x 是流态指数。

灌水器制造偏差系数（CV_m,%）按下式计算：

$$CV_m = 100 \times \frac{S_q}{\bar{q}} \tag{2-2}$$

式中，S_q 是灌水器流量的标准差，L/h；$\bar{q}$ 是灌水器平均流量，L/h。

灌水器的流量系数、流态指数和制造偏差也列于表 2-1。灌水器 E1、E2、E3 的制造偏差均为 3%，质量为“优”，灌水器 E4 的制造偏差为 8%，质量为“合格”[①]。

表 2-1　灌水器流量及特征参数

符号	额定流量（L/h）	灌水器间距（cm）	流道尺寸 长×深×宽（mm）	k	x	制造偏差（%）	流道类型	产地
E1	1.1	30	23×0.5×0.64	3.05	0.46	3		以色列
E2	1.6	30	13×0.55×0.66	4.43	0.48	3		以色列
E3	1.38	30	300×0.6×0.7	6.35	0.62	3		中国
E4	1.8	30	300×0.7×0.7	7.94	0.64	8		中国

2.2.2　试验设计

为了研究离子可能产生的最不利影响，根据灌水器堵塞水质判别标准（Nakayama and Bucks，1991）推荐的浓度上限，Fe^{2+}浓度设置 0.8mg/L 和 1.5mg/L 两个水平。根据《地下水质量标准（GB/T 14848—93）》和《微灌工程技术规范（GB/T 50485—2009）》，灌溉水硬度设置 450mg/L（以碳酸钙计）一个水平。系统运行之前，测定灌溉水中 Fe^{2+} 和 Ca^{2+}浓度，然后向地下水和再生水中加入相应量的 $FeSO_4 \cdot 7H_2O$ 和 $CaCl_2$ 以达到设定的浓度水平。另设 1 个再生水不加离子处理和 1 个地下水不加离子处理。按照不同 Fe^{2+}和 Ca^{2+} 加入浓度以及灌溉水质共设置 8 个处理（表 2-2）。

① ASAE Standards. 2003. EP405.1. Design and Installation of Microirrigation Systems. St. Joseph, MI, ASAE.

表 2-2　堵塞机制试验设计

试验编号	水质	加入 Ca^{2+} 浓度（mg/L）	加入 Fe^{2+} 浓度（mg/L）
G0	地下水	0	0
G0. 8	地下水	0	0. 8
G0. 8+150	地下水	150	0. 8
S0. 8	再生水	0	0. 8
S1. 5	再生水	0	1. 5
S100	再生水	100	0
S0. 8+100	再生水	100	0. 8
S0	再生水	0	0

2. 2. 3　试验装置

试验在国家节水灌溉北京工程技术研究中心大兴试验基地遮雨棚内进行，以防止降雨的影响。试验中每个处理均使用独立的供水系统。如图 2-1 所示，单个供水系统配置水箱（300L）、加压泵（流量 $3m^3/h$，扬程 20m）、两级过滤器（叠片式过滤器 120 目+网式过滤器 120 目）和压力表（量程 0. 4MPa）。每种灌水器设置 3 个重复，每个供水系统包括 12 条长 10m 滴灌带，灌水器间距为 30cm。这些滴灌带利用两层支架水平固定，两层支架高差为 15cm，保持滴灌带水平（坡度为 0°）。滴灌带通过分干管与干管连接。在干管及分干管入口处安装精度 0. 4 级压力表，监测试验过程中各单元的压力。通常情况下每天清洗一次过滤器，但当过滤器上下游压力差明显增大时，立即对过滤器进行清洗。试验过程中分干管进口压力保持在 0. 1MPa。在下层毛管下方 20cm 处安装 PVC 集水槽并设置一定坡度，使得灌水器出流的水通过集水槽回流到水箱内，形成循环水系统（图 2-1）。水槽同时用来放置测试灌水器流量的承水桶。

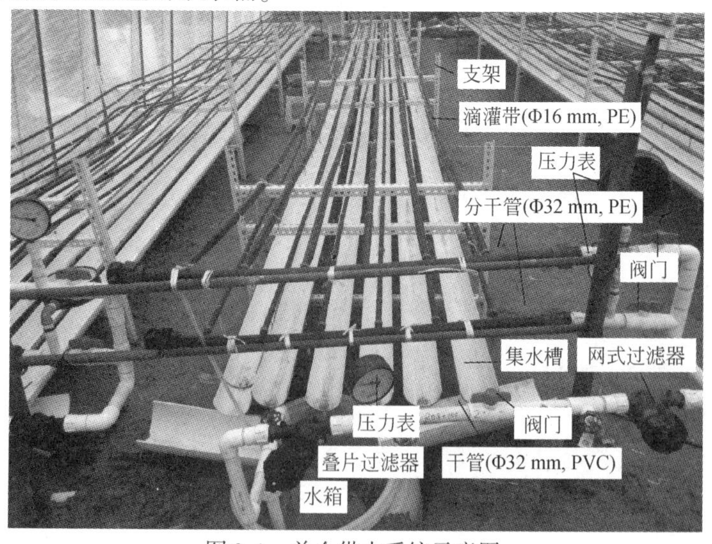

图 2-1　单个供水系统示意图

2.2.4 灌水器流量测定

为监测灌水器堵塞的发生过程，以 6 天为一个周期，前 5 天系统每天运行 12h（8：00～20：00），第 6 天测定灌水器流量。每条滴灌带上等间距选择 18 个灌水器并进行标记，测点间距为 60cm，确保每次流量测定选择的灌水器相同。每次流量测定时间均为 10min。试验于 2016 年 8 月 11 日开始运行，10 月 3 日结束，累计运行时间为 540h。为了保持试验过程中 Fe^{2+} 和 Ca^{2+} 浓度稳定，在每次灌水器流量测定完成后，均将水箱排空，更换再生水。

灌水器的平均流量占额定流量的百分比定义为该灌水器的平均相对流量（Dra）。选择 Dra 作为评价灌水器堵塞的指标忽略压力引起的灌水器流量偏差，因为 10m 长滴灌带水头损失小于 0.01m（Li et al.，2010）。根据 Pei 等（2014）提出的流量校正公式，灌水器 E1、E2、E3 和 E4 由水温引起的最大流量偏差分别为 -0.01L/h、-0.01L/h、0.06L/h 和 0.09L/h，远小于额定流量，因此忽略了试验期间水温对灌水器出流的影响。Dra 计算方法见下式（Capra and Scicolone，1998）：

$$\mathrm{Dra} = 100 \times \frac{\sum_{i=1}^{n} q_i}{n\,\bar{q}_{\mathrm{new}}} \tag{2-3}$$

式中，q_i 是堵塞试验过程中第 i 个灌水器的流量，L/h；$\bar{q}_{\mathrm{new}}$ 是试验开始前新灌水器的平均流量，L/h；n 是灌水器流量的测试个数，$n=18$。

2.2.5 灌水器生物膜测定

2.2.5.1 干重测试

滴灌毛管内部附生生物膜生长可以通过生物膜干重的变化来表示。生物膜干重是灌水器内部堵塞干物质量的总体表现。生物膜干重的测试方法如下：分别在滴灌带首部、中部和尾部各取 2 个灌水器样品，将所取灌水器样品风干后用高精度的电子天平（Sartorius，BS224S，精度：0.0001g）称其重量，然后装入自封袋中，加入适量去离子水，放在超声波清洗器中进行超声波振荡 40Hz 清洗 7min，然后将振荡脱膜后的灌水器样品取出并放入烘箱中，在 60℃ 温度下烘干 10min，再分别称重，所得的原始重量和经过振荡脱膜、烘干后的重量之差即为生物膜的干重。

2.2.5.2 胞外多聚物（EPS）及微生物活性（MA）测试

胞外多聚物（EPS）是微生物生长过程中分泌的黏性物质，微生物数量及其分泌的胞外多聚物含量是生物膜生长的基础，直接影响着灌水器内部附生生物膜的生长及灌水器内部堵塞物质的累积情况（李云开等，2013）。分别在滴灌带首部、中部和尾部各取 2 个灌水器样品，将灌水器样品分别装入自封袋中，各加入 15mL 去离子水后置于超声波清洗器

（KQ5200E）中脱膜处理 30min，然后取出灌水器。将同一种灌水器所得含有不溶物的液体（共 90mL）混合均匀后，吸取 15mL 进行胞外多聚物测试。灌水器内部附生生物膜中胞外聚合物的含量主要考虑胞外多糖和胞外蛋白的含量，胞外多糖的测定采用苯酚-硫酸法（Nocker et al.，2007），胞外蛋白的测定采用 Lowry 方法（Lowry et al.，1951）。微生物活性（MA）是指单位生物膜上附着微生物的代谢强度及生长速度，为黏性 EPS 含量与生物膜干重的比值（Li et al.，2015）。

2.2.5.3 矿物组分测定

分别在滴灌带首部、中部和尾部各取 2 个灌水器样品用小刀小心剥开，将灌水器干燥并将堵塞物质研磨混合均匀。用 D8 ~ Advance X 射线衍射仪进行扫描，得到 XRD 图谱。并用 X 衍射仪相应的 Topas 软件分析，获得灌水器堵塞物质的矿物组分。

2.2.6 水质监测

试验用再生水为北京市黄村污水处理厂的二级处理污水，地下水为试验站的井水。为了跟踪再生水的水质变化，试验过程中约每 2 周从再生水水箱内取样 1 次，测试水质指标，地下水的水质指标仅在试验开始时测定 1 次。再生水和地下水水质指标及其对灌水器的潜在危害程度列于表 2-3。再生水中总铁含量对灌水器堵塞的危险程度为轻微，总悬浮物（TSS）和总溶解性固体（TDS）对灌水器堵塞的危险程度为中等，pH 及细菌总数对灌水器堵塞的危险程度为严重；地下水中总悬浮物、总溶解性固体、总铁及细菌总数对灌水器堵塞的危险程度为轻微，pH 对灌水器堵塞的危险程度为中等。

表 2-3 试验用再生水和地下水水质指标及其对灌水器堵塞的危害程度

指标	单位	再生水			地下水	
		浓度	标准差	危害程度[1)]	浓度	危害程度[1)]
TN	mg/L	11.01	6.59		1.14	
TP	mg/L	0.82	0.37		0.02	
TSS	mg/L	82.0	48.6	中等	41	轻微
TDS	mg/L	693	108	中等	334	轻微
Ca^{2+}	mg/L	56.7	6.93		30.3	
Mg^{2+}	mg/L	42.3	2.37		22.9	
总铁	mg/L	0.13	0.08	轻微	0.07	轻微
CO_3^{2-}	mg/L	15.4	4.98		11.9	
HCO_3^-	mg/L	233.0	40.0		244	
Cl^-	mg/L	179.3	18.2		13.2	
SO_4^{2-}	mg/L	106.7	5.5		25.2	
pH	mg/L	8.22	0.19	严重	7.56	中等
细菌总数	CFU/mL	4.67×10^5		严重	4.2×10^3	轻微

注：1）根据 Nakayama 和 Bucks（1991）划分。

试验过程中每天用电导率/pH 计（sensION5，HACH，美国）测试水温及电导率 3 次（8：00，14：00，20：00）。试验期间各处理温度、电导率变化情况见图 2-2。各处理的水温接近，试验期间最高和最低水温分别为 32.3℃和 20.8℃。地下水不加化学离子处理组（G0）试验期间电导率均值为 529μS/cm，再生水不加化学离子处理组（S0）的电导率明显高于地下水，其变幅为 1173～1479μS/cm。化学离子显著增加灌溉水的电导率。例如，试验运行期间处理 S0.8、S1.5、S100 和 S0.8+100 电导率均值分别为 1400μS/cm、1290μS/cm、1760μS/cm 和 1820μS/cm。

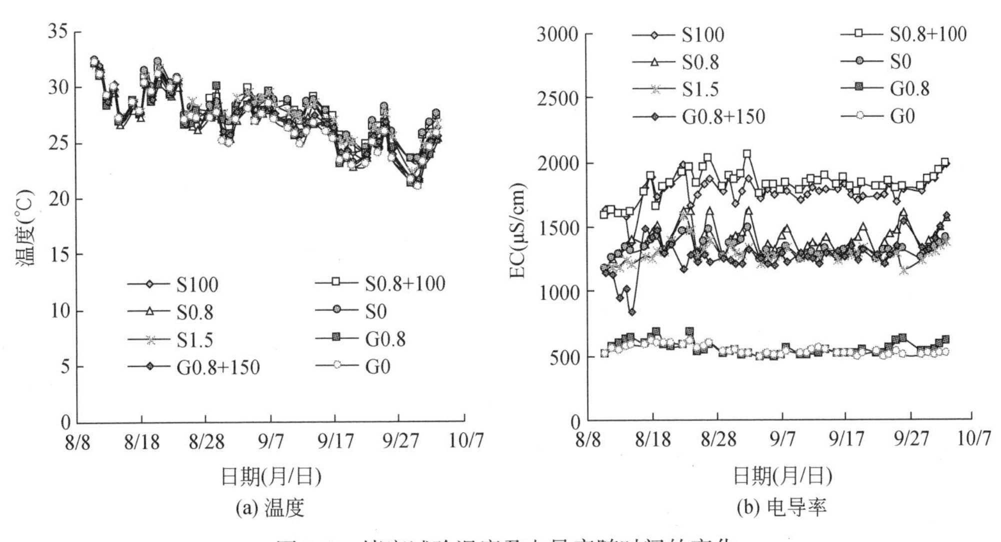

图 2-2　堵塞试验温度及电导率随时间的变化

2.2.7　统计分析方法

所有数据均采用 SPSS 19.0 软件（IBM，New York，US）进行统计分析。双因素方差分析用于检验离子处理、灌水器类型及其交互作用是否对灌水器平均相对流量（Dra）产生显著影响（$P=0.05$）；当方差分析在 0.05 水平下显著时，利用最小显著性差异法（LSD）来区分不同离子处理及灌水器之间的差异；新复极差法（Duncan）分析不同处理间的差异显著性。

2.3　水质对灌水器平均相对流量的影响

试验不同运行历时各处理灌水器平均相对流量（Dra）方差分析结果见表 2-4。灌水器类型和离子处理均显著影响灌水器堵塞过程的发生（$P=0.05$）。系统运行历时达到 240h，灌水器和离子的交互作用对再生水滴灌灌水器的堵塞影响大于地下水处理。当系统运行历时超过 480h，两者交互作用对再生水滴灌灌水器堵塞产生影响显著，但未对地下水滴灌灌水器堵塞产生显著影响，表明再生水滴灌条件下堵塞物质的形成机制更为复杂。

表 2-4　试验不同运行历时各处理 Dra 的方差分析

水质	来源	运行历时					
		60h		240h		480h	
		F 值	显著水平	*F* 值	显著水平	*F* 值	显著水平
地下水	灌水器	27.1	0.000	90.6	0.000	199	0.000
	离子处理	41.4	0.000	92.2	0.000	77.0	0.000
	灌水器×离子	12.2	0.000	4.83	0.007	1.37	0.279
再生水	灌水器	1.99	0.131	319	0.000	334	0.000
	离子处理	10.0	0.000	27.4	0.000	39.2	0.000
	灌水器×离子	1.25	0.282	5.14	0.000	7.70	0.000

地下水各处理灌水器平均相对流量动态变化规律见图 2-3。系统运行历时 480h 的 Dra 及其 LSD 检验结果列于表 2-5。4 种灌水器表现出不同的抗堵塞性能。Dra 值越小，灌水器堵塞程度越严重。系统运行初期，内镶贴片式灌水器（E1 和 E2）平均相对流量轻微减小，当系统运行历时达到 60 ~ 300h，灌水器 E1 和 E2 的 Dra 开始急剧下降。这一结果表明，灌水器堵塞在灌水初期是一个缓慢发展的过程，但是当灌水器 Dra 下降至 90% ~95% 时，系统继续运行，灌水器 Dra 呈现明显的下降趋势。Li 等（2009，2010）得出类似的结果，灌水器一旦有部分堵塞发生，堵塞将加剧。单翼迷宫式灌水器（E3 和 E4）在整个系统运行期间均表现出急剧下降的趋势且 Dra 值小于内镶贴片式灌水器。在系统运行结束后，内镶贴片式灌水器 Dra 为 47% ~98%，单翼迷宫式灌水器 Dra 为 21% ~76%。这可能是由于单翼迷宫式灌水器流道较长（表 2-1），增大了堵塞物质与流道内壁接触面积，更

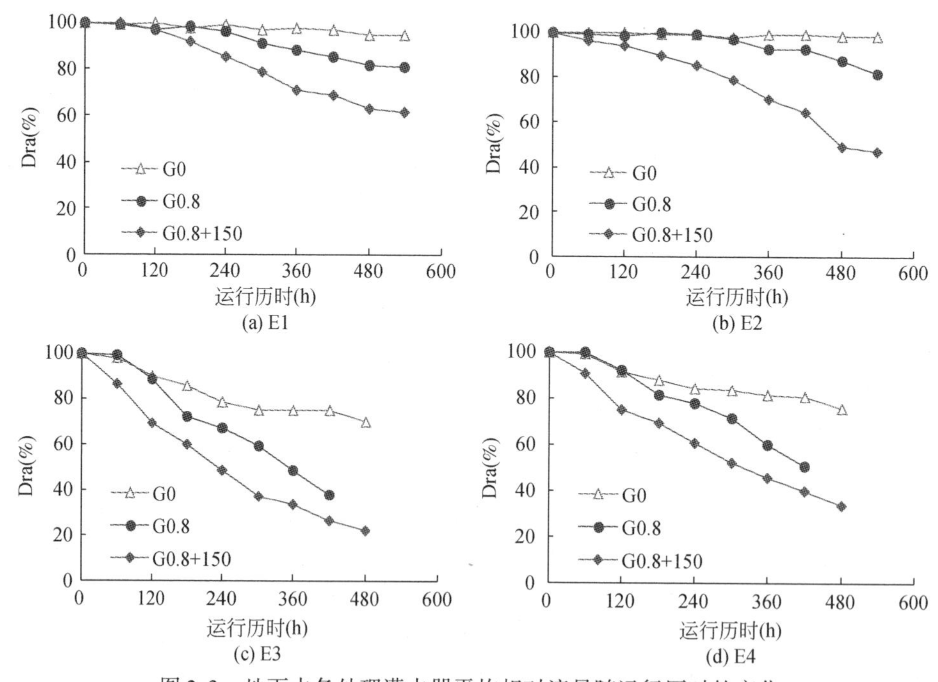

图 2-3　地下水各处理灌水器平均相对流量随运行历时的变化

表 2-5　地下水不同离子处理的灌水器平均相对流量 Dra 对比（运行历时 = 480h）

灌水器类型	不同离子处理的 Dra			
	G0	G0.8	G0.8+150	离子处理均值
E1	95	82	63	80a
E2	98	88	49	78a
E3	70	37	21	43b
E4	76	51	34	54b
灌水器均值	85	63	41	
不同离子处理的 LSD 检验	a	b	c	

注：同一行中标有相同字母表示在 0.05 水平下不同离子处理 Dra 之间无显著差异；同一列中标有相同字母表示在 0.05 水平下不同灌水器 Dra 之间无显著差异。

易于堵塞物质沉积（吴显斌等，2008）。单翼迷宫式灌水器流态指数（0.62 ~ 0.64）大于内镶贴片式灌水器（0.46 ~ 0.48），也是造成这一结果的主要因素，流态指数越大，灌水器内的水流流态越接近于层流状态，堵塞物质易在流道内沉积（孙继文，2017）。

地下水滴灌条件下，在系统运行期间，所有灌水器 Dra 均表现出随地下水中离子浓度的增加而减小的趋势，即 Dra（G0）>Dra（G0.8）>Dra（G0.8+150）。系统持续运行 540h 后，G0、G0.8 和 G0.8+150 的灌水器平均相对流量（Dra）分别为 85%、63% 和 41%。Hills 等（1989）研究了不同水质的微咸水（电导率分别为 0.59dS/m、1.12dS/m 和 2.02dS/m）在不同运行模式下的堵塞规律，结果表明，灌溉水离子含量的增加导致灌水器堵塞程度增加。

再生水各处理灌水器平均相对流量随运行时间的动态变化见图 2-4。再生水滴灌系统运行历时 480h 的 Dra 及其 LSD 检验结果列于表 2-6。方差分析结果显示，灌水器类型和离子处理均对灌水器堵塞影响显著（P = 0.05）。对于同一灌溉水质，单翼迷宫式灌水器（E3 和 E4）较内镶贴片式灌水器（E1 和 E2）堵塞严重，表明灌水器流道长度对灌水器抗堵塞能力产生不利影响（吴显斌等，2008）。系统运行结束后，再生水加入离子处理单翼迷宫式灌水器（E3 和 E4）Dra 比再生水不加离子处理（S0）小 26%。对于内镶贴片式灌水器，系统运行历时 240 ~ 540h，化学离子处理组 Dra 大于对照组（S0）。这可能是由于 $FeSO_4 \cdot 7H_2O$ 加入再生水后，初始 Fe^{2+} 氧化速率较高形成稳定性较高的沉淀物，随着水体中 Fe^{2+} 的消耗，氧化速率降低并形成大颗粒但稳定性较差的沉淀物（Hove et al.，2008）。

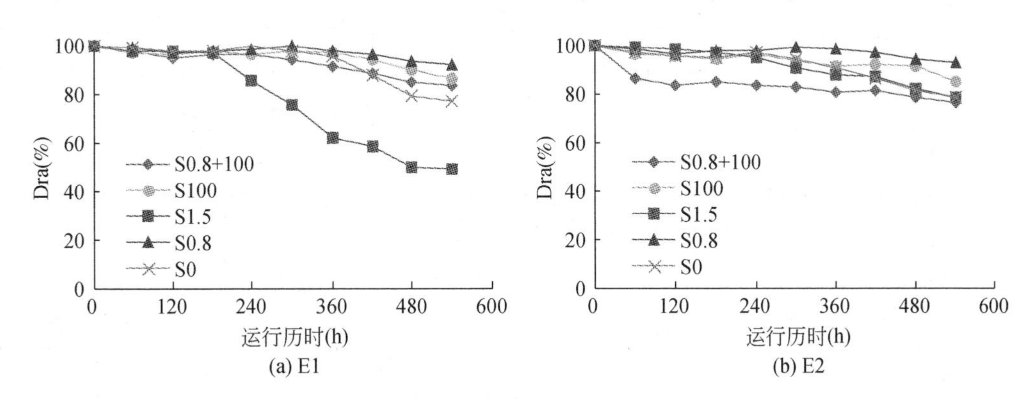

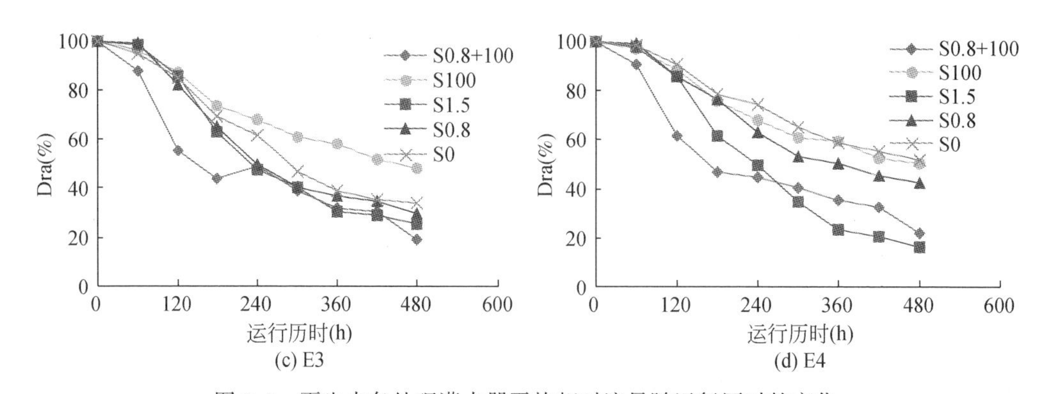

图 2-4　再生水各处理灌水器平均相对流量随运行历时的变化

表 2-6　再生水不同离子处理的灌水器平均相对流量 Dra 对比（运行历时=480h）

灌水器类型	不同离子处理的 Dra					
	S0	S0. 8	S1. 5	S100	S0. 8+100	离子处理均值
E1	79	93	50	90	85	79a
E2	81	94	82	91	79	85a
E3	34	29	25	48	19	31b
E4	51	43	16	51	22	37b
灌水器均值	61	65	43	70	51	
不同离子处理的 LSD 检验	ab	ab	b	a	ab	

对比不同水质同等离子浓度处理（S0. 8 和 G0. 8，S0. 8+100 和 G0. 8+150）的灌水器平均相对流量（Dra），结果表明，单翼迷宫式灌水器再生水加离子处理组堵塞严重，而内镶贴片式灌水器堵塞并未出现类似结果。例如，系统运行历时达到 540h，S0. 8+100 处理单翼迷宫式灌水器 E3 的 Dra 较 G0. 8+150 处理低 12%，但是灌水器 E1 前者 Dra 较后者高 36%。

2. 4　水质对灌水器附生生物膜干重的影响

图 2-5 给出了再生水及地下水加入离子各处理组灌水器内附生生物膜干重测试结果。地下水滴灌条件下，离子浓度增加，灌水器生物膜的干重增加。例如，G0. 8 和 G0. 8+15 处理 4 种灌水器生物膜干重均值分别是对照组（G0）的 3 倍和 7 倍。一般地，生物膜干重越大，灌水器堵塞越严重。例如，系统运行持续 540h 后，处理 G0. 8 和 G0. 8+150 的 Dra 较 G0 处理分别低 33% 和 56%（图 2-3）。这可能是由于加入的离子促进了系统中堵塞物质的形成，进而造成灌水器堵塞的发生。

再生水滴灌条件下，各化学离子处理组的生物膜干重为 0. 007 ~ 0. 014g，均值为 0. 009g。再生水滴灌灌水器生物膜干重均值表现为 $DW_{S0}<DW_{S0.8}<DW_{S0.8+100}<DW_{S1.5}<DW_{S100}$［图 2-5（b）］。Goode 和 Allen（2011）研究得到类似结论，高浓度的钙离子增加了生物膜

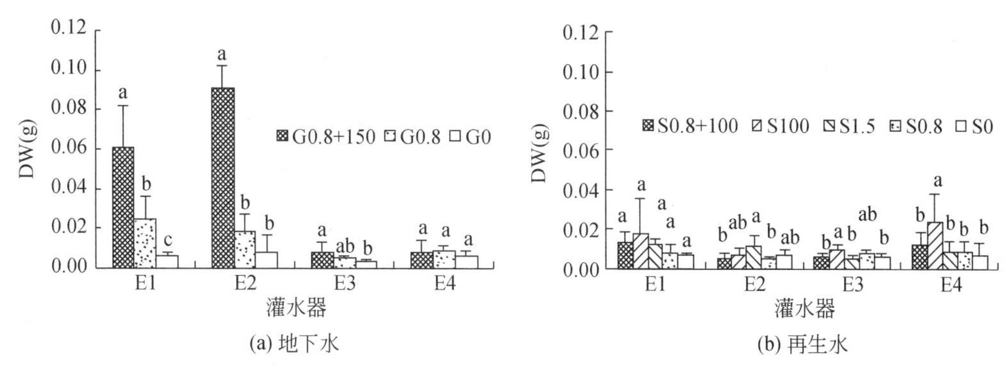

图 2-5　再生水及地下水化学离子各处理组灌水器内附生生物膜干重

误差限为标准差。不同字母代表各处理在 $\alpha=0.05$ 水平上显著

密度。图 2-5（a）和（b）对比结果发现，再生水化学离子处理组生物膜干重明显小于地下水化学离子处理组。例如，地下水化学离子处理组 G0、G0.8 和 G0.8+150 的生物膜干重均值是再生水各化学离子处理组干重均值的 2.7 倍。这可能是由于地下水滴灌灌水器内化学堵塞物质含量较高，而再生水灌灌水器内生物组分含量较高。另外，再生水滴灌条件下生物膜干重对化学离子的响应更随机，表明再生水滴灌堵塞的机制较地下水更为复杂。Zhou 等（2013）和 Zhang 等（2016）研究表明，随着堵塞物质干重的增加，灌水器 Dra 随之下降，堵塞程度加剧，这一结果与本研究再生水滴灌生物膜干重变化规律并不完全一致。

2.5　水质对灌水器附生生物膜的矿物组分的影响

化学离子各处理灌水器附生生物膜矿物组分见图 2-6。再生水和地下水各处理堵塞物质的矿物组分均为石英（SiO_2）、钙镁沉淀［$CaCO_3$-O、$CaCO_3$-R、$CaMg(CO_3)_2$、$CaMgCO_3$］、硅酸盐［$K(Mg,Al)_{2.04}(Si_{3.34}Al_{0.66})O_{10}(OH)_2$、$(Mg,Al)_6(Si,Al)_4O_{10}(OH)_8$、$NaAlSi_3O_8$］和少量氧化铁（$Fe_2O_3$），但是处理间灌水器堵塞物质同种矿物所占比例存在较大差异。以再生水滴灌为例，处理 S0、S0.8、S1.5、S100 和 S0.8+100 中钙镁沉淀占附生生物膜总重量的 22%、39%、46%、41% 和 74%。地下水滴灌条件下，钙镁沉淀是堵塞物质的主要成分，占堵塞物质总重量的 68%～85%。

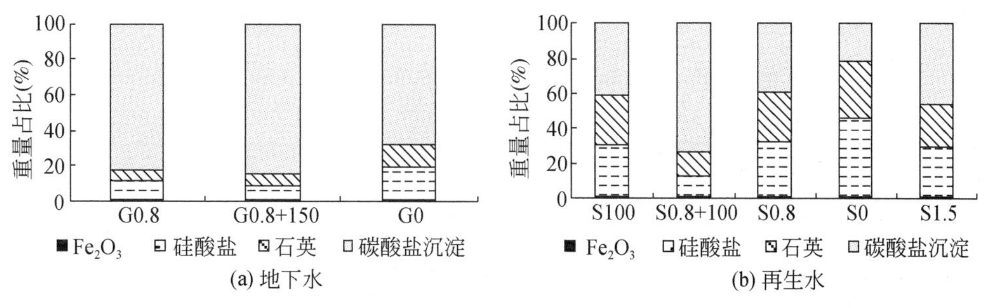

图 2-6　再生水及地下水化学离子各处理组灌水器内附生生物膜矿物组分

随着再生水和地下水中 Fe^{2+} 和 Ca^{2+} 浓度的增加，附生生物膜中钙镁沉淀的含量增加，石英和硅酸盐含量减小。化学沉淀的生成与灌溉水温度，离子浓度和 pH 有关。Sanij 等（2002）研究表明，当灌溉水中含有大量 Ca^{2+}、Mg^{2+}、HCO_3^-、CO_3^{2-} 和 SO_4^{2-} 时，系统中易形成化学沉淀并导致灌水器堵塞。在本试验中，加入的 $CaCl_2$ 和 $FeSO_4$ 明显增加了灌溉水中的离子浓度。离子浓度的增加促进了 CO_3^{2-} 和 Ca^{2+} 的反应形成不溶性碳酸钙沉淀。例如，再生水加入离子处理灌水器堵塞物质 $CaCO_3$ 较对照组（S0）高 79% ~240%。Goode 和 Allen（2011）研究发现，灌溉水中钙离子浓度增加导致膜生物反应器堵塞物质中无机组分比例增加。化学离子对 Fe_2O_3 的影响较小，Fe_2O_3 仅占堵塞物质总量的0.1% ~0.2%。这是由于铁离子造成的灌水器堵塞主要归因于其分泌的黏性物质不断吸附悬浮颗粒物、微生物等形成的微生物絮团，并非是铁的不溶物（Nakayama et al.，2007）。

2.6 水质对灌水器附生生物膜胞外多聚物的影响

图 2-7 给出了各处理灌水器内部附生生物膜黏性 EPS 含量测试结果。地下水滴灌条件下，离子浓度增加，EPS 含量增加。例如，与对照组（G0）相比，处理 G0.8+150 和 G0.8 的胞外多聚物 EPS 含量增加了 117% 和 97% ［图 2-7（a）］。随着离子种类和浓度的增加，滴灌水源中的悬浮颗粒物易被吸附并导致附生生物膜不断增加，进而导致灌水器堵塞的发生。

再生水滴灌条件下，EPS 含量随着离子浓度和种类的增加而增加，表现为：$EPS_{S0.8+100} > EPS_{S1.5} > EPS_{S100} > EPS_{S0.8} > EPS_{S0}$ ［图 2-7（b）］。这是由于钙和铁离子促进了生物膜中细菌的生长和繁殖（Huang and Pinder，1995；Nagai et al.，2007）。二价阳离子通过静电作用吸附含有负电荷的 EPS 基团（Flemming and Wingender，2001），并影响生物膜的结构和生长（Ahimou et al.，2007）。在加入的离子和 EPS 黏性分泌物的共同作用下，再生水化学离子处理组生物膜干重较对照组（S0）增加了 8% ~117%。Kinzler 等（2003）也得出类似结论，EPS 黏性物质不断吸附化学离子并聚集在其表面，加速生物膜的形成。

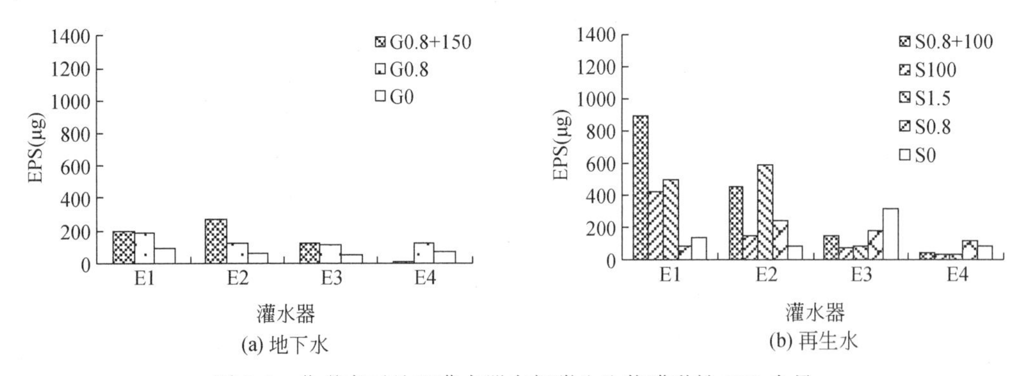

图 2-7　化学离子处理灌水器内部附生生物膜黏性 EPS 含量

再生水滴灌处理的 EPS 含量明显高于地下水滴灌。例如，再生水不加离子处理（S0）较地下水不加离子处理（G0）的 EPS 含量高 122%。这与再生水中细菌总数较大密切相关

(表 2-3)。细菌总数的增加促进黏性物质的形成，更易于悬浮颗粒物和微生物的吸附（Li et al.，2009；2015)。对比不同结构灌水器内附生生物膜黏性 EPS，结果发现，再生水和地下水滴灌条件下均表现为：$EPS_{E1} > EPS_{E2} > EPS_{E3} > EPS_{E4}$。内镶贴片式灌水器 EPS 含量明显高于单翼迷宫式灌水器，其 EPS 含量是后者的 3.2 倍。

再生水及地下水化学离子各处理灌水器内部微生物活性见图 2-8。再生水滴灌微生物活性明显大于地下水滴灌。例如，S0.8 处理的 MA 较 G0.8 处理高 96%。对比不同结构灌水器微生物活性（MA)，发现内镶贴片式灌水器 MA 大于单翼迷宫式灌水器，前者较后者高 143%。

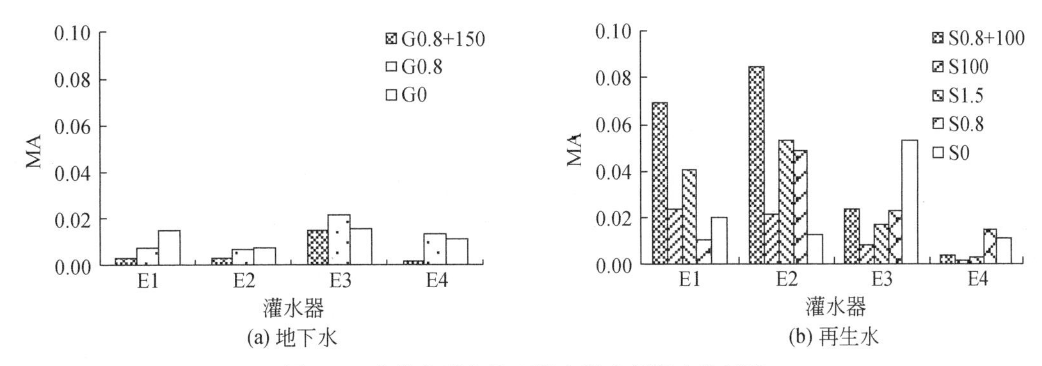

图 2-8　化学离子各处理灌水器内部微生物活性

化学离子影响堵塞物质中微生物的活性。MA 随着 Fe^{2+} 浓度增加而增加，S1.5 处理微生物活性较再生水对照组（S0）增加 18%。这可能是由于带负电荷的 EPS 基团和离子改变了细胞的吸附特性，增加了微生物的活性（Kinzler et al.，2003)。Ca^{2+} 浓度升高抑制灌水器附生生物膜的微生物活性。例如，S100 处理的 MA 较对照组（S0）低 43%。Huang 和 Pinder（1995）研究表明，当灌溉水中含 120mg/L Ca^{2+} 时，生物膜有机组分达到最大值；Ca^{2+} 浓度超过 120mg/L 时，有机组分含量下降。Fe^{2+} 和 Ca^{2+} 同时加入，增加再生水滴灌灌水器堵塞物质微生物活性，而降低了地下水滴灌灌水器堵塞物质的微生物活性。

2.7 本章结论

选择不同结构（内镶贴片和单翼迷宫）和流量（1.1 ~ 1.8L/h）的 4 种灌水器，研究二级再生水及地下水中不同的 Fe^{2+} 和 Ca^{2+} 浓度对灌水器平均相对流量及堵塞物质组分的影响，评价化学离子对再生水滴灌灌水器堵塞发生过程和堵塞机制的影响，主要结论如下。

(1) 地下水滴灌条件下，随着离子浓度增加灌水器堵塞加剧，运行结束时，G0、G0.8 和 G0.8+150 的 4 种灌水器流量均值分别下降到初始流量的 85%、63% 和 41%；再生水滴灌条件下，单翼迷宫式灌水器堵塞随再生水中离子浓度增加而加剧，系统运行结束后，再生水加入离子处理单翼迷宫式灌水器（E3、E4）Dra 较再生水不加离子处理（S0）小 26%；内镶贴片式灌水器抗堵塞性能优于单翼迷宫式灌水器，在系统运行结束时，内镶贴片式灌水器 Dra 为 47% ~98%，单翼迷宫式灌水器 Dra 为 16% ~76%。

（2）灌溉水中离子浓度种类不同，引起灌水器堵塞的机制也不同。离子浓度增加，灌水器堵塞物质中钙镁碳酸盐比例含量增加，灌水器堵塞物质干重增加；微生物活性随着 Fe^{2+} 浓度增加而增加，S1.5 处理 MA 较再生水对照组（S0）增加 18%；Ca^{2+} 浓度升高抑制灌水器附生生物膜的微生物活性，S100 处理 MA 较 S0 低 43%；较低浓度的 Fe^{2+}（0.8mg/L）可明显促进微生物生长和堵塞物质的形成，增加灌水器发生生物和化学堵塞的风险，再生水中 Ca^{2+} 浓度增加会增加灌水器内化学堵塞风险；因此，灌水器堵塞措施的提出应综合考虑灌水器类型和水质的影响效应。

第3章 化学处理措施对再生水滴灌系统堵塞及性能的影响

灌水器堵塞的防止和处理是再生水滴灌系统安全运行的关键问题，处理的方法主要包括化学处理和生物处理两大类。研究和应用最多且经济实用的是加氯/酸处理。在应用过程中，必须结合实际情况，如水的pH、温度、化学成分及其他特定的堵塞问题等，确定加入化学物质的种类、数量及使用时机等，否则将会影响处理效果，甚至产生副作用。本章以余氯浓度、加酸目标pH及加氯/酸间隔为试验因素，定期测定灌水器流量及生物膜特征组分，评价加氯和加酸模式对再生水滴灌灌水器堵塞的影响，为制定适宜的系统化学处理运行参数提供依据。

3.1 概　　述

防止和减缓堵塞一直是再生水滴灌技术的研究重点（Ravina et al., 1992; Li et al., 2009）。化学处理是控制灌水器生物堵塞和化学堵塞发生的常用方法。化学堵塞主要是由碳酸盐沉淀引起，可通过向系统中注入酸性化学制剂降低pH减缓堵塞的发生。若沉淀已形成，加入的酸与沉淀充分接触后可溶解部分堵塞的化学沉淀，从而达到去除堵塞的目的（Nakayama et al., 2007）。硫酸、盐酸、硝酸及磷酸等无机酸是比较常用的类型。Hills等（1989）研究不同电导率微咸水（0.59dS/m、1.12dS/m和2.02dS/m）在不同运行模式（白天地表滴灌、夜间地表滴灌、地下滴灌以及加酸）下灌水器堵塞规律，结果表明，降低灌溉水pH至6.8可有效缓解灌水器化学堵塞的发生。Aali等（2009）研究了加酸和磁化处理对灌水器堵塞的影响，结果表明，两者均可提高灌水器的抗堵塞性能，且加酸处理堵塞去除效果要优于磁化处理。Yuan等（1998）研究发现有机酸（二羧酸）也可减轻咸水滴灌灌水器的堵塞程度。

加氯可抑制灌水器流道内细菌的生长，减缓生物膜的形成或分解已形成的生物膜或黏液，从而达到防止和减缓灌水器生物堵塞的效果（Pitts et al., 1990; Yuan et al., 1998; Li et al., 2010）。加氯处理的效果与再生水的水质有很大关系。以往的研究中所用的水质差别很大，有人工配制的咸水、经二级处理的城市污水（Ravina et al., 1997; Coelho and Resende, 2001）、土地渗滤系统处理后的畜禽养殖场废水（Trooien et al., 2000）及藻类和细菌含量较高的水库水（Dehghanisanij et al., 2005）等，再加上试验的气候条件、灌水器类型等不尽相同，不同研究者建议的加氯处理运行方式（主要包括加氯方式、浓度、频率及加氯历时等）差异很大。李久生等（2010）和Li等（2010）研究发现加氯处理模式、灌水器类型及其交互作用对灌水器堵塞的影响达到极显著水平，且低浓度高频率加氯方式更有利于减轻灌水器堵塞的发生。Song等（2017）在保证加氯总量一致条件下，研究不同余氯浓度和加氯历时组合的加氯模式下灌水器堵塞发生过程，结果表明，低浓度长历时的加氯运行方式可减轻堵塞使系统保持良好性能。

以上研究为再生水滴灌条件下灌水器堵塞控制的研究提供了很好的借鉴，但是化学处理方法对堵塞的减缓和清除机制尚不明确，针对复杂水质作用下形成的灌水器堵塞物质，有关加酸总量及模式的研究仍较少。急需开展复杂水源条件下灌水器堵塞控制减缓模式研究以保证再生水滴灌系统安全高效运行。

3.2 灌水器堵塞化学处理试验方法

3.2.1 灌水器选择

试验选取 2 种内镶贴片式灌水器及 1 种单翼迷宫式灌水器，0.1MPa 压力下标称流量为 1.05 ~ 1.6L/h，不同灌水器流量及特征参数见表 3-1。试验开始前按照 ASAE 标准①测定灌水器流量-压力关系和制造偏差，结果也列于表 3-1。灌水器 E1、E2、E3 的制造偏差均为 3%，质量为“优”②。

表 3-1 化学处理试验灌水器流量及特征参数

符号	额定流量（L/h）	灌水器间距（cm）	流道尺寸 长×深×宽（mm）	流量系数 k	流态指数 x	制造偏差（%）	流道类型	产地
E1	1.05	30	23×0.50×0.64	2.93	0.44	3		以色列
E2	1.6	30	13×0.55×0.66	4.43	0.48	3		以色列
E3	1.38	30	300×0.6×0.7	6.35	0.62	3		中国

3.2.2 试验设计

试验选取高铁钙再生水（再生水+0.8mg/L Fe^{2+}+100mg/L Ca^{2+}）和高钙再生水（再生水+100mg/L Ca^{2+}）两种水质，研究不同化学处理措施（加氯和加酸）对不同堵塞机制引起的灌水器堵塞的影响。所有加氯处理余氯浓度为 2mg/L，加氯频率设置 1 周加氯 1 次、2 周加氯 1 次和 4 周加氯 1 次 3 个水平。加酸处理加酸间隔为 2 周一次，目标 pH 设置 5.0

① ASAE Standards. 2003. S553. Collapsible Emitting Hose (drip tape) – Specifications and Performance Testing. St. Joseph, MI, ASAE.

② ASAE Standards. 2003. EP405.1. Design and Installation of Microirrigation Systems. St. Joseph, MI, ASAE.

和6.5两个水平。另外设置高铁钙再生水、高钙再生水和再生水不加氯不加酸3个对照处理，试验共13个处理（表3-2）。

表 3-2 堵塞化学处理试验设计

试验编号	水质	余氯浓度（mg/L）	加氯/酸间隔（周/次）	pH
SF1	高铁钙再生水	2	1	6.5
SF2	高铁钙再生水	2	2	6.5
SF4	高铁钙再生水	2	4	6.5
SA5.0	高铁钙再生水	—	2	5.0
SA6.5	高铁钙再生水	—	2	6.5
S0	高铁钙再生水	—	—	—
HF1	高钙再生水	2	1	6.5
HF2	高钙再生水	2	2	6.5
HF4	高钙再生水	2	4	6.5
HA5.0	高钙再生水	—	2	5.0
HA6.5	高钙再生水	—	2	6.5
H0	高钙再生水	—	—	—
C0	再生水	—	—	—

所有的加氯处理试验都使用余氯浓度大于10%的次氯酸钠溶液作为加氯原料。试验中用可调式比例泵（Mis Rite Model 2504，Tefen，以色列）注入滴灌系统，注入剂量按保持系统末端设计余氯浓度确定。为了增强加氯处理的灭菌效果，加氯开始前向再生水中注入硫酸（浓度为98%），使再生水的pH控制在6.5左右。每次加氯试验的加氯持续时间为2h。加氯过程中每10min在系统的最远端取水样测试余氯浓度（ExStik CL200，Extech Instruments Corporation，Waltham，Mass），通过实时调整比例泵的注入比例，使系统最远端的余氯浓度与设计值一致。这种加氯方式使余氯浓度的相对误差绝对值（|实测浓度-设计浓度|/设计浓度）在0~20%。加氯结束后，系统停止运行约12h，以保证细菌与氯的充分接触。

加酸处理试验使用浓度为98%的硫酸，通过监测再生水的pH（PHB-4，雷磁，上海，中国）来实时调节加入酸的量。试验中采取循环系统可能增加了酸的消耗，导致pH 6.5和5.0处理酸的相对误差分别为0~14%和0~21%。每次加酸处理的加酸持续时间为2h。加酸结束后，系统停止运行约12h，以保证堵塞物质与酸的充分接触。

试验于2017年5月20日开始运行，7月16日结束，累计运行时间为480h。单翼迷宫式灌水器E3由于堵塞严重，240h后未继续运行。整个系统运行期间未进行冲洗。

3.2.3 试验装置

试验在国家节水灌溉北京工程技术研究中心大兴试验基地遮雨棚内进行。试验中每种水质均使用独立的供水系统。高铁钙再生水和高钙再生水系统配置水箱（$1m^3$）、加压泵

（流量 $3m^3/h$，扬程 20m）、两级过滤器（叠片式过滤器 120 目+网式过滤器 120 目）和压力表（量程 0.4MPa）。再生水不加离子处理配置 300L 的水箱，其余设施同高铁钙再生水和高钙再生水系统保持一致。每种灌水器设置 3 个重复，高铁钙再生水和高钙再生水供水系统包括 54 条长 10m 滴灌带，再生水不加化学离子对照组包括 9 条长 10m 滴灌带，灌水器间距均为 30cm。这些滴灌带利用两层支架水平固定，两层支架高差为 15cm，保持滴灌带水平（坡度为 0°）。滴灌带通过分干管与干管连接。在干管及分干管入口处安装精度为 0.4 级的压力表，监测试验过程中各单元的压力。通常情况下每天清洗一次过滤器，但当过滤器上下游压力差明显增大时，立即对过滤器进行清洗。试验过程中分干管进口压力保持在 0.1MPa。在下层毛管下方 20cm 处安装 PVC 集水槽并设置一定坡度，使得灌水器出流的水通过集水槽回流到水箱内，形成循环水系统。为了保持加氯过程中余氯浓度稳定，加氯过程中的水直接进入排水系统。水槽同时用来放置测试灌水器流量的承水桶。在每次加氯/酸处理完成后，均将水箱放空，更换再生水。

3.2.4 灌水器流量测定

为监测灌水器堵塞的发生过程，每 7 天为一个周期，前 5 天每天运行 12h（8：00～20：00），第 6 天进行相应的加氯加酸处理，加氯/酸结束后系统保持 12h 后测定灌水器流量。每条滴灌带上等间距选择 18 个灌水器并进行标记，测点间距为 60cm，确保每次流量测定选择的灌水器相同，每次流量测定时间为 10min。

选择平均相对流量（Dra）作为评价灌水器堵塞的指标，计算方法见 2.2.4［公式（2-3）］。

3.2.5 灌水器生物膜取样及测定

试验过程中共进行 2 次灌水器堵塞物质取样，分别在系统累积运行的 240h 和 480h 进行（由于堵塞严重，灌水器 E3 仅在系统运行 240h 取样）。每次取样分别在滴灌带三个重复组的首部、中部和尾部分别截取 2 个灌水器，取样后立即用自封袋密封，并置于冰箱 4℃恒温保存；截取的部分用新的灌水器替换。

干重测试方法见 2.2.5.1。

胞外多聚物（EPS）及微生物活性（MA）测试方法见 2.2.5.2。

矿物组分测试方法见 2.2.5.3。

有机质含量是指经灼烧后易于挥发的部分。灌水器样品干燥后用小刀小心剥开，并精确称取 0.5g 堵塞物质以进行有机质含量测试。

3.2.6 水质监测

试验用再生水为北京市黄村污水处理厂的二级处理污水。为了跟踪再生水的水质变化，试验过程中约每 2 周从再生水水箱内取样 1 次（试验运行期间共取样 4 次），测试水质指标。再生水水质指标及其对灌水器的潜在危害程度列于表 3-3。再生水中总铁含量对灌水器堵塞的危险程度为轻微，总悬浮物（TSS）、总溶解性固体（TDS）、pH 及细菌总数对灌水器堵塞的危险程度为中等。

表 3-3　试验用再生水水质指标及其对灌水器堵塞的危害程度

指标	单位	均值	标准差（mg/L）	危害程度[1)]
BOD	mg/L	72.9	9.4	
TN	mg/L	8.31	0.89	
TP	mg/L	0.05	0.05	
TSS	mg/L	91.3	38.6	中等
TDS	mg/L	772.5	91.0	中等
Ca^{2+}	mg/L	45.4	7.80	
Mg^{2+}	mg/L	32.8	2.89	
总铁	mg/L	0.15	0.27	轻微
CO_3^{2-}	mg/L	18.7	7.89	
HCO_3^-	mg/L	175.5	45.8	
Cl^-	mg/L	217	29.0	
SO_4^{2-}	mg/L	170.7	35.2	
pH	—	7.8	0.17	中等
细菌总数	CFU/mL	2.7×10^4	2.2×10^4	中等

注：1）根据 Nakayama 和 Bucks（1991）划分。

试验过程中每天用电导率/pH 计（sensION5，HACH，美国）测试水温及电导率 3 次（8∶00，14∶00，20∶00）。试验期间各处理温度、电导率变化情况见图 3-1。各处理的水温接近，试验期间最高和最低水温分别为 33.2℃ 和 19.2℃。试验运行期间处理高铁钙再生水、高钙再生水和再生水电导率均值分别为 1797μS/cm、1816μS/cm 和 1439μS/cm。

3.2.7　统计分析方法

所有数据均采用 SPSS 19.0 软件（IBM，New York，US）进行统计分析。双因素方差分析用于检验加氯加酸处理是否对灌水器平均相对流量（Dra）产生显著影响（P = 0.05）；当方差分析在 0.05 水平下显著时，利用最小显著性差异法（LSD）来区分不同加氯加酸处理及灌水器之间的差异；新复极差法（Duncan）分析不同处理间的差异显著性；独立样本 T 检验用于分析两次生物膜样微生物活性（MA）之间是否存在显著差异。

3.3　灌水器流量随时间的变化

再生水滴灌条件下各化学处理组不同运行历时 Dra 方差分析结果见表 3-4。结果表明，

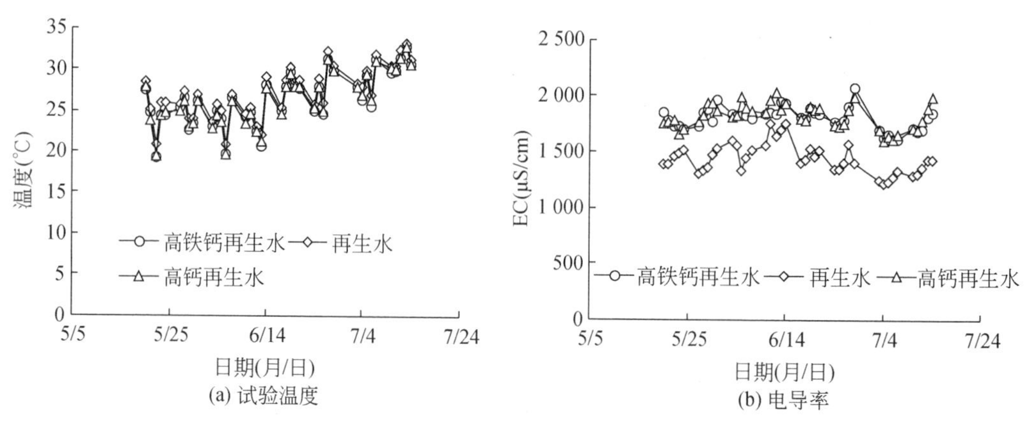

(a) 试验温度

(b) 电导率

图 3-1　堵塞化学处理试验温度及电导率随时间的变化

系统运行超过 240h 后，加氯间隔和灌溉水 pH 均显著影响灌水器堵塞的发生。不同堵塞化学处理灌水器 Dra 随时间的变化见图 3-2。不同运行历时各处理灌水器 Dra 及 LSD 检验结果见表 3-5。灌水器种类不同，其抗堵塞性能也不同。系统运行初期，内镶贴片式灌水器（E1 和 E2）Dra 轻微减小，当系统运行历时达到 60 ~ 120h 时，灌水器 E1 和 E2 的 Dra 开始急剧下降。单翼迷宫式灌水器（E3）较内镶贴片式灌水器更易发生堵塞。较长的流道长度和较大的流态指数可能是单翼迷宫式灌水器堵塞严重的主要原因（Cararo et al., 2006；吴显斌等，2008；Hao et al., 2017）。系统运行 240h 后，S0、H0 和 C0 处理单翼迷宫式灌水器 E3 的 Dra 分别为 9%、14% 和 47%，而相同处理内镶贴片式灌水器 E1 的 Dra 分别为 60%、78% 和 98%。从图 3-2 可看出，随着运行时间的增加，灌水器流量逐渐减小，但是在系统运行 300h 时，部分灌水器流量出现了明显增加。系统运行 240h 时取灌水器样品进行生物膜测试并用新灌水器替代截取部分是造成这一结果的主要原因。试验用 3 种灌水器均表现出随着化学离子浓度的增加，灌水器堵塞越严重。系统运行 480h 后，C0（再生水不加离子对照处理）3 种灌水器 Dra 均值较 H0（高钙再生水不加氯不加酸处理）和 S0（高铁钙再生水不加氯不加酸处理）的 Dra 分别高 68% 和 120%。Hills 等（1989）也发现随着灌溉水盐度的增加，灌水器堵塞越严重。

表 3-4　各处理不同系统运行历时 Dra 方差分析

水质	变异来源	运行历时					
		60（h）		240（h）		480（h）	
		F 值	显著水平	*F* 值	显著水平	*F* 值	显著水平
高铁钙再生水	加氯处理	2.309	0.115	8.972	0.001	42.934	0.000
	加酸 pH	0.802	0.471	19.876	0.000	166.627	0.000
高钙再生水	加氯处理	1.570	0.236	2.133	0.136	13.215	0.000
	加酸 pH	6.081	0.015	12.750	0.001	68.478	0.000

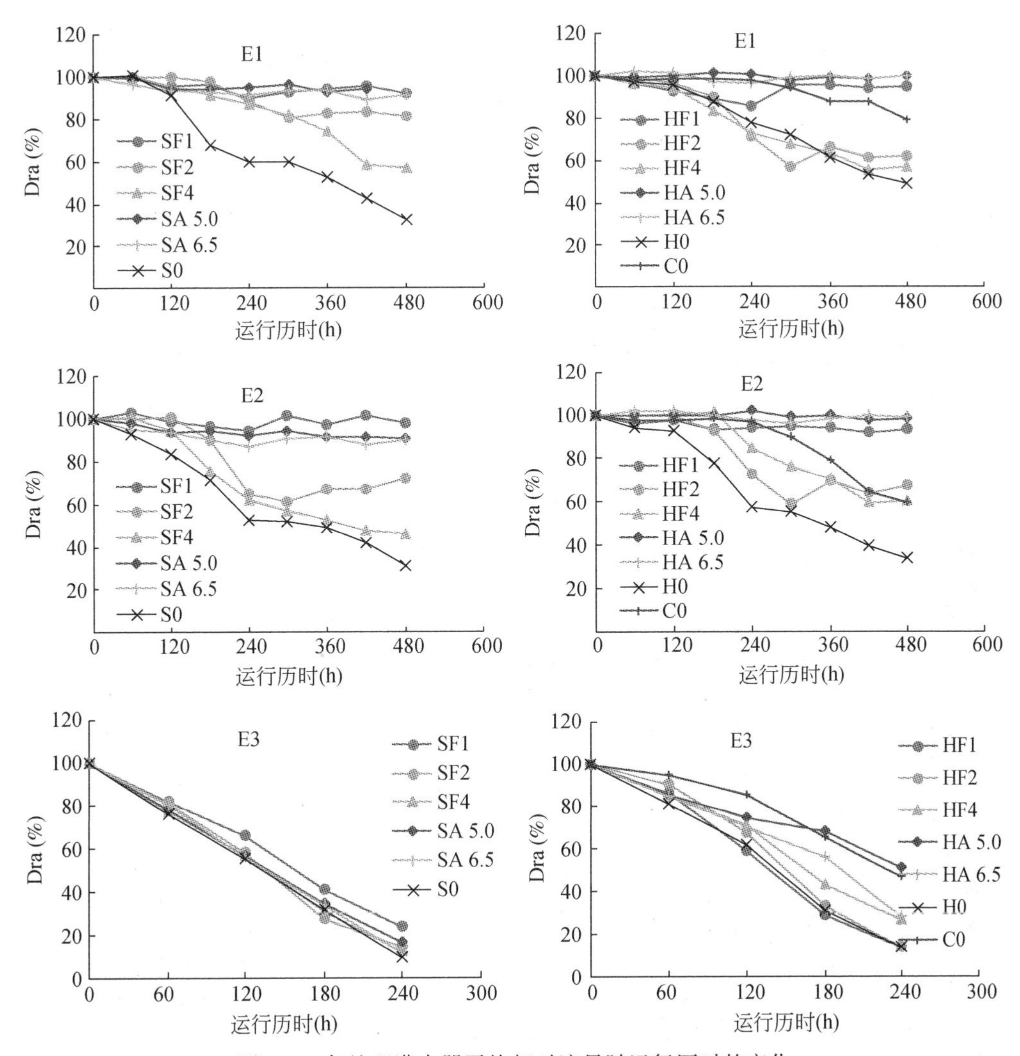

图 3-2　各处理灌水器平均相对流量随运行历时的变化

高铁钙再生水滴灌条件下，加氯或加酸处理 3 种灌水器 Dra 一直高于不加氯不加酸处理（S0）（图 3-2）。加氯处理可明显减少灌水器堵塞的发生。例如，一周加氯一次处理（SF1）系统持续运行 480h 后灌水器 E1 的 Dra 为 92%，而不加氯不加酸处理（S0）灌水器 E1 的 Dra 仅为 32%。加氯间隔越短，减轻灌水器堵塞的效果越明显（表 3-5）。例如，加氯间隔由 1 周增加至 4 周，系统运行结束时 2 种内镶贴片式灌水器 Dra 由 95% 降为 52%。2 种加酸处理可有效降低灌水器发生堵塞的风险，系统运行结束时 SA5.0 和 SA6.5 分别较对照组（S0）Dra 增加了 192% 和 187%。然而，本试验条件下，加氯和加酸处理并未有效减缓单翼迷宫式灌水器的堵塞。系统运行历时达到 120h，各处理 E3 灌水器的 Dra 均小于 75%（图 3-2）。结果表明，化学处理减轻内镶贴片式灌水器堵塞的效果优于单翼迷宫式灌水器。这可能是由于在进行化学处理之前，单翼迷宫式灌水器流道内黏液已形成，加氯加酸处理未能有效减缓

表 3-5　各处理灌水器平均相对流量对比分析

灌水器	运行历时 240h								运行历时 240h							
	SF1	SF2	SF4	SA5. 0	SA6. 5	S0	不同化学处理均值	LSD 检验[1)]	HF1	HF2	HF4	HA5. 0	HA6. 5	H0	不同化学处理均值	LSD 检验[1)]
E1	90a	89a	87a	95a	92a	60b	86	a	86ab	71b	73b	101a	97a	78b	84	a
E2	94a	65bc	62c	92a	87ab	53c	76	b	94a	72ab	85ab	101a	98a	57b	85	a
E3	23a	14bc	12bc	16b	11bc	9c	14	c	14c	13c	27b	51a	28b	14c	25	b
灌水器均值	69	56	54	68	63	41			64	52	61	85	74	50		
灌水器	运行历时 480h								运行历时 480h							
	SF1	SF2	SF4	SA5. 0	SA6. 5	S0	不同化学处理均值	LSD 检验[1)]	HF1	HF2	HF4	HA5. 0	HA6. 5	H0	不同化学处理均值	LSD 检验[1)]
E1	92a	82a	57b	94a	92a	32c	75	—	95a	62b	57bc	100a	100a	49c	77	—
E2	98a	72b	46c	90ab	90ab	31c	71	—	94ab	67bc	60cd	98a	99a	33d	75	—
灌水器均值	95	77	52	92	91	32			94	65	59	99	100	41		

注：同一行中有相同代表各化学处理 Dra 在 0. 05 水平上差异不显著；

1）同一列中有相同字母代表灌水器 Dra 在 0. 05 水平上差异不显著。

灌水器堵塞的发生。Ravina 等（1992）也发现类似现象，加氯处理对减缓未完全堵塞灌水器的堵塞效果更明显。系统运行期间，加氯间隔 1 周处理 Dra 明显高于 2 种加酸处理，但是加氯间隔 2 周和 4 周处理未能使系统保持良好水力性能。李久生等（2010）研究发现，加氯间隔较大的处理不能及时将再生水滴灌灌水器内形成的黏液分解排出，导致灌水器部分堵塞，灌水器堵塞程度会随着部分堵塞的出现快速发展，使系统水力性能恶化。

高钙再生水滴灌条件下，化学处理可有效减轻灌水器的堵塞。系统运行 480h 后，高钙再生水不加氯不加酸处理（H0）的 Dra（41%）明显低于加氯处理 Dra（59% ~94%）和加酸处理 Dra（99% ~100%）（表 3-5）。化学处理（加氯和加酸）对单翼迷宫式灌水器的堵塞去除效果不明显，在系统运行 240h 后单翼迷宫式灌水器 Dra 降低至 51%。对内镶贴片式灌水器而言，系统运行 480h 后 Dra 仍大于 94%，系统水力性能保持较高水平。2 周一次加氯和 4 周一次加氯处理未能使滴灌系统保持高性能，系统运行 300h 后 Dra 低于 75%（图 3-2）。对比各加酸加氯处理发现，加酸 pH = 5.0 处理系统运行期间 Dra 值最大。这可能是由于高钙再生水滴灌条件下 Ca^{2+} 促进了灌水器内化学堵塞的形成（Hao et al., 2017），而加酸可有效减少碳酸盐沉淀的形成（Nakayama et al., 2007）。Hills 等（1989）研究发现类似结果，灌溉水 pH 由 7.6 降低至 6.8 可有效缓解灌水器化学堵塞的发生。

需要指出的是，本研究采用了循环供水系统，可能会对观测到的堵塞过程产生一定程度的影响。每天 12h 的高强度灌水可能会延缓灌水器内生物膜的形成。定期更换再生水及灌溉水的反复过滤，可能会减少水箱中悬浮物质的凝聚，从而降低由大颗粒悬浮物引起灌水器堵塞的风险。

3.4 化学处理对灌水器附生生物膜干重的影响

各化学处理组灌水器内附生生物膜干重测试结果如图 3-3 所示。内镶贴片式灌水器堵塞物质干重表现为 $DW_{E1} > DW_{E2}$。系统运行 480h 后，高铁钙再生水和高钙再生水处理 E1 灌水器堵塞物质干重较 E2 分别高 48% ~155% 和 7% ~141%。随着再生水滴灌系统运行，灌水器内部堵塞物质干重逐渐增加。系统运行 240h 高铁钙再生水对照（S0）和高钙再生水对照（H0）内镶贴片式灌水器干重均值分别为 0.032g 和 0.027g，系统运行 480h 后两个处理灌水器干重分别达到 0.038g 和 0.048g。对于同一处理同种灌水器，Dra 随着系统运行历时的增加而不断减小（图 3-2），表明 Dra 和 DW 之间存在负相关关系。Zhou 等（2013）和 Zhang 等（2016）研究发现类似结论，堵塞物质干重与灌水器 Dra 线性负相关。

高铁钙再生水滴灌条件下，加氯或加酸处理能明显减小灌水器堵塞物质干重［图 3-3（a)]。对灌水器 E2，滴灌系统运行 480h，处理组灌水器干重均值较对照组（S0）低 24%。对比不同加氯间隔处理，结果表明加氯间隔越大，灌水器堵塞物质干重越大。持续灌水 480h 后加氯间隔 4 周处理（SF4）内镶贴片式灌水器干重分别较间隔 1 周（SF1）和 2 周处理（SF2）高 68% 和 11%。一般地，生物膜干重越大，灌水器堵塞越严重，这与我们第 2 章的研究结果相同。系统持续运行 480h，SF1、SF2 较 SF4 处理内镶贴片式灌水器的 Dra 分别高 84% 和 49%（图 3-2）。对同一灌水器，灌溉水 pH 越低，灌水器干重越小。系统运

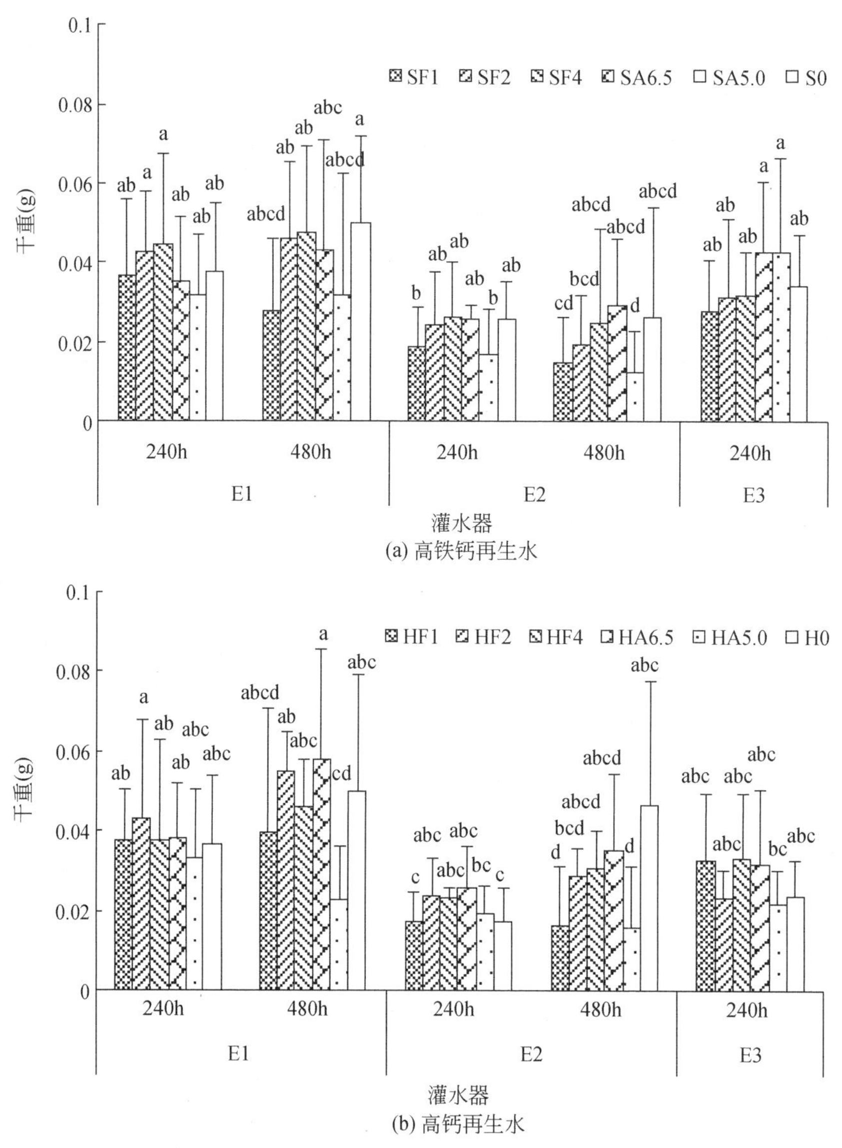

图 3-3　不同化学处理灌水器附生生物膜干重随运行历时的变化

E1、E2、E3 代表试验用灌水器；误差限为标准差，不同字母代表各处理在 $P=0.05$ 水平上显著

行 480h 后，SA5.0 处理灌水器 E1 和 E2 堵塞物质干重较 SA6.5 处理分别低 26% 和 57%。类似地，高钙再生水滴灌条件下，加氯或加酸处理均能有效降低灌水器堵塞物质干重，且加氯间隔越短或加酸 pH 越低，堵塞物质干重减少越明显。

有机质代表生物膜内灼烧后易挥发的部分。不同化学处理和灌溉水质灌水器附生生物膜有机质含量的比例见表 3-6。对比 3 种水质对照组（S0、H0 和 C0），其有机质含量表现为：$OM_{S0} > OM_{C0} > OM_{H0}$。与本书第 2 章的研究结果一致，钙离子增加灌水器发生化学堵塞的风险，而向再生水同时加入铁离子和钙离子，灌水器发生生物和化学堵塞的风险提高。

表3-6 各处理灌水器内附生生物膜内有机质含量的比例

处理	有机质含量（%）		处理	有机质含量（%）	
	运行历时240h	运行历时480h		运行历时240h	运行历时480h
SF1	11.35	6.51	HF1	4.77	12.37
SF2	8.42	11.83	HF2	5.28	11.56
SF4	12.11	12.48	HF4	6.70	6.40
SA5.0	12.51	12.39	HA5.0	5.48	7.100
SA6.5	7.29	8.89	HA6.5	3.60	4.39
S0	12.78	12.89	H0	7.08	5.31
C0	3.82	5.87			

高铁钙再生水滴灌条件下，与对照组相比，化学处理（加氯或加酸）均减小了灌水器内有机质的含量。系统运行结束时，加氯处理比对照组有机质的含量降低了3% ~49%。这是由于氯的强氧化性抑制了微生物的繁殖和流道内黏性物质的形成，进而降低灌水器内有机质的含量（栗岩峰和李久生，2010）。一般地，第二批生物膜中有机质含量高于第一批生物膜样品，但是SF1和SA5.0处理表现出相反的规律。这是由于一周加氯一次处理（提前使水酸化至pH=6.5）和加酸pH=5.0处理可有效减小灌水器内化学沉淀的形成，进而增加了生物膜内有机质的含量。

高钙再生水滴灌条件下，系统运行历时由240h增加至480h，生物膜有机质含量由7%降为5%，表明灌水器内碳酸盐沉淀的形成。第一批生物膜样品处理组有机质含量低于对照组（H0），而第二批生物膜样表现出相反的规律（表3-6）。这是由于加氯（预先将再生水pH酸化至6.5）和加酸处理均能有效降低化学沉淀的生成。Li等（2010）研究也发现，每次加氯处理前向水中加入酸，可大大降低化学沉淀形成的可能性。

3.5 化学处理对灌水器附生生物膜矿物组分的影响

加氯/加酸各处理灌水器附生生物膜矿物组分见图3-4。高铁钙再生水和高钙再生水各处理堵塞物质的矿物组分均为石英（SiO_2）、钙镁沉淀［$CaCO_3$-O、$CaCO_3$-R、$CaMg(CO_3)_2$、$CaMgCO_3$］、硅酸盐［$K(Mg,Al)_{2.04}(Si_{3.34}Al_{0.66})O_{10}(OH)_2$、$(Mg,Al)_6(Si,Al)_4O_{10}(OH)_8$、$NaAlSi_3O_8$］和氧化铁（$Fe_2O_3$），但是处理间灌水器堵塞物质同种矿物所占比例存在较大差异，这与我们第2章的研究结果保持一致。以高铁钙再生水灌为例，系统持续运行480h后处理SF1、SF2、SF4、SA5.0、SA6.5和S0中钙镁沉淀占附生生物膜总重量的70%、74%、88%、78%、84%和91%。加氯处理引起附生生物膜中氧化铁的含量增加。系统运行历时480h，加氯处理灌水器生物膜中氧化铁含量达到3% ~18%，而对照组（S0）氧化铁含量仅占堵塞物质总重量的0.4%。这是由于氯的强氧化性使得Fe^{2+}（高于0.4mg/L）转化为Fe^{3+}不溶物，引起堵塞物质中氧化铁含量的增加（Nakayama et al.，2007）。高钙再生水滴灌条件下，HA5.0处理钙镁沉淀占比最小。这是由于加酸可有效降低碳酸盐沉淀形成的风险（Nakayama et al.，2007）。高钙再生水滴灌条件下，化学处理对各矿物组分占比影响较小，如各处理钙镁沉淀占到堵塞物质总重量的79%～89%。Zhou等（2016）研究结果与本节研究结果不一致，再生水滴灌灌水器堵塞物质主要为石英、碱性长石和伊利石（占比88%）。试验用再生水中固体悬浮物颗粒特征不同是引起矿物组分不同的主要原因。

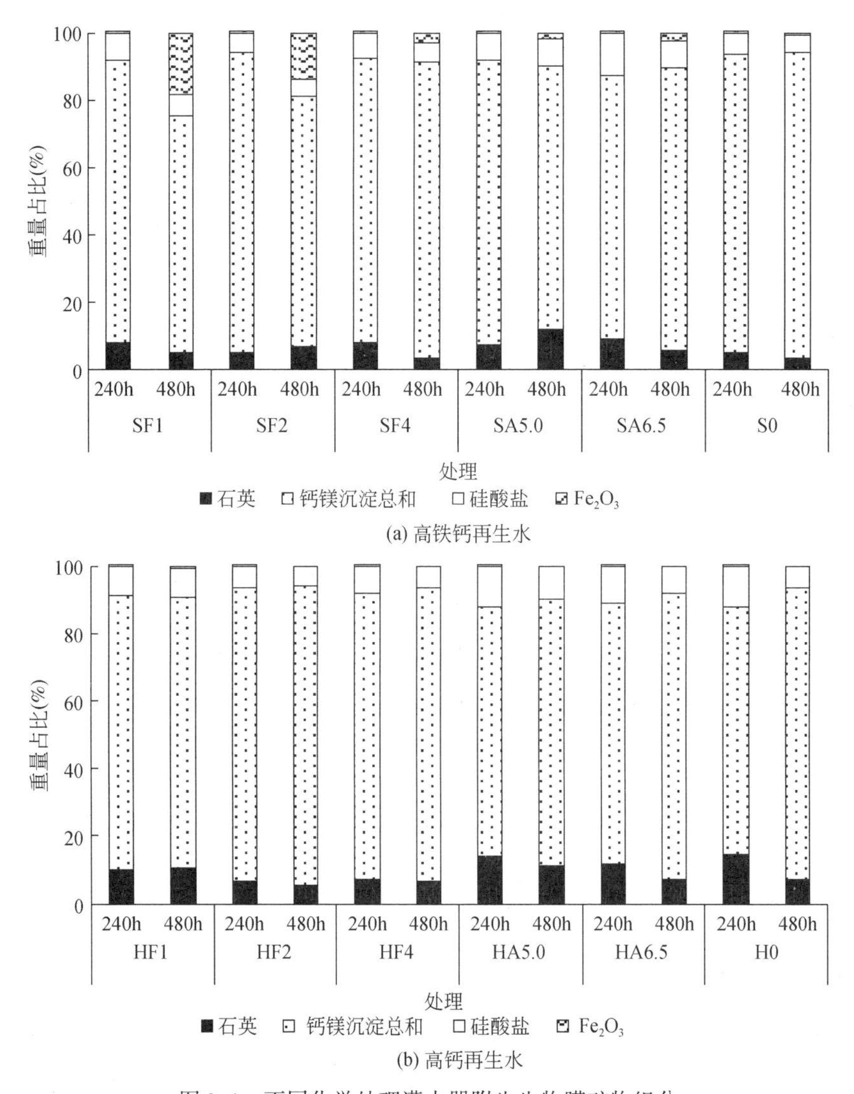

图3-4　不同化学处理灌水器附生生物膜矿物组分

3.6　化学处理对灌水器附生生物膜胞外多聚物的影响

各处理灌水器附生生物膜中胞外多聚物（EPS）含量变化见图3-5。对于同一处理，随着运行时间的增加，灌水器内EPS的含量增加。例如，高铁钙再生水不加氯不加酸处理（S0）系统运行历时240h时EPS含量为346.1μg，运行历时480h时EPS增加至400.5μg。

对于高铁钙再生水和高钙再生水，加氯/加酸处理抑制了黏性 EPS 的分泌。第二次灌水器生物膜样品，加氯处理 2 种内镶贴片式灌水器黏性 EPS 含量均值为 191 ~306μg，与高铁钙再生水对照（S0）相比，降低了 24% ~52%。且加氯间隔越短，EPS 降低幅度越大。Liu 等（2017）研究发现，氯浓度高于 1mg/L 时可有效降低黏性 EPS 的分泌，进而减少生物膜的形成。这主要是因为加氯过程中氯的强氧化性可以有效控制滴灌系统内部微生物的活性，进而抑制微生物生长过程中分泌的黏性物质（栗岩峰和李久生，2010）。与对照组（S0）相比，加酸也可有效降低 EPS 的含量，降低幅度为 34% ~51%，且灌溉水 pH 越低，降低幅度越大。降低灌溉水的 pH，可有效去除 16% 的生物膜及 60% 的微生物（Chen and Stewart，2000）。EPS 含量低表明其捕捉和吸附颗粒物的能力降低，进而减缓灌水器堵塞的发生。

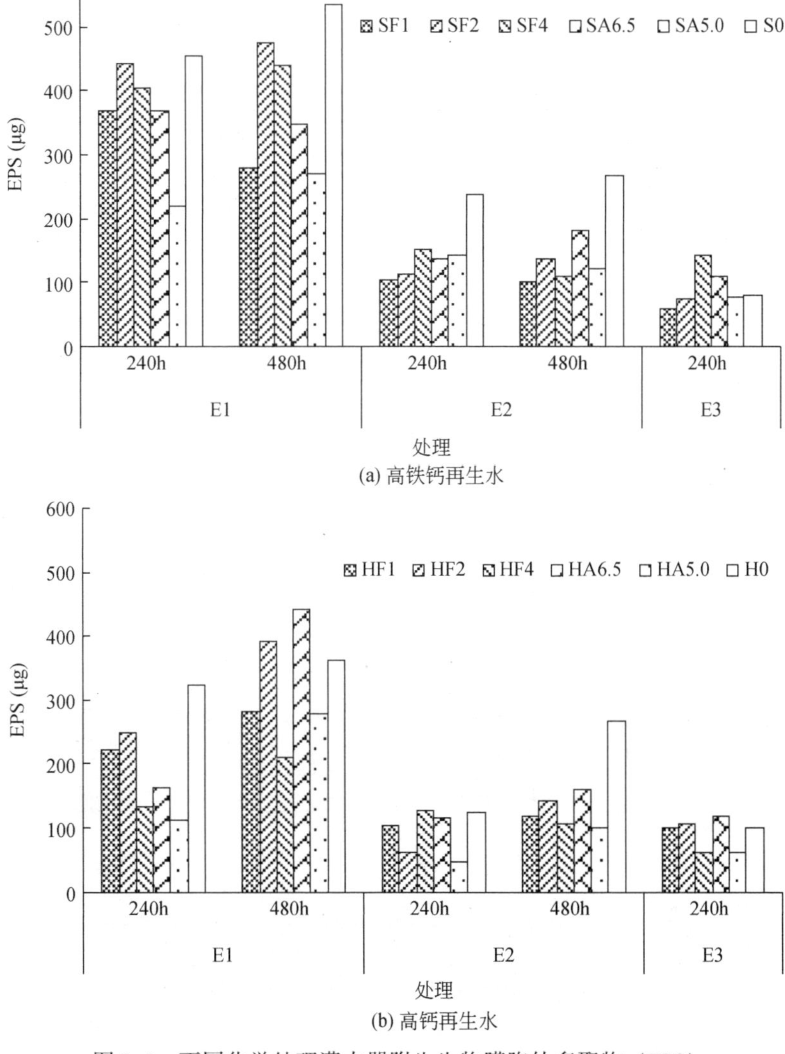

图 3-5 不同化学处理灌水器附生生物膜胞外多聚物（EPS）

图中 E1、E2、E3 代表灌水器

各处理灌水器附生生物膜中微生物活性变化见图 3-6。高铁钙再生水滴灌条件下，两次生物膜取样均表现为加氯或加酸可有效降低微生物的活性。与对照组（S0）相比，SF1、SF2 和 SF4 处理微生物活性分别降低了 6% ~33%、3% ~30% 和 13% ~56%。高钙再生水滴灌条件下，加氯或加酸可降低微生物的活性，但是 SF1 和 2 种加酸处理的微生物活性 MA 高于对照组（H0）。这是由于一周加氯一次处理和加酸处理均能有效降低碳酸盐沉淀的形成，进而提高了微生物的活性。

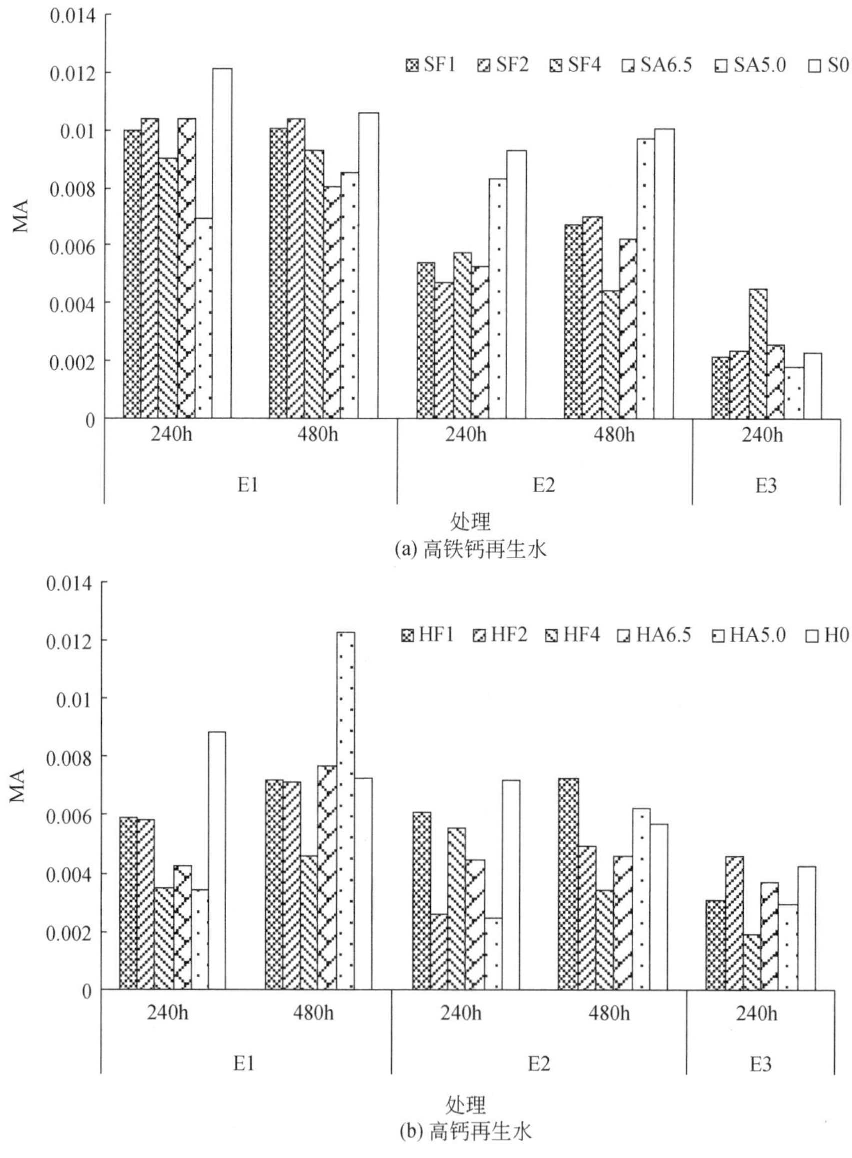

图 3-6　不同化学处理灌水器附生生物膜微生物活性

图中 E1、E2、E3 为灌水器编号

总体来看，第二批生物膜样品的微生物活性 MA 较第一批高 14% ~45%，尽管两者之间并未达到显著差异（数据未列出）。这是由于生物膜在余氯存在时也能继续形成且对氯不敏感（Norton and Lechevallier，2000；Scher et al.，2005）。Song 等（2017）发现，随着运行历时增加，氯也能达到抑制微生物生长的效果，与本研究的结果不一致。这是由于本研究中再生水的水质更为复杂（表 3-3）。本研究试验运行温度（26.3℃）高于前者（22.5℃），也是导致这一结果出现的主要原因。Li 等（2010）研究发现，较高的温度加快了细菌和藻类在灌水器流道内的繁殖，促进了黏液的形成，从而加重了灌水器的堵塞。

3.7 本章结论

选择不同结构（内镶贴片式和单翼迷宫式）和流量（1.05 ~1.6L/h）的 3 种灌水器，研究不同离子种类和浓度再生水引起的不同机制的灌水器堵塞，评价化学处理措施（加氯/加酸）对再生水滴灌灌水器堵塞的控制效果，主要结论如下。

（1）灌水器结构影响着化学处理的有效性。化学处理对内镶贴片式灌水器堵塞的控制效果优于单翼迷宫式灌水器，内镶贴片式灌水器抗堵塞性能明显优于单翼迷宫式灌水器。

（2）加氯间隔和加酸处理目标 pH 均是化学处理的重要运行参数。加氯（预先将再生水 pH 酸化至 6.5）可有效降低灌水器内钙镁碳酸盐沉淀和胞外多聚物含量，进而减小堵塞物质干重，减缓灌水器堵塞发生。加酸主要通过减少灌水器内钙镁碳酸盐沉淀含量达到减缓堵塞的目的。在本研究试验条件下，采用一周一次加氯处理（保持系统余氯 2mg/L）方式可有效减少高铁钙再生水滴灌系统中微生物的生长和繁殖以及固体颗粒物沉淀的形成，降低灌水器发生生物和化学堵塞的风险；而高钙再生水滴灌时，采用降低灌溉水 pH（加酸目标 pH 5.0，两周一次）处理可有效减少化学沉淀的形成，降低灌水器内化学堵塞风险。

第4章 再生水滴灌系统加氯措施对根区土壤环境和作物生长的影响

加氯处理能够有效控制灌水器内附生生物膜的生长，是控制再生水灌水器堵塞常用而又经济的方法（Dehghanisanij et al.，2005）。但是，氯的强氧化性在杀死再生水中微生物和细菌的同时，加氯可能会导致土壤氯离子含量增加，加剧盐分离子的累积，导致养分分布不均衡，对作物的生长带来不利影响。本章通过两年田间试验，设置余氯浓度、加氯历时和灌溉水质3个因素，测定土壤氯离子、酶活性及氮素含量，监测玉米生理生态指标，研究再生水滴灌加氯条件下余氯浓度和加氯历时对土壤环境和作物生长的影响。同时生育期结束后测定了各处理灌水器流量，评价田间滴灌系统加氯处理对堵塞的去除效果，为制定合理的加氯运行模式及再生水安全高效利用提供参考依据。

4.1 概　　述

再生水中含有较多的养分及化学物质，如病原体、重金属和盐分等（Toze，2006；Santos et al.，2016；Pedrero et al.，2010），再生水灌溉对土壤环境的影响不容忽视（Liu et al.，2005；Chen et al.，2010b）。众多研究表明，再生水灌溉会导致土壤中盐分累积，增加土壤盐渍化的风险（Jnad et al.，2001；Ebrahimizadeh et al.，2009；Chen et al.，2015；Bedbabis et al.，2015）。通过加氯措施施入的氯会使得土壤理化特性变化更复杂，进一步增加土壤盐渍化的风险。Hills等(2000)研究表明，持续加氯会增加灌溉水中的总溶解性固体（TDS），引起土壤盐分的累积。Li等（2014）研究表明，加氯浓度和加氯频率的增加均会使表层土壤中氯离子含量明显增加，对30cm以下土层中的氯离子含量影响不大。

加氯处理引起的根区土壤盐分的累积可能会对作物的养分吸收过程和土壤养分含量产生影响。有研究表明，过量增加的盐分离子可能通过参与硝酸根离子与其他离子间的相互作用改变NO_3^--N的分布运移特性（Allred，2008），另外，根区土壤的盐分胁迫还可能通过改变渗透调节作用抑制作物的水氮吸收（Taylor et al.，1982）。过高的氯离子浓度还会降低叶片的叶绿素含量，影响作物的同化作用（Zekri，1991）。栗岩峰和李久生（2010）研究发现与地下水滴灌相比，再生水滴灌增加了表层土壤（0～15cm）NO_3^--N的含量，增加了番茄生育期内的吸氮量；而再生水加氯处理番茄生育期内吸氮量明显降低，加剧了NO_3^--N在表层土壤的累积，作物对养分的吸收量减少，在一定程度上导致番茄产量降低（栗岩峰和李久生，2010；Li et al.，2012a）。李平等（2013a）研究了再生水地下滴灌加氯处理对土壤氮素分布的影响，结果表明加氯提高了0～20cm土壤NO_3^--N和矿质氮残留量。

酶在土壤系统的有机物质分解和养分循环过程中至关重要（Tabatabai，1994；Duncan

et al., 2008)，是土壤肥力（关松荫，1986）、土壤环境（窦超银等，2010）和土壤健康（Das and Varma，2010）的重要指标。土壤酶活性的变化与灌溉再生水的水质和质量密切相关（Karaca et al., 2010），能够及时反映再生水灌溉后土壤环境的变化状况（Levy et al., 2011）。部分研究结果表明，再生水灌溉提高了土壤酶活性（Brzezinska et al., 2006；Karaca et al., 2010；Chen et al., 2008；Qiu et al., 2017a）。但是也有研究得出相反的结论，Shukla 和 Varma（2011）研究发现，使用含有较高金属离子或盐分含量的再生水进行灌溉时，土壤酶活性较灌溉前出现降低的趋势。再生水加氯灌溉对土壤酶活性的影响是各种水质指标相互影响、多种环境因子综合作用的结果，不同酶活性对各类水质指标与环境参数的反应也有很大差异。马国瑞（1993）研究了不同氯浓度对土壤酶活性的影响，结果表明氯提高了滨海盐土中磷酸酶和脲酶及潮土中磷酸酶的活性，但降低了红壤中脲酶和磷酸酶的活性。杨林生等（2016）研究了长期施用含氯化肥对土壤肥力的影响，结果表明，长期施用含氯化肥显著降低了土壤脲酶、碱性磷酸酶和过氧化氢酶的活性。

与地下水相比，再生水中富含氮磷等营养元素和有机质等，再生水灌溉对作物产量和品质的影响一直是研究的热点。大部分研究表明，再生水提高了作物产量，但是对品质影响不显著（齐学斌等，2008；刘洪禄等，2010；吴文勇等，2010）。也有研究指出再生水灌溉会抑制作物生长导致产量降低（Feigin et al., 1991；Shani and Dudley，2001），这是由于再生水中除含有大量营养元素外，还含有重金属、盐分和病原体等有害物质，这些有害物质随水进入土壤，会对作物生长产生不利影响，影响作物产量和品质（Kiziloglu et al., 2008；李阳等，2015）。与地下水滴灌相比，再生水滴灌促进了作物对养分的吸收，番茄产量增加；而再生水加氯处理抑制了土壤 N 的转化过程和累积，作物对养分的吸收量减少，在一定程度上导致番茄产量降低；再生水滴灌显著提高了番茄的可溶性糖和水溶性总酸，但是显著降低果实中的 Vc 含量和可溶性固形物，加氯处理在一定程度上可缓解果实中 Vc 含量和可溶性固形物的降低趋势（栗岩峰和李久生，2010；Li et al., 2012a）。李久生等（2015）研究表明，再生水滴灌增加了番茄的根长密度，但是频繁的加氯处理会抑制番茄根系的发育。

综上所述，加氯处理产生的氯盐会累积在土壤中，进一步加剧再生水灌溉土壤盐渍化风险，引起土壤酶活性的变化，进而影响作物的生长和产量。制定合理的加氯措施除了考虑灌水器堵塞的去除效果，还应重点关注加氯对土壤环境和作物生长和产量的影响。目前，再生水加氯灌溉对土壤酶活性、土壤盐分分布及养分转化的影响机制尚不明晰，对作物生长及产量品质的影响也需进一步研究。

4.2 加氯试验方法

4.2.1 试验概况

试验分别于 2015 年 7 月 2 日至 10 月 25 日和 2016 年 5 月 4 日至 9 月 1 日在国家节水

灌溉北京工程技术研究中心大兴试验基地（39°39′N，116°15′E，40.1m+）进行，试验基地地理位置示意图见图4-1。该地区属暖温带半湿润大陆季风气候，多年平均气温11.6℃，多年平均降水量为556mm，降雨季节分配不均匀，大多集中在7~9月。试验区0~100cm土质为粉壤土（美国制），土壤平均容重（环刀法）为1.39g/cm^3，平均田间持水率和凋萎含水率分别为0.30cm^3/cm^{3}和0.10cm^3/cm^3（郭利君，2017）。供试土壤基本物理特性见表4-1。

表4-1　供试土壤基本物理特性

深度（cm）	不同粒径颗粒所占比例（%）			土壤质地	土壤容重（g/cm^3）	田间持水率（cm^3/cm^3）	凋萎含水率（cm^3/cm^3）
	<0.002mm	0.002~0.05mm	>0.05mm				
0~20	13.2	53.5	33.3	粉壤土	1.31	0.29	0.10
20~60	12.3	57.3	30.3	粉壤土	1.41	0.31	0.09
60~100	15.8	55.1	29.1	粉壤土	1.45	0.31	0.10

图4-1　试验基地示意图

4.2.2　试验设计

供试作物为玉米（‘京科389’）。试验小区的尺寸为10m×3m，每个小区种植6行玉米，株距为30cm，行距为50cm。滴灌带沿玉米行方向布置，每个小区布置3条滴灌带，1条滴灌带控制2行玉米。试验用滴灌带灌水器间距为30cm，0.10MPa下标称流量为1.6L/h（Φ16mm，耐特菲姆）。两个小区之间设置宽度为50cm缓冲带，便于试验观测并防止小区之间的横向水分交换。

试验考虑余氯浓度、加氯历时和水质 3 个因素。2015 年余氯浓度设置为 1mg/L、2mg/L、4mg/L 和 8mg/L 4 个水平，加氯历时设置 2h、1h 和 0.5h 3 个水平。2016 年余氯浓度设置 1.3mg/L、2mg/L 和 4mg/L 3 个水平；加氯历时设置 3h、2h 和 1h 3 个水平。两年试验均设置再生水和地下水对照，2015 年和 2016 年分别设置 8 个和 6 个处理，每个处理均设置 3 个重复。试验设计组合和布置方式见表 4-2。

表 4-2　2015 年和 2016 年试验设计组合及布置方式

2015 年				2016 年			
处理	余氯浓度（mg/L）	加氯历时（h）	总加氯量（g/hm^2）	处理	余氯浓度（mg/L）	加氯历时（h）	总加氯量（g/hm^2）
C1T2	1	2	422.4	C1.3T3	1.3	3	633.6
C2T1	2	1	422.4	C2T2	2	2	633.6
C4T0.5	4	0.5	422.4	C4T1	4	1	633.6
C2T2	2	2	844.8	C2T1	2	1	316.8
C4T1	4	1	844.8	S0	再生水对照		
C8T0.5	8	0.5	844.8	G0	地下水对照		
S0	再生水对照						
G0	地下水对照						

加氯处理均选用有效氯为 10% 的次氯酸钠溶液作为原料。试验过程中通过可调式比例泵（Mis Rite Model 2504，Tefen，以色列）施入，注入剂量按保证系统末端设计余氯浓度确定。为了增强加氯处理的灭菌效果，加氯开始前向再生水中加入硫酸以调节灌溉水的 pH 至 6.5 左右，水酸化之后再向系统中加氯。每次加氯过程中均用 EXTECH-CL200 笔式余氯计（Extech Instruments Corporation，Waltham，Mass）测定毛管末端灌水器出水的余氯质量浓度。测定频率为每 10min 一次，然后根据笔式余氯计读数调整比例泵的注入比例，以保证系统中余氯浓度控制在设计水平附近。

4.2.3　灌水与施肥

试验中各处理采用的灌溉和施肥制度一致。根区范围（苗期为 40cm，其余生育期选取 60cm）内土壤含水率降为田间持水量的 60% ~70% 时进行灌水，上限为田间持水量。2015 年和 2016 年生育期内有效降水量（>5mm）分别为 249mm 和 502mm。基于灌溉制度，2015 年和 2016 年玉米生育期内分别灌水 4 次和 3 次，总灌水量分别为 68.6mm 和 87.2mm。

玉米生育期内分别施入纯 N 180kg/hm^2，P_2O_5 100kg/hm^2，K_2O 100kg/hm^2。在播种前基施 P_2O_5 100%（100kg/hm^2）；在播种前、拔节期、大喇叭口期和灌浆期分别施 K_2O

30%（$30kg/hm^2$）、30%（$30kg/hm^2$）、30%（$30kg/hm^2$）和10%（$10kg/hm^2$）。N肥在生育期内随灌水施入土壤，分别在拔节期、大喇叭口期和灌浆期施1/3（$60kg/hm^2$）纯N。

施肥时氮肥选用尿素，全部随灌水施入土壤；磷肥选用过磷酸钙；钾肥选用K_2SO_4。除基肥外，试验生育期内均利用水动比例式施肥泵（Mis Rite Model 2504，Tefen，以色列）采用"1/4W-1/2N-1/4W"的模式注入（李久生等，2004）。玉米生育期内灌水施肥制度见表4-3。

表4-3　玉米生育期内灌水施肥制度

灌水施肥及加氯次序	2015年			2016年			施肥量（kg/hm^2）		
	日期	灌水量（mm）	加氯	日期	灌水量（mm）	加氯	氮肥	钾肥	磷肥
基肥	7月2日			5月4日				30	100
1	8月3日	15	√	6月6日	27.2	√	60	30	
2	8月20日	20.5	√	6月27日	30	√	60	30	
3	9月7日	15	√	7月15日	30	√	60	10	
4	10月8日	18.1	√						
总量		68.6			87.2		180	100	100

4.2.4　观测项目与方法

4.2.4.1　土壤氮素、氯及酶活性

为了获得田块的初始氮素、氯及酶活性特征，播种前在整个田块均匀布置5个测点，0~100cm土层分5层取样：0~20cm、20~40cm、40~60cm、60~80cm和80~100cm。为了获得玉米生育期典型时段土壤指标（氮素、氯离子和酶活性）的分布情况，在每个小区设置一个采样点（图4-2），分别在玉米各生育期、施肥前后和收获后用土钻在0~100cm土层内按照20cm等间距分5层取样。土样采集后，经风干研磨后过2mm筛，然后保存于自封袋内。0~40cm土壤样品用于土壤氮素、氯离子以及土壤酶活性的测定，40~100cm土壤样品仅测定土壤氮素含量。

土壤氮素测定：称取20g风干土壤样品，用50mL浓度为1mol/L的KCl溶液浸提，用流动分析仪（Auto Analyzer 3，德国Bran+Luebbe公司）测定浸提液中NO_3^--N和NH_4^+-N的浓度（mg/L），再折算成土壤NO_3^--N和NH_4^+-N含量（mg/kg）。

土壤氯离子：称取10g风干土壤样品，用50mL蒸馏水浸提。以铬酸钾作指示剂，用0.02mol/L的硝酸银标准溶液滴定氯离子。

土壤酶活性测定：土壤碱性磷酸酶和脲酶活性均按照关松荫（1986）提出的方法进

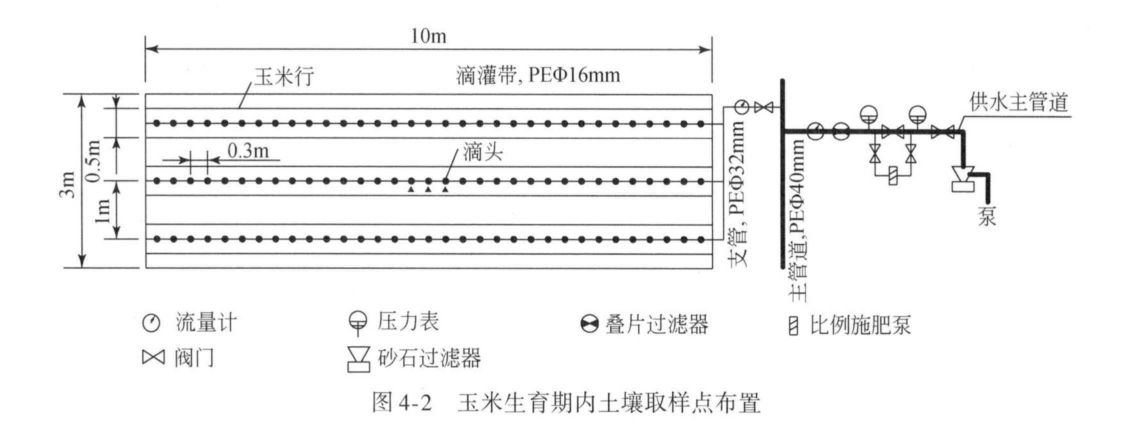

图 4-2 玉米生育期内土壤取样点布置

行测定，其中土壤碱性磷酸酶采用磷酸苯二钠法测定，土壤脲酶采用苯酚-次氯酸钠法测定。

4.2.4.2 玉米生长和产量指标

株高和叶面积指数（LAI）：在各试验小区选取长势良好、具有代表性的 4 株玉米进行标记，分别在 6 叶期（V6）、8 叶期（V8）、12 叶期（V12）、抽穗期（VT）、灌浆期（R2）和成熟期进行测定株高和 LAI 的测定。

相对叶绿素含量（SPAD）：选点位置同株高测点。从拔节期开始，每 10 天用便携式叶绿素仪（SPAD-502，精度±1.0SPAD 单位，KONICA MINOL TASENSING，日本）测定叶片的相对叶绿素含量（SPAD 值）。拔节期测定第 4 片完全展开叶（最下层叶片为第 1 叶），后期测量时测定穗位叶（Rostami et al.，2008），测定位置为叶片中部，每个叶片均多次（≥3）测量求平均值。

干物质及作物全氮：在每个小区选取 3 株有代表性的玉米植株测定地上部干物质质量和作物全氮。取样时间为苗期末、拔节期末、抽穗期末、灌浆期和成熟收获后，按茎、叶和穗分别取样，晒干后将其剪碎，称量其植株重量，然后用四分法进行取样，用旋风磨将样品磨碎，用凯氏定氮仪测其植株全氮含量。

产量：在玉米成熟后对玉米进行产量及其构成要素的测定。每个小区沿滴灌带方向等间距布置 3 个考种点。2015 年每个考种点选取 10 株玉米（2 行，每行 5 株），共 30 株玉米。2016 年每点取 12 株玉米（2 行，每行 6 株），共 36 株玉米。分别测量穗长、秃尖长、穗行数和行粒数，风干后脱粒，然后烘干测百粒重和籽粒产量，并将籽粒重量最后折算为每公顷产量。

4.2.4.3 水质参数测定

每次灌溉前，采集再生水样 500mL 用于水质指标测定；由于地下水水质特征相对稳定，全生育期仅采集测定一次。测试指标有 COD_{Cr}、BOD_5、TN、TP、TSS、Cl^-、*E. coli*，结果见表 4-4。

表 4-4　玉米生育期内再生水与地下水水质指标

参数	单位	2015 年			2016 年		
		再生水		地下水	再生水		地下水
		均值	标准差		均值	标准差	
BOD_5	mg/L	13.3	4.6	16.4	72.9	9.4	6.2
COD_{Cr}	mg/L	26.2	18.7	23.7	148	52.1	17.9
TN	mg/L	13.7	2.6	0.8	8.1	3.5	0.5
TP	mg/L	1.8	1.1	0.07	0.5	0.3	0.5
TSS	mg/L	61.7	33.5	ND	107.3	35.0	ND
Cl^-	mg/L	148.7	26.5	26.5	163	8.9	35.5
E. coli	CFU/100mL	2515	2386	ND	1045	350	ND

注：ND 代表未检出。

4.2.4.4　统计分析方法

所有数据均采用 SPSS 19.0 软件（IBM，New York，US）进行统计分析。采用双因素方差分析确定余氯浓度和加氯历时对土壤氮素、土壤酶活性、玉米株高、LAI、SPAD、干物质量、吸氮量、产量及其构成要素的影响；采用单因素方差分析确定灌溉水质对土壤氮素、土壤酶活性、玉米株高、LAI、SPAD、干物质量、吸氮量、产量及其构成要素的影响；采用单因素方差分析确定加氯处理及水质对土壤氯离子的影响；采用 Duncan 多重比较确定各处理均值的差异。

4.3　加氯处理对土壤氯离子分布的影响

试验加氯总量最大且加氯历时最长的处理（2015 年 C2T2，2016 年 C1.3T3）以及再生水不加氯处理和地下水不加氯处理生育期内土壤氯含量对比结果见图 4-3。结果显示，再生水滴灌对土壤氯离子含量影响较小，部分时段内加氯处理土壤氯离子浓度高于再生水不加氯处理。方差分析结果显示，加氯处理对 2015 年土壤氯离子影响不显著（表 4-5），2016 年加氯处理仅对第 3 次灌后（7 月 17 日）土壤氯离子含量影响显著（表 4-6）。

与播种前土壤氯离子含量相比，2015 年再生水加氯和不加氯处理均增加了土壤中氯离子含量（图 4-3）。例如，2015 年，处理 C2T2 和再生水对照（S0）收获后 0 ~ 40cm 土层氯离子含量较播种前分别增加了 43% 和 56%。而 2016 年，C1.3T3 和 S0 处理成熟期土壤氯离子含量分别下降了 51% 和 52%。两年试验对比发现，2016 年 0 ~ 40cm 土层氯离子含量明显小于 2015 年。2016 年内降水量较大（502mm）是造成这一结果的主要原因。Chen 等（2010a）研究指出，氯离子易随水运移，较大的降雨会明显

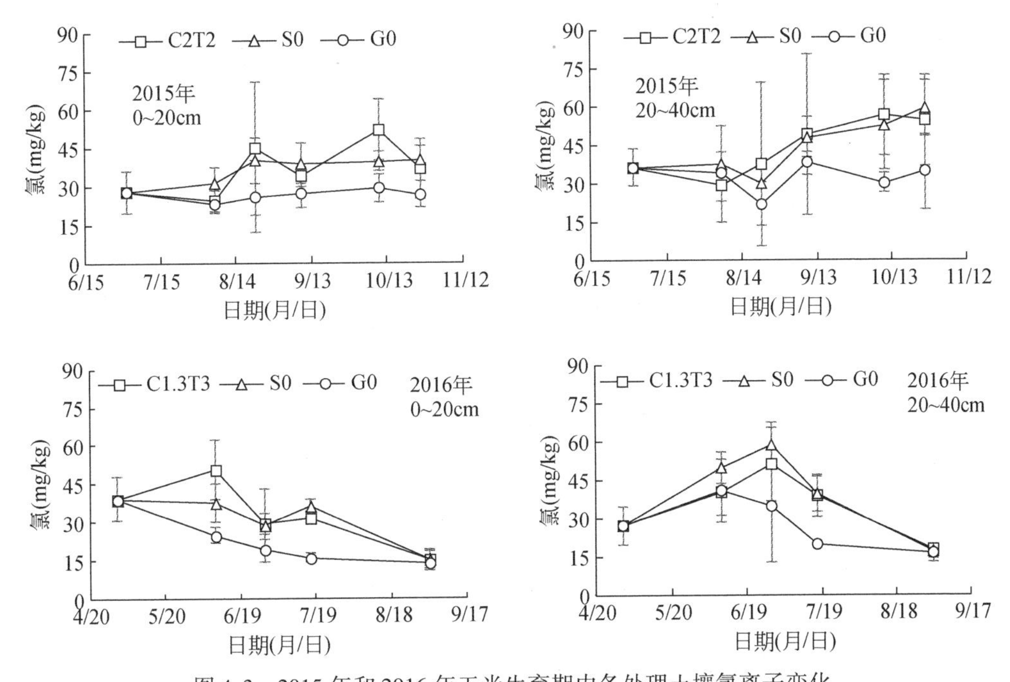

图 4-3　2015 年和 2016 年玉米生育期内各处理土壤氯离子变化

加快土壤氯向下运移。两年田间试验结果表明，加氯未引起试验根区土层氯含量的累积。邹长明和高菊生（2004）研究表明，在 0～100cm 剖面内，Cl^-易随水流失，长期连续施用不会在土壤中大量残留。

对比灌溉水质对土壤氯离子含量的影响，结果表明，与地下水滴灌相比，再生水不加氯处理均提高了土壤中氯离子的含量，且随着灌溉次数的增加，两者差异逐渐增大。再生水中氯离子含量高是造成这一结果的主要原因（表 4-4）。2015 年方差分析结果显示，灌溉水质对前 3 次灌后（8 月 6 日至 9 月 9 日）土壤氯离子含量影响不显著，而对第 4 次灌后及成熟期（10 月 10 日至 10 月 26 日）0～20cm 土壤氯离子影响显著，这表明水质对土壤氯离子含量的影响随灌溉的增加而增加（表 4-5）。2016 年方差分析结果显示，灌溉水质对第 3 次灌后（7 月 17 日）0～40cm 土壤氯离子影响显著，但是对成熟期（9 月 2 日）土壤氯离子含量影响不显著。这主要是由于 7 月 21 日较大降雨（242mm）导致氯离子向下层土壤运移所致。与地下水对照相比，再生水不加氯处理（S0）2015 年和 2016 年收获后 0～20cm 土层氯含量分别增加了 51% 和 13%。

表 4-5　2015 年玉米生育期内各土层氯离子对比分析

处理	0～20cm					20～40cm				
	8 月 6 日	8 月 22 日	9 月 9 日	10 月 10 日	10 月 26 日	8 月 6 日	8 月 22 日	9 月 9 日	10 月 10 日	10 月 26 日
C2T2	24a	45a	34a	52a	37a	29a	37a	49a	57a	54a
S0	31a	40a	39a	40ab	40a	37a	30a	48a	53a	59a
G0	23a	26a	27a	29b	27a	34a	22a	38a	30a	34a
方差分析										
加氯	NS（P=0.184）	NS（P=0.779）	NS（P=0.340）	NS（P=0.157）	NS（P=0.661）	NS（P=0.219）	NS（P=0.667）	NS（P=0.899）	NS（P=0.960）	NS（P=0.728）
水质	NS（P=0.108）	NS（P=0.215）	NS（P=0.100）	*（P=0.048）	*（P=0.036）	NS（P=0.819）	NS（P=0.636）	*（P=0.024）	NS（P=0.097）	NS（P=0.152）

注：NS 代表在 α=0.05 水平上差异不显著；*代表在 α=0.05 水平上差异显著。

表 4-6　2016 年玉米生育期内各土层氯离子对比分析

处理	0～20cm				20～40cm					
	6 月 9 日	6 月 29 日	7 月 17 日	9 月 2 日	6 月 9 日	6 月 29 日	7 月 17 日	9 月 2 日		
C1.3T3	51a	30a	31b	15a	40a	51a	38a	18a		
S0	38ab	29a	37a	15a	50a	59a	40a	17a		
G0	25b	19a	16c	14a	41a	35a	20b	16a		
方差分析										
加氯	NS（P=0.175）	NS（P=0.949）	*（P=0.033）	NS（P=0.862）	NS（P=0.210）	NS（P=0.474）	NS（P=0.858）	NS（P=0.561）		
水质	*（P=0.048）	NS（P=0.311）	**（P=0.000）	NS（P=0.539）	NS（P=0.333）	NS（P=0.165）	*（P=0.008）	NS（P=0.815）		

注：NS 代表在 α=0.05 水平上差异不显著；*代表在 α=0.05 水平上差异显著；**代表在 α=0.01 水平上差异显著。

4.4 加氯处理措施对土壤氮素分布的影响

4.4.1 加氯处理措施对土壤硝态氮的影响

2015 年和 2016 年各处理土壤 NO_3^--N 含量在玉米生育期内的变化见图 4-4 和图 4-5。两年生育期内 NO_3^--N 含量基本随着土层深度的增加而降低。各处理 0 ~ 20cm 土层 NO_3^--N 含量受作物吸收和灌水施肥的影响，在生育期内呈现出波动下降的趋势。

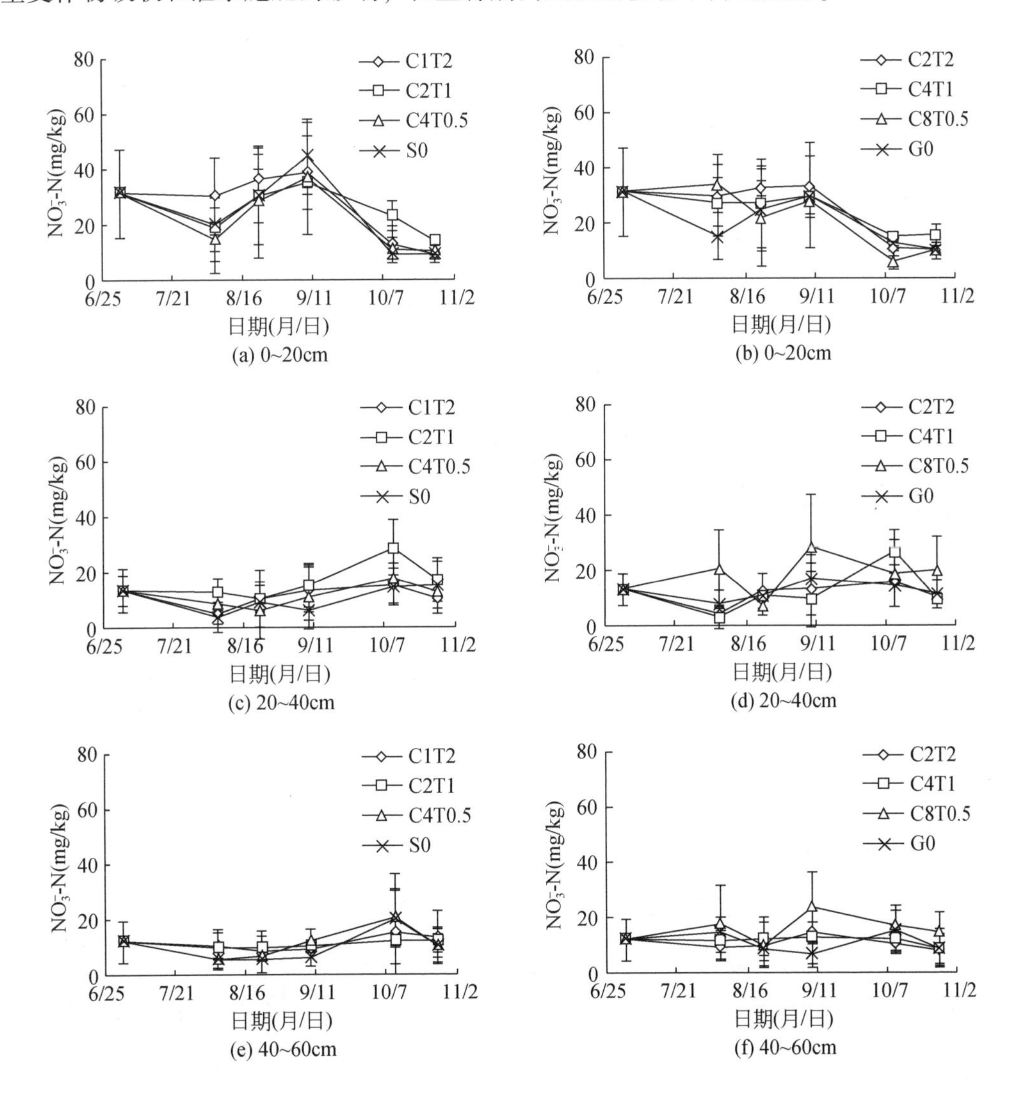

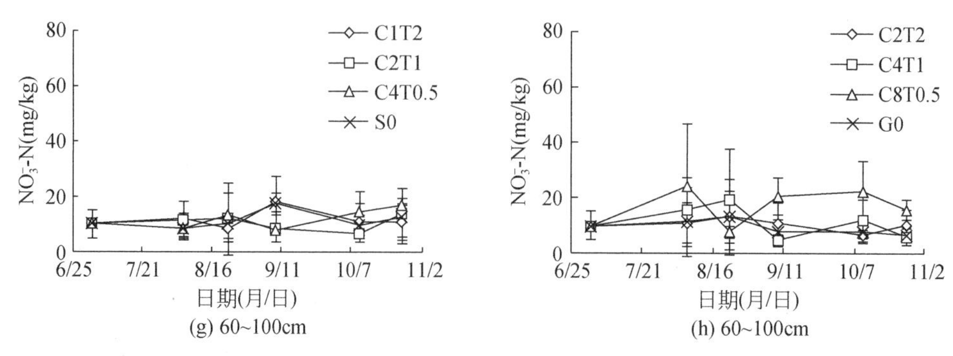

图 4-4　2015 年不同处理土壤 NO_3^--N 含量在生育期内的变化

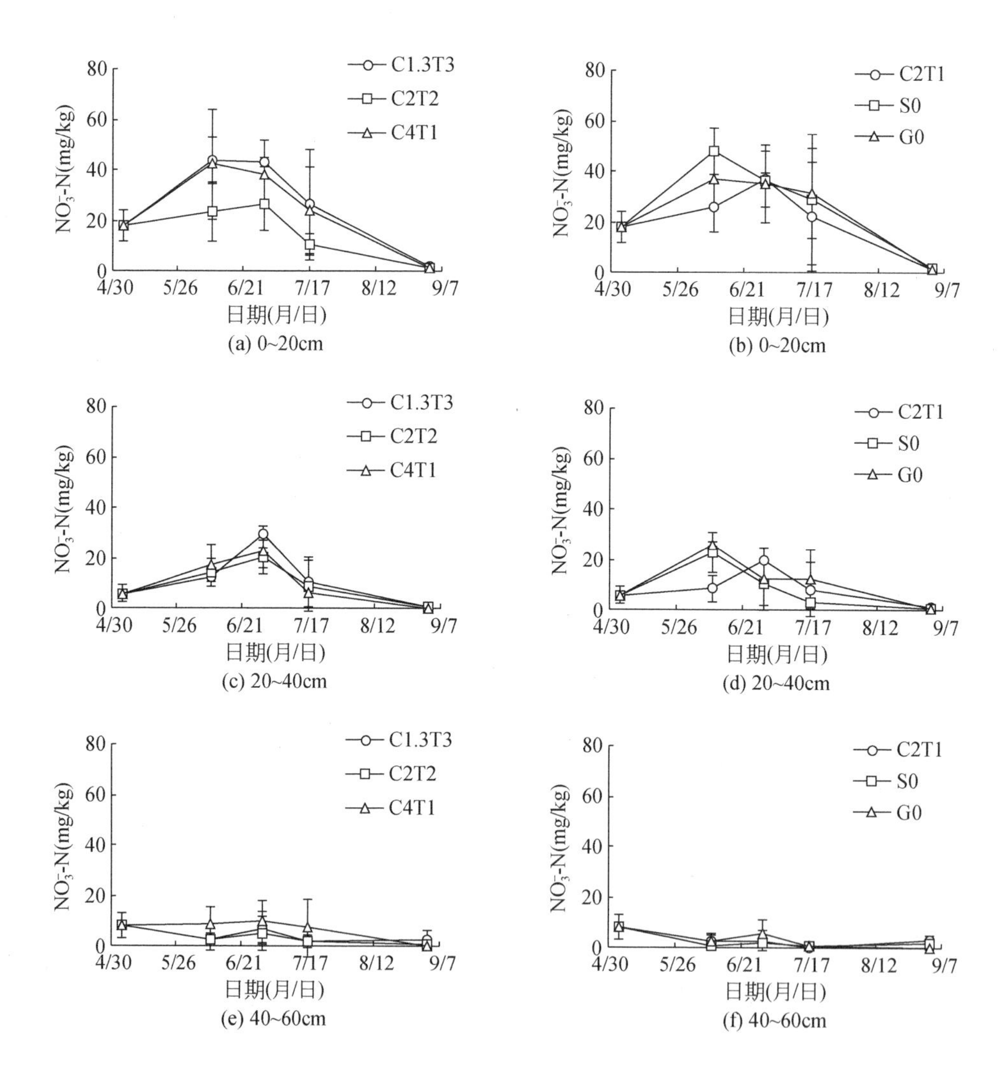

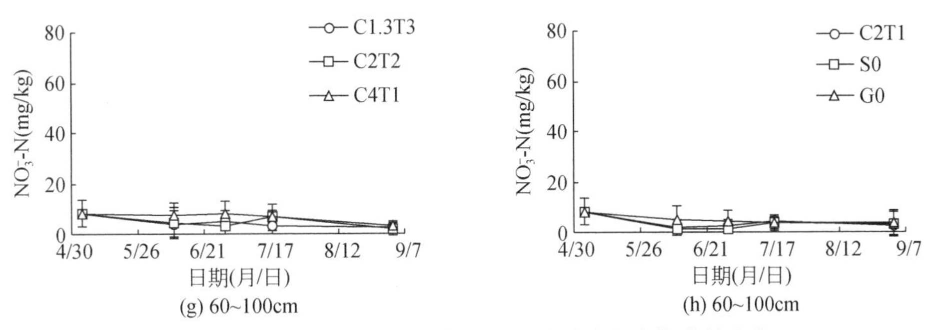

图 4-5　2016 年不同处理土壤 NO_3^--N 含量在生育期内的变化

2015 年播种后至玉米苗期末施肥前（8 月 3 日），各处理 0 ~ 20cm 和 20 ~ 40cm 土壤 NO_3^--N 含量较初始值均有明显下降，其中 0 ~ 20cm 土层 NO_3^--N 含量最为明显。玉米苗期根系吸收氮素是表层土壤 NO_3^--N 含量降低的主要原因，但由于苗期玉米根系分布较浅，植株吸氮量小（鄂玉江等，1988），根系对 40cm 以下土层的氮素含量影响较小。施肥后（8 月 6 日、8 月 22 日和 9 月 9 日），各处理 0 ~ 20cm 土层 NO_3^--N 含量明显增加，表明生育期内施肥不仅满足了玉米根系吸收土壤 NO_3^--N，还在一定程度上补充了土壤中的 NO_3^--N 含量。20 ~ 40cm 土层的 NO_3^--N 含量在第二次灌水后（8 月 22 日）仍有持续降低的趋势，这可能与根系的吸收和 NO_3^--N 的淋失有关。较大的降雨使得未被作物吸收利用的氮素随水向下运移，如 2015 年 8 月 31 至 9 月 2 日连续降雨 58mm 后，0 ~ 20cm 土层 NO_3^--N 含量降低，但是 20 ~ 60cm 土层 NO_3^--N 含量出现了明显的积累。2016 年土壤初始 NO_3^--N 含量较低，播种后至苗期末施肥前（6 月 4 日），各处理 0 ~ 20cm 土层 NO_3^--N 含量较初始值增加，可能是由于降雨引起土壤水分干湿交替变化，刺激了土壤的矿化能力，增加了土壤 NO_3^--N 含量。第 3 次灌水施肥后（7 月 17 日测定）至玉米收获前，0 ~ 100cm 土层 NO_3^--N 含量明显低于土壤初始 NO_3^--N 含量，这是由于 7 月 20 日降雨 242mm 导致试验区氮素发生淋失。

对比再生水加氯处理和再生水对照处理（S0）土壤 NO_3^--N 含量，结果发现，2015 年生育期末（10 月 26 日测定）加氯处理 0 ~ 20cm 土层 NO_3^--N 含量均值为 11.8mg/kg，较再生水不加氯处理高 26%。2016 年加氯处理 0 ~ 20cm 土层 NO_3^--N 含量均值比再生水不加氯处理低 5%，而加氯处理 20 ~ 40cm 土层 NO_3^--N 含量均值比再生水不加氯处理高 23%。这可能是由于加氯处理带入的氯进入土壤后降低了土壤微生物总量和土壤微生物活性（焦志华等，2010），在一定程度上抑制了作物对氮素的吸收，增加了氮素在土壤中的累积，而 2016 年玉米生育期内降水量大，氯离子向下层土壤运移，降低了加氯过程对表层土壤氯离子含量的影响，未造成氮素在表层土壤中的累积。对比两年生育期土壤 NO_3^--N 残留量，结果表明，2016 年生育期结束后土壤 NO_3^--N 残留量明显低于 2015 年。2016 年生育期内降水量大（502mm）是造成这一结果的主要原因。方差分析结果显示，加氯历时对 2015 年第 4 次灌后及成熟期（10 月 10 日和 10 月 26 日）0 ~ 20cm 土层 NO_3^--N 含量产生显著影响，余氯浓度对 0 ~ 100cm 土层 NO_3^--N 含量影响不显著；2016 年玉米生育期内余氯浓度、加氯历时和灌溉水质基本未对 0 ~ 100cm 土壤 NO_3^--N 含量造成显著影响（表 4-7 和表 4-8）。

表 4-7　2015 年余氯浓度、加氯历时和水质对不同深度土层 NO_3^--N 含量的影响

深度（cm）	变异来源	日期									
		7月31日	8月6日	8月18日	8月22日	9月6日	9月9日	9月23日	10月7日	10月10日	10月26日
0~20	余氯浓度	NS (P=0.776)	NS (P=0.211)	NS (P=0.984)	NS (P=0.922)	NS (P=0.931)	NS (P=0.650)	* (P=0.044)	NS (P=0.543)	NS (P=0.094)	NS (P=0.719)
	加氯历时	NS (P=0.725)	NS (P=0.228)	NS (P=0.575)	NS (P=0.979)	NS (P=0.840)	NS (P=0.728)	* (P=0.031)	NS (P=0.174)	** (P=0.006)	* (P=0.036)
	水质	NS (P=0.408)	NS (P=0.548)	NS (P=0.783)	NS (P=0.720)	NS (P=0.052)	NS (P=0.311)	* (P=0.018)	NS (P=0.258)	* (P=0.048)	NS (P=0.392)
20~40	余氯浓度	NS (P=0.736)	NS (P=0.104)	NS (P=0.764)	NS (P=0.904)	NS (P=0.874)	NS (P=0.235)	NS (P=0.273)	NS (P=0.860)	NS (P=0.992)	NS (P=0.426)
	加氯历时	NS (P=0.536)	NS (P=0.316)	NS (P=0.717)	NS (P=0.439)	NS (P=0.854)	NS (P=0.971)	NS (P=0.529)	NS (P=0.521)	NS (P=0.125)	NS (P=0.515)
	水质	NS (P=0.237)	NS (P=0.182)	NS (P=0.750)	NS (P=0.617)	NS (P=0.642)	NS (P=0.109)	NS (P=0.221)	NS (P=0.733)	NS (P=0.993)	NS (P=0.577)
40~60	余氯浓度	NS (P=0.310)	NS (P=0.173)	NS (P=0.680)	NS (P=0.872)	NS (P=0.869)	NS (P=0.159)	NS (P=0.758)	NS (P=0.641)	NS (P=0.917)	NS (P=0.566)
	加氯历时	NS (P=0.187)	NS (P=0.560)	NS (P=0.902)	NS (P=0.573)	NS (P=0.843)	NS (P=0.772)	NS (P=0.702)	NS (P=0.717)	NS (P=0.584)	NS (P=0.699)
	水质	NS (P=0.135)	* (P=0.046)	NS (P=0.398)	NS (P=0.502)	NS (P=0.823)	NS (P=0.845)	NS (P=0.927)	NS (P=0.370)	NS (P=0.662)	NS (P=0.660)
60~100	余氯浓度	NS (P=0.502)	NS (P=0.303)	NS (P=0.894)	NS (P=0.650)	NS (P=0.631)	* (P=0.043)	NS (P=0.716)	NS (P=0.413)	NS (P=0.290)	NS (P=0.540)
	加氯历时	NS (P=0.773)	NS (P=0.686)	NS (P=0.807)	NS (P=0.728)	NS (P=0.120)	NS (P=0.737)	NS (P=0.573)	NS (P=0.432)	NS (P=0.871)	NS (P=0.112)
	水质	NS (P=0.068)	NS (P=0.692)	NS (P=0.286)	NS (P=0.746)	NS (P=0.442)	* (P=0.033)	NS (P=0.808)	NS (P=0.151)	NS (P=0.605)	NS (P=0.253)

注：NS 表示在 α=0.05 水平上差异不显著；* 和 ** 分别代表在 α=0.05 和 α=0.01 水平上差异显著。

表 4-8　2016 年余氯浓度、加氯历时和水质对不同深度土层 NO_3^--N 含量的影响

深度（cm）	变异来源	日期						
		6 月 4 日	6 月 9 日	6 月 25 日	6 月 29 日	7 月 13 日	7 月 17 日	9 月 2 日
0 ~ 20	余氯浓度	NS（P =0.557）	NS（P =0.163）	NS（P =0.379）	NS（P =0.877）	NS（P =0.352）	NS（P =0.923）	NS（P =0.715）
	加氯历时	NS（P =0.445）	NS（P =0.818）	NS（P =0.762）	NS（P =0.178）	NS（P =0.546）	NS（P =0.479）	NS（P =0.728）
	水质	NS（P =0.517）	NS（P =0.267）	NS（P =0.422）	NS（P =0.879）	NS（P =0.486）	NS（P =0.893）	NS（P =0.235）
20 ~ 40	余氯浓度	*（P =0.031）	NS（P =0.125）	NS（P =0.815）	NS（P =0.527）	NS（P =0.635）	NS（P =0.769）	NS（P=0.218）
	加氯历时	NS（P =0.611）	NS（P =0.292）	NS（P =0.712）	NS（P =0.923）	NS（P =0.879）	NS（P =0.926）	NS（P=0.352）
	水质	NS（P =0.487）	NS（P =0.514）	NS（P =0.101）	NS（P =0.847）	NS（P =0.686）	NS（P =0.259）	NS（P=0.937）
40 ~ 60	余氯浓度	*（P=0.026）	NS（P=0.099）	NS（P=0.179）	NS（P=0.188）	*（P=0.029）	NS（P=0.119）	NS（P=0.135）
	加氯历时	NS（P=0.727）	NS（P=0.934）	NS（P=0.982）	NS（P=0.662）	NS（P=1.000）	NS（P=0.680）	NS（P=0.208）
	水质	NS（P=0.120）	NS（P=0.353）	NS（P=0.275）	NS（P=0.288）	NS（P=0.845）	NS（P=0.944）	NS（P=0.351）
60 ~ 100	余氯浓度	NS（P=0.090）	NS（P=0.157）	NS（P=0.260）	NS（P=0.056）	*（P=0.041）	NS（P=0.223）	NS（P=0.765）
	加氯历时	NS（P=0.589）	NS（P=0.525）	NS（P=0.647）	NS（P=0.864）	NS（P=0.776）	NS（P=0.235）	NS（P=0.679）
	水质	NS（P=0.350）	NS（P=0.357）	NS（P=0.343）	NS（P=0.386）	NS（P=0.530）	NS（P=0.998）	NS（P=0.903）

注：NS 表示在 α=0.05 水平上差异不显著；* 和代表在 α=0.05 水平上差异显著。

栗岩峰和李久生（2010）通过温室试验研究加氯浓度和加氯频率对再生水滴灌系统堵塞及番茄产量与氮素吸收的影响，结果表明加氯处理降低了番茄吸氮量，加剧了 NO_3^--N 在土壤表层的累积。李平等（2013a）研究也发现再生水加氯滴灌处理增加了表层土壤 NO_3^--N 的残留量。对比不同加氯总量处理土壤 NO_3^--N 分布，加氯总量增加，土壤 NO_3^--N 残留量增加。2015 年收获后加氯总量较小处理（C1T2、C2T1 和 C4T0.5）0～20cm 土层 NO_3^--N 均值为 11.1mg/kg，较加氯总量较大处理（C2T2、C4T1 和 C8T0.5）土壤 NO_3^--N 均值低 11%。2016 年收获后加氯总量较小处理（C2T1）0～20cm 土层 NO_3^--N 均值为 1.5mg/kg，较加氯总量较大处理（C1.3T3、C2T2 和 C4T1）NO_3^--N 均值低 12%。栗岩峰和李久生（2010）研究发现，NO_3^--N 在土壤表层的累积量随着加氯浓度和加氯频率的增大而增大。

方差分析结果表明，灌溉水质对 2015 年第 4 次灌后（10 月 10 日）0～20cm 土层 NO_3^--N 含量产生显著影响，但对 2016 年土壤 NO_3^--N 含量影响不显著（表 4-7 和表 4-8）。再生水加氯和不加氯灌溉的土壤 NO_3^--N 含量大于地下水不加氯灌溉。例如，2015 年再生水加氯处理和再生水不加氯处理成熟期 0～100cm 土壤 NO_3^--N 含量均值分别为 11.7mg/kg 和 11.9mg/kg，较地下水不加氯处理 NO_3^--N 含量分别高 32% 和 35%。这是由于再生水中含有更多的 NO_3^--N，再生水中丰富的离子和微生物促进了 NH_4^+-N 的硝化以及无机氮的矿化，增加了土壤中 NO_3^--N 的含量（da Fonseca et al.，2007a）。

4.4.2 加氯处理措施对土壤铵态氮的影响

图 4-6 和图 4-7 给出了 2015 年和 2016 年各处理土壤 NH_4^+-N 含量在玉米生育期内的变化。两年生育期内各土层 NH_4^+-N 含量差异不大，与土壤中 NO_3^--N 含量逐层递减的规律不一致。例如，2015 年各处理 0～20cm、20～40cm、40～60cm 和 60～100 土层 NH_4^+-N 含量分别为 1.9mg/kg、1.6mg/kg、1.6mg/kg 和 1.8mg/kg。除 2016 年第 3 次灌水后（7 月 17 日取样）各土层 NH_4^+-N 含量较其他时期较高外，其余时期土壤 NH_4^+-N 随作物吸收和灌水施肥的变化较小。2015 年和 2016 年 NH_4^+-N 含量在生育期内的变化幅度分别为 0.2～4.7mg/kg 和 1.1～6.1mg/kg。2015 年生育末期及 2016 年 7 月 17 日测定的土壤中 NH_4^+-N 含量增加，可能是由于连续降雨或灌水，土壤含水率增加，土壤的通气性能可能变差，产生嫌气环境，加速了有机氮向 NH_4^+-N 的矿化速率（钟玲玲，2002）。方差分析结果显示，2015 年玉米生育期内余氯浓度、加氯历时及灌溉水质对 0～100cm 土壤 NH_4^+-N 含量的影响基本未达到显著水平；2016 年余氯浓度仅对 7 月 17 日（第 3 次加氯处理后取土）0～20cm 土层 NH_4^+-N 含量产生显著影响（表 4-9 和表 4-10）。

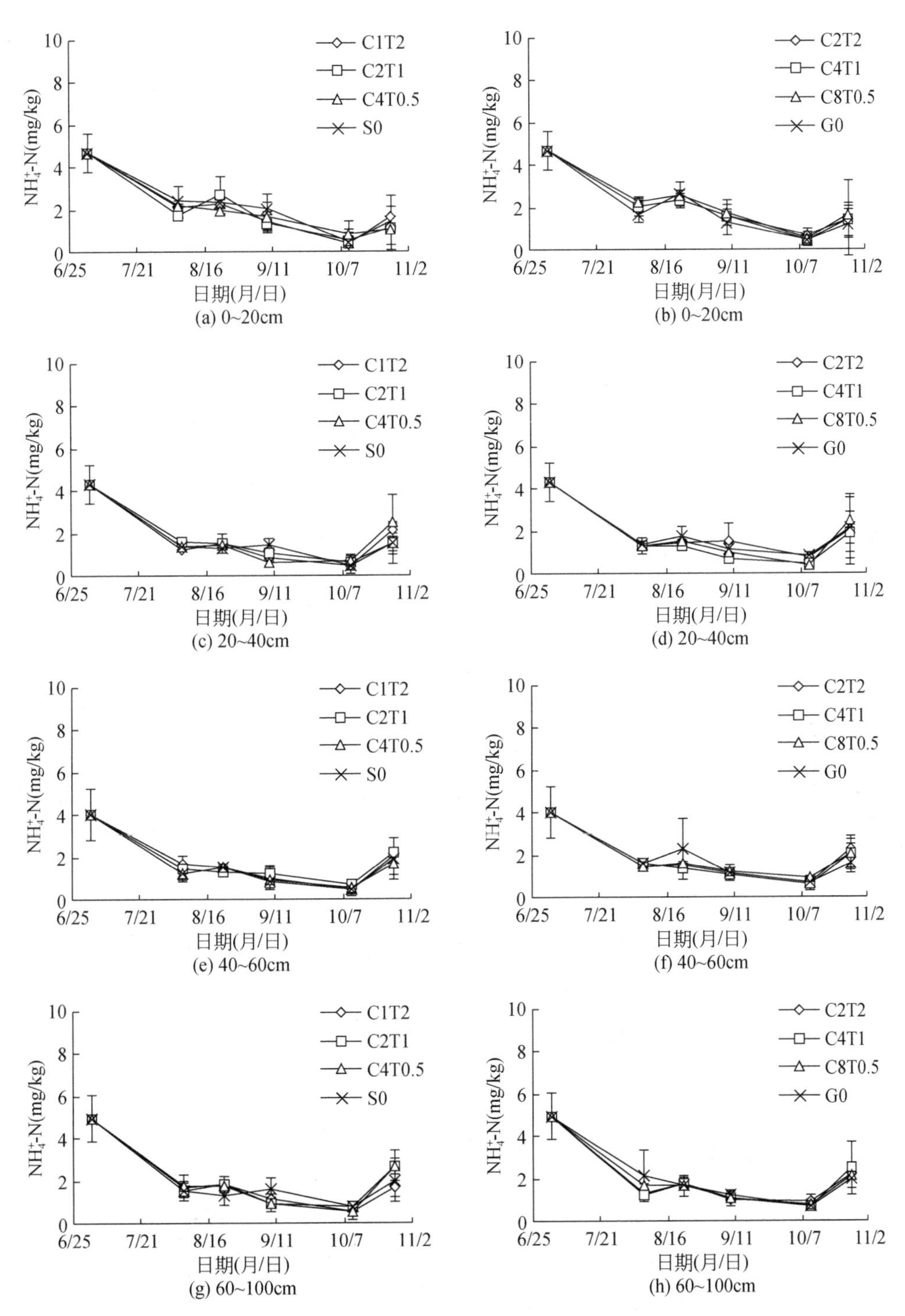

图 4-6 2015 年不同处理土壤 NH_4^+-N 含量在生育期内的变化

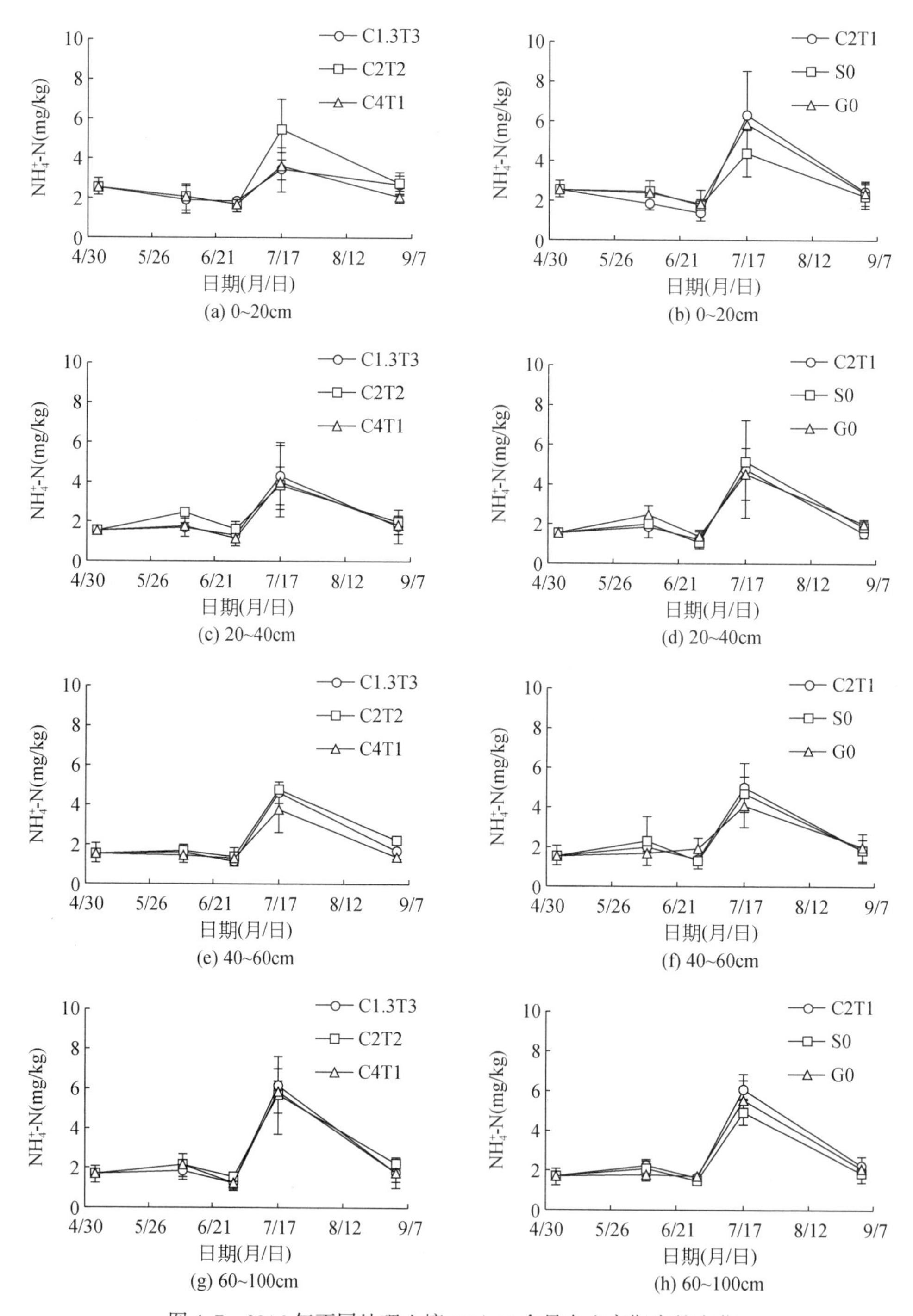

图 4-7　2016 年不同处理土壤 NH_4^+-N 含量在生育期内的变化

表 4-9　2015 年余氯浓度和加氯历时对不同深度土层 NH_4^+-N 含量的影响

深度（cm）	变异来源	日期									
		7 月 31 日	8 月 6 日	8 月 18 日	8 月 22 日	9 月 6 日	9 月 9 日	9 月 23 日	10 月 7 日	10 月 10 日	10 月 26 日
0～20	余氯浓度	NS (P=0.538)	NS (P=0.746)	NS (P=0.188)	NS (P=0.286)	NS (P=0.945)	NS (P=0.914)	NS (P=0.193)	NS (P=0.052)	NS (P=0.707)	NS (P=0.857)
	加氯历时	NS (P=0.655)	NS (P=0.615)	NS (P=0.832)	NS (P=0.358)	NS (P=0.675)	NS (P=0.882)	NS (P=0.207)	NS (P=0.145)	NS (P=0.591)	NS (P=0.846)
	水质	NS (P=0.656)	NS (P=0.211)	NS (P=0.742)	NS (P=0.304)	NS (P=0.032)	NS (P=0.193)	NS (P=0.883)	NS (P=0.285)	NS (P=0.988)	NS (P=0.761)
20～40	余氯浓度	NS (P=0.451)	NS (P=0.245)	NS (P=0.920)	NS (P=0.660)	NS (P=0.971)	NS (P=0.148)	NS (P=0.272)	NS (P=0.427)	NS (P=0.372)	NS (P=0.969)
	加氯历时	NS (P=0.300)	NS (P=0.168)	NS (P=0.899)	NS (P=0.644)	NS (P=0.029)	NS (P=0.323)	NS (P=0.669)	NS (P=0.089)	NS (P=0.446)	NS (P=0.692)
	水质	NS (P=0.411)	NS (P=0.991)	NS (P=0.595)	NS (P=0.255)	NS (P=0.505)	NS (P=0.353)	NS (P=0.953)	NS (P=0.617)	NS (P=0.156)	NS (P=0.591)
40～60	余氯浓度	NS (P=0.653)	NS (P=0.587)	NS (P=0.221)	NS (P=0.965)	NS (P=0.610)	NS (P=0.766)	NS (P=0.107)	NS (P=0.370)	NS (P=0.237)	NS (P=0.862)
	加氯历时	NS (P=0.123)	NS (P=0.352)	NS (P=0.590)	NS (P=0.032)	NS (P=0.279)	NS (P=0.882)	NS (P=0.122)	NS (P=0.798)	NS (P=0.931)	NS (P=0.703)
	水质	NS (P=0.020)	NS (P=0.147)	NS (P=0.089)	NS (P=0.417)	NS (P=0.715)	NS (P=0.266)	NS (P=0.940)	NS (P=0.171)	NS (P=0.514)	NS (P=0.601)
60～100	余氯浓度	NS (P=0.299)	NS (P=0.323)	NS (P=0.512)	NS (P=0.962)	NS (P=0.258)	NS (P=0.746)	NS (P=0.482)	NS (P=0.780)	NS (P=0.207)	NS (P=0.606)
	加氯历时	* (P=0.035)	NS (P=0.111)	NS (P=0.734)	NS (P=0.944)	NS (P=0.230)	NS (P=0.801)	NS (P=0.567)	NS (P=0.944)	NS (P=0.511)	NS (P=0.655)
	水质	* (P=0.023)	NS (P=0.469)	NS (P=0.135)	NS (P=0.455)	NS (P=0.936)	NS (P=0.295)	NS (P=0.117)	NS (P=0.051)	NS (P=0.716)	NS (P=0.922)

注：NS 表示在 α=0.05 水平上差异不显著；* 代表在 α=0.05 水平上差异显著。

表 4-10 2016 年余氯浓度和加氯历时对不同深度土层 NH_4^+-N 含量的影响

深度（cm）	变异来源	日期						
		6 月 4 日	6 月 9 日	6 月 25 日	6 月 29 日	7 月 13 日	7 月 17 日	9 月 2 日
0～20	余氯浓度	NS（P=0.391）	NS（P=0.676）	NS（P=0.354）	NS（P=0.414）	NS（P=0.120）	*（P=0.044）	NS（P=0.348）
	加氯历时	NS（P=0.835）	NS（P=0.620）	NS（P=0.369）	NS（P=0.479）	NS（P=0.459）	NS（P=0.467）	NS（P=0.496）
	水质	NS（P=0.472）	NS（P=0.889）	NS（P=0.992）	NS（P=0.910）	NS（P=0.226）	NS（P=0.112）	NS（P=0.725）
20～40	余氯浓度	NS（P=0.277）	NS（P=0.777）	NS（P=0.719）	NS（P=0.810）	NS（P=0.489）	NS（P=0.588）	NS（P=0.538）
	加氯历时	NS（P=0.518）	NS（P=0.059）	NS（P=0.717）	NS（P=0.183）	NS（P=0.312）	NS（P=0.492）	NS（P=0.342）
	水质	NS（P=0.621）	NS（P=0.182）	NS（P=0.951）	NS（P=0.331）	NS（P=0.610）	NS（P=0.481）	NS（P=0.681）
40～60	余氯浓度	NS（P=0.834）	NS（P=0.310）	NS（P=0.938）	NS（P=0.749）	NS（P=0.505）	NS（P=0.121）	NS（P=0.149）
	加氯历时	NS（P=0.501）	NS（P=0.629）	NS（P=0.787）	NS（P=0.865）	NS（P=0.833）	NS（P=0.707）	NS（P=0.158）
	水质	NS（P=0.231）	NS（P=0.475）	NS（P=0.549）	NS（P=0.197）	NS（P=0.777）	NS（P=0.464）	NS（P=0.749）
60～100	余氯浓度	NS（P=0.776）	NS（P=0.844）	NS（P=0.641）	NS（P=0.182）	NS（P=0.391）	NS（P=0.813）	NS（P=0.249）
	加氯历时	NS（P=0.421）	NS（P=0.856）	NS（P=0.991）	NS（P=0.796）	NS（P=0.210）	NS（P=0.646）	NS（P=0.898）
	水质	NS（P=0.901）	NS（P=0.398）	NS（P=0.606）	NS（P=0.068）	NS（P=0.135）	NS（P=0.479）	NS（P=0.567）

注：NS 表示在 α=0.05 水平上差异不显著；* 代表在 α=0.05 水平上差异显著。

4.5 加氯处理措施对土壤酶活性的影响

两年试验各处理土壤酶活性（脲酶、碱性磷酸酶）在生育期内的变化见图 4-8 和图 4-9。2015 年和 2016 年生育期内分别加氯 4 次和 3 次（表 4-3）。两年试验土壤酶活性均表现出明显的层状结构，且随着土层深度的增加而减少。与再生水不加氯处理相比，加氯在一定程度上降低了土壤酶活性，且随着加氯次数的增加，降低趋势增强。但余氯浓度和加氯历时对两年玉米生育期内土壤酶活性的影响均未达到显著水平（表 4-11 和表 4-12）。例如，2015 年播种前再生水加氯和不加氯处理土壤脲酶活性分别为 26μg/(g·h) 和 25μg/(g·h)。而收获后再生水加氯处理 0 ~ 40cm 土层酶活性均值较再生水不加氯处理（S0）降低了 10%。加氯处理会对根区范围内的微生物群落产生不利影响（Coelho and Resende，2001）。杨林生等（2016）也研究发现长期施用含氯化肥显著降低了稻-麦轮作体系土壤脲酶和碱性磷酸酶的活性。对比不同加氯总量处理酶活性发现，加氯总量增加，土壤酶活性降低。以 2015 年为例，加氯总量较大处理（C2T2、C4T1 和 C8T0.5）生育期内 0 ~ 40cm 土层脲酶活性均值为 28μg/(g·h)，较加氯总量较小处理（C1T2、C2T1 和 C4T0.5）脲酶活性均值低 5%。

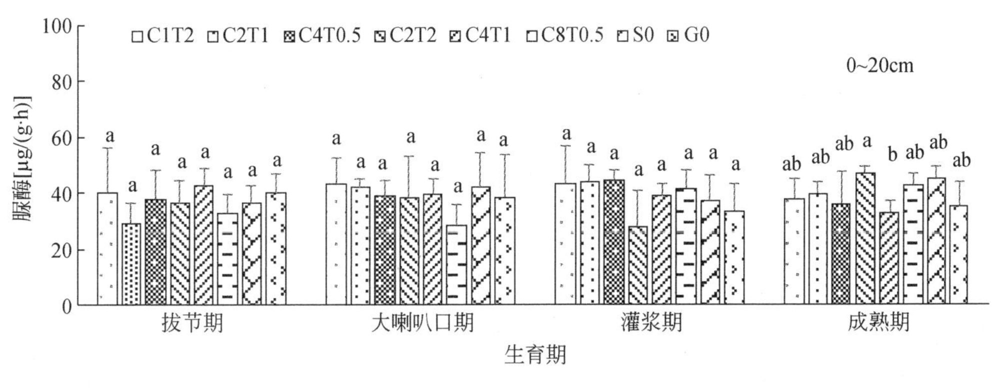

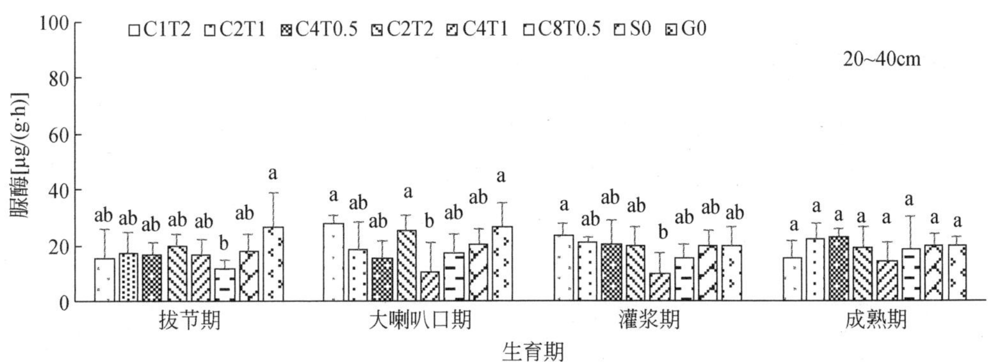

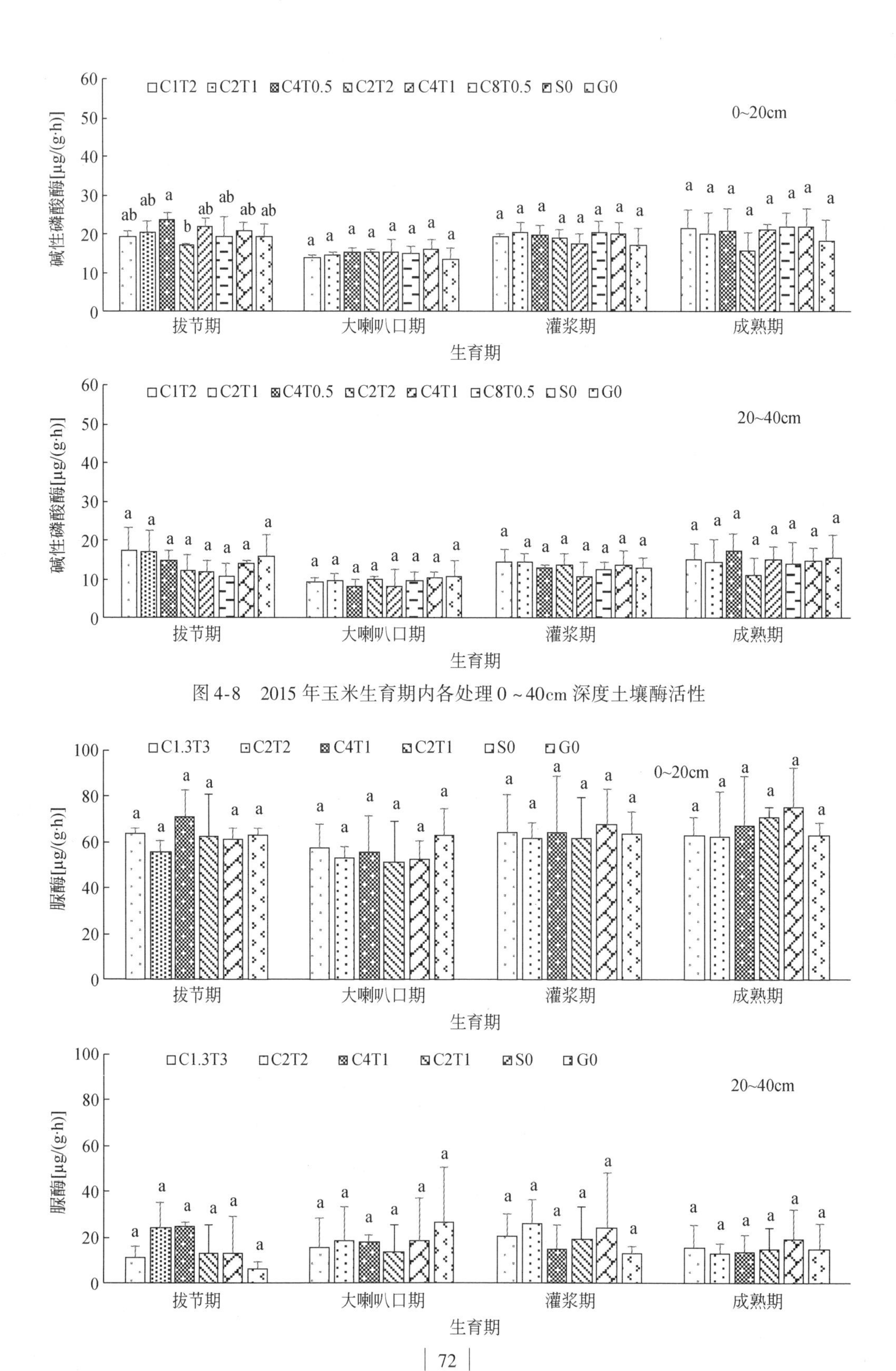

图4-8 2015年玉米生育期内各处理0~40cm深度土壤酶活性

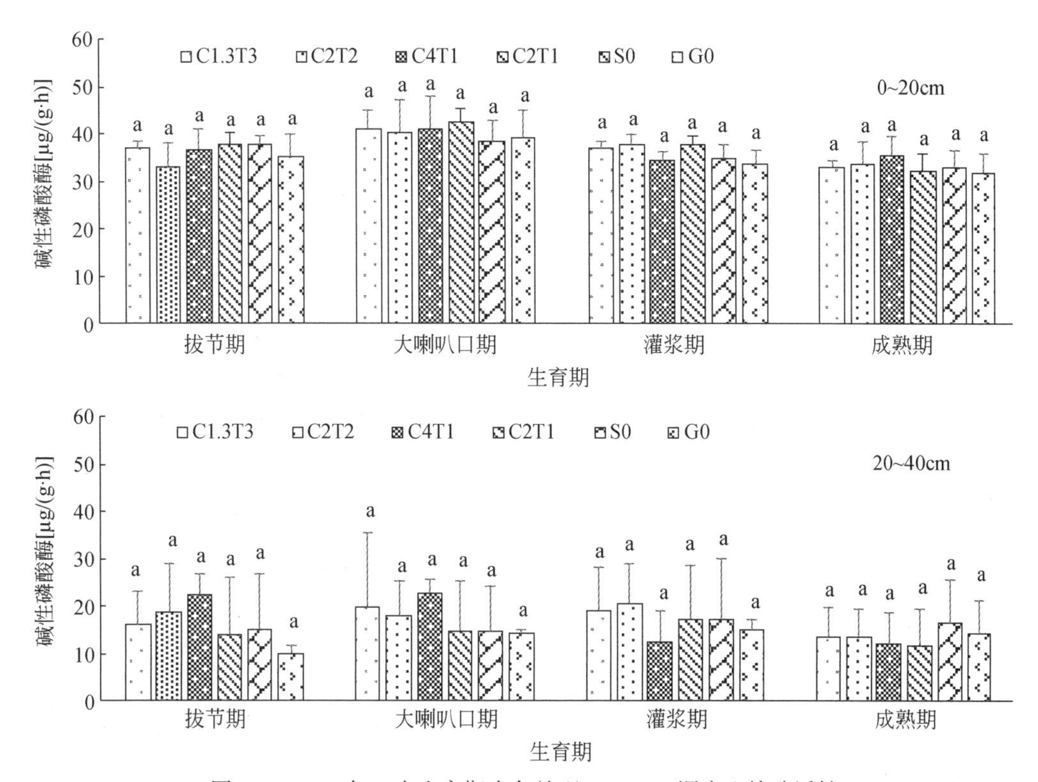

图 4-9　2016 年玉米生育期内各处理 0 ~ 40cm 深度土壤酶活性

与再生水不加氯处理（S0）相比，2015 年成熟期加氯处理 0 ~ 20cm 和 20 ~ 40cm 土层脲酶活性分别降低了 13% 和 4%。类似地，磷酸酶活性分别降低了 7% 和 2%。2016 年，加氯导致下层土壤（20 ~ 40cm）酶活性较表层土壤（0 ~ 20cm）酶活性降低更明显。Chen 等（2010）研究发现，较大降雨会导致氯向下层土壤运移。在本试验区，2016 年生育期内降水量为 502mm，降水量大是导致这一结果出现的主要原因。

与播种前相比，再生水和地下水滴灌均提高了土壤酶活性；并且再生水滴灌对酶活性的提高要强于地下水滴灌。以 2015 年为例，再生水滴灌不加氯处理土壤脲酶和碱性磷酸酶活性分别提高了 19% 和 18%，而地下水处理脲酶和碱性磷酸酶活性分别提高了 2% 和 17%。Qiu 等（2017a）研究也发现类似结果，再生水和地下水滴灌均提高了土壤碱性磷酸酶和脲酶活性。与播种前相比，2015 年再生水加氯处理脲酶和磷酸酶活性分别提高了 7% 和 21%，2016 年两种酶活性分别提高了 26% 和 1%。在玉米生育期内，再生水滴灌处理土壤酶活性大于地下水滴灌，特别是表层土壤（0 ~ 20cm）。尽管再生水滴灌较地下水滴灌的土壤酶活性有所增加。例如，2015 年再生水不加氯处理成熟期 0 ~ 20cm 土壤脲酶活性较地下水滴灌增加了 28%，但灌溉水质对两年玉米生育期内土壤酶活性的影响未达到显著水平（表 4-11 和表 4-12）。

表 4-11　2015 年玉米生育期酶活性变化及其方差分析

深度（cm）	来源	7 月 31 日	8 月 6 日	8 月 18 日	8 月 22 日	9 月 6 日	9 月 9 日	9 月 23 日	10 月 7 日	10 月 10 日	10 月 26 日
脲酶											
0～20	余氯浓度	NS (P=0.992)	NS (P=0.333)	NS (P=0.888)	NS (P=0.486)	NS (P=0.633)	NS (P=0.227)	NS (P=0.972)	* (P=0.040)	NS (P=0.444)	NS (P=0.118)
	加氯历时	NS (P=0.952)	NS (P=0.513)	NS (P=0.561)	NS (P=0.901)	NS (P=0.662)	NS (P=0.111)	NS (P=0.752)	NS (P=0.304)	NS (P=0.595)	NS (P=0.313)
	水质	NS (P=0.920)	NS (P=0.521)	NS (P=0.159)	NS (P=0.779)	NS (P=0.968)	NS (P=0.641)	NS (P=0.914)	NS (P=0.923)	NS (P=0.494)	NS (P=0.142)
20～40	余氯浓度	NS (P=0.931)	NS (P=0.688)	NS (P=0.165)	NS (P=0.572)	NS (P=0.979)	NS (P=0.136)	NS (P=0.355)	NS (P=0.806)	NS (P=0.280)	NS (P=0.409)
	加氯历时	NS (P=0.486)	NS (P=0.896)	NS (P=0.388)	NS (P=0.386)	NS (P=0.692)	NS (P=0.131)	NS (P=0.725)	NS (P=0.822)	NS (P=0.698)	NS (P=0.307)
	水质	NS (P=0.243)	NS (P=0.347)	NS (P=0.089)	NS (P=0.373)	NS (P=0.803)	NS (P=0.996)	NS (P=0.481)	NS (P=0.390)	NS (P=0.673)	NS (P=0.898)
碱性磷酸酶											
0～20	余氯浓度	NS (P=0.284)	NS (P=0.167)	NS (P=0.278)	NS (P=0.790)	NS (P=0.623)	NS (P=0.565)	NS (P=0.792)	NS (P=0.772)	NS (P=0.976)	NS (P=0.461)
	加氯历时	NS (P=0.739)	NS (P=0.207)	NS (P=0.835)	NS (P=0.874)	NS (P=0.324)	NS (P=0.516)	NS (P=0.584)	NS (P=0.980)	NS (P=0.632)	NS (P=0.503)
	水质	NS (P=0.699)	NS (P=0.521)	NS (P=0.880)	NS (P=0.359)	NS (P=0.584)	NS (P=0.421)	NS (P=0.849)	NS (P=0.287)	NS (P=0.236)	NS (P=0.438)
20～40	余氯浓度	NS (P=0.495)	NS (P=0.128)	NS (P=0.583)	NS (P=0.682)	NS (P=0.855)	NS (P=0.478)	NS (P=0.570)	NS (P=0.686)	NS (P=0.988)	NS (P=0.572)
	加氯历时	NS (P=0.996)	NS (P=0.244)	NS (P=0.722)	NS (P=0.993)	NS (P=0.312)	NS (P=0.646)	NS (P=0.943)	NS (P=0.919)	NS (P=0.703)	NS (P=0.539)
	水质	NS (P=0.203)	NS (P=0.559)	NS (P=0.465)	NS (P=0.817)	NS (P=0.942)	NS (P=0.843)	NS (P=0.308)	NS (P=0.236)	NS (P=0.702)	NS (P=0.868)

注：NS 代表在 α=0.05 水平上不显著；* 代表在 α=0.05 水平上差异显著。

表 4-12　2016 年玉米生育期酶活性变化及其方差分析

深度（cm）	来源	6 月 4 日	6 月 9 日	6 月 25 日	6 月 29 日	7 月 13 日	7 月 17 日	9 月 2 日
脲酶								
0 ~ 20	余氯浓度	NS（P=0.674）	NS（P=0.348）	NS（P=0.487）	NS（P=0.781）	NS（P=0.075）	NS（P=0.846）	NS（P=0.758）
	加氯历时	NS（P=0.269）	NS（P=0.486）	NS（P=0.461）	NS（P=0.905）	NS（P=0.106）	NS（P=0.969）	NS（P=0.510）
	水质	NS（P=0.433）	NS（P=0.144）	NS（P=0.577）	NS（P=0.377）	NS（P=0.243）	NS（P=0.194）	*（P=0.014）
20 ~ 40	余氯浓度	NS（P=0.742）	NS（P=0.300）	NS（P=0.592）	NS（P=0.953）	NS（P=0.901）	NS（P=0.400）	NS（P=0.851）
	加氯历时	NS（P=0.850）	NS（P=0.224）	NS（P=0.808）	NS（P=0.911）	NS（P=0.911）	NS（P=0.976）	NS（P=0.775）
	水质	NS（P=0.684）	NS（P=0.507）	NS（P=0.625）	NS（P=0.665）	NS（P=0.686）	NS（P=0.489）	NS（P=0.653）
碱性磷酸酶								
0 ~ 20	余氯浓度	NS（P=0.987）	NS（P=0.702）	NS（P=0.939）	NS（P=0.726）	NS（P=0.491）	NS（P=0.089）	NS（P=0.304）
	加氯历时	NS（P=0.801）	NS（P=0.115）	NS（P=0.587）	NS（P=0.638）	NS（P=0.547）	NS（P=0.972）	NS（P=0.593）
	水质	NS（P=0.840）	NS（P=0.405）	NS（P=0.824）	NS（P=0.822）	NS（P=0.680）	NS（P=0.750）	NS（P=0.742）
20 ~ 40	余氯浓度	NS（P=0.930）	NS（P=0.297）	NS（P=0.935）	NS（P=0.366）	NS（P=0.434）	NS（P=0.559）	NS（P=0.974）
	加氯历时	NS（P=0.951）	NS（P=0.543）	NS（P=0.602）	NS（P=0.697）	NS（P=0.694）	NS（P=0.687）	NS（P=0.784）
	水质	NS（P=0.631）	NS（P=0.495）	NS（P=0.913）	NS（P=0.961）	NS（P=0.696）	NS（P=0.788）	NS（P=0.751）

注：NS 代表在 α=0.05 水平上不显著；* 代表在 α=0.05 水平上差异显著。

4.6 加氯处理对玉米生长的影响

4.6.1 株高与叶面积指数

2015 年和 2016 年生育期内玉米株高和叶面积指数（LAI）动态变化特征如图 4-10 和图 4-11 所示。表 4-13 和表 4-14 给出了生育期内余氯浓度、加氯历时和灌溉水质对株高和 LAI 的方差分析结果。各处理玉米株高生长趋势一致，在拔节期至抽雄期，玉米株高表现为快速增长趋势，在抽穗期玉米株高达到最大值。2015 年玉米生育期各处理株高最大值为 221 ~ 239cm，2016 年玉米生育期内各处理玉米株高为 244 ~ 253cm。抽穗期后玉米株高基本保持不变。对比两年试验，2016 年成熟期株高明显大于 2015 年。前者生育期内加氯次数较少且降水量大可能是造成这一结果的主要原因。仇振杰（2017）研究发现，玉米株高随着生育期内灌水量的增加而增加。对比不同灌溉水质处理株高结果表明，再生水不加氯处理（S0）和地下水不加氯处理（G0）玉米株高差异不大。例如，2016 年成熟期 S0 和 G0 处理的株高分别为 246cm 和 251cm（图 4-11）。方差分析结果也显示，两年生育期内灌溉水质未对玉米株高产生显著影响（表 4-13 和表 4-14）。

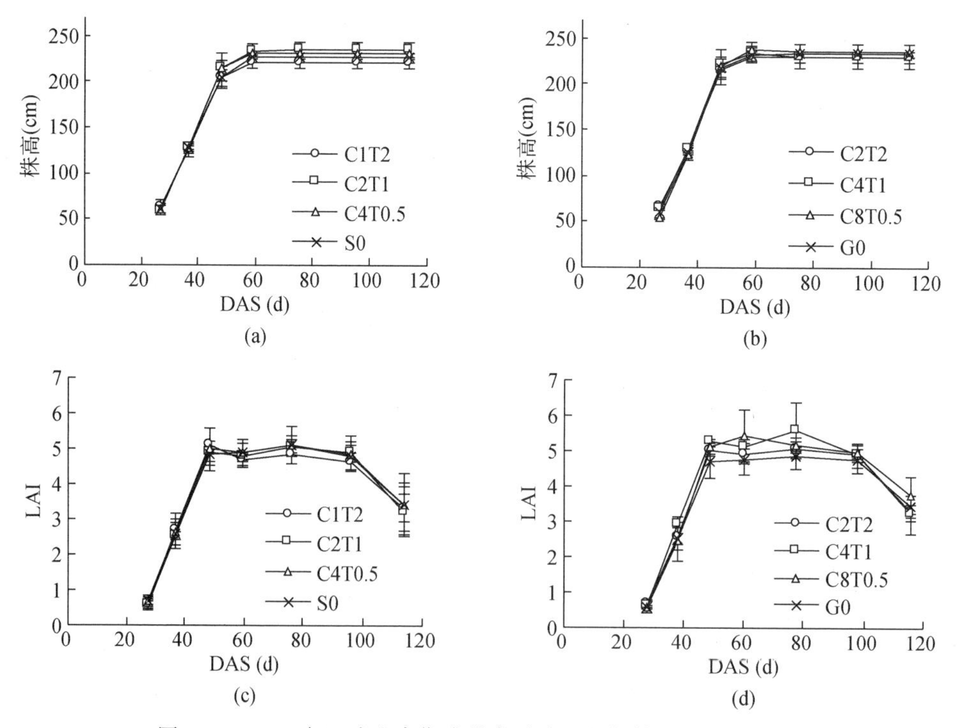

图 4-10　2015 年玉米生育期内株高及叶面积指数（LAI）的变化

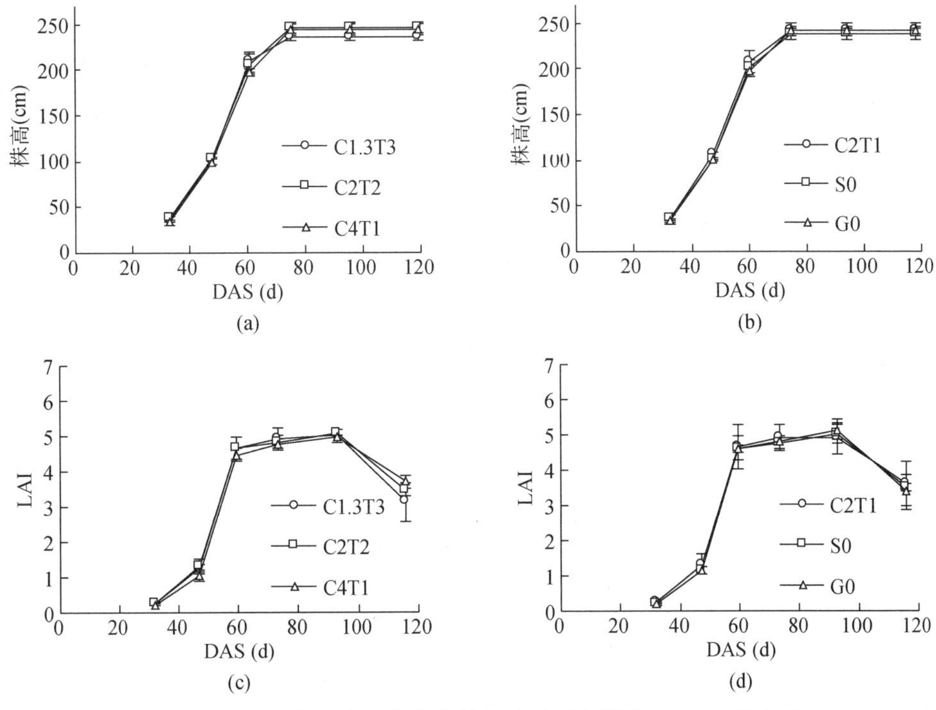

图 4-11　2016 年玉米生育期内株高及叶面积指数（LAI）的变化

对比再生水加氯和不加氯处理株高结果发现，加氯措施未对玉米株高产生不利影响。2015 年和 2016 年各加氯处理株高均值分别为 232cm 和 249cm，再生水不加氯处理株高分别为 227cm 和 246cm。加氯总量一定时，加氯历时越大，株高有一定的减小趋势。例如，2015 年玉米播后 114 天，C2T2、C4T1 和 C8T0.5 处理玉米株高分别为 232cm、232cm 和 239cm。加氯总量增加并未造成玉米株高的减小。例如，2015 年玉米成熟期加氯总量较小处理（C1T2、C2T1 和 C4T0.5）株高均值为 229cm，加氯总量较大处理（C2T2、C4T1 和 C8T0.5）株高均值为 234cm。2015 年和 2016 年生育期内余氯浓度和加氯历时对玉米株高的影响均未达到显著影响水平（$P<0.05$）。

与株高在生育期内的变化规律类似，叶面积指数 LAI 从拔节期开始迅速增长，在抽穗期叶面积指数 LAI 达到最大值，抽穗期之后玉米下层叶片枯萎叶面积指数逐渐减小。方差分析结果显示，余氯浓度和加氯历时对玉米叶面积指数（LAI）在生育期内的变化未产生显著影响（表 4-13 和表 4-14）。与再生水不加氯处理相比，再生水加氯并未造成生育期内 LAI 的降低。以 2015 年为例，各加氯处理组生育期内 LAI 均值为 3.82，再生水不加氯对照组的 LAI 为 3.77。加氯总量增加并未造成玉米叶面积指数的减小。例如，2015 年玉米成熟期加氯总量较小处理（C1T2、C2T1 和 C4T0.5）均值为 3.73，加氯总量较大处理（C2T2、C4T1 和 C8T0.5）叶面积指数均值为 3.91。两年生育期内再生水不加氯 S0 处理的平均 LAI 均高于地下水不加氯 G0，且再生水不加氯处理玉米抽穗后叶面积指数 LAI 的衰减幅度低于地下水不加氯处理。例如，2016 年 G0 处理 LAI 的降幅达到了 34%，而 S0

处理降幅为23%。与地下水相比，再生水中含有更高的氮磷和有机质等营养元素，再生水氮素可以被作物吸收利用（Segal et al.，2011），且再生水滴灌增加了作物的吸氮量（栗岩峰和李久生，2010），从而降低了因养分供应不足或叶片养分向籽粒等转移而造成的叶片衰减幅度。方差分析结果表明，灌溉水质未对两年生育期内玉米叶面积指数LAI产生显著影响（表4-13和表4-14）。

表4-13　2015年玉米生育期内不同余氯浓度、加氯历时及水质处理株高及叶面积指数方差分析

变异来源	DAS 27	DAS 37	DAS 48	DAS 59	DAS 76	DAS 96	DAS 114
株高							
余氯浓度	NS（P=0.155）	NS（P=0.809）	NS（P=0.481）	NS（P=0.251）	NS（P=0.410）	NS（P=0.410）	NS（P=0.410）
加氯历时	NS（P=0.118）	NS（P=0.894）	NS（P=0.750）	NS（P=0.840）	NS（P=0.929）	NS（P=0.929）	NS（P=0.929）
水质	NS（P=1.000）	NS（P=0.725）	NS（P=0.185）	NS（P=0.308）	NS（P=0.197）	NS（P=0.197）	NS（P=0.197）
LAI							
余氯浓度	NS（P=0.434）	NS（P=0.310）	NS（P=0.428）	NS（P=0.148）	NS（P=0.256）	NS（P=0.665）	NS（P=0.922）
加氯历时	NS（P=0.447）	NS（P=0.462）	NS（P=0.437）	NS（P=0.549）	NS（P=0.284）	NS（P=0.950）	NS（P=0.908）
水质	NS（P=0.489）	NS（P=0.893）	NS（P=0.800）	NS（P=0.752）	NS（P=0.475）	NS（P=0.985）	NS（P=0.925）

注：NS代表在α=0.05水平上差异不显著。

表4-14　2016年玉米生育期内不同余氯浓度、加氯历时及水质处理株高及叶面积指数方差分析

变异来源	DAS 32	DAS 47	DAS 60	DAS 74	DAS 94	DAS 117
株高						
余氯浓度	NS（P=0.430）	NS（P=0.078）	NS（P=0.297）	NS（P=0.698）	NS（P=0.698）	NS（P=0.698）
加氯历时	NS（P=0.443）	NS（P=0.385）	NS（P=0.772）	NS（P=0.443）	NS（P=0.443）	NS（P=0.443）
水质	NS（P=0.407）	NS（P=0.774）	NS（P=0.421）	NS（P=0.426）	NS（P=0.426）	NS（P=0.426）
LAI						
余氯浓度	NS（P=0.607）	NS（P=0.106）	NS（P=0.574）	NS（P=0.495）	NS（P=0.814）	NS（P=0.797）
加氯历时	NS（P=0.840）	NS（P=0.973）	NS（P=0.977）	NS（P=0.687）	NS（P=0.508）	NS（P=0.642）
水质	NS（P=0.854）	NS（P=0.904）	NS（P=0.928）	NS（P=0.769）	NS（P=0.727）	NS（P=0.716）

注：NS代表在α=0.05水平上差异不显著。

4.6.2 相对叶绿素含量

图 4-12 给出了 2015 年和 2016 年玉米生育期内相对叶绿素含量（SPAD 值）的动态变化。SPAD 值在生育期内随着叶片的生长和衰老变化。从拔节期至抽穗期（2015 年 8 月 2 日至 9 月 11 日，2016 年 6 月 23 日至 7 月 12 日），叶片相对叶绿素含量 SPAD 随着叶片的生长而增加，抽穗期至乳熟期基本保持稳定，乳熟期后（2015 年 10 月 1 日、2016 年 8 月 4 日）随着叶片的衰老而呈现下降趋势。

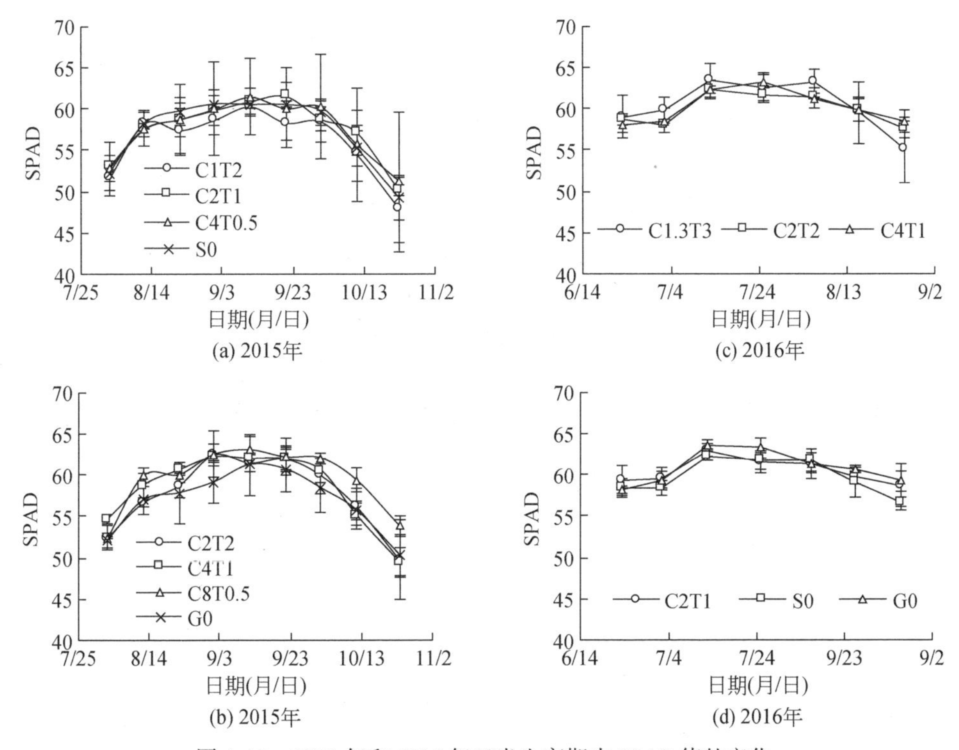

图 4-12 2015 年和 2016 年玉米生育期内 SPAD 值的变化

表 4-15 和表 4-16 给出了 2015 年和 2016 年各处理生育期内叶片相对叶绿素含量的方差分析。两年玉米生育期内余氯浓度、加氯历时和灌溉水质对 SPAD 值的影响均未达到显著水平。2015 年和 2016 年试验中，不同余氯浓度和加氯历时处理生育期内玉米叶片 SPAD 值差异不大。例如，2015 年 C1T1、C2T2 和 C3T3 处理生育期内 SPAD 均值分别为 56. 2、57. 6 和 57. 6。2015 年和 2016 年加氯处理 SPAD 均值分别为 57. 6 和 61. 1，再生水不加氯处理 SPAD 均值分别为 57. 3 和 60. 4。这说明加氯处理未对玉米生育期内叶片相对叶绿素含量（SPAD）产生明显影响，与株高和叶面积规律一致。再生水和地下水生育期内玉米叶片 SPAD 差异也不明显。2015 年生育期内再生水不加氯处理（S0）和地下水不加氯处理（G0）玉米 SPAD 含量分别为 57. 3 和 57. 0。2016 年生育期内再生水不加氯处理（S0）和地下水不加氯处理（G0）玉米 SPAD 含量分别为 60. 4 和 61. 4。

表 4-15　2015 年玉米生育期内不同余氯浓度及加氯历时处理 SPAD 值方差分析

变异来源	日期								
	8 月 2 日	8 月 12 日	8 月 22 日	9 月 1 日	9 月 11 日	9 月 21 日	10 月 1 日	10 月 11 日	10 月 23 日
余氯浓度	NS（P=0.669）	NS（P=0.131）	NS（P=0.542）	NS（P=0.178）	NS（P=0.580）	NS（P=0.216）	NS（P=0.643）	NS（P=0.467）	NS（P=0.812）
加氯历时	NS（P=0.415）	NS（P=0.445）	NS（P=0.594）	NS（P=0.314）	NS（P=0.879）	NS（P=0.607）	NS（P=0.865）	NS（P=0.921）	NS（P=0.880）
水质	NS（P=0.941）	NS（P=0.312）	NS（P=0.495）	NS（P=0.529）	NS（P=0.702）	NS（P=0.838）	NS（P=0.572）	NS（P=0.699）	NS（P=0.597）

注：NS 代表在 α=0.05 水平上差异不显著。

表 4-16　2016 年玉米生育期内不同余氯浓度及加氯历时处理 SPAD 值方差分析

变异来源	日期						
	6 月 23 日	7 月 2 日	7 月 12 日	7 月 24 日	8 月 4 日	8 月 14 日	8 月 24 日
余氯浓度	NS（P=0.314）	NS（P=0.304）	NS（P=0.467）	NS（P=0.139）	NS（P=0.949）	NS（P=0.917）	NS（P=0.876）
加氯历时	NS（P=0.605）	NS（P=0.116）	NS（P=0.441）	NS（P=1.000）	NS（P=0.926）	NS（P=0.996）	NS（P=0.502）
水质	NS（P=0.632）	NS（P=0.284）	*（P=0.042）	NS（P=0.155）	NS（P=0.710）	NS（P=0.196）	*（P=0.030）

注：NS 代表在 α=0.05 水平上差异不显著；* 代表在 α=0.05 水平上差异显著。

4.6.3 地上部分干物质质量及其吸氮量

2015 年和 2016 年玉米不同生育阶段各处理地上部干物质质量及吸氮量见表 4-17 和表 4-18。余氯浓度及加氯历时对玉米地上部干物质质量及吸氮量影响不显著。由表 4-17 和表 4-18 可知，玉米地上部分干物质质量随玉米生长而增加。2015 年，再生水不加氯处理（S0）地上部干物质质量和吸氮量较地下水不加氯处理（G0）分别增加 6% 和 10%。LSD 检验结果也表明，2015 年生育期内再生水不加氯处理的吸氮量显著大于地下水不加氯处理（表 4-17）。2016 年再生水不加氯处理和地下水不加氯处理地上部干物质质量及吸氮量差异不大。2016 年处理 S0 和 G0 的地上部干物质质量分别为 21899kg/hm^2 和 21987kg/hm^2，吸氮量分别为 311kg/hm^2 和 354kg/hm^2。

加氯总量增大并未造成干物质质量的减小。例如，2015 年玉米成熟期 C2T2 处理干物质质量较 C2T1 处理高 6%。2015 年加氯处理降低了地上部干物质质量，加氯处理干物质质量均值较不加氯处理低 5%。但是 2016 年，再生水加氯和不加氯处理干物质质量接近，分别为 22214kg/hm^2 和 21899kg/hm^2。

同干物质质量规律一致，加氯未对生育期内作物吸氮量产生显著影响。与再生水不加氯（S0）相比，2015 年加氯处理作物吸氮量降低了 8%，但是 2016 年并未发现类似规律。这与栗岩峰和李久生（2010）的研究结果不同，通过日光温室试验研究加氯浓度和加氯频率对番茄产量及氮素吸收的影响，结果表明加氯处理使植株吸氮量明显降低。原因主要包括以下几点：本研究余氯浓度（1.3 ~ 8mg/L）明显小于前者（10 ~ 50mg/L），2015 年玉米生育期内加氯总量为 422 ~ 845g/hm^2，2016 年玉米生育期内加氯总量为 317 ~ 634g/hm^2，是造成作物吸氮量对加氯响应不显著的原因之一；Parker 等（1985）也研究发现施 340kg/hm^2 氯肥未对玉米生长产生不利影响。试验用再生水氯含量为 148.7 ~ 163mg/L，小于 Mass（1990）提出的玉米耐氯值 350 ~ 700mg/L；本试验区 2015 年和 2016 年灌水量分别占玉米生育期内降雨总量的 28% 和 17%，降雨大于灌溉可能也是影响加氯对作物吸氮量的重要原因。降雨能够在一定程度上降低由灌水和施肥造成的差异（Van Donk et al., 2013; Wang et al., 2014a）。

4.6.4 产量及其构成要素

2015 年和 2016 年各处理玉米产量及产量构成要素（穗长、秃尖长、穗粒数、百粒重）分别见表 4-19 和表 4-20。方差分析结果显示，余氯浓度及加氯历时对玉米产量及其构成要素影响不显著。2015 年产量为 12142 ~ 13337kg/hm^2，再生水不加氯（S0）产量最高。2016 年玉米产量为 9111 ~ 10807kg/hm^2，处理 C1.3T3 产量最大。降雨导致氯向下层土壤运移，减小了氯对作物生长的负面影响（Chen et al., 2010a）。Nukaya 和 Hashimoto（2000）也发现类似结果，施入 7.5mmol/L（265.9mg/L）氯未对番茄产量产生负面影响。另一方面，在苗期末进行加氯处理，在很大程度上减小了氯对作物的毒害。研究表明，高

表 4-17　2015 年玉米生育期地上部干物质质量和吸氮量及其方差分析

处理	地上部干物质质量（kg/hm^2）					吸氮量（kg/hm^2）				
	7 月 30 日	8 月 13 日	8 月 31 日	9 月 20 日	10 月 25 日	7 月 30 日	8 月 13 日	8 月 31 日	9 月 20 日	10 月 25 日
C1T2	784	4244ab	9581bc	16550a	23562a	25	82a	113a	218a	256ab
C2T1	884	4622ab	10893a	16105a	22939a	27	98a	133a	216a	262ab
C4T0. 5	978	4482ab	9316bc	16070a	22307a	32	84a	110a	218a	252ab
C2T2	1093	4811a	9167c	16779a	22308a	36	92a	110a	221a	243b
C4T1	895	4696a	10430ab	16439a	23667a	30	82a	122a	218a	259ab
C8T0. 5	1064	4021b	8721c	15939a	24714a	40	83a	106a	212a	287a
S0	915	4743a	8875c	15905a	24467a	33	100a	106a	217a	282a
G0	1262	4421ab	9027c	15830a	23134a	41	88a	101a	204a	257ab
方差分析										
余氯浓度	—	NS（P=0. 128）	NS（P=0. 503）	NS（P=0. 985）	NS（P=0. 121）	—	NS（P=0. 401）	NS（P=0. 888）	NS（P=0. 982）	NS（P=0. 186）
加氯历时	—	NS（P=0. 614）	**（P=0. 008）	NS（P=0. 789）	NS（P=0. 397）	—	NS（P=0. 840）	NS（P=0. 258）	NS（P=0. 956）	NS（P=0. 461）
水质	—	NS（P=0. 361）	NS（P=0. 405）	NS（P=0. 920）	NS（P=0. 207）	—	NS（P=0. 356）	NS（P=0. 500）	NS（P=0. 316）	NS（P=0. 144）

注：NS 代表在 α=0. 05 水平上差异不显著；* * 代表在 α=0. 01 水平上差异显著。

表 4-18　2016 年玉米生育期地上部干物质质量和吸氮量及其方差分析

处理	地上部干物质质量（kg/hm^2）					吸氮量（kg/hm^2）				
	6月5日	7月2日	7月13日	8月4日	8月31日	6月5日	7月2日	7月13日	8月4日	8月31日
C1.3T3	360a	5707a	8687a	14555a	22497a	9a	190a	211a	237a	336a
C2T2	325a	5407a	8383a	14337a	22872a	8a	176ab	218a	241a	334a
C4T1	333a	5303a	8686a	14044a	21956a	9a	168ab	226a	251a	330a
C2T1	351a	4997a	8959a	14777a	21531a	9a	156b	239a	232a	323a
S0	343a	5692a	8837a	14181a	21899a	8a	178ab	210a	228a	311a
G0	317a	5290a	8730a	14959a	21987a	8a	179ab	232a	272a	354a
方差分析										
余氯浓度	NS (P=0.748)	NS (P=0.213)	NS (P=0.710)	NS (P=0.420)	NS (P=0.733)	NS (P=0.940)	NS (P=0.216)	NS (P=0.732)	NS (P=0.268)	NS (P=0.779)
加氯历时	NS (P=0.644)	NS (P=0.105)	NS (P=0.438)	NS (P=0.625)	NS (P=0.294)	NS (P=0.775)	NS (P=0.056)	NS (P=0.563)	NS (P=0.586)	NS (P=0.680)
水质	NS (P=0.396)	NS (P=0.359)	NS (P=0.881)	NS (P=0.593)	NS (P=0.919)	NS (P=0.897)	NS (P=0.966)	NS (P=0.398)	NS (P=0.195)	NS (P=0.063)

注：NS 代表在 α=0.05 水平上差异不显著。

浓度的氯离子会对处于幼苗期的作物产生毒性，随着作物的生长，耐氯性也会提高（Elgallal et al., 2016）。对比不同加氯总量处理，结果表明产量未随着加氯总量的增加而降低。例如，2016 年处理 C1. 3T3、C2T2 和 C4T1 产量均值为 10455kg/hm^2，较 C2T1 处理高 4%。

2015 年和 2016 年水质对玉米产量及其构成要素的影响分别见表 4-19 和表 4-20。2015 年各加氯处理产量均值较再生水不加氯处理降低了 3%，但是两者之间差异不显著。2016 年未发现类似规律。两年试验均表现出再生水不加氯处理产量高于地下水不加氯处理。2015 年和 2016 年再生水不加氯处理（S0）产量较地下水不加氯对照处理（G0）分别高 5% 和 2%。刘洪禄等（2010）对比研究了再生水和地下水灌溉对夏玉米和冬小麦产量和品质的影响，结果表明，再生水灌溉增加了冬小麦和夏玉米产量，但方差分析结果显示，灌溉水质未对产量产生显著影响。郭利君（2017）通过盆栽试验研究了不同水质（再生水和地下水）对玉米产量的影响，再生水滴灌较地下水滴灌显著增加了玉米产量，与本研究结果不一致。一方面，前者试验是在遮雨棚内进行的盆栽试验，避免了降雨对土壤养分运移及分布的影响；另一方面，前者玉米生育期内再生水灌溉次数及灌水量均高于本研究，上述原因是造成结果差异的主要因素。

表 4-19　2015 年玉米产量及构成要素

处理	穗长（cm）	秃尖长（cm）	穗粒数	百粒重（g）	产量（kg/hm^2）
C1T2	18. 6b	1. 5a	453b	36. 9a	12141. 7a
C2T1	19. 4ab	1. 8a	476ab	38. 4a	13117. 5a
C4T0. 5	19. 0b	1. 6a	467ab	37. 0a	12626. 1a
C2T2	18. 9b	1. 7a	529a	36. 3a	13284. 4a
C4T1	19. 7ab	1. 8a	483ab	38. 9a	13269. 7a
C8T0. 5	19. 6ab	1. 6a	484ab	37. 5a	12899. 4a
S0	20. 5a	1. 5a	489ab	37. 8a	13337. 1a
G0	19. 2ab	1. 3a	471ab	37. 3a	12746. 0a
方差分析					
余氯浓度	NS（P=0. 630）	NS（P=0. 944）	NS（P=0. 095）	NS（P=0. 932）	NS（P=0. 432）
加氯历时	NS（P=0. 340）	NS（P=0. 886）	NS（P=0. 184）	NS（P=0. 159）	NS（P=0. 640）
水质	NS（P=0. 284）	NS（P=0. 209）	NS（P=0. 192）	NS（P=0. 800）	NS（P=0. 494）

注：同一列有相同字母表示在 α=0. 05 水平上不显著；NS 表示在 α=0. 05 水平上差异不显著。

表 4-20　2016 年玉米产量及构成要素

处理	穗长（cm）	秃尖长（cm）	穗粒数	百粒重（g）	产量（kg/hm^2）
C1. 3T3	18. 9a	4. 3a	404a	35. 9a	10689. 1a
C2T2	18. 7a	4. 8a	395a	34. 5a	10136. 4a
C4T1	19. 0a	4. 0a	410a	34. 2a	10538. 5a

续表

处理	穗长（cm）	秃尖长（cm）	穗粒数	百粒重（g）	产量（kg/hm^2）
C2T1	18. 3a	4. 1a	395a	36. 3a	10092. 3a
S0	18. 9a	3. 8a	393a	34. 4a	10328. 1a
G0	18. 6a	3. 6a	396a	34. 5a	10127. 9a
方差分析					
余氯浓度	NS（P=0. 163）	NS（P=0. 786）	NS（P=0. 358）	NS（P=0. 470）	NS（P=0. 269）
加氯历时	NS（P=0. 379）	NS（P=0. 422）	NS（P=0. 992）	NS（P=0. 541）	NS（P=0. 910）
水质	NS（P=0. 554）	NS（P=0. 826）	NS（P=0. 856）	NS（P=0. 612）	NS（P=0. 984）

注：同一列有相同字母表示在 α=0. 05 水平上不显著；NS 表示在 α=0. 05 水平上差异不显著。

4. 6. 5 籽粒品质

对余氯浓度最大处理（2015 年选取 C8T0. 5，2016 年选取 C4T1）、再生水对照（S0）和地下水对照处理（G0）玉米籽粒主要品质进行了检测，结果见表 4-21。2015 年和 2016 年再生水加氯处理、再生水不加氯对照处理（S0）和地下水不加氯对照处理（G0）玉米品质指标无明显差异。以 2015 年为例，C8T0. 5、S0 和 G0 处理玉米籽粒粗淀粉含量分别为 63%、64% 和 62%。方差分析结果也显示，玉米生育期内加氯措施和灌溉水质未对玉米籽粒中粗蛋白、粗淀粉和粗灰分含量产生显著影响。

表 4-21 加氯和灌溉水质对玉米品质的影响

处理	2015 年		
	粗蛋白（%）	粗淀粉（%）	粗灰分（%）
C8T0. 5	10	63	1
S0	10	64	1
G0	9	62	1
加氯处理	NS（P=0. 964）	NS（P=0. 826）	NS（P=0. 330）
水质	NS（P=0. 772）	NS（P=0. 625）	NS（P=0. 339）
处理	2016 年		
	粗蛋白（%）	粗淀粉（%）	粗灰分（%）
C4T1	11	62	1
S0	12	58	1
G0	12	58	1
加氯处理	NS（P=0. 305）	NS（P=0. 381）	NS（P=0. 882）
水质	NS（P=0. 715）	NS（P=0. 936）	NS（P=0. 492）

注：NS 代表 α=0. 05 水平上差异不显著。

4.7 加氯处理对灌水器堵塞的影响

图 4-13 给出了 2015 年和 2016 年生育期结束后灌水器平均相对流量 Dra 及均匀系数 CU。两年生育期内，灌水器均发生了轻微堵塞。2015 年和 2016 年生育期结束后灌水器 Dra 分别为 90.3% ~99.3% 和 97.9% ~99.8%。研究表明再生水滴灌系统运行 168 ~336h（每天运行 12h）后灌水器出现堵塞现象（Li et al., 2009）。本研究中，灌水时间较短（18h）是未造成灌水器堵塞的重要原因。对比不同加氯总量处理组灌水器 Dra 及 CU，结果表明，加氯总量增加，灌水器 Dra 和 CU 增加。2015 年生育期末，处理 C2T2、C4T1 和 C8T0.5 的 Dra 均值为 98%，较 C1T2、C2T1 和 C4T0.5 处理 Dra 均值高 2%。同一加氯总量条件下，低余氯浓度长加氯历时处理组 Dra 和 CU 值较高。Song 等（2017）得到类似结论。双因素方差分析结果表明，两年生育期内余氯浓度和加氯历时均未对灌水器 Dra 产生显著影响（表 4-22）。

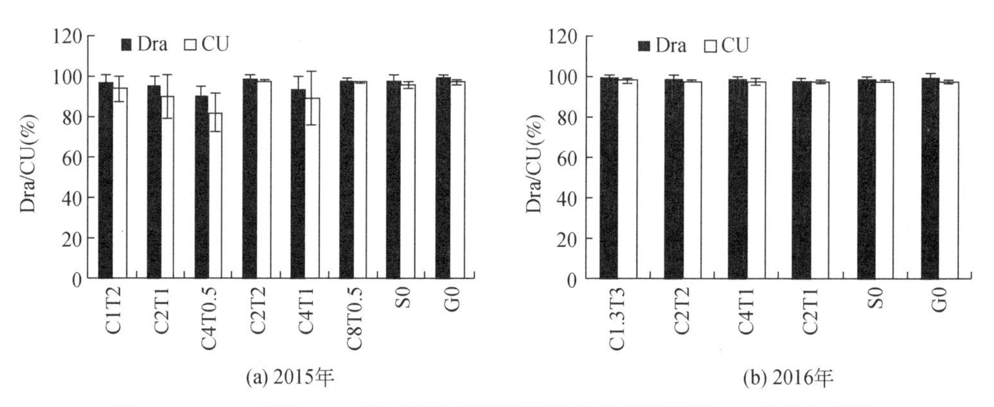

图 4-13 2015 年和 2016 年玉米生育期结束后各处理灌水器 Dra 和均匀系数

两年试验内各处理均匀系数（CU）均高于 82%，2015 年各处理 CU 均值较 2016 年低 3%。处理 C4T0.5 灌水均匀系数有大幅下降，主要是部分灌水器完全堵塞引起的。方差分析结果显示，余氯浓度及加氯历时均未对均匀系数产生显著影响（表 4-22）。

表 4-22 2015 年和 2016 年玉米生育期结束后各处理灌水器 Dra 和均匀系数方差分析

变异来源	2015 年		2016 年	
	Dra	CU	Dra	CU
余氯浓度	NS（P=0.142）	NS（P=0.323）	NS（P=0.316）	NS（P=0.493）
加氯历时	NS（P=0.142）	NS（P=0.291）	NS（P=0.942）	NS（P=0.494）

注：NS 代表在 α=0.05 水平上差异不显著。

4.8 本章结论

通过2年再生水滴灌加氯玉米田间试验，研究了加氯处理对土壤氯离子、NO_3^--N、NH_4^+-N、土壤酶活性及玉米生长指标、产量及品质的影响；生育期结束后测定灌水器流量，评价田间滴灌系统加氯处理对堵塞的去除效果。得到的主要结论如下。

（1）与地下水滴灌相比，再生水灌溉在一定程度上增加了0～40cm土层氯离子含量，但加氯处理未对土壤氯离子含量产生显著影响。

（2）再生水灌溉增加土壤脲酶、碱性磷酸酶活性及土壤NO_3^--N含量；加氯措施在一定程度上降低了根区范围内（0～40cm）土壤脲酶及碱性磷酸酶活性，增大了0～40cm土壤NO_3^--N的累积，累积量随着加氯总量的增大而增大。

（3）余氯浓度和加氯历时未对两年玉米生育期内株高、叶面积指数（LAI）、相对叶绿素含量（SPAD）、地上部干物质质量、作物吸氮量和产量产生显著影响；与地下水滴灌相比，再生水滴灌未对玉米株高、叶面积指数、相对叶绿素含量、地上部分干物质质量及吸氮量、产量及其构成要素和品质造成显著差异。

（4）两年田间试验，使用再生水灌溉后灌水器均未发现明显堵塞现象。加氯能有效减缓灌水器堵塞的发生。

综上所述，再生水加氯有降低根区土壤酶活性的风险，但是在华北平原玉米生育期内降雨的作用下，加氯措施对作物吸氮量和产量的影响未达到显著水平，建议采用低浓度、长历时的加氯方式以降低高浓度余氯对土壤环境可能产生的负面影响。

第5章 再生水滴灌管网余氯浓度分布模拟及其对土壤环境和作物生长的影响

滴灌系统均匀性是评价滴灌条件下灌溉水及肥料分布均匀性的重要指标。灌水器堵塞是导致滴灌系统均匀性降低的一个重要因素。加氯可有效降低灌水器堵塞的风险，而加氯浓度一般根据系统末端余氯浓度控制，大规模滴灌系统中，这种控制方式可能会导致系统首部余氯浓度过高，对作物的生长带来不利影响。滴灌系统中不同位置余氯浓度对控制灌水器堵塞、土壤环境及作物生长的影响可能不同。本章基于 EPANET 软件模拟分析再生水滴灌条件下余氯在管网内的衰减分布规律，并设置田间试验研究滴灌管网余氯分布均匀性对土壤 NO_3^--N、土壤酶活性、作物生长指标及产量的影响。通过研究，提出再生水滴灌条件下适宜的加氯模式，为再生水安全高效利用提供科学依据。

5.1 概 述

再生水滴灌适宜加氯模式制定需综合考虑加氯对系统性能和作物生长的共同影响，一直是研究者关注的热点。Li 等（2012a）发现余氯浓度为 2 ~ 8mg/L、加氯频率为 4 ~ 8 周/次的加氯处理模式既能有效控制滴灌系统堵塞的发生，又不会对番茄生长、产量和品质产生明显影响。本书第 4 章研究结果也表明，较小的灌水单元（滴灌带长度 10m 条件下），再生水加氯有降低根区土壤酶活性的风险，在华北平原玉米生育期内降雨的作用下，加氯措施对作物吸氮量和产量的影响未达到显著水平。上述研究为再生水滴灌系统加氯模式优化提供了重要理论基础。在滴灌系统中，水源到达需水点需要一定的输送时间，余氯输送运移过程中与灌溉水中的物质发生物理、化学及生物反应时间也不同，余氯浓度逐渐下降，管网内余氯分布不均匀。灌溉单元内部灌水器堵塞程度随着距支管进口距离的增加而增加（Li et al., 2009），在水力偏差造成的灌水器出流不均匀的叠加作用下，滴灌系统中不同位置余氯浓度分布也不均匀，对控制灌水器堵塞、土壤环境及作物生长的影响可能不同。而目前研究中并未考虑因氯与水中的有机物、无机物及管壁材料等发生反应造成的余氯浓度衰减过程对余氯分布均匀性的影响，且未见余氯分布均匀性对土壤-作物系统的影响研究。

通过田间试验获取不同条件下的再生水滴灌管网余氯分布运移特征费时、费力且较难实现，利用水力解析（如能量轮廓线法）或数值计算方法（如有限元法、黄金分割法和遗传算法等）对管网水力特性进行计算，并对灌水均匀性进行评价，是滴灌系统管网优化的基础（Howell and Hiler, 1974；Kang et al., 1996；王新坤和蔡焕杰，2005）。但是，以往滴灌系统水力特性计算方法中未考虑溶质迁移转化过程及其在灌溉系统的运移分布特征，一定程度上限制了溶质（如肥料和氯）注入模式对系统性能的影响研究。近年来，基于 EPANET 构建的城镇供水管网余氯分布模拟模型已在模拟不同管网布置形式、供水方式和加氯模式条件下余氯分布特征中得到广泛应用（Monteiro et al., 2014；Maier et al., 2000；孙傅等，2008；Mohapatra et al., 2014）。与城镇供水管网相比，滴灌系统出流节点（灌水器）明显较多，且节点流量受水力偏差影响明显，实现滴灌系统中灌水器流量及余氯浓度的模拟是一个值得关注的问题。本研究基于 EPANET 在供水管网水力和水质模拟中的优势，尝试建立再生水滴灌系统余氯分布模型，并开展田间试验研究余氯分布均匀性对土壤酶活性、土壤氮分布、作物生长及产量的影响，为再生水灌溉条件下的加氯模式优选提供科学依据。

5.2 研究方法

5.2.1 滴灌管网余氯分布试验

5.2.1.1 试验概况

试验于 2016 年 5 月 4 日至 9 月 1 日在国家节水灌溉北京工程技术研究中心大兴试验基地（39°39′N，116°15′E，40.1m+）进行。该地区属暖温带半湿润大陆季风气候，多年平均气温 11.6℃，多年平均降水量为 556mm。试验区 0～100cm 土质为粉壤土（美国制），土壤平均干容重（环刀法）为 1.41g/cm^3，平均田间持水率和凋萎含水率分别为 0.33cm^3/cm^3 和 0.10cm^3/cm^3（王珍，2014）。供试土壤基本物理特性见表 5-1。

表 5-1 余氯浓度均匀系数试验供试土壤基本物理特性

深度（cm）	不同粒径颗粒所占比例（%）			土壤质地	土壤容重（g/cm^3）
	<0.002mm	0.002～0.05mm	>0.05mm		
0～20	14.2	51.5	34.3	粉壤土	1.35
20～40	14.2	51.1	34.7	粉壤土	1.41
40～60	14.8	51.7	33.5	粉壤土	1.41
60～80	16.6	50.5	32.9	粉壤土	1.47
80～100	17.4	51.6	31.0	粉壤土	1.45

5.2.1.2 试验设计

供试作物为玉米（‘京科 389’）。试验小区的尺寸为 30m×3m，每个小区种植 6 行玉米，株距为 30cm，行距为 50cm。滴灌带沿玉米行方向布置，每个小区布置 3 条滴灌带，1 条滴灌带控制 2 行玉米。试验用灌水器间距为 30cm，0.10MPa 下标称流量为 1.6L/h（Φ16mm，耐特菲姆）。两个小区之间设置宽度为 50cm 缓冲带，便于试验观测并防止小区之间的横向水分交换。

试验各加氯处理加氯总量保持一致，考虑余氯浓度和加氯历时，分别记为1.3mg/L×3h（C1T1）、2mg/L×2h（C2T2）和4mg/L×1h（C3T3）。另设置1个再生水不加氯处理作对照（C0）。每个处理均设置3个重复。

加氯处理均通过可调式比例泵（Mis Rite Model 2504，Tefen，以色列）施入，选用有效氯为10%的次氯酸钠溶液，加入硫酸以调节灌溉水的pH，水酸化之后再向系统中加氯。每次加氯过程中均用EXTECH- CL200笔式余氯计（Extech Instruments Corporation，Waltham，Mass）测定毛管末端灌水器出水的余氯质量浓度。测定频率为每10min一次，然后根据笔式余氯计读数调整比例泵的注入比例，以保证系统中余氯浓度控制在设计水平附近。

5.2.1.3 灌水与施肥

试验中各处理采用的灌溉和施肥制度一致。根区范围（苗期为40cm，其余生育期选取60cm）内土壤含水率降为田间持水量的60%～70%时进行灌水，上限为田间持水量。生育期内有效降水量为502mm。基于灌溉制度，玉米生育期内分别在6月3日、6月24日和7月13日进行灌水，总灌水量86mm，每次灌水均进行相应的加氯操作。

玉米生育期内分别施入纯N 180kg/hm^2，P_2O_5 100kg/hm^2，K_2O 100kg/hm^2。氮肥选用尿素；磷肥选用过磷酸钙；钾肥选用K_2SO_4。在播种前基施P_2O_5 100%（100kg/hm^2）；在播种前、拔节期、大喇叭口期、灌浆期分别施K_2O 30%（30kg/hm^2）、30%（30kg/hm^2）、30%（30kg/hm^2）、10%（10kg/hm^2）。N肥在生育期内随灌水施入土壤，分别在拔节期、大喇叭口期、灌浆期施1/3（60kg/hm^2）纯N。

除基肥外，试验生育期内施肥均利用水动比例式施肥泵（Mis Rite Model 2504，Tefen，以色列）采用“1/4W—1/2N—1/4W”的模式注入（李久生等，2004）。

5.2.1.4 观测项目与方法

1）土壤氮素及酶活性

为了获得田块的初始养分特征，播种前在整个田块均匀布置5个测点，0～100cm土层分5层取样：0～20cm、20～40cm、40～60cm、60～80cm和80～100cm。为了获得玉米生育期典型时段土壤指标（氮素和酶活性）的分布情况，在每个处理选一个重复沿滴灌带方向按5m等间距（首末两点距小区两端均为2.5m），设置6个取样点，其余两个重复的每个处理布置一个取样点。分别在玉米各生育期、施肥前后用土钻在0～100cm土层内按照20cm等间距分5层取样，收获后每个小区均设置6个取样点，用土钻在0～100cm土层内按照20cm等间距分5层取样。土样采集后，经风干研磨后过2mm筛，然后保存于自封袋内。0～40cm土壤样品用于土壤氮素及土壤酶活性的测定，40～100cm土壤样品仅用于土壤氮素的测定。

土壤氮素测定：称取风干土壤样品20g，用50mL浓度为1mol/L的KCl溶液浸提，用流动分析仪（Auto Analyzer 3，德国Bran+Luebbe公司）测定浸提液中NO_3^--N的浓度（mg/L），再折算成土壤NO_3^--N含量（mg/kg）。

土壤酶活性测定：土壤碱性磷酸酶和脲酶活性均按照关松荫（1986）提出的方法进行测定，其中土壤碱性磷酸酶采用磷酸苯二钠法测定，土壤脲酶采用苯酚–次氯酸钠法测定。

2）玉米生长、产量指标

株高、叶面积指数（LAI）：在各试验小区按均匀分布的原则，每小区沿滴灌带方向按5m等间距布置6个测点（首末两点距小区两端为2.5m）选取长势良好、具有代表性的2株玉米进行标记，分别在6叶期（V6）、8叶期（V8）、12叶期（V12）、抽穗期（VT）、灌浆期（R2）和成熟期进行测定株高、LAI的测定。

相对叶绿素含量（SPAD）：选点位置同株高测点。从拔节期开始，每10天用便携式叶绿素仪（SPAD-502，精度±1.0SPAD单位，KONICA MINOL TASENSING，日本）测定叶片的相对叶绿素含量（SPAD值）。拔节期测定第4片完全展开叶（最下层叶片为第1叶），后期测量时测定穗位叶（Rostami et al.，2008），测定位置为叶片中部，每个叶片均多次（≥3）测量求平均值。

干物质及作物全氮：选点位置同株高测点，每个小区6个点，每点2株有代表性的玉米植株测定地上部干物质质量和作物全氮。取样时间为苗期末、拔节期末、抽穗期末、灌浆期和成熟收获后，按茎+叶和穗分别取，晒干后将其剪碎，称量其植株重量，然后用四分法进行取样，用旋风磨将样品磨碎，用凯氏定氮仪测其植株全氮含量。

产量：在玉米成熟后对玉米进行产量及其构成要素的测定。每个小区沿滴灌带方向等间距布置11个考种点，每个测点间距为2.5m，首末两点距小区端点距离为2.5m。每点取10株玉米（2行，每行5株）。分别测量穗长、秃尖长、穗行数、行粒数，风干后脱粒，然后烘干测百粒重和籽粒产量，并将籽粒重量最后折算为每公顷产量。

3）水质参数测定

每次灌溉前，采集再生水样500mL用于水质指标测定；测试指标有COD、BOD、TN、TP、TSS、Cl^-、*E. coli*，结果见表4-4。

4）统计分析方法

所有数据均采用SPSS 19.0软件（IBM，New York，US）进行统计分析。采用单因素方差分析确定加氯处理对土壤NO_3^--N含量、土壤酶活性、玉米株高、LAI、SPAD、干物质量、吸氮量、产量及其构成要素的影响；采用Dcuncan多重比较确定各处理的株高、LAI、SPAD、干物质质量、吸氮量、产量及其构成要素均值及均匀系数差异。

5.2.2 滴灌管网余氯分布模拟模型构建与参数确定

EPANET是美国环境保护署（Environmental Protection Agency，EPA）开发的有压管网水力和水质特性延时模拟软件，可实现不同类型的供水系统水力及水质特性分析，已在余氯衰减运移中得到了大量应用。

5.2.2.1 水力分析

管网水力分析是在已知管网各节点流量分配和各管段管径数据的前提下，求解计算管网内各管段流速、流量以及水源水压和流量等参数（信昆仑，2003）。管网的水力计算分析包括管网节点流量连续性方程、管段能量方程和管段压降方程的联立求解（迟海燕，2010）。

节点流量连续性方程为

$$\sum q_{ij} + Q_i = 0 \tag{5-1}$$

式中，q_{ij} 是节点 i 相连接的各管段的流量和；Q_i 是节点 i 的流量；i、j 为节点编号。

管段能量方程可用下式来表示

$$H_i - H_j = h_{ij} = RQ_{ij}^n \tag{5-2}$$

式中，h_{ij}是管段水头损失，m；H_i、H_j 是管段两端节点 i、j 的水压，m；R 是阻力系数；Q_{ij}是节点 i、j 之间管段流量，L/h；n 为流量指数。EPANET 软件常用 Hazen- Williams、Chezy-Manning 和 Darcy-Weisbach 公式来求解管段的水头损失，本章采用 Hazen-Williams 公式进行计算。EPANET 采用 Todini-Pilati 梯度算法（Todini and Pilati，1987）求解给定时间点管网水力状态的流量连续性方程和水头损失方程组。

5.2.2.2 水质分析

管网水质动态模拟基于以下假设：在一定时间段内，管道水流的对流传输过程是一维的；管网交叉节点处物质瞬时完全混合，忽略物质的纵向传播和蔓延；管网内的氮、氯、氟等物质遵循指数衰减或增长规律。管网水质模型是在已知水源输入模式和管网水力特性基础上，预测物质在管网内随时间的变化。物质的传输过程包括管道内物质的对流传输过程、物质动态反应过程及节点混合引起的物质浓度变化（赵洪宾和严煦世，2003；Rossman，2000）。

管道内物质的对流传输方程：

$$\frac{\partial C_i}{\partial t} = -u_i \frac{\partial C_i}{\partial x} + r(C_i) \tag{5-3}$$

式中，C_i 是管道 i 中的物质浓度（质量/容积），mg/L；u_i 是管道 i 中的流速，m/s；r 是管道中反应物的反应速率（质量/容积/时间），对于非反应物为 0，mg/(L · s)。

假定物质在节点处瞬间完全混合。对于特定节点 k，离开节点的物质浓度简化为节点进入管段浓度的流量权重之和，用下式表示：

$$C_{i\,|\,x=0} = \frac{\sum_{j \in I_k} Q_j C_{j\,|\,x=L_j} + Q_{k,\ \mathrm{ext}} C_{k,\ \mathrm{ext}}}{\sum_{j \in I_k} Q_j + Q_{k,\ \mathrm{ext}}} \tag{5-4}$$

式中，i 为节点 k 的下游管段；L_j 为管段 j 的长度，m；I_k 为节点 k 的上游管段集；Q_j 为管道 j 中的流量，m^3/s；$C_{k,\mathrm{ext}}$为节点 k 处直接进入管网的外部水源浓度，mg/L；$Q_{k,\mathrm{ext}}$为节点 k 处直接进入管网的外部水源流量，m^3/s；$C_{i\,|\,x=0}$为管道 i 的起始点浓度，mg/L；$C_{j\,|\,x=L_j}$为管道 j 的末端浓度，mg/L。

假设蓄水设施（水池和水库）中的物质完全混合。在完全混合状态下，通过水池的物质浓度是当前含量与任何进水含量的混合。同时，由于反应，内部浓度也在变化。用下式描述：

$$\frac{\partial(V_s C_s)}{\partial t} = \sum_{i \in I_s} Q_i C_{i \mid x=L_i} - \sum_{j \in O_s} Q_j C_s + r(C_s) \tag{5-5}$$

式中，V_s 是 t 时刻蓄水设施的容积，m^3；Q_s 是蓄水设施出水的管段集合；C_s 是蓄水设施中物质的浓度，mg/L；$r(C_s)$ 是水池的物质反应衰减，I_s 是蓄水设施进水的管段集合。

本研究采用一级氯衰减模型来模拟滴灌管网内的余氯衰减。滴灌管网中采用的是 PVC 和 PE 管材，可忽略管壁腐蚀引起的氯衰减。因此，余氯衰减过程主要包括主体水余氯衰减和管壁衰减，两者之和构成管网余氯衰减：

$$k = k_b + \frac{k_w k_f}{r_h(k_w + k_f)} \tag{5-6}$$

式中，k、k_b 和 k_w 分别为总余氯衰减系数、管壁余氯衰减系数和主体水余氯衰减系数；k_f 为传质系数；r_h 为水力半径。

主体水余氯衰减是余氯仅与水中的物质反应的过程，主体水余氯衰减系数可通过室内烧杯实验获得。而管壁余氯衰减是余氯与管壁有机和无机物反应的过程，目前尚不能通过实验手段直接获得管壁余氯衰减系数。

5.2.2.3 衰减系数确定方法

主体水衰减由室内烧杯试验确定。氯原材料选用 10% 的次氯酸钠溶液，余氯采用便携式余氯计（ExStik CL200，Extech Instruments Corporation，Waltham，Mass）测定。具体试验设置如下。

对试验用烧杯进行“氯饱和”处理，以保证烧杯内不存在任何耗氯物质。除去氯化水，用去离子水清洗烧杯并置于烘箱内烘干，冷却后备用。

（1）为研究初始投加氯浓度和温度对再生水主体水衰减规律的影响，烧杯放入恒温箱内并进行避光处理，控制水温为 5℃、20℃和 35℃。投加次氯酸钠溶液，调节初始投加氯质量浓度为 1.45mg/L、2.30mg/L、3.98mg/L、8.14mg/L。由于滴灌系统加氯历时为 2h，因此研究加氯 2h 内的氯衰减变化规律，分别于 1min、3min、5min、7min、9min、11min、20min、30min、40min、60min、90min、120min 测定余氯值并记录。

（2）为研究 pH 对再生水主体水衰减规律的影响，烧杯放入恒温箱内并进行避光处理，控制水温为 20℃，用 H_2SO_4（98%）将 pH 调整为 5.0、6.5 和 8.87（水样初始 pH），调节初始氯初始质量浓度为 4mg/L，测定余氯方法同上。

5.2.2.4 模型评价

模拟值和观测值的吻合程度采用均方根误差 RMSE 和一致性指数 d 进行评价：

$$\mathrm{RMSE} = \sqrt{\frac{\sum_{i=1}^{n}(O_i - P_i)^2}{n}} \tag{5-7}$$

$$d = 1 - \frac{\sum_{i=1}^{n}(O_i - P_i)^2}{\sum_{i=1}^{n}(|O_i - O| + |P_i - O|)^2} \tag{5-8}$$

式中，O_i 和 P_i 分别是观测值和模拟值；n 是观测点个数；O 是观测值的平均值。RMSE 最小值为 0，越接近 0 模拟效果越好；d 的值为 0 ~ 1，越接近 1 模拟效果越好。

5.2.3 再生水滴灌管网余氯衰减模型模拟方案

为研究不同规模管网氯衰减规律，本文选取 3 个滴灌系统进行模拟。3 个系统主管道长度均为 25m（PVC，Φ50cm），支管长度为 36m（PVC，Φ40cm）。模拟滴灌带长度分别为 30、50 和 100m，分别记为滴灌系统 A、B 和 C。灌水器间距为 30cm，0.10MPa 下标称流量为 1.6 L/h（Φ16mm，耐特菲姆），特征参数见表 2-1 中灌水器 E2。

5.2.3.1 滴灌系统管网简化

田间滴灌系统管网按水力计算要求简化。

1）滴灌系统 A

滴灌管网地面标高均为 0，水源 1 处，定水头为 10m，滴灌管网中间不设置加压泵和蓄水池；总节点数为 470 个，管段数为 469，主管道直径为 50mm，支管直径为 40mm，滴灌带直径为 16mm。

在干管末端、支管末端和沿滴灌带方向设置水质监测点。滴灌带选取离主管道最远端的滴灌带，每 5m 设置水质监测点，共设置 8 个水质监测点，比较分析实测值与模拟值。

2）滴灌系统 B

滴灌管网地面标高均为 0，水源 1 处，定水头为 10m，滴灌管网中间不设置加压泵和蓄水池；总节点数为 758 个，管段数为 757，主管道直径为 50mm，支管直径为 40mm，滴灌带直径为 16mm。

在干管末端、支管末端和沿滴灌带方向设置水质监测点。滴灌带选取离主管道最远端的滴灌带，每 5m 设置水质监测点，共设置 12 个水质监测点，比较分析实测值与模拟值。

3）滴灌系统 C

滴灌管网地面标高均为 0，水源 1 处，定水头为 10m，滴灌管网中间不设置加压泵和蓄水池；总节点数为 1478 个，管段数为 1477，主管道直径为 50mm，支管直径为 40mm，滴灌带直径为 16mm。

在干管末端、支管末端和沿滴灌带方向设置水质监测点。滴灌带选取离主管道最远端的滴灌带，每 10m 设置水质监测点。共设置 12 个水质监测点，比较分析实测值与模拟值。

5.2.3.2 数据准备

水头损失公式：采用 Hazen-Williams 公式计算滴灌管网水头损失。

迭代最大次数：设置为 40 次，控制算法收敛。

收敛精度：设置为 0.001，滴灌管网内节点的流量不平衡残值平方和小于或等于该值，即

$$F = \sum_{j}^{nj} [F_j(H)]^2 \leqslant 0.001 \tag{5-9}$$

忽略渗漏损失。模拟总历时为 2h，时间步长设置为 5min。

5.2.3.3 管网绘制

依据管网节点流量分析计算，建立滴灌管网示意图（图 5-1）。输入水源水头、节点流量、管径、管段长度等参数。利用 EPANET 2.0 软件进行管网水力模拟。

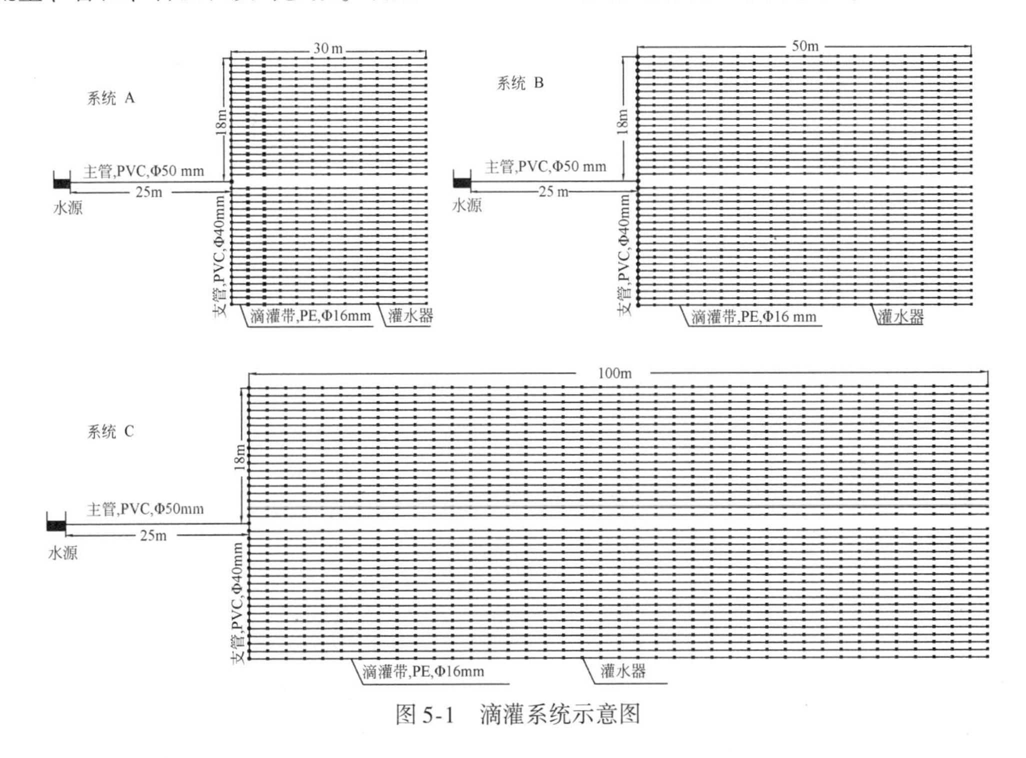

图 5-1 滴灌系统示意图

5.3 再生水滴灌管网余氯浓度的模拟模型

5.3.1 主体水衰减系数及管壁衰减系数

5.3.1.1 不同初始投加氯浓度及温度下再生水主体水衰减规律

不同初始投加氯浓度条件下，再生水主体水衰减规律见图 5-2。对不同条件下的余氯

衰减曲线进行拟合，结果见表5-2。不同温度、不同初始氯浓度条件下，氯衰减曲线的变化规律基本一致。反应初期，余氯出现迅速衰减，大约30min后衰减趋于平缓。这是由于，易于被氧化的有机物和无机物在反应初期占主导，氯的衰减速率快。当易于被氧化的物质消耗之后，不易与氯发生反应物质占主导，导致氯衰减速率相对较低。

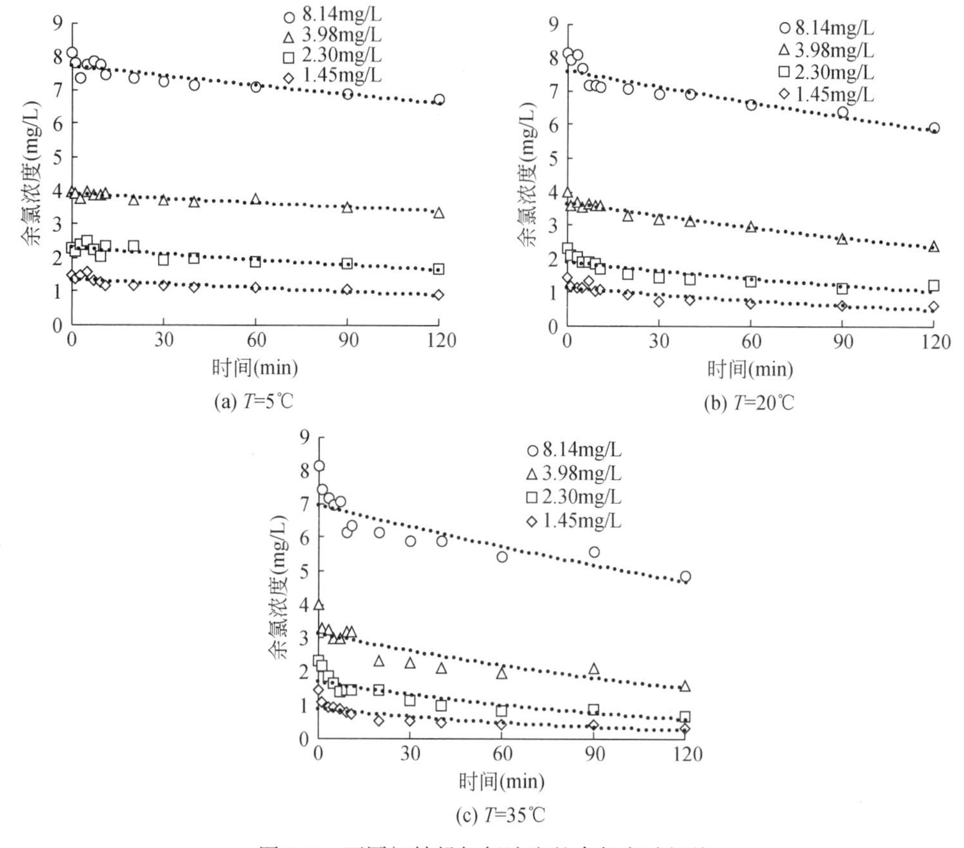

图5-2　不同初始投加氯浓度的余氯衰减规律

表5-2　不同初始氯条件下主体水衰减拟合结果

温度（℃）	拟合参数	初始投加氯浓度			
		1.45mg/L	2.30mg/L	3.98mg/L	8.14mg/L
5	k_b（h^{-1}）	0.2124	0.1644	0.0708	0.0774
	R^2	0.7466	0.7707	0.8453	0.7667
20	k_b（h^{-1}）	0.4152	0.3006	0.2220	0.1320
	R^2	0.7905	0.7496	0.9549	0.8095
35	k_b（h^{-1}）	0.6030	0.5250	0.3630	0.1974
	R^2	0.7407	0.8086	0.7680	0.7509

表5-2结果显示，对于同一温度条件下，随着初始投加氯浓度的增加，主体水余氯衰减系数（k_b）呈下降趋势。初始投加氯浓度与主体水衰减系数近似关系可用式（5-10）表

示，相关系数大于0.9132，拟合良好。结果表明，k_b与初始氯浓度呈负相关关系。水温为20℃，初始氯浓度由1.45mg/L增加到8.14mg/L时，主体水余氯衰减系数（k_b）由0.4152h^{-1}降为0.1320h^{-1}。Hua等（1999）研究也得出类似结论，当初始氯浓度较低时，以形成简单化合物的快速反应为主，衰减速率较大；初始氯含量增加时，快、慢反应同时发生，氯的整体衰减速率降低。

$$\begin{cases} T=5℃,\ k_b=\dfrac{0.2677}{C_0}+0.031\ (R^2=0.9132) \\ T=20℃,\ k_b=\dfrac{0.4863}{C_0}+0.0853\ (R^2=0.9902) \\ T=35℃,\ k_b=\dfrac{0.7001}{C_0}+0.1598\ (R^2=0.9141) \end{cases} \tag{5-10}$$

温度对主体水余氯衰减系数（k_b）的影响可以用阿仑尼乌斯指数公式表示。将试验数据代入公式$k_b=A\exp[-E/(RT)]$，求得同一初始投加氯浓度不同温度下的反应活化能E及指前因子A。同一初始氯投加浓度不同温度下主体水余氯衰减可用式（5-11）表示。可发现当温度升高时，主体水衰减系数呈现增加的趋势。这是由于温度的升高使得参与反应物质的活性增加，加快了反应的进行；另一方面，氯自身衰减速率也会增加，最终导致氯衰减速率增加。初始氯浓度为8.14mg/L，温度由5℃提高至35℃，主体水衰减系数（k_b）由0.0774h^{-1}增加至0.1974h^{-1}。

$$\begin{cases} C_0=1.45\text{mg/L},\ k_b=10348e^{-2990/(T+273)}\ (R^2=0.9823) \\ C_0=2.30\text{mg/L},\ k_b=24603e^{-3313/(T+273)}\ (R^2=1) \\ C_0=3.98\text{mg/L},\ k_b=2E+06e^{-4693/(T+273)}\ (R^2=0.9619) \\ C_0=8.14\text{mg/L},\ k_b=1189.3e^{-2676/(T+273)}\ (R^2=0.9974) \end{cases} \tag{5-11}$$

5.3.1.2 pH对主体水衰减规律的影响

不同pH条件下再生水主体水余氯衰减规律见图5-3。对测量值进行一级动力学模型拟合，结果见表5-3。当pH在5.0～8.87范围内时，pH越高，主体水衰减系数越低。这是由于次氯酸钠消毒过程中，中性次氯酸的消毒作用占主导。在酸性条件下次氯酸比例大（Nakayama et al.，2007），消毒效果好，因此氯的衰减速率更大。

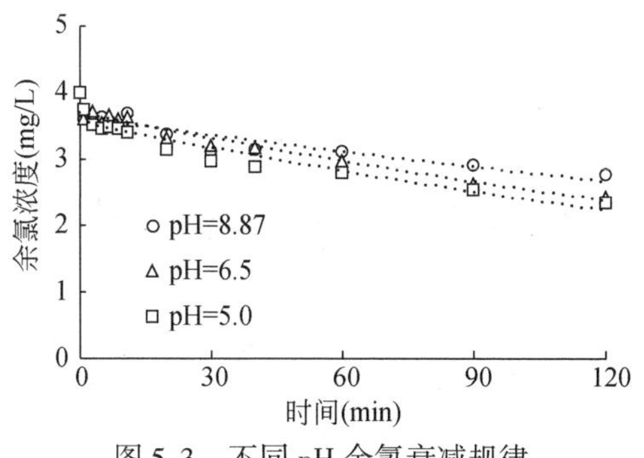

图5-3 不同pH余氯衰减规律

表 5-3　不同 pH 主体水衰减拟合结果

pH	k_b（h^{-1}）	R^2
5.0	0.2352	0.9059
6.5	0.2220	0.9549
8.87	0.1530	0.8384

5.3.2　管壁衰减系数

管壁衰减系数 k_w 是余氯衰减过程中的重要组成部分。本章中，以不同规模的滴灌系统（干、支管长度一致，滴灌带长度不同）为研究对象。采用 EPANET 软件进行水力计算，求得各管段的停留时间。在干管末端、支管末端和沿滴灌带方向设置水质监测点。根据管网取样点的实测数据，采用高斯–牛顿法求解干管、支管及滴灌带管壁的衰减系数，应用到模型中。结果见表 5-4。

表 5-4　管壁衰减系数结果

滴灌系统	初始氯浓度（mg/L）	干管衰减系数（mm/min）	支管衰减系数（mm/min）	滴灌带衰减系数（mm/min）
A	1.3	2.0	0.200	0.020
	3.0	6.5	0.200	0.090
	6.0	2.0	0.100	0.060
	8.0	4.0	0.120	0.020
B	1.3	3.2	0.130	0.040
	3.0	4.0	0.100	0.035
	6.0	1.0	0.030	0.035
	8.0	1.5	0.030	0.015
C	1.3	3.3	0.090	0.040
	3.0	3.4	0.110	0.012
	6.0	2.1	0.017	0.019
	8.0	2.7	0.017	0.013

5.3.3　水力模拟

滴灌系统 A、B 和 C 的节点压力分布（运行 1h）见图 5-4。基于管网压力分布，根据灌水器压力流量–关系（公式（2-1））计算各节点的流量。利用下式计算滴灌管网内灌水均匀系数：

$$CU = 100\left(1 - \frac{\sum_{i=1}^{n} |q_i - \bar{q}|}{n\bar{q}}\right) \tag{5-12}$$

式中，q_i 是滴灌管网第 i 个灌水器的流量（L/h）；$\bar{q}$ 是灌水器平均流量（L/h）；n 是灌水器流量的测试个数。

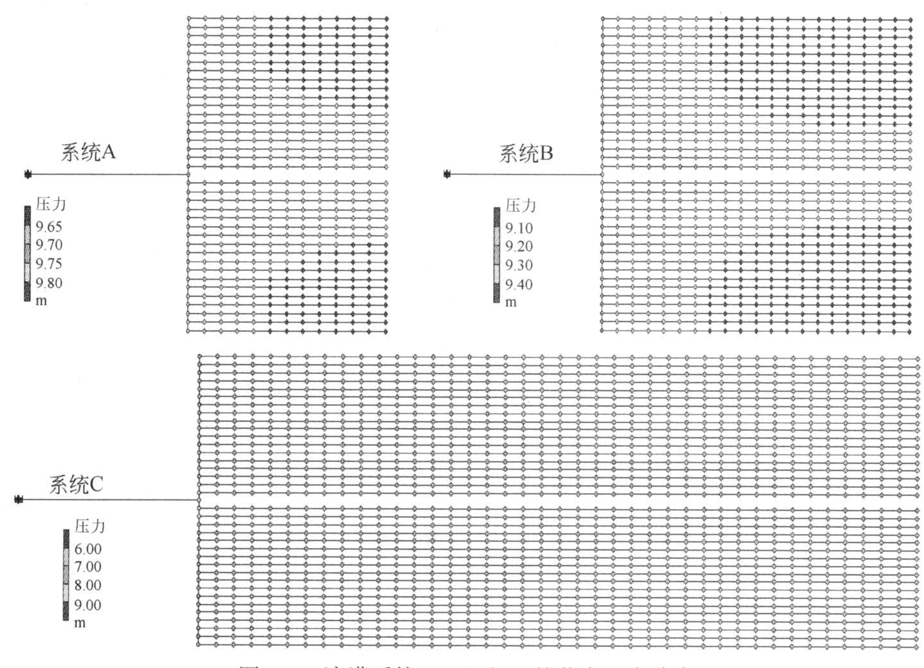

图 5-4　滴灌系统 A、B 和 C 的节点压力分布

5.3.4　水质模拟

采用与 5.3.3 节相同的管网、水力条件和运算结果，模拟不同规模再生水滴灌管网中余氯的衰减运移，衰减系数的估算见 5.3.2 节。

滴灌管网 A、B 和 C 设置不同初始加氯浓度（1.3mg/L、3mg/L、6mg/L 和 8mg/L），研究氯在不同规模管网内的衰减规律。不同工况氯衰减模拟总历时为 2h，水力步长设置为 5min；水质步长为 1min。

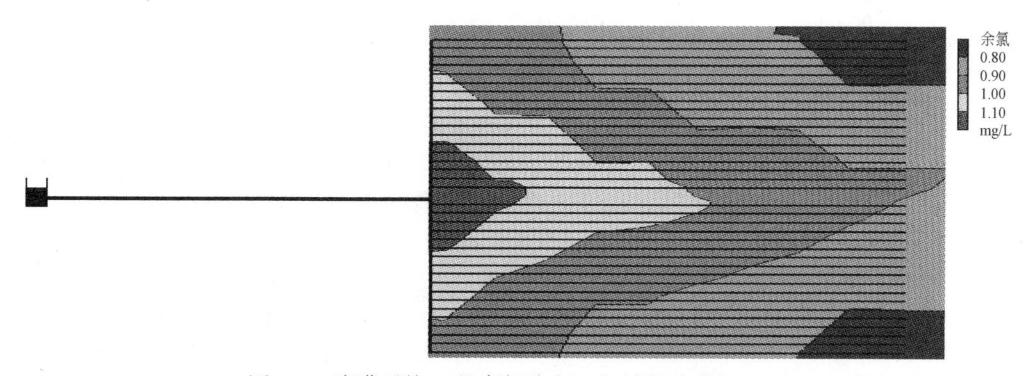

图 5-5　滴灌系统 A 的余氯分布（初始氯浓度 1.3mg/L）

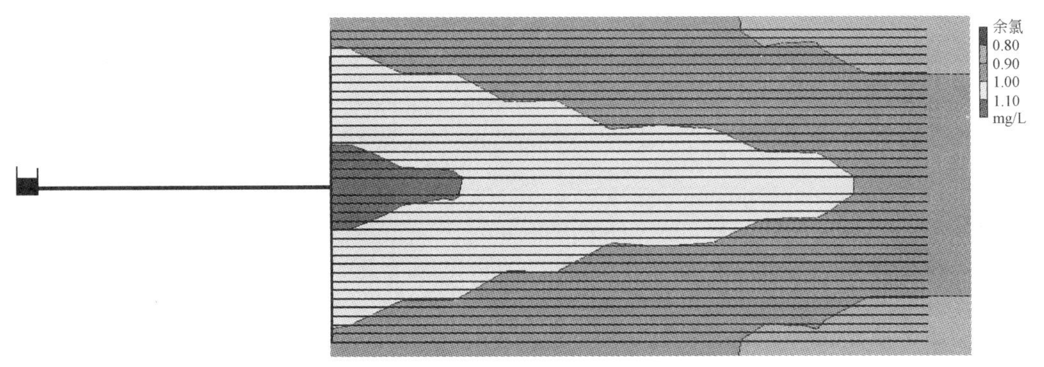

图 5-6　滴灌系统 B 的余氯分布（初始氯浓度 1.3mg/L）

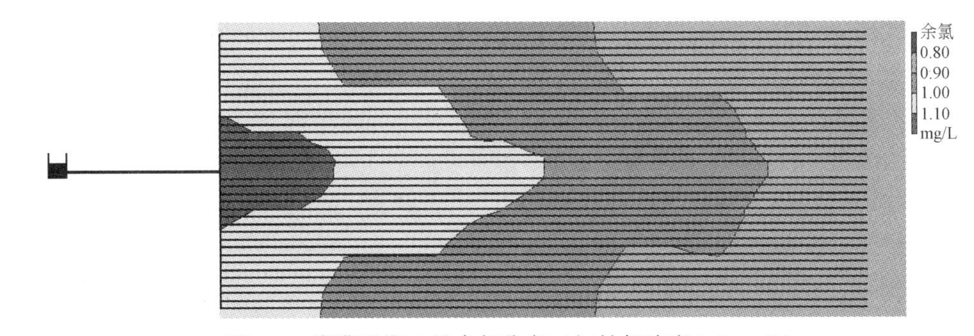

图 5-7　滴灌系统 C 的余氯分布（初始氯浓度 1.3mg/L）

表 5-5　不同氯初始浓度滴灌管网灌水均匀性、余氯分布均匀性及余氯观测值和模拟值均方根误差 RMSE 和一致性指数 *d*

滴灌管网	初始氯浓度（mg/L）	灌水均匀系数（%）	余氯均匀系数（%）	管网氯浓度最大值（mg/L）	管网氯浓度最小值（mg/L）	RMSE（mg/L）	*d*
A	1.3	99.92	92.21	1.15	0.73	0.0509	0.9646
	3.0		93.77	2.71	1.92	0.0933	0.9624
	6.0		96.21	5.09	4.09	0.1113	0.9664
	8.0		96.42	7.41	6.24	0.0812	0.9876
B	1.3	99.75	95.08	1.13	0.85	0.0386	0.9327
	3.0		95.91	2.68	2.11	0.1025	0.8850
	6.0		96.96	5.58	4.78	0.1260	0.9450
	8.0		98.43	7.43	6.79	0.1546	0.8619
C	1.3	98.53	92.64	1.15	0.77	0.0461	0.9486
	3.0		96.10	2.73	2.19	0.0539	0.9597
	6.0		96.59	5.73	4.88	0.0687	0.9806
	8.0		97.62	7.10	6.32	0.0912	0.9658

滴灌管网余氯均匀系数按下式计算：

$$\mathrm{CU}=100\left(1-\frac{\sum_{i=1}^{n}|c_i-\bar{c}|}{n\bar{c}}\right) \tag{5-13}$$

式中，c_i 是滴灌管网第 i 个灌水器的余氯浓度（mg/L）；$\bar{c}$ 是灌水器平均余氯浓度（mg/L）；n 是管网灌水器个数。

图 5-8、图 5-9 和图 5-10 比较了不同规模系统、不同初始氯浓度条件下余氯衰减模拟值与实测值的变化规律，结果表明，余氯浓度模拟值和实测值变化趋势一致，且吻合较好。不同工况条件下灌水均匀性、余氯分布均匀性及模型评价指标结果见表 5-5。由表可知，滴灌系统 A、B 和 C 的余氯观测值和模拟值 RMSE 介于 0.0386～0.1546。较高的一致性指数（0.8619～0.9876）表明模型能够较好地模拟管网余氯的衰减情况。系统运行40～60min 余氯的变化规律区域稳定，以系统运行 1h 余氯变化情况为例，管网 A、B 和 C 初始余氯浓度 1.3mg/L 时余氯分布等值线图见图 5-5、图 5-6 和图 5-7。随着滴灌带长度增加，灌水均匀性呈现降低趋势。系统滴灌带长度由 30m 增加为 100m 时，灌水均匀系数由 99.9% 下降为 98.5%。同一管网，随着初始余氯浓度的增加，余氯均匀系数呈现增加的趋势。再一次证实初始氯含量增加时，快、慢反应同时发生，氯的整体衰减速率降低（Hua et al., 1999）。同一初始氯浓度，随着滴灌带长度的增加，余氯均匀性出现先增加后减小的趋势。这可能是由于，滴灌带长度较小时，管网需水量小导致管网流速低，水力停留时间较长，增加了管网内的余氯衰减；滴灌带长度增加，需水量也随之增加，管网内流速增加，当流速达到某一临界值时，液流流态可能转变为紊流。紊流条件下水流质点急剧混掺，流体的动量、能量、温度及有机物浓度等扩散速率增加，氯的消耗速率也增加。不同初始投加氯浓度下 3 个管网的余氯分布均匀系数均大于 92.2%。因此，从减小加氯处理对土壤特性和作物的影响以及安全经济性出发，本研究推荐低浓度的加氯处理方式（如 1.3mg/L）。

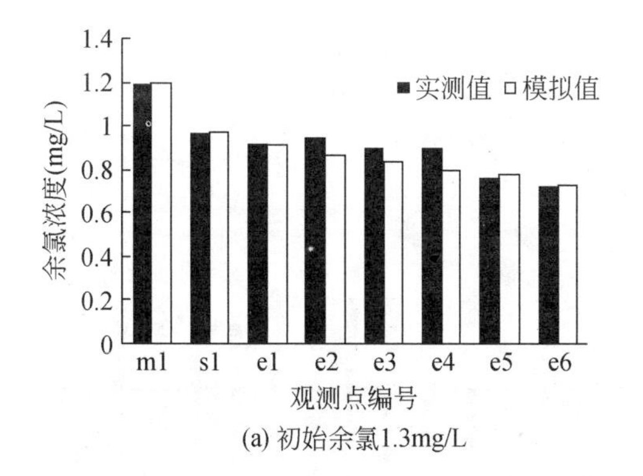

(a) 初始余氯1.3mg/L

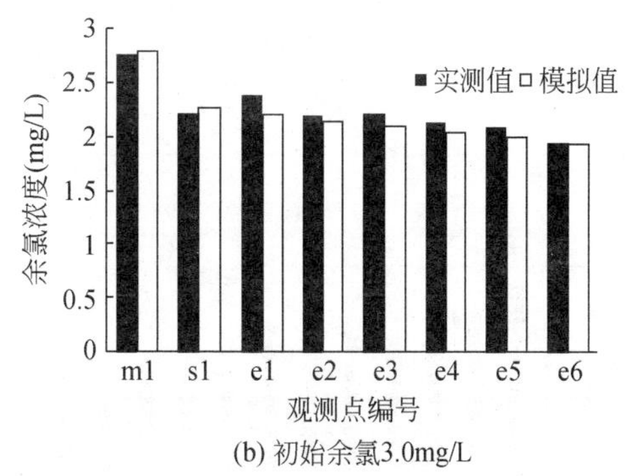

(b) 初始余氯3.0mg/L

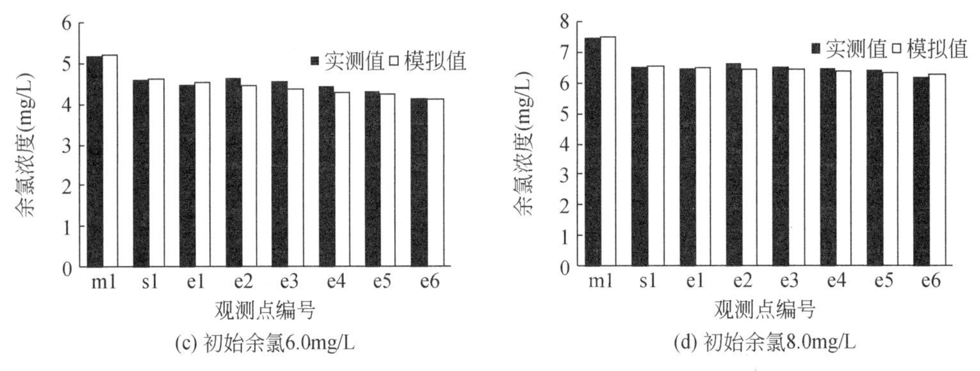

图 5-8　滴灌系统 A 不同初始氯浓度下的余氯衰减模拟值与实测值比较

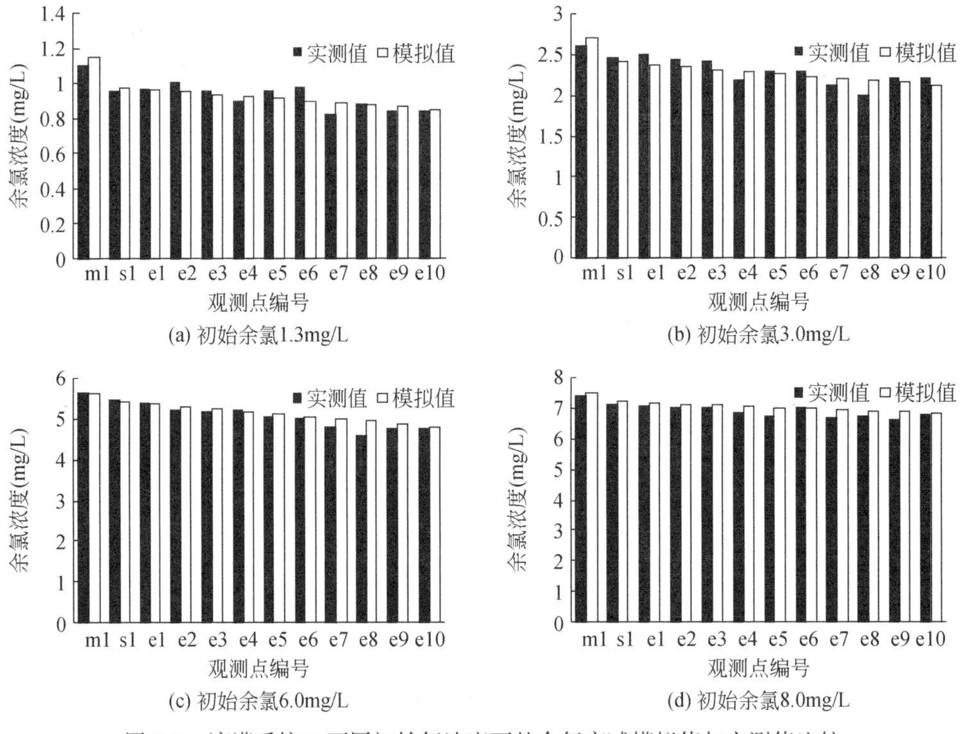

图 5-9　滴灌系统 B 不同初始氯浓度下的余氯衰减模拟值与实测值比较

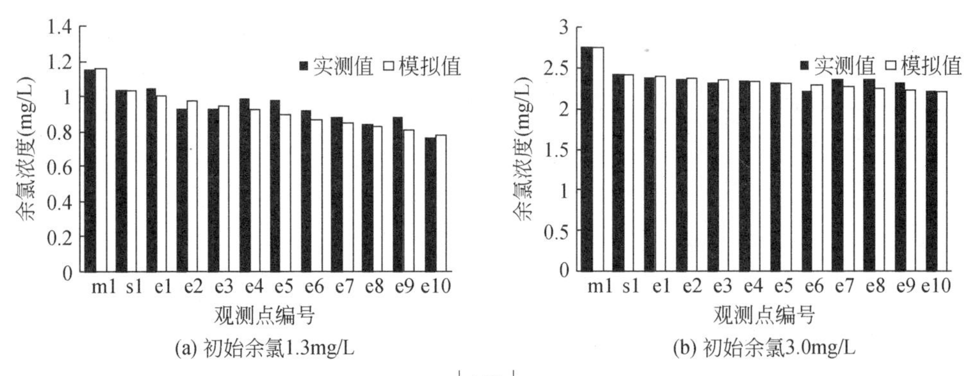

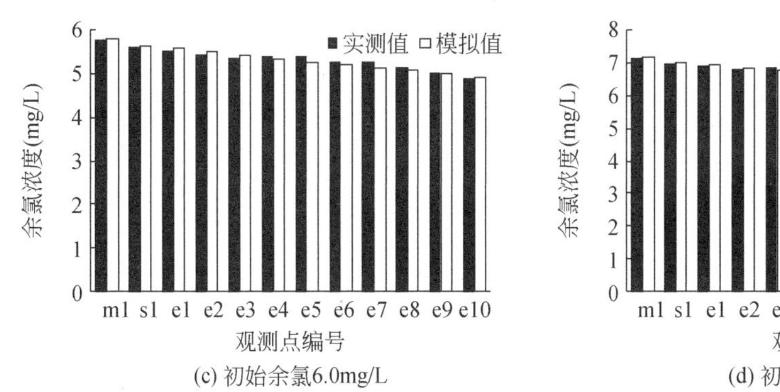

(c) 初始余氯6.0mg/L

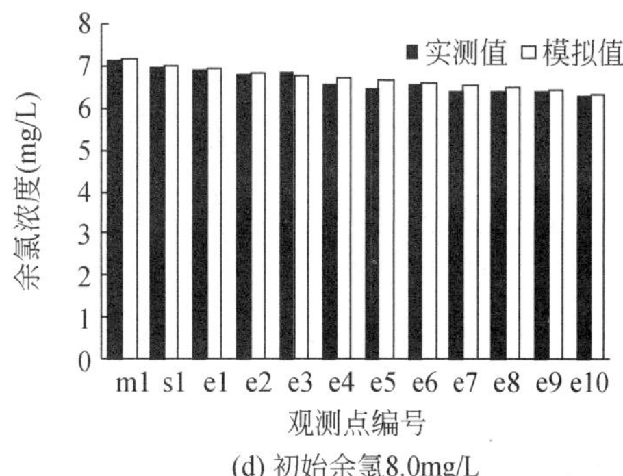

(d) 初始余氯8.0mg/L

图 5-10 滴灌系统 C 不同初始氯浓度下的余氯衰减模拟值与实测值比较

5.4 再生水滴灌系统管网余氯分布对土壤环境及作物生长的影响

5.4.1 沿滴灌带方向余氯分布及均匀系数

对于各加氯处理，待系统运行稳定后测定沿滴灌带方向余氯浓度。表 5-6 给出了玉米生育期内各处理沿滴灌带方向的余氯浓度及其均匀系数。对各处理余氯浓度和沿滴灌带入口距离利用公式（5-14）进行指数拟合，结果也列于表 5-6。由表 5-6 可知，随着沿滴灌带入口距离的增加，各处理余氯浓度均呈现指数降低的趋势，随着控制浓度的增加，拟合指数呈现降低的趋势，表明余氯浓度降低速度随控制余氯浓度的增加而减小。处理 C1T1、C2T2 和 C3T3 余氯浓度均匀系数的变化范围分别为 87.5% ~90.3%、89.7% ~91.9% 和 95.5% ~96.8%。生育期结束后测定各处理灌水器出流量，所有处理 Dra 均在 98.9% 以上。灌水器流量均匀系数为 97.4% ~98.3%，高于余氯浓度的均匀系数。

$$C = a \cdot e^{bx} \tag{5-14}$$

式中，C 是余氯浓度（L/h）；x 是测点距滴灌带入口距离（m）；a、b 为拟合系数。

表 5-6 各处理余氯沿滴灌带分布及均匀系数

沿滴灌带入口距离（m）	浓度（mg/L）							
	C1T1			C2T2			C3T3	
0	1.77	2.07	2.22	3.03	3.03	2.77	4.21	5.43
2.5	2.06	1.81	2.62	2.38	2.54	2.96	4.16	5.22
7.5	1.88	1.87	2.58	2.36	2.68	2.75	4.07	5.41
12.5	1.97	2.01	2.37	2.22	2.42	2.64	4.02	5.13
17.5	1.78	2.18	2.65	2.43	2.16	2.78	3.96	5.40
22.5	1.61	1.71	2.20	2.59	2.25	2.20	4.00	4.73

续表

沿滴灌带入口距离（m）	浓度（mg/L）							
	C1T1			C2T2			C3T3	
27.5	1.51	1.60	2.27	2.19	2.29	2.37	3.83	4.93
30	1.23	1.21	1.73	2.18	1.97	2.13	3.66	4.84
均值（mg/L）	1.73	1.81	2.33	2.42	2.42	2.58	3.99	5.14
均匀系数（%）	88.0	87.5	90.3	91.9	89.7	90.0	96.8	95.5
拟合指数	0.012	0.011	0.007	0.006	0.010	0.009	0.004	0.004
R^2	0.67	0.47	0.35	0.34	0.78	0.75	0.86	0.60

5.4.2 土壤硝态氮含量

各处理土壤 NO_3^--N 含量在玉米生育期内的变化见图 5-11。两年生育期内 NO_3^--N 含量基本随着土层深度的增加而降低。各处理 0～20cm 土层 NO_3^--N 含量随作物吸收和灌水施肥的影响，在生育期内呈现出波动下降的趋势。土壤初始 NO_3^--N 含量较低，播种后至苗期末施肥前（6 月 2 日），各处理 0～20cm 土层 NO_3^--N 含量较初始土壤 NO_3^--N 含量增加，可能是由于降雨引起土壤水分干湿交替变化，刺激了土壤的矿化能力，增加了土壤 NO_3^--N 含量。第 3 次灌水施肥后（7 月 16 日测定）至玉米收获前，0～100cm 土层 NO_3^--N 含量明显低于土壤初始 NO_3^--N 含量，这是由于 7 月 20 日降雨 242mm 导致试验区氮素发生淋失。

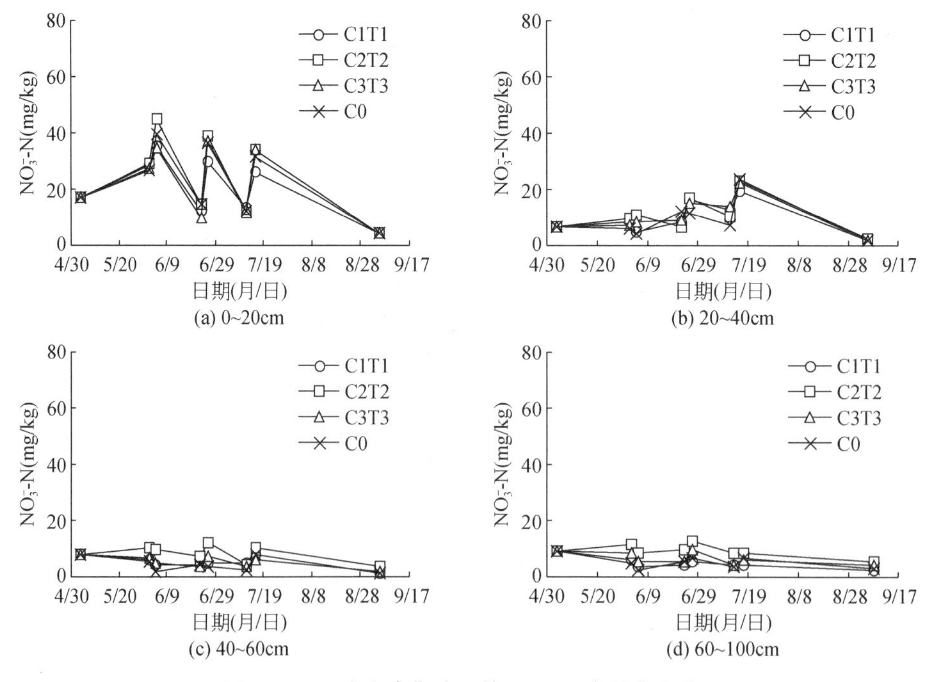

图 5-11　玉米生育期内土壤 NO_3^--N 含量的变化

对比再生水加氯处理和再生水对照处理土壤 NO_3^--N 含量，结果发现，2016 年加氯处理（C1T1、C2T2 和 C3T3）和再生水不加氯处理生育期内 0 ~ 20cm 土层 NO_3^--N 含量均值相差不大，分别为 22.4mg/kg 和 22.8mg/kg。而加氯处理生育期内 20 ~ 40cm 土层 NO_3^--N 含量均值比再生水不加氯处理高 13.6%。这可能是由于加氯处理带入的氯进入土壤后降低了土壤微生物总量和土壤微生物活性（焦志华等，2010），在一定程度上抑制了作物对氮素的吸收，增加了氮素在土壤中的累积，而玉米生育期内降水量大（502mm），氯离子向下层土壤运移，降低了加氯过程对表层土壤氯离子含量的影响，未造成氮素在 0 ~ 20 表层土壤中的累积，但是 20 ~ 40cm 土层中氮素有一定的累积。方差分析结果显示，玉米生育期内加氯措施未对 NO_3^--N 含量造成显著影响（表 5-7）。栗岩峰和李久生（2010）通过温室试验研究加氯浓度和加氯频率对再生水滴灌系统堵塞及番茄产量与氮素吸收的影响，结果表明，加氯处理降低植株吸氮量，加剧了 NO_3^--N 在土壤表层的累积。李平等（2013a）研究也发现再生水加氯滴灌处理增加了表层土壤 NO_3^--N 的残留量。

表 5-7　加氯处理对土壤 NO_3^--N 含量的影响

变异来源	深度(cm)	日期						
		6 月 2 日	6 月 5 日	6 月 23 日	6 月 26 日	7 月 12 日	7 月 16 日	9 月 5 日
加氯	0 ~ 20	NS (P=0.863)	NS (P=0.479)	NS (P=0.247)	NS (P=0.167)	NS (P=0.540)	NS (P=0.424)	NS (P=0.954)
	20 ~ 40	NS (P=0.847)	NS (P=0.767)	NS (P=0.253)	NS (P=0.853)	NS (P=0.340)	NS (P=0.997)	NS (P=0.735)
	40 ~ 60	NS (P=0.675)	NS (P=0.266)	NS (P=0.919)	NS (P=0.461)	NS (P=0.823)	NS (P=0.694)	NS (P=0.397)
	60 ~ 100	NS (P=0.588)	NS (P=0.413)	NS (P=0.578)	NS (P=0.634)	NS (P=0.334)	NS (P=0.725)	NS (P=0.432)

注：NS 代表 α=0.05 水平上不显著。

5.4.3　土壤酶活性

各处理土壤酶活性（脲酶、碱性磷酸酶）在生育期内的变化见图 5-12。生育期内加氯 3 次。田间试验土壤酶活性均表现出明显的层状结构，且随着土层深度的增加而减少。与再生水不加氯处理相比，加氯在一定程度上降低了土壤酶活性，且随着加氯次数的增加，降低趋势增强。但加氯措施对两年玉米生育期内土壤脲酶及碱性磷酸酶活性的影响未达到显著水平（表 5-8）。例如，播种前再生水加氯和不加氯处理土壤脲酶活性分别为 47.8μg/(g · h) 和 48.0μg/(g · h)。经过 3 次加氯后（7 月 16 日土样），再生水加氯处理 0 ~ 40cm 土层酶活性均值为 43.2μg/(g · h)，较再生水不加氯处理（C0）降低了 6.8%。加氯处理会对根区范围内的微生物群落产生不利影响（Coelho and Resende，2001）。杨林生等（2016）也研究发现长期施用含氯化肥显著降低了稻–麦轮作体系土壤脲酶和碱性磷酸酶的活性。

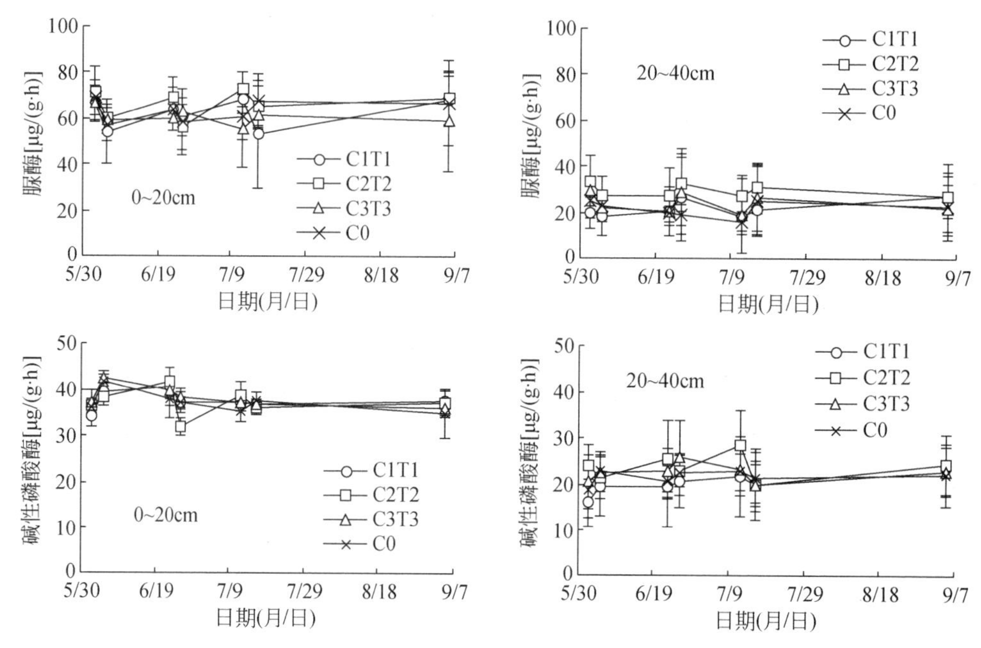

图 5-12　玉米生育期内 0 ~ 40cm 土层脲酶及磷酸酶的动态变化

表 5-8　加氯处理对土壤脲酶及碱性磷酸酶含量的影响

变异来源	深度(cm)	6 月 2 日	6 月 5 日	6 月 23 日	6 月 26 日	7 月 12 日	7 月 16 日	9 月 5 日
脲酶								
加氯	0 ~ 20	NS (*P*=0. 714)	NS (*P*=0. 982)	NS (*P*=0. 989)	NS (*P*=0. 633)	NS (*P*=0. 121)	NS (*P*=0. 969)	NS (*P*=0. 645)
	20 ~ 40	NS (*P*=0. 243)	NS (*P*=0. 461)	NS (*P*=0. 789)	NS (*P*=0. 263)	NS (*P*=0. 492)	NS (*P*=0. 334)	NS (*P*=0. 663)
碱性磷酸酶								
加氯	0 ~ 20	NS (*P*=0. 883)	NS (*P*=0. 154)	NS (*P*=0. 901)	NS (*P*=0. 090)	NS (*P*=0. 731)	NS (*P*=0. 243)	NS (*P*=0. 374)
	20 ~ 40	NS (*P*=0. 086)	NS (*P*=0. 199)	NS (*P*=0. 353)	NS (*P*=0. 066)	NS (*P*=0. 745)	NS (*P*=0. 756)	NS (*P*=0. 915)

注：NS 代表 α=0. 05 水平上不显著。

5. 4. 4　玉米株高、叶面积指数及其均匀系数

图 5-13 给出了玉米生育期内株高及叶面积指数（LAI）的动态变化。玉米株高在拔节期迅速增加，灌浆期（7 月 16 日测定）达到最大值并保持稳定。不同处理之间玉米株高差异不大，加氯处理未造成株高的减小，成熟期各加氯处理株高均值为 254cm，不加氯处

理株高为 255cm。与株高变化规律类似，叶面积指数从拔节期开始迅速增大，在灌浆期达到最大值，之后随着下层叶片的凋萎，叶面积指数呈现逐渐减小的趋势。加氯处理未降低叶面积指数，玉米生育期内加氯处理和不加氯处理叶面积指数 LAI 的均值分别为 3.53 和 3.47。方差分析结果显示，加氯措施未对生育期内株高及叶面积指数产生显著影响（表 5-9）。

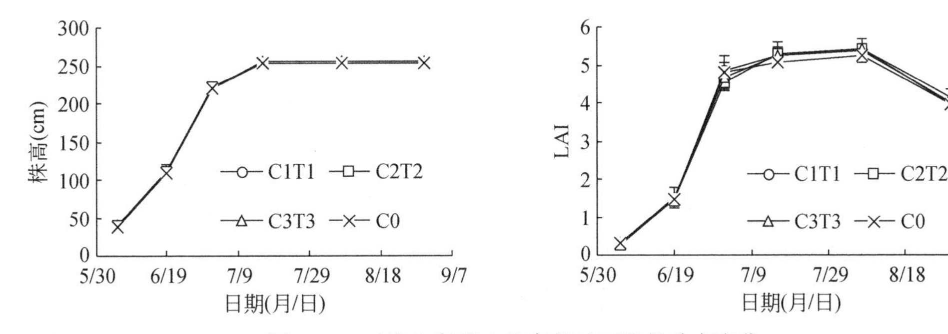

图 5-13　玉米生育期内株高及叶面积的动态变化

表 5-9　玉米生育期内株高、叶面积指数及均匀系数的方差分析

统计特征值	变异来源	指标	7 月 2 日	7 月 16 日	8 月 7 日	8 月 30 日
均值	加氯	株高	NS（P=0.973）	NS（P=0.921）	NS（P=0.921）	NS（P=0.921）
		LAI	NS（P=0.720）	NS（P=0.546）	NS（P=0.599）	NS（P=0.244）
均匀系数	加氯	株高	NS（P=0.643）	NS（P=0.400）	NS（P=0.400）	NS（P=0.400）
		LAI	NS（P=0.206）	NS（P=0.874）	NS（P=0.300）	NS（P=0.862）

注：NS 代表 α=0.05 水平上不显著。

图 5-14 给出了玉米生育期内株高及叶面积指数（LAI）均匀系数的动态变化。玉米生育期内各处理株高均匀系数均较高，且生育期内株高均匀系数呈现增加的趋势。拔节期玉米株高均匀系数为 92.0% ~94.1%，成熟期玉米株高均匀系数为 97.8% ~98.4%。加氯处理玉米生育阶段初期（6 月 5 日和 6 月 19 日）株高均匀系数小于不加氯处理，随着玉米的生长各处理株高均匀系数差异逐渐变小。这是由于高浓度的氯离子会对处于幼苗期的作物产生毒性，随着作物的生长，耐氯性也会提高（Elgallal et al.，2016）。与株高均匀系

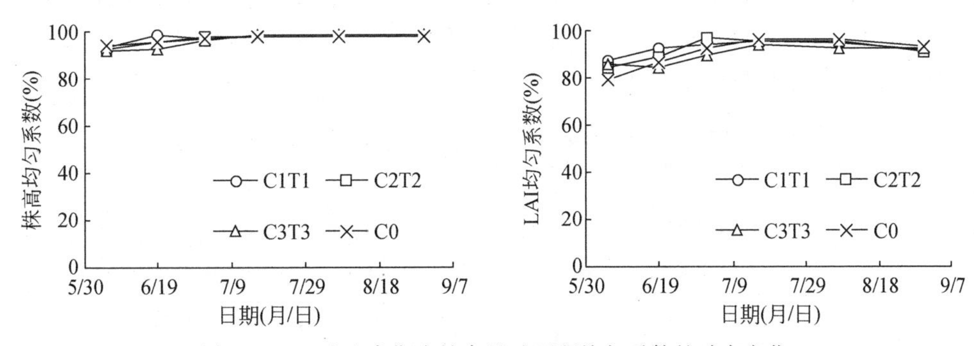

图 5-14　玉米生育期内株高及叶面积均匀系数的动态变化

数在生育期内变化规律类似，LAI 的均匀系数随着玉米的生长呈现增加的趋势，生育后期各处理 LAI 基本稳定。同一生育期内，LAI 的均匀系数略低于株高的均匀系数。加氯处理在一定程度上降低了 LAI 的均匀系数，第三次加氯（7 月 13 日进行）结束直至成熟期，加氯处理的 LAI 均匀系数均低于不加氯处理。方差分析结果显示加氯措施未对生育期内株高及叶面积指数均匀系数产生显著影响（表 5-9）。

5.4.5 相对叶绿素含量（SPAD）及其均匀系数

图 5-15 给出了玉米生育期内叶片相对叶绿素含量（SPAD）及其均匀系数在生育期内的动态变化。与叶面积指数 LAI 变化规律类似，从拔节期至抽穗期（6 月 23 日至 7 月 12 日），叶片相对叶绿素含量 SPAD 随着叶片的生长而增加，抽穗期至乳熟期基本保持稳定，乳熟期后（8 月 4 日）随着叶片的衰老而呈现下降的趋势。加氯处理与不加氯处理 SPAD 值差异不大，生育期内各加氯处理 SPAD 均值为 61.5，而再生水不加氯对照处理 SPAD 为 61.7，这说明加氯处理未对玉米叶片 SPAD 产生明显不利影响。比较不同加氯模式之间生育期叶片 SPAD 值发现，不同加氯处理叶片 SPAD 值无明显差异，C1T1、C2T2 和 C3T3 处理叶片 SPAD 均值分别为 61.3、61.4 和 61.9。

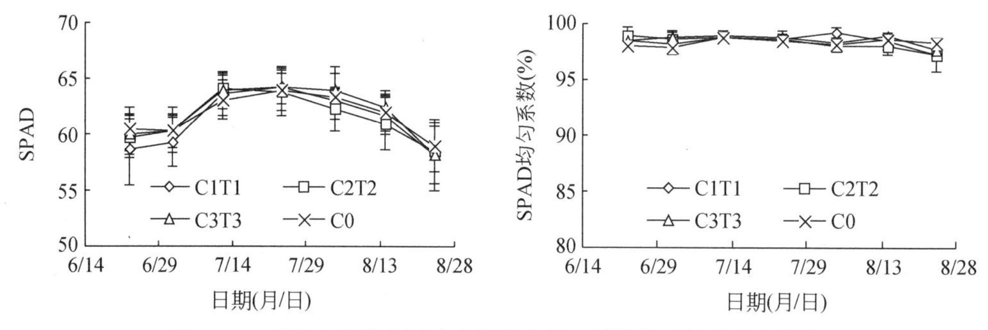

图 5-15　玉米生育期内相对叶绿素含量及其均匀系数的动态变化

玉米生育期内各处理叶片 SPAD 均匀系数均较高（大于 97%），处理之间无明显差异。C1T1、C2T2、C3T3 和 C0 处理生育期内叶片 SPAD 均匀系数均值分别为 98.4%、98.3%、98.5% 和 98.3%。方差分析结果显示，加氯措施除对 8 月 4 日叶片 SPAD 均匀系数产生显著影响外，对其余时期的叶片 SPAD 及其均匀系数未产生显著影响（表 5-10）。

表 5-10　玉米生育期内相对叶绿素含量及其均匀系数的方差分析

变异来源	统计特征值	6 月 23 日	7 月 2 日	7 月 12 日	7 月 24 日	8 月 4 日	8 月 14 日	8 月 24 日
加氯	均值	NS (P=0.696)	NS (P=0.378)	NS (P=0.782)	NS (P=0.874)	NS (P=0.144)	NS (P=0.317)	NS (P=0.857)
	均匀系数	NS (P=0.390)	NS (P=0.406)	NS (P=0.987)	NS (P=0.888)	* (P=0.018)	NS (P=0.387)	NS (P=0.492)

注：NS 代表 α=0.05 水平上不显著；* 代表 α=0.05 水平上显著。

表 5-11 玉米生育期内地上部干物质质量、吸氮量及其均匀系数

指标	处理	地上部干物质质量					吸氮量				
		6月5日	7月1日	7月13日	8月4日	8月31日	6月5日	7月1日	7月13日	8月4日	8月31日
均值 (kg/hm^2)	C1T1	384a	5509a	10070a	17016a	23484a	12a	110a	142a	218a	288a
	C2T2	417a	5391a	9869a	16498a	24056a	13a	114a	133a	204a	300a
	C3T3	399a	5193a	10204a	16105a	22191a	12a	111a	139a	216a	277a
	C0	420a	5306a	9643a	16289a	24283a	13a	104a	133a	213a	300a
	方差分析										
	加氯	NS (P=0.902)	NS (P=0.652)	NS (P=0.736)	NS (P=0.719)	NS (P=0.526)	NS (P=0.911)	NS (P=0.261)	NS (P=0.606)	NS (P=0.741)	NS (P=0.773)
均匀系数 (%)	C1T1	82	86a	90a	93a	95a	82	86a	85a	92a	93a
	C2T2	90	93a	89a	92a	94a	91	91a	86a	90ab	93a
	C3T3	80	93a	92a	88b	95a	81	89a	85a	86b	93a
	C0	79	88a	92a	93a	95a	79	90a	91a	92a	94a
	方差分析										
	加氯	—	NS (P=0.181)	NS (P=0.587)	* (P=0.028)	NS (P=0.758)	—	NS (P=0.705)	NS (P=0.346)	NS (P=0.062)	NS (P=0.745)

注：NS 代表在 α=0.05 水平上差异不显著；* 代表在 α=0.05 水平上差异显著。

5.4.6 地上部干物质质量及吸氮量

玉米不同生育阶段各处理地上部干物质质量及吸氮量见表5-11。由表可知，玉米地上部分干物质质量及吸氮量随玉米生长而增加。再生水加氯处理在一定程度上降低了玉米地上部干物质质量和吸氮量，但加氯处理对生育期内玉米地上部干物质质量及吸氮量的影响未达到显著水平。在成熟期各加氯处理玉米地上部干物质质量和吸氮量均值分别为23244kg/hm^{2}和288kg/hm^2，较再生水不加氯处理（C0）分别低4.3%和4.0%。

玉米各生育期地上部干物质质量及吸氮量均匀系数也列于表5-11。玉米生育期内各处理地上部干物质质量及吸氮量均匀系数随玉米生长呈现增加的趋势。例如，拔节期玉米干物质质量均匀系数为79%～90%，成熟期玉米干物质质量均匀系数为94%～95%。加氯未对生育期内干物质质量及吸氮量均匀系数产生显著影响（表5-11），但加氯处理对干物质质量及吸氮量均匀系数的影响随生育期而变化。加氯处理的第一次和第二次取样玉米地上部干物质质量均匀系数高于不加氯处理，但是第三次取样直至成熟期（7月13日至8月4日）均表现为加氯处理地上部干物质质量均匀系数较低，较不加氯处理C0低2.0%～2.3%，这表明加氯处理对干物质质量均匀性的影响具有累积效应。与干物质质量均匀系数规律类似，加氯处理的第一次取样玉米吸氮量均匀系数高于不加氯处理，第二次取样直至成熟期（7月1日至8月31日）均表现为加氯处理地上部干物质质量均匀系数均值，较不加氯处理C0低（1.4%～6.2%），这表明加氯处理对吸氮量均匀性的影响也具有累积效应。对比分析最后一次加氯（7月13日）至成熟期玉米干物质质量及吸氮量均匀系数变化，加氯处理与不加氯处理均匀系数之间差异随着时间的推移逐渐减小，这表明降雨在一定程度上缓解了氯对作物生长的不利影响（7月13日至成熟期降雨总量为353mm）。

5.4.7 产量及其构成要素

各处理玉米产量及产量构成要素（穗长、秃尖长、穗粒数、百粒重）见表5-12。玉米产量为10179～10819kg/hm^2，其中处理C1T1产量最高。方差分析结果显示，加氯对玉米百粒重及产量影响达到极显著水平，对穗长影响达到显著水平，对秃尖长、穗粒数影响不显著（表5-12）。加氯并不一定会导致玉米产量降低，加氯措施对产量的统计检验结果显著性可能是由于取样的随机性造成。各处理产量及其构成要素均匀系数均高于88.1%，加氯未对玉米产量及其构成要素的均匀系数产生显著影响。

表5-12 玉米产量及构成要素

处理	均值				
	穗长（cm）	秃尖长（cm）	穗粒数	百粒重（g）	产量（kg/hm^2）
C1T1	19.7a	4.3a	422a	37.1a	10819a
C2T2	19.1b	4.5a	405a	36.7a	10221b

续表

处理	均值				
	穗长（cm）	秃尖长（cm）	穗粒数	百粒重（g）	产量（kg/hm^2）
C3T3	19.1b	4.4a	408a	35.0b	10179b
C0	19.4ab	4.2a	410ab	37.4a	10702a
方差分析					
加氯	*（P=0.020）	NS（P=0.464）	NS（P=0.058）	**（P=0.000）	**（P=0.000）
处理	均匀系数（%）				
	穗长（cm）	秃尖长（cm）	穗粒数	百粒重（g）	产量（kg/hm^2）
C1T1	97.6a	88.0a	95.7a	98.0a	95.3a
C2T2	97.4a	88.1a	94.3a	97.6a	94.7a
C3T3	98.0a	89.7a	96.2a	95.1a	95.5a
C0	97.9a	88.3a	94.4a	98.4a	95.1a
方差分析					
加氯	NS（P=0.864）	NS（P=0.950）	NS（P=0.262）	NS（P=0.310）	NS（P=0.934）

注：同一列有相同字母表示在 $\alpha=0.05$ 水平上不显著；NS 表示在 $\alpha=0.05$ 水平上差异不显著；* 表示在 $\alpha=0.05$ 水平上差异显著；** 表示在 $\alpha=0.01$ 水平上差异显著。

为了更直观地分析滴灌系统余氯分布对产量均匀性的影响，图 5-16 比较了各加氯处理产量和余氯浓度沿毛管方向的变化。随着距入口距离的增加，余氯浓度逐渐减小，C1T1、C2T2、C3T3 处理沿毛管方向余氯浓度均匀系数分布为 89%、92% 和 95%。随着毛管方向余氯浓度的降低，玉米产量有波动增加的趋势。

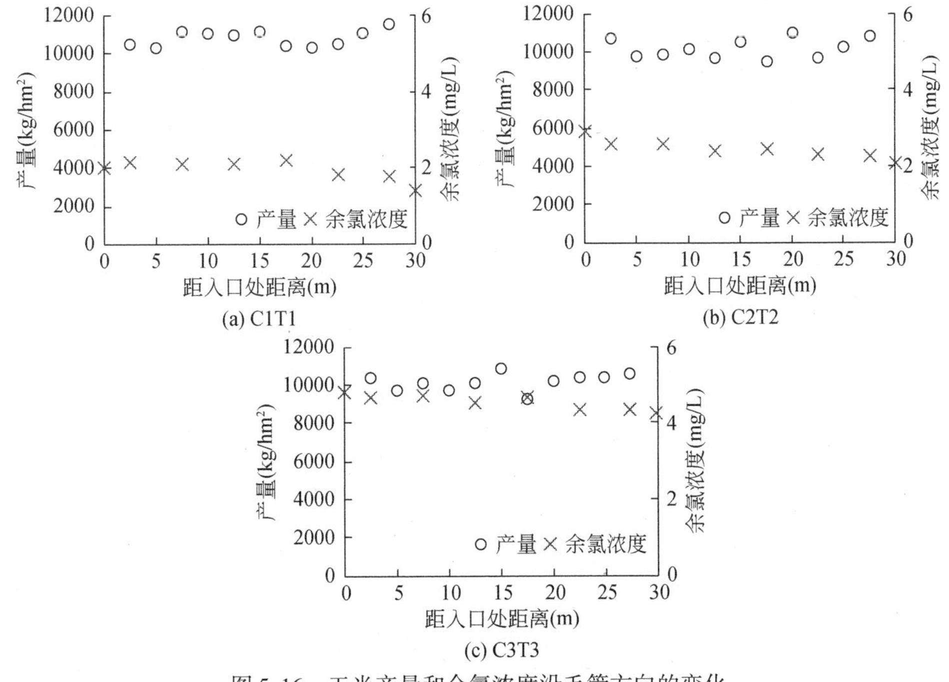

图 5-16　玉米产量和余氯浓度沿毛管方向的变化

5.5 本章结论

通过再生水滴灌系统余氯分布均匀性玉米田间试验，考虑余氯浓度和加氯历时，监测了生育期内土壤 NO_3^--N、土壤酶活性、玉米株高、叶面积指数 LAI、相对叶绿素含量 SPAD、地上部分干物质质量及吸氮量的变化，成熟期测定玉米的产量及其构成要素，评估滴灌系统管网中余氯浓度沿毛管方向的衰减规律，研究滴灌系统管网中余氯分布不均匀性对土壤–作物系统的影响；同时，基于 EPANET 2.0 软件建立再生水滴灌管网余氯衰减模型，评估初始氯浓度和管网规模对氯衰减的影响。主要结论如下。

（1）在滴灌毛管长度 30m 条件下，余氯浓度随距毛管入口距离呈指数降低趋势，其降低速度随控制余氯浓度的增加而减小。

（2）再生水加氯处理在一定程度上降低了根区（20～40cm）土壤酶活性，造成 NO_3^--N 在 20～40cm 土层累积，但加氯未对土壤酶活性和土壤 NO_3^--N 含量产生显著影响。

（3）玉米株高、叶面积指数和相对叶绿素含量 SPAD 值在生育期内保持较高的均匀性（大于 79.8%）。玉米生育期内各处理地上部干物质质量、吸氮量及其均匀系数随玉米生长呈现增加的趋势，加氯措施未显著影响干物质质量、吸氮量及其均匀系数，生育末期其均匀系数分别大于 94% 和 93%。

（4）加氯处理未对产量和产量构成要素（穗长、秃尖长、穗粒数、百粒重）产生明显不利影响。各处理产量及其构成要素均匀系数均高于 88.3%，加氯未对玉米产量及其构成要素的均匀系数产生显著影响。

（5）基于 EPANET 2.0 软件建立了再生水滴灌管网余氯衰减模型，评估了初始氯浓度和管网规模对氯衰减的影响。模型能较好模拟滴灌管网中再生水主体水衰减及管壁余氯衰减规律，模拟值与实测值具有较好的一致性。不同初始投加氯浓度下 3 个管网的余氯分布均匀系数均大于 92.2%。

综上所述，在滴灌毛管长度 30m 条件下，余氯分布不均匀性并未对土壤酶活性、作物生长和产量等指标产生明显不利影响。从减小加氯处理对土壤特性和作物的影响以及安全经济性出发，本研究推荐低浓度的加氯处理方式。

第二篇　环境效应

第6章　再生水地下滴灌农田土壤含水率和氮素分布

滴灌系统中土壤含水率和氮素在作物根区的分布状况直接影响土壤酶活性分布、*E. coli* 迁移变化、田间水氮淋失特征以及作物产量的形成。有研究表明，再生水灌溉会携带有机质进入土壤，较高的有机碳会刺激土壤微生物活性，形成生物膜，降低土壤水力传导度进而影响土壤含水率分布（Toze，2006）；并且，再生水中较高的含氮量会促进氮素矿化和向下运移（Levy et al.，2011）；此外，再生水灌溉会增加土壤盐分含量，提高土壤渗透压，进而影响作物对水氮的吸收（Bame et al.，2014），这些都会对土壤含水率、氮素和盐分分布造成明显影响。本章通过分析2年玉米生育期内土壤含水率、氮素和土壤电导率（EC_b）的动态变化，研究再生水地下滴灌对农田土壤含水率、氮素和盐分分布的影响。

6.1　概　　述

与喷灌和地面灌溉相比，滴灌水肥分布基本在作物根层内，其分布特征主要受滴灌灌溉技术参数（灌水器流量、灌水器间距、毛管间距、滴灌带埋深、灌水量、灌水频率、施肥量、施肥频率等）、土壤物理和水力特性（容重、水分特征曲线、饱和导水率、非饱和导水率等）以及作物根系分布的影响（刘玉春，2010）。李久生等（2003）对比了地表点源滴灌条件下肥液浓度、灌水器流量和灌水量对壤土和砂土土壤水分分布的影响，结果指出，土壤质地越重，灌水器附近越易形成积水区（饱和区）；同时，他们还发现水分湿润距离在垂直和水平方向上随灌水器流量和灌水量变化不同，灌水器流量和灌水量的增加分别促进了水平湿润距离和垂直湿润距离。在相同的灌水器流量和灌水量条件下，细质土壤中滴灌湿润锋水平和垂直方向的运移距离之比较粗质土壤中大（张振华等，2002；Li et al.，2004）。此外，土壤初始含水率也影响了滴灌湿润锋推进的速度和距离，初始含水率越大，湿润锋运移速度越快（何华，2001；张振华等，2002；李道西和罗金耀，2003）。随着田间滴灌时间的继续，相邻滴灌湿润体逐渐相交，最终形成平行于滴灌毛管的线源分布，并且湿润体交界面处水分扩散和入渗速率都要远大于同一时间下灌水器正下方的速率（张振华等，2002）。

滴灌条件下硝态氮易向湿润锋边缘累积，而铵态氮浓度在灌水器处较高（Bar-Yosef and Sheikholslami，1976；李久生等，2003；Li et al.，2004；Hanson et al.，2006）。对流和水动力弥散作用是氮素在土壤中运移的主要途径（雷志栋等，1988；Mmolawa and Or，2000），因此影响滴灌土壤水分运移的滴灌设计参数、水分管理措施和土壤水力特性均会影响氮素在土壤中的运移与分布（刘玉春，2010）。李久生等（2003）研究了灌水器流量和灌水量对氮素在壤土和砂土中分布的影响，结果指出，灌水器流量对灌水结束时土壤中NO_3^--N浓度分布无明显影响；但是灌水量增加提高了湿润锋附近NO_3^--N平均浓度，而降低了距离灌水器17.5cm范围内NO_3^--N平均浓度。吕殿青等（1999）研究指出玉米根区的硝态氮浓度随灌水量增加而降低；何华（2001）通过室内试验发现地下滴灌条件下硝态氮在灌水器附近浓度较高，且滴灌带埋深对施肥灌溉后土壤剖面上的硝态氮分布模式影响明显，深层土壤硝态氮含量随滴灌带埋深增加而增加（杜珍华，2007；李久生等，2008）。滴灌施肥管理措施也会影响硝态氮在土壤中的运移与分布，李久生等（2005）和栗岩峰等（2007）分别通过土箱和日光温室滴灌施肥试验，研究发现，灌水器附近硝态氮浓度随肥液浓度的增加而增加。此外，土壤特性的空间变异，尤其是土壤初始含水率和含氮量分布的不均匀性会导致地下滴灌灌水施肥后土壤水氮的分布的不均匀性，增加硝态氮淋失风险（李久生等，2008）。

滴灌条件下硝态氮在湿润体边缘和深层土壤的累积，均会在一定程度上增加氮素的淋失风险，且滴灌灌溉技术参数和水肥管理措施也会在一定程度上影响硝态氮淋失（王珍，2014）。李久生等（2003）对比了不同滴灌施肥灌溉系统的运行方式对氮素在土壤中分布的影响，发现采用1/4W—1/2N—1/4W（1/4的灌溉时间施水—1/2的灌溉时间施氮—1/4的灌溉时间施水）的施肥灌溉方案，氮素在土壤中分布最均匀，且不容易造成NO_3^--N淋失。Vázquez等（2006）通过研究膜下滴灌灌水制度对水分渗漏和硝态氮淋失的影响，结果指出，高频率的亏缺灌溉能够有效减少生育期内深层渗漏和硝态氮淋失；同时，该研究还表明，即使按作物需水量灌溉，生育期内的降雨仍能造成明显的渗漏和淋失。Wang等（2014a）研究了滴灌均匀系数和施氮量在华北平原半湿润地区春玉米生育期内对水分深层渗漏和硝态氮淋失的影响，结果表明，较大降雨是造成半湿润地区春玉米生育期内水分深层渗漏的主要原因，硝态氮淋失随施氮量增加而增加，而滴灌均匀系数未显著影响硝态氮淋失。Souza等（2009）对比了硝酸钾和土壤含水率在不同灌水器流量条件下的土壤分布模式，结果指出，表层土壤含水率和硝酸钾含量随灌水器流量增加而明显增加；与大灌水器流量处理相比，小灌水器流量处理增加了深层渗漏风险。尽管国内外科学家对滴灌条件下深层渗漏和NO_3^--N淋失进行了广泛研究，但多数研究集中在常规水灌溉，缺乏再生水滴灌灌溉条件下水分渗漏和硝态氮淋失的研究（Duan and Fedler，2009）。与此同时，地下滴灌条件下水氮淋失状况也鲜有报道（Waddell et al.，2000）。

6.2 研究方法

6.2.1 试验设计

试验分别于2014年6月16日~9月27日和2015年5月5日~9月2日在国家节水灌溉北京工程技术研究中心大兴试验基地进行。试验基地位于北京市大兴区，东经116°15′，北纬 39°39′，海拔 31.3m（图 6-1）。试验基地属于北温带半湿润大陆性季风气候，多年平均气温 11.6℃，多年平均降水量 556mm。试验田块 0～100cm 为粉壤土（美国制），平均土壤容重（环刀法）为 1.41g/cm^3，平均田间持水率（小区灌水法）和凋萎含水率（土壤水吸力为 1500 kPa 时的土壤含水率）分别为 0.33cm^3/cm^3 和 0.10cm^3/cm^3（王珍，2014），各深度土壤容重和颗粒组成如表 6-1 所示。试验基地内（距试验田块 50m）安装有农田自动气象站，可以连续监测风速、风向、太阳辐射、气温和相对湿度等气象数据，数据自动采集时间间隔为 30min。

图 6-1　试验基地示意图

表 6-1　土壤容重及颗粒组成统计特征值

深度（cm）	颗粒组成（%）			质地	土壤容重 (g/cm^3)
	<0.002mm	0.002～0.05mm	>0.05mm		
0～20	14.21	51.49	34.30	粉壤土	1.35
20～40	14.22	51.11	34.66	粉壤土	1.41
40～60	14.81	51.70	33.49	粉壤土	1.41
60～80	16.60	50.51	32.89	粉壤土	1.47
80～100	17.43	51.55	31.02	粉壤土	1.45
平均	15.46	51.27	33.27	粉壤土	1.42

供试作物为玉米（*Zea mays* L.），品种为‘京科 389’。玉米株距和行距分别为 30cm 和 50cm。采用二级处理再生水和地下水进行灌溉。灌溉水质指标见表 6-2。由表可知，本研究灌溉使用的再生水五日生化需氧量（BOD_5）、化学需氧量（COD_{cr}）、总悬浮物（TSS）和氯离子浓度（Cl）均低于农田灌溉水质标准（GB 5084—2005）允许值；与地下水相比，再生水中含有较高的 N、P 和盐分；尽管再生水 EC 值是地下水的 2 倍，但仍小于 1300μS/cm，属于轻-中度限制，能够用于农业灌溉（EPA，2012；EPB，2014）。

表 6-2　2014 年和 2015 年灌溉水质指标统计

指标	单位	2014 年				2015 年				农田灌溉水质标准
		再生水		地下水		再生水		地下水		
		均值	标准差	均值	标准差	均值	标准差	均值	标准差	
BOD_5	mg/L	9.1	6.0	0.4	0.4	14.3	4.4	11.3	7.2	100
COD_{cr}	mg/L	16.8	11.9	1.5	0.5	25.7	14.8	20.8	4.1	200
TSS	mg/L	40.0	6.2	21.0	3.3	54.6	26.8	ND	—	100
TN	mg/L	25.5	0.2	1.3	0.0	11.9	3.8	0.7	0.1	—
TP	mg/L	3.8	0.6	0.3	0.3	1.8	0.9	0.3	0.3	—
NO_3^--N	mg/L	21.9	1.0	0.7	0.0	5.3	2.2	0.6	0.1	—
NH_4^+-N	mg/L	0.4	0.0	0.5	0.0	0.8	0.6	0.4	0.0	—
Cl	mg/L	162.7	5.0	23.6	1.3	158.0	23.4	31.0	6.4	350
EC	μS/cm	1120.0	130.0	505.0	3.5	1177.0	59.0	515.0	15.0	—
pH		8.3	0.3	8.0	0.1	8.3	0.3	7.8	0.09	5.5 ~ 8.5
E. coli	CFU/100mL	1208	806	ND	—	2515	2386	ND	—	—

注：BOD_5 为五日生化需氧量；COD_{cr} 为化学需氧量；TSS 为总悬浮物；TN 为总氮；TP 为总磷；Cl 为氯离子；EC 为水溶液电导率；农田灌溉水质标准（GB 5084—2005）。

试验因素为灌水量、滴灌带埋深和灌溉水质。灌水量和滴灌带埋深分别设置 3 个水平。其中，灌水量按作物需水量的不同比例设为 70%、100% 和 130% ET_C，记为 I1、I2 和 I3；滴灌带埋深设为 0、15cm 和 30cm，记为 D1、D2 和 D3。采用全组合试验设计，共 9 个处理（I1D1、I1D2、I1D3、I2D1、I2D2、I2D3、I3D1、I3D2 和 I3D3）；另外，将地下水灌溉设置为对照处理（2014 年对照处理灌水量为 I2；2015 年对照处理灌水量为 I3），滴灌带埋深为 0、15cm 和 30cm，共 3 个处理，记为 C1、C2 和 C3。2015 年为了验证土壤酶活性的空间分布与灌水方式的关系，增设地面灌作为对照。地面灌采用畦灌（只设置 1 个小区），畦宽 4m，畦长 10m，同滴灌小区大小一致。

试验地块长 58m，宽 36m，划分成 36 个尺寸为 4m×10m 的小区。2015 年在试验地西侧单独设立一个 4m×10m 小区。每个小区种植 8 行玉米，每两行玉米中间布置一条滴灌带（0.1MPa 下标称流量为 1.6L/h，Φ16mm，耐特菲姆公司，以色列），灌水器间距 0.4m，滴灌带间距 1m。相邻小区间预留 0.5m 宽的缓冲区，防止小区间水分横向运移。试验中滴灌系统主要包括水源、主干管（Φ50mm）、分干管（Φ40mm）、支管（Φ32mm）、滴灌带、比例施肥泵（Mis Rite Model 2504，Tefen）、叠片过滤器（120 目，130μm，以色列 ARKAL 公司）、压力表（北京市布莱迪仪器仪表有限公司）、水表（宁波，宁波水表股份有限公司）、阀门及配件等。具体处理布置见图 6-2。

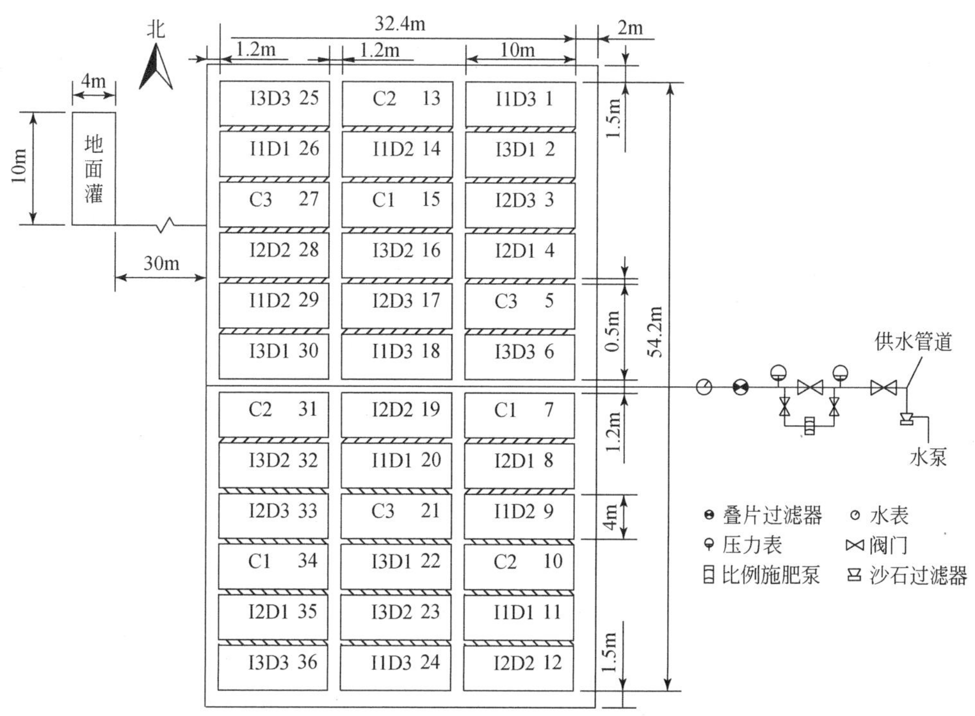

图 6-2　再生水地下滴灌玉米试验处理布置图

6.2.2　灌溉与施肥

试验中灌水量由计算时段内作物需水量 ET_C 与有效降水量 P_0 的差值确定，当两者差值≥20mm 时进行灌水。ET_C 采用下式进行计算：

$$ET_C = K_C \times ET_0 \tag{6-1}$$

式中，ET_C 为作物需水量（腾发量），mm/d；K_C 为作物系数（采用 FAO-56 推荐取值，夏玉米生育初期 $K_C = 0.3$、生育中期 $K_C = 1.2$ 和生育末期 $K_C = 0.6$）；ET_0 为参考作物蒸发蒸腾量，利用 FAO56 推荐的 Penman-Monteith 公式进行计算：

$$ET_0 = \frac{0.408\Delta\ (R_n - G)\ + \gamma \dfrac{900}{T+273} u_2\ (e_s - e_a)}{\Delta + \gamma\ (1 + 0.34 u_2)} \tag{6-2}$$

式中，ET_0 为参考作物蒸发蒸腾量，mm/d；R_n 为作物表面净辐射，MJ/(m^2·d)；G 为土壤热通量密度，MJ/(m^2·d)；T 为 2m 高处每日平均气温，℃；u_2 为 2m 处的风速，m/s；e_s 为饱和水汽压，kPa；e_a 为实际水汽压，kPa；$e_s - e_a$ 为水气压差，kPa；Δ 为饱和水汽压曲线的斜率；γ 为湿度计常数。

有效降水量 P_0 采用《农田水利学》（郭元裕，第三版）推荐方法进行计算（有效系数 a 乘以次降水量 P）；当次降水量 P 小于 5mm 时，$a = 0$；当次降水量 P 介于 5～50mm 时，$a = 0.8$；当次降水量 P 大于 50mm 时，$a = 0.7$。

畦灌采用再生水灌溉，在玉米苗期、拔节期、抽雄—灌浆、灌浆—成熟期计划湿润层深度分别取为40cm、50cm、70cm和60cm。当计划湿润层内测定的体积含水率均值为田间持水率的60%～70%时进行灌水，并以田间持水率的90%作为灌水上限计算灌水量。

2014年和2015年玉米生育期内降水量分别为276mm和219mm，其中>5mm的有效降水量分别为249mm和182mm，分别占生育期总降水量的90%和83%。2014年和2015年较大降雨均主要集中在7～9月。2014年和2015年玉米生育期内参考作物腾发量ET_0分别为424mm和431mm，玉米腾发量ET_C分别为359mm和365mm。2014年玉米生育期内最高日平均温度为30℃，最低日平均气温为16℃，分别出现在7月22日和9月17日。2015年玉米生育期内最高日平均温度为31℃，最低日平均气温为10℃，分别出现在7月14日和5月11日。

2014年和2015年玉米生育期内的灌溉施肥制度见图6-3。2014年和2015年分别灌水

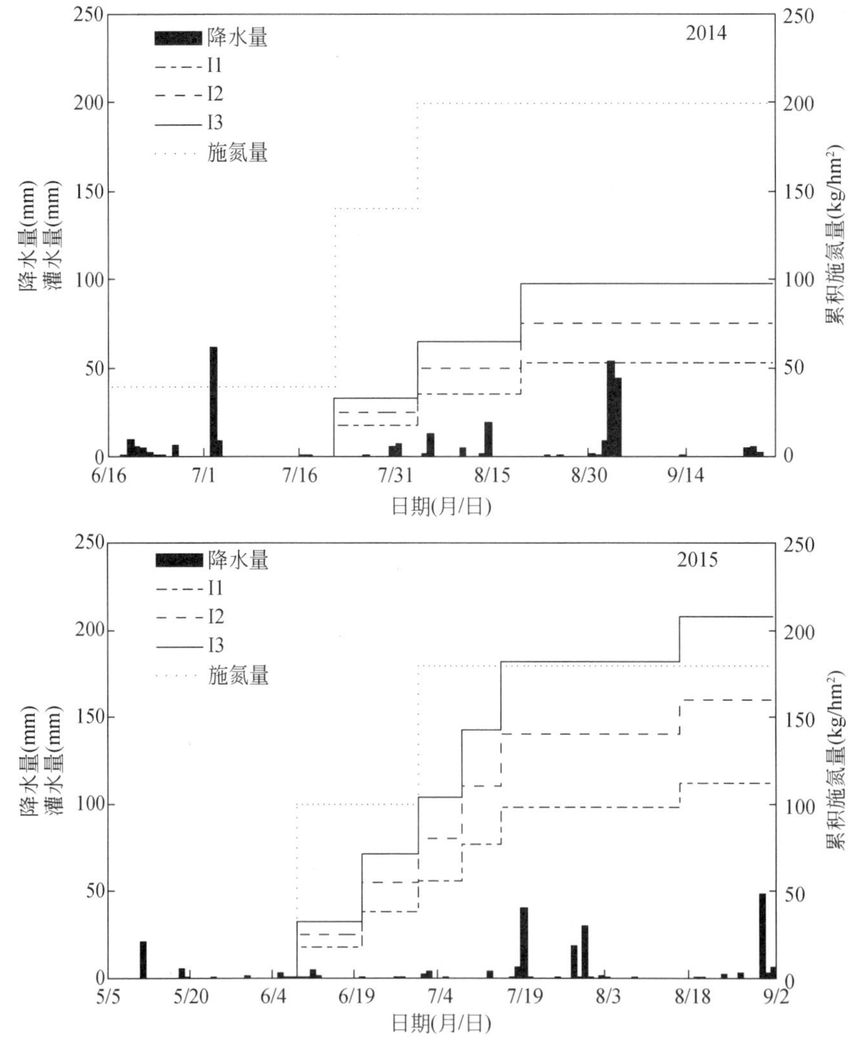

图6-3　玉米生育期内降水、累积灌水和施氮量变化

3次和6次；2014年I1、I2和I3处理分别灌水52.5mm、75mm和97.5mm，2015年则分别灌水112mm、160mm和208mm，地面灌处理共灌水282mm。2014年分别在4月27日、7月21日和8月3日施入纯N 40kg/hm^2、100kg/hm^{2}和60kg/hm^2，并于4月27日施入P_2O_5 150kg/hm^2。2015年未施P_2O_5，分别在6月8日和6月30日施入纯N 100kg/hm^{2}和80kg/hm^2。肥料选用尿素（含氮量46.4%）和过磷酸钙。除2014年4月27日肥料作为基肥在播前翻耕和平整过程一次施入，其余阶段施肥时为先将尿素在水中充分溶解，然后将肥液用比例施肥泵（Mis Rite Model 2504，Tefen）施入。

6.2.3 土壤含水率、EC_b、氮素观测方法

玉米生育期内0～100cm土壤的体积含水率采用Trime土壤剖面含水率测量系统（IMKO，德国）进行测定。每个小区内沿滴灌带方向按照5m等间距埋设2根长1.5m的Trime探管（其中20cm露出地表），共计74根，具体埋设位置见图6-4。生育期内每隔7～10天测定一次土壤含水率，灌水前、后和降雨后1天各加测一次，0～100cm土壤分5层（0～20cm、20～40cm、40～60cm、60～80cm和80～100cm）进行测定。

土壤电导率可以在一定程度上反映土壤中盐分或氮素的变化动态（关红杰，2013），因此在试验地田块安装EM50土壤多参数自动监测系统和5TE传感器（Decagon，美国），实时监测玉米生育期内根区土壤含水率、温度和EC_b的变化。2014年仪器安装在I3D1、I3D2、I3D3处理的1个重复小区内；2015年仪器安装在C2、I3D1、I3D2、I3D3处理的1个重复小区内。每个小区设置1个测点，测点位于小区中部（图6-4）。每个测点安装7个5TE传感器，埋置深度分别为距地表5cm、15cm、25cm、35cm、45cm、60cm和85cm，用以监测再生水灌溉对玉米根区0～10cm、10～20cm、20～30cm、30～40cm、40～50cm、50～70cm和70～100cm土壤养分和盐分的动态变化。

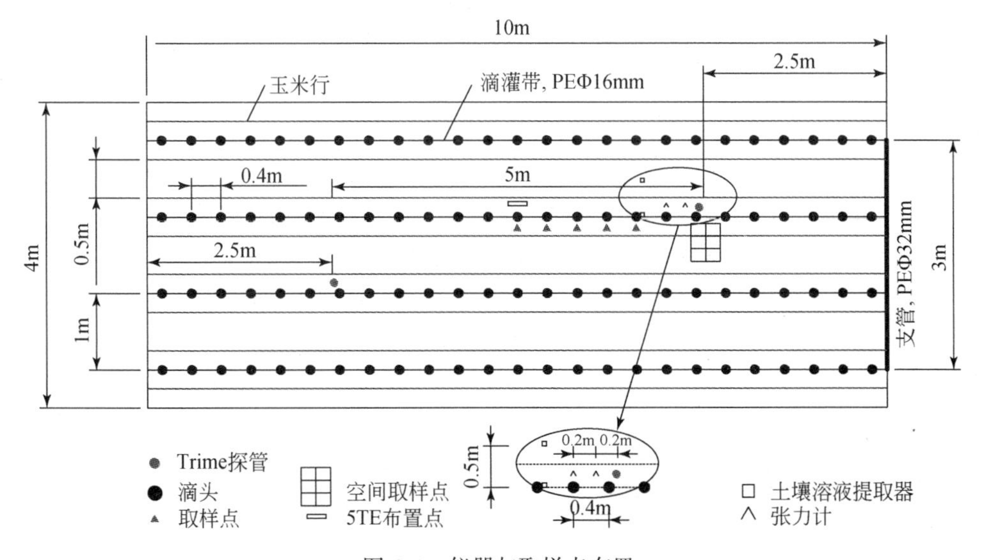

图6-4 仪器与取样点布置

为了获得典型时段土壤含水率和氮素的分布状况，在每个小区设置一个采样点（采样点位于每个小区 Trime 探管埋设位置附近，图 6-4），分别在玉米播种前（2014 年 6 月 6 日，2015 年 5 月 1 日）、苗期末（2015 年 6 月 8 日）、拔节期（2014 年 7 月 20 日，2015 年 6 月 20 日）、穗期（2014 年 8 月 17 日，2015 年 7 月 12 日）、灌浆期（2014 年 9 月 1 日，2015 年 8 月 3 日）和成熟期（2014 年 9 月 26 日，2015 年 9 月 2 日）用土钻在 0 ~ 100cm 土层内分 7 层（0 ~ 10cm、10 ~ 20cm、20 ~ 30cm、30 ~ 40cm、40 ~ 50cm、50 ~ 70cm 和 70 ~ 100cm）取样。土样采集后，土壤含水率用烘干法进行测定，剩余部分经风干后研磨过 1mm 筛，放入自封袋保存，田间试验结束后测定土壤 NO_3^--N 和 NH_4^+-N 含量。称取 20g 风干土壤样品，用 50mL 浓度为 1mol/L 的 KCl 溶液浸提，用流动分析仪（Auto Analyzer 3，德国Bran+Luebbe 公司）NO_3^--N 和 NH_4^+-N 的浓度（mg/L），再折算成土壤 NO_3^--N 和 NH_4^+-N 含量（mg/kg）。

6.2.4 土壤酶活性和化学性质观测方法

6.2.4.1 土壤酶活性生育期取样

土壤酶活性能够反映了土壤养分转化的强度以及相应生物化学过程的动向和变化（Shukla and Varma，2011）。为了获得玉米生育期典型时段参与 C（蔗糖酶）、N（脲酶）和 P（碱性磷酸酶）循环的酶活性的分布状况，分别在玉米播种前（2014 年 6 月 6 日，2015 年 5 月 1 日）、苗期末（2015 年 6 月 8 日）、拔节期（2014 年 7 月 20 日，2015 年 6 月 20 日）、穗期（2014 年 8 月 17 日，2015 年 7 月 12 日）、灌浆期（2014 年 9 月 1 日，2015 年 8 月 3 日）和成熟期（2014 年 9 月 26 日，2015 年 9 月 2 日）用土钻在 0 ~ 50cm 土层内分 5 层（0 ~ 10cm、10 ~ 20cm、20 ~ 30cm、30 ~ 40cm 和 40 ~ 50cm）取样，取样点如图 6-4所示。土样经风干后研磨过 1mm 筛，放入自封袋保存。

为了对比再生水和地下水不同滴灌带埋深处理对土壤化学性质的影响。2014 年分别在播种前（6 月 6 日）和成熟期（9 月 26 日）对 I2D1、I2D3、C1 和 C3 处理用土钻在 0 ~ 60cm 按 0 ~ 20cm、20 ~ 40cm 和 40 ~ 60cm 取样；2015 年分别在播种前（5 月 1 日）和成熟期（9 月 2 日）对 I3D1、I3D3、C1 和 C3 处理用土钻在 0 ~ 60cm 按 0 ~ 20cm、20 ~ 40cm 和 40 ~ 60cm 取样，测定盐分（饱和提取液电导率 EC_e（便携式多参数测定仪 Model session156，美国 HACH 公司））、pH（PHB-4 型便携式 pH 计，中国雷磁公司）、有机质（重铬酸钾容量法）、全磷（硫酸-高氯酸消煮法）、全钾（NaOH 熔融-火焰光度计法）、全氮（重铬酸钾-硫酸消化法）。EC_e与 EC_b的关系由以下概念模型（Rhoades et al.，1976）确定：

$$EC_b = T\theta EC_e + EC_s \tag{6-3}$$

式中，EC_b为土壤电导率；EC_e为饱和提取液电导率；EC_s为土壤固相表面电导率；T 为扭曲系数；θ 为土壤体积含水率。

6.2.4.2 土壤酶活性空间取样

为了研究地表滴灌、地下滴灌和地面灌对碱性磷酸酶（磷酸苯二钠比色法）、脲酶（靛酚蓝比色法）和蔗糖酶活性（3，5-二硝基水杨酸比色法）在土壤中空间分布的影响，分别在玉米播种前（2014 年 6 月 6 日）和玉米成熟期（2014 年 9 月 26 日，2015 年 9 月 2 日）按图 6-5 所示区域进行取样。采样区域以灌水器为原点，沿滴灌带方向至相邻灌水器的中点，沿垂直滴灌带方向至相邻滴灌带中线，区域大小为 20cm×50cm。在区域内设置 3 个垂直滴灌带的剖面 A-A、B-B 和 C-C，分别距离灌水器 0cm、10cm 和 20cm。每个剖面内设置 3 个取样点，分别距离滴灌带 10cm、25cm 和 50cm，每个取样点分 5 层取土，分别为 0 ~ 10cm、10 ~ 20cm、20 ~ 30cm、30 ~ 40cm 和 40 ~ 50cm。2014 年空间取样为 12 个处理 1 个重复小区，2015 年空间取样为 I3D1、I3D2、I3D3、C2 和地面灌处理 1 个重复小区。

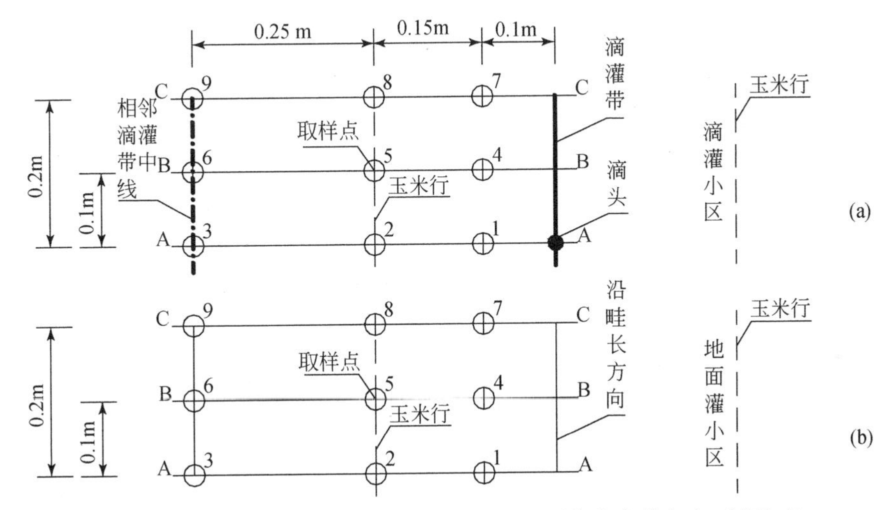

图 6-5 酶活性空间取样样点分布（a 和 b 分别代表滴灌和地面灌处理）

6.3 玉米生育期内土壤含水率动态变化特征

2014 年和 2015 年分别使用 Trime 土壤剖面含水率监测系统测定土壤含水率 18 次和 23 次。为便于对比试验结果，合并了含水率变化特征相似的相邻深度，沿土壤深度方向按 4 层（0 ~ 20cm、20 ~ 40cm、40 ~ 60cm 和 60 ~ 100cm）分析了土壤含水率在玉米生育期内的变化特征。图 6-6 和图 6-7 分别给出了 2014 年和 2015 年不同深度各处理土壤含水率在玉米生育期内的动态变化。

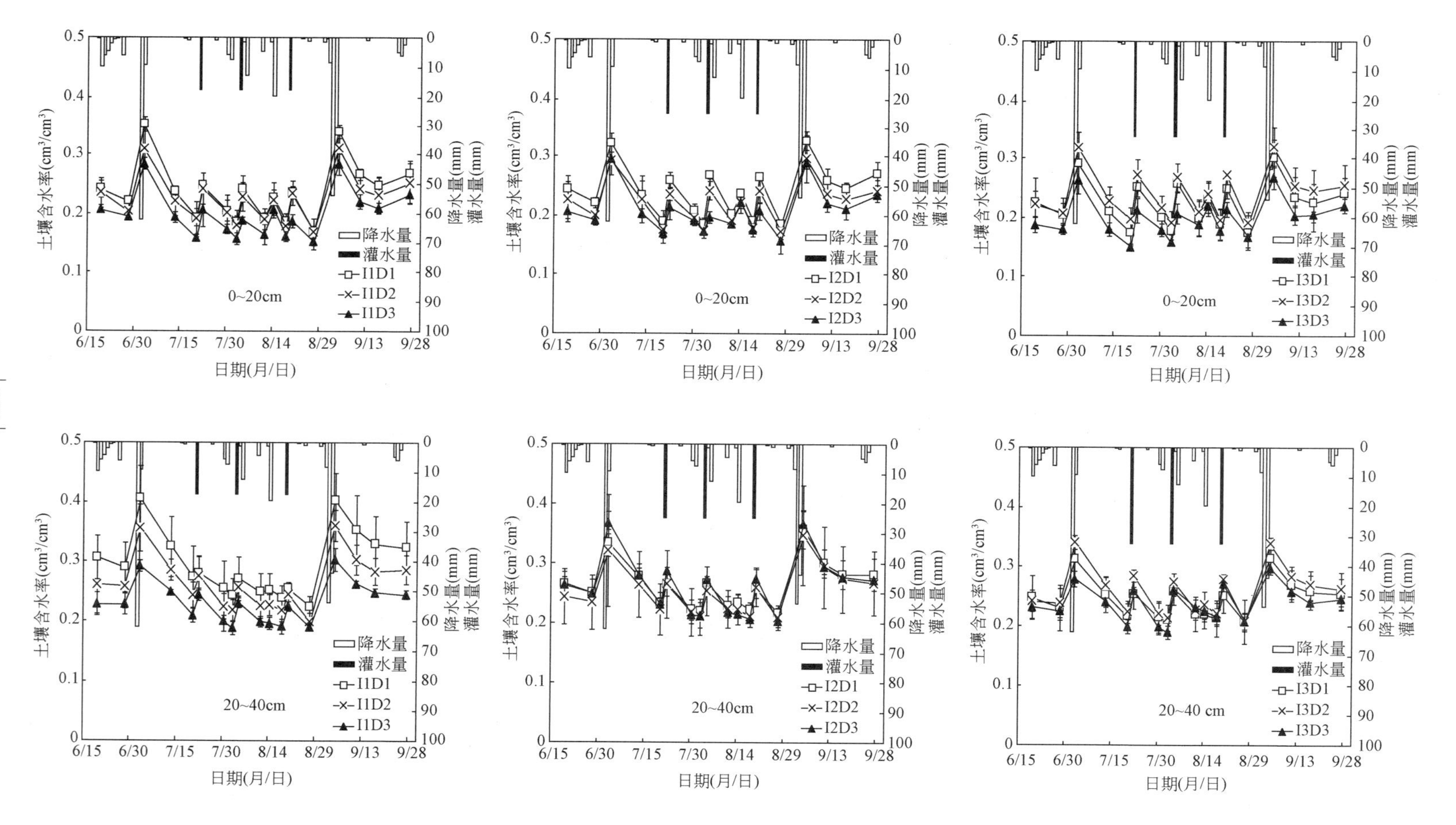
土壤含水率(cm³/cm³)
降水量(mm)
灌水量(mm)
日期(月/日)
降水量
灌水量
I1D1
I1D2
I1D3
I2D1
I2D2
I2D3
I3D1
I3D2
I3D3
0~20cm
20~40cm
20~40 cm

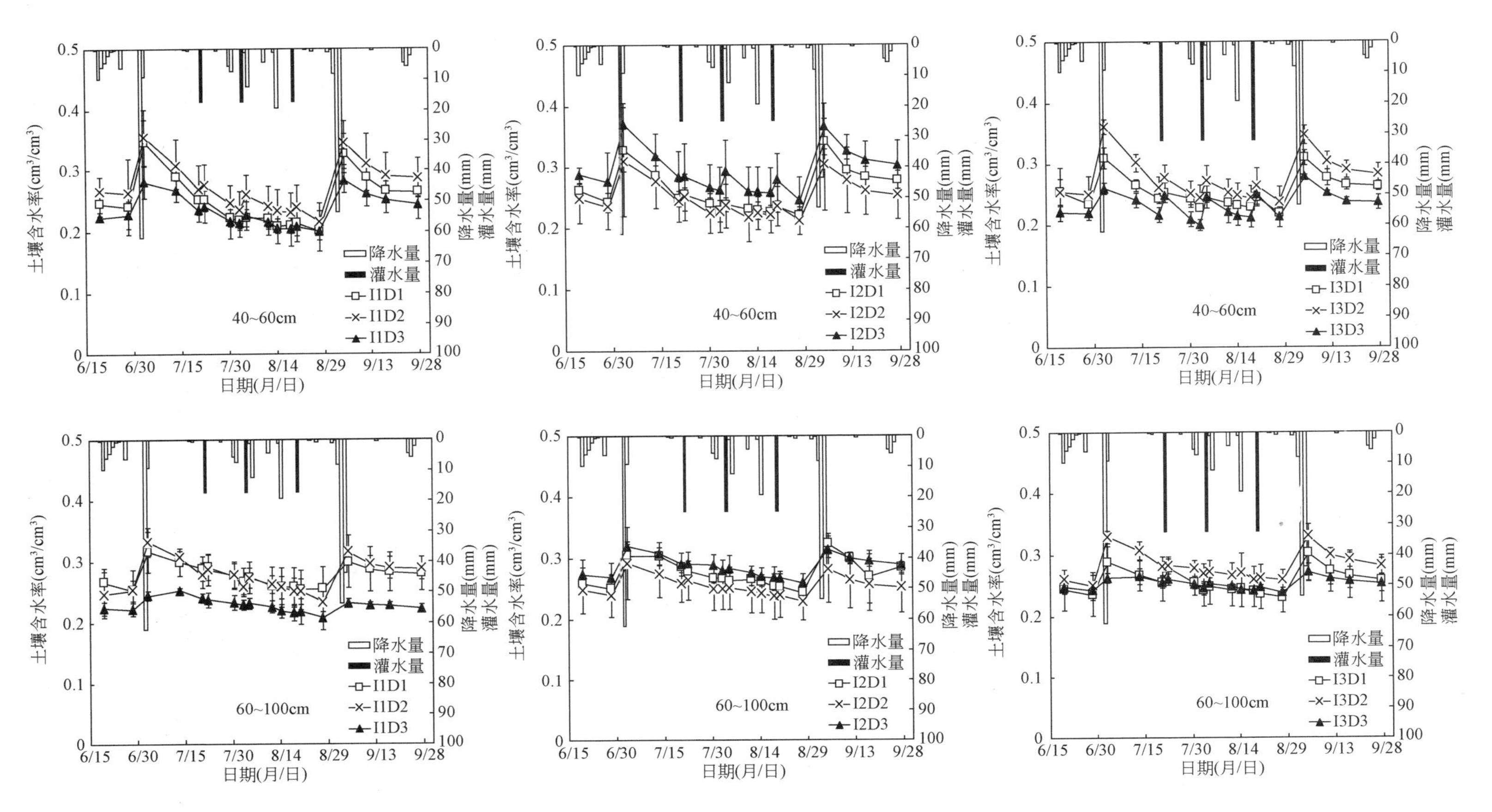

图 6-6　2014年不同处理不同深度土壤含水率在玉米生育期内的变化

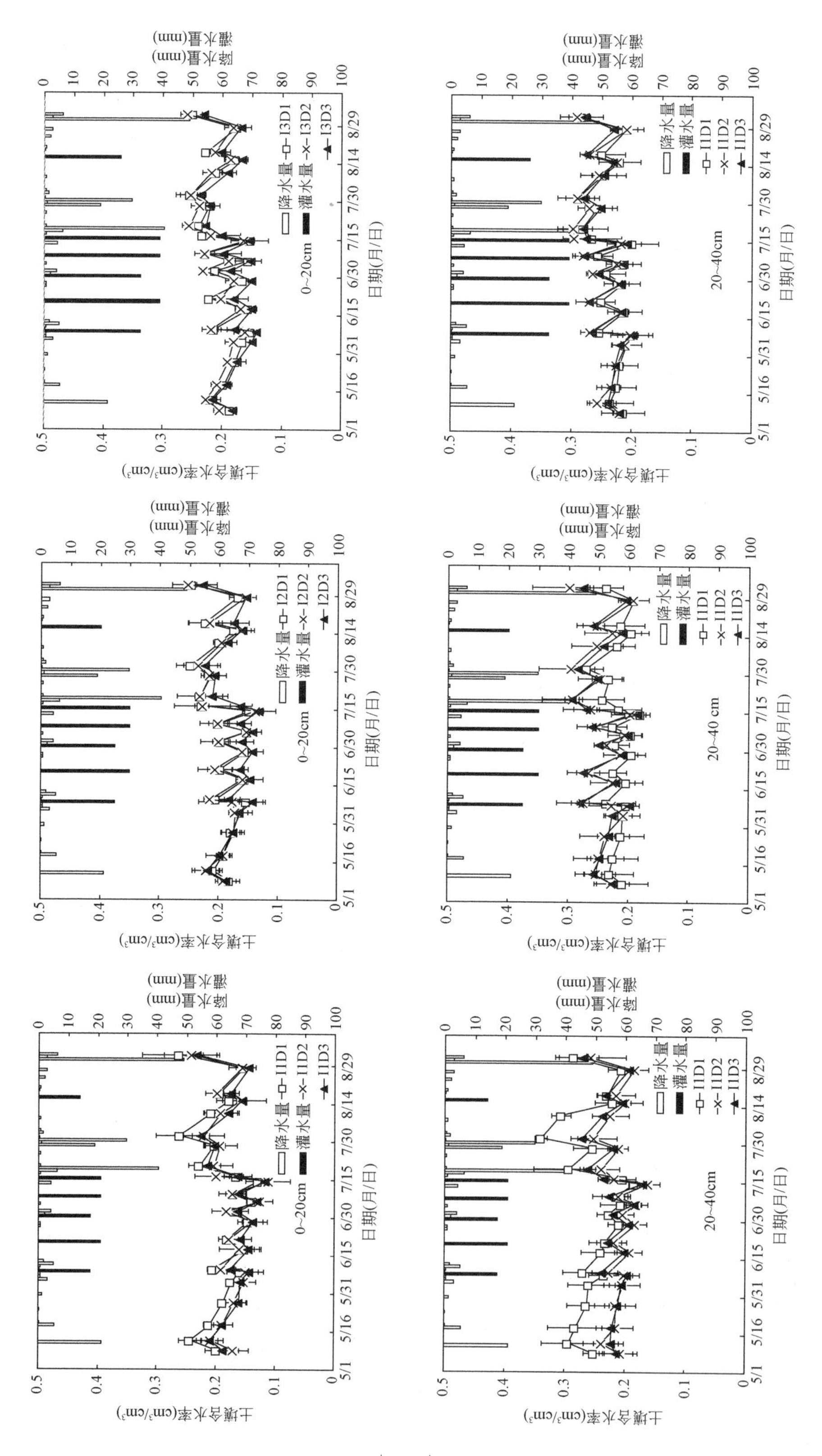

土壤含水率(cm³/cm³)
降水量(mm)
灌水量(mm)
日期(月/日)
0~20cm
20~40cm
降水量
灌水量
I1D1
I1D2
I1D3
I2D1
I2D2
I2D3
I3D1
I3D2
I3D3
5/1 5/16 5/31 6/15 6/30 7/15 7/30 8/14 8/29

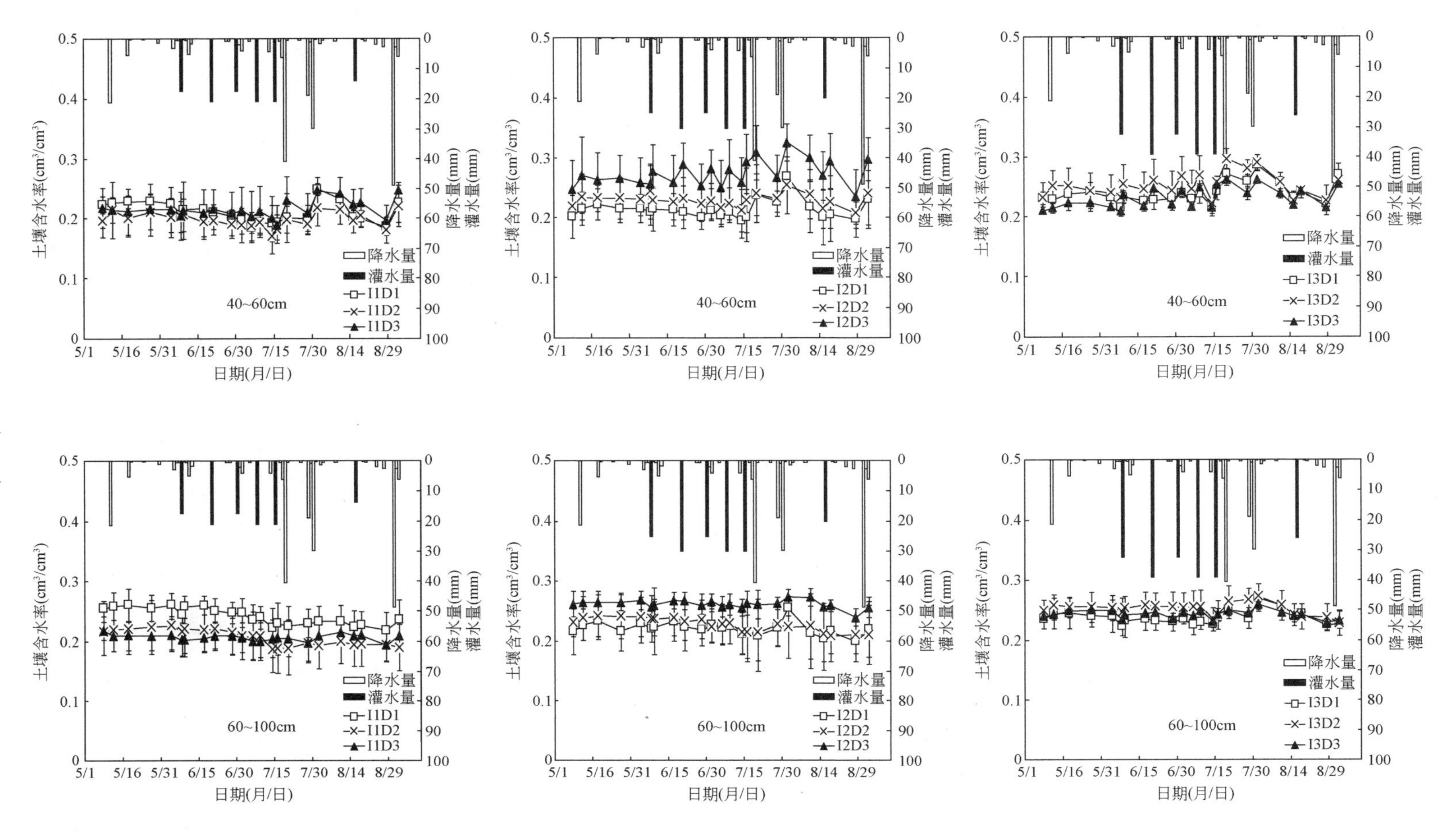

图 6-7 2015年不同处理不同深度土壤含水率在玉米生育期内的变化

由图6-6和图6-7可知，各深度土壤含水率受降雨、灌水、田间蒸发和作物蒸腾的影响而呈现波动变化，其中0~20cm土壤含水率变化最为剧烈，20~40cm和40~60cm土壤含水率次之，60~100cm土壤含水率在玉米生育期内整体呈缓慢下降趋势，遇到较大降雨时才会明显增加。例如，2014年7月2~3日降雨（71mm）后，60~100cm土壤含水率较之前测定值（6月28日）明显增加，各处理平均增幅为21%。在玉米苗期（2014年6月16日~7月12日，2015年5月5日~6月8日），植株矮小，根系尚不发达，吸水能力弱，土壤含水率主要受土面蒸发和降雨的影响，0~40cm土壤含水率在该时期呈明显下降趋势，而随着土壤深度增加，土面蒸发影响减小，40cm以下土壤含水率在该时期变化相对较平缓。2015年玉米苗期末（6月8日）进行了第1次灌水，灌水量分别为I1 = 17.5mm、I2=25mm和I3=32.5mm，灌水后各处理0~20cm和20~40cm土壤含水率较灌水前均有明显增加，其中I1、I2和I3处理0~20cm平均土壤含水率分别提高了26%、28%和34%，20~40cm平均土壤含水率分别提高了17%、26%和31%，这表明随着灌水量的增加，0~40cm土壤含水率增加幅度增加；第1次灌水后滴灌带埋深0、15cm和30cm处理0~20cm平均土壤含水率分别提高了34%、28%和25%，20~40cm平均土壤含水率却分别提高了20%、22%和33%，这是因为滴灌带埋深影响了土壤水分运移与分布，随滴灌带埋深增加，0~20cm土壤含水率增加幅度减小，而20~40cm土壤含水率增加幅度增加。玉米进入拔节期，穗分化逐步开始，由营养生长阶段转入营养生长与生殖生长并进阶段（麻雪艳和周广胜，2013），植株蒸腾作用迅速增大，0~20cm和20~40cm土壤含水率均随作物蒸腾和土壤蒸发迅速下降，而40cm以下土壤含水率在这一时期受根系吸水影响较小，下降幅度较小，这表明该生育阶段玉米根系主要分布在0~40cm。在玉米拔节期至穗期间，受植株需水量增加和降雨较少影响，2014年和2015年分别灌水3次和4次，灌溉后0~60cm土壤含水率增加幅度随灌水量和滴灌带埋深而变化。I1灌水量条件下滴灌带埋深0cm、15cm和30cm处理0~20cm土壤含水率2014年平均增加幅度分别为28%、28%和22%，20~40cm土壤含水率平均增加幅度分别7%、14%和19%，而40~60cm土壤含水率平均增加幅度仅分别1%、6%和3%；2015年也得到了相同的结果，I1灌水量条件下滴灌带埋深0cm、15cm和30cm处理0~20cm土壤含水率平均增加幅度分别为22%、39%和23%，20~40cm土壤含水率平均增加幅度分别5%、19%和22%，40~60cm土壤含水率平均增加幅度分别0%、3%和1%，这些结果表明，I1灌水量条件下土壤含水率增加幅度随土壤深度增加而减小，滴灌带埋深明显影响了土壤含水率在不同深度的分布。随着灌水量增加至I3，2014年滴灌带埋深0cm、15cm和30cm处理0~20cm土壤含水率平均增加幅度分别为40%、39%和31%，20~40cm土壤含水率平均增加幅度分别变为19%、27%和31%，40~60cm土壤含水率平均增加幅度分别为6%、9%和18%；2015年滴灌带埋深0cm、15cm和30cm处理0~20cm土壤含水率平均增加幅度分别为42%、27%和26%，20~40cm土壤含水率平均增加幅度分别变为21%、26%和27%，40~60cm土壤含水率平均增加幅度分别为5%、11%和15%，这表明随着灌水量增加0~60cm土壤含水率增加幅度增加，而滴灌带埋深是地下滴灌条件下影响土壤含水率分布的关键因素（刘玉春，2010）。2014年玉米进入灌浆期后，9月2~3日发生连续降雨（总降水量为

105mm)，0～100cm 土壤含水率受降雨影响明显增加，但随后受田间蒸发和作物蒸腾作用土壤含水率快速下降；随着玉米进入成熟期，玉米叶片衰败，蒸腾作用减弱，各深度土壤含水率变化趋于平缓，但受 9 月 2～3 日降雨影响，0～100cm 土壤含水率仍保持在较高水平。2015 年玉米进入灌浆期后，降雨较少，60～100cm 土壤含水率也出现了明显地下降，这表明玉米处于需水量较大阶段时，主要根系层以下的土壤水分也会在土壤水吸力作用下向上运移，进而通过蒸发和蒸腾的方式损耗；在 2015 年玉米生育期末（8 月 31 日）降雨 49mm，各深度土壤含水率均有增加并维持在较高水平上，0～100cm 平均土壤含水率为 $0.25cm^3/cm^3$。

为了进一步定量分析灌水量和滴灌带埋深对灌水后土壤含水率的影响，对 2 年不同处理同一次灌水后测定的土壤含水率进行了双因素方差分析。2014 年和 2015 年分别进行了 3 次和 6 次灌水，土壤含水率方差分析结果分别列于表 6-3 和表 6-4。由表 6-3 可知，在 2014 年灌水量对 8 月 4 日 0～20cm 土壤含水率和 8 月 20 日 0～20cm 和 20～40cm 土壤含水率产生了显著影响，土壤含水率随灌水量增加而增加，I3 灌水量处理土壤含水率显著高于 I1 灌水量处理；3 次灌水，滴灌带埋深均对 0～20cm 土壤含水率造成了极显著影响，土壤含水率随滴灌带埋深增加而减小，滴灌带埋深 0 和 15cm 处理 0～20cm 土壤含水率显著高于滴灌带埋深 30cm 处理。在 2015 年第 1 次灌水后（I2 = 25mm），灌水量对 0～100cm 各深度土壤含水率影响不显著，不同处理之间差异不明显，这可能与玉米苗期土壤水分主要受土壤水吸力作用向上运移、通过土面蒸发损耗，而受作物吸收影响微弱，各处理土壤含

表 6-3　2014 年灌水量和滴灌带埋深对不同深度土壤含水率的影响

深度（cm）	变异来源	7 月 22 日	8 月 4 日	8 月 20 日	第一次灌溉后生育期平均含水率
0～20	I	NS（P=0.367）	*（P=0.018）	**（P=0.009）	NS（P=0.669）
	D	**（P<0.001）	**（P<0.001）	**（P<0.001）	**（P=0.002）
	I×D	NS（P=0.415）	NS（P=0.408）	NS（P=0.231）	NS（P=0.443）
20～40	I	NS（P=0.845）	NS（P=0.471）	*（P=0.044）	NS（P=0.599）
	D	NS（P=0.686）	NS（P=0.613）	NS（P=0.621）	NS（P=0.154）
	I×D	NS（P=0.244）	NS（P=0.220）	NS（P=0.152）	NS（P=0.197）
40～60	I	NS（P=0.876）	NS（P=0.283）	NS（P=0.058）	NS（P=0.367）
	D	NS（P=0.571）	NS（P=0.233）	NS（P=0.389）	NS（P=0.617）
	I×D	NS（P=0.332）	NS（P=0.077）	NS（P=0.217）	NS（P=0.067）
60～100	I	NS（P=0.833）	NS（P=0.749）	NS（P=0.504）	NS（P=0.534）
	D	NS（P=0.097）	NS（P=0.633）	NS（P=0.798）	NS（P=0.320）
	I×D	*（P=0.023）	*（P=0.041）	NS（P=0.064）	*（P=0.027）

注：NS 代表 α=0.05 水平上不显著；* 代表在 α=0.05 水平上显著，* * 代表在 α=0.01 水平上显著；I、D 和 I×D 分别代表灌水量、滴灌带埋深和灌水量与滴灌带埋深的交互作用；下同。

表 6-4　2015 年灌水量和滴灌带埋深对不同深度土壤含水率的影响

深度（cm）	变异来源	6 月 9 日	6 月 21 日	7 月 2 日	7 月 9 日	7 月 16 日	8 月 18 日	第一次灌溉后生育期平均含水率
0～20	I	NS（P=0.251）	*（P=0.018）	**（P=0.001）	**（P<0.001）	*（P=0.048）	NS（P=0.171）	**（P=0.009）
	D	**（P=0.001）	**（P=0.003）	**（P=0.002）	*（P=0.017）	*（P=0.047）	NS（P=0.064）	*（P=0.028）
	I×D	NS（P=0.612）	NS（P=0.605）	NS（P=0.491）	NS（P=0.725）	NS（P=0.405）	NS（P=0.784）	NS（P=0.869）
20～40	I	NS（P=0.377）	**（P=0.006）	**（P=0.002）	**（P<0.001）	*（P=0.017）	NS（P=0.073）	NS（P=0.058）
	D	NS（P=0.853）	NS（P=0.124）	NS（P=0.488）	NS（P=0.100）	NS（P=0.146）	NS（P=0.287）	NS（P=0.956）
	I×D	NS（P=0.171）	NS（P=0.217）	NS（P=0.233）	NS（P=0.754）	NS（P=0.728）	NS（P=0.621）	NS（P=0.208）
40～60	I	NS（P=0.085）	*（P=0.013）	**（P=0.001）	**（P=0.003）	*（P=0.013）	NS（P=0.139）	**（P=0.005）
	D	NS（P=0.322）	*（P=0.038）	NS（P=0.067）	NS（P=0.072）	NS（P=0.213）	NS（P=0.09）	NS（P=0.325）
	I×D	NS（P=0.229）	NS（P=0.087）	NS（P=0.081）	NS（P=0.202）	NS（P=0.252）	NS（P=0.327）	NS（P=0.142）
60～100	I	NS（P=0.497）	NS（P=0.326）	NS（P=0.113）	NS（P=0.067）	NS（P=0.248）	NS（P=0.183）	NS（P=0.069）
	D	NS（P=0.975）	NS（P=0.918）	NS（P=0.609）	NS（P=0.872）	NS（P=0.494）	NS（P=0.351）	NS（P=0.949）
	I×D	NS（P=0.119）	NS（P=0.076）	NS（P=0.059）	NS（P=0.108）	NS（P=0.421）	NS（P=0.533）	NS（P=0.092）

水率差异较小有关。玉米进入拔节期后，持续干旱少雨，连续4次灌水过程中（每次灌水I2均≥25mm），灌水量对0~20cm、20~40cm和40~60cm土壤含水率均产生了显著影响，土壤含水率随灌水量增加而增大，这表明在干旱条件下，灌水量是影响0~60cm土壤含水率的关键因素之一。2015年玉米灌浆期7月18~30日，出现连续降雨，共降雨98mm，0~60cm各深度土壤含水率受降雨影响均有明显的增加趋势，不同处理间土壤含水率差异减小，因此8月18日第6次灌水后（I2=20mm），灌水量未显著影响0~60cm土壤含水率。与灌水量相比，滴灌带埋深显著影响了前5次灌水后0~20cm土壤含水率和第2次灌水后40~60cm土壤含水率的分布。滴灌带埋深0和15cm处理0~20cm土壤含水率显著高于滴灌带埋深30cm处理；第2次灌水后，40~60cm土壤含水率随滴灌带埋深增加而增加。滴灌带埋深对灌溉后土壤含水率的影响表明，滴灌带埋深0和15cm能够将较多的水分分布在0~20cm深度，而滴灌带埋深30cm能够促进水分向深层土壤运移。2014年和2015年灌水量和滴灌带埋深的交互作用均未对0~60cm土壤含水率产生显著影响。

表6-3和表6-4还给出了灌水量和滴灌带埋深及其交互作用对第1次灌溉后生育期平均含水率的影响。由表可知，灌水量显著影响2015年0~20cm和40~60cm平均含水率，生育期平均含水率随灌水量增加而增加；滴灌带埋深对2014年和2015年0~20cm平均含水率产生了显著影响，生育期平均含水率随滴灌带埋深增加而减小。对比灌水量和滴灌带埋深对灌溉后土壤含水率和第一次灌溉后生育期平均含水率的影响可以看出，与灌水量相比，滴灌带埋深对0~20cm土壤含水率的影响较稳定，受降雨影响较小；与0~20cm土壤含水率相比，灌水量对40~60cm土壤含水率的影响较稳定，这与仅少数雨量较大的降雨能够影响40~60cm土壤含水率有关。

6.4 玉米生育期内土壤氮素的分布特征

6.4.1 灌水量和滴灌带埋深对土壤硝态氮分布的影响

图6-8和图6-9分别给出了2014年和2015年再生水灌溉各处理不同深度土壤NO_3^--N含量在玉米生育期内的变化。2014年和2015年玉米播前各深度土壤初始NO_3^--N含量介于0~40mg/kg，并以0~10cm NO_3^--N含量最高，随土壤深度增加呈下降趋势。在2014年玉米苗期至拔节期（6月16日~7月20日）各处理0~10cm、10~20cm和20~30cm土壤NO_3^--N含量均呈直线下降趋势，平均下降幅度分别为43%、65%和33%；而2015年玉米苗期（5月1日~6月8日）各处理0~10cm、10~20cm和20~30cm土壤NO_3^--N含量呈增加趋势，平均增加幅度分别为16%、22%和46%；两年玉米苗期0~30cm土壤NO_3^--N含量变化趋势不同，这可能是因为2014年玉米苗期较多的降雨（共降雨100mm）促进土壤NO_3^--N随水分向下运移以及较差的土壤通气状况（苗期平均土壤含水率为0.25cm^3/cm^3）加剧了土壤反硝化作用（刘秋丽等，2011），而2015年玉米苗期气温逐渐上升（苗期0~30cm土壤平均温度为23℃），0~30cm土壤含水率维持在田间持水率的60%左右（苗期平

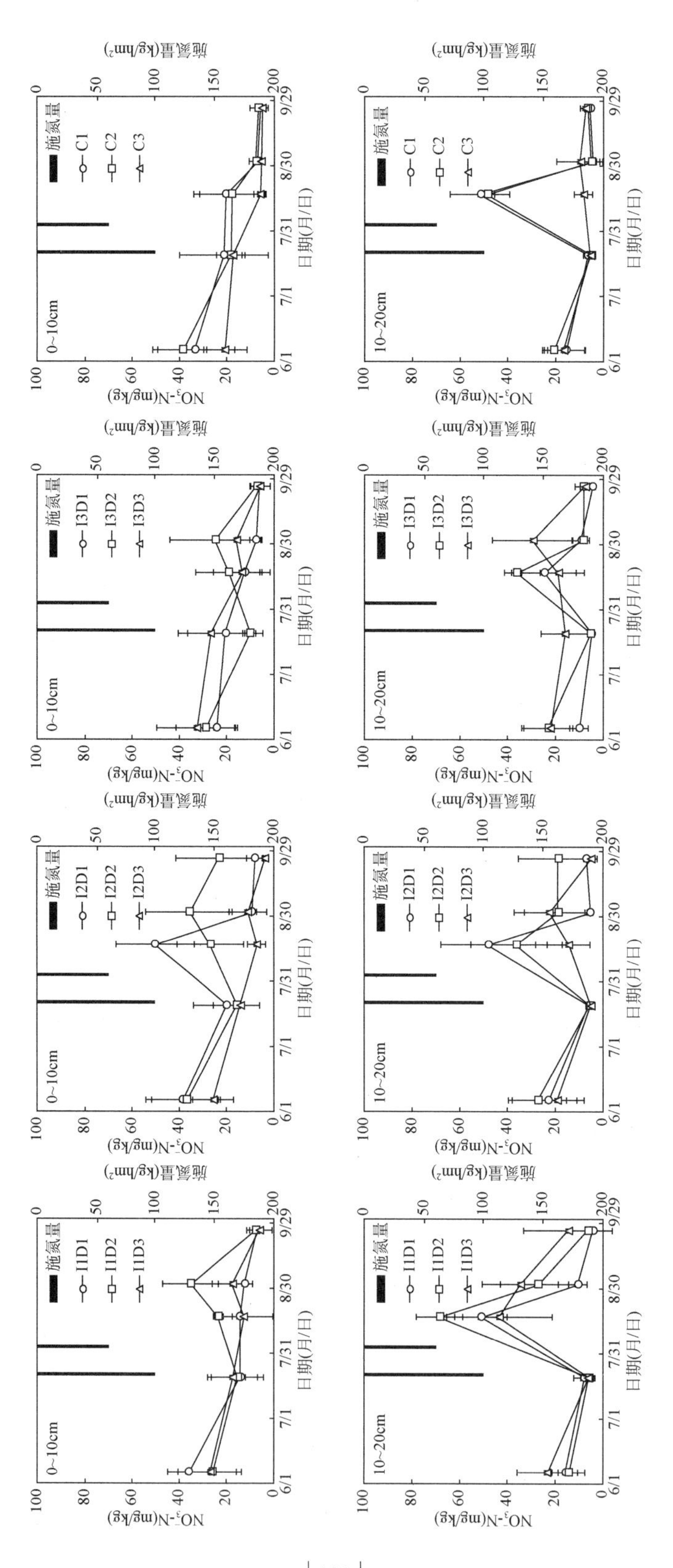
0~10cm
10~20cm
施氮量
I1D1
I1D2
I1D3
I2D1
I2D2
I2D3
I3D1
I3D2
I3D3
C1
C2
C3
NO_3^--N(mg/kg)
施氮量(kg/hm²)
日期(月/日)
6/1
7/1
7/31
8/30
9/29

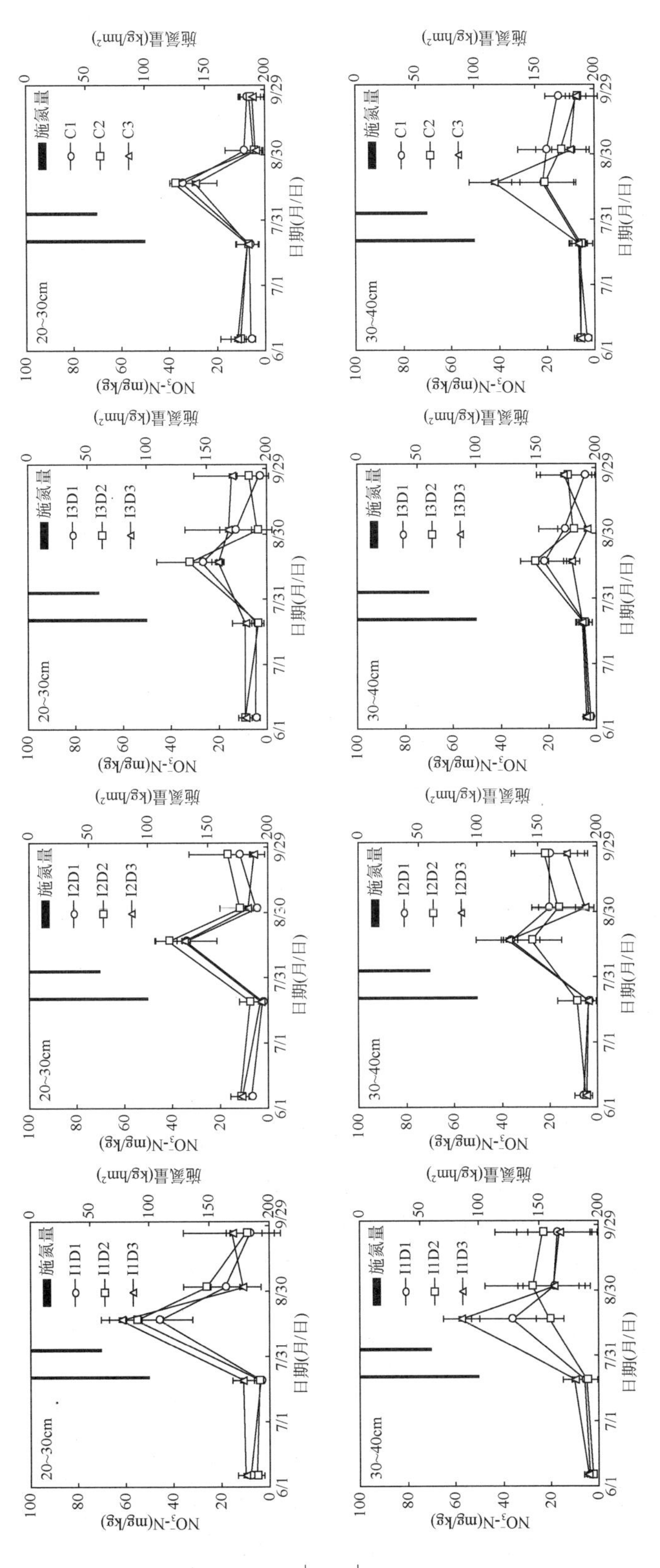
20~30cm
30~40cm
施氮量
I1D1
I1D2
I1D3
I2D1
I2D2
I2D3
I3D1
I3D2
I3D3
C1
C2
C3
NO_3^--N(mg/kg)
施氮量(kg/hm²)
日期(月/日)
6/1
7/1
7/31
8/30
9/29
0
20
40
60
80
100
50
150
200

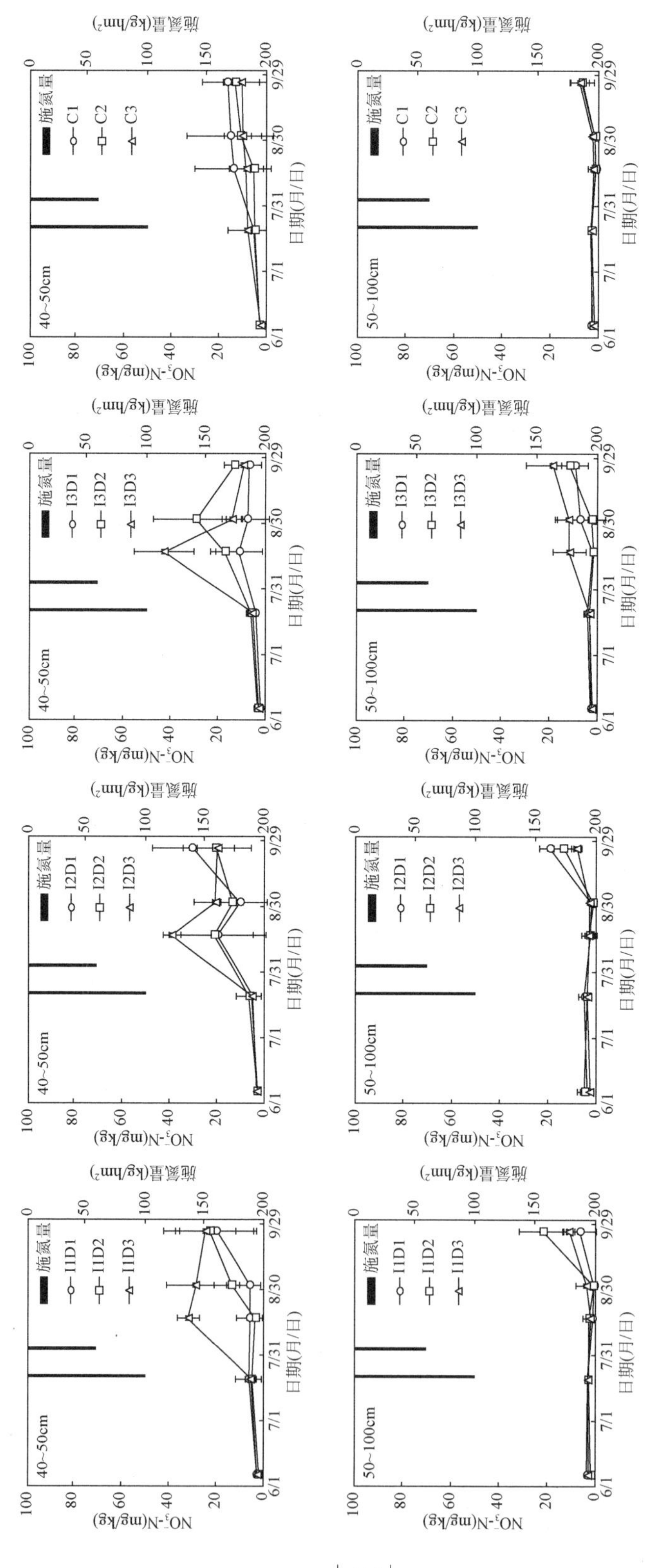

图 6-8　2014年不同处理不同深度硝态氮含量在玉米生育期内的变化

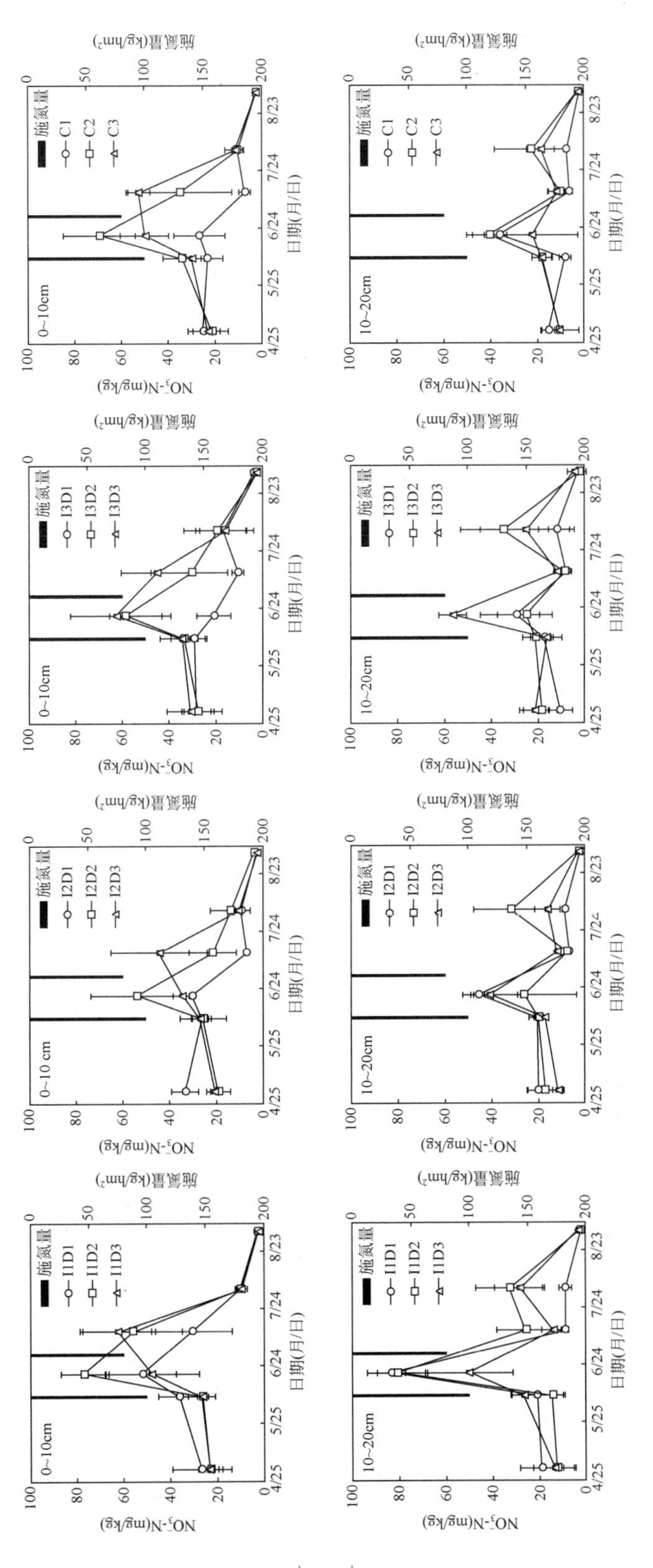

0~10cm
0~10 cm
10~20cm
施氮量
I1D1
I1D2
I1D3
I2D1
I2D2
I2D3
I3D1
I3D2
I3D3
C1
C2
C3
NO_3^--N(mg/kg)
施氮量(kg/hm²)
日期(月/日)
4/25
5/25
6/24
7/24
8/23

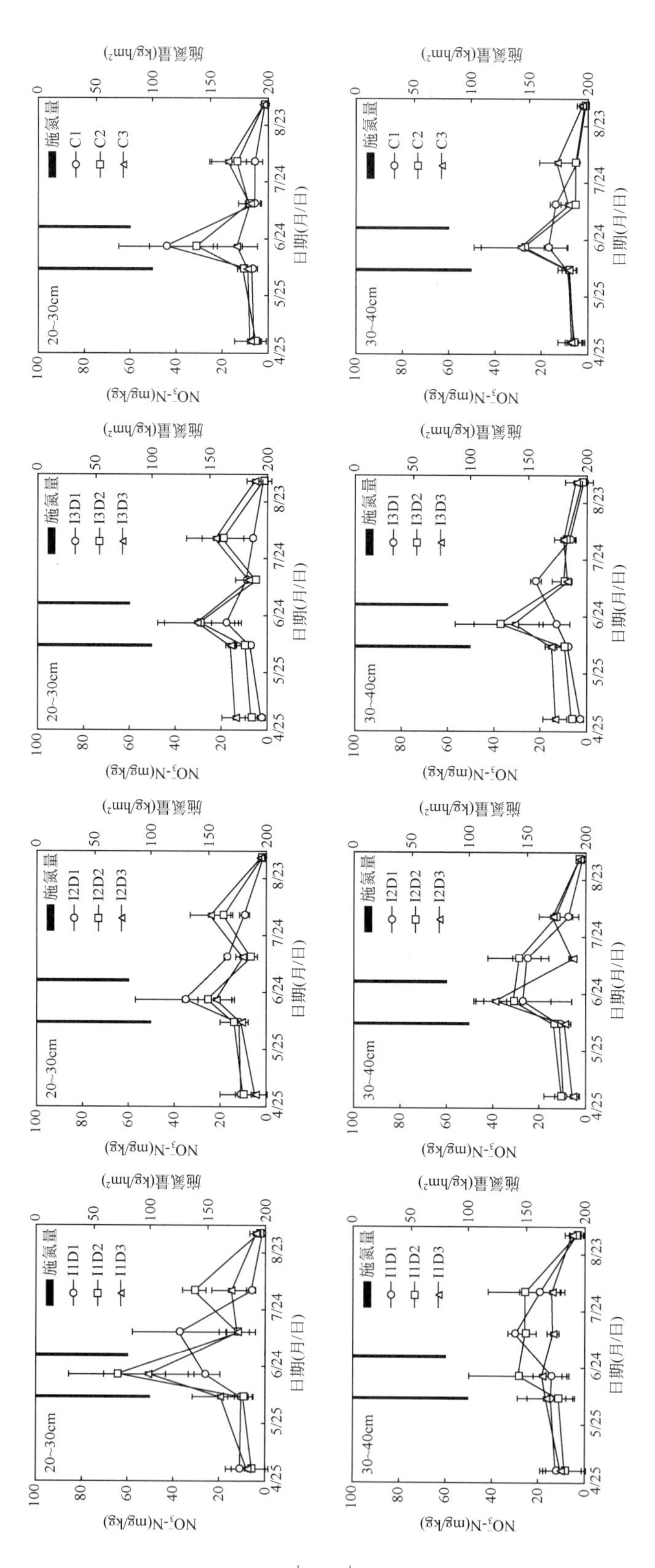

20~30cm
30~40cm
施氮量
I1D1
I1D2
I1D3
I2D1
I2D2
I2D3
I3D1
I3D2
I3D3
C1
C2
C3
NO_3^--N(mg/kg)
施氮量(kg/hm²)
日期(月/日)
4/25
5/25
6/24
7/24
8/23
0
20
40
60
80
100
50
150
200

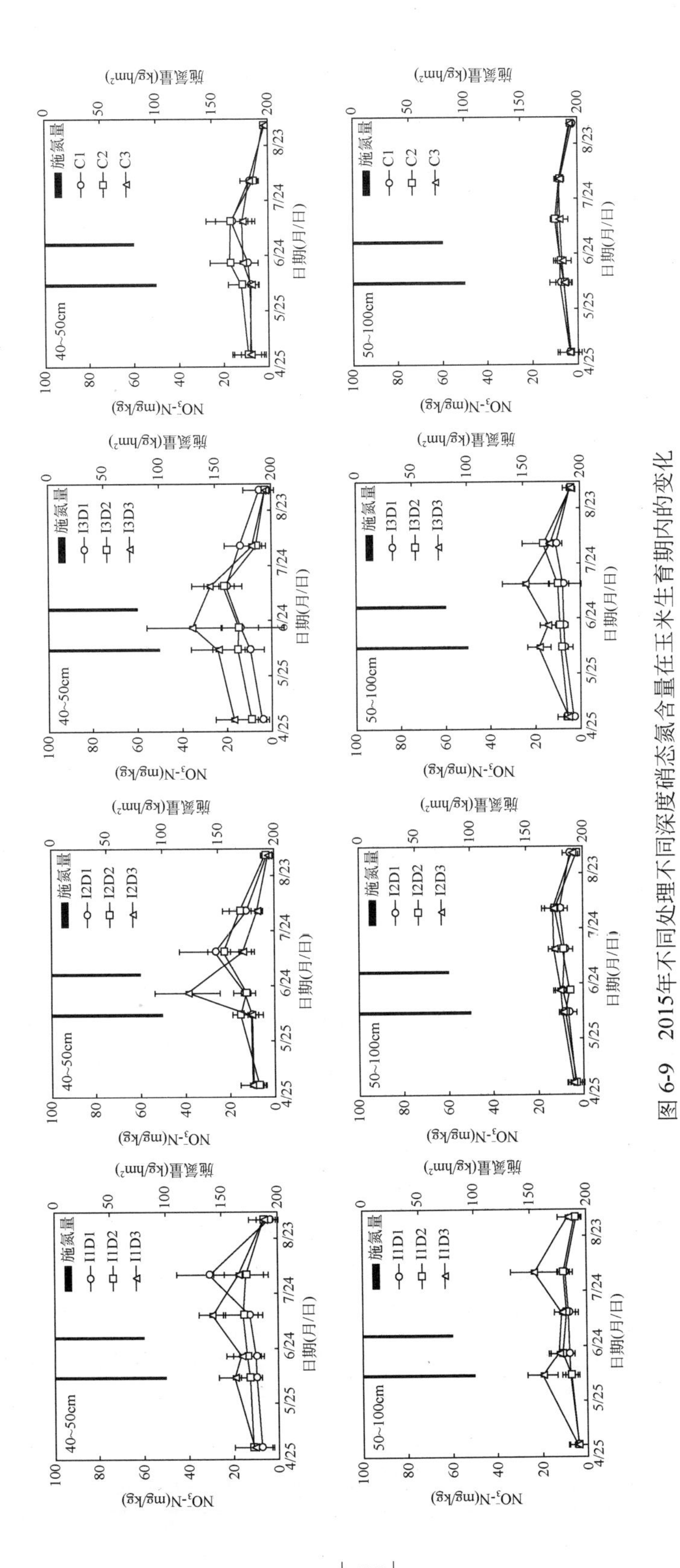

图 6-9 2015年不同处理不同深度硝态氮含量在玉米生育期内的变化

均土壤含水率为0.2cm³/cm³）进而提高了土壤硝化作用（孙志高和刘景双，2008）。2014年分别在7月21日和8月3日随灌水施入氮肥，共160kg/hm²，2015年分别在6月8日和6月30日随灌水施入氮肥，共180kg/hm²。施入氮肥后，受灌水量和滴灌带埋深影响各处理不同深度土壤NO_3^--N含量变化不同。例如，I2D1处理0～10cm土壤NO_3^--N含量在2014年8月17日增加，而I2D3处理在同一时间土壤NO_3^--N含量下降50%。与滴灌带埋深0和30cm相比，不同灌水量条件下滴灌带埋深15cm处理0～10cm土壤NO_3^--N含量在两年施氮后均有较大幅度增加，这可能与滴灌带埋深15cm处理土壤水分受土壤吸力向上运移NO_3^--N有关。随着玉米生长吸收和土壤水分运移，至玉米生育期末各处理0～10cm土壤NO_3^--N含量基本减少至0～10mg/kg。

两年玉米生育期各处理10～20cm土壤NO_3^--N含量在施氮后增加，受玉米吸收NO_3^--N和NO_3^--N随水分运移而减少。2014年施氮后，各处理10～20cm土壤NO_3^--N含量基本在8月17日达到峰值，各灌水量条件下滴灌带埋深0和15cm处理土壤NO_3^--N含量高于滴灌带埋深30cm处理；与2014年相比，2015年各处理10～20cm土壤NO_3^--N含量在6月8日施氮后明显增加，I1灌水量条件下滴灌带埋深0和15cm处理土壤NO_3^--N含量显著高于滴灌带埋深30cm处理，而I3灌水量条件下滴灌带埋深30cm显著高于滴灌带埋深0和15cm。与前一次施肥不同，2015年6月30日施氮后各处理10～20cm土壤NO_3^--N含量却明显下降（7月12日取样），这是因为7月8日的灌水（I2＝30mm）进一步促进土壤NO_3^--N向深层土壤和湿润锋边缘运移（Li and Liu，2011），以及穗期玉米根系较强的吸收能力促使10～20cm土壤NO_3^--N含量减少；尽管如此，随着玉米生长，滴灌带埋深15cm和30cm处理10～20cm土壤NO_3^--N含量在8月3日明显增加，这可能与地下滴灌改善了10～20cm水土环境提高了土壤生物活性进而促进了氮素转化有关（Shukla and Varma，2011）。与10～20cm土壤NO_3^--N含量变化相似，各处理20～30cm土壤NO_3^--N含量在2014年施氮后达到峰值，I1灌水量条件下土壤NO_3^--N含量随滴灌带埋深增加而增加，I2和I3灌水量条件下滴灌带埋深15cm处理土壤NO_3^--N含量较高。2015年除I1D1处理，各处理20～30cm土壤NO_3^--N含量在第1次施氮后明显增加，而在7月8日灌水后明显下降；与上层土壤NO_3^--N含量变化一致，滴灌带埋深15和30cm处理20～30cm土壤NO_3^--N含量在8月3日明显增加，随后受作物吸收和NO_3^--N运移影响而降低。

各处理30～40cm和40～50cm土壤NO_3^--N含量在2014年施氮后明显增加，且大体上土壤NO_3^--N含量以滴灌带埋深30cm处理最高，这与灌水施氮时滴灌带埋深30cm能够将较多NO_3^--N分布在30～50cm深度有关。与上层土壤NO_3^--N含量变化不同，在玉米生育期末（9月26日）各处理30～40cm和40～50cm土壤NO_3^--N含量仍维持在较高水平（高于播种前），这是因为2014年9月2～3日降雨105mm促使上层土壤NO_3^--N随水分向土壤下层淋溶。与2014年相比，2015年30～40cm和40～50cm土壤NO_3^--N含量在施氮后增加，随着作物生长吸收而降低。随着土壤深度增加，各处理50～100cm土壤NO_3^--N含量受灌水和玉米生长吸收影响较小，在玉米生育期内变化较平缓；但与2015年相比，2014年生育期末（9月26日）50～100cm土壤NO_3^--N含量受玉米生育期后期（9月2～3日）降雨影响而明显增加，这说明降雨可能是导致该地区硝态氮淋失的一个重要原因，较大降雨会促进硝态氮在深层土壤累积。

为了进一步定量分析灌水量和滴灌带埋深及其交互作用对玉米生育期内土壤各深度 NO_3^--N 含量分布的影响，分别对2014年8月17日（2014年第2次灌水后）、2014年9月1日（2014年第3次灌水后）、2014年9月26日（2014年玉米收获）、2015年6月20日（2015年第1次灌水后）、2015年7月12日（2015年第4次灌水后）、2015年8月3日（2015年第5次灌水后）和2015年9月2日（2015年玉米收获）各处理不同深度土壤 NO_3^--N 含量进行方差分析，结果见表6-5和表6-6。由表可知，灌水量显著（$P<0.05$）影响了2014年8月17日0～10cm、10～20cm、20～30cm和30～40cm，2014年9月1日20～30cm和50～100cm，2015年6月20日0～10cm、10～20cm和20～30cm，2015年7月12日0～10cm、10～20cm、20～30cm和30～40cm，2015年8月3日30～40cm和40～50cm土壤 NO_3^--N 含量。其中，2014年（8月17日，9月1日）10～20cm、20～30cm和30～40cm，2015年（6月20日，7月12日和8月3日）10～20cm、20～30cm、30～40cm和40～50cm土壤 NO_3^--N 含量基本随灌水量增加而减少，I1处理土壤 NO_3^--N 含量明显高于I3处理，这是因为随着灌水量增加，NO_3^--N 易随水运移向土壤下层淋洗进而降低上层土壤 NO_3^--N 含量。而在2014年9月1日，50～100cm土壤 NO_3^--N 含量随灌水量增加而增大，I3处理显著高于I1处理，这也证实较大灌水量处理会促进 NO_3^--N 在深层土壤累积。

表6-5　2014年灌水量和滴灌带埋深对不同深度土壤硝态氮含量的影响

深度（cm）	变异来源	8月17日	9月1日	9月26日
0～10	I	* (P=0.039)	NS（P=0.534）	NS（P=0.221）
	D	* (P=0.022)	** (P=0.001)	NS（P=0.076）
	I×D	* (P=0.013)	NS（P=0.785）	NS（P=0.146）
10～20	I	** (P=0.002)	NS（P=0.232）	NS（P=0.693）
	D	* (P=0.016)	** (P=0.006)	NS（P=0.341）
	I×D	NS（P=0.344）	NS（P=0.612）	NS（P=0.297）
20～30	I	** (P<0.001)	* (P=0.050)	NS（P=0.819）
	D	NS（P=0.295）	NS（P=0.831）	NS（P=0.666）
	I×D	NS（P=0.342）	NS（P=0.101）	NS（P=0.548）
30～40	I	** (P=0.002)	NS（P=0.069）	NS（P=0.313）
	D	NS（P=0.101）	NS（P=0.209）	NS（P=0.656）
	I×D	** (P=0.004)	NS（P=0.744）	NS（P=0.874）
40～50	I	NS（P=0.053）	NS（P=0.909）	NS（P=0.058）
	D	** (P<0.001)	* (P=0.028)	NS（P=0.979）
	I×D	NS（P=0.842）	NS（P=0.144）	NS（P=0.766）

续表

深度（cm）	变异来源	8月17日	9月1日	9月26日
50～100	I	NS（P=0.079）	*（P=0.020）	NS（P=0.983）
	D	*（P=0.030）	NS（P=0.082）	NS（P=0.441）
	I×D	*（P=0.017）	NS（P=0.524）	*（P=0.026）

注：NS 代表 α=0.05 水平上不显著；* 代表在 α=0.05 水平上显著，** 代表在 α=0.01 水平上显著；I、D 和 I×D 分别代表灌水量、滴灌带埋深和灌水量与滴灌带埋深的交互作用；下同。

表 6-6　2015 年灌水量和滴灌带埋深对不同深度土壤硝态氮含量的影响

深度（cm）	变异来源	6月20日	7月12日	8月3日	9月2日
0～10	I	*（P=0.020）	**（P=0.005）	NS（P=0.125）	NS（P=0.381）
	D	**（P=0.001）	**（P=0.001）	NS（P=0.774）	NS（P=0.078）
	I×D	NS（P=0.066）	NS（P=0.918）	NS（P=0.987）	NS（P=0.176）
10～20	I	**（P<0.001）	**（P=0.005）	NS（P=0.620）	NS（P=0.441）
	D	NS（P=0.415）	*（P=0.026）	**（P=0.003）	NS（P=0.073）
	I×D	**（P=0.004）	*（P=0.018）	NS（P=0.917）	NS（P=0.458）
20～30	I	*（P=0.014）	**（P=0.007）	NS（P=0.902）	NS（P=0.412）
	D	NS（P=0.203）	**（P=0.004）	**（P<0.001）	*（P=0.014）
	I×D	NS（P=0.114）	NS（P=0.087）	NS（P=0.094）	NS（P=0.499）
30～40	I	NS（P=0.256）	**（P=0.006）	*（P=0.013）	NS（P=0.215）
	D	NS（P=0.125）	**（P<0.001）	NS（P=0.430）	NS（P=0.169）
	I×D	NS（P=0.692）	*（P=0.048）	NS（P=0.460）	NS（P=0.783）
40～50	I	NS（P=0.149）	NS（P=0.627）	*（P=0.030）	NS（P=0.510）
	D	**（P=0.002）	NS（P=0.530）	NS（P=0.119）	NS（P=0.942）
	I×D	NS（P=0.287）	NS（P=0.070）	NS（P=0.394）	NS（P=0.714）
50～100	I	NS（P=0.397）	NS（P=0.119）	NS（P=0.655）	NS（P=0.322）
	D	*（P=0.036）	**（P=0.005）	NS（P=0.065）	NS（P=0.431）
	I×D	NS（P=0.419）	NS（P=0.125）	NS（P=0.153）	NS（P=0.498）

与灌水量相比，滴灌带埋深对 2014 年 8 月 17 日 0～10cm、10～20cm、40～50cm 和 50～100cm，2014 年 9 月 1 日 0～10cm、10～20cm 和 40～50cm，2015 年 6 月 20 日 0～10cm、40～50cm 和 50～100cm，2015 年 7 月 12 日 0～10cm、10～20cm、20～30cm、30～40cm 和 50～100cm，2015 年 8 月 3 日 10～20cm 和 20～30cm，2015 年 9 月 2 日 20～30cm 土壤 NO_3^--N 含量造成了显著影响（P<0.05）。但是滴灌带埋深对土壤 NO_3^--N 含量的影响随土壤深度而变化。例如，0～10cm 和 10～20cm 土壤 NO_3^--N 含量一般以滴灌带埋深 0cm 和 15cm 处理较高，而滴灌带埋深 30cm 处理 40～50cm 和 50～100cm 土壤 NO_3^--N 含量，明

显高于滴灌带埋深 0cm 处理，这些结果表明，滴灌带埋深明显影响了 NO_3^--N 在土壤中的分布，较大的滴灌带埋深易造成深层土壤 NO_3^--N 累积，增加 NO_3^--N 淋失风险。

灌水量与滴灌带埋深的交互作用显著（$P<0.05$）影响了 2014 年 8 月 17 日 0～10cm、30～40cm 和 50～100cm，2014 年 9 月 26 日 50～100cm、2015 年 6 月 20 日 10～20cm，2015 年 7 月 12 日 10～20cm 和 30～40cm 土壤 NO_3^--N 含量。其中，0～10cm、10～20cm 和 30～40cm 土壤 NO_3^--N 含量一般以灌水量或滴灌带埋深较小的处理较高，而 50～100cm 土壤 NO_3^--N 含量一般以灌水量和滴灌带埋深较大的处理较高。例如，2014 年 8 月 17 日 0～10cm 和 30～40cm 土壤 NO_3^--N 含量分别以 I2D1 和 I1D3 处理最高，而 50～100cm 土壤 NO_3^--N 含量以 I3D3 处理最高。灌水量与滴灌带埋深的交互作用表明，较大灌水量和滴灌带埋深促进 NO_3^--N 在深层土壤累积。

6.4.2 再生水与地下水灌溉对土壤硝态氮分布的影响

再生水和地下水灌溉对各深度土壤 NO_3^--N 含量的方差分析结果见表 6-7 和表 6-8。由表可知，2014 年灌溉水质显著（$P<0.05$）影响了 9 月 26 日滴灌带埋深 0cm 处理 50～100cm，8 月 17 日滴灌带埋深 15cm 处理 50～100cm 和滴灌带埋深 30cm 处理 40～50cm 土壤 NO_3^--N 含量。2015 年灌溉水质分别对 6 月 20 日滴灌带埋深 30cm 处理 10～20cm，7 月 12 日滴灌带埋深 0cm 处理 30～40cm 和滴灌带埋深 30cm 处理 40～50cm，8 月 3 日滴灌带埋深 30cm 处理 50～100cm 土壤 NO_3^--N 含量造成了显著影响（$P<0.05$）。相同滴灌带埋深条件下，再生水灌溉处理土壤 NO_3^--N 含量显著高于地下水灌溉处理，这是因为再生水中较高的 NO_3^--N 浓度（表 6-2）以及再生水灌溉能够增强土壤硝化作用（Levy et al.，2011）。

表 6-7 2014 年灌溉水质对不同深度土壤硝态氮含量的影响

处理	深度（cm）	8 月 17 日	9 月 1 日	9 月 26 日
D1	0～10	NS（P=0.075）	NS（P=0.127）	NS（P=0.398）
	10～20	NS（P=0.807）	NS（P=0.513）	NS（P=0.156）
	20～30	NS（P=0.999）	NS（P=0.428）	NS（P=0.222）
	30～40	NS（P=0.128）	NS（P=0.994）	NS（P=0.646）
	40～50	NS（P=0.673）	NS（P=0.714）	NS（P=0.241）
	50～100	NS（P=0.285）	NS（P=0.481）	*（P=0.027）
D2	0～10	NS（P=0.461）	NS（P=0.060）	NS（P=0.203）
	10～20	NS（P=0.326）	NS（P=0.168）	NS（P=0.266）
	20～30	NS（P=0.313）	NS（P=0.238）	NS（P=0.328）
	30～40	NS（P=0.579）	NS（P=0.821）	NS（P=0.190）
	40～50	NS（P=0.278）	NS（P=0.542）	NS（P=0.471）
	50～100	*（P=0.048）	NS（P=0.505）	NS（P=0.056）

续表

处理	深度（cm）	8月17日	9月1日	9月26日
D3	0～10	NS（P=0.663）	NS（P=0.307）	NS（P=0.455）
	10～20	NS（P=0.352）	NS（P=0.285）	NS（P=0.124）
	20～30	NS（P=0.344）	NS（P=0.163）	NS（P=0.870）
	30～40	NS（P=0.675）	NS（P=0.382）	NS（P=0.438）
	40～50	**（P=0.002）	NS（P=0.200）	NS（P=0.385）
	50～100	NS（P=0.738）	NS（P=0.359）	NS（P=0.971）

注：D1、D2和D3分别代表滴灌带埋深0cm、15cm和30cm；NS代表α=0.05水平上不显著；*代表在α=0.05水平上显著，**代表在α=0.01水平上显著；下同。

表6-8　2015年灌溉水质对不同深度土壤硝态氮含量的影响

处理	深度（cm）	6月20日	7月12日	8月3日	9月2日
D1	0～10	NS（P=0.490）	NS（P=0.177）	NS（P=0.334）	NS（P=0.249）
	10～20	NS（P=0.597）	NS（P=0.415）	NS（P=0.385）	NS（P=0.493）
	20～30	NS（P=0.100）	NS（P=0.382）	NS（P=0.657）	NS（P=0.473）
	30～40	NS（P=0.323）	*（P=0.013）	NS（P=0.163）	NS（P=0.722）
	40～50	NS（P=0.366）	NS（P=0.453）	NS（P=0.264）	NS（P=0.407）
	50～100	NS（P=0.785）	NS（P=0.453）	NS（P=0.204）	NS（P=0.141）
D2	0～10	NS（P=0.334）	NS（P=0.785）	NS（P=0.350）	NS（P=0.904）
	10～20	NS（P=0.137）	NS（P=0.683）	NS（P=0.423）	NS（P=0.176）
	20～30	NS（P=0.895）	NS（P=0.320）	NS（P=0.535）	NS（P=0.974）
	30～40	NS（P=0.539）	NS（P=0.196）	NS（P=0.074）	NS（P=0.307）
	40～50	NS（P=0.759）	NS（P=0.603）	NS（P=0.976）	NS（P=0.703）
	50～100	NS（P=0.272）	NS（P=0.956）	NS（P=0.195）	NS（P=0.745）
D3	0～10	NS（P=0.377）	NS（P=0.464）	NS（P=0.575）	NS（P=0.922）
	10～20	*（P=0.048）	NS（P=0.962）	NS（P=0.588）	NS（P=0.343）
	20～30	NS（P=0.192）	NS（P=0.866）	NS（P=0.569）	NS（P=0.170）
	30～40	NS（P=0.881）	NS（P=0.991）	NS（P=0.551）	NS（P=0.461）
	40～50	NS（P=0.121）	*（P=0.043）	NS（P=0.938）	NS（P=0.479）
	50～100	NS（P=0.068）	NS（P=0.067）	*（P=0.023）	NS（P=0.457）

6.4.3　灌水量与滴灌带埋深对土壤铵态氮分布的影响

图6-10和图6-11分别给出了2014年和2015年各处理不同深度土壤NH_4^+-N含量在玉米生育期内的变化。由图可知，2014年玉米生育期内各处理不同深度土壤NH_4^+-N含量均呈先下降后增加趋势，这可能是因为2014年玉米生育期介于6月16日～9月27日，生育

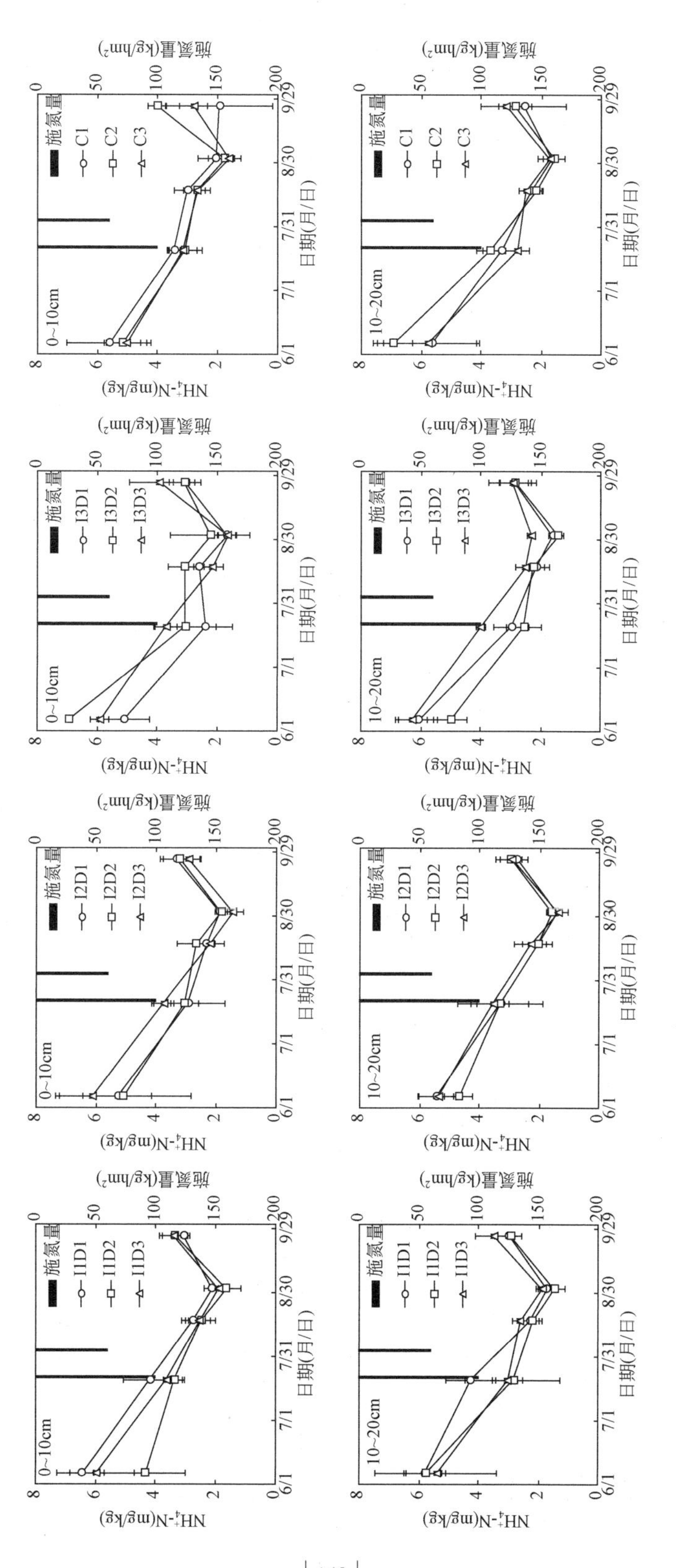
0~10cm
10~20cm
施氮量
I1D1
I1D2
I1D3
I2D1
I2D2
I2D3
I3D1
I3D2
I3D3
C1
C2
C3
日期(月/日)
施氮量(kg/hm²)
6/1
7/1
7/31
8/30
9/29

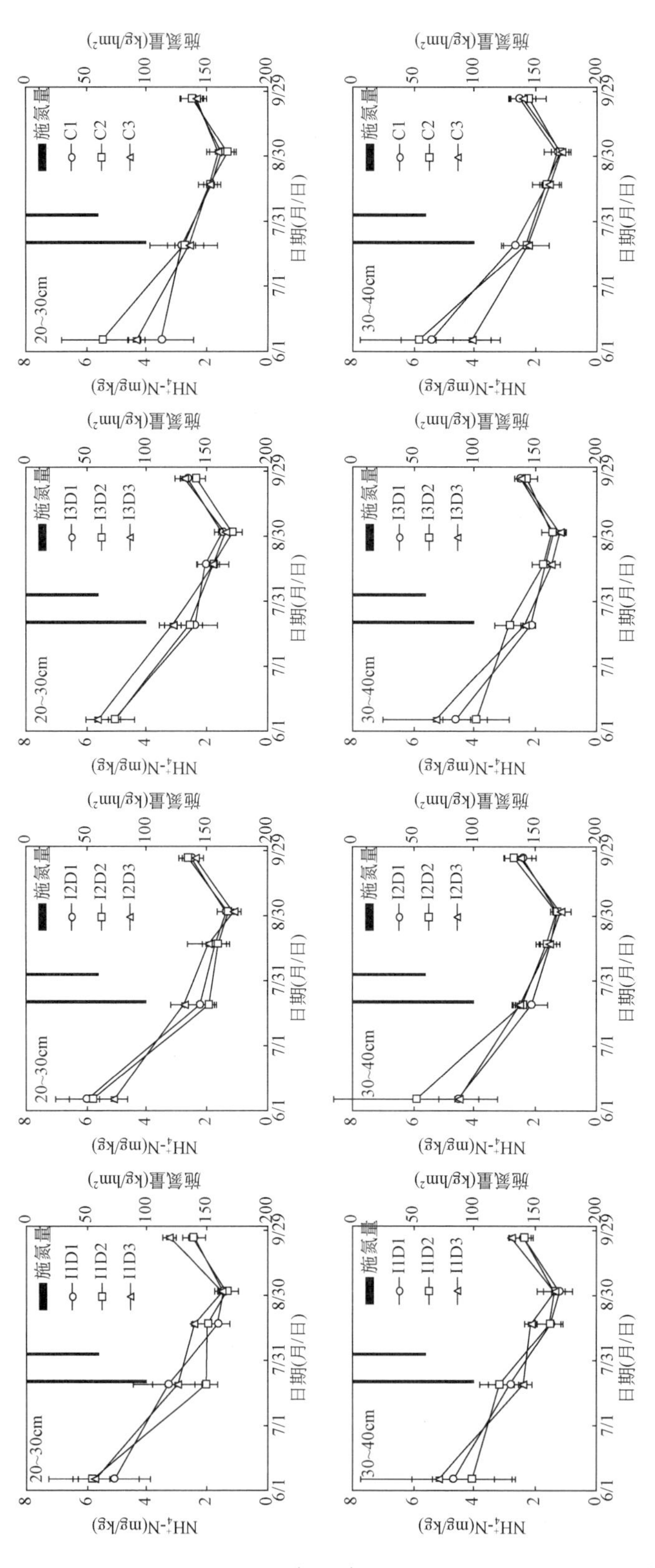
20~30cm
30~40cm
施氮量
I1D1
I1D2
I1D3
I2D1
I2D2
I2D3
I3D1
I3D2
I3D3
C1
C2
C3
日期(月/日)
NH_4^+-N(mg/kg)
施氮量(kg/hm²)
6/1
7/1
7/31
8/30
9/29

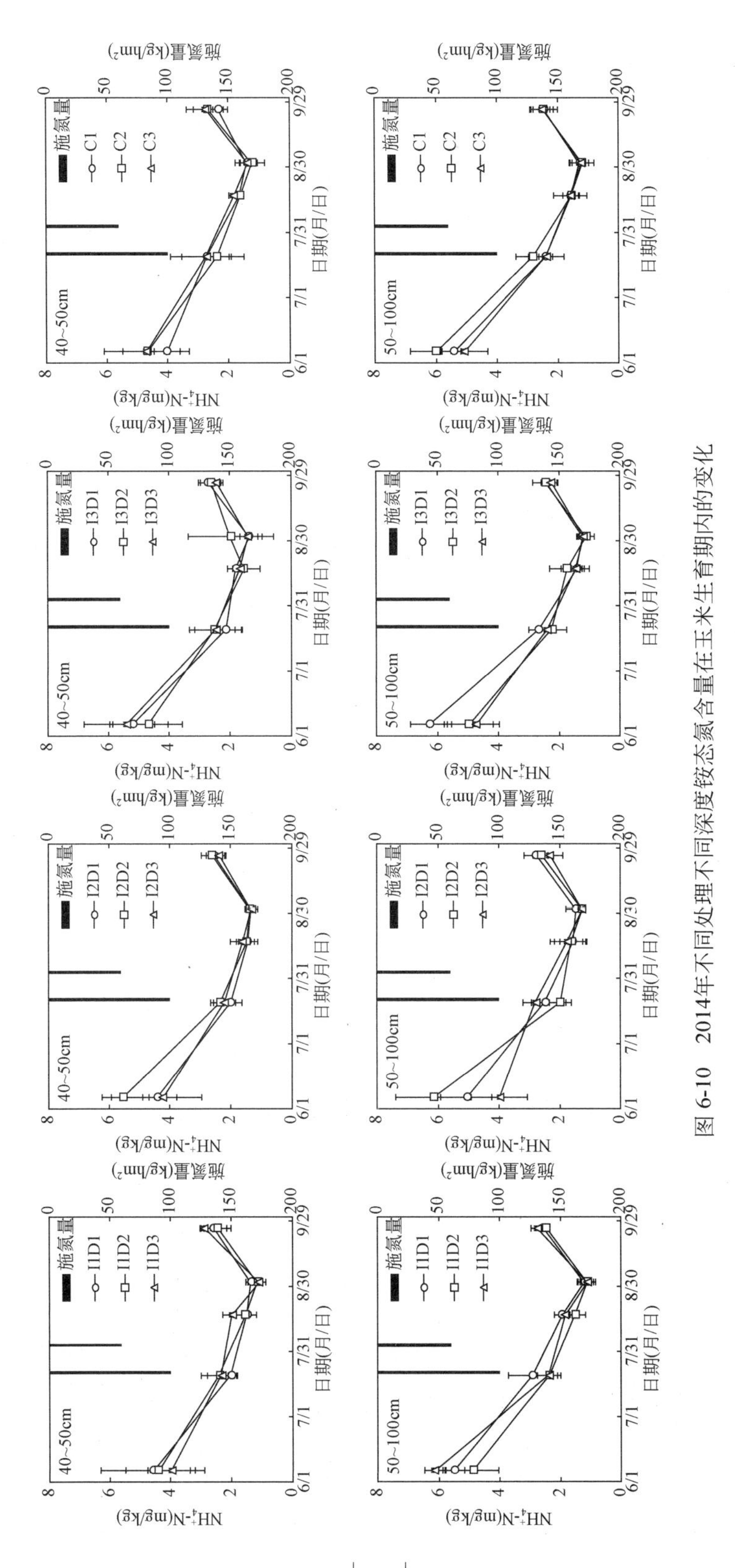

图 6-10　2014年不同处理不同深度铵态氮含量在玉米生育期内的变化

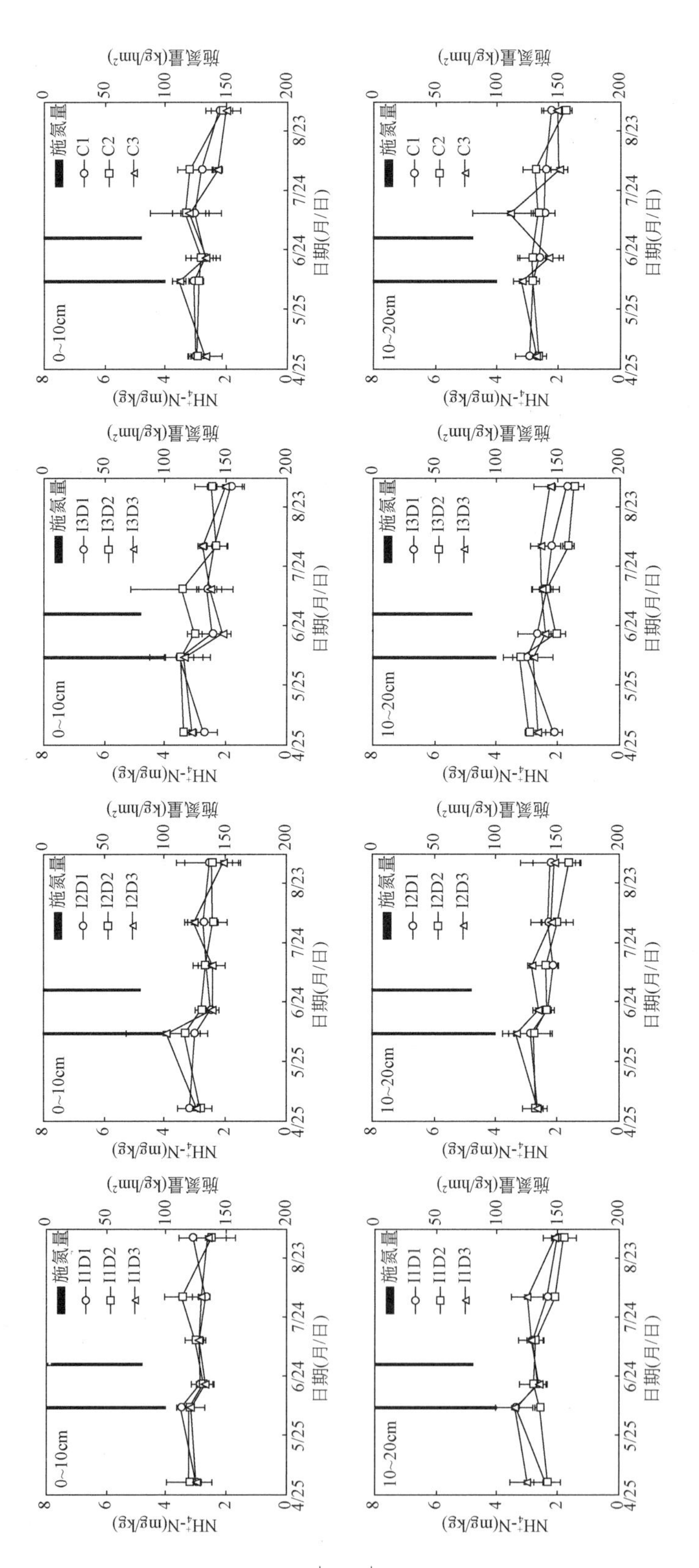

0~10cm
10~20cm
施氮量
I1D1
I1D2
I1D3
I2D1
I2D2
I2D3
I3D1
I3D2
I3D3
C1
C2
C3
NH4+-N(mg/kg)
施氮量(kg/hm²)
日期(月/日)
4/25
5/25
6/24
7/24
8/23

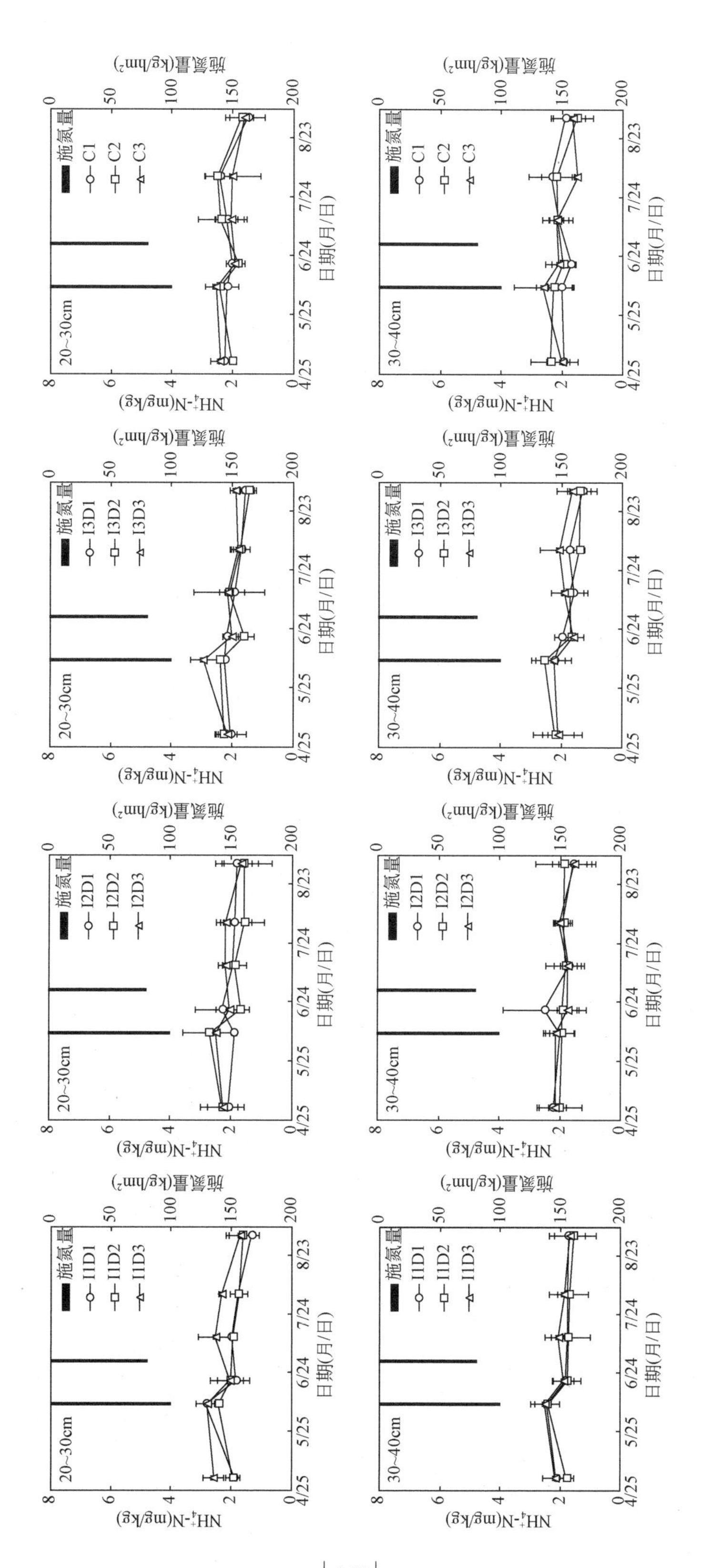
20~30cm
30~40cm
施氮量
I1D1
I1D2
I1D3
I2D1
I2D2
I2D3
I3D1
I3D2
I3D3
C1
C2
C3
NH_4^+-N(mg/kg)
施氮量(kg/hm²)
日期(月/日)
4/25
5/25
6/24
7/24
8/23

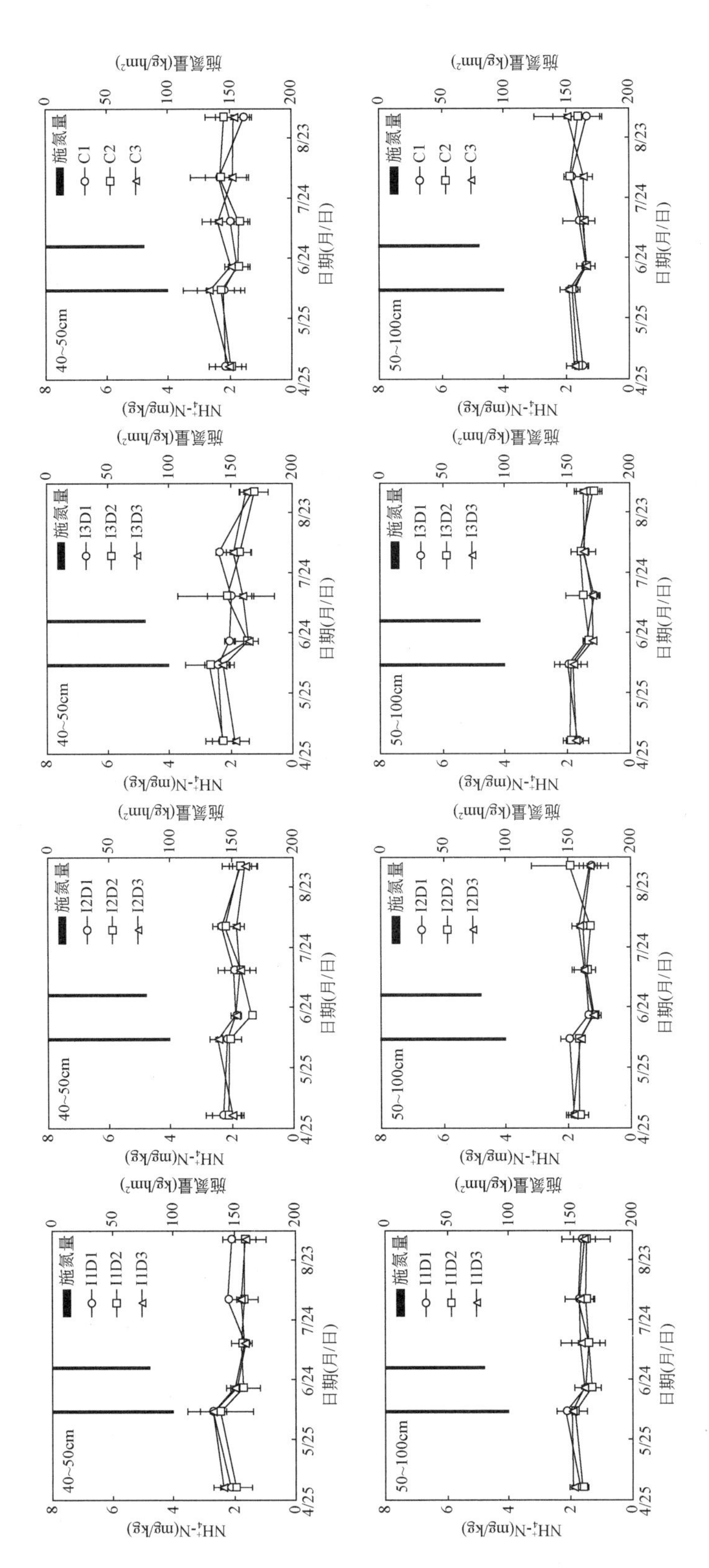

图 6-11　2015年不同处理不同深度铵态氮含量在玉米生育期内的变化

期土壤温度较高，硝化作用较强，土壤 NH_4^+-N 含量逐渐减少（玉米生育期 0～100cm 深度平均土壤温度为 23.7℃）；至玉米灌浆期 9 月 2～3 日的强降雨（105mm）使土壤含水率维持在较高水平（9 月 4 日～9 月 27 日期间 0～100cm 深度平均土壤含水率为 0.28cm^3/cm^3），造成土壤通气状况较差，进而加速有机氮向 NH_4^+-N 矿化（钟玲玲，2002）。与 2014 年相比，2015 年玉米生育期内各处理不同深度土壤 NH_4^+-N 含量在苗期随矿化作用先增加而后受作物吸收和硝化作用逐渐降低。两年玉米生育期内各处理不同深度土壤 NH_4^+-N 含量受降雨和灌水影响波动不大，这与 NH_4^+-N 易被土壤颗粒吸附，不易随土壤水分运移有关。此外，两年试验施肥后，各处理不同深度土壤 NH_4^+-N 含量均未观测到明显的增加，这是因为尿素随水施入土壤后迅速水解生成铵态氮且在 4 天左右达到最大值，10 天左右下降至对照水平（刘学军等，2001），而试验过程中土壤样本取样时间一般与施肥间隔 12 天左右。

表 6-9 和表 6-10 分别给出了 2014 年和 2015 年灌水量和滴灌带埋深对不同深度土壤铵态氮分布的方差分析结果。由表可知，灌水量显著影响了 2014 年 9 月 1 日和 2015 年 7 月 12 日 10～20cm 土壤 NH_4^+-N 含量。其中，2014 年 9 月 1 日 I1、I2 和 I3 处理 10～20cm 土壤 NH_4^+-N 含量分别为 1.7mg/kg、1.5mg/kg 和 1.8mg/kg；2015 年 7 月 12 日 I1、I2 和 I3 处理 10～20cm 土壤 NH_4^+-N 含量分别为 2.8mg/kg、2.4mg/kg 和 2.4mg/kg。滴灌带埋深显著影响了 2014 年 9 月 1 日 10～20cm，2015 年 6 月 20 日 0～10cm、40～50cm，2015 年 8 月 3 日 10～20cm、40～50cm 土壤 NH_4^+-N 含量。其中，2014 年 9 月 1 日和 2015 年 8 月 3 日 10～20cm 土壤 NH_4^+-N 含量以滴灌带埋深 30cm 处理最高，2015 年 6 月 20 日和 2015 年 8 月 3 日 40～50cm 土壤 NH_4^+-N 含量以埋深 0cm 处理最高，这可能与滴灌带埋设位置能够改善相邻深度水土环境进而促进 NH_4^+-N 硝化有关。灌水量和滴灌带埋深的交互作用仅显著影响了 2014 年 9 月 1 日 10～20cm 和 9 月 26 日 20～30cm 土壤 NH_4^+-N 含量，相应深度土壤 NH_4^+-N 含量均以 I3D3 处理最高。

表 6-9　2014 年灌水量和滴灌带埋深对不同深度土壤铵态氮含量的影响

深度（cm）	变异来源	8 月 17 日	9 月 1 日	9 月 26 日
0～10	I	NS（P=0.523）	NS（P=0.770）	NS（P=0.753）
	D	NS（P=0.120）	NS（P=0.558）	NS（P=0.559）
	I×D	NS（P=0.381）	NS（P=0.476）	NS（P=0.294）
10～20	I	NS（P=0.435）	*（P=0.038）	NS（P=0.434）
	D	NS（P=0.188）	*（P=0.016）	NS（P=0.541）
	I×D	NS（P=0.989）	*（P=0.016）	NS（P=0.832）
20～30	I	NS（P=0.443）	NS（P=0.332）	NS（P=0.310）
	D	NS（P=0.299）	NS（P=0.361）	NS（P=0.076）
	I×D	NS（P=0.306）	NS（P=0.622）	*（P=0.027）

续表

深度（cm）	变异来源	8月17日	9月1日	9月26日
30～40	I	NS（P=0.543）	NS（P=0.728）	NS（P=0.677）
	D	NS（P=0.591）	NS（P=0.605）	NS（P=0.586）
	I×D	NS（P=0.141）	NS（P=0.864）	NS（P=0.342）
40～50	I	NS（P=0.522）	NS（P=0.318）	NS（P=0.693）
	D	NS（P=0.393）	NS（P=0.664）	NS（P=0.936）
	I×D	NS（P=0.642）	NS（P=0.733）	NS（P=0.354）
50～100	I	NS（P=0.498）	NS（P=0.194）	NS（P=0.206）
	D	NS（P=0.950）	NS（P=0.380）	NS（P=0.558）
	I×D	NS（P=0.550）	NS（P=0.968）	NS（P=0.324）

注：NS代表α=0.05水平上不显著；*代表在α=0.05水平上显著，**代表在α=0.01水平上显著；I、D和I×D分别代表灌水量、滴灌带埋深和灌水量与滴灌带埋深的交互作用；下同。

表6-10　2015年灌水量和滴灌带埋深对不同深度土壤铵态氮含量的影响

深度（cm）	变异来源	6月20日	7月12日	8月3日	9月2日
0～10	I	NS（P=0.225）	NS（P=0.480）	NS（P=0.054）	NS（P=0.356）
	D	*（P=0.027）	NS（P=0.354）	NS（P=0.359）	NS（P=0.805）
	I×D	NS（P=0.208）	NS（P=0.769）	NS（P=0.085）	NS（P=0.824）
10～20	I	NS（P=0.098）	*（P=0.024）	NS（P=0.122）	NS（P=0.747）
	D	NS（P=0.553）	NS（P=0.133）	**（P=0.006）	NS（P=0.135）
	I×D	NS（P=0.231）	NS（P=0.493）	NS（P=0.370）	NS（P=0.801）
20～30	I	NS（P=0.958）	NS（P=0.813）	NS（P=0.516）	NS（P=0.818）
	D	NS（P=0.310）	NS（P=0.294）	NS（P=0.061）	NS（P=0.604）
	I×D	NS（P=0.612）	NS（P=0.903）	NS（P=0.604）	NS（P=0.773）
30～40	I	NS（P=0.491）	NS（P=0.881）	NS（P=0.485）	NS（P=0.726）
	D	NS（P=0.364）	NS（P=0.618）	NS（P=0.240）	NS（P=0.965）
	I×D	NS（P=0.808）	NS（P=0.949）	NS（P=0.763）	NS（P=0.914）
40～50	I	NS（P=0.243）	NS（P=0.774）	NS（P=0.334）	NS（P=0.160）
	D	*（P=0.018）	NS（P=0.786）	*（P=0.016）	NS（P=0.781）
	I×D	NS（P=0.183）	NS（P=0.949）	NS（P=0.548）	NS（P=0.781）
50～100	I	NS（P=0.074）	NS（P=0.449）	NS（P=0.362）	NS（P=0.636）
	D	NS（P=0.327）	NS（P=0.785）	NS（P=0.534）	NS（P=0.879）
	I×D	NS（P=0.592）	NS（P=0.751）	NS（P=0.675）	NS（P=0.564）

6.4.4 再生水与地下水灌溉对土壤铵态氮分布的影响

再生水灌溉和地下水灌溉对土壤 NH_4^+-N 含量的方差分析结果见表 6-11 和表 6-12。由表可知，灌溉水质对 2015 年 6 月 20 日滴灌带埋深 30cm 处理 40～50cm，2015 年 8 月 3 日滴灌带埋深 0cm 处理 20～30cm、滴灌带埋深 15cm 处理 10～20cm 和 50～100cm 以及滴灌带埋深 30cm 处理 0～10cm 土壤 NH_4^+-N 含量产生了显著影响，再生水灌溉处理土壤 NH_4^+-N 含量显著低于地下水灌溉，这可能与再生水灌溉增强了土壤硝化作用有关（Levy et al.，2011）。

表 6-11　2014 年灌溉水质对不同深度土壤铵态氮含量的影响

处理	深度（cm）	8 月 17 日	9 月 1 日	9 月 26 日
D1	0～10	NS（P=0.092）	NS（P=0.649）	NS（P=0.259）
	10～20	NS（P=0.304）	NS（P=0.470）	NS（P=0.833）
	20～30	NS（P=0.660）	NS（P=0.633）	NS（P=0.819）
	30～40	NS（P=0.744）	NS（P=0.890）	NS（P=0.653）
	40～50	NS（P=0.367）	NS（P=0.794）	NS（P=0.427）
	50～100	NS（P=0.982）	NS（P=0.523）	NS（P=0.405）
D2	0～10	NS（P=0.972）	NS（P=0.816）	NS（P=0.129）
	10～20	NS（P=0.729）	NS（P=0.887）	NS（P=0.834）
	20～30	NS（P=0.235）	NS（P=0.771）	NS（P=0.608）
	30～40	NS（P=0.843）	NS（P=0.668）	NS（P=0.277）
	40～50	NS（P=0.433）	NS（P=0.557）	NS（P=0.878）
	50～100	NS（P=0.855）	NS（P=0.752）	NS（P=0.643）
D3	0～10	NS（P=0.230）	NS（P=0.515）	NS（P=0.740）
	10～20	NS（P=0.583）	NS（P=0.234）	NS（P=0.514）
	20～30	NS（P=0.946）	NS（P=0.082）	NS（P=0.938）
	30～40	NS（P=0.964）	NS（P>0.999）	NS（P=0.890）
	40～50	NS（P=0.406）	NS（P=0.828）	NS（P=0.207）
	50～100	NS（P=0.720）	NS（P=0.843）	NS（P=0.596）

表 6-12　2015 年灌溉水质对不同深度土壤铵态氮含量的影响

处理	深度(cm)	6 月 20 日	7 月 12 日	8 月 3 日	9 月 2 日
D1	0～10	NS（P=0.445）	NS（P=0.269）	NS（P=0.252）	NS（P=0.337）
	10～20	NS（P=0.928）	NS（P=0.656）	NS（P=0.506）	NS（P=0.144）
	20～30	NS（P=0.253）	NS（P=0.402）	*（P=0.016）	NS（P=0.644）
	30～40	NS（P=0.185）	NS（P=0.143）	NS（P=0.301）	NS（P=0.190）
	40～50	NS（P=0.301）	NS（P=0.982）	NS（P=0.921）	NS（P=0.171）
	50～100	NS（P=0.931）	NS（P=0.210）	NS（P=0.198）	NS（P=0.806）

续表

处理	深度(cm)	6月20日	7月12日	8月3日	9月2日
D2	0~10	NS (P=0.576)	NS (P=0.938)	NS (P=0.053)	NS (P=0.359)
	10~20	NS (P=0.063)	NS (P=0.359)	* (P=0.012)	NS (P=0.173)
	20~30	NS (P=0.411)	NS (P=0.739)	NS (P=0.062)	NS (P=0.354)
	30~40	NS (P=0.316)	NS (P=0.410)	NS (P=0.067)	NS (P=0.650)
	40~50	NS (P=0.437)	NS (P=0.667)	NS (P=0.372)	NS (P=0.098)
	50~100	NS (P=0.711)	NS (P=0.933)	* (P=0.025)	NS (P=0.370)
D3	0~10	NS (P=0.153)	NS (P=0.128)	* (P=0.022)	NS (P=0.989)
	10~20	NS (P=0.756)	NS (P=0.223)	NS (P=0.079)	NS (P=0.610)
	20~30	NS (P=0.638)	NS (P=0.782)	NS (P=0.733)	NS (P=0.478)
	30~40	NS (P=0.200)	NS (P=0.135)	NS (P=0.182)	NS (P=0.985)
	40~50	** (P=0.010)	NS (P=0.098)	NS (P=0.994)	NS (P=0.354)
	50~100	NS (P=0.143)	NS (P=0.151)	NS (P>0.999)	NS (P=0.486)

6.5 土壤 EC_b 的连续监测结果

6.5.1 土壤 EC_b在灌水过程中的变化

由于再生水中含有大量盐分，使用再生水灌溉可能会导致土壤盐渍化，影响作物生长发育，尤其是当再生水配合矿质化肥进行灌溉施肥时，土壤次生盐渍化的风险增大。图6-12 给出了2014 年8 月3 日灌水施肥过程中（8 月3 日0：00～8 月4 日0：00）I3D1、I3D2 和I3D3 处理土壤 EC_b的变化情况（其他灌水施肥过程土壤 EC_b的变化相似）。由图可知，灌水施肥过程中，0～50cm 各深度土壤 EC_b先迅速增加后逐渐下降，最终趋于稳定；滴灌带埋深明显影响各深度土壤 EC_b的变化。例如，与滴灌施肥前相比，I3D1、I3D2 和 I3D3 处理0～10cm 深度土壤 EC_b 分别提高 158%（灌水前后土壤 EC_b 分别为 0.24dS/m 和0.62dS/m），187%（灌水前后土壤 EC_b分别为0.15dS/m 和0.43dS/m）和92%（灌水前后土壤 EC_b分别为0.24dS/m 和0.46dS/m）。随着土壤深度增加，地下滴灌处理土壤 EC_b增加幅度明显高于地表滴灌。例如，I3D3 处理40～50cm 土壤 EC_b相对滴灌施肥前提高了113%（灌水前后土壤 EC_b分别为0.31dS/m 和0.66dS/m），而 I3D2（灌水前后土壤 EC_b分别为0.59dS/m 和0.70dS/m）和 I3D1（灌水前后土壤 EC_b分别为0.37dS/m 和0.42dS/m）土壤 EC_b仅分别提高了19% 和14%。这些结果表明，滴灌带埋深促进养分和盐分向深层土壤运移，可能增加淋失风险。随着水分和盐分再分布，各处理各深度土壤 EC_b逐渐下降，最终趋于稳定，但稳定后土壤 EC_b一般高于灌溉前。例如，灌溉后 I3D3 处理20～30cm 深度土壤 EC_b增加至0.52dS/m，随着土壤水分、盐分再分布，EC_b降至0.48dS/m 但高于灌溉前（0.36dS/m）。与0～50cm 深度相比，灌水过程中50～100cm 深度土壤 EC_b变化较小。

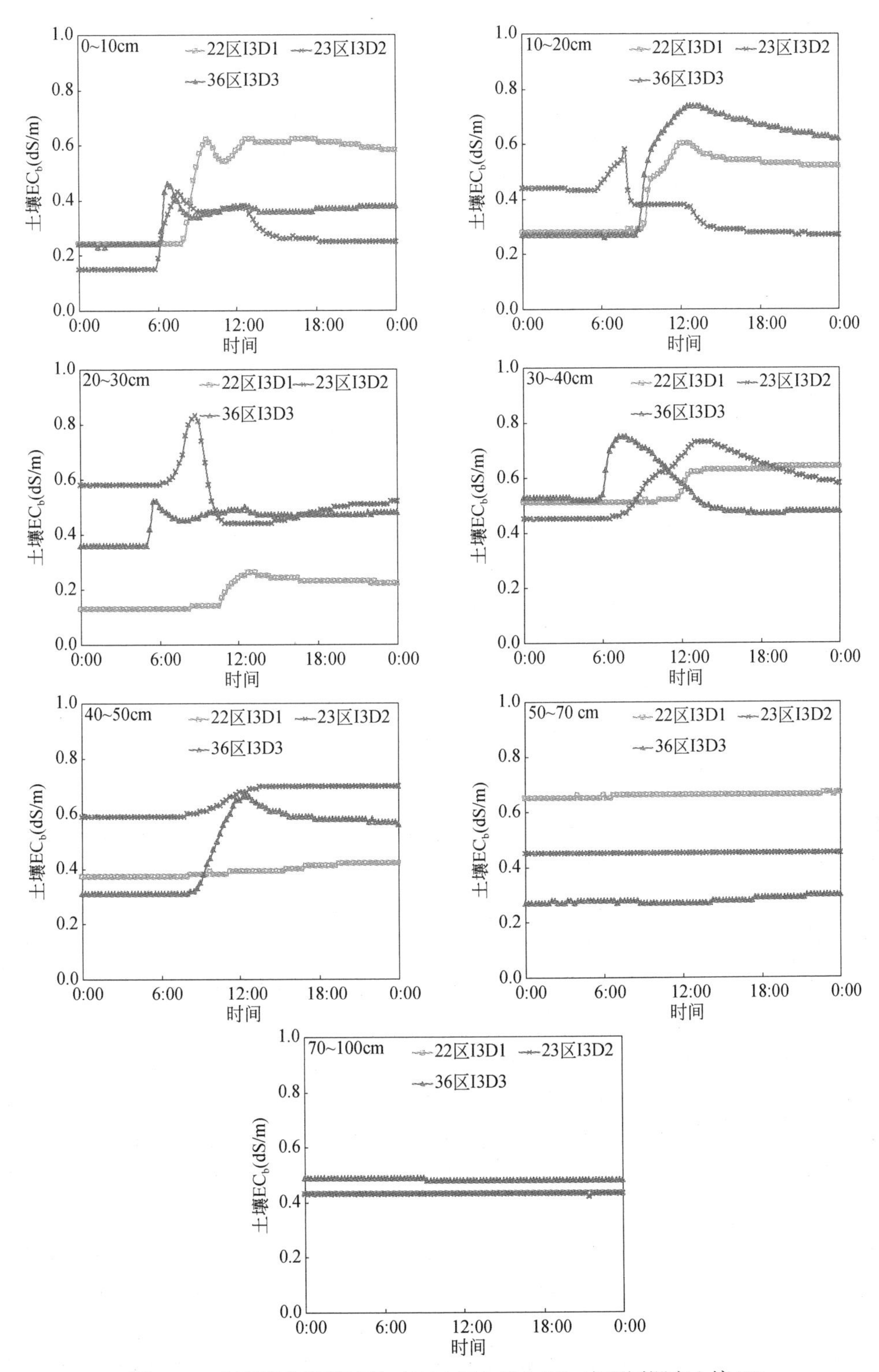

图 6-12　典型灌水施肥过程（2014 年 8 月 3 日）中不同深度土壤 EC_b

6.5.2 玉米生育期土壤 EC_b的变化

图6-13 和图6-14 分别给出了 C2、I3D1、I3D2 和I3D3 处理土壤电导率 EC_b在2014 年和2015 年玉米生育期内的变化趋势。随着玉米生长，各处理不同深度土壤 EC_b在苗期-穗期整体呈下降趋势，这可能与作物从土壤中吸收养分、减少了土壤中离子浓度有关；受玉米根系生长发育影响，不同深度土壤 EC_b下降时期不同，如0～30cm 土壤 EC_b自苗期后期出现下降，而50～100cm 土壤 EC_b下降始于拔节期。各处理0～50cm 土壤 EC_b受降雨和灌水影响先迅速增加随后减小，这是因为土壤未达到饱和时，土壤含水率迅速增加会使土壤中的盐分得到充分溶解，土壤溶液中离子增加而导致土壤 EC_b增大，但随着土壤水分趋于饱和并向周围运移，以及作物蒸腾作用使得土壤脱盐，土壤 EC_b减小（吴月茹等，2011）。与上层土壤 EC_b变化不同，50～100cm 土壤 EC_b灌溉后变化幅度较小，这与灌溉水在土壤剖面的运移深度有关。受初始电导率差异影响，灌溉技术参数的影响主要体现在生育期各深度土壤 EC_b的变化幅度。与灌溉前土壤 EC_b相比，2014 年滴灌后0～10cm 土壤 EC_b增幅以 I3D2 处理最高，3 次灌溉平均增幅 127%，而 I3D1 和 I3D3 处理平均增幅均60%；而2015 年滴灌后0～10cm 土壤 EC_b增幅以 I3D1 处理最高，6 次灌溉平均增幅 87%，以 I3D3 处理最低，平均增幅 17%，这是因为相对滴灌带埋深 30cm，地表滴灌和滴灌带埋深 15cm 处理水分在重力或土壤吸力作用下能够较多分布在0～10cm，促使盐分溶解，离子含量增加。与0～10cm 土壤 EC_b变化不同，2014 年和 2015 年滴灌后，10～20cm、20～30cm、30～40cm和40～50cm 土壤 EC_b增加幅度均以地下滴灌较高。例如，2014 年 I3D1、I3D2 和 I3D3 处理 10～20cm 土壤 EC_b灌溉后平均增加幅度分别为48%、50%和92%，这表明随着土壤深度增加，土壤 EC_b灌溉后增幅随滴灌带埋深呈增加趋势，较大的滴灌带埋深会导致较多的水分和盐分在深层土壤累积，可能增加淋失风险。

与地下水灌溉相比，再生水灌溉会明显增加0～50cm 土壤 EC_b，这与再生水中较高的盐分含量有关（再生水 EC 值为地下水 EC 值的两倍，表6-2）。例如，2015 年 I3D2 处理20～30cm 和40～50cm 初始土壤 EC_b分别较 C2 处理低 20%和0%，但随着再生水灌溉后，玉米生育期末 I3D2 处理20～30cm 和40～50cm 土壤 EC_b分别较 C2 处理高25%和3%。尽管如此，2014 年和2015 年再生水灌溉处理各深度土壤 EC_b在生育期末基本低于0.5dS/m，且2015 年受8 月31 日降雨影响，再生水灌溉处理各深度土壤 EC_b基本低于初始值。根据课题组先前研究成果（李久生等，2015），将土壤 EC_b与 EC_e进行换算，再生水灌溉处理各深度饱和提取液电导率 EC_e小于 4dS/m，2 年试验中再生水滴灌均未造成土壤盐渍化（USDA，1997）。

再生水灌溉对土壤 EC_b的影响还与灌溉方式有关。与初始土壤 EC_b相比，2014 年玉米生育期末（9 月26 日）再生水地表滴灌 I3D1 处理各深度0～10cm、10～20cm、20～30cm、30～40cm、40～50cm、50～70cm 和 70～100cm 土壤 EC_b相对初始值分别下降了17%、40%、77%、7.4%、9.3%、9.1%和25%，这与地下滴灌 I3D2 和 I3D3 处理部分深度土壤 EC_b出现增加的情况不同；2015 年玉米生育期末（8 月30 日）再生水地表滴灌

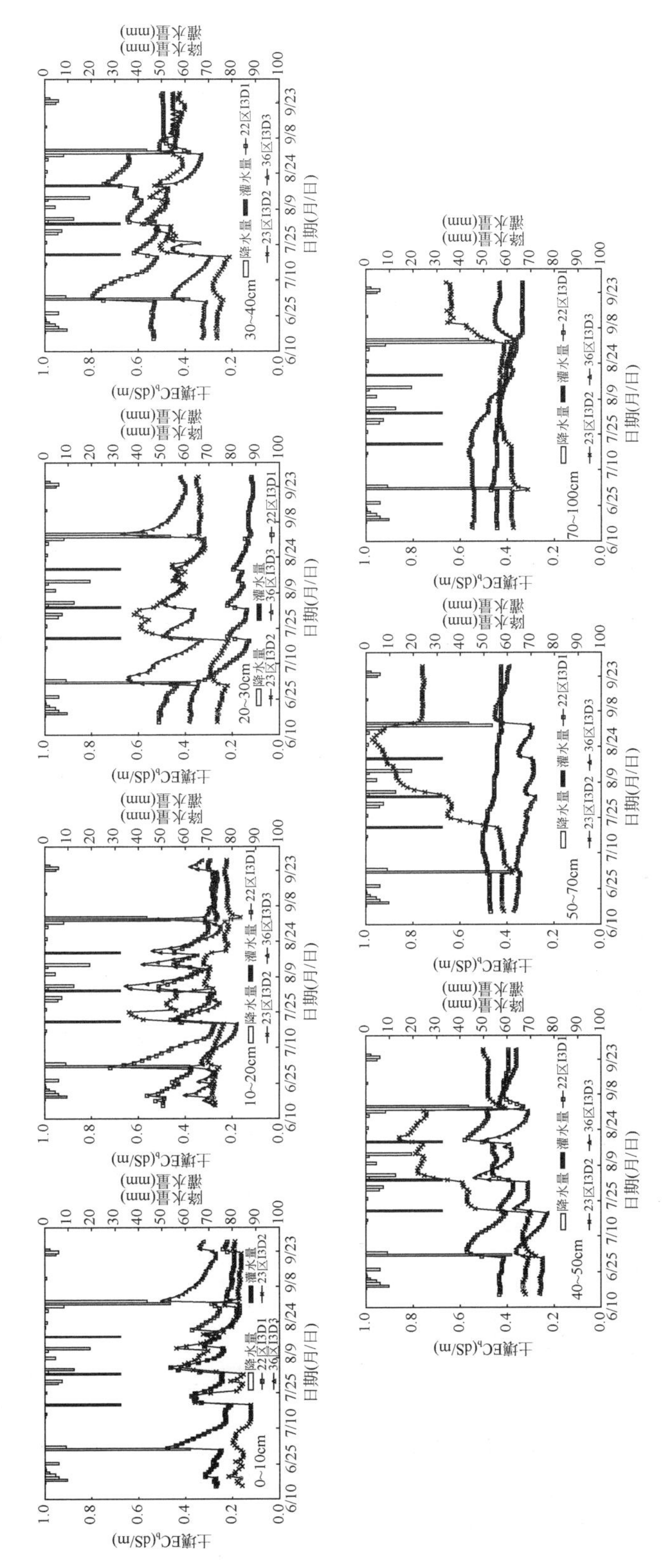

图 6-13　2014年不同处理不同深度土壤EC_b在玉米生育期内的变化

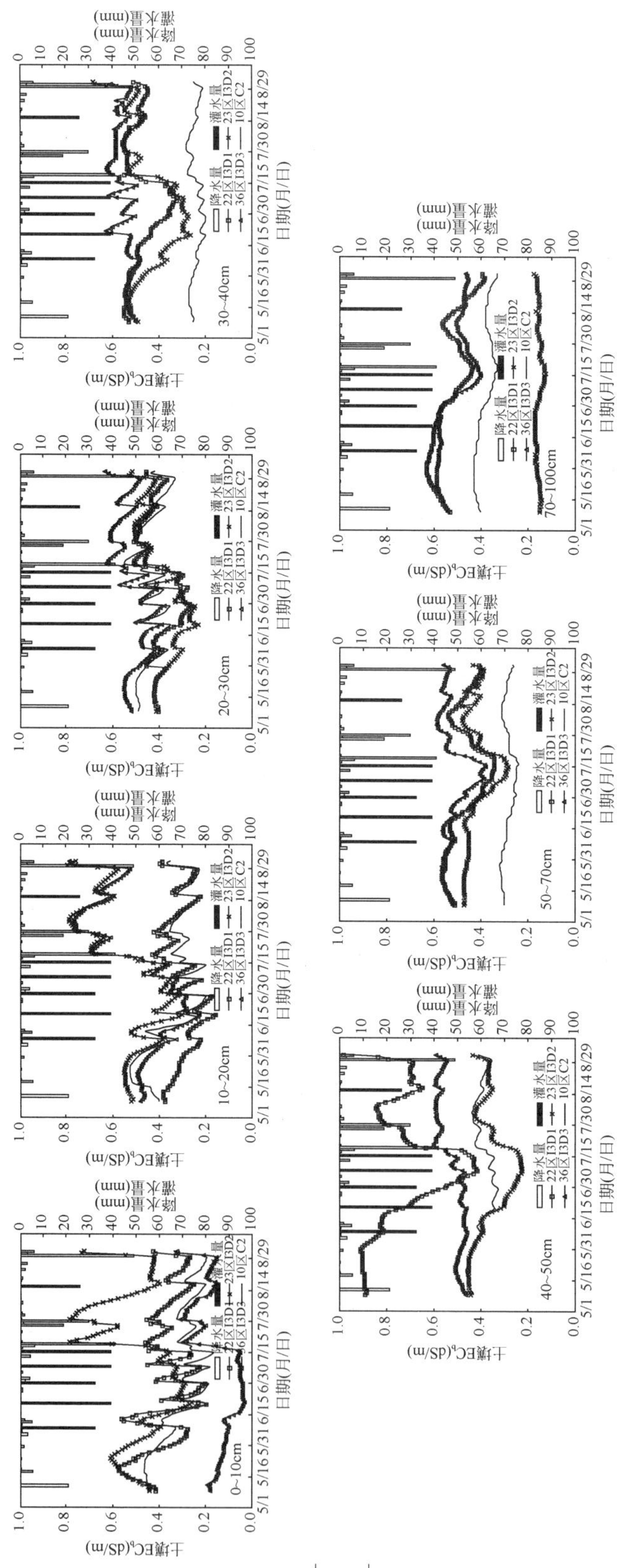

图 6-14　2015年不同处理不同深度土壤EC_b在玉米生育期内的变化

I3D1 和地下水滴灌 C2 处理 0 ~ 100cm 土壤 EC_b 均小于本底值，这表明 2 年田间试验条件下再生水地表滴灌没有导致根区土壤盐分累积。

6.6 本章结论

通过 2 年再生水地下滴灌玉米试验，分析了玉米生育期内土壤含水率、氮素和 EC_b 的动态变化特征，评价了灌水量、滴灌带埋深和灌溉水质对土壤含水率、氮素和 EC_b 动态变化的影响，主要结论如下。

（1）再生水地下滴灌条件下，0 ~ 60cm 土壤含水率受降雨和灌水影响呈波动变化；60cm 以下土壤含水率受田间蒸发和作物蒸腾呈逐渐下降趋势。玉米生育期 0 ~ 20cm 土壤含水率随灌水量增加而显著增大，随滴灌带埋深增加而显著减小。

（2）滴灌条件下，上层土壤中 NO_3^--N 含量一般随灌水量和滴灌带埋深增加而减小；较大灌水量和滴灌带埋深会导致 NO_3^--N 在深层土壤累积，增大 NO_3^--N 淋失风险。与地下水灌溉相比，再生水灌溉增加了土壤 NO_3^--N 含量而降低了土壤 NH_4^+-N 含量。滴灌带埋深增强了相邻深度土壤 NH_4^+-N 硝化作用。

（3）玉米生育期内 0 ~ 50cm 土壤 EC_b 受降雨和灌水影响先迅速增加后逐渐减小。灌溉后表层土壤 EC_b 增幅以较小的滴灌带埋深处理较高；而随着土壤深度增加，土壤 EC_b 增幅随滴灌带埋深呈增加趋势，进而增加淋失风险；与地下水灌溉相比，再生水灌溉会明显增加 0 ~ 50cm 土壤 EC_b，但是 2 年再生水灌溉没有导致土壤盐渍化，再生水地表滴灌没有导致根区土壤盐分累积。

第7章 再生水地下滴灌农田土壤酶活性

酶是土壤中广泛存在的催化剂，不仅参与了土壤有机质分解的全过程，还对土壤微生物很多必要的生命进程起催化作用（Shukla and Varma，2011）。由于酶活性在土壤生物活性中的主导作用和酶活性对土壤理化性质（Amador et al.，1997）、肥力状况（万忠梅和吴景贵，2005）、生物群落（Waldrop et al.，2000）、土壤扰动（Boerner et al.，2000）和演替（Tscherko et al.，2003）敏感快速地反应以及其较容易的检测方法，土壤酶活性常被作为土壤肥力（关松荫，1986）、土壤环境（窦超银等，2010）和土壤健康（Das and Varma，2010）的重要指标。此外，土壤酶活性还被用于评估污染物、生态扰动和农业措施对土壤质量的影响（Karaca et al.，2010）。Chen 等（2008）通过对美国加州再生水灌溉样地进行调查研究指出，脲酶、碱性磷酸酶、酸性磷酸酶、脱氢酶和过氧化氢酶活性可以作为评价长期再生水灌溉土壤微生物效应的指标。Karaca 等（2010）研究认为，酶活性能够作为评价土壤污染的指标，归因于其与土壤微生物和理化性质的密切联系。尽管不少学者对酶活性评价再生水灌溉土壤环境和质量进行了广泛的研究，但是酶活性在土壤中的行为特征还受灌溉方式、水肥管理制度和作物生长的影响。此外，再生水地下滴灌对土壤酶活性的影响研究还未见报道。本章通过玉米再生水滴灌试验，研究滴灌技术参数对土壤酶活性的影响。

7.1 概述

7.1.1 再生水灌溉对土壤理化性质的影响

再生水不仅是水源和肥源，同时还可能是一种污染源（金建华等，2009），再生水对土壤理化性质的影响一直备受科学家的关注（商放泽，2016）。大量的研究表明，再生水灌溉能够提高土壤养分含量，促进土壤团粒结构的形成（Chen et al.，2013b；代志远和高宝珠，2014；周媛等，2015），从而优化土壤结构和提高土壤肥力（Gatica and Cytryn，2013）。Bedbabis 等（2015）研究了长期再生水灌溉对土壤的影响，发现再生水灌溉增加了土壤 pH、EC、有机质、微量元素和盐分含量。Chen 等（2015）对北京 7 个再生水灌溉公园进行了采样研究，发现再生水灌溉提高了土壤有机质、全氮和有效磷含量，改善了土壤养分状况，并且随着灌溉年限的增加，土壤健康改善越明显。Mohammad 和 Mazahreh（2003）通过大田玉米–豌豆轮作试验研究了再生水灌溉对土壤肥力和化学性质的影响，结果表明，再生水对土壤肥力的提高归因于再生水中额外的养分与有机化合物，并且再生水促进了土壤养分的可溶性。随着污水处理技术的发展和提高，处理后的再生水中金属离子含量较低，因此再生水灌溉后很少出现土壤金属离子含量超标的情况。Roy 等（2008）研究发现，造纸污水灌溉能够明显增加土壤表层 Zn、Cu、Fe、Mn、Cd、Co、Cr、Ni、Pb 的含量，但是灌后土壤重金属离子均在环境允许范围内。李波等（2007）通过对比再生水和清水灌溉土壤不同深度 Pb、Cd、Cu 和 Zn 的含量，发现再生水与清水处理土壤各深度重金属含量无显著性差异，且均低于国家土壤环境质量允许值。不少研究也表明，再生水灌溉会改变土壤结构和理化性质，降低土壤稳定性和肥力（Levy et al.，2011）。Candela 等（2007）研究指出，再生水中含有大量的悬浮固体，使用再生水灌溉可能会导致土壤孔隙堵塞进而降低土壤饱和导水率。Coppola 等（2004）对比了再生水和地下水灌溉对土壤水分特征曲线的影响，发现再生水灌溉会使土壤孔隙缩小，还会改变土壤进气值（Ojeda et al.，2006）。此外，再生水中大量的盐分还可能改变土壤渗透压（Yurtseven et al.，2005）。以上研究表明，再生水成分复杂，采用再生水进行农业灌溉，会对土壤理化性质产生一定的影响；而灌溉条件下，土壤水分、矿质元素的运移与分布又与灌溉方式和灌溉制度密切相关，再生水灌溉污染物在土壤中的残留与消耗又受土壤微生物分布的影响。因此，有必要综合考虑再生水和灌溉管理方式对土壤理化性质的影响。作为所有有机体最主要的必备养分元素，氮素在再生水中的浓度和土壤中的分布是科学家关注的热点。Levy 等（2011）研究表明灌溉用再生水中总氮浓度一般介于 5 ~ 60mg/L，其氮素形式主要为铵态氮和可溶性有机氮；而在快速硝化作用下再生水施入土壤后，氮素主要以硝态氮形式存在。有研究表明，在相同施氮量条件下再生水灌溉柑橘和鳄梨果园的土壤无机氮含量较地下水灌溉高 150 ~ 190kg/hm^2（Levy et al.，2011）。Anonymous（2006）通过长期调查研究指出，再生水灌溉小区无机氮累积量显著高于地下水灌溉处理。李久生等（2015）通过研究再生水滴灌系统加氯处理对土壤化学特性的影响，发现再生水加氯处理会造成表层土壤盐分过量累积而抑制矿质氮的形成，进而降低表层土壤中硝态氮含量。李平等（2013b）研究再生水地下滴灌系统加氯处理对土壤氮素含量的影响，他们发现再生水地下滴灌加氯处理会提高 0 ~ 20cm 硝态氮和矿质氮残留量。陈卫平等（2012）研究表明，长期再生水灌溉会引起土壤硝态氮浓度增加和溶解氧下降从而导致反硝化作用增强，减少氮素淋失对地下水的污染；同时，再生水灌溉导致土壤盐分累积，降低了作物对氮素的吸收，增加了土壤氮素的淋失风险。这些研究结果表明，使用再生水进行农业灌溉，必须考虑再生水中氮素含量，降低硝态氮污染地下水的风险（金建华等，2009；陈卫平等，2012；Chen et al.，2013b；周媛等，2015）。

7.1.2 再生水灌溉对土壤酶活性的影响

通过土壤酶活性的动态变化可以间接了解或预测土壤某些营养物质的转化和微生物群落的分布，以及土壤肥力的演化（关松荫，1986；窦超银等，2010）。酶活性的变化能够反映土壤系统的改变，能够监测再生水灌溉的环境效应（Levy et al.，2011）。自18世纪以来，科学家对污水灌溉和土壤酶活性开展了广泛的研究。Filip等（2000）发现长期（100年以上）再生水灌溉土壤中β-葡糖苷酶、β-乙酰葡糖胺糖苷酶和蛋白酶活性要高于未灌溉土壤。Brzezinska等（2006）对比了市政再生水灌溉和雨养处理土壤酶活性，指出四年再生水灌溉显著提高了土壤脱氢酶、酸性和碱性磷酸酶活性。Adrover等（2012a）研究也发现，再生水灌溉提高了土壤微生物量、β-葡糖苷酶和碱性磷酸酶活性。再生水灌溉对土壤酶活性的促进和提高主要归因于再生水提高了土壤养分含量和微生物活性（Karaca et al.，2010）。Chen等（2008）对美国加州长期再生水灌溉的不同地区进行采样，研究了17种参与土壤C、N、P和S循环过程的酶活性在灌溉前后的变化，发现再生水显著提高了土壤酶活性；同时，该研究结果指出酶活性的提高意味着再生水灌溉没有干扰和破坏土壤中C、N、P和S循环，再生水灌溉对土壤的影响是环境可持续的。然而，再生水对土壤酶活性的影响依赖于灌溉水质的成分与质量（Karaca et al.，2010），不少研究证实使用金属离子或盐分含量较高的再生水灌溉会抑制了土壤酶活性（Shukla and Varma，2011）。Liang等（2014）研究了再生水传输渠道沿线的土壤理化性质和酶活性变化，发现渠道上中游土壤脱氢酶、β-葡糖苷酶、脲酶、碱性磷酸酶和芳基硫酸酯酶活性显著增加，而下游土壤酶活性在20年后因重金属离子在土壤中累积而显著减小。Yang等（2006）研究发现过氧化氢酶、蔗糖酶、脲酶和碱性磷酸酶随土壤Cd浓度增加而显著减小。Rietz和Haynes（2003）研究了灌溉水含盐量和含钠量对土壤酶活性的抑制效应，结果表明β-葡糖苷酶、酸性磷酸酶和芳基硫酸酯酶活性随盐分增加呈指数降低，随含钠量线性降低。Frankenberger和Bingham（1982）研究指出，土壤中可溶性盐分的累积对酶活性有潜在的负效应，酶活性随土壤电导率的增加而降低。再生水灌溉对土壤酶活性的作用还受其他因素影响，如土壤类型、作物、微生物群落和灌溉方式等（Shukla and Varma，2011；Adrover et al.，2012b）。Zhang和Wang（2006）通过温室地下灌溉西红柿试验，发现磷酸酶和过氧化氢酶活性随着灌水量增加而增加，而脲酶活性变化相反。Kang等（2013）采用滴灌灌溉盐碱地，发现碱性磷酸酶、脲酶和蔗糖酶活性在土壤中的分布以灌水器为中心且随着距灌水器的距离增加而减小，酶活性随灌溉年限而增加。周媛等（2016）研究了再生水滴灌对温室土壤酶活性的影响，结果表明，再生水滴灌明显增加了作物根区脲酶活性，促进了土壤矿质氮素形成和提高了土壤供氮能力。因此，影响土壤微生物、水分和养分分布的灌溉方式、水分管理措施和作物生长均会影响酶活性在土壤中的分布与强度，再生水地下滴灌对土壤酶活性及其对根区土壤环境、养分转化的影响需进一步研究。

综上所述，对作物根区土壤酶活性进行连续监测，能够了解再生水地下滴灌对根区土壤生物活性、养分转化和水土环境的影响。本章通过2年再生水地下滴灌大田玉米试验，观测根区土壤中参与C、N和P循环的碱性磷酸酶、脲酶和蔗糖酶活性的空间分布和生育期动态变化，研究灌水量、滴灌带埋深和灌溉水质对根区土壤酶活性的影响，为再生水安全高效灌溉提供参考。

7.2 土壤酶活性空间分布特征

7.2.1 灌溉方式对酶活性空间分布的影响

滴灌条件下，灌溉水以点源扩散的形式自灌水器下方向四周土壤扩散，并随着灌水时间的延长，湿润区形状由单个椭圆体向平行于滴灌带的带状过渡，养分会受灌水量和滴灌带埋深影响，随着水分运移构成滴灌条件下独特的分布形式，必然会对酶活性在土壤中的空间分布产生一定影响（窦超银等，2010）。由于空间取样区域 9 个样点之间酶活性差异较小（空间取样点分布布置和酶活性测试方法见本书第 6 章），将取样区域内 3 个垂直滴灌带的土壤剖面（A-A、B-B 和 C-C；第 6 章图 6-5）酶活性数据平均后绘制成等值线图。图 7-1 给了再生水灌溉条件下不同滴灌带埋深和地面灌处理土壤酶活性的空间分布特征。由图 7-1 可知，初始碱性磷酸酶、脲酶和蔗糖酶活性均在土壤表层分布最多，且随土壤深度增加而减小。初始酶活性在土壤剖面上基本呈带状分布，层次分明，这表明试验地土壤熟化程度和肥力水平较高（关松荫，1986）。在玉米生育期内经过多次再生水滴灌后，地表滴灌（I3D1）和地下滴灌（I3D2 和 I3D3）处理酶活性均增加，且各深度酶活性沿垂直滴灌带方向呈均匀层状分布。例如，在 2014 年播种前，I3D1 处理 0 ~ 10cm 深度平均脲酶活性为 52μg/(g · h)，经过 2 年再生水滴灌后，0 ~ 10cm 深度平均脲酶活性增加至 71μg/(g · h)；并且，I3D1 处理 0 ~ 10cm 深度脲酶活性的变异系数 Cv 在 2014 年播种前为 0.27，而在 2015 年成熟期脲酶活性的变异系数 Cv 减少至 0.12。与播种前酶活性相比，地表滴灌明显增加了 0 ~ 30cm 深度酶活性的变化梯度（酶活性等值线紧密），而 30 ~ 50cm 变化梯度较小。例如，两年再生水滴灌后，I3D1 处理 0 ~ 30cm 平均蔗糖酶活性介于 111 ~ 674μg/(g · h)，而 30 ~ 50cm 深度平均蔗糖酶活性仅介于 72 ~ 83μg/(g · h)，这是因为地表滴灌改善了 0 ~ 30cm 深度水土环境，促进并提高了该深度养分转化和酶活性。与地表滴灌相比，再生水地下滴灌明显增强了滴灌带相邻深度土壤酶活性。在 2015 年成熟期，I3D3 处理 20 ~ 50cm 深度平均碱性磷酸酶、脲酶和蔗糖酶活性分别较 I3D1 处理高 1%、49% 和 104%，这与深层土壤养分和水分随滴灌带埋深的增加而增加有关，较高的水分和养分含量为酶促反应提供了充足的反应基质。上述结果表明滴灌带埋深明显影响了酶活性在土壤中的空间分布。滴灌条件下水分和养分的分布模式对酶活性分布的影响还可能与土壤类型有关。窦超银等（2010）和 Kang 等（2013）研究了地表滴灌对重度盐碱地土壤酶活性的影响，指出碱性磷酸酶、脲酶和蔗糖酶活性自灌水器沿径向减小，呈点源扩散分布，这是因为滴灌灌溉过程，土壤盐分随湿润锋推进在边缘累积，而近灌水器处土壤盐分含量降低，对酶活性的抑制作用减轻。

为了对比地面灌和滴灌对土壤酶活性空间分布的影响，2015 年在距试验地西侧 30m 处设置畦灌小区，畦宽 4m，畦长 10m，大小同滴灌小区一致。2015 年畦灌小区共灌水 6 次，灌水总量 282mm。由图 7-1 可知，地面灌条件下，酶活性在土壤剖面呈层状分布，且

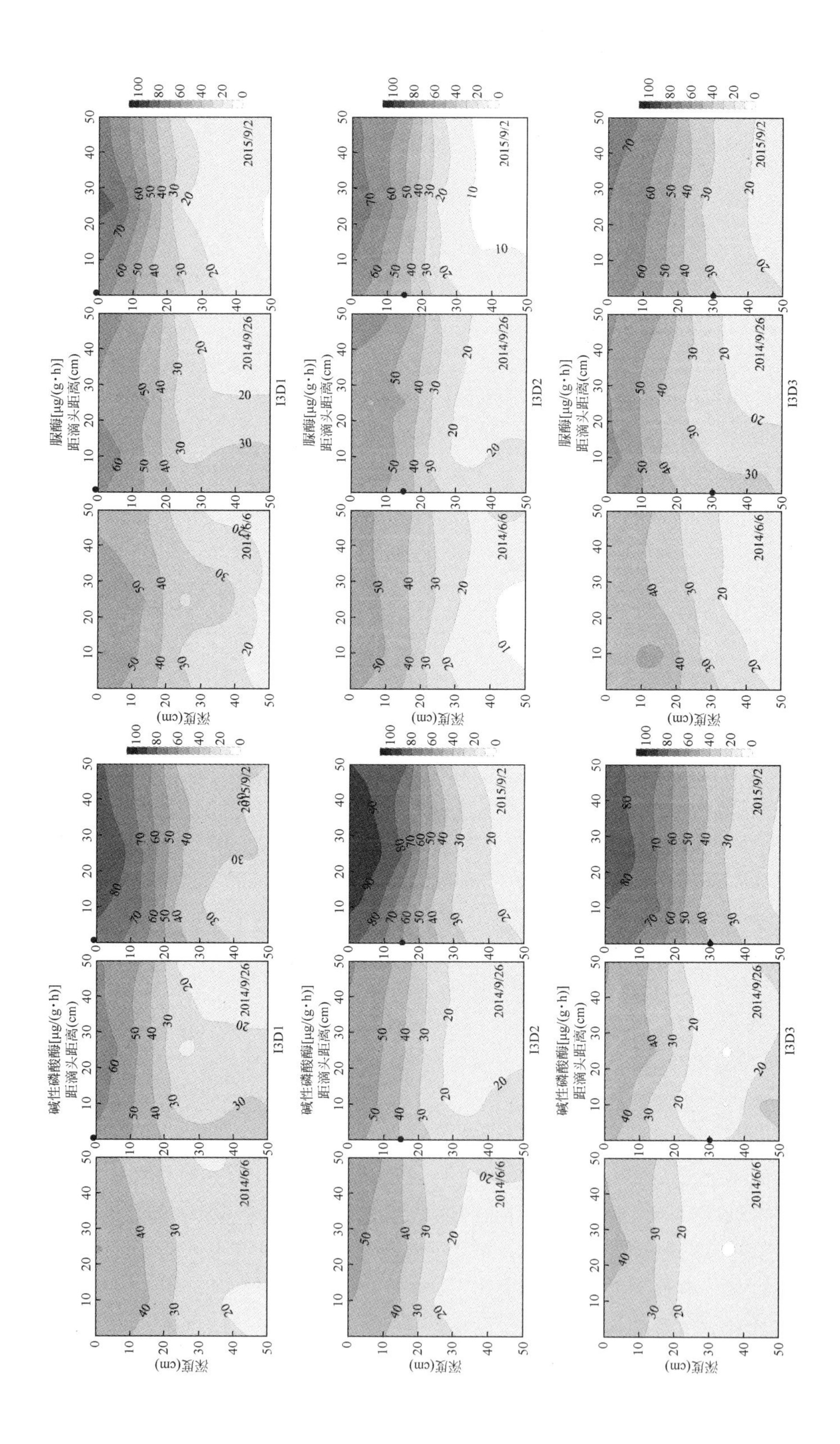
碱性磷酸酶[μg/(g·h)]
距滴头距离(cm)
深度(cm)
2014/6/6
2014/9/26
2015/9/2
I3D1
I3D2
I3D3
脲酶[μg/(g·h)]
距滴头距离(cm)
深度(cm)
2014/6/6
2014/9/26
2015/9/2
I3D1
I3D2
I3D3

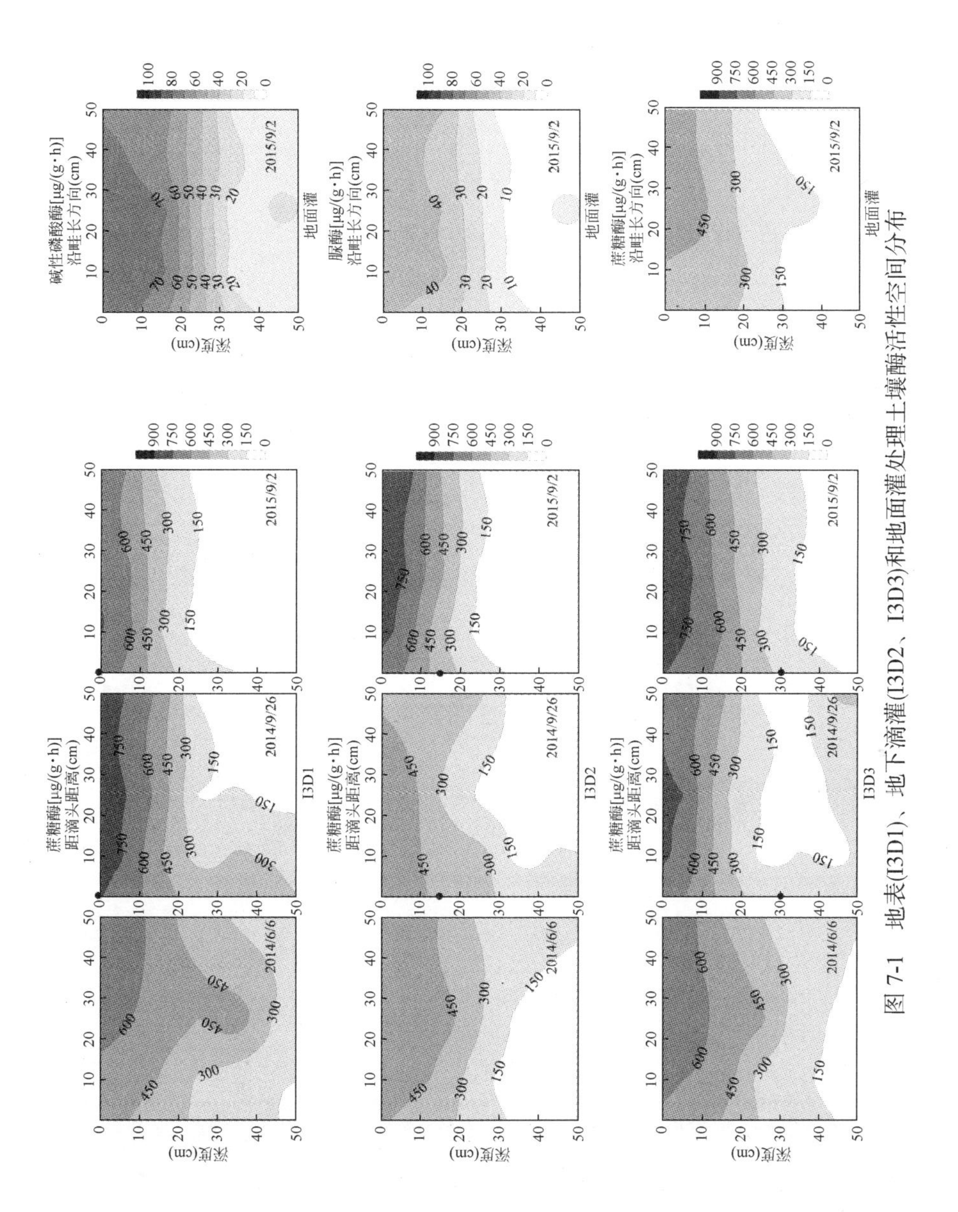

图 7-1 地表(I3D1)、地下滴灌(I3D2、I3D3)和地面灌处理土壤酶活性空间分布

随土壤深度增加而减少。与滴灌不同，地面灌处理 0 ~ 20cm 深度土壤酶活性变化梯度较小，而 20 ~ 40cm 深度土壤酶活性变化梯度较大。例如，地面灌 0 ~ 20cm 深度平均碱性磷酸酶活性介于 68 ~ 77μg/(g · h)，而 20 ~ 40cm 酶活性介于 11 ~ 44μg/(g · h)，这可能与地面灌处理灌水量较大，在灌溉过程中 0 ~ 20cm 土壤含水率易达到饱和，养分在该土层沿深度方向变化较小有关。在本研究中不同灌水方式处理酶活性在土壤剖面的分布形式无明显差异，这可能是因为土壤酶主要来源于微生物，其在土壤剖面的分布形式与微生物一致，随有机质含量沿土壤深度方向减小（关松荫，1986；Shukla and Varma，2011）。

7.2.2 灌溉水质对酶活性空间分布的影响

再生水灌溉可能会提高土壤盐度、导致黏粒分散和降低水力传导度（Urbano et al., 2017），其对水土环境的影响与地下水灌溉有较大差异，对酶活性在土壤中的分布也可能不同。图 7-1 和图 7-2 分别给出了再生水和地下水滴灌处理酶活性空间分布特征。由图可知，再生水和地下水灌溉处理酶活性在土壤剖面中均呈层状分布，沿深度而减小，无明显差异，这可能与研究中使用的二级再生水中盐分含量较小有关（再生水 EC 值介于 1100 ~ 1300μS/cm，表 6-2）。刘洪禄和吴文勇（2009）研究结果指出，低盐含量再生水灌溉对土壤扩散率影响较小，而长期再生水灌溉会降低土壤饱和导水率，影响水分和养分在土壤中

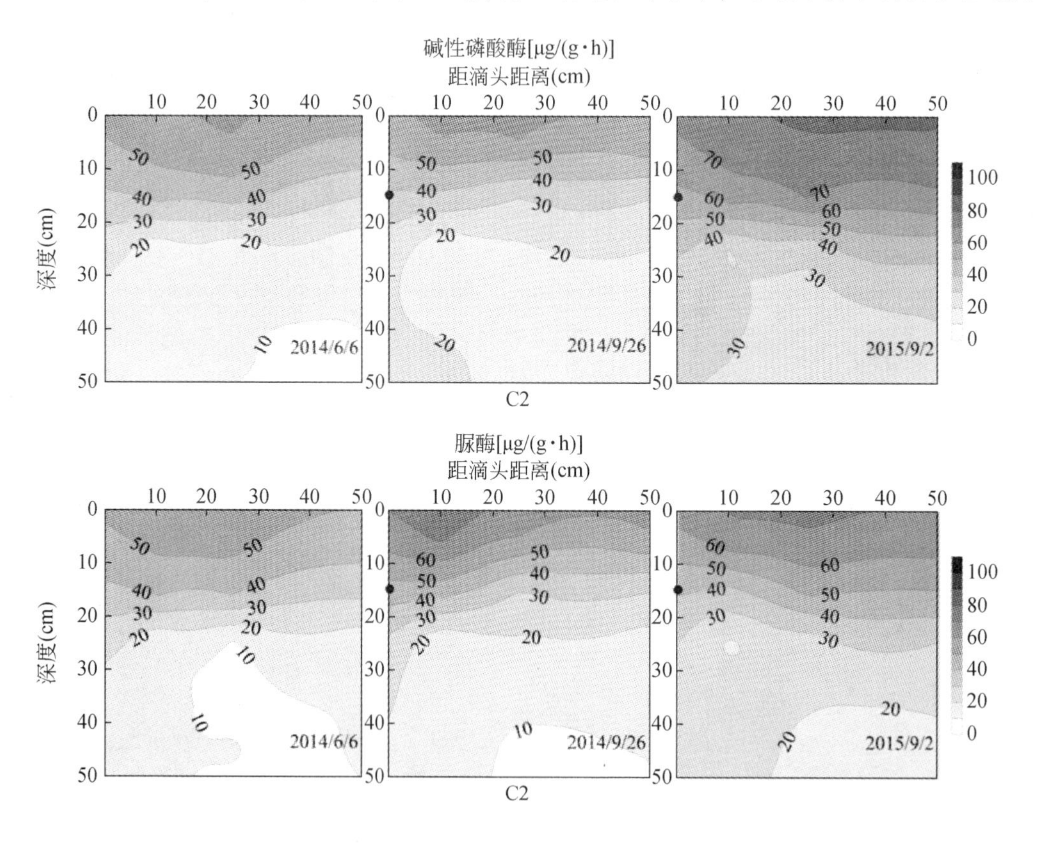

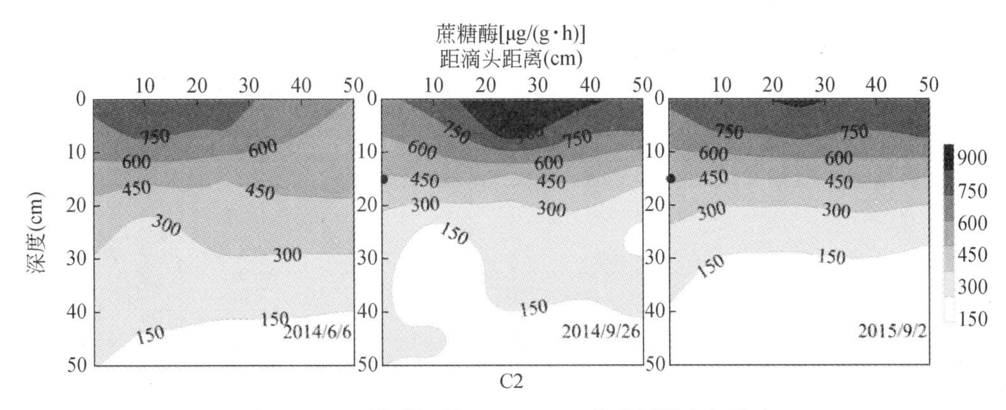

图 7-2 地下水灌溉处理（C2）土壤酶活性空间分布

分布，但其研究为室内模拟试验，未考虑降雨影响；而有研究表明，降雨会减小再生水灌溉对土壤盐分的累积，提高水分和养分的分布均匀性（陈卫平等，2012；王珍，2014）。不同灌溉水质处理酶活性空间分布形式无明显差异表明，再生水灌溉未改变作物根区酶活性分布。

7.3 玉米生育期内土壤酶活性分布特征

灌溉施肥管理能够改善土壤环境，促进养分转化，提高土壤生物活性（Shukla and Varma，2011）。表 7-1 给出了 2014 年和 2015 年灌水量和滴灌带埋深对三种酶活性（碱性磷酸酶、脲酶和蔗糖酶）方差检验结果。其中，2014 年穗期（8 月 17 日）、灌浆期（9 月 1 日）和成熟期（9 月 26 日）分别已灌水 2 次、3 次和 3 次；2015 年穗期（7 月 12 日）、灌浆期（8 月 3 日）和成熟期（9 月 2 日）分别已灌水 4 次、5 次和 6 次。由表 7-1 可知，灌水量和滴灌带埋深均对土壤酶活性产生了显著影响，但灌水量对酶活性的影响随生育阶段、土壤深度和酶活性类型而变化。例如，在 2015 年穗期（7 月 12 日）和灌浆期（8 月 3 日），灌水量分别显著影响了 40 ~ 50cm 和 10 ~ 20cm 深度碱性磷酸酶活性，而未显著影响该生育阶段的脲酶和蔗糖酶活性。而随着作物生长，在 2015 年成熟期（9 月 2 日），灌水量对碱性磷酸酶活性的影响减弱（灌水量对 0 ~ 50cm 深度碱性磷酸酶活性均未达到 $\alpha=0.05$显著水平），而显著影响了 40 ~ 50cm 深度的脲酶和 30 ~ 40cm 深度的蔗糖酶活性。上述结果与 Zhang 和 Wang（2006）的研究结果不同，他们通过温室地下灌溉试验发现西红柿生育期内不同灌水量处理间土壤磷酸酶、脲酶和过氧化氢酶活性差异显著，这与温室试验无降雨影响有关。Van Donk 等（2013）和 Wang 等（2014a）研究指出，降雨能够一定程度上降低由不同灌水量和施肥造成的差异，提高水分和养分的分布均匀性。在本试验区 2014 年和 2015 年 100% ET_C处理（I2）总灌水量分别仅占玉米生育期降雨总量的 27% 和 73%，降雨大于灌水可能是影响酶活性对灌水量响应的重要原因。

表 7-1　灌水量和滴灌带埋深对生育期土壤酶活性的影响

年份	2014 年					2015 年				
深度(cm)	0~10	10~20	20~30	30~40	40~50	0~10	10~20	20~30	30~40	40~50
关键阶段	碱性磷酸酶									
穗期	P=0.007**		P=0.005**					P=0.007**		
										P=0.030*
灌浆期	P=0.007**		P=0.001**					P < 0.001**	P=0.031*	
							P=0.018*			
成熟期	P=0.003**		P=0.020*					P=0.001**	P=0.030*	P=0.014*
	脲酶									
穗期			P=0.007**							
				P=0.048*				P=0.023*		
灌浆期	P=0.031*		P=0.017*	P <0.001**	P=0.016*			P=0.041*		
	P=0.042*			P=0.001**	P=0.008**					
成熟期	P=0.002**		P=0.009**	P=0.019*				P=0.003**	P=0.001**	P=0.005**
		P=0.003**								P=0.005**
	蔗糖酶									
穗期	P=0.001**		P=0.008**					P < 0.001**		
	P=0.004**									
灌浆期	P=0.001**		P=0.008**					P=0.002**		
				P=0.004**						
成熟期	P=0.002**		P=0.007**				P=0.012*	P=0.001**	P < 0.001**	P=0.003**
		P=0.031*							P=0.001**	

注：浅灰色和深灰色分别代表灌水量和滴灌带埋深；*代表在 α=0.05 水平上显著，**代表在 α=0.01 水平上显著。

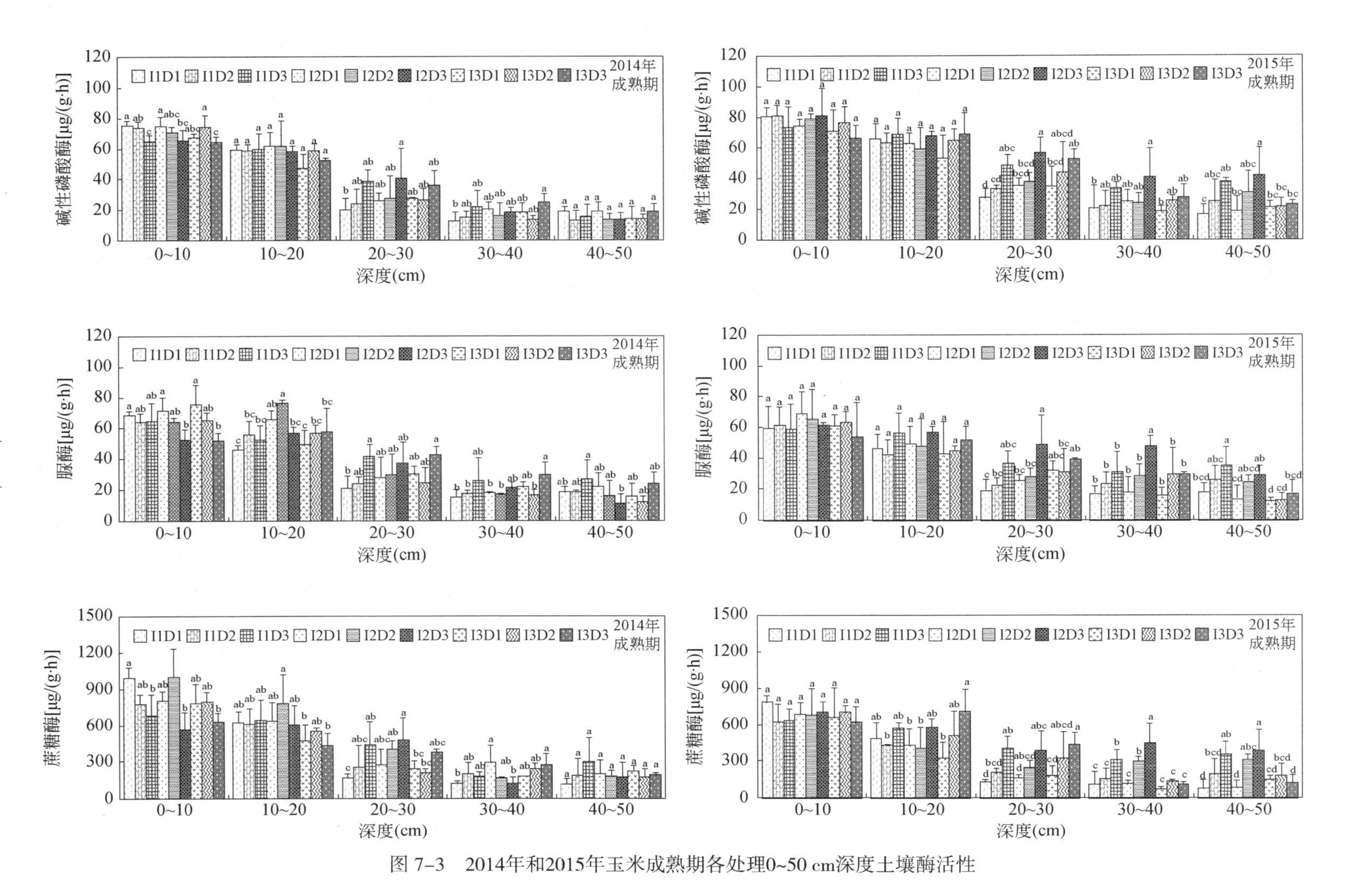

图 7-3 2014年和2015年玉米成熟期各处理0~50 cm深度土壤酶活性

与灌水量相比，滴灌带埋深显著影响了2014年生育期各阶段0～10cm和20～30cm深度酶活性，而在2015年生育期各阶段对20～30cm深度酶活性造成了显著影响。滴灌带埋深未显著影响2015年0～10cm酶活性可能与该年较高的土面蒸发，各处理0～10cm土壤含水率长期低于0.2cm^3/cm^3（第6章图6-7）有关。2015年方差分析结果还表明，滴灌带埋深在穗期（7月12日）仅显著影响了20～30cm深度酶活性，而在成熟期（9月2日）对20～50cm深度酶活性均造成了显著影响，这表明滴灌带埋深对酶活性的影响随灌溉的增加而增加。为了进一步分析滴灌带埋深对各深度土壤酶活性的影响，图7-3给出了玉米成熟期（2014年9月26日，2015年9月2日）0～50cm深度土壤酶活性的变化情况。由图可知，给定灌水量条件下，浅滴灌带埋深处理表层土壤酶活性较高，而较大滴灌带埋深处理深层土壤酶活性较高。例如，2014年试验中，I1D1处理0～10cm深度蔗糖酶活性较I1D2处理高27%，且显著高于I1D3处理（46%）；而I1D3处理20～30cm深度蔗糖酶活性较I1D2处理高77%，且显著高于I1D1处理（166%）。滴灌带埋深对酶活性分布的影响与其对水分和养分的分布密切相关。

7.4 灌溉水质对土壤酶活性的影响

再生水灌溉条件下作物根区的土壤生物活性和肥力状况一直都是科学家关注的热点（Levy et al.，2011）。图7-4对比了不同滴灌带埋深条件下再生水和地下水灌溉处理0～50cm深度土壤酶活性。由图可知，与播种前相比，再生水和地下水滴灌均明显提高土壤碱性磷酸酶、脲酶和蔗糖酶活性；并且，地下滴灌对酶活性的提高要强于地表滴灌。例如，2015年再生水灌溉条件下，滴灌带埋深0cm、15cm和30cm处理碱性磷酸酶活性较播种前分别提高了14%、23%和35%。地下水灌溉条件下也得到了相似的结果，2015年试验中滴灌带埋深0cm、15cm和30cm处理碱性磷酸酶活性较播种前分别提高了19%、37%和33%。该结果与Brzezinska等（2006）研究结果一致，再生水和地下水灌溉均提高了土壤酶活性，增强了土壤养分转化和生物化学进程的强度。相同滴灌带埋深条件下，再生水与地下水灌溉处理间酶活性没有显著差异。例如，2014年滴灌带埋深15cm再生水灌溉处

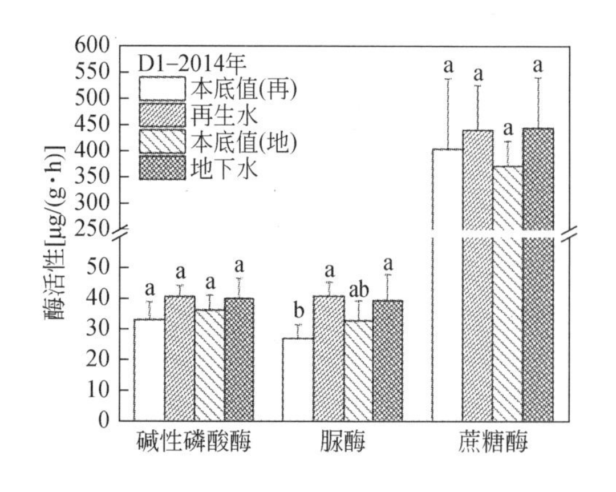

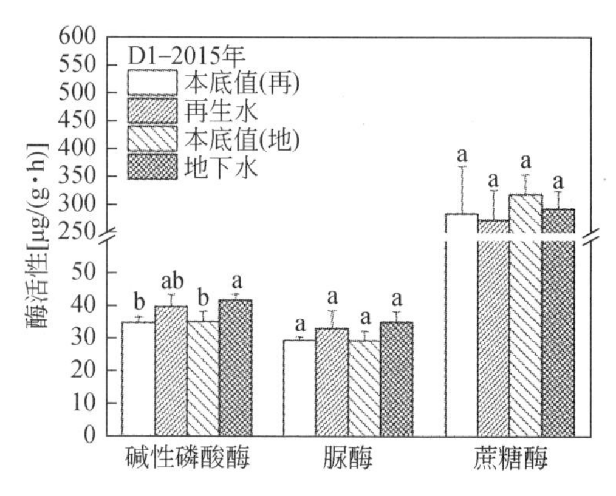

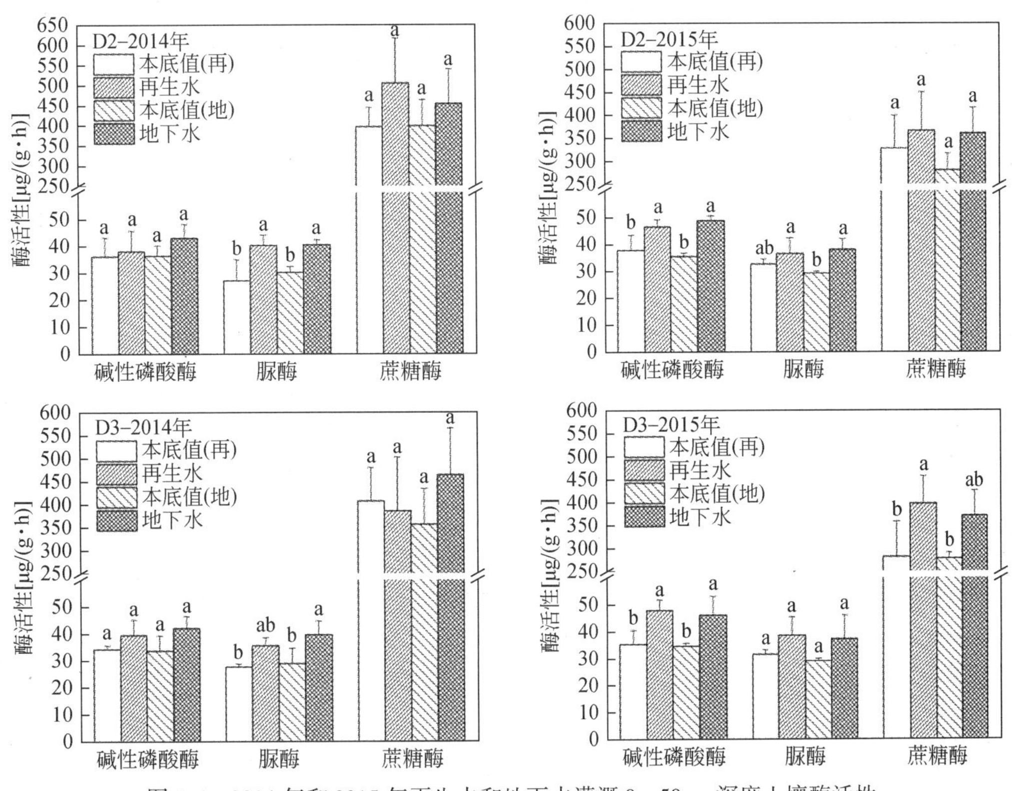

图 7-4　2014 年和 2015 年再生水和地下水灌溉 0 ~ 50cm 深度土壤酶活性

理平均碱性磷酸酶、脲酶和蔗糖酶活性分别为 38μg/(g · h)、40μg/(g · h) 和 506μg/(g · h)，而 2014 年滴灌带埋深 15cm 地下水灌溉处理平均碱性磷酸酶、脲酶和蔗糖酶活性分别为 43μg/(g · h)、41μg/(g · h) 和 455μg/(g · h)。上述结果表明再生水滴灌未对玉米根区土壤酶活性产生负面影响。Chen 等（2008）调查研究了长期再生水灌溉样地的土壤酶活性，指出再生水灌溉条件下酶活性未降低，土壤中的 C、N 和 P 养分循环没有被干扰和破坏，因而再生水灌溉对土壤的影响是环境可持续的。Adrover 等（2012a）研究也表明，再生水灌溉能够维持和提高土壤生物活性，可作为农业灌溉水源。

7.5　再生水滴灌对土壤化学性质的影响

再生水中富含各种化学物质，再生水灌溉对土壤化学性质的影响不容忽视（李久生等，2015）。图 7-5 和表 7-2 分别给出了 2014 年和 2015 年地表（滴灌带埋深 0cm）和地下滴灌（滴灌带埋深 30cm）灌溉处理前后 0 ~ 60cm 土壤剖面有机质、全磷、全氮、全钾、pH 和饱和提取液电导率（EC_e）（测试方法见本书第 6 章）的变化和方差检验结果。由图表可以看出，再生水和地下水滴灌均增加了 20 ~ 60cm 深度有机质含量，灌溉水质相同时，地下滴灌 20 ~ 40cm 深度有机质含量显著高于地表滴灌（$P = 0.002$，2014；$P = 0.009$，2015）；而相同滴灌带埋深条件下，再生水与地下水滴灌处理土壤有机质含量无显著差异。

该结果与 Bedbabis 等（2014）研究一致，灌溉水质中较高的 BOD 和 COD 含量（表 6-2）以及灌溉后提高了参与 C、N 转化的土壤生物活性是有机质含量增加的主要原因。

与土壤有机质含量变化相似，两年灌溉后，滴灌带埋深均显著影响了 20 ~ 40cm 深度全磷含量（$P=0.045$，2014；$P=0.035$，2015），地下滴灌处理显著高于地表滴灌处理，这是因为磷在土壤中不易随水运移，而地下滴灌增加了相邻土层的全磷含量；2014 年灌溉水质显著影响 20 ~ 40cm 深度全磷含量（$P=0.031$），再生水灌溉处理明显高于地下水灌溉处理，这与再生水中较高的全磷含量（表 6-2）有关。与 2014 年相比，2015 年各处理 0 ~ 40cm 深度全磷含量均高于播种前，这可能与 2015 年生育后期灌水有关。Lamm 和 Ayars（2007）指出作物吸收磷主要在初期生长阶段和根系形成期，而生育后期灌水携入的磷和有机质矿化后生成的磷主要被土壤吸附，增加了土壤全磷含量。

由图 7-5 还可知，再生水和地下水灌溉条件下，地表和地下滴灌均提高了 20 ~ 60cm 深度土壤全氮含量，并且在 2014 年滴灌带埋深显著影响了 20 ~ 60cm 深度土壤全氮含量。相同灌溉水质条件下，地下滴灌处理 20 ~ 40cm 深度全氮含量高于地表滴灌，而 40 ~ 60cm 深度全氮含量低于地表滴灌，这是因为地下滴灌提高了滴灌带附近的氮素浓度并促进了作物对深层土壤氮素的吸收（Lamm and Ayars，2007）。与地下水滴灌相比，再生水滴灌未明显提高土壤全氮含量，这是因为试验中使用的再生水携入氮素含量较少（第 6 章表 6-2），2014 年和 2015 年 I2 灌水量条件下，再生水携入氮素含量分别占玉米生育期施氮总量的 12% 和 11%。

与有机质、全磷和全氮相比，灌溉前后土壤剖面全钾含量变化较小，再生水和地下水灌溉处理差异较小。例如，2014 年玉米收获后 I2D3 处理 0 ~ 20cm、20 ~ 40cm 和 40 ~ 60cm 深度全钾含量分别为 17.4g/kg、16.7g/kg 和 18.3g/kg；而 C3 处理 0 ~ 20cm、20 ~ 40cm 和 40 ~ 60cm 深度全钾含量分别为 17.1g/kg、15.5g/kg 和 15.8g/kg。地表和地下滴灌处理土壤剖面全钾含量也没有明显差异。例如，2015 年玉米收获后 I3D1 处理 0 ~ 20cm、20 ~ 40cm 和 40 ~ 60cm 深度全钾含量分别为 17.2g/kg、17.3g/kg 和 17.1g/kg；而 I3D3 处理 0 ~ 20cm、20 ~ 40cm 和 40 ~ 60cm 深度全钾含量分别为 16.4g/kg、16.7g/kg 和 17.7g/kg，这些结果与 Heidarpour 等（2007）研究一致，灌溉方式没有影响土壤全钾含量。

与全钾在土壤剖面的变化相似，灌溉前后土壤 pH 变化较小，再生水和地下水灌溉条件下地表和地下滴灌处理 0 ~ 60cm 深度土壤 pH 介于 8.3 ~ 8.6。方差检验结果表明，2014 年再生水地下滴灌 I2D3 处理 20 ~ 40cm 深度 pH（8.5）显著高于其他处理，这与滴灌带埋深 30cm 将较多的再生水分布在 20 ~ 40cm 深度，提高了该深度 pH 有关。与播种前相比，2014 年和 2015 年再生水滴灌均增加了 20 ~ 40cm 和 40 ~ 60cm 深度的饱和提取液电导率 EC_e，且 2015 年再生水滴灌处理 20 ~ 40cm 和 40 ~ 60cm 深度饱和提取液电导率 EC_e 显著高于地下水滴灌处理（20 ~ 40cm，$P=0.025$；40 ~ 60cm，$P=0.039$），这与再生水中较高的盐分含量有关（Bedbabis et al.，2014）。此外，播种前土壤剖面 EC_e 随深度增加而减小，灌溉后土壤剖面 EC_e 随深度增加而增加，这是因为盐分随降雨和灌溉易在深层土壤累积（Bedbabis et al.，2014）。这些结果与李久生等（2015）研究一致，再生水灌溉会导致深层土壤盐分累积，但是再生水灌溉处理土壤 EC_e 小于 2dS/m，未导致土壤盐渍化（USDA，1997）。

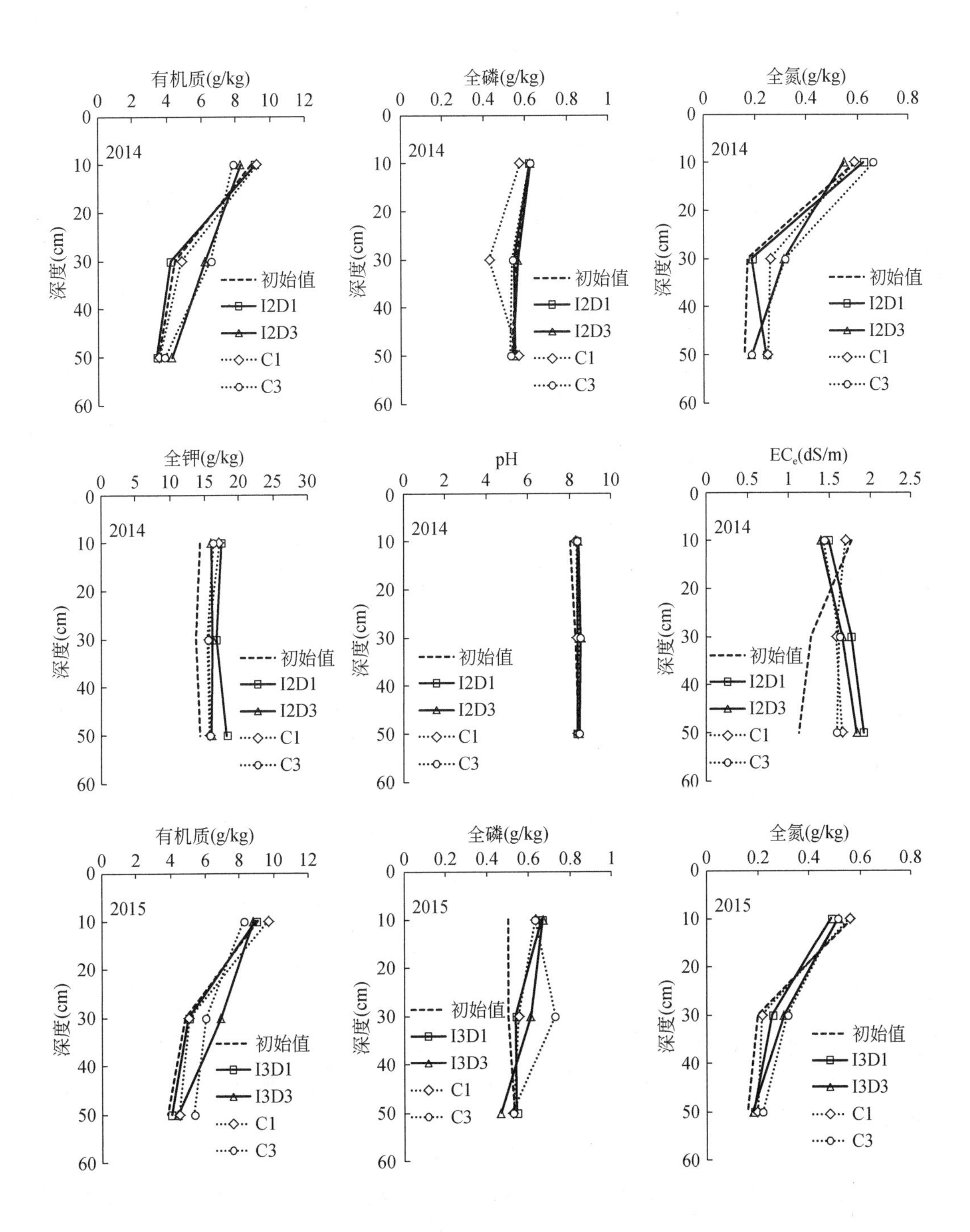

有机质(g/kg)
全磷(g/kg)
全氮(g/kg)
全钾(g/kg)
pH
EC_e(dS/m)
深度(cm)
2014
2015
初始值
I2D1
I2D3
I3D1
I3D3
C1
C3

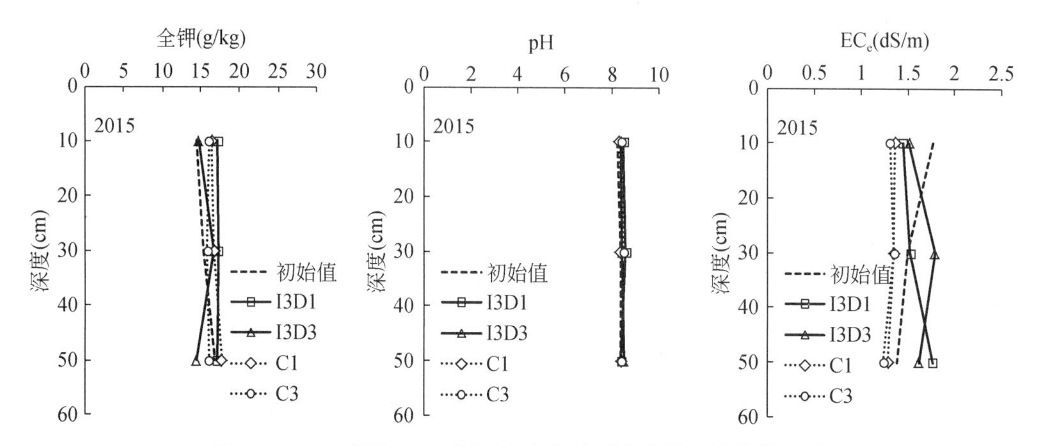

图 7-5　2014 年和 2015 年再生水和地下水灌溉土壤化学性质

表 7-2　灌溉水质和滴灌带埋深对土壤化学性质的方差检验结果

深度(cm)	变异来源	2014 年					
		有机质	全磷	全氮	全钾	pH	EC_e
0～20	D	NS(*P*=0.091)	NS(*P*=0.386)	NS(*P*=0.960)	NS(*P*=0.484)	NS(*P*=0.333)	NS(*P*=0.227)
	W	NS(*P*=0.793)	NS(*P*=0.386)	NS(*P*=0.291)	NS(*P*=0.994)	NS(*P*=0.241)	NS(*P*=0.401)
	D×W	NS(*P*=0.652)	NS(*P*=0.454)	NS(*P*=0.073)	NS(*P*=0.855)	NS(*P*=0.935)	NS(*P*=0.574)
20～40	D	**(*P*=0.002)	*(*P*=0.045)	*(*P*=0.022)	NS(*P*=0.789)	NS(*P*=0.132)	NS(*P*=0.771)
	W	NS(*P*=0.284)	*(*P*=0.031)	NS(*P*=0.264)	NS(*P*=0.432)	NS(*P*=0.620)	NS(*P*=0.318)
	D×W	NS(*P*=0.745)	NS(*P*=0.119)	NS(*P*=0.329)	NS(*P*=0.874)	NS(*P*=0.924)	NS(*P*=0.501)
40～60	D	NS(*P*=0.167)	NS(*P*=0.430)	*(*P*=0.049)	NS(*P*=0.230)	NS(*P*=0.390)	NS(*P*=0.620)
	W	NS(*P*=0.723)	NS(*P*>0.999)	NS(*P*=0.908)	NS(*P*=0.153)	NS(*P*=0.737)	NS(*P*=0.125)
	D×W	NS(*P*=0.465)	NS(*P*=0.569)	NS(*P*=0.908)	NS(*P*=0.255)	NS(*P*=0.573)	NS(*P*=0.971)
深度(cm)	变异来源	2015 年					
		有机质	全磷	全氮	全钾	pH	EC_e
0～20	D	NS(*P*=0.239)	NS(*P*=0.938)	NS(*P*=0.882)	NS(*P*=0.129)	NS(*P*=0.390)	NS(*P*=0.970)
	W	NS(*P*=0.890)	NS(*P*=0.163)	NS(*P*=0.581)	NS(*P*=0.730)	NS(*P*=0.127)	NS(*P*=0.102)
	D×W	NS(*P*=0.338)	NS(*P*=0.814)	NS(*P*=0.560)	NS(*P*=0.237)	NS(*P*=0.178)	NS(*P*=0.432)
20～40	D	**(*P*=0.009)	*(*P*=0.035)	NS(*P*=0.077)	NS(*P*=0.594)	NS(*P*=0.225)	NS(*P*=0.268)
	W	NS(*P*=0.327)	NS(*P*=0.242)	NS(*P*=0.711)	NS(*P*=0.613)	NS(*P*=0.695)	*(*P*=0.025)
	D×W	NS(*P*=0.294)	NS(*P*=0.347)	NS(*P*=0.481)	NS(*P*=0.913)	*(*P*=0.031)	NS(*P*=0.264)
40～60	D	NS(*P*=0.360)	NS(*P*=0.360)	NS(*P*=0.762)	NS(*P*=0.087)	NS(*P*=0.793)	NS(*P*=0.581)
	W	NS(*P*=0.302)	NS(*P*=0.640)	NS(*P*=0.326)	NS(*P*=0.343)	NS(*P*=0.937)	*(*P*=0.039)
	D×W	NS(*P*=0.713)	NS(*P*=0.399)	NS(*P*=0.648)	NS(*P*=0.642)	NS(*P*=0.116)	NS(*P*=0.775)

注：*代表在 α=0.05 水平上显著，**代表在 α=0.01 水平上显著；D、W 和 D×W 分别代表滴灌带埋深、灌溉水质和滴灌带埋深与灌溉水质的交互作用。

7.6 酶活性与土壤化学性质的关系

7.6.1 再生水灌溉条件下酶活性与土壤化学性质的关系

表 7-3 总结了 2014 年 6 月 6 日（播种前）和 2015 年 9 月 2 日（灌溉处理后）酶活性与土壤化学性质的相关系数。由表可以看出，碱性磷酸酶、脲酶和蔗糖酶活性在播种前和再生水灌溉处理后均与土壤有机质、全磷、全氮和 pH 呈显著正相关关系，这表明土壤酶活性与土壤养分转化密切相关，可作为评价再生水灌溉土壤肥力的指标。与土壤有机质、全氮和全磷相比，三种酶活性与全钾之间无显著相关关系，这可能与生育期内土壤中钾素变化较小有关。与播种前相比，灌溉处理后土壤酶活性与 EC_e 无显著相关性，这是因为灌溉促进盐分向深层土壤运移，盐分增加抑制了酶活性。

表 7-3　酶活性与土壤化学性质的相关系数

时间（年/月/日）	酶	有机质	全磷	全氮	全钾	pH	EC_e
2014/6/6	AKP	0.991 **	0.817 **	0.977 **	0.099	−0.806 **	0.897 **
	Ur	0.970 **	0.844 **	0.964 **	0.105	−0.820 **	0.906 **
	Inv	0.972 **	0.741 **	0.955 **	0.090	−0.803 **	0.931 **
2015/9/2	AKP	0.942 **	0.541 **	0.932 **	−0.110	−0.473 **	−0.088
	Ur	0.943 **	0.492 **	0.930 **	−0.153	−0.477 **	−0.098
	Inv	0.877 **	0.576 **	0.897 **	−0.185	−0.439 **	−0.107

注：** 代表在 $\alpha=0.01$ 水平上显著；AKP、Ur 和 Inv 分别代表碱性磷酸酶、脲酶和蔗糖酶。

7.6.2 玉米生育期内酶活性与硝态氮的关系

表 7-4 总结了土壤酶活性与硝态氮在 2014 年和 2015 年玉米生育期的相关系数。由表 7-4可知，碱性磷酸酶、脲酶和蔗糖酶活性在玉米生育期内各个阶段均呈现极显著正相关关系，相关系数介于 0.832 ~ 0.930，这些结果表明，土壤中的碱性磷酸酶、脲酶和蔗糖酶具有相同的来源（Bandick and Dick，1999），它们对灌溉施肥的响应具有一致性（Acosta-Martínez et al.，2003）。窦超银等（2010）研究认为，酶活性在促进土壤有机质的转化和能量交换过程中，不仅显示其专有特性，同时还存在共性关系，共性关系的酶在总体和一定程度上反映土壤肥力水平。再生水灌溉条件下酶活性共性关系并未在玉米生育期改变和减弱，这表明再生水灌溉未对土壤肥力水平产生消极影响。

脲酶是唯一参与尿素水解的酶，其活性强弱对土壤氮素循环具有重要意义（Burns and Dick，2002）。由表 7-4 可以看出，脲酶活性和硝态氮含量正相关关系在生育期大体随玉米生长而降低，最终转变为负相关关系。例如，2015 年 6 月 20 日，脲酶活性和硝态氮含量呈极显著正相关关系（相关系数 0.423，$P<0.001$），至 2015 年 9 月 2 日脲酶活性和硝态氮含量呈负相关关系（相关系数-0.019，$P=0.824$），这是因为 2015 年 6 月 8 日随灌溉施肥 $100kg/hm^2$，增加了脲酶酶促反应基质（尿素），提高了 2015 年 6 月 20 日土壤脲酶活性和硝态氮含量，但随着玉米生长硝态氮被作物吸收和随土壤水分向下层土壤运移，其含量不断减少，而脲酶活性趋于稳定。该结果与 Geisseler 和 Horwath（2009）研究一致，他们认为，脲酶在玉米生育前期促进尿素水解和有机氮矿化与土壤硝态氮显著正相关，在玉米生育后期促进氮素吸收和生物固持而与土壤硝态氮相关关系减弱。两年玉米生育后期，脲酶活性与土壤全氮呈现显著正相关，而与硝态氮呈现负相关，这与土壤氮素在玉米生育后期的运移和转化有关。

表 7-4　2014 年和 2015 年土壤酶活性与硝态氮的相关系数

年份	2014 年					
日期	8 月 17 日		9 月 1 日		9 月 26 日	
项目	AKP	Ur	AKP	Ur	AKP	Ur
Ur	0.921**		0.924**		0.938**	
Inv	0.852**	0.832	0.897**	0.859**	0.897**	0.868**
NO_3^--N		0.068		0.075		-0.206*

年份	2015 年							
日期	6 月 20 日		7 月 12 日		8 月 3 日		9 月 2 日	
项目	AKP	Ur	AKP	Ur	AKP	Ur	AKP	Ur
Ur	0.930**		0.896**		0.921**		0.867**	
Inv	0.894**	0.881**	0.894**	0.887**	0.914**	0.892**	0.887**	0.880**
NO_3^--N		0.423**		0.192*		0.065		-0.019

注：* 代表在 $\alpha=0.05$ 水平上显著，** 代表在 $\alpha=0.01$ 水平上显著；AKP、Ur 和 Inv 分别代表碱性磷酸酶、脲酶和蔗糖酶。

7.7　本章结论

通过 2 年再生水地下滴灌玉米试验，研究了灌水量、滴灌带埋深和灌溉水质对土壤碱性磷酸酶、脲酶和蔗糖酶活性以及土壤化学性质的影响，得到如下主要结论。

（1）再生水地面灌和滴灌后碱性磷酸酶、脲酶和蔗糖酶活性在土壤剖面均呈层状分布；灌水量对土壤酶活性的影响随土壤深度、生育阶段和酶活性类型而变化；较小滴灌带埋深明显提高了表层土壤酶活性，而较大滴灌带埋深显著促进了深层土壤酶活性。

（2）与地表滴灌相比，滴灌带埋深 30cm 显著增加了 20～40cm 深度有机质、全磷和全氮含量。与地下水灌溉相比，2015 年再生水灌溉明显增加了 20～60cm 深度土壤 EC_e，但对土壤剖面养分含量影响不明显。

（3）灌溉处理前后碱性磷酸酶、脲酶和蔗糖酶活性与土壤有机质、全氮、全磷和 pH

显著相关。碱性磷酸酶、脲酶和蔗糖酶活性对灌溉施肥管理响应一致；脲酶活性在玉米生育前期促进尿素水解和氮素矿化，后期促进氮素吸收和生物固持。

（4）再生水地下滴灌提高了根区土壤酶活性，没有干扰和改变土壤 C、N、P 养分转化，不会对土壤肥力水平造成负面影响，再生水可作为农业灌溉水源。

第 8 章　再生水滴灌 *E. coli* 在土壤中的运移分布规律

再生水灌溉的病原体污染风险越来越受到关注。再生水中的致病菌较多，含量最多的是粪大肠菌群，研究多集中于指示菌大肠杆菌 *Escherichia coli*（*E. coli*）的穿透试验。滴灌在再生水灌溉方面具有灌水效率高、减少暴露风险等优势，但与传统的地面灌溉相比，滴灌的非饱和入渗的特性使得滴灌条件下病原体的迁移有其独特的机制和规律。本章采用土箱试验，研究了灌水器流量、*E. coli* 注入浓度、灌水量、土壤质地、土壤初始含水率等因素对湿润锋运移和灌后含水率和 *E. coli* 分布的影响，对 *E. coli* 在土壤中的运移规律有了较清晰的认识。

8.1　概　　述

8.1.1　再生水中致病菌污染风险

再生水中的致病菌含量最多的是粪大肠菌群。其中，最典型的致病菌为耐热大肠菌群和大肠杆菌。大肠杆菌，又称大肠埃希氏菌（*Escherichia coli*，*E. coli*），由 Escherich 在1885 年发现并命名。目前，我国的水质标准基于常规物化类指标及与细菌、原生动物相关的微生物类指标进行水质评估。例如，《城镇污水处理厂污染物排放标准（GB 18918—2002）》《污水综合排放标准（GB 8978—2002）》《城市污水再生利用—景观环境用水水质（GB/T 18921—2002）》《农田灌溉水质标准（GB 5084—2005）》等对粪大肠菌群浓度做出了规定，而《生活饮用水卫生标准（GB 5749—2006）》除对总大肠菌群的规定外，还对耐热大肠菌群、大肠杆菌及菌落总数做出了限制。

国内外有诸多大肠杆菌引起人和动物感染致病的报道。1998 年 7 月，美国蒙大拿州 40 位居民因为食用莴笋叶而导致 *E. coli* O157：H7 感染（Ackers et al.，1998）。Scallan 等（2011）发起的对美国食物致病调查的研究指出，31 种致病菌引发了 2612 例死亡，1351 例是由于食用了被污染的食物，其中，64% 是因为细菌污染，其余的污染源包括病毒和寄生虫。Rasko 等（2011）指出，在德国，*E. coli*（O104：H4）曾引发大范围的 *E. coli* 病菌感染。其中，有 3167 例痢疾（16 例死亡），908 例溶血性尿毒症综合征（34 例死亡）。高维波（2011）调查指出，实际生产过程中应重新认识并充分重视 *E. coli* 的危害及严重性。*E. coli* 除了对养殖业（如养鸡、养猪业）产生严重的危害外，还能使其他许多动物染病，如犊牛、马驹、羔羊、兔等。最常见的有牛腹泻和败血症、肠毒性腹泻、乳腺炎、羔羊的下痢和败血症、幼兔断奶前后的腹泻等。

8.1.2 *E. coli* 在土壤中的运移研究

以往研究多采用饱和土壤中的穿透试验来获取包括 *E. coli* 在内的细菌在土壤中的运移规律。大量关于细菌在土壤中穿透试验成果表明，细菌的穿透能力受细胞本身特性、介质特性、穿透界面和穿透溶质性质的影响（Beven and Germann，1982；Abu-Ashour et al.，1994；Becker et al.，2004；Mosaddeghi et al.，2009；2010）。

细菌本身的特性，如细菌的大小、形状以及有无鞭毛影响它们在基质上的吸附和运移。*E. coli* 大小约为（0.5～0.8）μm×（1.0～6.0）μm，属于短杆菌、有鞭毛（房海，1997）。一般认为通过过滤，较大细胞更易被滤除。当没有过滤影响时，小个体细菌更容易运移，因为细菌越小，它与固相间的相互作用越小。依据 Gannon 等（1991）的统计结果，小于 1μm 的细胞比 1μm 或更大的细胞可以更有效地穿过多孔介质。关于鞭毛对细菌在土壤中运动的影响作用观点不一，有学者认为，细菌运动性有利于其对流运动，进而显著影响运移时间。Jenneman（1985）发现，在无水流、营养饱和的砂土柱中，可动细菌的穿透速度比不可运动细菌快 3～8 倍，Reynolds（1989）发现同样试验条件下，可运动的大肠杆菌种比不可运动变异种速度快 4 倍。McCaulou 等（1995）比较了细菌穿透曲线，发现可运动细菌在吸附之前移动的距离比不能运动细菌多一倍。另外，吸附后解吸的时间也不同。非运动细菌吸附后解吸需 9～17 天，而运动细菌解吸只需 4～5 天；另有学者认为细菌运移与鞭毛无关（Gannon et al.，1991；Bowen，1991），并指出细菌极少发生远距离运动。Comper 等（1994）的研究发现，即使水流速度比细菌运动速率低，细菌也不能提前在穿透液体中出现。

影响细菌运移的土壤介质特性包括土壤质地、有机质和介质表面粗糙度等。首先，土壤质地影响细菌的运移。一般来说，微孔隙和土壤基质会阻碍微生物的运移，而大孔隙和其他结构则会促使细菌运移，细菌的穿透速率随土壤介质颗粒的增大而增加。Sharma 等（1993）研究发现，当细菌平均细胞直径大于土壤颗粒尺寸的 5% 时，物理过滤作用在细菌运移过程中占主导。但是，随土柱中装入土壤颗粒的增大，细菌穿透能力增强，且穿行速率呈线性增加的趋势；介质中含有的有机质或矿物颗粒也影响细菌吸附运移，自然水中的有机物可降低界面张力，增加细菌生存量。Harvey 和 Garabedian（1991）指出，无生命固体的疏水性和表面电荷是影响细菌吸附的主要控制因子。研究还发现，如果用腐殖酸-黏土包膜的玻璃球作介质填装土柱，细菌的流出量远大于以黏土为介质的土柱。介质表面粗糙度可能对吸附起重要作用。Characklis 和 Cooksey（1983）认为，如果介质表面粗糙，那么细胞在表面附近的平流移动就会降低，则表面剪切强度降低，从而导致颗粒对细菌的吸附更强烈。

细菌生活的环境介质中固-液-气界面的存在强烈影响细菌的吸附。Wan 和 Wilson（1994）采用玻璃微模型试验观察细菌在气-液界面的运移，发现细菌在这个系统通过时受阻滞的程度与介质的气体饱和度成比例，只要介质出现不饱和相，就会大大阻碍细菌运移。这是因为细菌优先在气-水界面上吸附，而毛管力的存在导致这种水-气界面上的吸附是不可逆的。这种气-水界面上优先且不可逆吸附的存在，大大影响了微生物的运移和空间上的分布，Mosaddeghi 等（2010）研究发现，非饱和条件下，细菌的过滤系数比饱和条件大 48%，这表明非饱和土壤的过滤作用比饱和土壤强。

溶质性质影响细菌的运移。流动水作为细菌被动运动的主要载体，其运动特性影响细菌分布数量和移动距离。流动条件包括含水率、水流路径和通量等（Powelson and Mills，2001），都影响细菌的运移。Smith 等（1985）和 Tan 等（1994）指出，穿透能力随流速的增大而增大。他们采用细菌在土柱中的穿透试验证实了随土柱中水流速率增加，细菌流出量也增加。同时指出，当水流速率较高，与细菌作用时间减少从而降低了细菌吸附的可能性。

细菌在饱和土壤中的穿透试验为认识包括 *E. coli* 在内的细菌运移规律提供了非常有益的探索，为田间非饱和条件下 *E. coli* 在土壤中运移研究奠定了基础。本章采用土箱试验，研究灌水器流量、*E. coli* 注入浓度、灌水量和土壤质地、土壤初始含水率等因素对湿润锋运移、灌后含水率和 *E. coli* 分布的影响，旨在加深对 *E. coli* 在非饱和土壤中的运移规律的认识。

8.2 研究方法

8.2.1 试验概况及装置

土箱试验于 2013 年 4 月至 2014 年 5 月在国家节水灌溉工程技术研究中心大兴试验基地的微生物实验室进行。该实验室内有高压蒸锅、恒温培养箱、超净工作台、显微镜和滤器等微生物试验必需的仪器设备。

对均质各向同性土壤而言，滴灌条件下水分和溶质在土壤中的运动分布是轴对称的，30°扇形土箱中的土体可作为实际圆形滴灌范围的 1/12。为便于观察湿润锋运移和迅速开箱取土样，本试验采用 30°扇柱体有机玻璃土箱进行滴灌试验，土箱高 60cm，径向长度 40cm，土箱各面采用螺丝固定，可拆卸，如图 8-1 所示。用灭菌后的卫生级硅胶管连接菌液蠕动泵和针头，连好后将灌水器置于试验装置的顶角上。

8.2.2 试验材料

试验采用砂土含砂粒 95.5%、粉粒 4.5%、黏粒 0.02%，砂壤土含砂粒 33.9%、粉粒 52.4%、黏粒 13.7%。风干土壤过 2mm 筛，控制砂土和砂壤土容重分别为 1.43g/cm^3 和 1.40g/cm^3，每 5cm 为一层分层填装土箱。为防止土壤表面蒸发，装填完毕后，土箱表面用透明胶片覆盖。同时，在土箱两个侧面也粘贴透明胶片，用以描绘侧向湿润锋的运移。

试验用移液枪吸取 2.5μL 的 *E. coli*（pcDNA3.0-DH5α 携青霉素抗性基因，重组加构

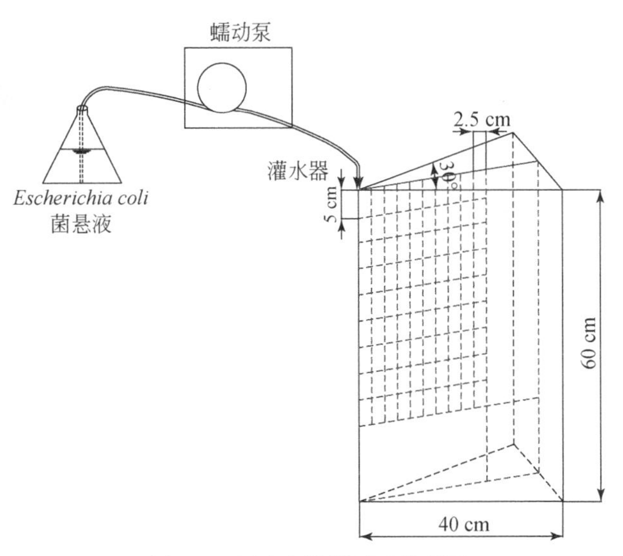

图 8-1　再生水滴灌试验装置图

了绿色荧光蛋白）菌种，加入含 1mL LB 营养琼脂液体培养基的 EP 管中，在 37℃、170r/min 条件下，培养 16h，根据所需浓度取适量培养后的 *E. coli* 加至无菌水中代表含有 *E. coli* 的再生水进行试验。采用平板菌落计数法多次重复测得 *E. coli* 的数量，以确认菌液中的 *E. coli* 浓度为设计浓度。调整蠕动泵的转数和固定扳手的位置，获得设计的灌水器流量。

8.2.3　试验方法

试验按图 8-1 所示连接方式将给定浓度的滴灌菌液滴入土箱。试验采用注射器针头（7 号）模拟灌水器；用流量范围为 0.06～30mL/min 的蠕动泵（天利流体技术有限公司）对系统供水，不同灌水器流量通过调节蠕动泵的转速来实现。通过滴灌过程中记录湿润锋运移，灌后检测土体中土壤水分和菌落分布，研究滴灌条件下水分和 *E. coli* 在砂土和砂壤土中的运移规律。

8.2.4　试验设计

砂土试验选取灌水器流量、灌水量、*E. coli* 注入浓度和土壤初始含水率 4 个因素。根据常见灌水器流量规格，确定灌水器标称流量为 1.05～5.76L/h；灌水量选取 4.8～12L（10～25mm）；*E. coli* 注入浓度根据农田灌溉水质标准和二级处理再生水中 *E. coli* 的浓度范围确定为 10^2～10^6CFU/mL，初始含水率设为 0.02～0.07cm^3/cm^3，如表 8-1 所示。砂土共做 13 组试验，当研究灌水器流量的影响时，灌水量设置取蔬菜类作物常用灌水量 7.2L（相当于灌水量 15mm），*E. coli* 注入浓度参考《典型再生水体中细菌含量特征与变化规律》中北京典型污水处理厂出水口处粪大肠菌群的含量范围，浓度数量级取为 10^5CFU/mL；

当研究灌水量的影响时，灌水器流量设置为 1.75L/h；研究前三个因素时，初始含水率都为 0.03cm³/cm³。类似地，当研究 *E. coli* 注入浓度和初始含水率的影响时，灌水量仍设定为 7.2L，灌水器流量为 1.75L/h。所有试验的参数见表 8-2。

表 8-1　砂土滴灌试验因素及水平

因素	水平				
灌水器流量 q（L/h）	1.05	1.76	2.88	3.60	5.76
大肠杆菌（*E. coli*）注入浓度 C（CFU/mL）	10^2	10^4	10^5	10^6	
灌水量 Q（L）	4.8	7.2	9.6	12	
初始含水率 θ_0（cm³/cm³）	0.02	0.03	0.07		

注：表中灌水器流量和灌水量是指 360°圆柱体对应的值，当灌水器置于土箱垂直顶角处，试验实际对应值为表中所列灌水器流量和灌水量的 1/12。

表 8-2　砂土试验灌水器流量（q）、灌水量（Q）、大肠杆菌（*E. coli*）注入浓度（C）和土壤初始含水率（θ_0）

试验目的	试验编号	q（L/h）	Q（L）	θ_0（cm³/cm³）	C（CFU/mL）
灌水器流量的影响	A1	1.05	7.2	0.034	6.7×10^5
	A2	1.76	7.2	0.033	6.8×10^5
	A3	2.88	7.2	0.031	7.3×10^5
	A4	3.60	7.2	0.031	4.7×10^5
	A5	5.76	7.2	0.034	5.4×10^5
E. coli 注入浓度的影响	A6	1.75	7.2	0.036	9.5×10^2
	A7	1.75	7.2	0.036	4.6×10^4
	A2	1.76	7.2	0.033	6.8×10^5
	A8	1.74	7.2	0.034	2.1×10^6
灌水量的影响	A9	1.75	4.8	0.033	7.0×10^5
	A2	1.76	7.2	0.033	6.8×10^5
	A10	1.75	9.6	0.034	7.9×10^5
	A11	1.76	12.0	0.036	4.0×10^5
初始含水率的影响	A12	1.75	7.2	0.020	3.4×10^5
	A2	1.76	7.2	0.033	6.8×10^5
	A13	1.75	7.2	0.071	8.4×10^5

注：表中灌水器流量和灌水量是指 360°圆柱体对应的值，当灌水器置于土箱垂直顶角处，试验实际对应值为表中所列灌水器流量和灌水量的 1/12。

砂壤土试验选取灌水器流量和 *E. coli* 注入浓度两个因素。灌水器流量范围为 1.05 ~ 5.76L/h；*E. coli* 注入浓度数量级确定为 10^4 ~ 10^7CFU/mL，初始含水率设为 0.15cm³/cm³，试验因素及水平如表 8-3 所示。

表 8-3　壤土滴灌试验因素及水平

因素	水平			
灌水器流量 q（L/h）	1.05	1.79	3.51	5.76
E. coli 注入浓度 C（CFU/mL）	10^4	10^5	10^7	

注：表中灌水器流量和灌水量是指 360°圆柱体对应的值，当灌水器置于土箱垂直顶角处，试验实际对应值为表中所列灌水器流量和灌水量的 1/12。

砂壤土共做 7 组试验，当研究灌水器流量的影响时，灌水量设置为 7.2L，*E. coli* 注入浓度为 10^7CFU/mL；当研究 *E. coli* 注入浓度的影响时，灌水量仍设为 7.2L，灌水器流量为 1.75L/h。由于砂壤土选用大兴试验基地田间表层 20cm 土壤，土壤中含有相对较多的抗性菌。为进一步验证土壤中检测到的 *E. coli* 为试验加入的有青霉素抗性的指示菌，增做两组验证试验 B0 和 B+，其中 B0 试验不加指示菌 *E. coli*，B+试验把砂壤土全部灭菌，其他的试验条件和 B2 试验一致，具体的组合方式见表 8-4。

表 8-4　砂壤土各次试验灌水器流量（q）、灌水量（Q）、*E. coli* 注入浓度（C）和土壤初始含水率（θ_0）

试验目的	试验编号	q（L/h）	Q（L）	C（CFU/100mL）	θ_0（cm^3/cm^3）
灌水器流量的影响	B1	1.05	7.2	3.6×10^7	0.159
	B2	1.79	7.2	3.6×10^7	0.158
	B3	3.51	7.2	9.0×10^7	0.156
	B4	5.76	7.2	9.2×10^7	0.149
E. coli 注入浓度影响	B5	1.76	7.2	8.1×10^4	0.147
	B6	1.76	7.2	4.1×10^5	0.156
	B7	1.76	7.2	3.6×10^7	0.150
砂壤土验证试验	B0	1.76	7.2	0	0.155
	B+	1.78	7.2	6.3×10^7	0.159

注：表中灌水器流量和灌水量是指 360°圆柱体对应的值，当灌水器置于土箱垂直顶角处，试验实际对应值为表中所列灌水器流量和灌水量的 1/12。

8.2.5　观测内容与方法

1）地表积水区半径及湿润锋动态

滴灌试验过程中，灌水器附近有积水，观测时取灌水器到积水区圆弧的距离为地表饱和区半径。灌水后即观测饱和区半径，随灌水时间的增加，对不同时刻地表饱和区半径进行监测，到灌水结束时刻为止。

观测饱和区半径的同时，在装置两个侧面和上表面的透明胶片上描绘湿润锋形状，对不同时刻湿润锋动态变化过程进行监测，直至灌水结束。试验结束后，取下胶片，用坐标纸读出每条湿润线坐标。用上表面记录的径向湿润距离的平均值代表水平湿润距离，两个侧面记录的重向湿润距离的平均值代表垂直湿润距离。

2）含水率和 *E. coli* 浓度

灌水结束后，将土箱放平，迅速打开土箱。用高温高压灭菌冷却后的铁片每 5cm 一层切割土体，从表层取土至垂向湿润锋到达位置。对切割好的土层，用灭菌好的直径为 2cm 试管每隔 2.5cm 取一个土样，直至湿润锋到达的位置，取土网格如图 8-1 所示。将所取土样混匀后称取 10g，加入 100mL 无菌水，在恒温 20℃的摇床上振荡 15min，静置 2min，用移液枪吸取适量（0.5mL 或 2mL，若采用混菌法则保留 2mL）上清液，加入等量 50% 浓度的甘油，置于冰箱中冻存，以备次日倍比稀释后平板法测菌落数。

对于取完测菌用土的剩余土体，在试管取样孔周围靠近取样孔的位置取此点的土样，用烘干法测定含水率。

8.3 水分运移

8.3.1 饱和区动态

滴灌过程中，在重力势和土壤基质势的作用下，水分向垂直和水平方向运动，逐渐湿润土壤。试验过程中记录了湿润锋动态变化过程。湿润体近似为半球形，装置的两个侧面记录的湿润范围基本一致。同时，置于土箱上表面的透明胶片记录了表层土壤湿润锋运移和灌水器附近形成的饱和湿润区的运移（张建君，2002）。

滴灌条件下有两个相当重要的移动水分边界，它们是饱和区和非饱和区边界（Levin et al.，1979）。由于土壤孔隙特性的限制，滴灌过程中，在灌水器附近，随时间推移，饱和区逐渐发展起来。水分从饱和区的边界扩散，进入周围的非饱和介质。饱和区的锋面随着邻近的孔隙被水充满而前进。当通量一定时，饱和区的锋面随时间推移逐渐稳定。饱和区的范围及其动态对滴灌条件下水分的运动及分布有着重要影响（李久生等，2003）。与砂土试验相比，砂壤土试验在灌水器附近形成了明显的饱和湿润区，积水区半径随时间的变化情况如图 8-2 所示。灌水器流量增大时，饱和湿润区也增大。举例来说，当灌水器流量为 1.05L/h 时，滴灌结束后，饱和半径为 8.0cm，而当灌水器流量增大为 5.76L/h 时，饱和半径为 17.0cm。

用幂函数拟合饱和区半径与灌水器流量的关系，结果如下：

$$R_s = 2.79q^{1.99} \quad (n=22, \ R^2=0.99) \tag{8-1}$$

式中，R_s为地表饱和区半径，cm；q 为灌水器流量，L/h；n 为样本数；R 为相关系数。式(8-1)可以用来估算试验土壤不同流量时的地表饱和区半径。

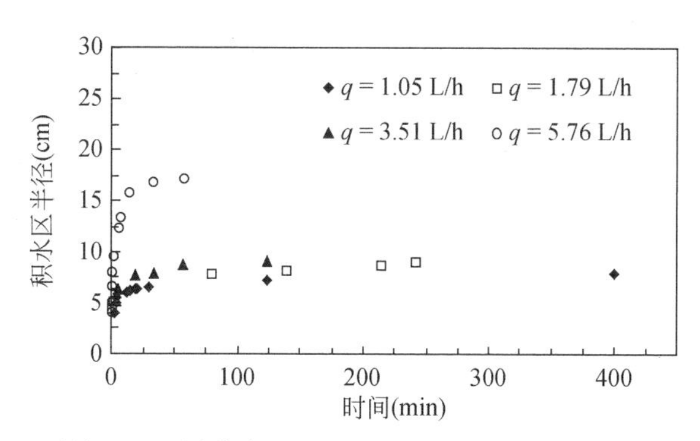

图 8-2　砂壤土上不同灌水器流量时地表积水范围半径随时间的变化

8.3.2　砂土中湿润锋运移

灌水量一定时，灌水器流量决定了滴灌持续时间。A1 至 A5 试验完成滴灌灌水分别耗时 411min、245min、150min、120min 和 75min。不同灌水器流量条件下径向湿润距离和垂向湿润距离的动态变化过程如图 8-3 所示。当灌水历时相同时，灌水器流量越大，径向及垂向湿润距离越大；灌水结束时，灌水器流量较小的处理，水分在垂向的运移距离都较大；灌水器流量较大的处理，水分在径向的运移较大。

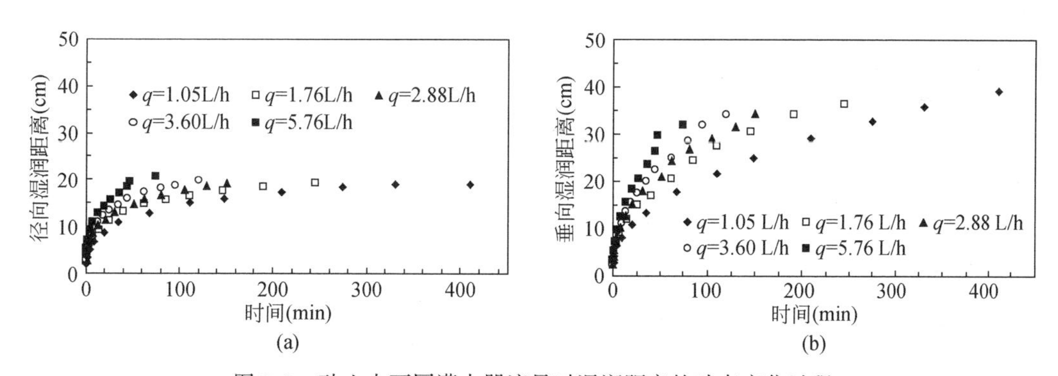

图 8-3　砂土中不同灌水器流量时湿润距离的动态变化过程

采用幂函数来拟合湿润锋的运移，拟合方程如下：

$$R_h = b \cdot t^d \tag{8-2}$$

$$R_v = b_1 \cdot t^{d_1} \tag{8-3}$$

式中，R_h为径向湿润距离，cm；R_v为垂向湿润距离，cm；t 为灌水历时，min；b 和 b_1 为回归系数；d 和 d_1 为幂指数。径向及垂向运移方程的拟合参数如表 8-5 所示，不同灌水器流量灌水器的幂指数基本相同，径向幂指数平均值为 0.29，垂向幂指数平均值为 0.37，此结论与李久生等（2004）所得结论类似。

表 8-5　砂土中径向及垂向湿润距离拟合参数及相关系数

q（L/h）	径向			垂向		
	b	d	R^2	b_1	d_1	R^2
1.05	3.26	0.32	0.993	3.52	0.39	0.998
1.76	4.74	0.26	0.992	5.29	0.34	0.970
2.88	5.08	0.28	0.998	5.09	0.37	0.995
3.60	4.63	0.31	0.996	5.17	0.38	0.997
5.76	6.24	0.28	0.998	5.97	0.38	0.994

8.3.3　砂壤土中湿润锋运移

砂壤土条件下，不同灌水器流量试验径向和垂向湿润距离的动态变化过程如图 8-4 所示。与砂土试验类似，当灌水历时相同时，径向和垂向湿润距离均随灌水器流量的增大而增大；径向湿润距离随灌水器流量的增大而增大，垂向湿润距离则随灌水器流量的增大而减小，这表明增加灌水器流量有利于水分在水平方向运移，减小灌水器流量有利于水分在垂直方向运移。表 8-6 给出了径向及垂向运移的幂函数拟合参数。不同灌水器流量对应的幂指数基本相同，其平均值径向为 0.33，垂向为 0.41，此结论与李久生等（2003）研究结论类似。

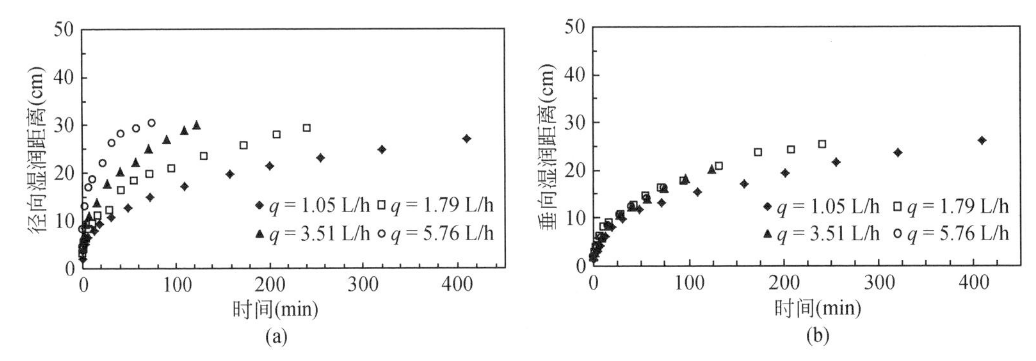

图 8-4　砂壤土中不同灌水器流量时湿润距离的动态变化过程

表 8-6　砂壤土中径向及垂向湿润距离拟合参数及相关系数

q（L/h）	径向			垂向		
	b	d	R^2	b	d	R^2
1.05	4.04	0.31	0.991	2.33	0.40	0.986
1.76	4.34	0.34	0.990	2.81	0.41	0.997
3.51	6.19	0.32	0.996	2.74	0.41	0.986
5.76	7.44	0.35	0.92	2.59	0.42	0.983

8.4 土壤中 *E. coli* 的检测验证

在分析土壤中 *E. coli* 的运移分布特点之前，有必要确认土壤中检测到的 *E. coli* 为再生水滴灌过程中注入的 *E. coli*。由于砂土和砂壤土中 *E. coli* 本底值分布不同，验证方法也有差别。

8.4.1 砂土试验 *E. coli* 检测验证

为验证砂土中取到的 *E. coli* 为试验加入的 *E. coli*-DH5α，采用青霉素抗性筛查和绿色荧光蛋白基因扩增两种方法检测。首先，青霉素抗性筛查试验，每次投加 *E. coli*-DH5α 之前，都在土箱湿润区外随机取 3 个土样作为检测样本，将检测样本分别在有青霉素和无青霉素的 LB 培养基中进行培养，37℃培养 24h 后采用平板计数法检测 *E. coli* 浓度，结果见表 8-7。在无青霉素的 LB 培养基中，检测到 *E. coli* 的浓度范围为 1.4×10^2 ~ 8.6×10^3 CFU/mL，而在有青霉素的环境里，只在 A1 和 A13 样本中检测到 *E. coli*，且浓度不足无青霉素培养环境下的 1%，这表明，砂土中原本含有的 *E. coli* 不具有青霉素抗性，抗性筛查可作为检测投加菌株 *E. coli*-DH5α 的有效方法。其次，绿色荧光蛋白基因扩增检测：本试验采用聚合酶链反应检测样品中的绿色荧光蛋白基因。检测样本选取 A1 试验组，在湿润土体中检测到细菌的平板中，随机挑取 8 个菌落，对照样本是 *E. coli*-DH5α 菌液。分别提取检测样本及对照样本的总 DNA 进行 PCR 扩增。PCR 是体外酶促合成特异 DNA 片段的一种方法，由高温变性、低温退火及适温延伸等几步反应组成一个周期，循环进行，使绿色荧光蛋白 DNA 片段得以迅速扩增，扩增产物进行电泳检测。如果检测样本的 DNA 可扩增出条带，且条带长度与对照样本的 PCR 目标产物相一致，即表明检测样本中的 *E. coli* 即为试验加入的 *E. coli*-DH5α。PCR 电泳检测结果如图 8-5 所示。其中，条带 1 ~ 8 对应从砂土样本中随机提取出来的菌落，条带 9（control）是样本 *E. coli* pcDNA3.0-DH5α 菌液。条带 10（mock）是空白对照。除了空白对照，随机选取的样本和加入的原始菌样扩增得出相同的特征条带，进一步证实砂土中检测到的 *E. coli* 是试验中加入的 *E. coli*。

表 8-7 空白对照土样抗性检测结果

试验编号	试验前土壤中细菌浓度	
	不加青霉素（CFU/mL）	加入青霉素（CFU/mL）
A1	3.8×10^5	1.2×10^3
A2	1.4×10^4	0
A3	1.8×10^5	0
A4	1.0×10^5	0
A5	8.6×10^5	0
A6	3.6×10^4	0

续表

试验编号	试验前土壤中细菌浓度	
	不加青霉素（CFU/mL）	加入青霉素（CFU/mL）
A7	2.4×10^{4}	0
A8	2.2×10^{4}	0
A9	9.4×10^{4}	0
A10	6.8×10^{4}	0
A11	1.8×10^{4}	0
A12	1.2×10^{4}	0
A13	1.5×10^{6}	4.2×10^{4}

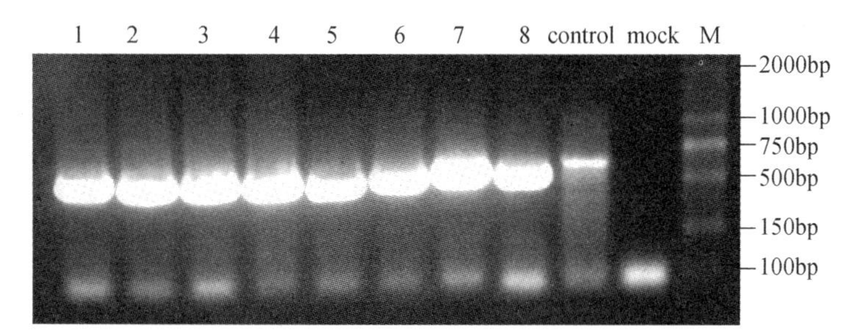

图 8-5　PCR 检验土壤样本中大肠杆菌（*E. coli*）与指示菌特征条带对照

8.4.2　砂壤土试验 *E. coli* 检验验证

试验中发现砂壤土中具有青霉素抗性的细菌明显多于砂土，因此补做两组验证试验：第一组试验以 B0 表示，此组试验除滴灌时不加入 *E. coli* 外，其他试验条件与试验设置采用了常用灌水量 7.6L 和灌水器流量 1.79L/h 的 B2 相同；第二组试验以 B+表示，试验中把一组试验所需砂壤土全部在高压蒸锅中湿热灭菌，然后置于超净台中风干后，采取和 B2 试验相同的试验设置进行试验。

图 8-6 给出了砂壤土中不加 *E. coli* 的 B0 试验和砂壤土中各次试验除表层 5cm 以外土体中的 *E. coli* 分布等值线图，可以发现，图中包括 B0 试验在内的各次试验菌落分布表现出较强的随机性，最高的细菌浓度数量级在 10^{3} ~ 10^{4}CFU/mL。

B+试验所得到的结果如图 8-7 所示。图中黑色区域代表 *E. coli* 浓度，数字标签标注的为浓度最大位置的 *E. coli* 浓度值。可以看到，土体中检测到的 *E. coli* 几乎全部分布在表层 5cm，集中在靠近饱和湿润区的范围。通过以上分析可以推断，*E. coli* 在砂壤土中主要累积在土壤表层 5cm 以内；砂壤土中本身存在一定量的具青霉素抗性细菌，但在给定较大 *E. coli* 注入浓度的条件下，本底细菌含量极少，对试验结果造成的影响不明显。

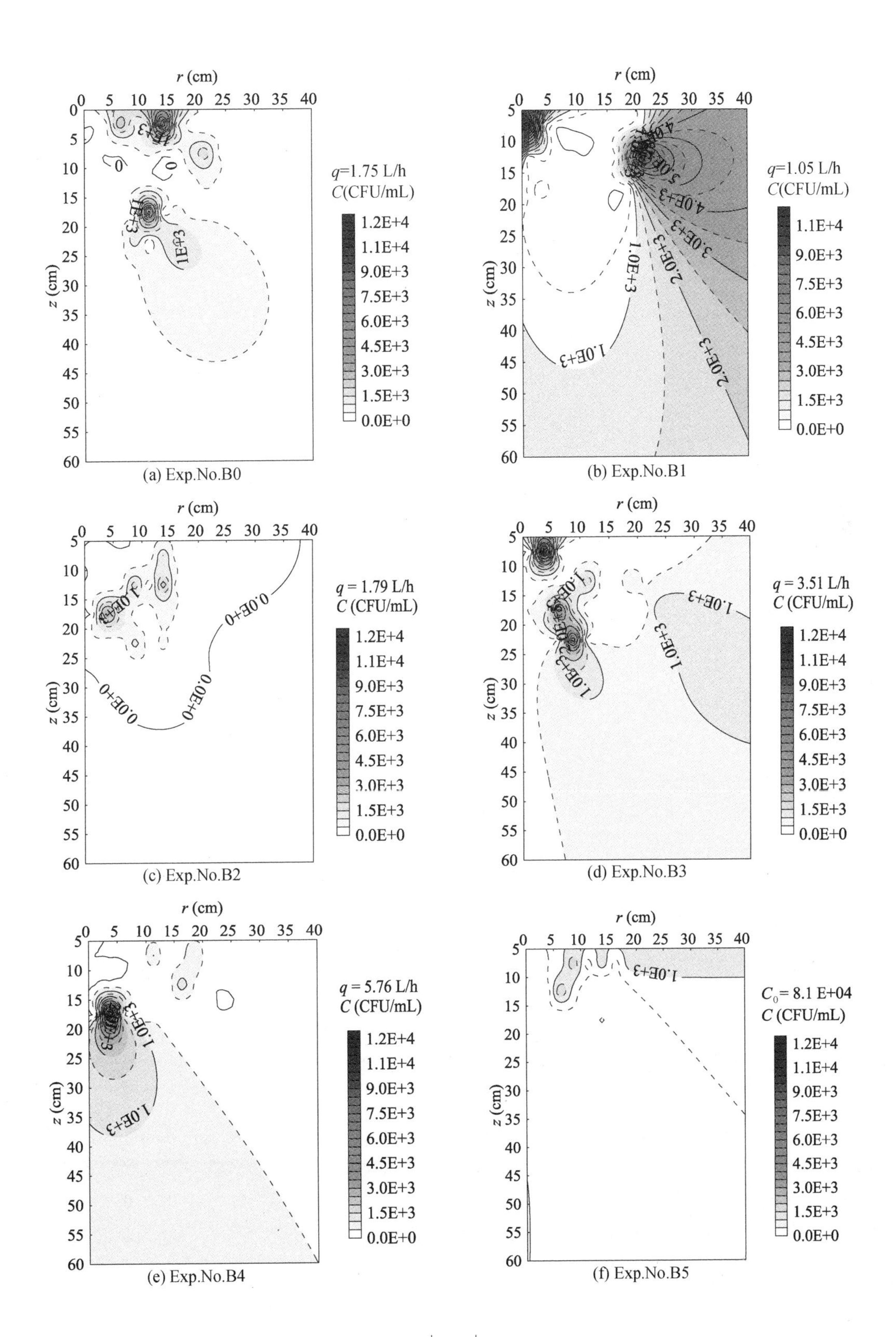

(a) Exp.No.B0

(b) Exp.No.B1

(c) Exp.No.B2

(d) Exp.No.B3

(e) Exp.No.B4

(f) Exp.No.B5

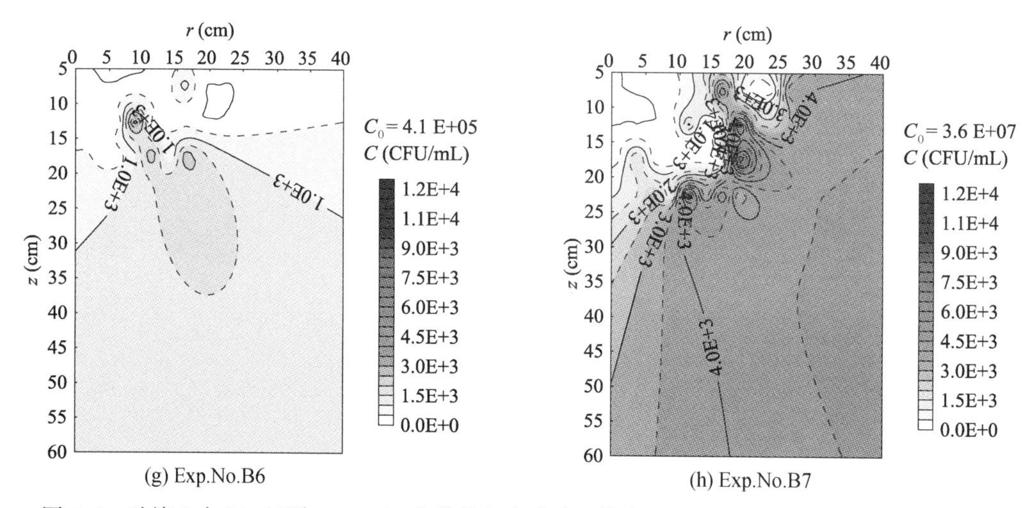

图 8-6　砂壤土中 B0（不加 *E. coli*）和其他各次试验土体中（不包含表层 5cm）的 *E. coli* 分布

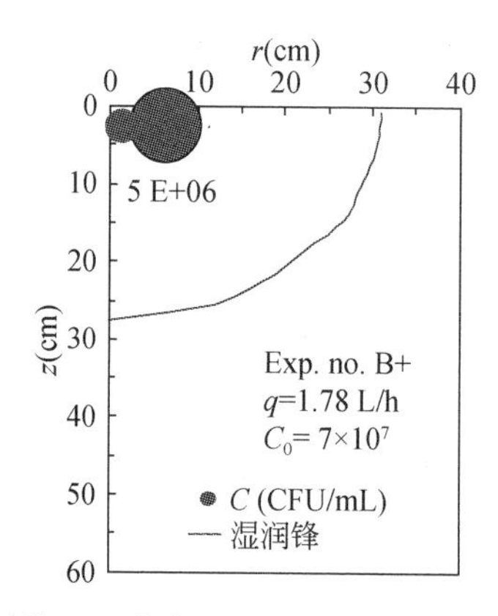

图 8-7　砂壤土灭菌条件下 *E. coli* 在砂壤土中的分布

8.5　灌水器流量对土壤水分和 *E. coli* 分布的影响

8.5.1　灌水器流量对砂土水分分布的影响

图 8-8 为不同灌水器流量试验滴灌后含水率分布等值线图。由图 8-8 可知，灌水器附近位置含水率较高，沿远离灌水器的径向及垂向都逐渐递减，越靠近湿润锋边缘，递减越明显。对于灌水器流量最大为 5.76L/h 的 A5 试验，靠近灌水器处的含水率值较其他处理的含水率值大，可能是由于灌水器流量较大时，滴灌灌水过程较短，滴灌结束后，灌水器附近水分未运移至下层土壤所致。

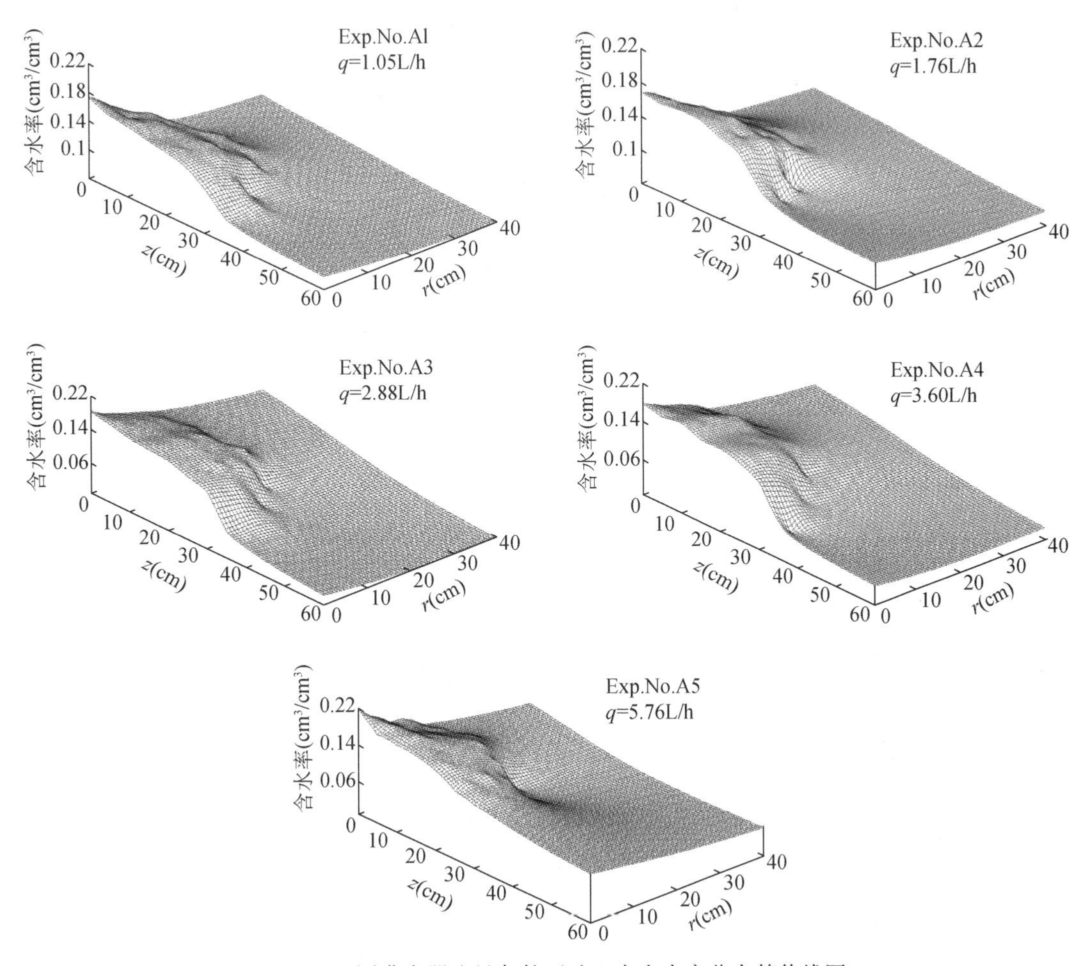

图 8-8　不同灌水器流量条件下砂土中含水率分布等值线图

8.5.2　灌水器流量对砂土中 *E. coli* 分布的影响

图 8-9 为灌水器流量由 1.05L/h 增至 5.76L/h 时，砂土中 *E. coli* 浓度分布的气泡图，气泡大小代表 *E. coli* 浓度高低。弧状实线为滴灌结束后湿润锋所在位置。总体来看，*E. coli* 浓度最大值均出现在距灌水器 0 ~ 5cm 的范围内，且随与灌水器距离的增加而在径向和垂向逐渐减小，在靠近湿润锋 5cm 附近，几乎检测不到 *E. coli*。表 8-8 给出了垂直方向上不同土层中 *E. coli* 分布的统计规律，从表中可以看到，70% 的 *E. coli* 分布在表层 10cm 以内，而在 20cm 以外，*E. coli* 所占比例不足 10% 。这和 Jiang 等（2005）所得结果相吻合。Jiang 等的研究结果指出，在穿透试验中，细菌主要集中在表层 10cm 的土层，并随土层加深而减小，Mosaddeghi 等（2010）也得到类似的结论。

较大的灌水器流量会增大 *E. coli* 高浓度区域的分布范围。例如，灌水器流量为 5.76L/h 时，*E. coli* 高浓度区分布范围明显大于灌水器流量为 1.05L/h 的试验。灌水器流量为

5.76L/h 和 1.05L/h 时，垂向 5～15cm 以及径向 0～15cm 土体内的菌落数占检测到总菌落数的比例分别为 38.7% 和 22.8%。对于灌水器流量较大的 A4 和 A5 试验，距灌水器最近点土样中 *E. coli* 浓度比其他灌水器流量较小的试验低，这可能是由于在较大的流速条件下，部分 *E. coli* 克服了土壤的吸附作用而运移到了较远的位置所致。

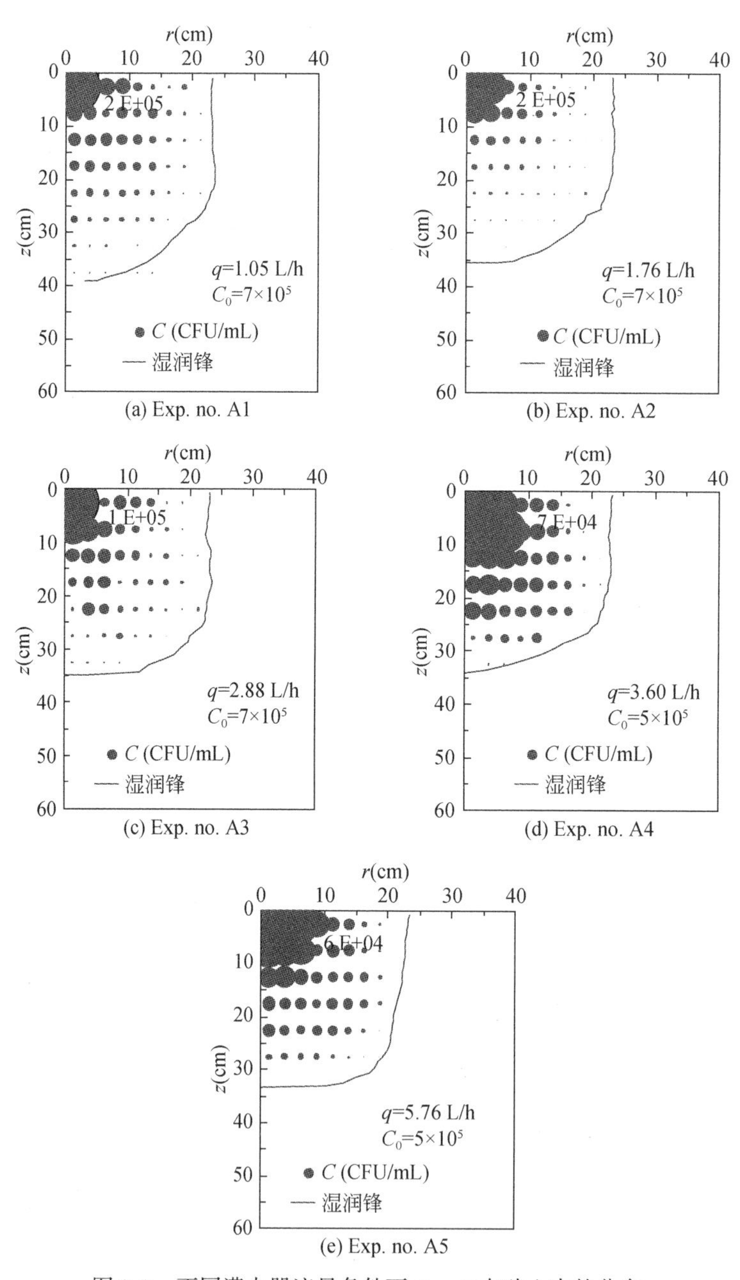

图 8-9　不同灌水器流量条件下 *E. coli* 在砂土中的分布

表 8-8　砂土中 *E. coli* 的统计特征及垂直方向各层所占菌落比例

试验编号	给定土层的 *E. coli* 浓度（CFU/mL）											
	0～10cm			10～20cm			20～30cm			30～40cm		
	最大值	最小值	比例(%)	最大值	最小值	比例(%)	最大值	最小值	比例(%)	最大值	最小值	比例(%)
A1	2.4×10^{5}	4.1×10^{5}	73	1.5×10^{4}	1.1×10^{5}	19	5.7×10^{3}	3.8×10^{4}	7	1.0×10^{3}	3.0×10^{3}	1
A2	1.8×10^{5}	3.5×10^{5}	91	5.6×10^{3}	3.0×10^{4}	8	7.5×10^{2}	3.6×10^{3}	1	40	1.3×10^{2}	0
A3	9.9×10^{4}	1.9×10^{5}	76	6.5×10^{3}	4.4×10^{4}	17	5.9×10^{3}	1.6×10^{4}	6	1.8×10^{2}	5.7×10^{2}	0
A4	6.7×10^{4}	3.0×10^{5}	72	1.0×10^{4}	8.3×10^{4}	20	7.2×10^{3}	3.2×10^{4}	8	93	1.5×10^{2}	0
A5	5.8×10^{4}	3.3×10^{5}	74	1.6×10^{4}	8.5×10^{4}	19	6.9×10^{3}	3.0×10^{4}	7	0	0	0
A6	8.8×10^{2}	2.3×10^{3}	83	1.3×10^{2}	3.4×10^{2}	16	0	0	0	0	0	0
A7	3.6×10^{4}	7.1×10^{4}	72	2.2×10^{3}	1.7×10^{4}	19	1.5×10^{3}	9.7×10^{3}	10	0	0	0
A8	2.7×10^{6}	7.0×10^{6}	89	2.1×10^{5}	8.8×10^{5}	11	3.1×10^{4}	6.0×10^{4}	0	27	73	0
A9	1.6×10^{5}	2.6×10^{5}	83	6.3×10^{3}	3.8×10^{4}	12	6.9×10^{3}	1.7×10^{4}	5	0	0	0
A10	1.1×10^{5}	2.3×10^{5}	88	6.5×10^{3}	2.8×10^{4}	11	9.3×10^{2}	4.7×10^{3}	1	1.0×10^{2}	1.7×10^{2}	0
A11	1.0×10^{5}	2.0×10^{5}	75	8.4×10^{3}	4.4×10^{4}	16	1.1×10^{3}	2.2×10^{3}	8	6.6×10^{2}	3.1×10^{3}	1
A12	8.7×10^{4}	1.8×10^{5}	91	7.2×10^{3}	1.9×10^{4}	10	93	4.1×10^{2}	0	0	0	0
A13	5.7×10^{4}	1.7×10^{5}	79	8.8×10^{3}	3.4×10^{4}	16	4.0×10^{3}	1.1×10^{4}	5	3.6×10^{2}	8.4×10^{2}	0

8.5.3 灌水器流量对砂壤土水分分布的影响

不同灌水器流量条件下砂壤土中含水率分布如图 8-10 所示。砂壤土含水率也表现为灌水器附近位置含水率较高，沿远离灌水器方向的径向及垂向都逐渐递减，湿润锋边缘含水率值接近初始含水率。与砂土试验不同的是，砂壤土中灌水器附近含水率较高，且砂壤土中湿润体范围相对较小。含水率高的原因一方面砂壤土初始含水率较砂土高；另一方面，砂壤土的保水性较砂土好，湿润范围则和砂壤土的导水性能有关。

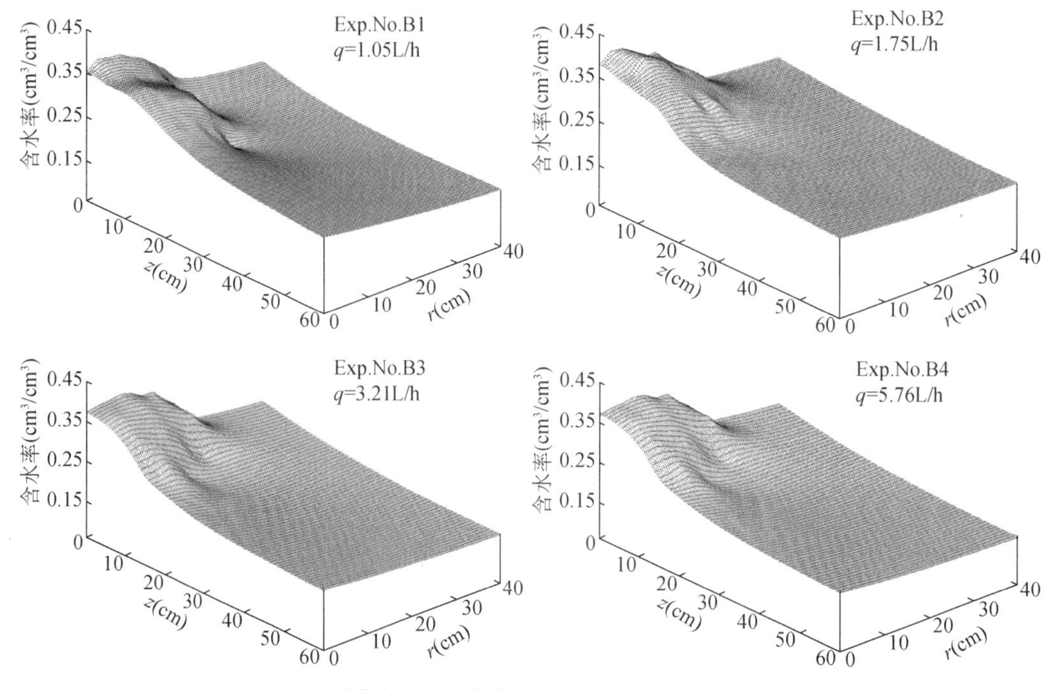

图 8-10　不同灌水器流量条件下砂壤土中含水率分布等值线图

8.5.4 灌水器流量对砂壤土中 *E. coli* 分布的影响

图 8-11 为不同灌水器流量（1.05～5.76L/h）条件下 *E. coli* 在砂壤土中的分布。由图可知，*E. coli* 集中分布在表层 5cm 土壤中。其余各层的菌落数因浓度过低无法在图上显示，统计分析发现表层 5cm 以外的土层菌落数不足表层菌落数的 0.1%，且与砂壤土不加入 *E. coli* 的再生水滴灌空白试验中土壤中抗性菌数量级一致。结合全部砂壤土都灭菌后的 B+试验（图 8-7），可以推断本试验灌溉水中所含的 *E. coli* 大部分被截留在表层 5cm 土壤中。

根据图 8-11，随灌水器流量增大，*E. coli* 浓度较高的区域明显增大，当灌水器流量为 1.05L/h 时，*E. coli* 高浓度范围集中在距灌水器约 7.5cm 的位置。当灌水器流量为 5.76L/h

时，*E. coli*高浓度区范围可推移到距灌水器约 15cm 的位置。分析饱和湿润区位置与 *E. coli* 分布图可以发现，*E. coli* 浓度较大值几乎都集中在饱和湿润区所在的区域，灌水器流量的增大促进饱和湿润锋的运移距离，同时增大了 *E. coli* 的运移范围。

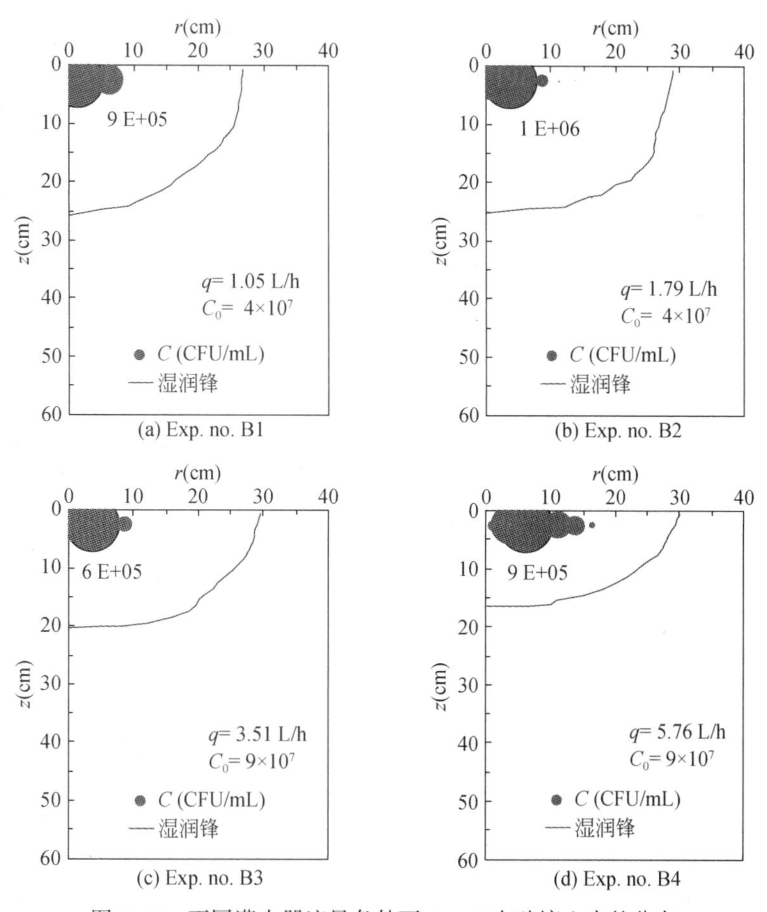

图 8-11　不同灌水器流量条件下 *E. coli* 在砂壤土中的分布

8.6　*E. coli* 注入浓度对土壤中水分和 *E. coli* 分布的影响

8.6.1　*E. coli* 注入浓度对砂土和砂壤土中水分分布的影响

图 8-12 和图 8-13 分别给出了不同 *E. coli* 浓度条件下，滴灌后砂土和砂壤土中土壤含水率变化等值线。从图中可以看出，*E. coli* 浓度不同时，两种土壤中含水率变化等值线无明显差异，即 *E. coli* 浓度对土壤含水率分布无明显影响，因此在以下对灌水要素对土壤水分分布影响的分析中将不考虑 *E. coli* 浓度的影响。

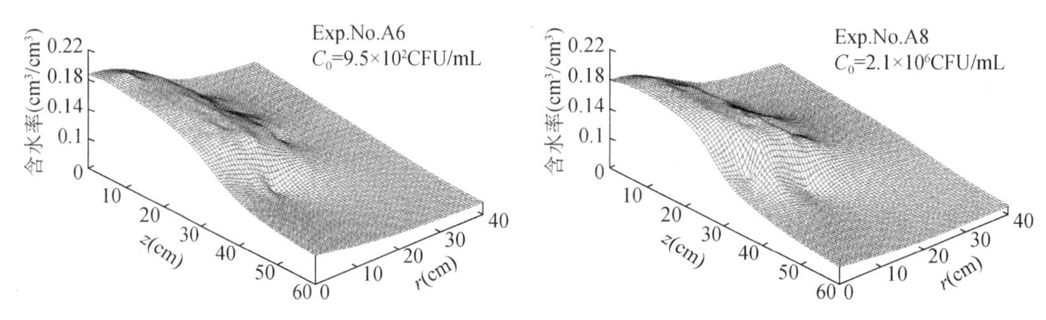

图 8-12 不同 *E. coli* 浓度条件下砂土中含水率分布等值线图

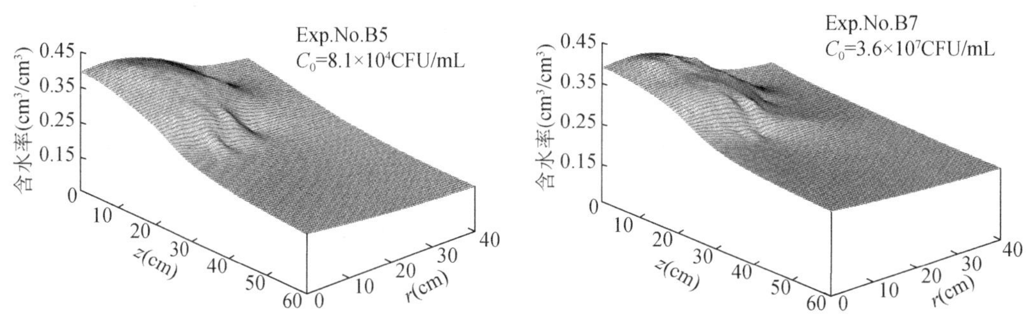

图 8-13 不同 *E. coli* 浓度条件下砂壤土中含水率分布等值线图

8.6.2 *E. coli* 注入浓度对砂土中 *E. coli* 分布的影响

图 8-14 给出了其他试验条件不变，仅菌液浓度数量级在 10^2 ~ 10^6 CFU/mL 变化条件下，*E. coli* 在土体中的分布。总体来看，在径向和垂直方向，土体中 *E. coli* 浓度均随灌水器的距离增大而减小。另外，菌液浓度对灌水器周围 *E. coli* 浓度的影响较明显，即土体中 *E. coli* 浓度峰值取决于菌液浓度。例如，当菌液浓度为 9.5×10^2 CFU/mL，峰值浓度为 9×10^2 CFU/mL，而当菌液浓度为 2.1×10^6 CFU/mL，峰值浓度增加到为 2.7×10^6 CFU/mL。另外，菌液浓度对 *E. coli* 运移距离也有一定影响，当菌液浓度较小时，仅在距表层 15cm 检测到 *E. coli*，而当菌液浓度增大时，*E. coli* 的运移距离增大，当菌液浓度数量级达到 10^5 或以上时，距表层 30cm 仍可以检测到 *E. coli*。各土层菌落所占比例如表 8-8 所示，不同 *E. coli* 浓度时，超过 70% 的 *E. coli* 仍集中在表层 10cm 的位置。

8.6.3 *E. coli* 注入浓度对砂壤土中 *E. coli* 分布的影响

基于砂壤土中灌水器流量试验得到的结论，*E. coli* 在砂壤土中主要集中在表层 5cm 土壤中，且当菌液浓度较小时，在土层中检测到的 *E. coli* 浓度和土壤中抗性菌本底值的数目相近，为尽量避免本底值细菌的影响，当研究菌液浓度影响时，单独绘制表层的 *E. coli* 分

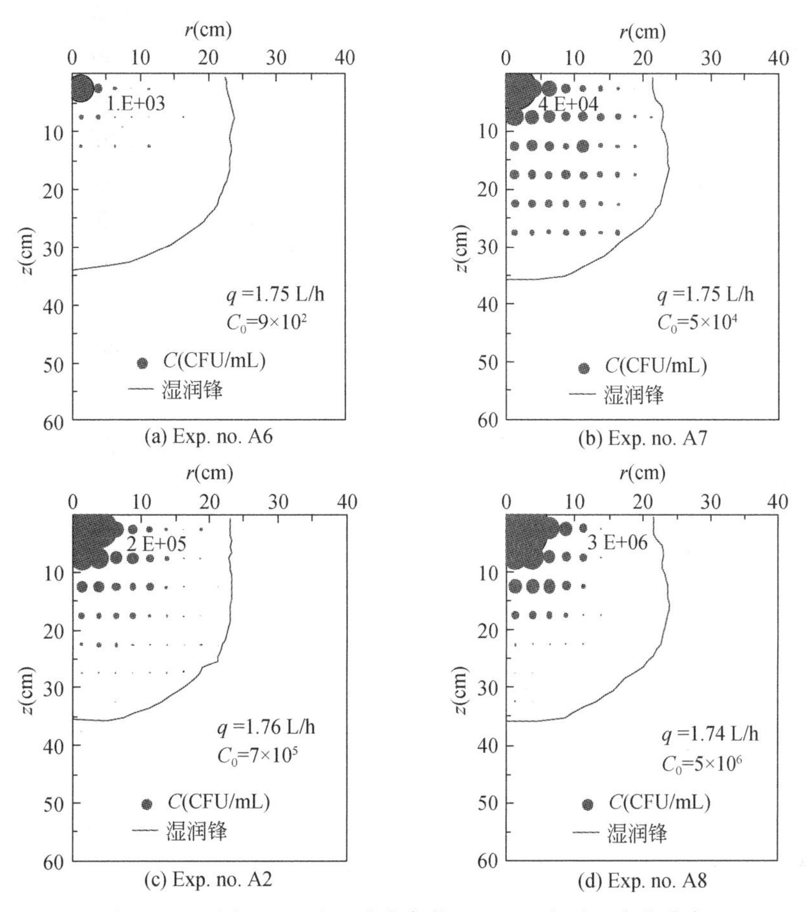

图 8-14 不同 *E. coli* 注入浓度条件下 *E. coli* 在砂土中的分布

布来进行比较。图 8-15 为不同 *E. coli* 注入浓度条件下砂壤土表层 5cm *E. coli* 浓度变化。从图中可以发现，菌液浓度决定了表层土壤中 *E. coli* 的浓度。当菌液浓度由 8.1×10^4CFU/mL 增大至 3.6×10^7CFU/mL 时，表层土壤中 *E. coli* 浓度最大值分别为 1.1×10^3CFU/mL 增大至 8.2×10^6CFU/mL。

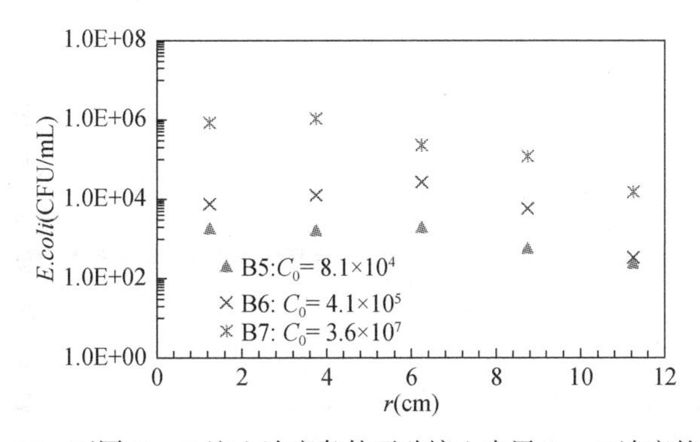

图 8-15 不同 *E. coli* 注入浓度条件下砂壤土表层 *E. coli* 浓度的变化

8.7 灌水量对砂土中水分和 *E. coli* 分布的影响

8.7.1 灌水量对砂土水分分布的影响

图 8-16 为不同灌水量条件下（4.8 ~ 12L）砂土中含水率分布等值线图。从图中可以看到，当灌水量由 4.8L 增大至 9.6L 时，含水率变化趋势相似，但土体湿润范围随灌水量的增加呈明显增大趋势，这说明灌水量增加不会改变水分运移模式，但是会显著增大水分运移距离。

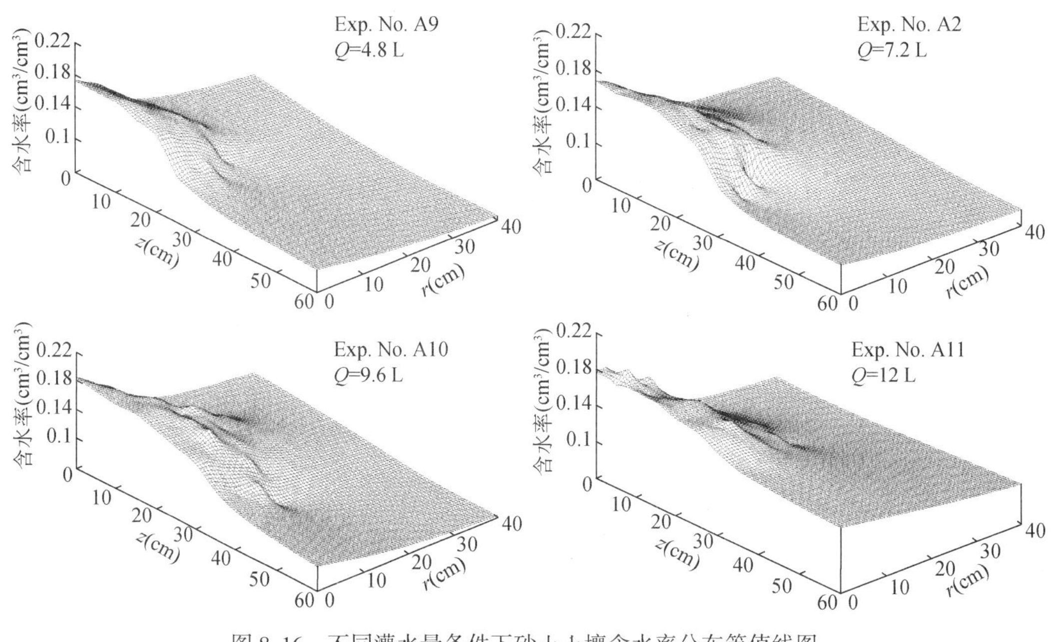

图 8-16 不同灌水量条件下砂土土壤含水率分布等值线图

8.7.2 灌水量对砂土中 *E. coli* 分布的影响

图 8-17 分别给出了菌液浓度数量级为 10^5CFU/mL、灌水器流量为 1.75L/h、灌水量为 6L、7.2L、9.6L 和 12L 时 *E. coli* 在砂土中的分布。从图中可以看到，灌水量增大会增加土壤在径向和垂向的湿润距离，且垂向运移距离增加更为明显，这和土壤水分运移含水率分布的结果一致（图 8-16）。从 *E. coli* 分布情况可以看出，*E. coli* 峰值均位于距灌水器最近的位置，*E. coli* 浓度在沿远离灌水器方向逐渐减小，在距土壤表层 10cm 范围内，*E. coli* 分布特点相似，灌水量对 *E. coli* 分布的影响不明显。分析 *E. coli* 运移距离，当灌水量较小时，*E. coli* 在垂向运移的最远距离为 25cm；当灌水量增大时，*E. coli* 运移距离逐渐增大，

当灌水量为 12L 时（灌水 6.7h），垂直方向上 *E. coli* 所到达的最远距离为 40cm。从图中还可看出，不同处理径向菌落分布位置差异不明显，4 组试验检测到的径向菌落分布所能到达的最远距离都在 20cm 以内，且距离湿润锋 5 ~ 10cm 位置基本检测不到 *E. coli*。

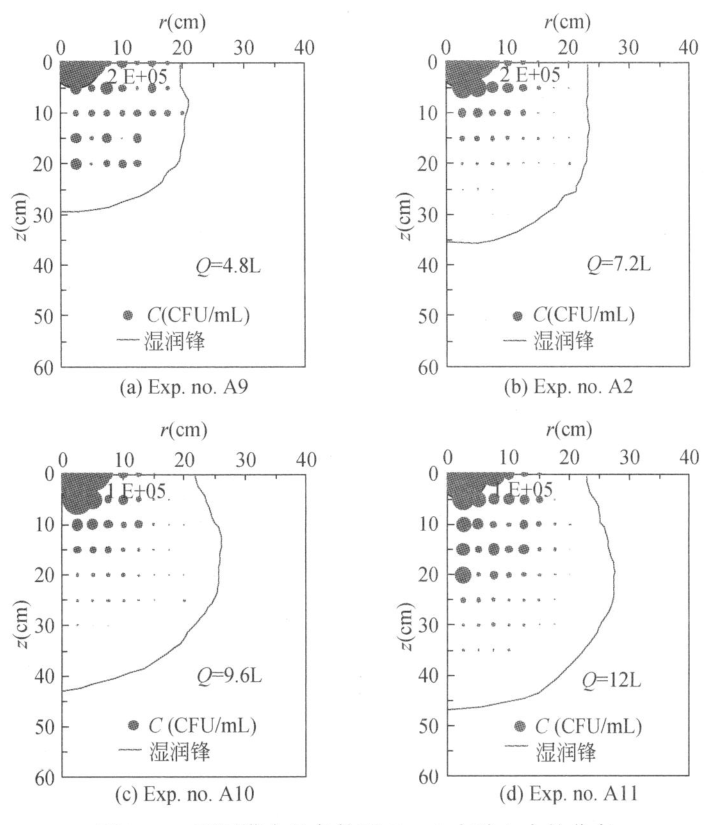

图 8-17　不同灌水量条件下 *E. coli* 在砂土中的分布

8.8　土壤初始含水率对砂土中水分和 *E. coli* 分布的影响

8.8.1　土壤初始含水率对砂土中水分分布的影响

图 8-18 为灌水量为 7.2L、灌水器流量为 1.75L/h，不同初始含水率条件下（$0.02cm^3/cm^3$、$0.033cm^3/cm^3$ 和 $0.071cm^3/cm^3$）滴灌结束后土壤含水率分布等值线图。由图可知，土壤初始含水率不同时，土体中含水率分布差异比较明显，径向和垂向的湿润距离以及土体湿润范围都随初始含水率增大而明显增大，垂向湿润距离受初始含水率的影响更为明显。值得指出的是，当初始含水率为 $0.071cm^3/cm^3$ 时，水分运移明显增强，导致土体中整体含水率都较高。

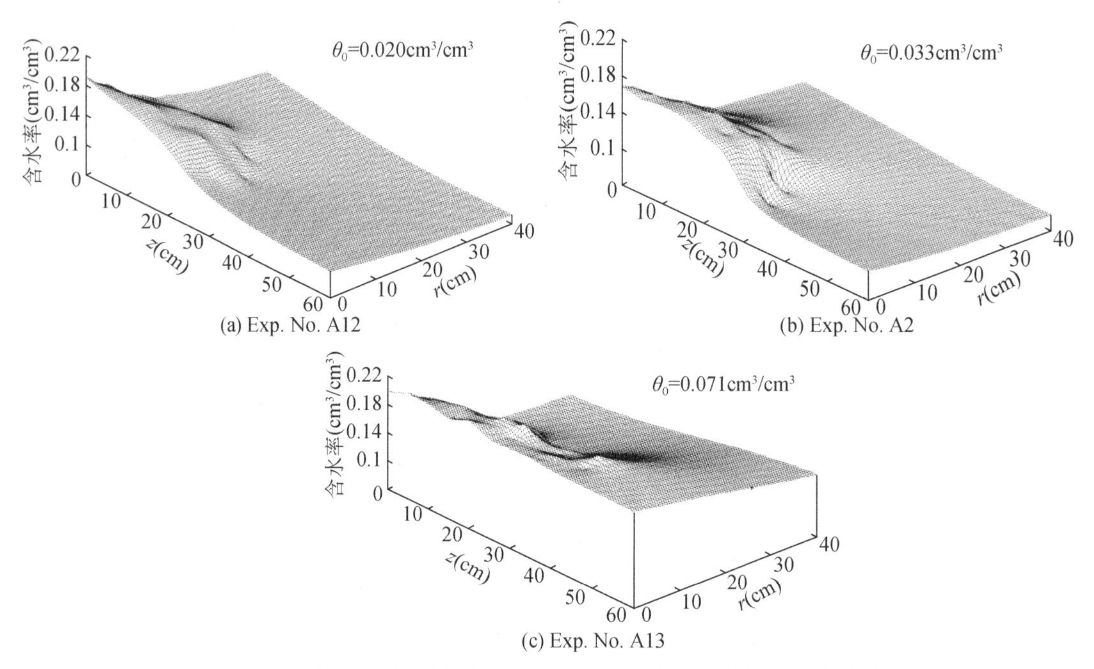

图 8-18　不同土壤初始含水率条件下砂土土壤含水率分布等值线图

8.8.2　土壤初始含水率对砂土中 *E. coli* 分布的影响

图 8-19 给出了不同初始含水率条件下 *E. coli* 在砂土中的分布情况。当初始含水率较低时，*E. coli* 在径向和垂向所能到达的最远距离都较小。例如，在 A12 试验中初始含水率值为 0.02cm^3/cm^3，*E. coli* 在垂向和径向的最远运移距离分别为 20cm 和 15cm，而当初始含水率增大至 0.071cm^3/cm^{3}时，其垂向和径向最大运移距离分别增加到 40cm 和 25cm（由于含水率值较高，观测的湿润锋不够清晰，如图 8-18（c））。这和 Mosaddeghi 等（2010）等研究发现的规律一致，在土壤含水率逐渐增大，土壤由非饱和至饱和状态过渡时，细菌的过滤作用逐渐增强。

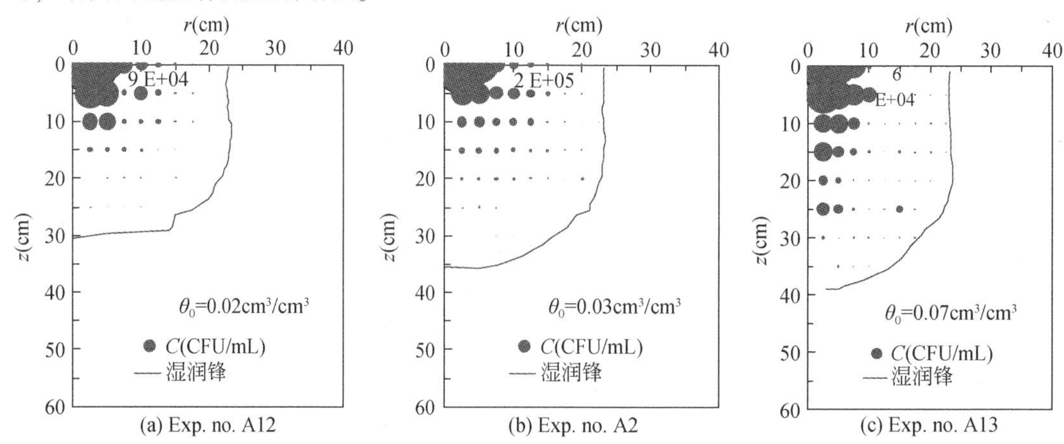

图 8-19　不同土壤初始含水率条件下 *E. coli* 在砂土中的分布

8.9 本章结论

滴灌条件下，土壤非饱和入渗占主导地位，在田间定量研究某一灌溉技术参数对 *E. coli* 在土壤中运移残留的影响难度较大，因此本章利用室内再生水滴灌试验，对水平和垂直湿润距离、饱和区半径以及灌水结束时刻土壤中 *E. coli* 和含水率分布进行了观测，定量刻画了灌水器流量、*E. coli* 注入浓度、灌水量和砂土初始含水率对土壤水分和 *E. coli* 分布的影响，得出如下结论。

（1）增大灌水器流量促进水分在径向的运移，减小灌水器流量促进水分在垂直方向的运移。在砂壤土中，灌水器附近表层土壤形成明显的饱和区。饱和区半径和灌水器流量之间呈幂函数关系。*E. coli* 浓度最大值在灌水器附近，绝大部分 *E. coli* 被截留在表层 5cm 深度内，集中在饱和湿润区范围内。灌水器流量通过影响饱和区的范围来影响 *E. coli* 的运移，当灌水器流量增大时，饱和区增大，*E. coli* 浓度较大的范围也相应增大。对于砂土，*E. coli* 浓度沿远离灌水器方向逐渐减小，在湿润体边缘距湿润锋 5 ~ 10cm 的范围内无 *E. coli*。较大的灌水器流量使得 *E. coli* 浓度值较大的范围增大。

（2）*E. coli* 注入浓度对砂土和砂壤土中含水率分布无影响。*E. coli* 注入浓度对砂土和砂壤土中菌落分布的影响都较明显，尤其表现在对表层细菌分布的影响上，当菌液浓度增大，无论是砂土还是砂壤土，表层 *E. coli* 浓度都会明显增大。因此，在利用再生水灌溉之前，将再生水中细菌的浓度在控制在较小的范围，可以有效地降低再生水灌溉导致的 *E. coli* 污染。

（3）径向和垂向湿润距离均随灌水量和土壤初始含水率的增加而增加，垂直方向湿润距离的增加比水平方向更为明显。*E. coli* 的运移距离随灌水量和初始含水率的增大而明显增大。

第9章 滴灌条件下 *E. coli* 在土壤中运移的模拟模型

通过第8章的室内试验，获得了灌水器流量、再生水中 *E. coli* 浓度、灌水量等滴灌技术参数对砂土和砂壤土中的水分运移和 *E. coli* 分布的影响规律。本章利用包含细菌、病毒等胶体运移模块的HYDRUS软件，构建了滴灌水分和 *E. coli* 运移模型，采用土箱试验数据对模型进行率定和验证。通过设置不同的模拟情景，分析了灌水量、初始含水率和灌水器埋深条件下砂土和砂壤土中 *E. coli* 分布，对再生水滴灌管理提出了建议。

9.1 概　述

9.1.1 滴灌条件下水分运动的数学模拟

滴灌条件下土壤水分运动属于三维饱和-非饱和流动，水分运移过程遵循达西定律和质量守恒定律，土壤中水分运移过程可以用Richard方程进行描述（Molz，1981；雷志栋等，1988）。Richards方程中的非饱和导水率是土壤含水率的非线性函数，其高度的非线性给土壤水分运动模型的求解带来了诸多困难。目前，Richards方程的求解方法分为解析解法和数值解法两种。

用解析方法对Richards进行求解时，往往需要通过假设将Richards方程线性化。Gardner（1958）假设非饱和导水率为土壤含水率的指数形式，从而将Richards方程线性化。基于此，Raats（1971）推导了地表点源滴灌条件下的稳定流解析解，Warrick（1974）推导了地表点源条件下非稳定流的解析解。灌水器周围形成的饱和区对水分运动有明显影响。无论采用何种模型，饱和区半径的确定方法都直接影响着模拟的精度。由于各种理论采用了不同的假设，它们预测值之间差别较大。Lockington等（1984）将Richards方程线性化后，推导了非稳定入渗条件下饱和区半径和湿润锋位置的解析表达式。Ben-Asher等（1986）忽略重力项的影响，提出了有效半球模型，求解地表点源均质、各向同性且初始含水率均匀的土壤入渗问题，给出了球坐标下的湿润半径的表达式，并利用实测资料对模型进行了检验。结果表明，有效半球模型与小流量的实测结果吻合较好，但与较大流量长时间滴灌的实测结果偏离较多。

由于解析解的推导中假设条件较多，这使得Richards方程解析解的应用受到了较大限制，当用其描述较为复杂的水分运移问题时常常存在很多问题。目前，滴灌条件下土壤水分运移主要采用数值法进行求解。Brandt等（1971）针对点源和线源灌溉分别提出了柱状流模型和平面流模型的数值解法。他们分析了饱和区半径随时间的变化，指出在灌水初期，饱和区半径随时间的增长而迅速增大，达到一定时间后趋于稳定。对同一土壤而言，随灌水器流量的增大而增大。常用的数值解法有有限差分法和有限单元法。有限差分法是 Richards 方程数值求解中最为常用的方法。有限差分法是以差商近似代替微商，将土壤水分运动的偏微分方程变成差分方程，组成可以直接求解的代数方程组。刘晓英和杨振刚（1990）基于有限差分法提出了描述平面流运动的数学模型，并对模型进行了数值计算和试验验证。Healy 和 Warrick（1988）用有限差分法对滴灌条件下轴对称流的 Richards 方程进行求解，给出了不同土壤条件和滴头流量下通用的经验公式。李光永和曾德超（1997）对 Richards 方程进行了无量纲转换，得到三维轴对称点源入渗的无量纲模型，通过交替隐式差分法（ADI）得到了 Richards 方程数值解。冯绍元等（2001）建立了考虑根系吸水条件下的滴灌二维土壤水分运动数学模型，采用交替隐式差分法（ADI）和 Gauess-Seidal 法对 Richards 方程联合求解，模型计算结果和实测值基本一致。

有限单元法用简单的插值函数（多采用显性插值函数）来代替每个单元上的位置函数分布，然后集合起来形成可以直接求解的代数方程组。Taghavi 等（1984）用伽辽金有限元法模拟了点源条件下的土壤水分运动，结果表明，计算值与实测值在水平方向吻合较好，时间较长时，在垂直方向偏离较大。为了探求引起水量不平衡的原因，他们还分析了饱和区半径对水分运动的影响。结果指出，饱和区半径的增大使湿润锋的前进加快。雷廷武（1988）将边界处理为随时间变化的可移动边界，用有限元法求解了单个滴头水分运动的三维轴对称问题。Ghali（1989）提出了水力和热梯度作用下滴灌水流的通用概念模型，并用有限单元法给出了模型的数值解。

9.1.2 *E. coli* 在土壤中运移的数学模拟

根据模型的适用条件，*E. coli* 运移模型可以分为确定性机理模型、随机定量机理模型、动力波模型及其他模型（李桂花，2002）。一般情况下，确定性机理模型比较适用于均质土壤或室内装的土柱。随机定量机理模型可用于模拟农田等大尺度条件下非均质土壤中的细菌运移（Ginn，2002）。动力波理论可用于描述细菌在优先流中的运移（Germann and Douglas，1987）。

目前运用较多的是以对流–弥散方程为基本方程的机理模型。模型将质量守恒原理应用在 *E. coli* 在多孔介质中流体的流动，通过连续方程把对流、弥散、吸附、过滤、细菌生长和死亡结合起来（Rockhold et al.，2004）。此类方程将细菌的源汇项考虑得较完整，既包含了细菌从水中排除的过程，包括吸附和过滤，还描述了细菌因繁殖而增加、因死亡而减少，因布朗运动、趋化性和旋转等而造成的细菌运移，可描述一定控制条件下细菌运移的一些重要特征。细菌运移对流扩散方程表示为

$$\frac{\partial(\theta C)}{\partial t}+\Lambda_{\mathrm{fate}}=\frac{\partial}{\partial x}\left(\theta D\frac{\partial C}{\partial x}\right)-\frac{\partial(\theta v C)}{\partial x} \tag{9-1}$$

式中，θ 为含水率，cm^3/cm^3；C 为细菌的液相浓度，CFU/mL；t 为时间，min；v 为孔隙

流速，m/s；x 为运移距离，cm；D 为水动力弥散系数，mL^2/min；Λ_{fate}为细菌去向，以下式表示：

$$\Lambda_{fate}=\Lambda_{att}+\Lambda_{str}+\Lambda_{sur} \tag{9-2}$$

式中，Λ_{att}、Λ_{str}和Λ_{sur}分别代表吸附项、截滤项和细菌存活项。Bradford 等（2008）给出了滞留项Λ_{str}的计算方式；Rockhold 等（2004）给出了细菌存活汇源项Λ_{sur}项的计算方式。Tufenkji 和 Elimelech（2004）提出的胶体过滤理论忽略后两项，将Λ_{fate}项简化为：

$$\Lambda_{fate}=\Lambda_{att}=\rho_b\frac{\partial C_{s\cdot att}}{\partial t}=\theta_s k\, s_{att}C \tag{9-3}$$

式中，ρ_b 代表土壤干容重，g/cm^3；$C_{s\cdot att}$代表吸附细菌的固相浓度，CFU/g；t 代表时间，min；θ_s代表饱和土壤含水率，cm^3/cm^3；$k_{s\cdot att}$代表固相吸附速率，1/min（Logan et al.，1995）。如果吸附速度比多孔介质中流体的流动速度快，液相中的污染物与固相达到吸附平衡，这种吸附称为平衡吸附。反之，如果吸附速度比流体的流动速度慢，吸附过程就不会达到平衡，这种吸附称为非平衡吸附或者动态吸附。平衡吸附是有条件的，需要液相中的污染物与固体骨架有充分的接触时间，能够达到吸附平衡。在相同温度下，吸附达到平衡时固相吸附容量与液相污染物浓度的关系曲线称为吸附等温线。然而，在很多情况下，吸附并不能达到平衡状态，这时必须用非平衡吸附模式或动态吸附模式（王洪涛，2008）。对于粗质地土壤，Peterson 和 Ward（1989）曾忽略细菌扩散、沉降、自由和趋化运动，假设吸附细菌的生长和死亡平衡，且忽略溶液中的细菌生长量，建立了一种以对流为主的细菌随水分运动的模型。该模型假设过滤过程可逆且符合线性等温反应。Schijven 和 Šimůnek（2002）采用双点位动态吸附描述病毒在土壤中的运移。因为它参数相对少，可用试验方法推求参数，拟合结果也比其他模型好。

目前最为常用的模拟微生物运移的软件为 HYDRUS（Šimůnek and van Genuchten，2008）。模型采用 Richards 方程及对流–弥散方程模拟水和污染物（包括病毒、细菌和胶体）在变化的孔隙介质中的运移。吸附和过滤方程通过率定平衡和动态吸附系数以及基于吸附解析过程的过滤理论获得（Schijven et al.，2002；Šimůnek and van Genuchten，2008；Pang and Šimůnek，2006；Zhang et al.，2013b）。国内外学者就灌溉条件下细菌在土壤中的迁移建立了模拟模型。Kouznetsov 等（2004）就再生水地表和地下灌溉条件下三种微生物的迁移规律建立了模型。研究结合 Richards 方程与包含一阶非线性吸附和一阶衰减的对流–弥散模型模拟大肠杆菌和两种噬菌体的迁移衰减规律，不同模型的模拟结果趋势相似。Jiang 等（2010）采用了 HYDRUS-1D 模拟了水流以及大肠杆菌和溴的运移规律，结果显示模拟值和实测值吻合较好。

基于以上分析，以往模型模拟多针对 *E. coli* 在土柱中的穿透过程，对于再生水滴灌条件下 *E. coli* 在非饱和土壤中的运移、分布特征尚缺乏数学模型来描述。因此本节采用 HYDRUS 软件，研究灌溉技术参数对 *E. coli* 在非饱和土壤中运移分布的影响特点，并通过模拟情景设置，分析灌水量、初始含水率和灌水器埋深条件下砂土和砂壤土中 *E. coli* 分布，从而对再生水滴灌管理提出建议。

9.2 数学模型

9.2.1 土壤水分运动基本方程

地表滴灌条件下土壤水分运动为三维流动问题。假设土壤为均质、各向同性的刚性多孔介质，不考虑气相及温度对水分运动的影响，滴灌二维水分运动的控制方程为

$$\frac{\partial h}{\partial t}=\frac{1}{r}\frac{\partial}{\partial r}\left[rK(h)\frac{\partial h}{\partial r}\right]+\frac{\partial}{\partial z}\left[K(h)\frac{\partial h}{\partial z}\right]+\frac{\partial K(h)}{\partial z} \tag{9-4}$$

式中，h 为土壤负压水头，cm；r 为径向坐标，cm；z 为垂直坐标，cm，向上为正；t 为时间，min；$K(h)$ 为土壤非饱和导水率，cm/min；非饱和土壤水力参数 $K(h)$ 一般为负压水头的高度非线性函数。HYDRUS 模拟需要的土壤水分特征曲线参数和非饱和导水率采用 van Genuchten-Mualem 模型表示（Mualem，1976；van Genuchten，1980）：

$$\theta(h)=\theta_r+\frac{\theta_s-\theta_r}{\left[1+|\alpha h|^n\right]^m}\quad h<0 \tag{9-5}$$

$$\theta(h)=\theta_s\quad h\geqslant 0 \tag{9-6}$$

$$K(h)=K_sS_e^l\left[1-(1-S_e^{1/m})^m\right]^2 \tag{9-7}$$

$$S_e=\frac{\theta-\theta_r}{\theta_s-\theta_r} \tag{9-8}$$

式中，θ_r为残余含水率，cm^3/cm^3；θ_s为饱和含水率 cm^3/cm^3；K_s为饱和导水率，cm /h；α 为形状参数，1/cm；m 和 n 是形状参数，其中 $m=1-1/n$；l 为孔隙弯曲度，取值为 0.5（Mualem，1976）；S_e为土壤饱和度。

9.2.2 *E. coli* 在土壤中运动基本方程

HYDRUS 溶质运移模块采用改进的对流弥散方程来定义细菌运移平衡方程，方程的基本形式为

$$\begin{aligned}\frac{\partial\theta c}{\partial t}+\rho\frac{\partial s_e}{\partial t}+\rho\frac{\partial s_1}{\partial t}+\rho\frac{\partial s_2}{\partial t}=&\frac{\partial}{\partial r}\left(\theta D_{rr}\frac{\partial c}{\partial r}+\theta D_{rz}\frac{\partial c}{\partial z}\right)+\frac{1}{r}\left(\theta D_{rr}\frac{\partial c}{\partial r}+\theta D_{rz}\cdot\frac{\partial c}{\partial z}\right)\\&+\frac{\partial}{\partial z}\left(\theta D_{zz}\frac{\partial c}{\partial r}+\theta D_{rz}\frac{\partial c}{\partial z}\right)-\left(\frac{\partial q_r c}{\partial r}+\frac{q_r c}{r}+\frac{\partial q_z c}{\partial z}\right)-\mu_w\theta c-\mu_s\rho\,(s_e+s_1+s_2)\end{aligned} \tag{9-9}$$

式中，c 为细菌的液相浓度，CFU/mL；s 为固相浓度，CFU/g；q_r和 q_z分别为 r 方向和 z 方向上的水分通量（mL/min）；D_{rr}、D_{rz}和 D_{zz}为水动力弥散系数张量的分量（mL^2/min），由 Bear（1972）给出的方法确定。下标 e、1 和 2 代表平衡和两个动态吸附项；μ_w和 μ_s代表液态和固态条件下失活和降解过程。

模拟过程中发现，平衡吸附参数对结果的影响较小，为防止模型的过参数化，模型吸

附采用固相双点位动态吸附方程（Schijven and Šimůnek，2002）：

$$\rho\frac{\partial s_1}{\partial t}=k_{\text{att1}}\theta c-k_{\text{det1}}\rho s_1-\mu_{\text{s1}}\rho s_1 \tag{9-10}$$

$$\rho\frac{\partial s_2}{\partial t}=k_{\text{att2}}\theta c-k_{\text{det2}}\rho s_2-\mu_{\text{s2}}\rho s_2 \tag{9-11}$$

式中，k_{att}和k_{det}为吸附和解吸系数，1/min，下标1和2代表两个不同的动态吸附点位。其余系数的意义与公式（9-6）相同。吸附和解吸的过程受含水率的影响较大，吸附系数通常通过过滤理论计算（Logan et al.，1995）

$$k_{\text{att}}=\frac{3(1-\theta)}{2d_c}\eta\alpha v \tag{9-12}$$

式中，d_c代表砂粒直径，cm；θ代表含水率，cm³/cm³；α代表黏附系数，-；v代表孔隙水速率，cm/min；η代表吸附参数，与*E. coli*直径d_P有关。方程（9）中未知参数参考Šimůnek等（2016）给出的计算方式获取，在HYDRUS中进行计算。

9.2.3 初始条件

模拟时假设各层土壤初始含水率和土壤中细菌本底值均匀分布，则土壤初始条件可以表示为

$$\begin{cases}\theta(r,z,0)=\theta_0 & 0\leqslant r\leqslant R,0\leqslant z\leqslant Z,t=0\\ c(r,z,0)=c_0 & 0\leqslant r\leqslant R,0\leqslant z\leqslant Z,t=0\end{cases} \tag{9-13}$$

式中，θ为土壤含水率，θ_0为初始值，cm^3/cm^3；c为土壤中*E. coli*浓度；c_0为初始值，CFU/mL；r、z分别为模拟区域边界在径向和垂直方向上的坐标。根据室内试验结果（Wen et al.，2016），砂土和砂壤土中的初始含水率分别为$\theta_0=0.03cm^3/cm^3$和$0.15cm^3/cm^3$；砂土中本底细菌极少，模拟中本底值取为0CFU/mL，砂壤土中抗性菌均值数量级为1.0×10^3CFU/mL，模拟中本底值取为1.0×10^3CFU/mL。

9.2.4 边界条件

对于砂土试验组A，随灌水时间的推移，灌水器附近形成一个近似椭球形的积水饱和区，进水范围约为1cm；对于砂壤土试验组B，灌水开始时饱和区发展很快，随时间推移，扩展的速度逐渐减小，一段时间后饱和区半径趋于定值R_s（图9-1）。为简化计算，假定灌水期间饱和区内是定通量（$\sigma(t)$，cm/h）边界，通量为灌水器流量和进水区域面积的比值。表示为

$$\sigma(t)=\frac{Q}{A} \tag{9-14}$$

式中，Q为灌水器流量，mL/min；A为模拟区域饱和区过水面积，cm^2。

对于砂土，过水断面为半球面，表示为

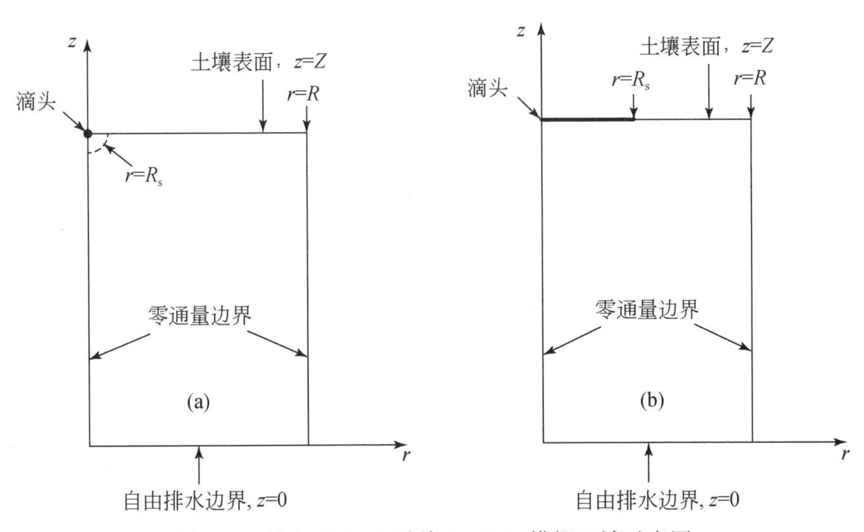

图 9-1　砂土（a）和砂壤土（b）模拟区域示意图

$$A=2\pi r^2 \quad r=R_s \tag{9-15}$$

式中，R_s为砂土中饱和区湿润半径，根据砂土试验数据，取 $R_s=1$cm。

对于两种土壤灌水器埋深 10cm 和 20cm 处理，假定过水断面为球面（图 9-2），表示为

$$A=4\pi r^2 \quad r=R_s \tag{9-16}$$

式中，R_s为土壤中饱和区湿润半径，参考砂土中饱和区半径，取 $R_s=1$cm。

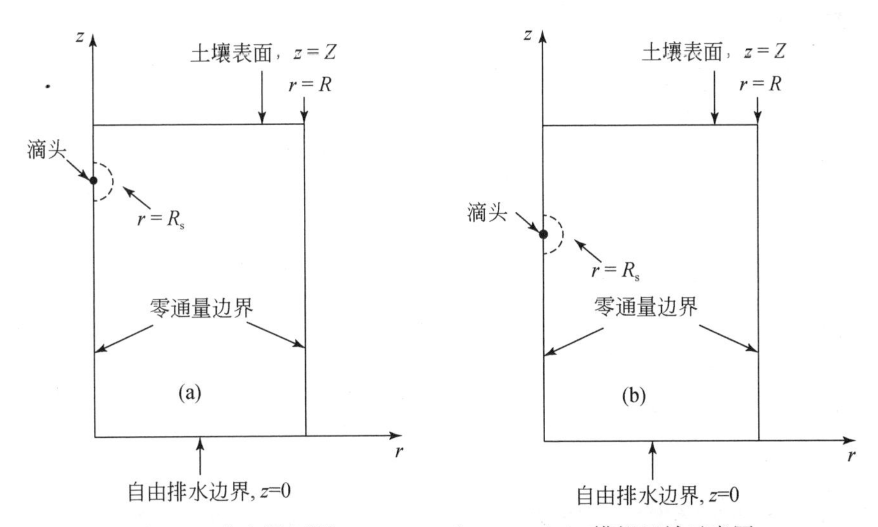

图 9-2　灌水器埋深 10cm（a）和 20cm（b）模拟区域示意图

对于砂壤土，饱和区和非饱和区边界分界明显，饱和区内形成明显的水层，饱和区厚度约为 0.15cm。灌水器流量一定时，滴灌开始时饱和区发展很快，15 ~20min 后基本达到稳定。根据试验结果，模拟时忽略饱和区半径随时间的变化，通过 HYDRUS 模拟 0.15cm

压力水头条件下，不同饱和区半径对应的流量通过注入土体中的水量与时间的比值获取。模拟一共 22 组，决定系数 R^2 为 0.99。砂壤土流量与饱和区半径回归方程表示为

$$R_s = 2.79q^{1.99} \quad (n=22,\ R^2=0.99) \tag{9-17}$$

式中，q 代表灌水器流量（L/h）根据回归方程和灌水器流量获取积水半径 R_s，入流区域表示为

$$A = \pi r^2 \quad r = R_s \tag{9-18}$$

表层土壤除定通量以外，为不透水边界，侧边也为不透水边界，表示为

$$-K(h)\frac{\partial h}{\partial r}=0 \quad r=0,\ r=R,\ 0 \leqslant z \leqslant Z,\ 0<t \tag{9-19}$$

$$\theta D_{rr}\frac{\partial c}{\partial r}=0 \quad r=0,\ r=R,\ 0 \leqslant z \leqslant Z,\ 0<t \tag{9-20}$$

下边界为自由排水边界

$$\frac{\partial h}{\partial z}=0 \quad z=0,\ 0 \leqslant r \leqslant R,\ 0<t \tag{9-21}$$

$$\theta D_{zz}\frac{\partial c}{\partial z}=0 \quad z=0,\ 0 \leqslant r \leqslant R,\ 0<t \tag{9-22}$$

溶质运动的上边界条件为第一类边界条件，表示为

$$c(r,\ z) = c_a(t) \quad 0 \leqslant r \leqslant R_s,\ z=Z,\ 0<t \tag{9-23}$$

式中，c_0(CFU/mL）为 *E. coli* 注入浓度。

9.2.5 土壤物理参数

模型采用砂土试验组中的 A2、A4 和 A7，砂壤土试验组中的 B2、B3 和 B7 来率定参数。土壤水分运移参数通过 Rosetta 软件利用土壤颗粒组成、容重、土壤水吸力为 33 和 1500kPa 时的土壤含水率估算（Schaap et al.，2001），砂土估算结果通过实测数据率定后确定。砂壤土数据参数直接采用 Rosetta 软件计算所得的结果，具体参数值如表 9-1 所示。

表 9-1　土壤水力参数率定结果

土壤类别	θ_r（cm^3/cm^3）	θ_s（cm^3/cm^3）	α（1/cm）	n	K_s（cm/min）	L
砂土	0.0100	0.35	0.030	4.0	0.259	0.5
砂壤土	0.0518	0.41	0.001	1.3	0.015	0.5

9.2.6 溶质运移及吸附参数

溶质运移参数依据文献取值（王洪涛等，2008；Amin et al.，2014），对于砂土，纵向和横向弥散系数分别取为 $\alpha_L = 6$cm 和 $\alpha_T = 1$cm。*E. coli* 在水中的扩散系数参考 Ford 等（2007）细菌运移的研究结果。Ford 等（2007）指出，多种细菌随机运动的扩散系数范围

是 $1.2\times10^{-4}\sim1.14\times10^{-3}\mathrm{cm^2/min}$。本章取 $D_w=6.0\times10^{-4}\mathrm{cm^2/min}$。

动态吸附以过滤模型（Logan et al., 1995）为基础，系数选取主要参考 Schijven 和 Šimůnek（2002）的研究结果。液态中衰减系数 μ_w 的范围为 2.1×10^{-5} 1/min ~ 2.7×10^{-3} 1/min，固态中衰减系数 μ_s 的范围为 $4.9\times10^{-5}\sim2.7\times10^{-3}$ 1/min。土壤介质直径 d_c 根据土壤质地获取。另外，*E. coli* 直径 d_P 范围为 $1\times10^{-5}\sim6\times10^{-5}$ cm（Shirazi and Boersma, 1984）。关于双点位吸附的参数，Schijven 和 Šimůnek（2002）通过一系列试验研究指出，对于噬菌体 MS2 和 PRD1 穿透过程，K_{att1} 的范围为 $1.0\times10^{-4}\sim5.81$，K_{det1} 的范围为 $5.7\times10^{-7}\sim6.4\times10^{-5}$（1/min），$K_{att2}$ 为 $1.0\times10^{-3}\sim1.45$，K_{det2} 为 $1.5\times10^{-4}\sim0.036$ 1/min。然而，Ford 等（2007）的研究对象为病毒，病毒与细菌特性不一定相同。Sasidharan 等（2016）比较了细菌和病毒在加入生物炭的砂土中的运移和滞留，指出滞留因溶质的尺寸增大而增大，*E. coli* 的滞留量为病毒的 30 倍。结合以上分析和率定值比较，两种土壤的吸附参数取值如表 9-2 所示。

表 9-2　土壤 *E. coli* 溶质运移及吸附参数率定结果

项目	μ_w(1/min)	μ_s(1/min)	d_c(cm)	d_P(cm)	a_1(-)	K_{det1}(1/min)	a_2(-)	K_{det2}(1/min)
砂土	0.0037	0.0020	0.025	0.0001	0.10	0.050	0.15	0.030
砂壤土	0.0030	0.0009	0.005	0.0001	1.70	0.045	1.50	0.025

9.2.7　统计分析

模型率定和验证中模拟值和实测值的吻合程度采用均方根误差（RMSE），归一化均方根误差（NRMSE）（Dwivedi et al., 2016）和一致性指数 d 进行评价。

$$\mathrm{RMSE}=\sqrt{\frac{\sum_{i=1}^{n}(O_i-P_i)^2}{n}} \tag{9-24}$$

$$\mathrm{NRMSE}=\frac{\mathrm{RMSE}}{y_{\max}-y_{\min}} \tag{9-25}$$

$$d=1-\frac{\sum_{i=1}^{n}(O_i-P_i)^2}{\sum_{i=1}^{n}(|O_i-O|+|P_i-O|)^2} \tag{9-26}$$

式中，O_i 和 P_i 分别是实测值和模拟值；n 是实测点的个数；O 为实测值的平均值，$y_{\max}$ 和 $y_{\min}$ 分别代表观测值的最大值和最小值。RMSE 和 NRMSE 最小值为 0，值越小表示模拟效果越好；d 的变化范围为 0 ~ 1，值越大代表模型模拟效果越好。

9.3　结果与分析

模型率定和验证考虑的试验因素和土箱试验相同。模型应用的试验条件根据目的和田间试验拟采用的试验因素设置确定。例如，为研究初始含水率对砂土中 *E. coli* 运移的影响，将 A13 试验的初始含水率设为 0.330cm³/cm³，接近砂土饱和含水率；另外，由于田间试验拟采用灌水器埋深 10cm 和 20cm 的处理，所以应用模型模拟灌水器埋深影响时，也做相同的设定，具体试验组合如表 9-3 所示。

表 9-3　模拟采用的灌水器流量、灌水量、*E. coli* 浓度、初始含水率和灌水器埋深

试验编号	q (L/h)[1]	Q (L)	θ_0 (cm^3/cm^3)[1]	C_0 (CFU/mL)	灌水器埋深 (cm)
A1	1.05	7.2	0.034	6.7×10^5	0
A2	1.76	7.2	0.033	6.8×10^5	0
A3	2.88	7.2	0.031	7.3×10^5	0
A4	3.60	7.2	0.031	4.7×10^5	0
A5	5.76	7.2	0.034	5.4×10^5	0
A6	1.75	7.2	0.036	9.5×10^2	0
A7	1.75	7.2	0.036	4.6×10^4	0
A8	1.74	7.2	0.034	2.1×10^6	0
A9	1.75	4.8	0.033	6.8×10^5	0
A10	1.75	9.6	0.033	6.8×10^5	0
A11	1.76	12	0.033	6.8×10^5	0
A12	1.75	7.2	0.020	6.8×10^5	0
A13	1.75	7.2	0.330	6.8×10^5	0
A14	1.75	7.2	0.033	6.8×10^5	10
A15	1.75	7.2	0.033	6.8×10^5	20
B1	1.05	7.2	0.159	3.6×10^7	0
B2	1.79	7.2	0.158	3.6×10^7	0
B3	3.51	7.2	0.156	9.0×10^7	0
B4	5.76	7.2	0.149	9.2×10^7	0
B5	1.76	7.2	0.147	8.1×10^4	0
B6	1.76	7.2	0.156	4.1×10^5	0
B7	1.76	7.2	0.150	3.6×10^7	0
B8	1.79	4.8	0.158	3.6×10^7	0
B9	1.79	9.6	0.158	3.6×10^7	0
B10	1.79	12	0.158	3.6×10^7	0
B11	1.79	7.2	0.060	3.6×10^7	0
B12	1.79	7.2	0.390	3.6×10^7	0
B13	1.79	7.2	0.158	3.6×10^7	10
B14	1.79	7.2	0.158	3.6×10^7	20

注：1）表中灌水器流量和灌水量是指 360°圆柱体对应值，当灌水器置于土箱垂直顶角处，试验实际对应值为表中所列灌水器流量和灌水量的 1/12。

9.4 土壤水分运动模拟率定与验证

图 9-3 和图 9-4 对比了砂土和砂壤土不同灌水器流量时径向和垂直湿润距离随时间变化过程验证试验的模拟与实测结果。从图中可以看出，模拟值与实测值的趋势吻合较好，砂壤土试验的模拟值稍大于实测值。产生误差的可能原因是，模拟初始条件假设饱和区半径为定值，而实际上饱和区半径随时间逐渐增加；另外，试验过程中湿润距离的观测误差也一定程度上增大了模拟值与实测结果的差异。

由图 9-3 可以看出，当灌水器流量为 1.05L/h、2.88L/h 和 5.76L/h 时砂土中垂向和径向湿润距离呈现不同的趋势。滴灌模拟结束后，灌水器流量较大时，水平向湿润距离较大，垂向湿润距离相对略小。这说明灌水器流量增大促进水分在水平方向运移；反之，较小的灌水器流量促进水分垂直方向运移，这和实测值的结果一致。这一现象在砂壤土试验中更为明显（图 9-4）。

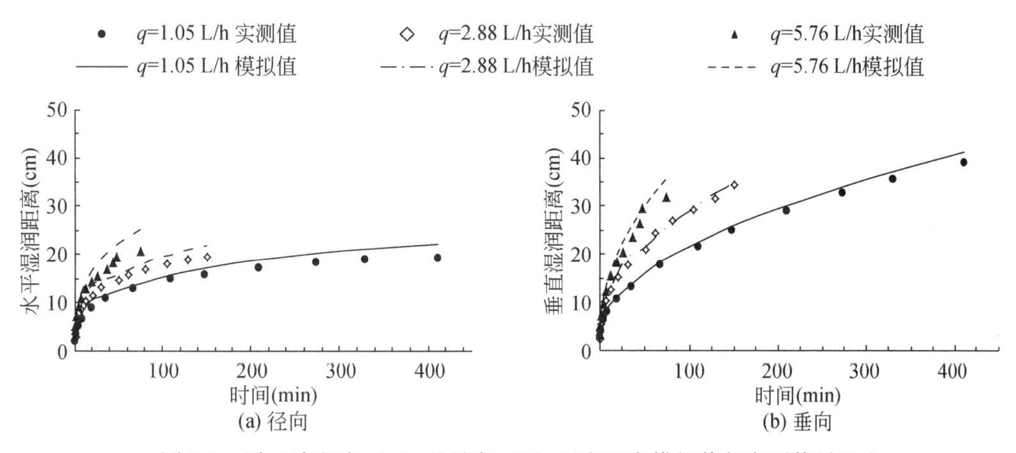

图 9-3　砂土中径向（a）及垂向（b）湿润距离模拟值与实测值对比

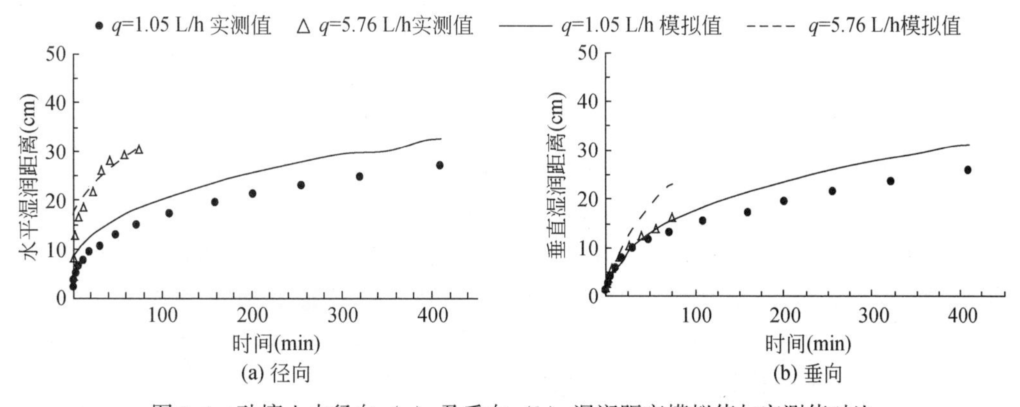

图 9-4　砂壤土中径向（a）及垂向（b）湿润距离模拟值与实测值对比

各组径向和垂向湿润锋和土壤含水率率定和验证效果评价指标见表 9-4。模型率定和验证结果显示，相对较小的 RMSE 和 NRMSE 和较大的 d 值说明该模型能较好地模拟水分的运移变化。例如，对于径向湿润距离，率定试验组结果 RMSE 的范围为1.324～3.083cm，NRMSE 的范围为 0.044～0.105，d 值的范围为 0.965～0.992；相应的验证试验组 RMSE，NRMSE 和 d 值的范围分别为 1.502～6.183cm，0.079～0.203，0.812～0.980。土壤含水率模拟值和实测值的均方根误差 RMSE 在 0.017～0.050cm^3/cm^3之间，表示含水率的模拟和实测结果吻合较好。Kandelous 和 Šimůnek（2010b）利用 HYDRUS 软件对土壤含水率进行了模拟，得到土壤含水率和模拟值 RMSE 在 0.01～0.05cm^3/cm^3之间变化。比较发现，砂壤土的水分模拟精度比砂土高。砂壤土的平均 NRMSE（0.067）比砂土（0.177）小，同时，砂壤土的一致性指数（0.838）高于砂土（0.613）。

表 9-4　湿润距离和含水率实测和模拟值的均方根误差（RMSE）、归一化均方根误差（NRMSE）和一致性指数（d）

试验编号	径向湿润距离			垂向湿润距离			含水率 θ		
	RMSE（cm）	NRMSE	d	RMSE（cm）	NRMSE	d	RMSE（cm^3/cm^3）	NRMSE	d
率定									
A2	1.735	0.089	0.971	1.142	0.031	0.997	0.033	0.177	0.609
A4	1.835	0.092	0.965	2.194	0.064	0.985	0.042	0.212	0.512
B2	3.083	0.105	0.984	2.226	0.088	0.982	0.017	0.047	0.888
B3	1.324	0.044	0.992	4.552	0.224	0.908	0.026	0.068	0.847
均值	1.994	0.083	0.978	2.529	0.102	0.968	0.030	0.126	0.714
验证									
A1	1.502	0.079	0.980	0.831	0.021	0.999	0.030	0.171	0.626
A3	1.839	0.095	0.968	1.281	0.037	0.995	0.039	0.213	0.515
A5	2.204	0.106	0.973	1.575	0.050	0.994	0.050	0.231	0.518
B1	4.045	0.149	0.927	2.659	0.102	0.970	0.024	0.063	0.848
B4	6.183	0.203	0.812	3.754	0.230	0.928	0.029	0.081	0.828
均值	3.155	0.126	0.932	2.020	0.088	0.977	0.034	0.152	0.667

图 9-5 和图 9-6 为砂土 A1 组和砂壤土 B1 组试验，距离灌水器径向距离 $r=3.75$cm 和 $r=13.75$cm 位置的土壤含水率随垂向湿润距离的动态变化和距灌水器垂向距离 $z=2.5$cm 和 12.5cm 位置的土壤含水率随径向湿润距离动态变化的结果（其他组试验结果与 A1 和 B1 组试验类似，未给出）。从图中可以看出，土壤含水率模拟值和实测值的趋势吻合较好，仅在距灌水器较近的位置，模拟值比实测值大。这一结果可能和取样时水分损失有关。一方面，土壤水分获取的土样是在 *E. coli* 土样取完之后；另一方面，距离土箱较近的位置土样较少，导致增大了取样测样的误差。相比较而言，砂壤土的土壤含水率的模拟效果比砂土的略好。

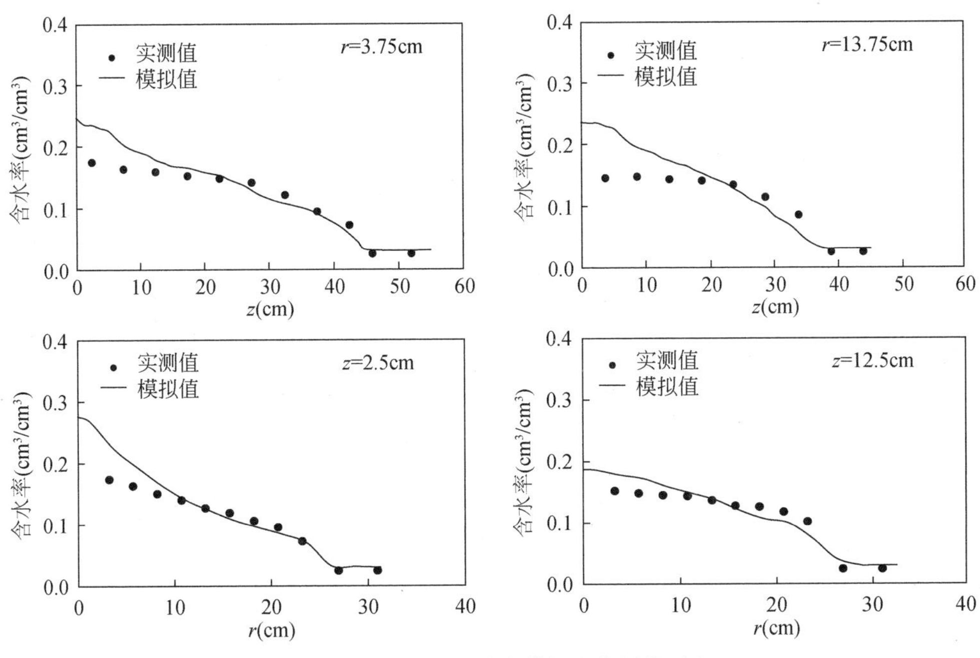

图 9-5 砂土试验含水率模拟和实测值对比

验证试验 A1，$q=1.05\text{L/h}$，$\theta_0=0.03\text{cm}^3/\text{cm}^3$

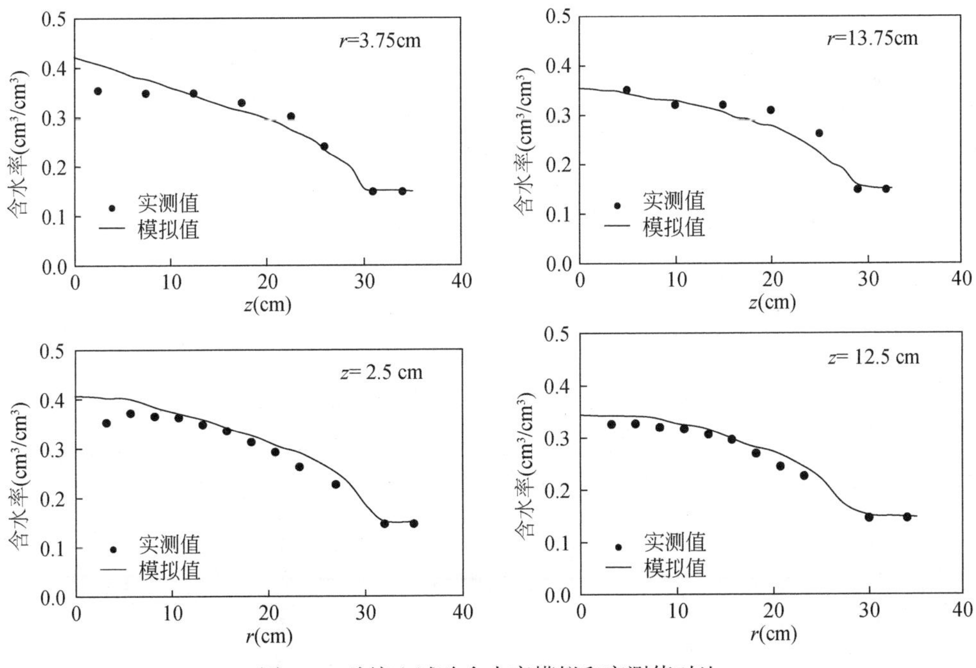

图 9-6 砂壤土试验含水率模拟和实测值对比

验证试验 B1，$q=1.05\text{L/h}$，$\theta_0=0.15\text{cm}^3/\text{cm}^3$

9.5 *E. coli*在土壤中运移模拟率定与验证

表9-5给出了*E. coli*浓度在土壤中的分布模拟值与实测值拟合的均方根误差（RMSE），归一化均方根误差（NRMSE）和一致性指数（d）。从表中可以看出，当初始浓度均值为2.7×10^7 CFU/mL时，均方根误差的均值为1.05×10^6 CFU/mL。Amin等（2014）研究指出，当*E. coli*初始浓度为2×10^4 CFU/mL时，样本均方根误差为1.31×10^3 CFU/mL。另外，相对较低的归一化均方根误差（0.143～0.229）和较高一致性指数（0.505～0.887）也显示模拟值和实测值吻合较好。

表9-5 *E. coli*浓度模拟值与实测值的均方根误差（RMSE）、归一化均方根误差（NRMSE）和一致性指数（d）

试验编号	*E. coli*		
	RMSE（CFU/mL）	NRMSE	d
率定			
A2	3.83×10^5	0.211	0.622
A4	1.55×10^5	0.197	0.789
A7	4.57×10^4	0.244	0.504
B2	1.59×10^6	0.280	0.648
B3	1.57×10^6	0.399	0.781
B7	2.55×10^6	0.403	0.798
均值	1.05×10^6	0.289	0.691
验证			
A1	5.64×10^5	0.241	0.522
A3	1.58×10^5	0.160	0.872
A5	2.01×10^5	0.203	0.758
A6	6.82×10^2	0.295	0.543
A8	1.05×10^7	0.400	0.487
B1	3.99×10^5	0.467	0.799
B4	1.54×10^6	0.294	0.672
B5	5.35×10^3	0.486	0.612
B6	6.01×10^4	0.389	0.588
均值	1.49×10^6	0.326	0.650

9.6 *E. coli* 在土壤中运移的模拟结果

9.6.1 土壤类型对 *E. coli* 运移的影响

图 9-7 给出了相同灌水器流量和同量级 *E. coli* 注入浓度条件下，滴灌后，*E. coli* 在砂土和砂壤土中的运移模拟结果。从图中可以看出，在砂土和砂壤土中，在灌水器附近的位置，*E. coli* 浓度都较高。但是，*E. coli* 在砂土和砂壤土中运移和分布差别较大。在给定的土壤和水流条件下，*E. coli* 在砂土中的运移距离较远，*E. coli* 浓度沿深度增加逐渐减少，在距湿润锋 5 ~ 10cm 的位置，浓度接近为 0；然而，在砂壤土中，*E. coli* 主要分布在表层 5cm 内，且主要集中在饱和湿润区所在的位置。*E. coli* 在不同土壤中分布的差异与土壤的质地有关，砂壤土的颗粒小，土壤颗粒间的孔隙也较小，且含有较多的黏土颗粒，导致砂壤土的滞留作用较强，限制了 *E. coli* 溶液的机械弥散作用。土壤特性的差别体现在表 9-1（土壤水力参数）和表 9-2（溶质运移参数）中。与砂壤土相比，砂土导水性较强，黏附系数较小。因此，土壤为砂壤土时，应避免地表径流引起的污染；当土壤为砂土时，应避免深层渗漏引发的地下水污染。

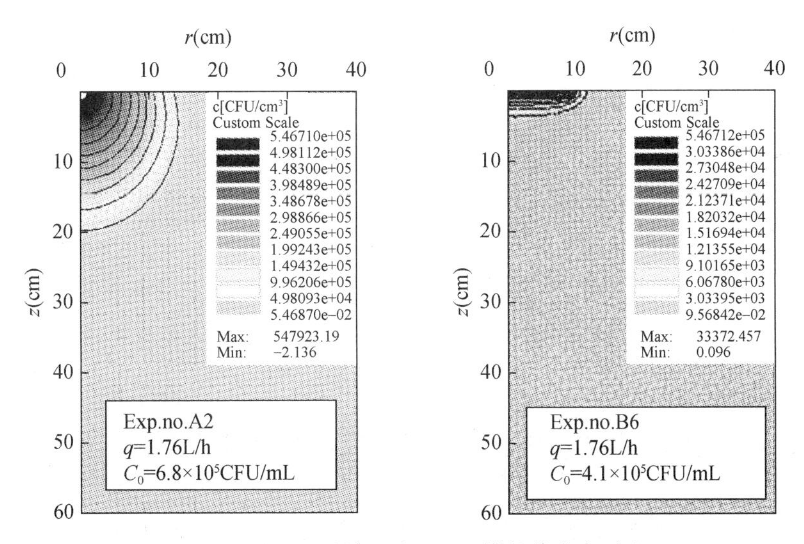

图 9-7　砂土和砂壤土中 *E. coli* 模拟值分布对比

9.6.2 灌水器流量对 *E. coli* 在土壤中运移的影响

图 9-8 比较了砂土中灌水器流量为 1.76L/h（A2）和 5.76L/h（A5），距灌水器径向 1.25cm 和 11.25cm 的位置，*E. coli* 实测值和模拟值沿垂向的变化结果。图 9-9 比较了砂壤土中灌水器流量为 1.79L/h（B2）和 5.76L/h（B4）时，砂壤土表层 5cm 中 *E. coli* 沿径向

的变化结果。对于两种土壤，灌水器流量增大都促进了 *E. coli* 的运移。这是因为，入流条件一定时，灌水器流量增加导致水流通量增大，最终促进了 *E. coli* 随水流的运移。Smith 和 Thomas（1985）、Garbrecht 等（2009）的研究也取得了类似的结果。研究指出，当运移孔隙连续时，增大流量可以明显增大流速，从而可以迅速地促进 *E. coli* 向较深的位置运移。

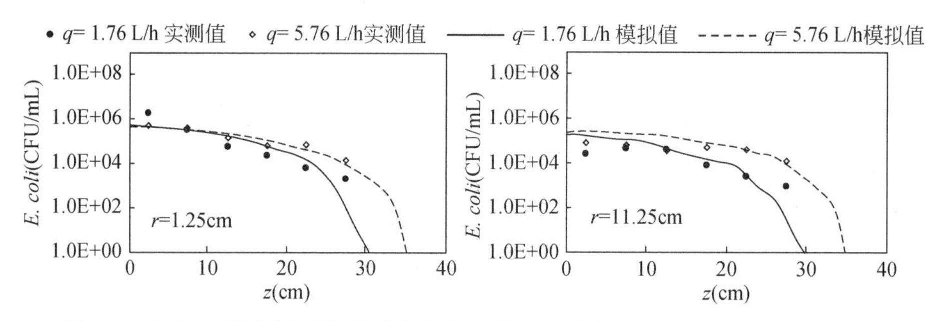

图 9-8 砂土中不同灌水器流量条件下灌水结束时垂向（$r=1.25$cm，$r=11.25$cm）*E. coli* 分布的模拟值与实测结果对比

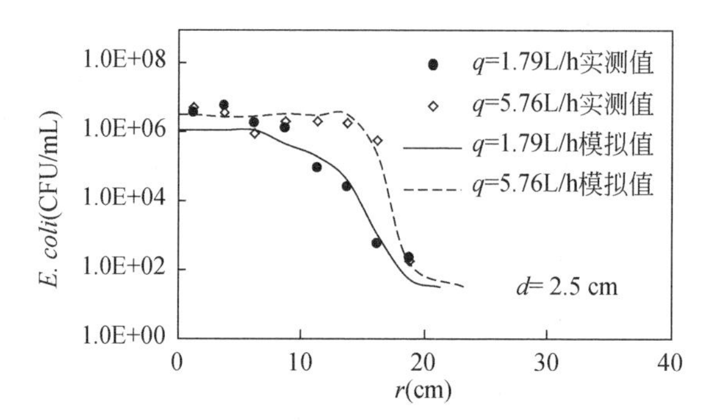

图 9-9 砂壤土中不同灌水器流量条件下灌水结束时径向（$d=2.5$cm）*E. coli* 分布的模拟值与试验结果对比

9.6.3 *E. coli* 注入浓度对 *E. coli* 在土壤中运移的影响

再生水中的 *E. coli* 浓度决定了土壤中实测和模拟 *E. coli* 浓度的大小。图 9-10 给出了当注入浓度为 9.5×10^2 CFU/mL 和 4.6×10^4 CFU/mL 时，砂土中距灌水器径向 1.25cm 和 11.25cm 位置，*E. coli* 浓度沿垂向的变化（试验组 A6 和 A7）。从图中可以看出，*E. coli* 注入浓度较大时，土壤中的 *E. coli* 浓度也较大。另外，*E. coli* 注入浓度也影响了 *E. coli* 在壤土中的运移距离。当注入浓度较低时，*E. coli* 的运移范围最远至 20cm，而当注入浓度较大时，*E. coli* 可以运移至 30cm 或更远的距离。另外，*E. coli* 观测值比模拟值大，可能的原因是，在靠近湿润锋的区域，含水率较低，吸附值较大，导致模拟 *E. coli* 值较低，当 *E. coli* 浓度较低时，这一影响更为明显。

图9-11给出了当 *E. coli* 注入浓度改变时，砂壤土表层5cm *E. coli* 浓度沿径向的变化，同样地，注入浓度增大使得表层土壤中 *E. coli* 明显增加。例如，当 *E. coli* 注入浓度分别为 8.1×10^4 CFU/mL 和 3.6×10^7 CFU/mL 时，靠近灌水器处的土壤中 *E. coli* 浓度最大值分别为 6.8×10^3 CFU/mL 和 1.6×10^6 CFU/mL。

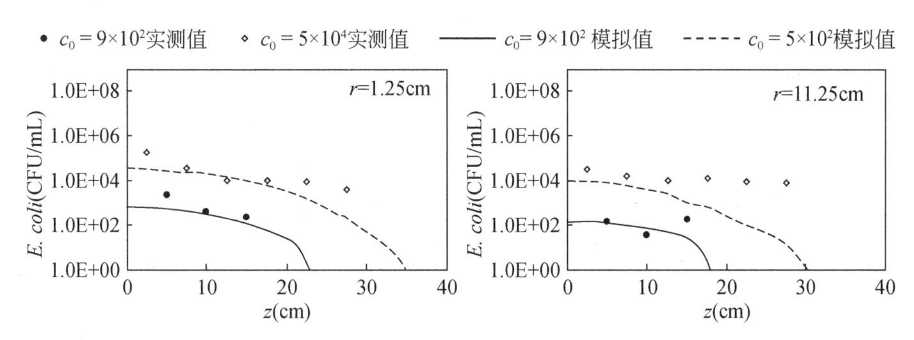

图9-10　砂土中不同 *E. coli* 浓度条件下灌水结束时垂向（$r=1.25$cm，$r=11.25$cm）*E. coli* 分布的模拟值与试验结果对比

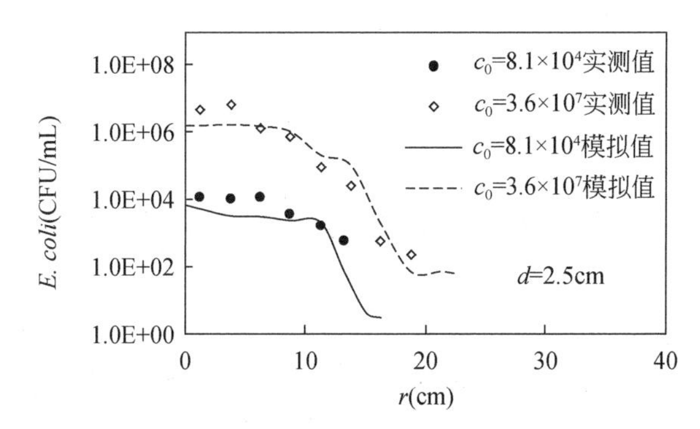

图9-11　砂土中不同 *E. coli* 浓度条件下灌水结束时径向（$d=2.5$cm）*E. coli* 分布的模拟值与试验结果对比

9.6.4　灌水量对 *E. coli* 在土壤中运移的影响

水分和 *E. coli* 运移模型率定和验证的结果表明，所建模型可以较好地描述水分和 *E. coli* 在土壤中的运移分布。采用相同的模型参数，模拟了当灌水量为4.8L、9.6L和12L时（试验组A9-A11，B8-B10），径向最靠近灌水器位置（$r=1.25$cm），*E. coli* 在砂土和砂壤土中沿垂直方向的分布，模拟结果如图9-12所示。其中，图9-12（a）表示砂土中的运移模拟结果，图9-12（b）表示砂壤土中的运移模拟结果。从图9-12（a）可以看出，当灌水量增大，*E. coli* 随水分继续向深层运移。具体而言，当灌水量为4.8L时，*E. coli* 运移至垂向约25cm的深度，灌水量为9.6L时，运移至约35cm，当灌水量增加至12L时，*E. coli* 可以运移至超过40cm深度。灌水量增大会促进 *E. coli* 的运移的原因为：一方面，

灌水量增大意味着滴入土壤中的 *E. coli* 总数增大，当 *E. coli* 数量超过土层的过滤能力，则向下运移；另一方面，灌水量增大，土体中含水率较高的区域增大，也可能促进 *E. coli* 向下层运移。图 9-12（b）为砂壤土中的模拟结果，*E. coli* 集中分布在表层 5cm 的位置，灌水量增大，也促进了 *E. coli* 的运移，但是与砂土相比，影响范围相对较小。这是因为，砂壤土的颗粒较细，黏粒含量较多，吸附和滤过作用较强，从而限制了 *E. coli* 的运移。因此，对于砂质土壤，为避免增大灌水量运移引起的 *E. coli* 运移和深层渗漏影响，单次灌水量不宜过大；对于砂壤土，均质条件下深层渗漏的可能性较小。

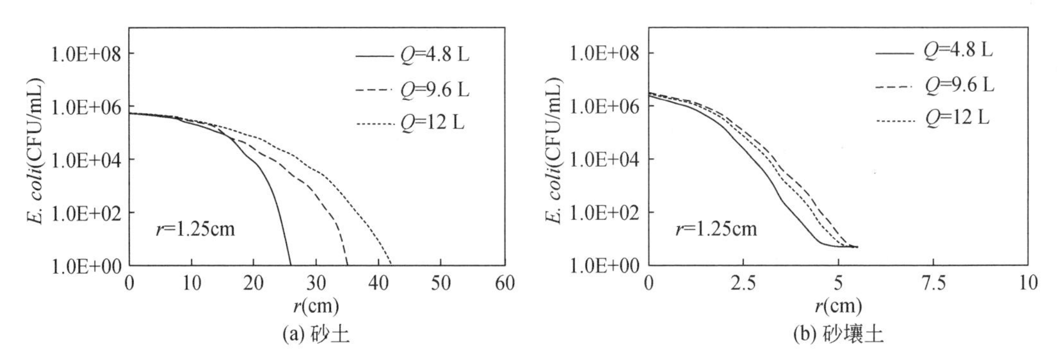

图 9-12　砂土（a）和砂壤土（b）中不同灌水量条件下灌水结束时垂向（$r=1.25$cm）*E. coli* 分布模拟结果

9.6.5　初始含水率对 *E. coli* 在土壤中运移的影响

图 9-13（a）给出了当土壤初始含水率为 0.02cm³/cm³ 至 0.33cm³/cm³（接近饱和含水率），其他试验条件相同时，滴灌模拟结束后，*E. coli* 在砂土中的分布结果（试验组 A12 和 A13）。从图中可以看出，当初始含水率由 0.02cm³/cm³ 增大至 0.33cm³/cm³ 时，*E. coli* 的运移距离增加了至少 20cm，运移距离接近于 *E. coli* 穿透距离（60cm）。相关领域的专家在研究探讨土壤含水率对 *E. coli* 运移穿透的影响时，得到了类似的结论。

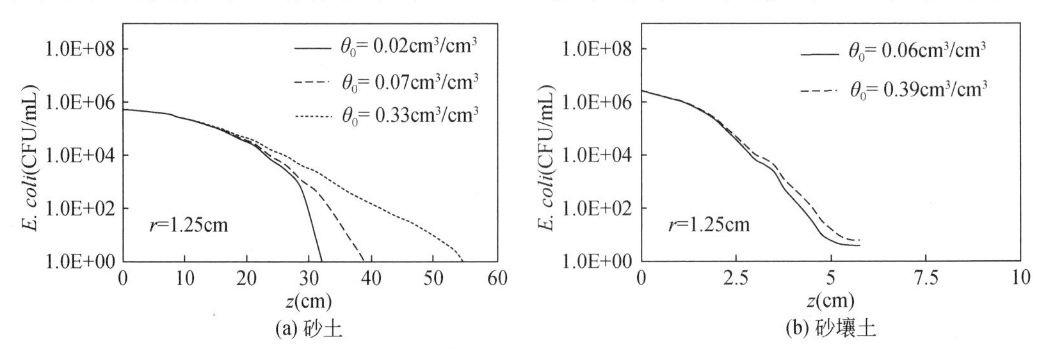

图 9-13　砂土(a)和砂壤土(b)中不同初始含水率条件下灌水结束时垂向（$r=1.25$cm）*E. coli* 分布模拟结果

Mosaddeghi 等（2010）采用 *E. coli* 在饱和和非饱和土壤中的穿透试验研究 *E. coli* 在土壤中的运移特性，指出非饱和土壤的过滤作用较强，非饱和土壤中细菌的过滤系数比饱和土壤中大 34%。砂壤土初始含水率影响试验（试验组 B11 和 B12）结果如图 9-13（b），含水率增大对 *E. coli* 运移的促进作用不明显，一方面，这和砂壤土的吸附特性有关；另一方面，根据实验经验，*E. coil* 在壤土中的穿透过程需要较长时间。

9.6.6 灌水器埋深对 *E. coli* 在土壤中运移的影响

图 9-14 和图 9-15 给出了砂土和砂壤土中灌水器埋深不同时，*E. coli* 在土壤中分布的模拟结果。对于砂土试验，三组试验采用的灌水器流量为 1.75L/h，灌水量为 7.2L，初始含水率为 0.033cm^3/cm^3，*E. coli* 注入浓度为 6.8×10^5 CFU/mL。模拟结果表明，地下滴灌处理 *E. coli* 的运移范围比地表滴灌小，如灌水器埋深 10cm 处理垂向和径向的最远运移距

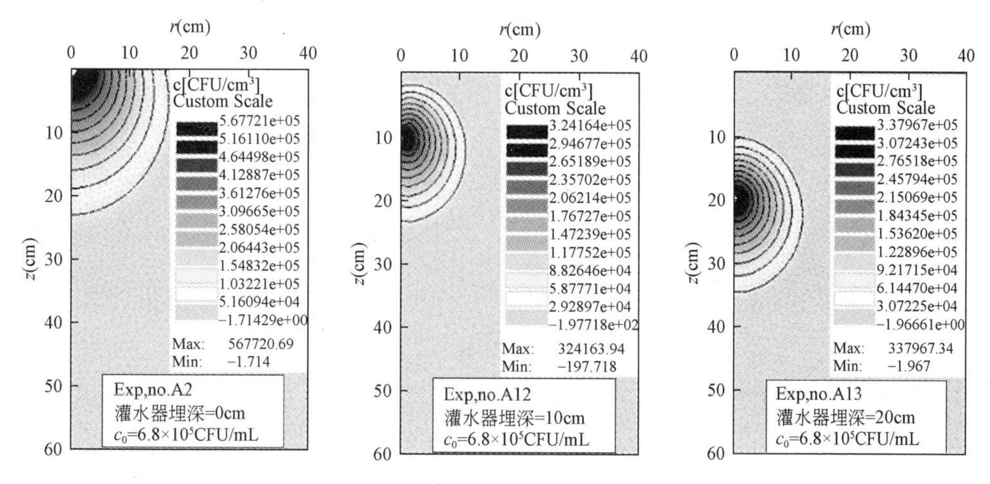

图 9-14　砂土中不同埋深条件下灌水结束时 *E. coli* 分布模拟结果

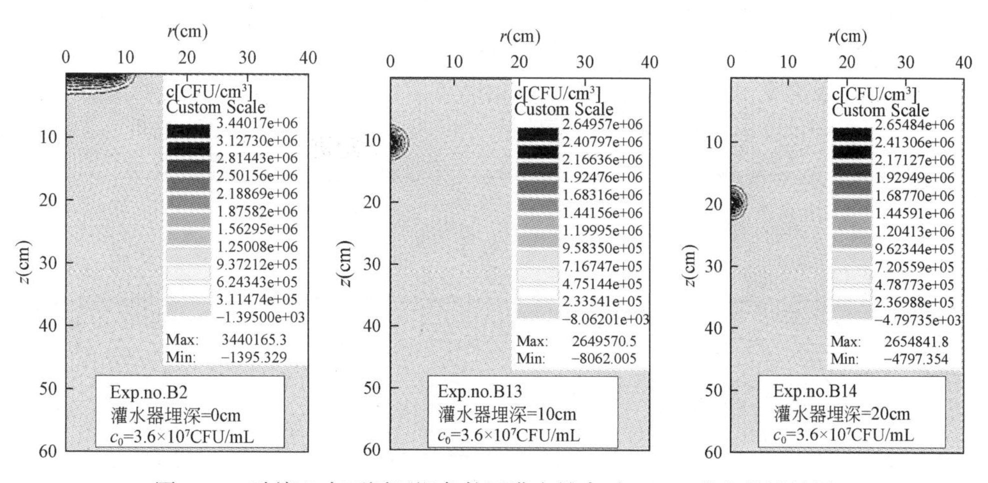

图 9-15　砂壤土中不同埋深条件下灌水结束时 *E. coli* 分布模拟结果

离分别比地表滴灌处理小约 10cm 和 5cm。与灌水器距离相等时，地表滴灌处理 *E. coli* 浓度比地下滴灌高，如地表滴灌土体中 *E. coli* 最大值比灌水器埋深 10cm 和 20cm 处理的最大值分别大 75.3% 和 68.0%。在砂壤土模拟试验中，试验处理采用的灌水器流量为 1.79L/h，灌水量为 7.2L，初始含水率为 0.158cm^3/cm^3，*E. coli* 注入浓度为 3.6×10^7CFU/mL。砂壤土中埋深对于 *E. coli* 运移范围的影响更为明显，地表滴灌条件下，*E. coli* 随饱和湿润区的运移逐渐推进，而当灌水器埋深为 10cm 和 20cm 时，*E. coli* 运移距离较小，仅分布在距灌水器 2～3cm 范围内。地表滴灌的模拟结果和试验结果相吻合，地下滴灌的模拟结果有待通过田间试验验证。

9.7 本章结论

为深入分析灌水器流量、灌水量等滴灌技术参数对 *E. coli* 在土壤中分布的影响，本章利用包含细菌、病毒等胶体运移模块的 HYDRUS 软件，构建了非饱和土壤中再生水滴灌条件下水分和 *E. coli* 的运移模型。并通过设置灌水器流量、灌水量、*E. coli* 浓度和土壤初始含水率等情景，研究了滴灌技术参数对水分和 *E. coli* 运移的影响特点和机理。主要结论如下。

（1）商业软件 HYDRUS 可以较好地描述地表滴灌点源的土壤水分和 *E. coli* 运移分布，结果显示模拟效果较好。模拟结果进一步验证了土壤质地和滴灌技术参数对 *E. coli* 运移的影响作用。

（2）砂土中 *E. coli* 运移距离较远，在砂壤土中则主要滞留在土壤表层饱和湿润区的位置，因此，当土壤为砂壤土时，应避免地表径流引起的污染；当土壤为砂土时，应避免深层渗漏引发的地下水污染。

（3）灌水器流量增大，促使土壤中 *E. coli* 浓度值较大的区域增加，为尽量避免 *E. coli* 运移扩散，建议采用适中的灌水器流量；*E. coli* 注入浓度的增加显著增大土壤中 *E. coli* 的浓度，因此应尽量避免使用 *E. coli* 浓度过大的污水灌溉。灌水量和土壤初始含水率通过影响土壤饱和程度来影响 *E. coli* 的运移，较大的土壤含水率可以促进 *E. coli* 运移，当土壤达到饱和时，可能导致土壤中 *E. coli* 深层渗漏。

（4）灌水器埋深影响 *E. coli* 在土壤中的运移范围。与地表滴灌相比，地下滴灌处理土壤中 *E. coli* 运移范围较小，对于砂壤土中灌水器埋深为 10cm 和 20cm 的处理，*E. coli* 仅分布在距灌水器 2～3cm 范围内。这一结果有待通过田间试验进一步验证。

第 10 章　再生水滴灌对 *E. coli* 在温室土壤-作物系统中运移残留和对作物产量品质的影响

第 8 章采用室内试验定量研究了滴灌技术参数对 *E. coli* 在砂土和砂壤土中运移的影响。第 9 章通过构建 *E. coli* 在土壤中运移的数学模型，系统研究了滴灌技术参数对 *E. coli* 在土壤中运移的影响。然而，在更为复杂的土壤-作物系统中，滴灌技术参数和管理策略对 *E. coli* 的影响机制、*E. coli* 在土壤中的繁殖或衰减以及如何避免 *E. coli* 对土壤和作物的污染方面尚不明晰；另外，采用避免 *E. coli* 对土壤和作物污染的方式灌溉，是否会影响作物的品质和产量也有待验证。本章通过两季日光温室再生水滴灌试验，分析了滴灌技术参数对 *E. coli* 在农田土壤中运移分布、在莴笋茎和叶中残留以及产量、品质的影响，探寻既能有效避免致病菌污染、又不影响作物产量品质的灌溉方式。

10.1　概　　述

10.1.1　再生水灌溉方式对 *E. coli* 运移残留的影响

当采用再生水灌溉时，再生水中的病原体含量是灌溉农户和农产品用户最为关心的安全性指标之一，也是各国灌溉水质标准中的重要指标。病原体在土壤中富集后，不仅可以通过气溶胶或粉尘进入大气，污染大气环境及危害人类健康，还可能进入作物体内，对农产品造成污染，危害人体健康（Cirelli et al.，2012）。另外，病原体在土壤、作物中存活的时间是病原体感染致病的重要因素之一，病原体在土壤基质中的衰减速率比在再水中小很多（Gerba and Mcleod，1976），而且还可能继续生长，存活时间受光照、温度等气象条件的影响，也与土壤中的有机物种类和数量、盐离子含量、pH、湿度以及病原体自身的特性有关（Meschke and Sobsey，1998）。

不合理灌溉是导致新鲜农产品致病菌污染的重要原因（Olaimat and Holley，2012）。陈黛慈等（2014）通过试验，研究了再生水灌溉对土壤理化性质以及可培养微生物群落的影响。结果表明，再生水灌溉会改变土壤微生物结构组成，影响土壤中微生物种类多样性。再生水灌溉后，一些稀有物种优势度增加，如埃希氏菌属（*Escherichia*）、芽孢八叠球菌属（*Sporosarcina*）、动胶菌属（*Zoogloea*）等。Forslund 等（2015）对现场处理污水地下滴灌莴笋 *E. coli* 在土壤和莴笋表面残留量以及其所带来的健康风险展开研究，结果表明，当水体中含有较高数量的 *E. coli* 时，会在土壤中有部分残留，在莴笋表面也有少量残留。

灌溉方式影响细菌在土壤和作物表面残留。De Roever（1998）指出良好的农业管理和加工处理是保证农作物避免细菌污染的最主要的因素。Oliveira 等（2012）采用喷灌和地面灌两种方式灌溉莴苣，研究不同灌溉方式下 *E. coli* 在土壤和莴苣叶中的残留，发现喷灌会导致 *E. coli* 在莴苣叶表面的大量残留，并指出 *E. coli* 可以在土壤中存活 9 周，且秋季 *E. coli* 数量高于冬季。Fonseca 等（2011）研究了地面灌、喷灌和滴灌条件下 *E. coli* 在莴苣、土壤及渠道中的残留，结果发现，相对于喷灌和地面灌，由于滴灌避免了细菌和莴苣的直接接触而对莴苣叶片的污染风险最小。另外，在较暖的季节，*E. coli* 的存活时间更长，且输水渠道中的 *E. coli* 比土壤中多。Sadovski 等（1978）利用细菌含量高的污水滴灌黄瓜，研究黄瓜表面的细菌残留规律。结果表明，相对于传统的地表滴灌，滴水器埋深 10cm 和地表滴灌覆膜处理可以显著减少粪大肠杆菌在黄瓜表面的残留。在玉米（Oron et al. ,1991）和番茄（Oron et al.，1996）等作物的再生水地下滴灌试验中，均未在果实中检测到病原体残留。Kouznetsov 等（2004）的研究结果表明，相对于地表滴灌，地下滴灌条件下病菌的死亡速率更快，灌后 24h 和 72h 粪大肠菌群的存活率分别为 28% 和 7%。

10. 1. 2　再生水滴灌对作物生长的影响

通过调控滴灌技术参数来避免 *E. coli* 污染是本章研究的主要课题，但作为灌溉的服务目标，作物的产量和品质同样不可忽略。避免致病菌污染的安全灌溉方式是否会对作物产量和品质产生不利影响有待探讨。另外，再生水中富含一定量的营养物质，包含氮、磷、钾等盐分和有机物，再生水滴灌条件下，营养物质如何通过影响土壤的理化性质来影响土壤–作物系统中的水肥利用过程，最终影响作物的产量和品质仍有待研究。

再生水灌溉对不同作物产量品质的影响效果不同。研究表明，再生水灌溉对冬小麦、夏玉米、棉花的产量没有显著影响；再生水灌溉胡萝卜、莴苣、白菜、菠菜、番茄等蔬菜比常规水肥灌溉产量高或至少相近（Pollice et al.，2004；Kaddous et al.，1986）。再生水灌溉对蔬菜总糖、粗蛋白、维生素等营养成分没有显著影响；另外研究指出，采用再生水灌溉草坪草可以节肥 32%~81%（Fonseca，2007）。采用再生水灌溉苜蓿、芦苇草、雀麦草、阿尔泰野生黑麦、高麦草时，可以促使土壤含氮量增加，提高产量。研究还指出，最适于再生水灌溉的饲料类作物是苜蓿（Bole and Bell，1978）。再生水也用于灌溉果园，以葡萄为例，一方面，再生水中磷、钾、镁、铁等营养元素可以满足葡萄生长的需要；另一方面，再生水灌后叶片磷、钾含量增加也对葡萄生长存在潜在危害（Paranychianakis et al.，2006）。研究指出再生水灌溉会导致土壤盐分有所增加，但是增加幅度没有达到影响作物生长的程度（Polglase et al.，1995；Falkiner and Smith，1997）。

滴灌对作物产量品质影响的研究多集中在地下水源，关于再生水滴灌对作物生长、产量、品质的影响尚缺乏系统研究。Camp 等（2000）全面总结了美国及其他国家应用地下滴灌（SDI）的经验，指出在超过 30 种作物的对比试验中，地下滴灌的产量都高于或至少等于包括地表滴灌在内的其他灌溉方式。Ayars 等（1999）进行了为期 15 年的连续地下滴灌试验，结果发现，地下滴灌显著提高了作物产量。另外还发现，采用高频滴灌可以有效防止深层渗漏和增加水分的有效性。Lamm 等（2007）系统比较了微灌的优缺点和适用条件，指出滴灌可以营造更为适宜作物生长的土壤水环境和营养环境。

基于以上分析，田间土壤-作物系统更为复杂，不确定性因素更多。针对滴灌技术参数和管理策略对 *E. coli* 的影响机制、*E. coli* 在土壤中的繁殖或衰减以及如何避免 *E. coli* 对土壤和作物的污染等方面亟待进行研究。另外，探求既满足再生水灌溉的安全性要求，同时保证作物产量和品质的再生水滴灌技术模式也是需要解决的关键技术问题。因此，本章通过两季日光温室再生水滴灌试验，分析了再生水滴灌技术参数对 *E. coli* 在农田土壤中运移分布、在莴笋茎和叶中残留的影响特点，同时，分析了再生水滴灌条件下莴笋的产量和品质，探求可以有效避免致病菌污染、同时可以提高作物产量品质的灌溉方式。

10.2 研究方法

10.2.1 试验田块概况

试验分别于 2014 年 8 月 26 日 ~ 11 月 1 日和 2015 年 4 月 2 日 ~ 6 月 1 日在国家节水灌溉工程技术研究中心大兴试验基地的日光温室内进行（图 10-1）。该基地位于北京市南部约 30km 的大兴区，地处 116°26′E，39°37′N，海拔 31.3m。该地区属北温带半湿润大陆季风气候，夏季高温多雨，冬季寒冷干燥，春秋短促。多年平均温度 11.6℃，平均降水量 556mm；降水季节分配不均，全年降雨的 70%~80% 左右集中在夏季 6 月、7 月、8 月，其中，5 ~ 8 月的多年平均降水量为 397mm。全年大于 10℃ 有效积温为 4 730℃，共 285 天；无霜期平均 185 天，全年日照时数约 2600h，平均水面蒸发量 1800mm 以上。

图 10-1　试验站示意图

试验所在日光温室长 50m，宽 7.6m，南北走向，覆盖高保温流滴长寿膜，室内无补温和通风设施。日光温室土壤质地为粉壤土（美国制），质地随深度没有明显变化（表 10-1；王珍，2014），地下水埋深大于 5m。试验供试作物为莴笋，品种为“一品青剑”。2014 年试验期间温室内的温湿度变化见图 10-2（a），莴笋生育期内温室内的昼温均值为 21℃，夜温均值为 13℃，日平均相对湿度均值为 66%，夜平均相对湿度均值为 94%，基本满足莴笋生长发育对温度和湿度的要求。2015 年试验期间温室内的温湿度变化见图 10-2（b），日均气温为 19.6℃，日均相对湿度为 53%，最低温度为 7.5℃（4 月 7 日），最高为 27.8℃（6 月 2 日）。最小和最大相对湿度分别为 15%（4 月 17 日）和 94%（5 月 10 日）。

表 10-1　田间土壤基本物理特性

深度（cm）	不同粒径颗粒所占比例（%）			干容重（g/cm^3）	饱和含水率（cm^3/cm^3）	田间持水率（cm^3/cm^3）
	2.0 ~ 0.05mm	0.05 ~ 0.002mm	<0.002mm			
0 ~ 20	33.9	52.4	13.7	1.33	0.47	0.33
20 ~ 60	32.4	54.1	13.5	1.45		

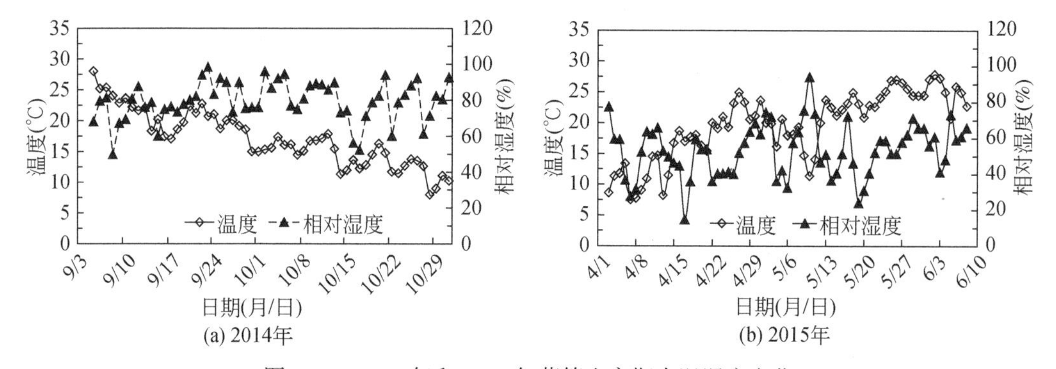

图 10-2　2014 年和 2015 年莴笋生育期内温湿度变化

10.2.2　试验设计

2014 年试验考虑灌水量、灌水器埋深和水质 3 个因素，埋深设置 3 个水平，分别为距地表 0cm、10cm 和 20cm，简记为 S0、S1、S2；灌水量也设置 3 个水平，按作物皿系数控制灌水。灌水量根据放置在莴笋冠层顶部直径 20cm 的蒸发皿（DY. ZF-1，潍坊大禹水文科技有限公司）蒸发量计算，灌水量等于蒸发皿累积蒸发量与作物-皿系数的乘积，蒸发皿蒸发量在每天上午 8：00 测量（赵伟霞，2014；张志云，2015）。根据国内外学者对温室滴灌莴笋作物-皿系数和该地区温室内莴笋耗水规律的研究结果，莴笋作物-皿系数 3 个水平分别为 0.6、0.8 和 1，灌水量水平设置简记为 I1、I2、I3。对于埋深和灌水量，采用全组合试验设计，共 9 个处理，每个处理设 3 个重复，计 27 个小区。另外，设地下水灌溉作为对照，在 I2（作物-皿系数 0.8）水平下设置 3 个埋深处理，每个埋深处理重复 3 次，共 9 个小区。地下水处理用灌水量、埋深处理后加字母 C 表示，如灌水量 I2，地表滴灌的地下水对照表示为：I2S0C。试验处理共 36 个小区。

2015 年试验将灌水量因素改为灌水频率，也设置三个水平，灌水间隔分别为 4 天、8 天和 12 天，简记为 F1、F2、F3，其余试验因素和水平和 2014 年相同，对于埋深和灌水频率，采用全组合试验设计，共 9 个处理，每个处理设 3 个重复，计 27 个小区。与 2014 年试验类似，设置地下水对照处理，在 F2（灌水间隔 8d）条件下另设置 3 个灌水器埋深处理，每个处理重复 3 次，共设置 9 个小区。地下水处理仍以频率和埋深处理后加字母 C 表示，如灌水频率 F2，地表滴灌的地下水对照表示为：F2S0C，试验处理共 36 个小区，两年试验具体试验组合和布置方式如表 10-2、图 10-3 和图 10-4 所示。

表 10-2　田间试验设计组合和布置方式

2014 年试验设计		2015 年试验设计		两年相同设置		
处理编号	灌水量（作物皿系数）	处理编号	灌水间隔（d）	灌水器埋深（cm）	灌溉水质	小区编号
I1S0	0.6	F1S0	4	0	再生水	4、10、18
I1S1	0.6	F1S1	4	10	再生水	9、22、31
I1S2	0.6	F1S2	4	20	再生水	12、13、20
I2S0	0.8	F2S0	8	0	再生水	16、19、26
I2S1	0.8	F2S1	8	10	再生水	2、25、33
I2S2	0.8	F2S2	8	20	再生水	1、28、35
I3S0	1	F3S0	12	0	再生水	5、29、32
I3S1	1	F3S1	12	10	再生水	6、8、17
I3S2	1	F3S2	12	20	再生水	23、15、30
I2S0C	0.8	F2S0C	8	0	地下水	7、24、36
I2S1C	0.8	F2S1C	8	10	地下水	3、11、14
I2S2C	0.8	F2S2C	8	20	地下水	21、27、34

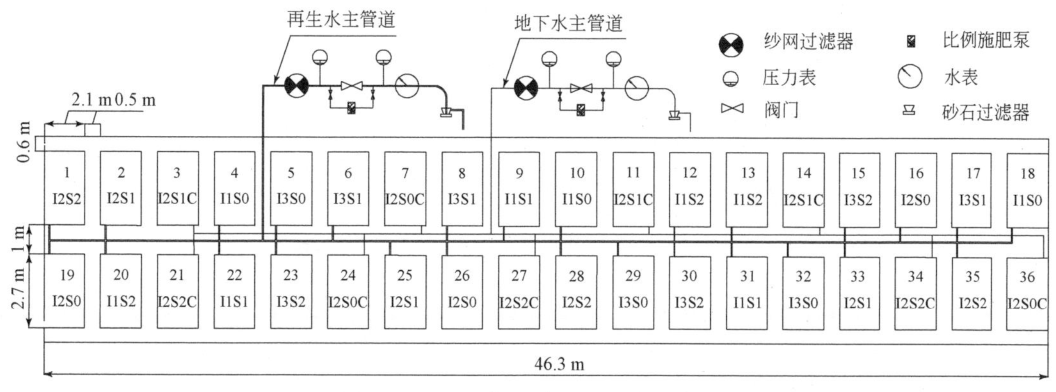

图 10-3　2014 年试验处理及小区布置

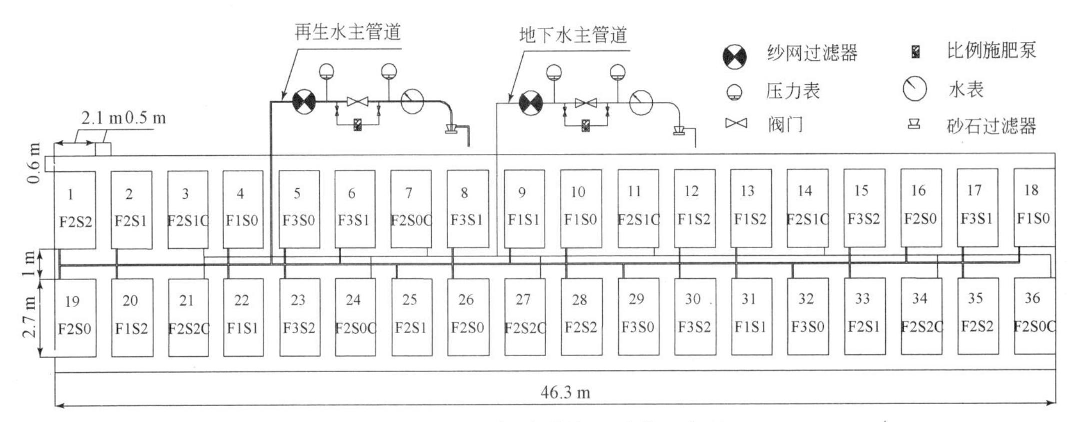

图 10-4　2015 年试验处理及小区布置

试验小区规格为 2.7m×2.1m，每个小区种植 6 行莴笋，行距 0.35m，株距 0.30m，选用 0.1 MPa 下标称流量为 1.6L/h 的滴灌带（耐特菲姆公司，以色列），滴灌带间距 0.7m，一条滴灌带控制两行作物，滴灌带布置在作物行中间，小区布置见图 10-5。温室的开闭根据当地农民的管理经验确定，天气晴好时将大棚底膜卷起约 0.6m 保持通风，调节棚内温度和湿度。

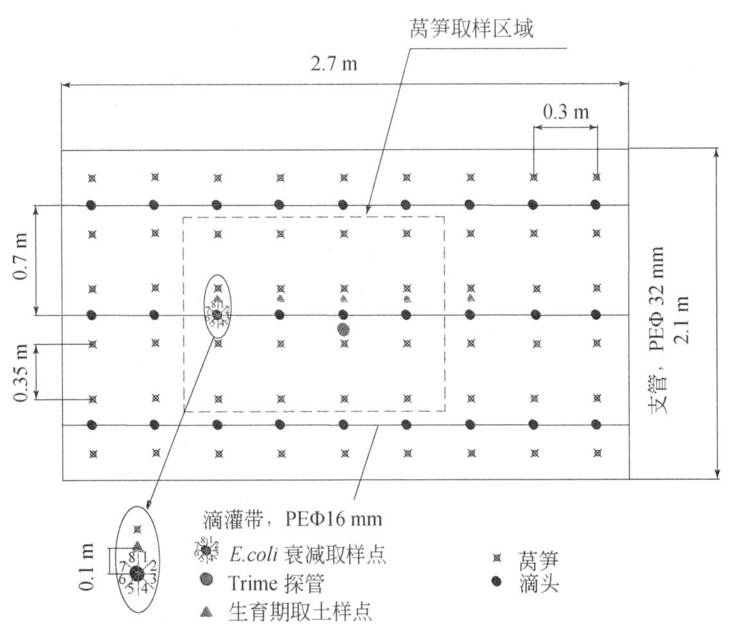

图 10-5　小区布置及大肠杆菌（*E. coli*）取样方式

10.2.3　灌水与施肥

2014 年秋季莴笋于 8 月 26 日移栽，缓苗期共灌水 3 次，灌水总量为 30mm，缓苗 15 天后开始灌水处理，莴笋生育期内共灌水 6 次，I1 处理灌水量为 75mm；I2 处理灌水量为 102mm；I3 处理灌水量为 121mm。

参考狄彩霞（2005）等在不同肥料组合对莴笋产量和品质的影响中的研究结果，肥料施入量为：N 225kg/hm^2，P_2O_5 75kg/hm^2，K_2O 150kg/hm^2，Mg 3.4kg/hm^2，Zn 3.0kg/hm^2，B 0.75kg/hm^2,其中，N 肥（尿素）和 P_2O_5（过磷酸钙）于整地前按总量的 20% 施入，其余 80% 氮肥和磷肥（磷酸二氢钾）以及 K、Mg、Zn、B 在 9 月 20 日莴笋茎膨大前期施入。追肥时先将肥料在水中充分溶解，然后将肥液用比例施肥泵（Mix Rite Model 2504，以色列 Tefen 公司）按“1/4–1/2–1/4”的模式（李久生等，2004）施入。莴笋生育期内灌水施肥制度见图 10-6（a）。

2015 年试验蒸发皿累计蒸发量为 256.4mm。F1 处理共灌水 12 次，F2 处理灌水 6 次，F3 灌水 5 次，灌水量都为 210.5mm。因施氮不足，2014 年莴笋在生育期内出现叶片偏黄现象，因此 2015 年试验中将施氮量提高到 300kg/hm^2，其他肥料施入量与 2014 年相同。氮肥和磷肥分别在 4 月 14 日和 5 月 9 日按设计总施入量的 50% 施入，K 肥等在 5 月 9 日施肥时施入。2015 年灌水施肥制度见图 10-6（b）。

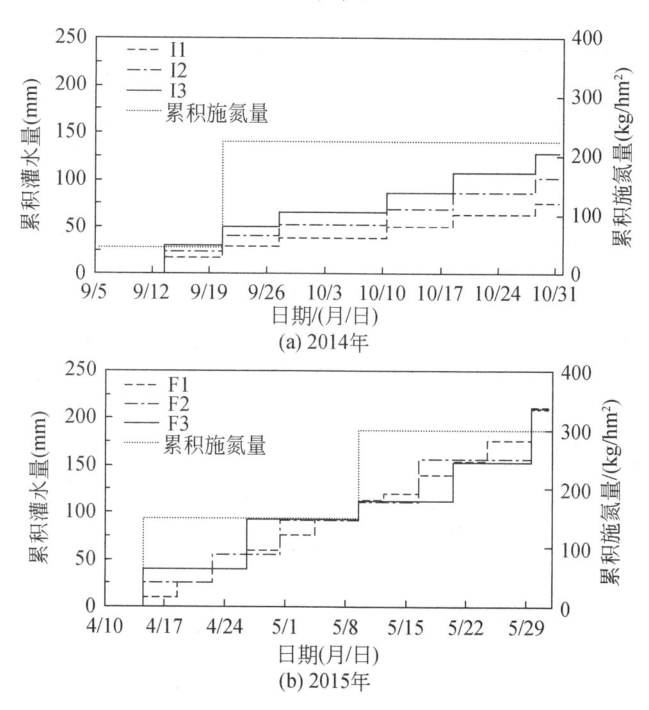

图 10-6　2014 年和 2015 年莴笋生育期灌水和施氮量及累积施氮量变化

10.2.4　观测项目与方法

1）土壤含水率监测

利用 Trime-T3 土壤剖面含水率测量系统（IMKO，德国）监测土壤含水率。作物生育期内多次滴灌条件下，沿灌水器单个灌水器形成的湿润土体会充分叠加，形成近似均匀的土壤含水率带状分布，因此在每个试验小区布置一根 Trime 测管，埋设位置在距毛管垂直距离 10cm 处，埋深 100cm。每隔一周按 0 ~ 10cm、10 ~ 20cm、20 ~ 30cm、30 ~ 40cm、40 ~ 50cm 和 50 ~ 70cm 进行土壤含水率测定（赵伟霞等，2014）。

2）土壤中 *E. coli* 检测

为研究莴笋生育期内土壤中 *E. coli* 的变化情况，2014 年分别于 8 月 26 日、9 月 20 日、10 月 7 日、10 月 18 日和 11 月 1 日取土壤样测定土壤中 *E. coli* 含量；2015 年分别于 4 月 12 日、4 月 28 日、5 月 12 日、5 月 25 日和 6 月 3 日取土壤样测定土壤中 *E. coli* 含量。取样时，沿垂直灌水器方向距灌水器 10cm 的位置布点（图 10-5），用土钻和灭菌药匙每 10cm 一层取不同深度处的土样，用无菌袋（B01062WA，Nasco WHIRL-PAK，US）封好，样本保存在恒温 4℃的冰箱中，当日或一周以内测定土样中 *E. coli* 的数目。

为进一步研究埋深和水质对 *E. coli* 运移的影响，在 2014 年 10 月 19 日灌水后取全部 36 个小区的空间土样，检测 *E. coli* 的分布情况。对于地表滴灌处理（S0），取样深度分别为 0 ~ 5cm、5 ~ 10cm、10 ~ 20cm 和 20 ~ 30cm；对于埋深 10cm 处理（S1），取样深度分别为 0 ~ 10cm、10 ~ 15cm、15 ~ 20cm、20 ~ 25cm 和 25 ~ 30cm；对于埋深 20cm 处理（S2），取样深度分别为 0 ~ 10cm、10 ~ 15cm、15 ~ 20cm、20 ~ 25cm 和 25 ~ 30cm。

另外，为研究灌水时段内 *E. coli* 的变化规律以及灌水量对 *E. coli* 变化的影响，2014 年第三次灌水（9 月 27 日）后，对于所有地表滴灌处理的小区，按照灌后 0h、4h、24h、48h、72h、96h 和 144h 后取土样，监测 *E. coli* 在灌水间隔内的衰减规律。取样方式为：选定各小区相同位置的灌水器，在灌水器正下方的位置，按图 10-5 中所示的分块方式取约 3cm 深的土样，取样后马上检测土样中的 *E. coli* 含量。

为研究灌水频率对 *E. coli* 分布的影响，2015 年从第一次灌水开始，每隔 3 ~ 5 天连续监测表层土壤中 *E. coli* 的值，观测整个生育期内表层土壤中 *E. coli* 的变化。另外，采取 2014 年分块取土的方式，取得生育前期（4 月 14 日）、中期（5 月 4 日）和后期（5 月 29 日）灌后的衰减土样，检测 *E. coli* 在不同灌溉时段的衰减特征，并比较灌水频率对 *E. coli* 分布的影响。

采用滤膜法测土样中的 *E. coli* 值。对于取得的土样，称取 1. 0g 加入 10mL PBS 缓冲液（磷酸盐缓冲液 P1020，Solarbio，北京），150r/min 振荡 10min，静置片刻，取 10mL 菌悬液，用 0. 45μm 微孔滤膜（B5768-50MG，津腾，天津）过滤，将滤膜移至固态远藤琼脂培养基（BD，美国）中培养 24h，然后转至 Na-MUG 培养基（BD，美国）中培养 4h 后，于紫外光灯下查看发蓝色光菌落，统计 *E. coli* 菌落值。对于生育期的土样，菌悬液过滤后，采用 MI（BD，美国）培养基培养 24h，于常光下查看蓝色菌落，统计 *E. coli* 菌落值。为比较两种培养基测定 *E. coli* 效果的差异，在采用 MI 培养基之前，随机取土样 20 个分别对比两种培养基的计数结果，发现土样中 *E. coli* 在两种培养基中的结果相同或相差 1 ~ 3 个菌落（菌落均值为 30CFU）。对于 *E. coli* 浓度较高的土样，采用倍比稀释的方法按1∶10 的比例稀释菌悬液，将稀释后的菌悬液用同样的方式过滤培养获得 *E. coli* 菌落值，最后按稀释的比例折算为土样中的实际菌落值。

3）莴笋中 *E. coli* 检测

10 月 30 日和 6 月 2 日莴笋采收前，用无菌取样方式在每个小区随机选取 3 株莴笋，分成茎和叶，测叶表面和茎中 *E. coli* 值。莴笋中的 *E. coli* 与土样中 *E. coli* 的检测方法类似，也采用滤膜法测试。由于莴笋中的细菌含量较低，所以采取称量 5. 0g 莴笋样本加入 50mL PBS 缓冲液中获取菌悬液，然后过滤培养的方式。

4）莴笋生长指标

在每个小区内选取中间两行莴笋中长势均匀的 3 株作为典型植株，对莴笋生育期内的各项生理生态指标进行定期测定。2014 年分别于 9 月 29 日、10 月 10 日、10 月 15 日、10 月 21 日和 10 月 27 日用钢卷尺测定株高，在离初生根部约 2cm 处用游标卡尺测定茎粗，同时记录叶片数。2015 年分别于 4 月 26 日、5 月 3 日、5 月 11 日、5 月 18 日、5 月 23 日和 5 月 31 日与 2014 年相同的方式测得生长指标。

5）莴笋产量和品质

莴笋收获后，选取小区中部 16 棵莴笋，记录单棵重及总重量，统计产量。2014 年莴笋收获时，取 I2 处理再生水和地下水对照试验组发育状况一致的莴笋茎，2015 年取所有处理发育状况一致的莴笋茎，采用 2，6-二氯靛酚滴定法测定 VC，凯氏法测定粗蛋白和蒽酮比色法测定可溶性糖。

6）统计分析方法

首先对试验数据利用图形、表格和概括性的数字进行描述性统计分析，利用 Excel 对数据进行处理及绘图。方差分析和多重比较方法利用 SPSS 16. 0（SPSS，2007）和 DPS 软件完成。采用 SAS 广义线性混合模型（GLIMMIX）（version 9. 3）分析灌水量、埋深、水质和灌水频率对土壤和莴笋茎中 *E. coli* 含量的影响。

10. 3　再生水滴灌对土壤水分分布的影响

莴笋生育期内利用 Trime-T3 土壤剖面含水率测量系统监测了土壤含水率的变化过程，2014 年和 2015 年内各测定了 12 次。试验结果沿深度方向按 6 层（0 ~ 10cm、10 ~ 20cm、20 ~ 30cm、30 ~ 40cm、40 ~ 50cm 和 50 ~ 70cm）获得土壤含水率在莴笋生育期内的动态变化。由于 30cm 以下土层含水率对灌水设置的响应不明显，并且莴笋主要根系集中在 0 ~ 20cm 以内，所以合并了 30cm 以下含水率变化特征相似的土层。图 10-7 和图 10-8 分别给出了 2014 年和 2015 年 0 ~ 70cm 土层各处理土壤含水率在生育期内的动态变化。由图可知，莴笋生育期内不同土层土壤含水率因受灌水以及田间蒸发蒸腾的影响呈现出波动变化特征，其中 0 ~ 10cm 土壤含水率变化最为明显，10 ~ 30cm 土壤含水率次之，30cm 以下的土层含水率在生育期基本保持稳定。

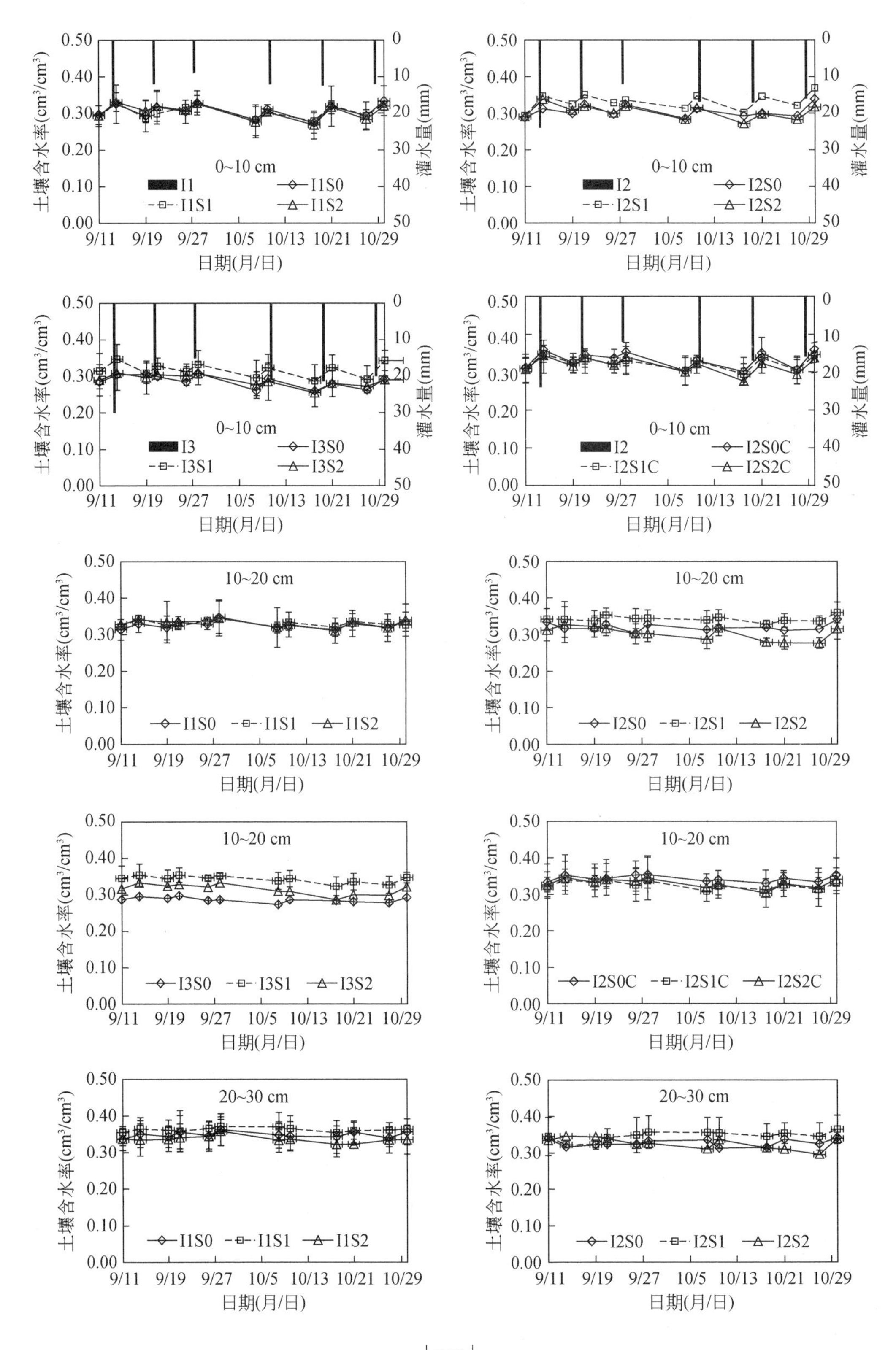

0~10 cm
I1
I1S0
I1S1
I1S2
I2
I2S0
I2S1
I2S2
I3
I3S0
I3S1
I3S2
I2S0C
I2S1C
I2S2C
10~20 cm
20~30 cm
土壤含水率(cm³/cm³)
灌水量(mm)
日期(月/日)
9/11
9/19
9/27
10/5
10/13
10/21
10/29

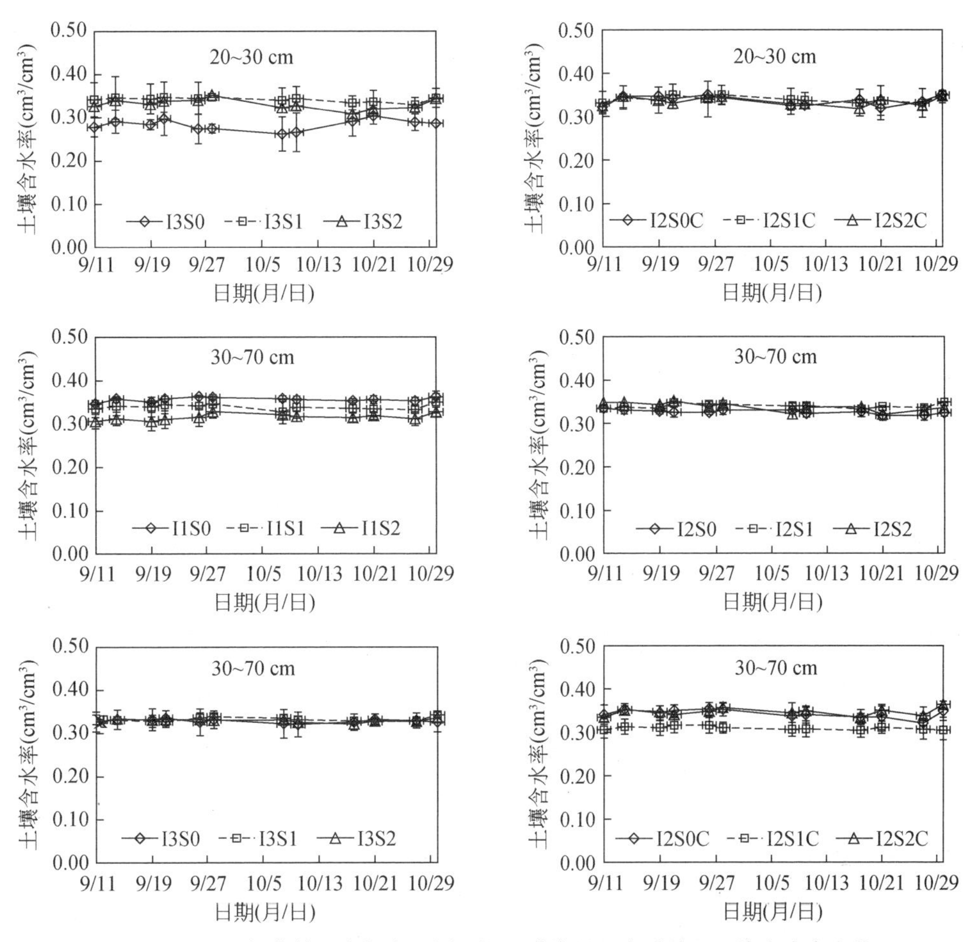

图 10-7　2014 年莴笋生育期内不同埋深、灌水量、水质处理土壤含水率变化

2014 年所有处理表层 0 ~ 10cm 含水率在灌后都明显增加，埋深一定条件下，当灌水量增大时，表层含水率波动范围也增大；对于 10 ~ 30cm 土层，含水率在生育期的波动变化不如表层明显。从含水率动态分布图中可以看出，埋深对于 10 ~ 30cm 土层的含水率值的影响比较明显，表现为在给定的灌水量条件下，灌水器埋深为 10cm 的处理含水率值较大；对于不同灌水量和埋深处理，30cm 以下的土层含水率在莴笋生育期比较稳定，且与田间持水率值（$0.33cm^3/cm^3$）接近。

2015 年土壤表层 0 ~ 10cm 含水率变化随灌水频率和埋深不同呈现出不同的波动变化趋势（图 10-8）。尤其对于灌水间隔为 8 天（F2）处理，对应的土壤含水率在莴笋生育期内变化较为明显，F2 处理的含水率表现为在灌后增大，随蒸发蒸腾而减小，在整个生育期内波动变化趋势，这也与含水率测定时间间隔为一周，基本都在 F2 处理灌溉前后有关；F3（灌水间隔 12 天）处理对应的土壤含水率在灌后波动值比 F2 处理更大，原因为 F3 处理灌水间隔较长，单次灌水量相对较大。比较而言，F1（灌水间隔 4 天）处理在莴笋生育期内整体波动较小，在生育期内相对波动较大的情况发生在灌后和后期蒸发量较大时。另外，F1 处理条件下，含水率变化随灌水器埋深不同呈现出明显差别，灌水器埋深 10cm 处理表层 0～10cm 的含水率要比埋深 0 和 20cm 处理的含水率高，可能原因为，地表滴灌完成后，土壤表层 0～10cm 含水率最易受蒸发蒸腾影响而降低，而对于埋深较深（20cm）的处理，灌水后腾发作用的影响相对较弱。10～30cm 土层土壤含水率波动较大的原因可能是春季莴笋生育期内蒸发量较大，使得深层土壤水分也因蒸发减少，再灌水后又增大。

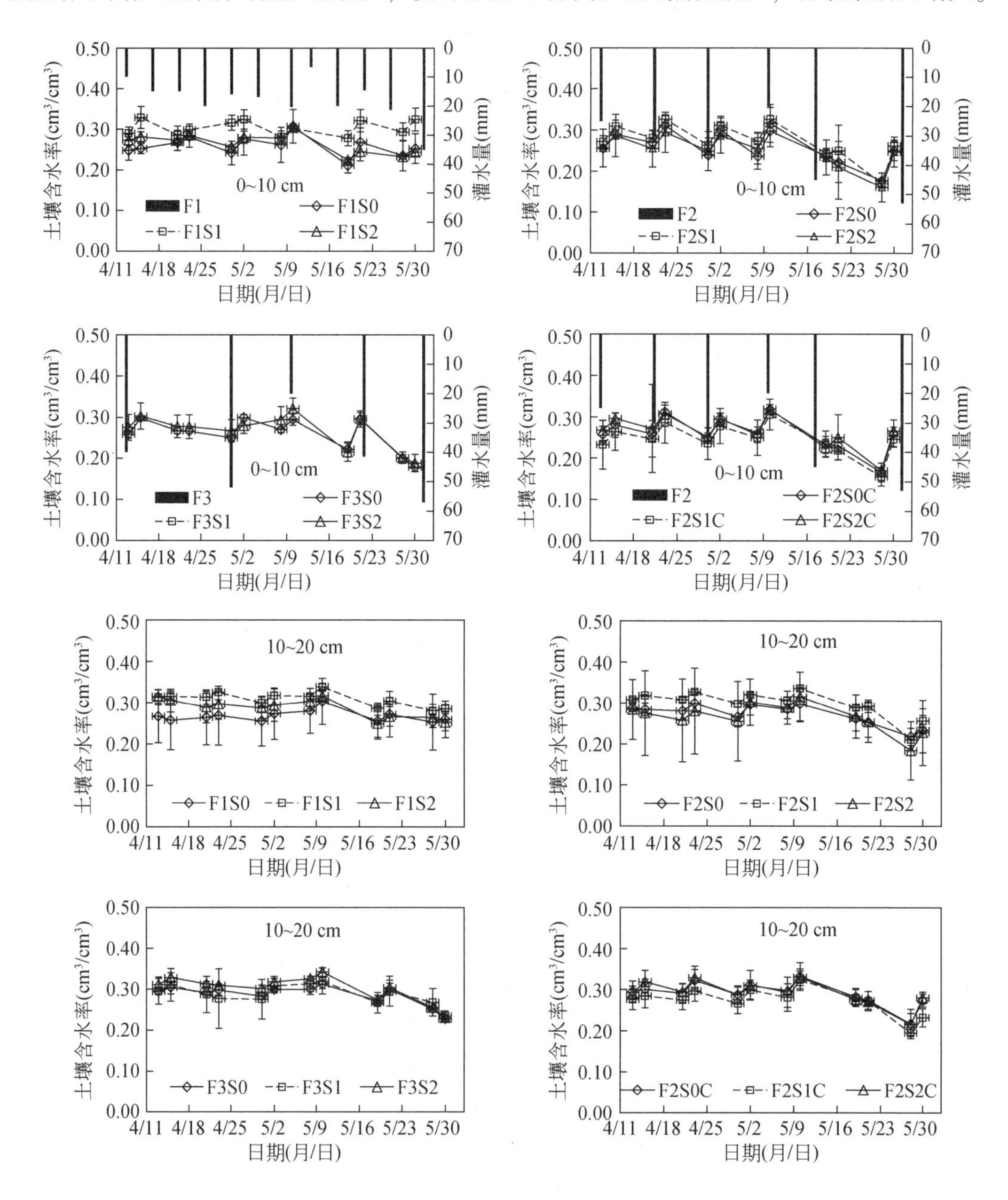

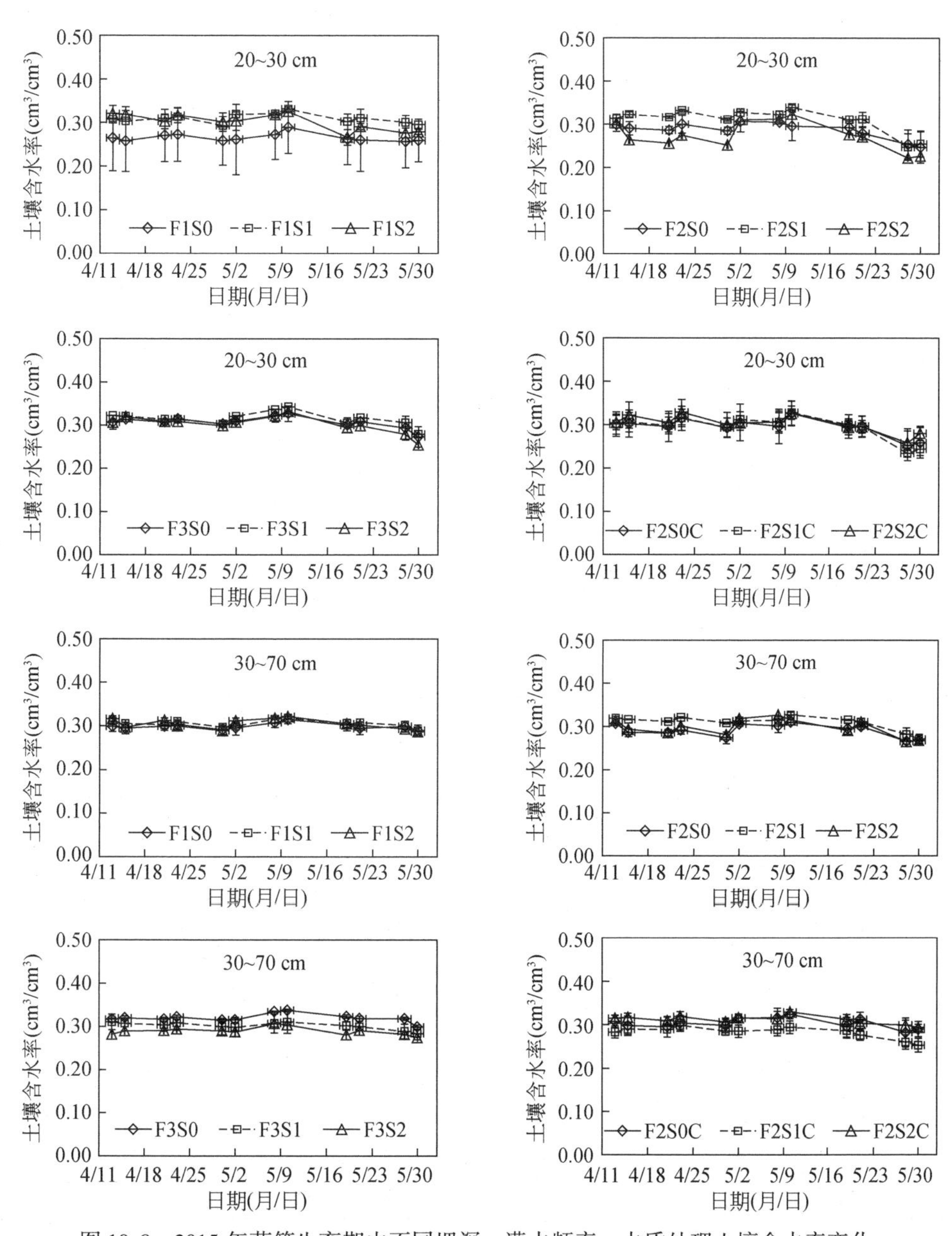

图 10-8　2015 年莴笋生育期内不同埋深、灌水频率、水质处理土壤含水率变化

为分析 2014 年灌水量和埋深作用与水质和埋深作用对土壤含水率分布的影响，对不同处理同一次测定时土壤含水率进行双因素方差分析（表 10-3 和表 10-4）。结果表明，2014 年灌水量、水质和埋深并未对灌溉水的田间分布特征造成显著影响。2015 年莴笋生育中期（5 月 2 日），灌水频率对表层 0 ~ 10cm 土层土壤含水率产生了显著影响，同时，对莴笋生育后期（5 月 28 日和 30 日）各层的土壤含水率也产生了显著影响，尤其对表层 0 ~ 20cm 的土壤含水率的影响达到极显著水平。灌水器埋深也对莴笋生育中期（5 月 2 日

和5月8日）10～20cm和20～30cm的土壤含水率产生了显著影响。2015年方差分析的结果如表10-5和表10-6所示。在生育中期（5月2日），灌水频率对0～20cm土层中含水率值产生了较为显著影响。在生育末期（5月28日至30日），灌水频率对0～30cm土层中含水率值都产生了较为显著影响，这说明在灌水频率和埋深的共同作用下，不同处理之间的含水率值产生了较大的差异。

表10-3　2014年灌水量和埋深对不同深度土层土壤含水率的影响

深度（cm）	变异来源	日期						
		9月11日	9月21日	9月28日	10月8日	10月18日	10月27日	10月29日
0～10	I	NS（P=0.77）	NS（P=0.31）	NS（P=0.32）	NS（P=0.23）	NS（P=0.07）	NS（P=0.12）	NS（P=0.17）
	S	NS（P=0.48）	NS（P=0.51）	NS（P=0.21）	NS（P=0.12）	*（P=0.04）	NS（P=0.10）	NS（P=0.13）
10～20	I	NS（P=0.72）	NS（P=0.95）	NS（P=0.49）	NS（P=0.78）	NS（P=0.45）	NS（P=0.46）	NS（P=0.13）
	S	NS（P=0.33）	NS（P=0.41）	NS（P=0.42）	NS（P=0.25）	NS（P=0.13）	NS（P=0.17）	NS（P=0.13）
20～30	I	NS（P=0.24）	NS（P=0.30）	NS（P=0.41）	NS（P=0.22）	NS（P=0.07）	NS（P=0.17）	NS（P=0.14）
	S	NS（P=0.24）	NS（P=0.19）	NS（P=0.37）	NS（P=0.21）	*（P=0.04）	NS（P=0.17）	NS（P=0.14）
30～70	I	NS（P=0.65）	NS（P=0.83）	NS（P=0.57）	NS（P=0.86）	NS（P=0.70）	NS（P=0.93）	NS（P=0.58）
	S	NS（P=0.74）	NS（P=0.84）	NS（P=0.72）	NS（P=0.57）	NS（P=0.60）	NS（P=0.66）	NS（P=0.51）

注：NS表示在α=0.05水平上差异不显著；*表示在0.05水平上差异显著；I和S分别代表灌水量和灌水器埋深。

表10-4　2014年水质和埋深对不同深度土层土壤含水率的影响

深度（cm）	变异来源	日期						
		9月11日	9月21日	9月28日	10月8日	10月18日	10月27日	10月29日
0～10	C	*（P=0.02）	NS（P=0.53）	NS（P=0.3）	NS（P=0.46）	NS（P=0.68）	NS（P=0.79）	NS（P=0.85）
	S	NS（P=0.77）	NS（P=0.60）	NS（P=0.80）	NS（P=0.59）	NS（P=0.19）	NS（P=0.30）	NS（P=0.40）
10～20	C	NS（P=0.84）	NS（P=0.52）	NS（P=0.30）	NS（P=0.83）	NS（P=0.62）	NS（P=0.58）	NS（P=0.89）
	S	NS（P=0.55）	NS（P=0.57）	NS（P=0.59）	NS（P=0.46）	NS（P=0.24）	NS（P=0.51）	NS（P=0.67）
20～30	C	*（P=0.03）	NS（P=0.91）	NS（P=0.42）	NS（P=0.36）	NS（P=0.71）	NS（P=0.56）	NS（P=0.88）
	S	NS（P=0.16）	NS（P=0.28）	NS（P=0.34）	NS（P=0.58）	NS（P=0.4）	NS（P=0.38）	NS（P=0.51）
30～70	C	NS（P=0.35）	NS（P=0.75）	NS（P=0.99）	NS（P=0.94）	NS（P=0.53）	NS（P=0.61）	NS（P=0.92）
	S	NS（P=0.37）	NS（P=0.79）	NS（P=0.58）	NS（P=0.86）	NS（P=0.53）	NS（P=0.60）	NS（P=0.75）

注：NS表示在α=0.05水平上差异不显著；*表示在0.05水平上差异显著；C和S分别代表水质和灌水器埋深。

表10-5　2015年灌水频率和埋深对不同深度土层土壤含水率的影响

深度（cm）	变异来源	日期						
		4月13日	4月23日	5月2日	5月10日	5月21日	5月28日	5月30日
0～10	F	NS（P=0.93）	NS（P=0.06）	*（P=0.03）	NS（P=0.75）	NS（P=0.11）	**（P=0.01）	**（P=0.00）
	S	NS（P=0.52）	NS（P=0.95）	NS（P=0.42）	NS（P=0.26）	NS（P=0.78）	NS（P=0.53）	NS（P=0.55）

续表

深度（cm）	变异来源	日期						
		4 月 13 日	4 月 23 日	5 月 2 日	5 月 10 日	5 月 21 日	5 月 28 日	5 月 30 日
10 ~ 20	F	NS（P=0.85）	NS（P=0.94）	NS（P=0.24）	NS（P=0.74）	NS（P=0.12）	**（P=0.01）	**（P=0.01）
	S	NS（P=0.28）	NS（P=0.62）	*（P=0.04）	NS（P=0.13）	NS（P=0.21）	NS（P=0.29）	NS（P=0.05）
20 ~ 30	F	NS（P=0.60）	NS（P=0.80）	NS（P=0.28）	NS（P=0.17）	NS（P=0.21）	*（P=0.03）	*（P=0.05）
	S	NS（P=0.25）	NS（P=0.44）	NS（P=0.13）	*（P=0.03）	NS（P=0.09）	NS（P=0.21）	NS（P=0.15）
30 ~ 70	F	NS（P=0.7）	NS（P=0.92）	NS（P=0.50）	NS（P=10）	NS（P=0.84）	NS（P=0.10）	*（P=0.05）
	S	NS（P=0.72）	NS（P=0.40）	NS（P=0.97）	NS（P=0.81）	NS（P=0.86）	NS（P=0.42）	NS（P=0.35）

注：NS 表示在 α=0.05 水平上差异不显著；NS 表示在 α=0.05 水平上差异不显著；* 表示在 0.05 水平上差异显著；** 表示在 0.01 水平上差异显著；F 和 S 代表灌水频率和埋深。

表 10-6　2015 年水质和埋深对不同深度土层土壤含水率的影响

深度(cm)	变异来源	日期						
		4 月 13 日	4 月 23 日	5 月 2 日	5 月 10 日	5 月 21 日	5 月 28 日	5 月 30 日
0 ~ 10	C	NS（P=0.89）	NS（P=0.88）	NS（P=0.88）	NS（P=0.78）	NS（P=0.58）	NS（P=0.70）	NS（P=0.98）
	S	NS（P=0.64）	NS（P=0.65）	NS（P=0.52）	NS（P=0.94）	NS（P=0.45）	NS（P=0.56）	NS（P=0.68）
10 ~ 20	C	NS（P=0.96）	NS（P=0.96）	NS（P=0.92）	NS（P=0.71）	NS（P=0.50）	NS（P=0.63）	NS（P=0.94）
	S	NS（P=0.70）	NS（P=0.62）	NS（P=0.99）	NS（P=0.46）	NS（P=0.70）	NS（P=0.78）	NS（P=0.44）
20 ~ 30	C	NS（P=0.57）	NS（P=0.70）	NS（P=0.18）	NS（P=0.48）	NS（P=0.50）	NS（P=0.78）	NS（P=0.98）
	S	NS（P=0.63）	NS（P=0.49）	NS（P=0.19）	NS（P=0.64）	NS（P=0.57）	NS（P=0.71）	NS（P=0.44）
30 ~ 70	C	NS（P=0.54）	NS（P=0.86）	NS（P=0.83）	NS（P=0.48）	NS（P=0.79）	NS（P=0.70）	NS（P=0.52）
	S	NS（P=0.58）	NS（P=0.80）	NS（P=0.79）	NS（P=0.88）	NS（P=0.79）	NS（P=0.33）	NS（P=0.52）

注：NS 表示在 α=0.05 水平上差异不显著，C 和 S 代表水质和埋深。

10.4　再生水滴灌对 *E. coli* 在土壤中运移衰减的影响

包含灌水量、灌水频率、灌水器埋深和水质在内的滴灌技术参数，通过影响灌溉水进入田间的方式影响土壤水分分布和 *E. coli* 在土壤中的运移、分布和衰减。本节通过分析莴笋生育期内 *E. coli* 在土壤中的运移衰减，研究田间条件下，包含灌水量、灌水频率、灌水器埋深和水质在内的滴灌管理措施对 *E. coli* 在土壤中运移衰减的影响。

10.4.1　再生水水质指标

表 10-7 和表 10-8 分别给出了 2014 年和 2015 年再生水与地下水水样中 *E. coli* 的浓度变化。由表可知，两年试验地下水中的 *E. coli* 浓度均为 0，而再生水中的 *E. coli* 浓度呈现出波动变化趋势，其中 2014 年 9 月 27 日所取水样中 *E. coli* 浓度最大，达到 1100CFU/100mL。

2015 年试验中，*E. coli* 浓度在 5 月 9 日达到最大，最大值为 1035CFU/100mL。

表 10-9 给出了 2014 年和 2015 年每次灌水前取得的再生水和相应的地下水水质分析结果。由表可知，再生水中的各项水质指标均高于地下水，再生水中有机物、矿物质等含量较大，为微生物的存活创造了更为适宜的环境。2015 年储水池中极易产生绿藻等物质，比较两年的水质指标，2015 年再生水中的生化需氧量较 2014 年高，其中化学需氧量和生物需氧量均值分别较 2014 年高出了 5.6 倍和 6.9 倍；另外，2015 年再生水中的有机物含量和总悬浮物也比 2014 年高。由此可以推断 2015 年再生水水质较 2014 年差。

表 10-7　2014 年再生水与地下水中 *E. coli* 含量变化

水质（2014 年）	*E. coli*（CFU/100mL）					
	9/13	9/20	9/27	10/10	10/18	10/28
再生水	700	0	1100	600	900	500
地下水	0	0	0	0	0	0

表 10-8　2015 年再生水与地下水中 *E. coli* 含量变化

水质（2015 年）	*E. coli*（CFU/100mL）						
	4/15	4/18	4/23	5/4	5/9	5/22	5/28
再生水	700	200	151	403	1035	100	70
地下水	0	0	0	0	0	0	0

表 10-9　莴笋生育期内再生水与地下水水质指标

年份	日期（月/日）	水质	水质指标（mg/L）					
			COD_{Cr}	BOD_5	TN	TP	TSS	Cl^-
2014	9/27	再生水	4.7	2.1	10.6	3.6	29.0	158.0
	10/10		5.1	2.5	10.4	3.5	45.0	162.0
	10/19		4.6	1.9	10.2	3.2	13.0	168.0
	9/27	地下水	2.6	1.0	0.1	0.1	16.0	23.7
2015	4/14	再生水	20.0	11.1	9.5	1.6	95.0	170.0
	5/9		32.8	22.5	7.5	0.9	89.0	178.0
	5/29		33.0	17.8	7.3	0.6	118.0	149.0
	5/9	地下水	17.9	6.2	0.6	0.5	87.0	35.5

10.4.2　莴笋生育期内 *E. coli* 在土壤中的分布

表 10-10 分别给出了 2014 年和 2015 年莴笋生育期内 *E. coli* 在土壤中分布的统计结果。两年试验生育期前，土壤中的 *E. coli* 均较少，2014 年和 2015 年分别在 I3S0 处理 0 ~ 10cm 土层和 F1S1 处理 30 ~ 40cm 土层检测到 *E. coli*。Forslund 等（2012）也曾采用再生水灌溉

番茄，并采集灌溉后的土样检测其中的大肠菌群数量，发现仅有 1.8% 的土样中有大肠菌群。莴笋收获后，*E. coli* 测定值比初始值略高，但最大值小于 3CFU/g。由此可知，再生水灌溉并未导致 *E. coli* 在土壤中的明显累积污染。

由表还可看出，两年生育期所取得土样，较大部分中没有检测到 *E. coli*，但部分时期 *E. coli* 数量明显较高（如 2014 年 9 月 20 日和 2015 年 5 月 12 日），且基本表现为 0 ~ 20cm 土层 *E. coli* 浓度明显高于 20 ~ 40cm 的情况。当再生水中 *E. coli* 浓度较高时，表层 0 ~ 10cm 土层 *E. coli* 浓度也较大，如 2014 年 10 月 18 日，当再生水中的 *E. coli* 浓度为 900CFU/100mL 时，所检测的 4 层土壤里都存在 *E. coli*，且表层较多，最大值为 35CFU/g。值得注意的是，9 月 20 日灌水时，再生水中无 *E. coli*，但灌后即刻所取土样中 *E. coli* 浓度仍表现出比灌后较长时间（24h）取得的土样中浓度大，可能的原因是，在水分、温度等条件适宜时，水分的增大给土壤中残留的 *E. coli* 生长繁殖提供了更为适宜的环境。

比较发现，灌溉后短时间（4h）以内取样，土壤中 *E. coli* 较多（2014 年 9 月 20 日和 10 月 18 日）。当再生水 *E. coli* 浓度较高时，土壤中的 *E. coli* 浓度也较高。例如，10 月 18 日灌水时，再生水中 *E. coli* 浓度为 900CFU/100mL。表层 10cm 土层中 *E. coli* 均值（18CFU/g）比 9 月 20 日（再生水中 *E. coli* 为 0）灌后取样土壤中 *E. coli* 均值（5CFU/g）大 2.6 倍。在 2015 年生育期内，*E. coli* 主要分布在 0 ~ 20cm 土层中，且主要分布在地表滴灌处理的小区内，这一现象在灌后一天即取土的 5 月 12 日和 5 月 25 日所取土样中尤其明显。

表 10-10　2014 年和 2015 年莴笋生育期内土壤中 *E. coli* 分布统计

取样深度（cm）	2014 年				2015 年			
	取样日期（月/日）	含 *E. coli* 样本/取样总数	*E. coli* 均值[最大值]（CFU/g）	*E. coli* 最值所在处理	取样日期	含 *E. coli* 样本/取样总数	*E. coli* 均值[最大值]（CFU/g）	*E. coli* 最值所在处理
0 ~ 10	8/26	1/36	1 [1]	I3S0	4/12	0/36	0 [0]	–
10 ~ 20		0/36	0 [0]	–		0/36	0 [0]	–
20 ~ 30		0/36	0 [0]	–		0/36	0 [0]	–
30 ~ 40		0/36	0 [0]	–		1/36	1 [1]	F1S1
0 ~ 10	9/20	15/36	5 [13]	I1S1	4/28	3/36	1 [1]	F1S1
10 ~ 20		10/36	8 [12]	I2S1C		0/36	0 [0]	–
20 ~ 30		12/36	10 [20]	I1S1		0/36	0 [0]	–
30 ~ 40		1/36	3 [12]	I3S2		0/36	0 [0]	–
0 ~ 10	10/7	1/36	1 [1]	I2S0C	5/12	8/36	44 [61]	F1S0
10 ~ 20		0/36	0 [0]	–		0/36	0 [0]	–
20 ~ 30		0/36	0 [0]	–		0/36	0 [0]	–
30 ~ 40		0/36	0 [0]	–		0/36	0 [0]	–

续表

取样深度（cm）	2014 年				2015 年			
	取样日期（月/日）	含 *E. coli* 样本/取样总数	*E. coli* 均值［最大值］(CFU/g)	*E. coli* 最值所在处理	取样日期	含 *E. coli* 样本/取样总数	*E. coli* 均值［最大值］(CFU/g)	*E. coli* 最值所在处理
0 ~ 10	10/18	12/36	18［35］	I3S0	5/25	1/36	9［9］	F3S0
10 ~ 20		12/36	9［34］	I3S2		2/36	17［71］	F3S0
20 ~ 30		1/36	7［7］	I3S2		0/36	0［0］	-
30 ~ 40		1/36	8［8］	I2S1C		0/36	0［0］	-
0 ~ 10	11/1	3/36	1［1］	I2S0	6/3	3/36	1［3］	F3S0
10 ~ 20		0/36	0［0］	-		0/36	0［0］	-
20 ~ 30		0/36	0［0］	-		0/36	0［0］	-
30 ~ 40		1/36	1［1］	I2S1C		0/36	0［0］	-

10.4.3 再生水滴灌对 *E. coli* 在土壤中分布的影响

1）灌水量、埋深与水质对 *E. coli* 在土壤中分布的影响

2014 年 10 月 10 日灌水后，不同处理小区各土层土壤中 *E. coli* 空间分布结果如图 10-9 所示。由图可知，地下水对照处理各土层含有 *E. coli* 较少，且无明显规律；而再生水地表滴灌条件下，0 ~5cm 的土层中，土壤中 *E. coli* 浓度明显大于地下水对照处理。再生水处理地表所取土样中 *E. coli* 的均值为 23CFU/g，而地下水处理地表土壤中 *E. coli* 的均值为 1CFU/g。对于灌水器埋深 10cm 的处理，在距灌水器较近的位置，再生水滴灌处理也都检测到了 *E. coli*，但 *E. coli* 浓度相对较低。其他位置的土样中 *E. coli* 分布均无明显规律。对于埋深 20cm 的处理，地下滴灌处理 I3S2，在 20cm 深的位置检测到相对较高浓度的 *E. coli*（34CFU/g），但其他处理并未检测到明显较高浓度的 *E. coli*。综合分析试验结果，灌水器埋深影响 *E. coli* 在土壤中的分布，但影响区域主要局限在靠近灌水器的位置。

地下滴灌处理土壤中 *E. coli* 分布的结果表明，地下滴灌条件下，再生水中的 *E. coli* 在土壤中的运移范围非常有限，基本限制在距灌水器 2 ~3cm 的位置，再生水中的 *E. coli* 基本不会对土层有较大范围的污染，可能的原因是，在砂壤土环境中，*E. coli* 的运移主要为机械弥散作用（王洪涛，2008），也就是说土壤多孔骨架、黏粒和有机质等限制了 *E. coli* 的运移。这和 Kouznetsov 等（2004）的试验结果相吻合。另外，由土壤中含水率分布的结果，田间土壤的含水率远达不到饱和含水率，因此不会促使 *E. coli* 向土壤下层运移，产生渗漏等问题。

另外，对于地表滴灌处理，当灌水量较大时，地表土壤中 *E. coli* 值增大。例如，地表 5cm 土层中，对于灌水量 I1 和 I3 处理，土壤中 *E. coli* 的最大值分别为 21CFU/g 和 35CFU/g（图 10-9）。这和室内土箱试验所取得的结果一致（Wen et al.，2016）。

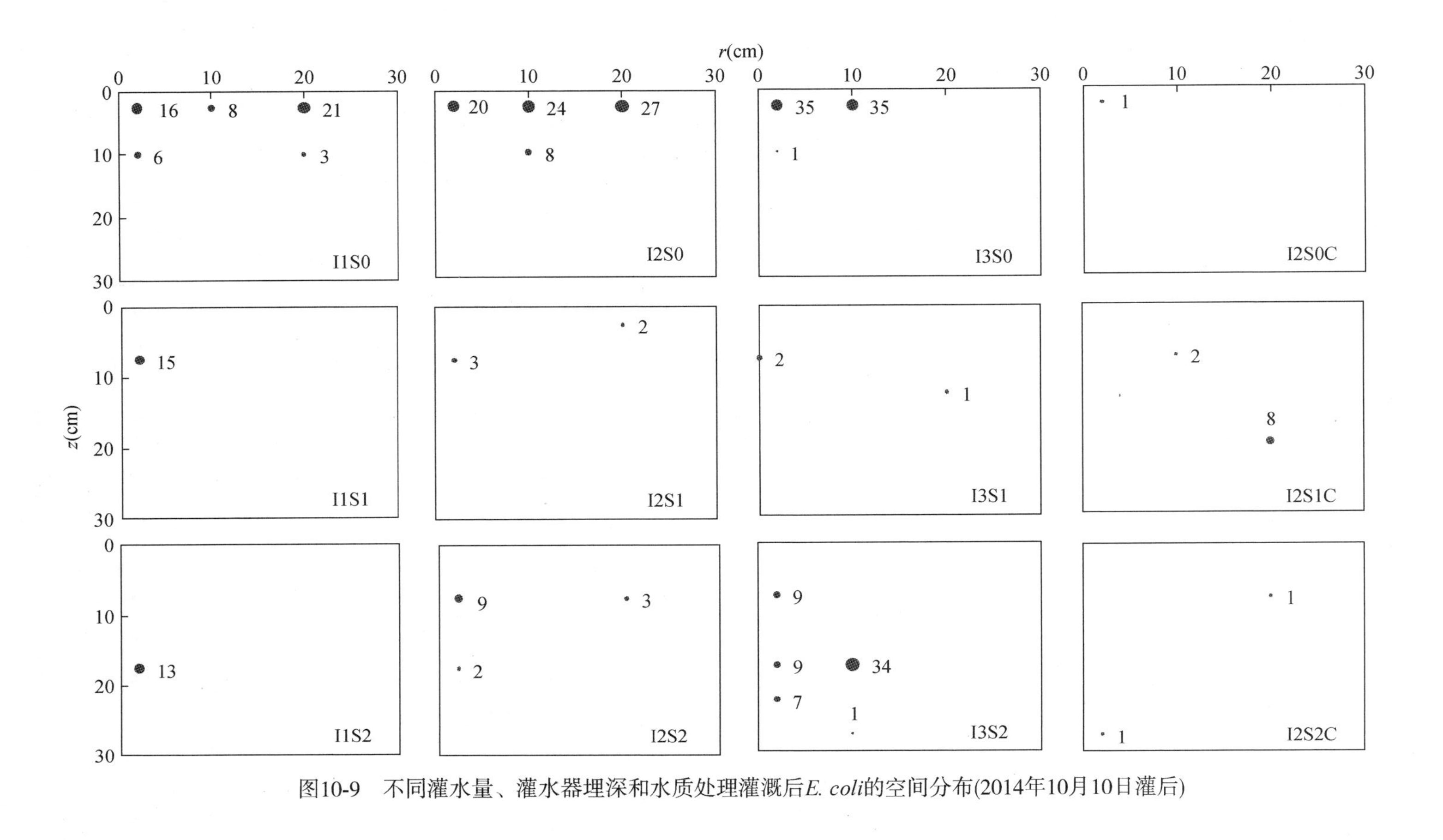

图10-9 不同灌水量、灌水器埋深和水质处理灌溉后*E. coli*的空间分布(2014年10月10日灌后)

2）灌水量、水质与灌水频率对 *E. coli* 在土壤中动态变化的影响

2014 年 9 月 27 日灌水前再生水中的 *E. coli* 浓度为 1100CFU/100mL，地下水中无 *E. coli*。对于地表滴灌处理的 12 个小区，灌水结束后连续监测 0h、4h、24h、48h、72h、96h 和 144h 土壤中的 *E. coli* 分布，结果如图 10-10 所示。灌水结束后土壤中的 *E. coli* 呈逐渐减少趋势，在一周内（约 1 个灌水间隔）明显递减。例如，对于灌后马上取得的土样，三个灌水水平处理土壤中 *E. coli* 的均值为 50CFU/g；灌后 48h，*E. coli* 均值降为 27CFU/g；灌后 114h，*E. coli* 均值降为 11CFU/g。

通过拟合方程来表达时间和表层土壤中 *E. coli* 浓度之间的关系：

$$C = a \cdot e^{bt} \tag{10-1}$$

式中，t 代表灌水后持续时间，h；C 代表土壤中 *E. coli* 浓度，CFU/g。拟合参数如表 10-11 所示。分析拟合参数可以发现幂指数值相近，均值为−0. 01。

表 10-11　时间和表层土壤中 *E. coli* 浓度之间拟合参数及相关系数

试验处理	a	b	R^2
I1S0	40. 71	−0. 009	0. 9664
I2S0	61. 21	−0. 016	0. 98
I3S0	50. 33	−0. 01	0. 9532

表 10-12 给出了灌水量和水质对 *E. coli* 衰减影响的方差分析结果，结果表明，检测时段内灌水量对 *E. coli* 衰减的影响未达到显著水平。水质对地表土壤中 *E. coli* 的衰减影响显著。灌后 24h 以内水质对 *E. coli* 的影响都达到了显著水平，并且在 4h 以内，达到了极显著水平。由此可知，地表滴灌过程中，水质对 *E. coli* 在地表土层中分布的影响较大，再生水滴灌比地下水滴灌更易增加表层土壤中的 *E. coli* 含量。灌后 48h，水质对 *E. coli* 的影响显著性降低。这说明，再生水灌后 24h，地表土壤存在 *E. coli* 污染风险，在 48h 后风险明显减小。另外，灌后 96h 的差异显著的来源可能为外界条件导致的土壤本底值分布不均匀。

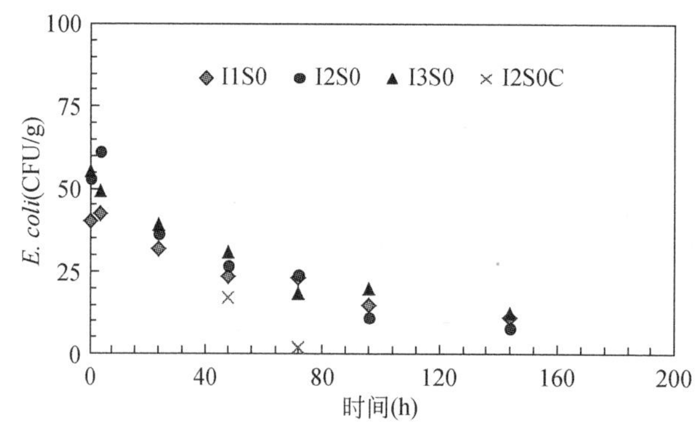

图 10-10　*E. coli* 在灌水间隔内的衰减（2014 年 9 月 27 日灌后）

表 10-12　灌水量和水质对 *E. coli* 衰减的影响

变异来源	时间（h）（2014 年）						
	0	4	24	48	72	96	144
I	NS（P=0.745）	NS（P=0.654）	NS（P=0.914）	NS（P=0.908）	NS（P=0.916）	NS（P=0.506）	NS（P=0.759）
C	**（P=0.005）	**（P=0.009）	*（P=0.022）	NS（P=0.055）	NS（P=0.116）	*（P=0.02）	NS(P=0.140)

注：NS 表示在 α=0.05 水平上差异不显著；* 表示在 0.05 水平上差异显著；** 表示在 0.01 水平上差异显著，I 和 C 分别代表灌水量和水质。

图 10-11 为 2015 年 4 月 14 日、5 月 9 日、5 月 12 日和 5 月 29 日灌后所取表层土壤中 *E. coli* 在灌水间隔内的变化。4 次灌水处理，*E. coli* 在 48h 内都衰减至较低水平。例如，4 月 14 日灌水后，不同频率的处理 F1S0、F2S0 和 F3S0 表层土壤中 *E. coli* 的均值在 48h 内从 70CFU/g 降至 27CFU/g；灌后 72h，土壤中几乎检测不到 *E. coli*。由此可以判断，为避免再生水中的 *E. coli* 污染，收获前 3 天，不宜实施灌溉。由图还可以看出，对于频率较低，每次灌水量较大的处理，土壤中 *E. coli* 的浓度较大。以 4 月 14 日灌后所取土样为例，对于灌水间隔分别为 4 天、8 天和 12 天的处理，土样中 *E. coli* 的浓度分别为 54CFU/g、62CFU/g 和 95CFU/g。另外，再生水处理中的 *E. coli* 明显大于地下水对照处理。

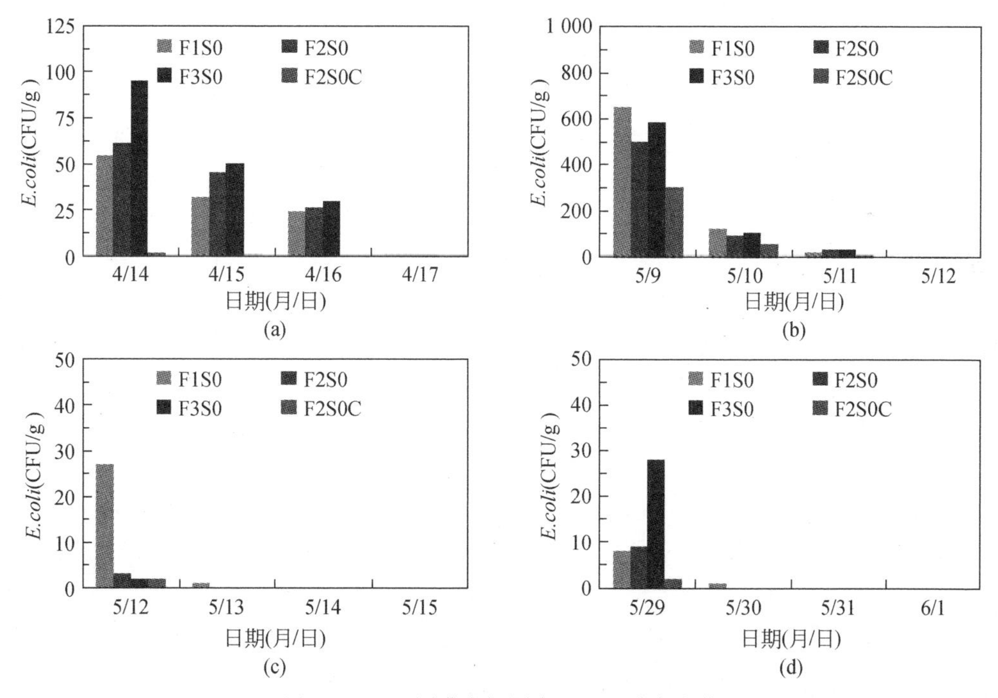

图 10-11　不同灌水间隔内 *E. coli* 动态变化

灌水频率及水质对 *E. coli* 衰减影响的结果如表 10-13 所示。对于 4 月 14 日、5 月 12 日和 5 月 29 日灌水处理后，水质都对 *E. coli* 分布产生了显著影响。5 月 9 日所有小区均进行了灌水，但水质对土壤中 *E. coli* 的分布没有显著影响。可能的原因为这一时段空气温度较低，湿度较大，尤其土样中 *E. coli* 达到最大时，温室中的温度达到最低（10℃），湿度最大（100%）（图 10-2）。有研究指出，同样环境下，温度较低，*E. coli* 的存活时间更长。Whitman 等（2004）对美国密西根湖的游泳海滩湖水中的 *E. coli* 进行了连续监测，研究日照对 *E. coli* 浓度的影响，时间从 2000 年 4 月到 9 月。结果表明，在晴天条件下，*E. coli* 随白昼和日晒长度增长而呈指数减少，而在阴天，减少速率较为缓慢。也有研究指出，水分状况是 *E. coli* 存活的关键因素，然而由于土壤环境千差万别，研究土壤湿度对 *E. coli* 影响的结果各有差异。Cools 等（2001）研究了不同土质土壤猪场废水的 *E. coli* 和肠球菌在不同温度和含水率中的存活情况，结果发现，对于两种菌种来说，较低的温度（5℃）和较大的土壤含水率（FC%）更利于细菌生长。基于这些研究结果推测，天气情况，尤其是温湿度变化也可能为影响 *E. coli* 在土壤中存活的重要因素。

表 10-13　2015 年灌水频率和水质对 *E. coli* 衰减的影响

变异来源	日期									
	4 月 14 日	4 月 15 日	4 月 16 日	5 月 9 日	5 月 10 日	5 月 11 日	5 月 12 日	5 月 13 日	5 月 29 日	5 月 30 日
F	NS (P=0.57)	NS (P=0.71)	NS (P=0.915)	NS (P=0.91)	NS (P=0.87)	NS (P=0.79)	** (P=0.01)	** (P=0.001)	NS (P=0.07)	NS (P=0.37)
C	NS (P=0.13)	* (P=0.03)	** (P=0.01)	NS (P=0.22)	NS (P=0.45)	NS (P=0.34)	** (P=0.01)	NS (P=0.65)	* (P=0.04)	* (P=0.03)

注：NS 表示在 α=0.05 水平上差异不显著，NS 表示在 α=0.05 水平上差异不显著，* 表示在 0.05 水平上差异显著，** 表示在 0.01 水平上差异显著，F 和 C 代表灌水频率和水质。

5 月 12 日，仅 4 天灌水一次的处理进行灌水，其他处理土样中 *E. coli* 较低，因此灌水频率的影响达到了显著水平。这也说明，较高的灌水频率增大了土壤和再生水的接触频率，因而增大了 *E. coli* 对土壤的污染风险。在生育期内，对于所有滴灌的处理，每隔 3 ~ 5 天采集在固定位置所取的 12 次土样中，对于高频灌水处理（F1S0），11 次检测到 *E. coli*，对于 F2S0 和 F3S0 处理，仅有 7 次检测到土样中含有 *E. coli*。另外，地下水处理的土壤样本中也有 *E. coli* 检测到，但次数相对较少，仅为 4 次。

10.4.4　再生水滴灌对 *E. coli* 在莴笋中残留的影响

两年试验莴笋收获前，茎中均未检测出 *E. coli*，由此可知，灌溉水中 *E. coli* 并未从莴笋根部随水向上运移至茎部，这与作物对病原微生物的抵抗力有关（潘瑞炽，2012）。图 10-12分别给出了两年试验中检测到莴笋叶的小区和叶中 *E. coli* 的浓度。由图可知，2014 年试验仅在灌水量较小处理 I1S0、I1S1 等处理中检测到 *E. coli* 存在，且浓度最大值为 1CFU/g，由此表明，温室再生水滴灌处理条件下，*E. coli* 对莴笋叶的污染风险也较小。Forslund 等（2012）研究再生水地下滴灌番茄条件下，仅在少量番茄样本中检测到 *E. coli* 存在，且包括典型野生动物在内的外部环境是细菌污染的重要来源。2015 年莴笋叶中 *E. coli* 数量多于 2014 年，分析 2014 年和 2015 年的试验小区布置，发现有 *E. coli* 检测到的小区多为地表滴灌处理的小区或邻近地表滴灌处理的小区。图 10-13 统计了两年莴笋生育期内的风速数据，2015 年的日最大风速均值（5.3m/s）为 2014 年（2.7m/s）的 1.96 倍。

2015 年较大的风速可能将土壤中的 *E. coli* 携带至莴笋叶表面，从而导致莴笋叶中 *E. coli* 含量增大。然而，Forslund 等（2012）等研究再生水中的 *E. coli* 对土壤和番茄的污染时，曾对再生水和土壤中的 *E. coli* 的种类进行 DNA 凝胶电泳指纹鉴定，结果发现，再生水中和土壤中的 DNA 特征图案并不相同。另外，Moyne 等（2011）研究了 2007 年夏至 2009 年秋不同灌溉方式下莴笋叶外表面和叶内表面上的 *E. coli* 残留，发现喷灌和滴灌都不会对莴笋叶子上的 *E. coli* 产生连续的影响，一方面，莴笋叶外表面的 *E. coli* 不会转移到内表面；另一方面，新长出来的莴笋叶不会受之前感染 *E. coli* 的叶片污染。研究还指出，莴笋收获后的储存情况更容易使得莴笋感染 *E. coli*。

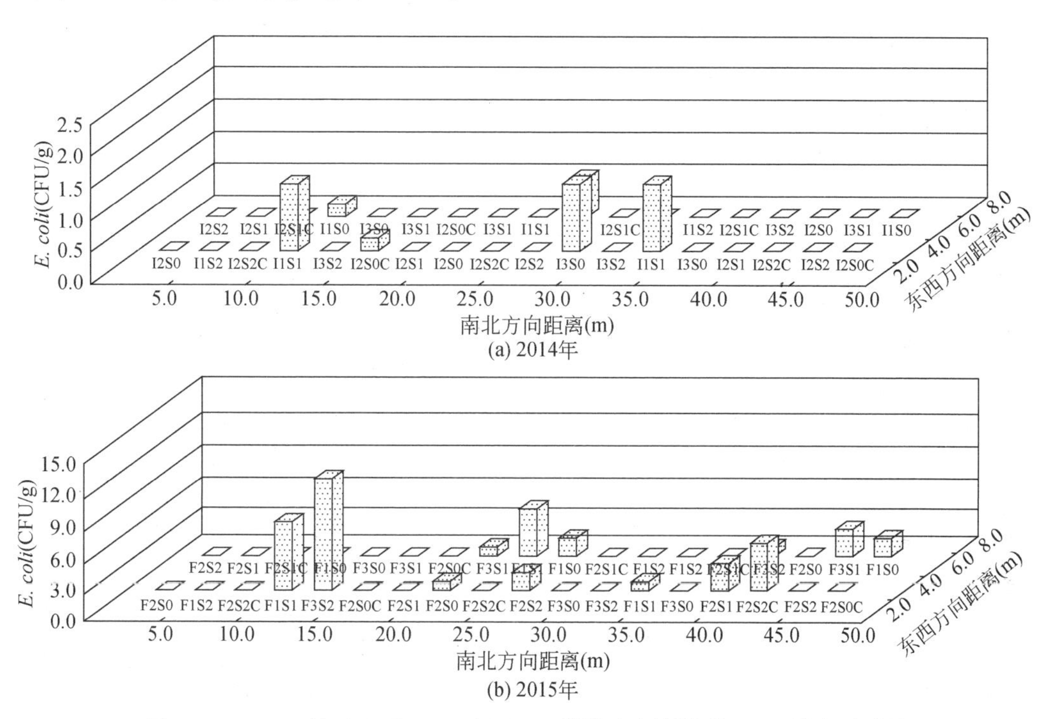

图 10-12　2014 年（a）和 2015 年（b）莴笋叶中检测到 *E. coli* 的小区对照

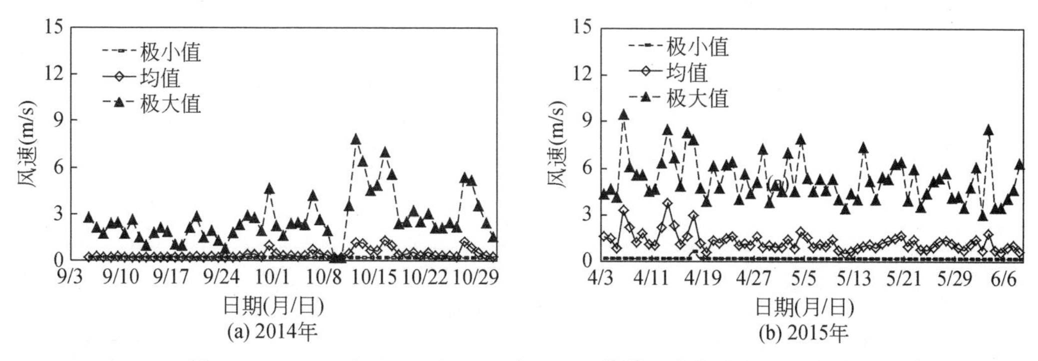

图 10-13　2014 年（a）和 2015 年（b）莴笋生育期内的风速统计

10.5 再生水滴灌对莴笋产量和品质的影响

10.5.1 莴笋生长指标

通过定期监测莴笋的株高、茎粗和叶片数来研究再生水滴灌技术参数对莴笋生长指标的影响。图 10-14 为 2014 年和 2015 年莴笋生育期株高的变化。径膨大期以前，莴笋株高增加略缓慢，茎膨大期后，株高增长较快。从图中可明显看出，2014 年 10 月 15 日和 2015 年 5 月 11 日之前莴笋株高曲线变化平缓，之后变化速率明显增大。2014 年不同灌水量和水质处理相比，株高的变化规律基本一致，各处理株高之间相差不大。但不同埋深处

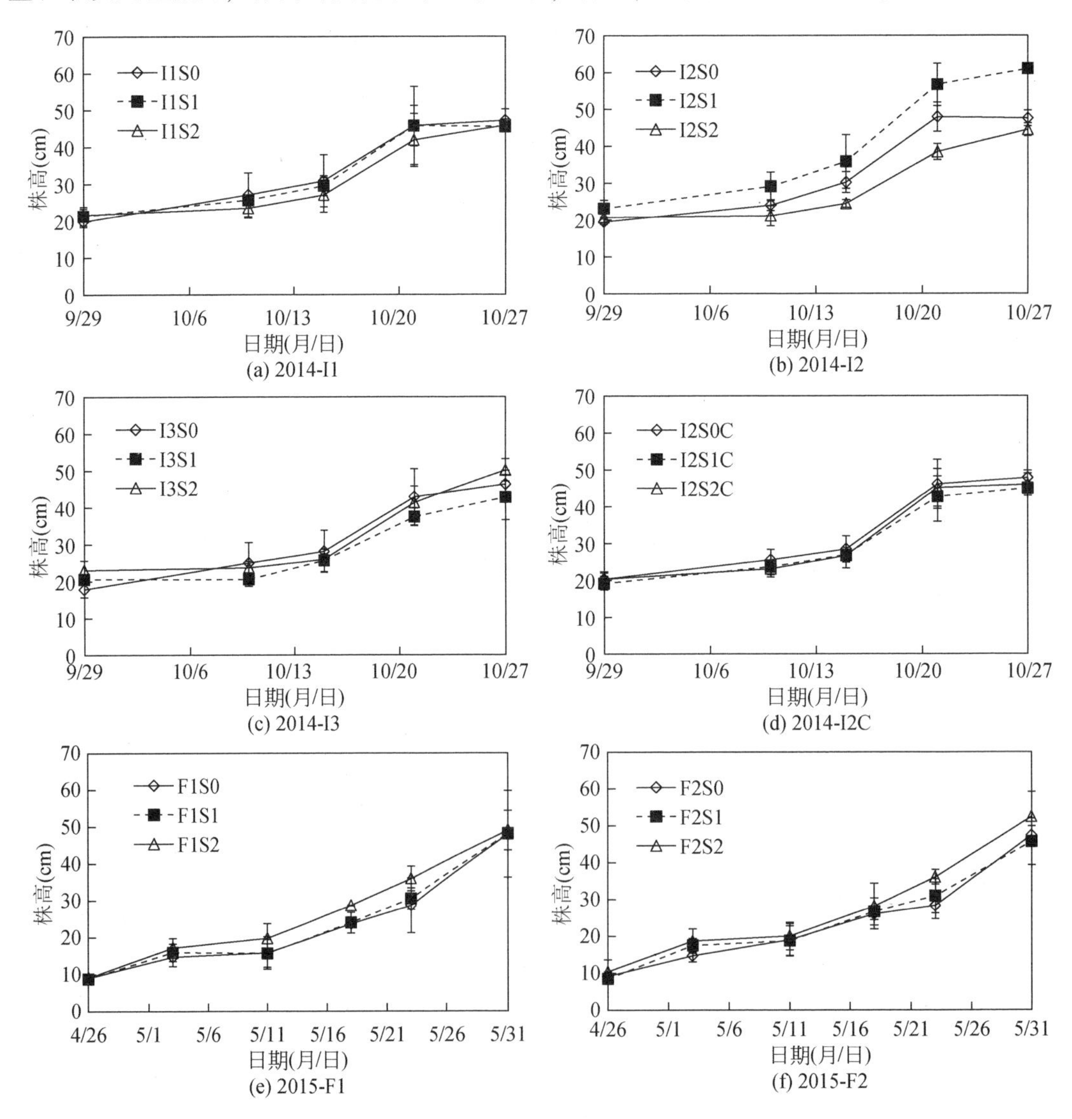

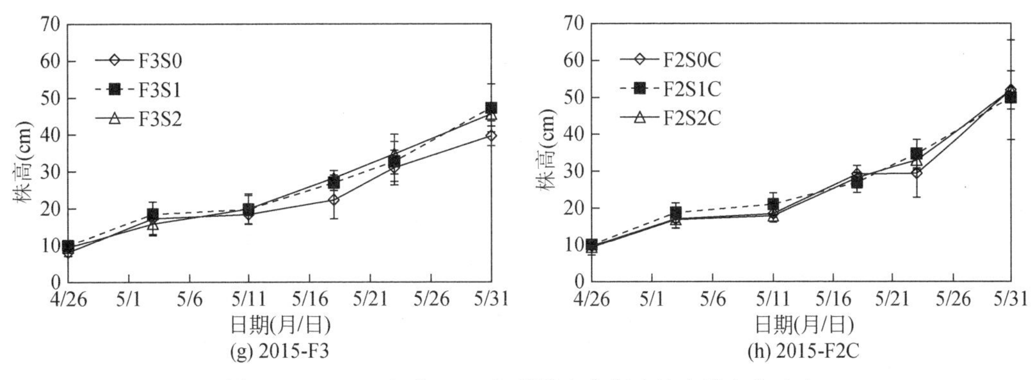

图 10-14　2014 年和 2015 年莴笋生育期内株高的变化动态

理的差异相对明显，尤其体现在灌水量为 I2 时，埋深 10cm 的处理株高较高，地表灌水处理次之，地下 20cm 滴灌处理的株高最小。以 10 月 15 日灌水量为 I2 处理为例，埋深为 10cm 处理的平均株高分别比地表滴灌和埋深 20cm 处理的株高高 18% 和 23%。2015 年的处理植株整体高度略高于 2014 年，各处理之间的差异不明显。

表 10-14 和表 10-15 分别为 2014 年和 2015 年莴笋生育期内株高方差分析的结果。2014 年，埋深对于莴笋株高的影响比较明显，10 月 15 日以前，对于水质对比试验处理，埋深的影响一直维持在比较显著的水平，之后也接近显著水平。这可能和莴笋的根系较浅，主要集中在 10 ~ 20cm 之间，埋深 10cm 的处理更有利于水分和养分被莴笋吸收而迅速生长。另外，10 月 27 日之前水质处理对莴笋株高影响都不显著，但在生育期末达到了显著水平，这可能与水质因素影响的累积效应有关。2015 年的结果也显示，莴笋生育末期，埋深对株高的影响达到了显著水平。两年的试验结果表明，相较其他试验因素，埋深对株高的影响更为明显。

表 10-14　2014 年莴笋株高方差分析

处理	9 月 29 日	10 月 10 日	10 月 15 日	10 月 21 日	10 月 27 日
I	NS（P=0.797）	NS（P=0.355）	NS（P=0.252）	NS（P=0.07）	NS（P=0.101）
S	*（P=0.011）	NS（P=0.231）	NS（P=0.099）	NS（P=0.106）	NS（P=0.419）
I×S	NS（P=0.210）	NS（P=0.091）	NS（P=0.258）	NS（P=0.069）	*（P=0.013）
C	NS（P=0.606）	NS（P=0.606）	NS（P=0.125）	NS（P=0.231）	**（P=0.001）
S	*（P=0.037）	*（P=0.037）	*（P=0.048）	NS（P=0.056）	NS（P=0.083）
C×S	NS（P=0.087）	*（P=0.044）	NS（P=0.058）	*（P=0.014）	** P=0.001）

注：NS 表示在 α=0.05 水平上差异不显著；* 代表在 α=0.05 水平上差异显著；** 代表在 α=0.01 水平上差异显著；I、S 和 C 分别代表灌水量、埋深和水质。

表 10-15　2015 年莴笋株高方差分析

处理	4 月 26 日	5 月 3 日	5 月 11 日	5 月 18 日	5 月 23 日	5 月 31 日
F	NS（P=0.841）	NS（P=0.245）	NS（P=0.695）	NS（P=0.680）	NS（P=0.849）	NS（P=0.226）

续表

处理	4月26日	5月3日	5月11日	5月18日	5月23日	5月31日
S	NS（P=0.485）	NS（P=0.069）	NS（P=0.463）	NS（P=0.078）	*（P=0.031）	NS（P=0.374）
F×S	NS（P=0.495）	NS（P=0.439）	NS（P=0.653）	NS（P=0.761）	NS（P=0.933）	NS（P=0.588）
C	NS（P=0.715）	NS（P=0.715）	NS（P=0.725）	NS（P=0.478）	NS（P=0.785）	NS（P=0.416）
S	NS（P=0.840）	NS（P=0.840）	NS（P=0.494）	NS（P=0.769）	NS（P=0.088）	NS（P=0.577）
C×S	NS（P=0.483）	NS（P=0.483）	NS（P=0.566）	NS（P=0.662）	NS（P=0.381）	NS（P=0.786）

注：NS表示在α=0.05水平上差异不显著；*代表在α=0.05水平上差异显著；F、S和C分别代表灌水频率、埋深和水质。

图10-15为2014年和2015年莴笋茎粗在生育期内的变化。各处理植株茎粗在生育期内逐渐增大，2014年莴笋生育期的大部分时段，蒸发皿系数为0.8的I2灌水处理比其他处理大；另外，地下滴灌处理莴笋的茎粗比地表处理的大，尤其在生育末期，灌水量较大时，埋深20cm处理的茎粗较大。原因可能为，随根系的增长，对养分和水分的吸收更加充分，使得灌水器埋深较深的处理茎粗增长较快。2015年莴笋茎粗明显高于2014年，原因可能为土壤施氮量增大，莴笋得到了更为充分的养分。2015年也表现为地下滴灌处理的茎粗较大。另外，相对高频的（灌水间隔4天）灌水处理更利于茎的生长。方差分析的结也表明（表10-16和表10-17），2014年和2015年埋深都对莴笋的茎粗产生了显著影响。

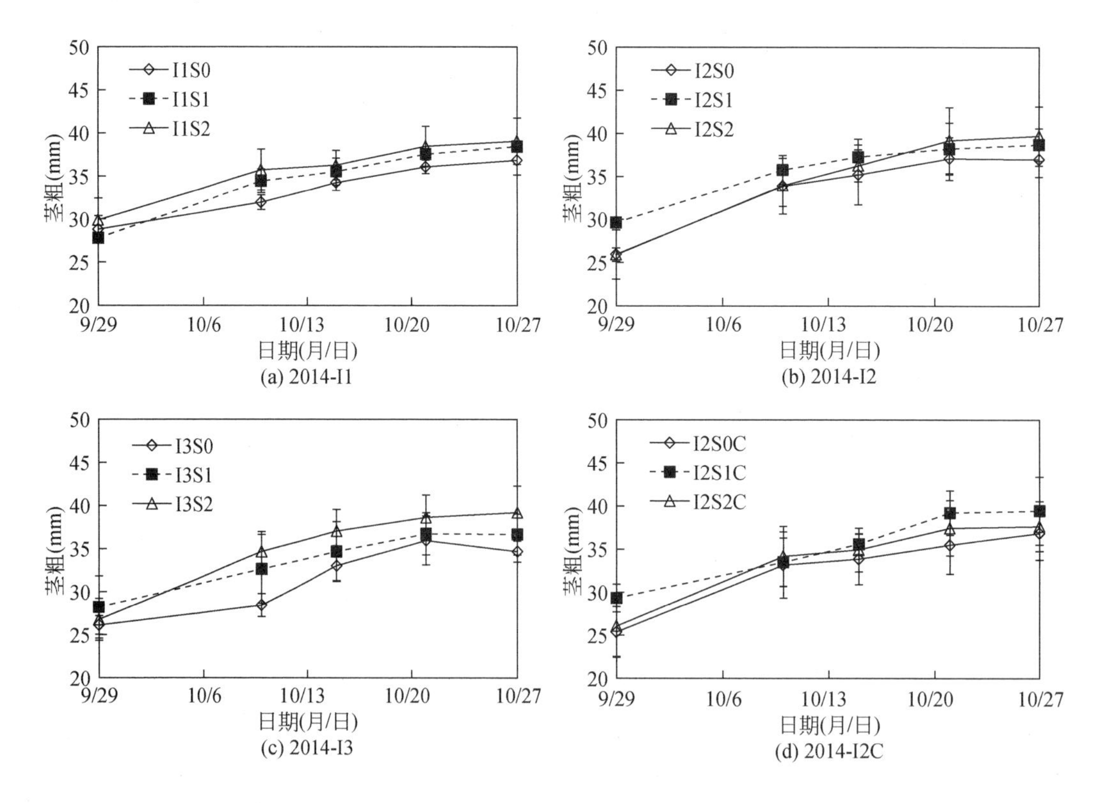

(a) 2014-I1
(b) 2014-I2
(c) 2014-I3
(d) 2014-I2C

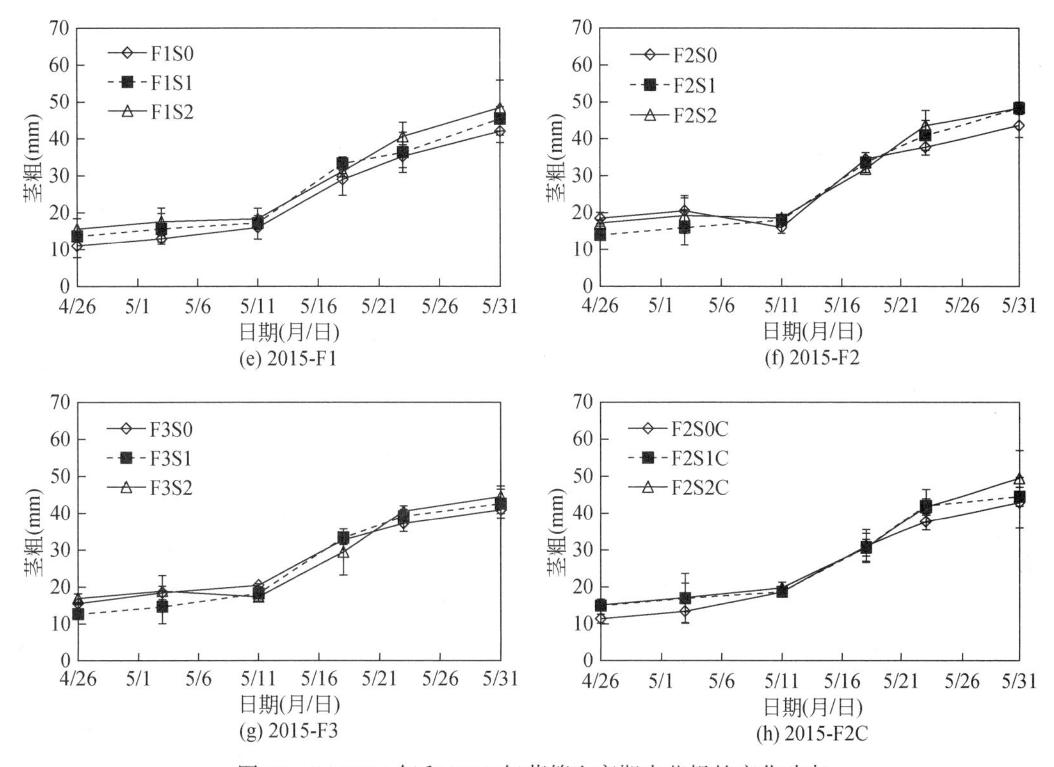

图 10-15　2014 年和 2015 年莴笋生育期内茎粗的变化动态

表 10-16　2014 年莴笋茎粗方差分析

处理	9 月 29 日	10 月 10 日	10 月 15 日	10 月 21 日	10 月 27 日
I	NS（P=0.098）	NS（P=0.069）	NS（P=0.464）	NS（P=0.654）	NS（P=0.302）
S	NS（P=0.363）	*（P=0.016）	NS（P=0.108）	NS（P=0.160）	*（P=0.029）
I×S	NS（P=0.354）	NS（P=0.287）	NS（P=0.732）	NS（P=0.997）	NS（P=0.910）
C	NS（P=0.877）	NS（P=0.524）	NS（P=0.178）	NS（P=0.600）	NS（P=0.732）
S	NS（P=0.093）	NS（P=0.820）	NS（P=0.506）	NS（P=0.376）	NS（P=0.433）
C×S	NS（P=0.467）	NS（P=0.771）	NS（P=0.336）	NS（P=0.699）	NS（P=0.711）

注：NS 表示在 α=0.05 水平上差异不显著；* 代表在 α=0.05 水平上差异显著；I、S 和 C 分别代表灌水量、埋深和水质。

表 10-17　2015 年莴笋茎粗方差分析

处理	4 月 26 日	5 月 3 日	5 月 11 日	5 月 18 日	5 月 23 日	5 月 31 日
F	NS（P=0.052）	NS（P=0.216）	NS（P=0.216）	NS（P=0.318）	NS（P=0.176）	NS（P=0.107）
S	NS（P=0.154）	NS（P=0.219）	NS（P=0.793）	NS（P=0.217）	*（P=0.035）	*（P=0.044）
F×S	NS（P=0.291）	NS（P=0.454）	NS（P=0.078）	NS（P=0.438）	NS（P=0.936）	NS（P=0.919）
C	NS（P=0.115）	NS（P=0.218）	*（P=0.024）	NS（P=0.108）	NS（P=0.892）	NS（P=0.643）

续表

处理	4月26日	5月3日	5月11日	5月18日	5月23日	5月31日
S	NS (P=0.886)	NS (P=0.794)	NS (P=0.074)	NS (P=0.680)	NS (P=0.098)	NS (P=0.178)
C×S	NS (P=0.296)	NS (P=0.320)	NS (P=0.386)	NS (P=0.811)	NS (P=0.787)	NS (P=0.675)

注：NS 表示在 α=0.05 水平上差异不显著；* 代表在 α=0.05 水平上差异显著；F、S 和 C 分别代表灌水频率、埋深和水质。

图 10-16 分别为 2014 年和 2015 年莴笋生育期内的叶片数动态变化。两年各处理之间的叶片数之间差异不明显，相较而言，埋深 10cm 处理的叶片数较其他处理略高。方差分析的结果如表 10-18 和表 10-19 所示，结果表明，2014 年各处理没有对叶片数产生显著影响。2015 年在莴笋生育中期，埋深和水质对莴笋叶片数影响达到了显著水平。

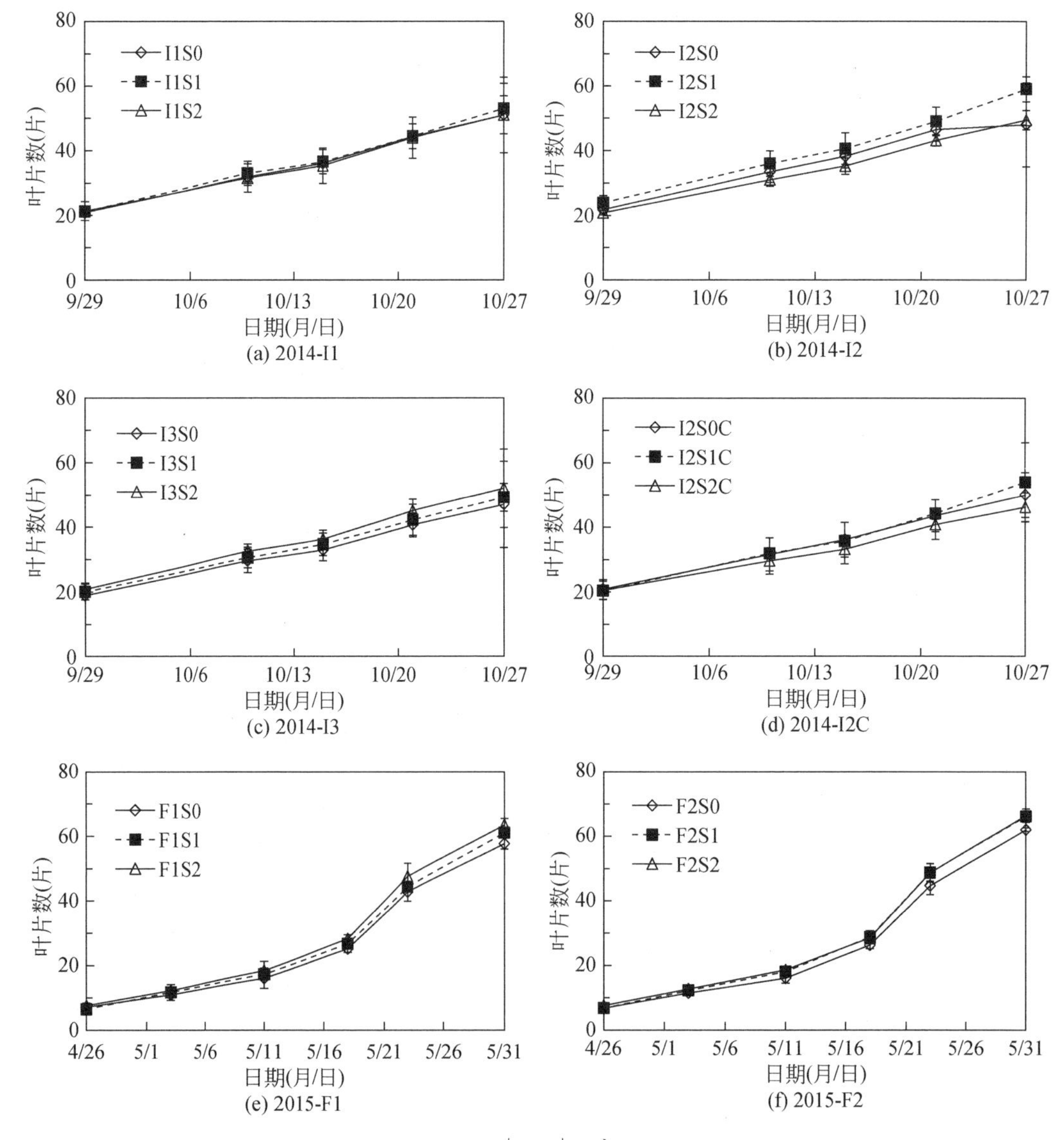

(a) 2014-I1 (b) 2014-I2 (c) 2014-I3 (d) 2014-I2C (e) 2015-F1 (f) 2015-F2

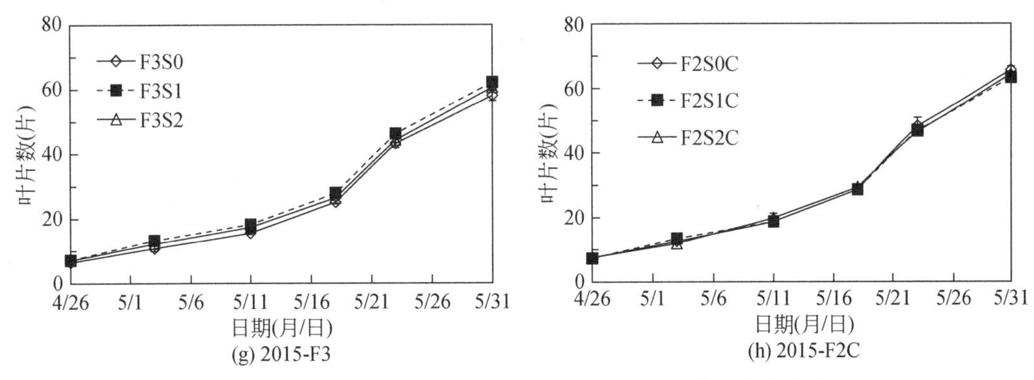

(g) 2015-F3
(h) 2015-F2C

图 10-16　2014 年和 2015 年莴笋生育期内叶片数的变化动态

表 10-18　2014 年莴笋叶片数方差分析

处理	9 月 29 日	10 月 10 日	10 月 15 日	10 月 21 日	10 月 27 日
I	* (P=0.048)	NS (P=0.264)	NS (P=0.165)	NS (P=0.198)	NS (P=0.788)
S	NS (P=0.383)	NS (P=0.530)	NS (P=0.571)	NS (P=0.730)	NS (P=0.696)
I×S	NS (P=0.374)	NS (P=0.445)	NS (P=0.495)	NS (P=0.361)	NS (P=0.347)
C	NS (P=0.106)	NS (P=0.165)	NS (P=0.128)	NS (P=0.083)	NS (P=0.816)
S	NS (P=0.444)	NS (P=0.239)	NS (P=0.235)	NS (P=0.132)	NS (P=0.121)
C×S	NS (P=0.36)	NS (P=0.789)	NS (P=0.784)	NS (P=0.841)	NS (P=0.749)

注：NS 表示在 α=0.05 水平上差异不显著；* 代表在 α=0.05 水平上差异显著；I、S 和 C 分别代表灌水量、埋深和水质。

表 10-19　2015 年莴笋叶片数方差分析

处理	4 月 26 日	5 月 3 日	5 月 11 日	5 月 18 日	5 月 23 日	5 月 31 日
F	NS (P=0.920)	NS (P=0.593)	NS (P=0.831)	NS (P=0.457)	NS (P=0.449)	NS (P=0.158)
S	NS (P=0.108)	* (P=0.042)	* (P=0.025)	NS (P=0.088)	NS (P=0.148)	NS (P=0.113)
F×S	NS (P=0.400)	NS (P=0.665)	NS (P=0.875)	NS (P=0.861)	NS (P=0.848)	NS (P=0.981)
C	NS (P=0.259)	NS (P=0.183)	* (P=0.024)	NS (P=0.979)	NS (P=0.390)	NS (P=0.981)
S	NS (P=0.452)	NS (P=0.210)	NS (P=0.074)	NS (P=0.681)	NS (P=0.512)	NS (P=0.589)
C×S	NS (P=0.705)	NS (P=0.080)	NS (P=0.386)	NS (P=0.401)	NS (P=0.243)	NS (P=0.227)

注：NS 表示在 α=0.05 水平上差异不显著；* 代表在 α=0.05 水平上差异显著；F、S 和 C 分别代表灌水频率、埋深和水质。

10.5.2　莴笋产量

图 10-17（a）和图 10-17（b）分别为 2014 年和 2015 年莴笋的产量结果。从图中可发现，再生水灌溉具有提高莴笋产量的趋势，尤以地表滴灌和灌水器埋深 10cm 处理时较

为明显。2014 年，对于灌水器距地面 0cm 和 10cm 的处理，再生水灌溉比地下水灌溉的产量分别高 11% 和 12%。另外，蒸发皿系数为 0.8 的处理产量相对较高，以地表滴灌处理为例，蒸发皿系数为 0.8 的处理比蒸发皿系数为 0.6 和 1 处理的产量分别高 3% 和 16%。这表明，灌水量影响莴笋产量，作物皿系数为 0.8 的 I2 灌水处理对于温室莴笋生长是比较适宜的。

两年试验比较一致的规律为，地下滴灌处理的莴笋产量比地表滴灌高。给定条件下，灌水器埋深增加时，产量增加，尤以灌水量较大和灌水频率较高的处理比较明显。具体来说，对于蒸发皿系数为 1 的 I3 处理，灌水器埋深为 10cm 和 20cm 比地表滴灌处理的产量分别高 14% 和 16%，这可能与莴笋的根系较浅，主要分布在 10～20cm 土层中有关；当灌水间隔为 4d 时（F1），灌水器埋深为 10cm 和 20cm 比地表滴灌处理的产量分别高 15% 和 6%。另外，灌水频率较高的处理，产量也较高。以埋深 10cm 的处理为例，灌水间隔 4d 的处理分别比 8d 和 12d/处理的产量高 4% 和 17%。莴笋产量的方差分析结果如表 10-20 所示，灌水量、灌水频率和灌水器埋深对莴笋产量的影响均未达到统计学意义的显著水平。

为进一步分析产量与埋深和灌水频率的关系，图 10-18(a) 和 10-18(b) 分别给出了 2014 年埋深与产量和 2015 年灌水频率与产量的拟合曲线。由图可知，2014 年，在给定的试验条件下，当灌水量一定时，产量随埋深增加而线性增大，尤其对于 I3 处理（蒸发皿系数 1.0），决定系数 R^2 为 0.93。这表明灌水量较大时，莴笋产量随埋深增加而线性增大。2015 年，产量随灌水频率的增大而增大，尤以灌水器埋深 10cm 的处理趋势明显，决定系数 R^2 为 0.93。这一结果和 Piri 等（2013）的结论一致。Piri 等研究灌水水平和硫肥水平对芥菜产量的影响，指出灌水频率的增加可以有效地提高芥菜的产量。Sezen 等（2014）研究不同灌水水平和间隔对辣椒产量的影响，指出提高灌水频率可以提高辣椒的产量。

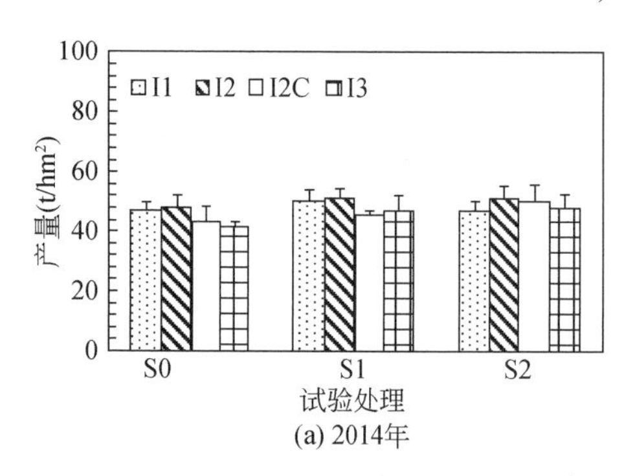

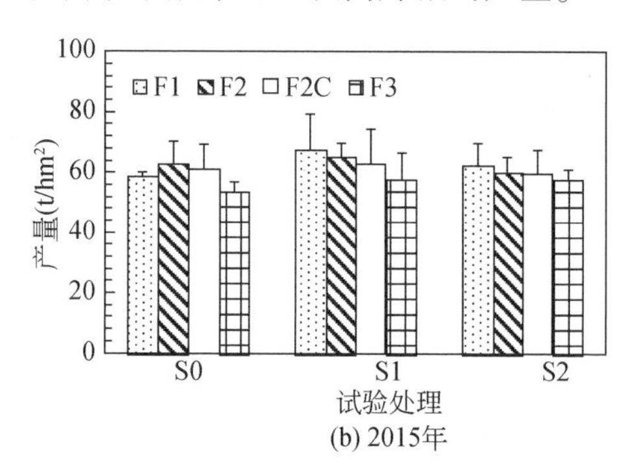

图 10-17　2014 年和 2015 年各处理莴笋产量

表 10-20　2014 年和 2015 年莴笋产量的变异来源

2014 年		2015 年	
处理	产量（t/hm²）	处理	产量（t/hm²）
I	NS（P=0.438）	F	NS（P=0.065）
S	NS（P=0.415）	S	NS（P=0.075）

续表

2014 年		2015 年	
处理	产量（t/hm^2）	处理	产量（t/hm^2）
I×S	NS（P=0.815）	F×S	NS（P=0.435）
C	NS（P=0.155）	C	NS（P=0.610）
S	NS（P=0.359）	S	NS（P=0.581）
C×S	NS（P=0.891）	C×S	NS（P=0.979）

注：NS 表示在 α=0.05 水平上差异不显著；I、F、S 和 C 分别代表灌水量、灌水频率、埋深和水质。

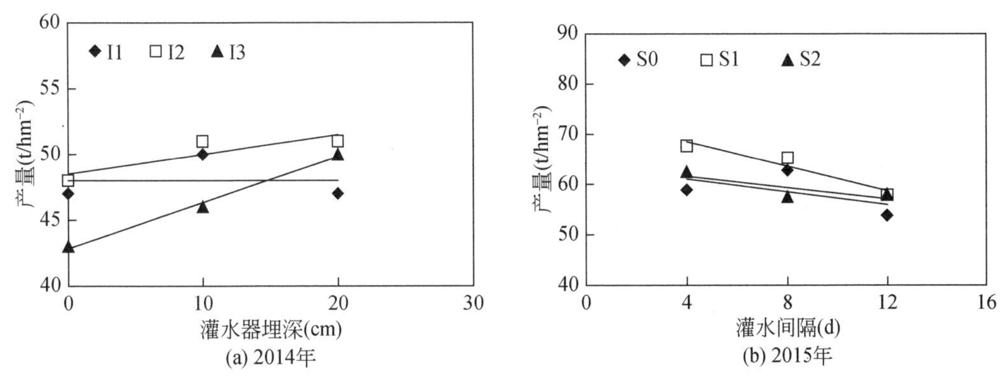

图 10-18　2014 年和 2015 年产量与处理的关系

10.5.3　莴笋品质

图 10-19 和图 10-20（a）分别给出了 2014 年和 2015 年不同水质处理莴笋品质比较结果。由图可知，水质对于品质的影响无一致性规律。例如，2014 年粗蛋白和可溶性糖的值比 2015 年分别高 12% 和 4%，然而，2015 年，再生水处理的这两项指标分别比地下水处理的低 12% 和 2%。方差分析结果（表 10-21）也表明，水质对各品质指标的影响均未达到统计学意义上的显著水平。图 10-20（b）给出了 2015 年不同频率和埋深处理的品质结

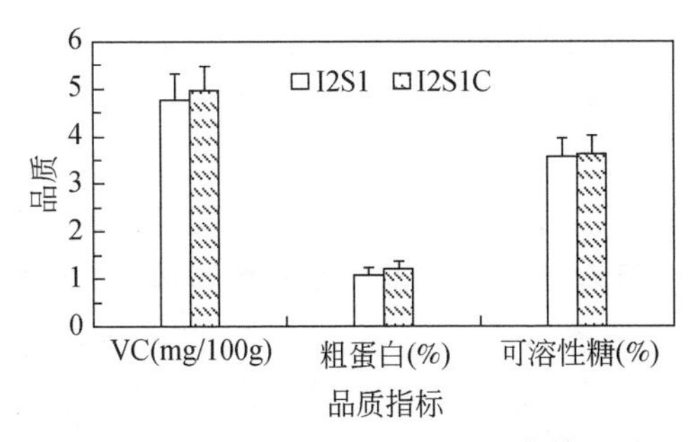

图 10-19　2014 年不同水质处理莴笋品质

果。埋深影响莴笋的品质，尤其埋深 10cm 处理莴笋的还原型 VC 和可溶性糖含量都相对较高。埋深 10cm 处理的还原型 VC 值比地表处理高 12%，比埋深 20cm 处理高 6%，对应的可溶性糖的值分别高 7% 和 15%。灌水频率较低的处理莴笋的还原型 VC 值相对较高，灌水间隔为 12 天处理的平均还原型 VC 值比灌水间隔 4 天和 8 天处理高 4% 和 1%。另外，灌水间隔 8 天处理的可溶性糖含量最高，分别比灌水间隔 4 天和 12 天处理的值高 21% 和 4%。方差分析结果也表明，灌水频率和埋深对可溶性糖的影响达到了显著水平，其中，灌水频率的影响达到了极显著水平。

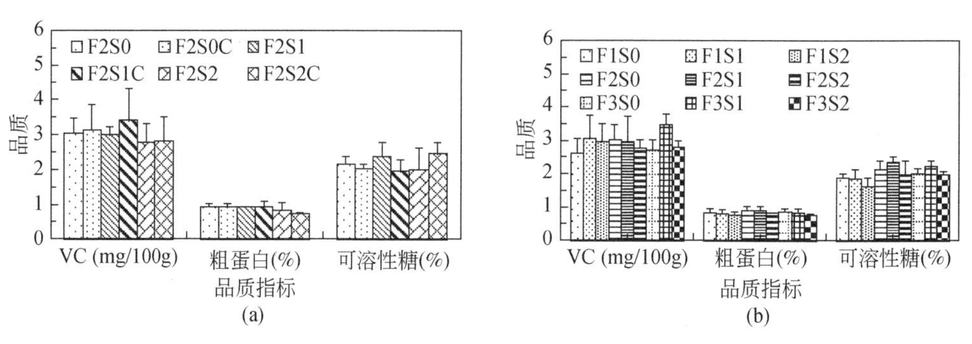

图 10-20　2015 年不同处理莴笋品质

表 10-21　2015 年灌水频率和埋深与水质和埋深对莴笋品质的影响

处理	还原型 VC（mg/100g）	粗蛋白（%）	可溶性糖（%）
F	NS（*P*=0.488）	NS（*P*=0.252）	**（*P*=0.006）
S	NS（*P*=0.121）	NS（*P*=0.232）	*（*P*=0.042）
F×S	NS（*P*=0.356）	NS（*P*=0.973）	NS（*P*=0.816）
C	NS（*P*=0.568）	NS（*P*=0.648）	NS（*P*=0.862）
S	NS（*P*=0.541）	NS（*P*=0.144）	NS（*P*=0.816）
C×S	NS（*P*=0.860）	NS（*P*=0.706）	NS（*P*=0.175）

注：NS 表示在 α=0.05 水平上差异不显著；* 和 ** 分别代表在 α=0.05 和 α=0.01 水平上显著；F、S 和 C 分别代表灌水频率、埋深和水质。

10.6　本章结论

通过两季日光温室条件下再生水莴笋滴灌试验，研究了灌水量、灌水器埋深、水质和灌水频率对 *E. coli* 在土壤中运移和在莴笋茎和叶中残留的影响，分析了生育期内莴笋生理生态指标以及产量和品质指标对水质和灌水技术参数的响应，主要结论如下。

（1）田间再生水滴灌条件下，灌水后地表土壤中的 *E. coli* 明显增加，其他土层在灌溉后无明显规律，受灌水的影响不显著。再生水地表滴灌条件下灌水频率增大会加大灌后地表 *E. coli* 的污染风险。

（2）地表土壤中 *E. coli* 浓度随时间衰减明显，灌后 72h 再生水地表滴灌与地下水地表滴灌对照处理土壤中 *E. coli* 浓度已无明显差异。

(3) 采用地下滴灌可以有效避免土壤的 *E. coli* 污染，灌水频率和灌水量对地下滴灌条件下 *E. coli* 的土壤污染影响不显著。莴笋生育期内经多次再生水滴灌后，地表滴灌和地下滴灌处理土壤中 *E. coli* 浓度相对生育期初期并没有发生明显变化，莴笋生育期内再生水滴灌不会造成田间土壤的 *E. coli* 累积污染。

(4) 生育期末，在莴笋茎中无 *E. coli* 检出，部分叶表面有 *E. coli* 残留，但叶表面 *E. coli* 残留量并未较地下水灌溉对照处理高，滴灌技术参数对叶中 *E. coli* 残留的影响也不显著，这表明再生水滴灌处理对莴笋中 *E. coli* 残留影响不明显，再生水滴灌不会直接增大莴笋受 *E. coli* 污染风险。

(5) 滴灌技术参数影响莴笋的生理生态指标，灌水器埋深 10cm 的处理最有利于莴笋生长。2014 年与 2015 年莴笋的株高、茎粗、叶片数最高的都为灌水器埋深 10cm 的处理。适宜的灌水量（蒸发皿系数 0. 8）和灌水间隔 4 天的处理比其他处理更利于莴笋生长。

(6) 再生水灌溉具有提高莴笋产量的趋势，尤以地表滴灌和灌水器埋深 10cm 处理时较为明显。与地表滴灌相比，地下滴灌可以明显提高莴笋产量，尤其当埋深为 10cm 时，莴笋产量最高。另外，增大灌水频率可以明显增加莴笋的产量，灌水间隔 4 天的产量明显高于灌水频率较低的处理。

(7) 再生水滴灌没有对莴笋品质产生不利影响。地下滴灌也可提高莴笋中还原型 VC 和可溶性糖的含量。而减小灌水频率可提高莴笋中还原型 VC 和可溶性糖的含量。

第11章 再生水地下滴灌农田水氮和 *E. coli* 迁移与作物生长

再生水灌溉对病原体在土壤中存活和分布的影响一直是再生水安全利用关注的热点问题（Li and Wen，2016）。有研究表明，再生水中 *E. coli* 浓度的大小直接影响了表层土壤 *E. coli* 的存活和积聚（Vergine et al.，2015）。同时，灌溉方式也会影响土壤中病原体污染的程度（Forslund et al.，2012）。Choi 等（2004）对比了再生水沟灌和地下滴灌条件下细菌和病毒在土壤中的分布，指出地下滴灌明显降低了健康风险。Halalsheh 等（2008）研究指出，覆膜滴灌能够明显降低 0～60cm 深度的土壤 *E. coli* 浓度，对环境污染较小。尽管如此，采用滴灌或地下滴灌进行再生水灌溉仍会存在一定程度的病原体污染风险（Lamm and Ayars，2007）。此外，滴灌技术参数对 *E. coli* 在土壤中的迁移与分布研究仍不充分，滴灌条件下 *E. coli* 在土壤中的行为特征仍不明晰，田间条件下病原体是否会随灌溉和降雨产生的渗漏液进入深层土壤，还未见研究。地下滴灌灌溉施肥能够精准地将水分和养分运输至作物根区，其合理的水分管理制度能够有效避免灌水施肥过程中的养分淋失（Lamm and Ayars，2007）。但是，由于地下滴灌条件下局部灌溉的特点易强化点源入渗，且滴灌带埋设深度主导了水分和养分的运移与分布（Li and Liu，2011），水分和养分易在作物根区富集或易向下层土壤运移，在灌水或降雨作用下仍可能发生养分淋失。当使用再生水灌溉时，地下滴灌条件下养分淋失的潜在风险更大。Campos 等（2000）研究发现点源污染风险会随再生水地下滴灌灌水器流量增加而增加。Levy 等（2011）研究表明，再生水中富含 N、P 等养分，使用再生水灌溉会促进土壤 NO_3^--N 向下运移。尽管如此，再生水地下滴灌条件下，水氮淋失特征还未见报道。

再生水灌溉对作物生长、产量和品质的影响一直是再生水安全利用的关注焦点，是决定再生水灌溉可行性的重要因素（刘洪禄等，2010）。地下滴灌能够有效地减少再生水与人畜的直接接触，避免污染物随地表径流迁移，是较安全的再生水灌溉方式（Forslund et al.，2012），然而再生水地下滴灌可能会引起根区土壤盐分累积，增加土壤盐渍化的风险（李久生等，2015）。根区土壤中盐分的过量累积可能会对作物吸收养分不利，进而影响作物产量。目前，再生水结合地下滴灌对作物生长发育和产量品质的影响研究还不充分，因此监测再生水地下滴灌条件下玉米生理生态指标和产量的变化趋势，对进一步确定地下滴灌安全利用再生水，探明再生水地下滴灌水氮运移和灌溉管理方式具有重要意义。

本章通过对玉米再生水滴灌农田 *E. coli* 迁移、水氮淋失及作物生长动态的两年监测，探明华北平原滴灌条件下 *E. coli* 随水淋失到根区下部的可能性，评价再生水滴灌技术参数对作物生长的影响。

11.1 概　　述

11.1.1 再生水灌溉对土壤 *E. coli* 的影响

E. coli 在土壤中的分布、衰减和运移一直是再生水灌溉研究的重点（Forslund et al., 2012；Li and Wen, 2016）。为了降低再生水灌溉的致病风险，不少国家制定了再生水灌溉使用准则，严格控制再生水中 *E. coli* 和粪大肠杆菌的浓度范围（0 ~ 1000CFU/100mL）（EPA, 2012；EPB, 2014；Généreux et al., 2015）。尽管如此，病原体还是会在再生水中繁殖生长，甚至是在已消毒灭菌的再生水中重现（Tchobanoglous and Burton, 1996）。大量研究表明，*E. coli* 会随再生水施入在土壤中驻留（Li and Wen, 2016），且灌溉水源中 *E. coli* 的浓度通常决定 *E. coli* 在土壤中的存活时间（Vergine et al., 2015）。因此，再生水灌溉会提高 *E. coli* 与人畜接触的致病概率（Manios et al., 2006），增加 *E. coli* 随土壤水运移而污染地下水的风险（Vander Zaag et al., 2010），同时也会增加 *E. coli* 向作物转移影响食品安全的风险（Lamm and Ayars, 2007）。为了降低上述风险，不少科学家采用滴灌，尤其是地下滴灌应用再生水灌溉（Lamm and Ayars, 2007）。Halalsheh 等（2008）研究了再生水温室覆膜滴灌对土壤 *E. coli* 分布的影响，发现灌溉 10 天后，0 ~ 60cm 深度的土壤 *E. coli* 均小于 1 MPN/g（多管发酵法测定菌落单位），对环境污染较小。Choi 等（2004）研究指出，在田间条件下滴灌带深层布置和高频灌溉有助于减少接触污染风险。然而，地下滴灌滴灌带埋设在地表下能够避免太阳直射和紫外线对病原体的影响，同时地表下较低的土壤温度又会延长病原体在土壤中的存活时间（Campos et al., 2000；Lamm and Ayars, 2007）。Oron（1996）发现再生水地下滴灌会使病毒在土壤中累积，尤其在滴灌带附近。再生水地下滴灌温室莴苣和大田玉米试验结果表明，滴灌带埋深影响 *E. coli* 在土壤中的分布，地表滴灌处理 *E. coli* 在土壤表层积聚（Li and Wen, 2016），而地下滴灌处理 30 ~ 50cm 土壤深度的 *E. coli* 浓度高于地表滴灌（Qiu et al., 2015）。农田尺度 *E. coli* 在深层土壤的积聚会增加病原体随降雨和灌溉向下运移污染地下水的风险（Vergine et al., 2015）。Choi 等（2004）在再生水地下滴灌试验中发现深层土壤的病毒数量在降雨后增加，并且该研究认为这是上层土壤病毒随降雨迁移所致。这些研究结果表明，即使采用滴灌或地下滴灌进行再生水灌溉也会存在一定程度的病原体污染风险，因此再生水滴灌条件下滴灌技术参数和水肥管理制度对 *E. coli* 在土壤中的运移与分布还需进一步研究与评估。此外，再生水灌溉条件下作物根区土壤渗漏液中 *E. coli* 浓度的监测仍缺乏，再生水地下滴灌对 *E. coli* 在土壤-作物系统运移的影响还缺乏系统研究。

11.1.2 再生水灌溉对作物生长的影响

与地下水和地表水相比，再生水中含有丰富的氮、磷等营养元素和有机质，能够提高作物产量和品质；同时再生水中含有一些有害物质，如重金属、盐分和病原体等，会抑制作物生长，影响作物产量和品质（Kiziloglu et al., 2008；Chen et al., 2013b；李阳等，2015；周媛等，2015）。刘洪禄等（2010）对比了再生水和地下水灌溉条件下夏玉米与冬小麦的产量和品质，指出与地下水灌溉相比，再生水灌溉对夏玉米冬小麦产量和主要品质指标（粗蛋白、可溶性总糖、粗灰分、粗淀粉和还原型 VC）没有显著影响。Kokkora 等（2015）研究指出，在污水灌溉玉米试验中，污水灌溉处理玉米产量、谷粒水分、脂肪、蛋白质、淀粉、纤维和灰分含量与地下水灌溉施肥处理无明显差异。而齐学斌等（2008）应用污水灌溉冬小麦得到了不同的结果，他们发现污水灌溉显著提高了冬小麦叶面积指数和干物质累积量。Bedbabis 等（2015）调查研究了长期市政再生水灌溉对橄榄产量和品质的影响，结果表明，再生水灌溉 10 年后，橄榄叶绿素、总酚类含量，诱导时间和生育酚值显著降低。再生水灌溉水果蔬菜类产量与品质的研究结果表明，再生水灌溉处理产量与对照处理差异显著，其中西红柿、黄瓜、茄子和豆角分别增产 15.1%、23.6%、60.7% 和 7.4%，而粗蛋白、氨基酸含量、可溶性总糖、维生素 C、硝酸盐等品质或营养指标差异不明显（吴文勇等，2010）。此外，有研究表明，再生水灌溉在一定程度上能够增加西红柿的还原型 VC 和可溶性固体含量，并显著增加了大白菜的可溶性总糖（孙爱华等，2007；章明奎等，2011）。

再生水对土壤水力特性的影响会在一定程度上影响了作物生长和养分吸收。Feigin 等（1991）研究指出，再生水中较高的盐分浓度会抑制作物生长，降低作物对水分和养分的吸收，进而造成减产。Shani 和 Dudley（2001）研究发现，再生水中较高的盐分导致土壤溶质势和凋萎系数值增加，会加剧作物水分胁迫，降低光合作用，导致产量减少。而 Bielorai 等（1984）研究长期再生水灌溉对棉花生长的影响得到了不同的结果，他们发现再生水灌溉棉花株高较地下水灌溉高。相似的结果被 Bame 等（2014）在再生水灌溉玉米试验中得到，此外，Bame 等（2014）还发现再生水灌溉处理玉米 N 和 P 吸收显著高于地下水灌溉处理。Fonseca 等（2005）也发现矿质化肥+再生水灌溉处理能够增加玉米植株含 P 量，但没有增加植株吸 N 量，他们认为这与充分的 N 肥施入有关。Feigin 等（1991）通过对比再生水和地下水灌溉玉米试验，发现水质并没有显著影响玉米植株吸 N 量。再生水灌溉对作物生长、产量和品质的影响还可能受其他因素影响，如水肥管理措施、灌溉方式等。谢深喜等（2004）研究了不同灌水量对柠檬树生长的影响，发现再生水灌溉量大的处理，树体生长快，主干和冠层生长迅速。与水肥管理相比，不同的灌溉方式应用再生水对作物产量和品质造成影响较小。Généreux 等（2015）对比了喷灌和地表滴灌应用再生水对草莓生长的影响，研究指出滴灌有效减少了 *E. coli* 污染草莓的风险，但两种灌溉方式之间无显著差异。以上研究表明，再生水灌溉对作物生长、产量和品质的影响是个复杂综合的过程，依赖于再生水中各成分含量、作物类型、水肥管理措施、灌溉方式等，因此研究再生水地下滴灌对作物生长、产量和品质的影响，对综合评价地下滴灌应用再生水具有重要意义。

综上所述，本章通过 2 年地下滴灌大田玉米试验，监测了玉米生育期 *E. coli* 在土壤中的分布与运移、根区水氮变化动态和生长指标及产量，研究了灌水量、滴灌带埋深和灌溉

水质对 *E. coli* 运移和 NO_3^--N 淋失以及玉米生理生态指标和产量的影响，为评估地下滴灌安全利用再生水提供参考。

11.2 研究方法

11.2.1 *E. coli* 和水氮淋失观测方法

为了获得典型时段土壤 *E. coli* 的分布状况，分别在玉米播种前（2014 年 6 月 6 日，2015 年 5 月 1 日）、苗期末（2015 年 6 月 8 日）、拔节期（2014 年 7 月 20 日，2015 年 6 月 20 日）、穗期（2014 年 8 月 17 日，2015 年 7 月 12 日）、灌浆期（2014 年 9 月 1 日，2015 年 8 月 3 日）和成熟期（2014 年 9 月 26 日，2015 年 9 月 2 日）用土钻在 0 ~ 50cm 土层内分 5 层（0 ~ 10cm、10 ~ 20cm、20 ~ 30cm、30 ~ 40cm 和 40 ~ 50cm）取样，取样点如第 6 章图 6-4 所示。取样前准备好无菌袋（B01062WA，Nasco WHIRL-PAK，美国）和无菌铁勺，用无菌铁勺掏取土钻中心土壤（避免与土钻直接接触），放入无菌袋，迅速密封后冷藏于 4℃ 冰箱。田间取样结束后立即用滤膜法（Vergine et al.，2015）测定 *E. coli*。

研究表明，近 95% 的玉米根系分布在 0 ~ 70cm 土壤深度（Zhou et al.，2008）。为了监测玉米根区 70cm 深度处土壤水分通量，在 12 个处理 1 个重复小区布置 1 个测点，并分别在测点 60cm 和 80cm 深度各埋设张力计用以测定对应深度土壤的基质势（详细布置见第 6 章图 6-4）。根据达西定律，70cm 深度处土壤水分通量（q，cm/d），如式（11-1）计算：

$$q=K(h)\frac{H_{60}-H_{80}}{20} \tag{11-1}$$

式中，$K(h)$ 为 60 ~ 80cm 深度土壤非饱和导水率，cm/d；h 为 60 ~ 80cm 深度的平均土壤的基质势，cm；H_{60} 和 H_{80} 分别为 60cm 和 80cm 深度处土水势，cm。其中，$K(h)$ 由式（11-2）进行计算（Mualem，1976；van Genuchten，1980）：

$$K(h)=K_s\left(\frac{\theta(h)-\theta_r}{\theta_s-\theta_r}\right)^{0.5}\left[1-\left(1-\left(\frac{\theta(h)-\theta_r}{\theta_s-\theta_r}\right)^{1/m}\right)^m\right]^2 \tag{11-2}$$

$$\theta(h)=\theta_r+\frac{\theta_s-\theta_r}{[1+|\alpha h|^n]^m} \tag{11-3}$$

式中，$\theta(h)$ 为土壤基质势是 h 时的土壤含水率，cm^3/cm^3；θ_s 为饱和土壤含水率，cm^3/cm^3；θ_r 为残余土壤含水率，cm^3/cm^3；α、m 和 n 为土壤水分特征曲线的拟合参数；K_s 为土壤饱和导水率，cm/d。θ_s、θ_r、K_s、α、m 和 n 由 Rosetta 软件利用土壤颗粒组成、容重、土壤水吸力为 33kPa 和 1500kPa 时的土壤含水率进行估算（Schaap et al.，2001；Wang et al.，2014a）。各深度相关土壤水力参数估计值见表 11-1。

表 11-1 不同深度土壤水力参数估计值

深度 (cm)	θ_r (cm^3/cm^3)	θ_s (cm^3/cm^3)	α (1/cm)	n	m	K_s (cm/d)
0 ~ 20	0.034	0.389	0.0116	1.409	0.290	34.75
20 ~ 60	0.033	0.378	0.0119	1.407	0.289	31.26
60 ~ 100	0.035	0.373	0.0117	1.402	0.287	21.19

为了测定 70cm 深度处土壤溶液中氮素和 *E. coli* 浓度，在每组张力计附近灌水器和滴灌带中线处各安装 1 个土壤溶液提取器（详见第 6 章图 6-4）。在田间试验开始前，通过配置不同浓度 *E. coli* 细菌原液，并用土壤溶液提取器提取后检测提取液中 *E. coli* 浓度，结果发现提取液中均能检出 *E. coli*，这表明 *E. coli* 能够穿过土壤溶液提取器陶土头。

土壤溶液提取器每周提取 1 次土壤溶液，灌水和>10mm 降雨后 1 天进行加测。每次测量在傍晚 6：00 进行（避免高温和紫外线对土壤溶液的影响），利用真空泵给土壤溶液提取器施加 30kPa 左右的负压，第二天早上 6：00 收集土壤溶液。将灌水器和滴灌带中线处提取的土壤溶液混合后分成两部分：一部分保存于-40℃的冰箱内，并于生育期结束后利用流动分析仪（Auto Analyzer 3，德国 BRAN+LUEBBE 公司）测定土壤溶液中 NO_3^--N 和 NH_4^+-N 的浓度（mg/L）；另一部分立即送实验室用滤膜法测定土壤溶液中的 *E. coli* 浓度（CFU/100mL）（Vergine et al.，2015）。

由于土壤溶液中 NH_4^+-N 浓度均小于 1mg/L，明显小于 NO_3^--N 浓度，且 NH_4^+-N 在土壤中具有明显的吸附特征（李久生等，2003；王珍，2014），本研究仅考虑 NO_3^--N 的淋失。各处理生育期内水分渗漏和 NO_3^--N 淋失量由下式进行计算：

$$Q = \sum_{i=1}^{n} q_i \tag{11-4}$$

$$N = \sum_{i=1}^{n} q_i C_i \tag{11-5}$$

式中，Q 为 70cm 深度处累积深层渗漏量，mm；q_i 为 70cm 深度处日渗漏量（q_i>0，日渗漏量就为 q_i；否则日渗漏量为 0），mm；C_i 为 70cm 深度处每日土壤溶液的 NO_3^--N 浓度，mg/L；N 为 70cm 深度处累积 NO_3^--N 淋失量，kg/hm^2。

11.2.2 作物生长指标、干物质积累和产量观测方法

玉米生育期内，各小区沿滴灌带方向按 5m 等间距布置 2 个测点（每个测点距小区边缘 2.5m）（图 11-1），在每个观测点选取生长状态良好、具有代表性的玉米 4 株，挂牌标记。分别在 6 叶期（V6）（2014 年 7 月 8 日，2015 年 6 月 5 日）、8 叶期（V8）（2014 年 7 月 18 日，2015 年 6 月 15 日）、12 叶期（V12）（2014 年 7 月 28 日，2015 年 6 月 25 日）、穗期（VT）（2014 年 8 月 15 日，2015 年 7 月 9 日）、灌浆期（R2）（2014 年 8 月 30 日，2015 年 7 月 27 日）和成熟期（2015 年 8 月 27 日）测定玉米株高和叶片的长度和宽度。株高抽穗前从地面量至最高叶尖，抽穗后量至穗的顶部。每次测量时，选出具有代表性

的 15 片不同尺寸的叶片，测量每个叶片的长和宽，然后用多功能叶面积仪（LC1200P+，WinFOLIA,加拿大）扫描每个叶片的实际面积，建立实际叶面积和叶片长宽乘积之间的线性经验关系：$y=ax+b$（y 代表实际叶面积；x 代表叶片测定长宽乘积；a、b 为回归系数），然后利用该经验公式计算出实际叶面积，进而计算叶面积指数。

在玉米苗期末（2015 年 6 月 6 日）、拔节期（2014 年 7 月 18 日，2015 年 6 月 21 日）、穗期（2014 年 8 月 11 日，2015 年 7 月 10 日）、灌浆期（2015 年 8 月 4 日）和成熟期（2014 年 9 月 27 日，2015 年 9 月 2 日）采集植株地上部分干物质，取样点位置距小区首端 3.5m 呈三角形分布（图 11-1）。每个取样点选取 1 株玉米，每个小区共 3 棵玉米，测定地上部分的鲜重。取样后，在 105℃烘箱中杀青 0.5h，然后在 70℃条件下烘至恒重（7 天左右），测定干物质质量，利用四分法进行取样，用旋风磨将样品磨碎，最后用凯氏定氮仪（Kjeltec 2003，Foss，丹麦）测定植株全氮含量，利用干物质质量和全氮含量相乘计算植株吸氮量。

玉米成熟后（2014 年 9 月 27 日，2015 年 9 月 2 日）对玉米进行考种，沿滴灌带方向按 2.1m 等间距布置 3 个取样点，在每个取样点邻近的两玉米行各连续采集 5 株玉米，共取 30 株，见图 11-1。采集的玉米分别测量穗长、秃尖长和穗粒数，风干后脱粒，测定百粒质量和籽粒干质量。为了探究再生水灌溉对玉米品质的影响，对成熟后的玉米籽粒测定粗蛋白、粗淀粉、粗灰分和 *E. coli*。测定玉米籽粒 *E. coli* 时，每个小区随机选取 3 株玉米，戴无菌手套用手剥开玉米包皮，用灭菌的铁勺取样，装入无菌袋（B01062WA，Nasco WHIRL-PAK，美国）中；每株玉米称取 5g 玉米籽粒，放入 50mL 无菌磷酸盐缓冲液（P1020，Solarbio，北京）振荡 10min，并用无菌滤膜（B5768-50MG，津腾，天津）对混合液进行过滤；过滤结束后，将滤膜放入带 *E. coli* 选择性培养基（BD，美国）的培养皿中，37℃培养 24h。

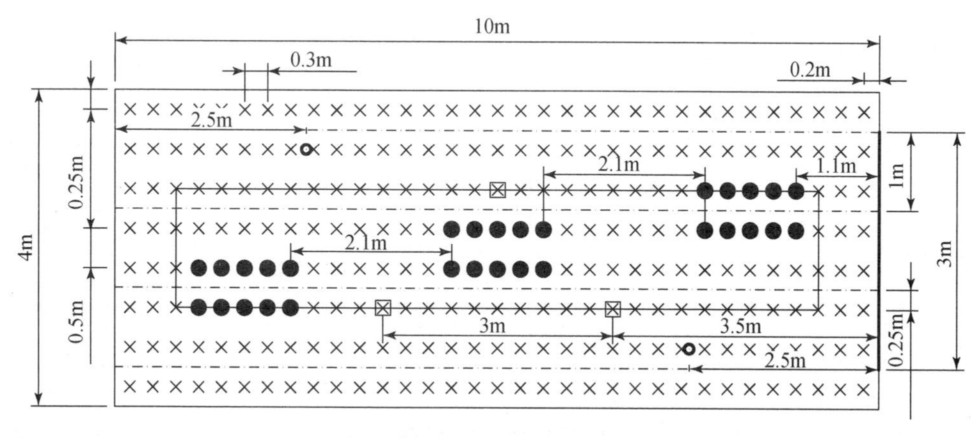

图 11-1　株高、干物质和考种取样点

11.3 再生水地下滴灌土壤 *E. coli* 分布

11.3.1 玉米生育期内土壤 *E. coli* 分布

再生水灌溉条件下地下滴灌带埋设在地表以下，能够减少病原体在阳光和紫外线下的暴露，延缓病原体在土壤中的衰减，促进病原体在深层土壤积聚，进而增加病原体污染作物和地下水的风险（Lamm and Ayars，2007）。2014 年和 2015 年各处理不同生育阶段 0 ~ 50cm 深度的土壤 *E. coli* 分布见表 11-2。由表可知，两年试验中各生育阶段土壤样本零星地检测出 *E. coli*。例如，2015 年播种前 0 ~ 10cm、10 ~ 20cm、20 ~ 30cm、30 ~ 40cm 和 40 ~ 50cm 深度检测出 *E. coli* 的土壤样本仅占总样本的 42%、31%、8%、0% 和 6%；在 2015 年收获时观测到相似的结果，0 ~ 10cm、10 ~ 20cm、20 ~ 30cm、30 ~ 40cm 和 40 ~ 50cm 深度检测出 *E. coli* 的土壤样本仅占总样本的 39%、47%、22%、22% 和 14%。该结果与 Forslund 等（2012）和 Li 和 Wen（2016）的研究结果相同，再生水灌溉条件下，仍只有较少部分土壤样本检测出 *E. coli*，这与灌溉后 *E. coli* 在土壤中迅速衰减有关。此外，各处理 *E. coli* 分布随生育阶段呈随机变化特征。例如，2014 年 I1D2 处理 40 ~ 50cm 深度仅在 8 月 17 日检测出 *E. coli*，其他时段均未被检出。与播种前相比，再生水灌溉后土壤 *E. coli* 浓度仍随土壤深度增加而降低，且 *E. coli* 数量未发生数量级的改变。2015 年播种前土壤 *E. coli* 浓度介于 0 ~ 254CFU/g，在第一次灌溉后（6 月 20 日）土壤 *E. coli* 浓度介于 0 ~ 396CFU/g，而在收获后（9 月 2 日）土壤 *E. coli* 浓度介于 0 ~ 123CFU/g。上述结果表明，再生水灌溉没有导致 *E. coli* 在土壤中累积。

在玉米生育期内，地下水滴灌小区也检测出了较高浓度的 *E. coli*。例如，2014 年 8 月 17 日，0 ~ 10cm 和 10 ~ 20cm 深度 *E. coli* 浓度最大值分别出现在 C1（66CFU/g）和 C3（52CFU/g）处理。由于灌溉使用的地下水中不含 *E. coli*，地下水滴灌处理检测出的 *E. coli* 可能来自其他环境污染源，如野生动物、鸟类和昆虫的排泄物（Vergine et al.，2015）。Forslund 等（2012）通过使用脉冲场凝胶电泳比对再生水中 *E. coli* 和灌溉后土壤中 *E. coli* 的 DNA 图谱，发现两者之间联系微弱。Fisher 精确检验（Forslund et al.，2012）结果也表明，水质没有显著影响玉米生育期 *E. coli* 在土壤中的分布，再生水灌溉不会明显增加土壤 *E. coli* 浓度。

由表 11-2 还可以看出，土壤表层 *E. coli* 浓度最大值通常出现在地表滴灌处理，而土壤深层 *E. coli* 浓度最大值通常在地下滴灌处理中被检出。例如，2015 年 7 月 12 日 0 ~ 10cm 和 20 ~ 30cm 深度土壤 *E. coli* 浓度最大值分别在 I1D1 和 I1D3 处理中被检出，这可能与地表和地下滴灌水分和养分在土壤剖面的分布有关。Lamm 和 Ayars（2007）研究指出，较高土壤含水率会延长病原体的存活时间，Li 和 Wen（2016）通过再生水地下滴灌莴苣日光温室试验，发现滴灌带附近能够检出较高浓度的 *E. coli*，Oron（1996）研究证实再生水地下滴灌会导致深层土壤中积聚较高浓度的病原体。这些结果都表明，滴灌带埋深影响

了 *E. coli* 在土壤中的分布。

为了进一步定量分析灌水量和滴灌带埋深对 *E. coli* 在土壤中分布的影响，针对土壤样本 *E. coli* 检测结果呈 0–1 分布的特征（显性样本为 1，隐性样本为 0），采用二项分布广义线性混合模型（Forslund et al., 2012）对各处理不同深度 *E. coli* 浓度进行方差检验，统计结果见表 11-3。由表可知，灌水量和滴灌带埋深对 *E. coli* 在土壤中分布的影响均未达到 $\alpha=0.1$ 的显著水平，不同处理 *E. coli* 分布差异不明显，这是因为生育阶段样本采集与灌溉的间隔时间较长（≥4 天，表 11-4），而外源 *E. coli* 在土壤中衰减迅速。Li 和 Wen（2016）研究发现再生水地下滴灌灌水结束 3 天后，温室土壤中几乎检测不出 *E. coli*。上述结果表明，玉米生育期再生水滴灌不会促进 *E. coli* 在土壤中累积。

表 11-2　2014 年和 2015 年不同土壤深度 *E. coli* 分布

项目		2014 年			日期（月/日）	2015 年		
深度（cm）	日期（月/日）	*E. coli* 显性样本数/总样本数	*E. coli* 几何平均数［最大值］（CFU/g）	*E. coli* 最大值处理		*E. coli* 显性样本数/总样本数	*E. coli* 几何平均数［最大值］（CFU/g）	*E. coli* 最大值处理
0～10	6/6	10/36	3［37］	I2D1	5/1	15/36	14［254］	I2D1
10～20		6/36	6［44］	I2D3		11/36	9［43］	I3D1
20～30		4/36	2［6］	I1D3		3/36	10［12］	I1D2
30～40		5/36	2［11］	I2D1		0/36	0［0］	—
40～50		2/36	5［6］	I1D1		2/36	4［9］	I3D3
0～10	7/20	11/36	8［85］	I2D3	6/8	12/36	14［283］	C3
10～20		5/36	8［55］	I2D3		12/36	7［57］	C3
20～30		2/36	3［7］	C3		4/36	4［8］	I3D2
30～40		1/36	20［20］	I1D3		1/36	2［2］	I1D2
40～50		0/36	0［0］	—		1/36	2［2］	I1D2
第一次灌溉后								
0～10					6/20	9/36	13［396］	I3D1
10～20						5/36	9［40］	I1D2
20～30						3/36	5［24］	I1D2
30～40						2/36	7［7］	I2D3
40～50						0/36	0［0］	—
0～10	8/17	9/36	13［66］	C1	7/12	14/36	12［97］	I1D1
10～20		12/36	5［52］	C3		11/36	14［76］	I1D2
20～30		1/36	4［4］	I3D3		6/36	18［63］	I1D3
30～40		2/36	5［8］	I2D2		2/36	15［17］	C2
40～50		1/36	2［2］	I1D2		1/36	7［7］	C2

续表

项目		2014年			日期（月/日）	2015年		
深度（cm）	日期（月/日）	*E. coli* 显性样本数/总样本数	*E. coli* 几何平均数［最大值］（CFU/g）	*E. coli* 最大值处理		*E. coli* 显性样本数/总样本数	*E. coli* 几何平均数［最大值］（CFU/g）	*E. coli* 最大值处理
0～10	9/1	11/36	4［18］	I1D1	8/3	15/36	13［133］	I3D1
10～20		2/36	3［4］	I1D3		12/36	17［470］	I3D1
20～30		2/36	2［3］	I1D2		4/36	4［10］	I1D3
30～40		2/36	3［4］	I1D2		1/36	3［3］	I3D1
40～50		1/36	3［3］	C2		5/36	4［24］	I3D3
0～10	9/26	12/36	14［103］	I2D1	9/2	14/36	10［123］	I2D1
10～20		20/36	8［93］	I2D1		17/36	8［50］	I2D3
20～30		6/36	3［15］	I2D1		8/36	4［14］	C1
30～40		2/36	3［7］	I3D3		8/36	4［19］	C2
40～50		5/36	2［11］	I3D3		5/36	7［21］	I3D2

表 11-3　各深度土壤 *E. coli* 分布方差分析（二项分布广义线性混合模型检验）统计结果

深度（cm）	变异来源	2014年			2015年			
		8月17日	9月1日	9月27日	6月20日	7月12日	8月3日	9月2日
0～10	I	NS(P=0.830)	NA	NS(P=0.366)	NS(P=0.560)	NS(P=0.575)	NS(P=0.658)	NS(P=0.876)
	D	NS(P=0.539)	NS(P=0.350)	NS(P=0.157)	NS(P=0.843)	NS(P=0.579)	NS(P=0.411)	NS(P=0.674)
10～20	I	NS(P=0.364)	NA	NS(P=0.578)	NA	NS(P=0.348)	NS(P=0.530)	NS(P=0.596)
	D	NS(P=0.712)	NA	NS(P=0.588)	NA	NS(P=0.705)	NS(P=0.660)	NS(P=0.279)
20～30	I	NA	NA	NS(P=0.752)	NS(P>0.999)	NS(P=0.799)	NS(P>0.999)	NS(P=0.824)
	D	NA	NA	NA	NA	NA	NA	NS(P=0.824)
30～40	I	NA	NA	NA	NA	NA	NA	NA
	D	NA	NA	NA	NA	NA	NA	NA
40～50	I	NA	NA	NS(P>0.999)	NA	NA	NS(P=0.762)	NS(P=0.791)
	D	NA	NA	NA	NA	NA	NA	NA
0～50	I	NS(P=0.826)	NS(P=0.462)	NS(P=0.898)	NS(P=0.531)	NS(P=0.627)	NS(P=0.417)	NS(P=0.878)
	D	NS(P=0.743)	NS(P=0.585)	NS(P=0.715)	NS(P=0.463)	NS(P=0.595)	NS(P=0.257)	NS(P=0.714)

注：NS 代表 α=0.05 水平上不显著；NA 代表检验不收敛；I 和 D 和分别代表灌水量和滴灌带埋深。

表 11-4　2014 年和 2015 年灌水与取样时间

年份	2014								2015									
取样日期（月/日）	6/6	7/20			8/17		9/1	9/26	5/1	6/8	6/20			7/12		8/3		9/2
灌水日期（月/日）			7/21	8/3		8/19				6/8	6/20	6/30	7/8		7/15		8/16	
灌水次序			1	2		3				1	2	3	4		5		6	
取样离前一次灌水时间（d）					14		13	38			12			4		19		17

11.3.2　土壤溶液中 *E. coli* 浓度

土壤作为多孔介质是病原体天然的过滤器，同时多孔介质也是病原体在土壤中运移的通道（Engström et al.，2015）。在地下滴灌条件下，病原体随再生水进入土壤，可能在作物根区聚集，随土壤渗漏或优先流进入深层土壤，进而增加污染地下水的风险。表 11-5 和表 11-6 给出了 2014 年和 2015 年土壤溶液 *E. coli* 浓度的检测结果，由表可知，两年试验中无论是灌水还是降雨后提取的根区土壤渗漏液均未检测出 *E. coli*。*E. coli* 在土壤中受对流和水动力弥散作用随水分运移，同时也受土壤颗粒吸附和自身衰减影响（Campos et al.，2000）。因此，提取的土壤渗漏液中未检出 *E. coli*，这是因为 *E. coli* 被土壤颗粒固持或是在淋溶前衰亡（Forslund et al.，2011）。Wen 等（2016）研究了滴灌点源条件下 *E. coli* 在不同质地土壤中的迁移特征，结果指出受土壤颗粒吸附作用，*E. coli* 在砂壤土中的迁移能力急剧减小。Vergine 等（2015）检测了饱和流条件下土壤渗漏液中 *E. coli* 浓度，他们发现，再生水灌溉通过 36cm 土柱后，灌溉水中 99.8% 的 *E. coli* 被土壤过滤。这些结果表明土壤能够有效滤除 *E. coli*，尤其是在非饱和流条件下能够降低地下水污染风险。上述分析表明，田间试验再生水地下滴灌没有导致 *E. coli* 随渗漏进入深层土壤。

表 11-5　2014 年土壤溶液 *E. coli* 浓度检测结果

日期（月/日）	7/2～7/3	7/21	8/3～8/5	8/14	8/19	9/2～9/3	9/23～9/25
事件	降雨	灌水	灌水+降雨	降雨	灌水	降雨	降雨
处理	*E. coli* 浓度（CFU/100mL）						
I1D1	0	N	N	N	N	N	0
I1D2	0	N	N	N	N	0	0
I1D3	0	N	N	N	N	0	0
I2D1	0	0	N	N	N	0	0
I2D2	N	0	N	N	N	0	0
I2D3	0	0	0	0	0	0	N

续表

日期（月/日）	7/2～7/3	7/21	8/3～8/5	8/14	8/19	9/2～9/3	9/23～9/25
事件	降雨	灌水	灌水+降雨	降雨	灌水	降雨	降雨
处理	*E. coli* 浓度（CFU/100mL）						
I3D1	N	0	0	0	N	0	0
I3D2	0	0	0	0	0	0	0
I3D3	0	0	0	N	0	0	0
C1	0	N	N	N	N	0	0
C2	0	0	0	0	N	0	0
C3	0	0	N	0	0	0	0

注：N为未提取出土壤溶液；土壤溶液提取均在灌水或降雨结束后1天进行；下同。

表11-6　2015年土壤溶液 *E. coli* 浓度检测结果

日期（月/日）	6/8	6/20	6/30	7/15	7/18～7/19	7/28～7/30	8/16
事件	灌水	灌水	灌水	灌水	降雨	降雨	灌水
处理	*E. coli* 浓度（CFU/100mL）						
I1D1	N	0	N	N	N	0	0
I1D2	N	0	N	N	N	0	N
I1D3	N	0	N	N	N	0	N
I2D1	N	N	N	N	0	N	0
I2D2	0	0	N	0	N	0	N
I2D3	N	0	0	0	N	0	0
I3D1	N	0	N	0	0	0	0
I3D2	0	0	0	0	0	N	0
I3D3	0	0	N	0	0	0	N
C1	0	0	0	0	0	0	0
C2	0	0	0	0	0	0	0
C3	0	0	0	0	0	0	0

11.4　玉米生育期内水分渗漏变化特征

11.4.1　玉米生育期内水分日渗漏量变化特征

由式（11-1）计算各处理2014年和2015年玉米生育期内70cm深度处日水分渗漏量（mm），如图11-2和图11-3所示。由图可知，两年玉米生育期内不同处理日水分渗漏量变化趋势和规律大体一致。日水分渗漏量在玉米生育期内受较大降雨和灌水影响变化剧烈，例如，2014 年 7 月 2 日和 9 月 2 ~ 3 日降雨（单次降雨>60mm），各处理均有较大渗漏发生，最大值达 9mm（I2D2，2014 年 7 月 2 日）。与大降雨相比，灌水导致的渗漏通常发生在灌水 1 天后，且渗漏量随灌水量增加而增加，例如，2015 年 6 月 20 日灌溉后，I1D3 和 I2D3 日渗漏量分别为 1.7mm 和 3.4mm，这是因为较大灌水量增加了水分在土壤中的运移深度（Lamm et al.，2001）。与地表滴灌相比，灌溉之后地下滴灌处理产生了较大的渗漏，例如，2014 年 7 月 21 日灌溉后，各灌水量处理地表滴灌均未产生渗漏，而地下滴灌有明显渗漏，日渗漏量介于 0.3 ~ 1.2mm，这是因为滴灌带埋设在地表以下，减少了水分蒸发，维持了作物根区较高的土壤含水率，进而增大了水分渗漏风险。在玉米生育期灌水后随即发生降雨，日渗漏量会明显增加，例如，在 2015 年 7 月 15 日灌水 30mm 后随即在 7 月 19 日发生了一次 41mm 的降雨，I2D3 处理日渗漏量从 1.7mm 迅速增加至 7.1mm（图 11-3），这是因为灌水后一定时间内作物根区土壤含水率保持在相对较高水平，土壤非饱和导水率和储水量均相对较高，随着降雨的发生，较高的土壤非饱和导水率会使部分降雨迅速渗漏到作物根区以下，而同时根区较高的储水量也会促进雨水向土壤深层渗漏（王珍，2014）。由以上分析结果可知，玉米生育期内土壤水分日渗漏量受降雨、灌水量和滴灌带埋深影响明显。因此，优化确定地下滴灌条件下合适的滴灌带埋设深度和合理的水分管理制度十分必要。

11.4.2 玉米生育期内累积渗漏量变化特征

2014 年和 2015 年玉米生育期不同处理 70cm 深度处累积渗漏量变化如图 11-2 和图 11-3 所示，全生育期累积渗漏量值见表 11-7。由图可知，玉米生育期内累积渗漏量在较大降雨和灌水后明显增加，在灌溉后随即发生降雨情况下渗漏量增加趋势尤为明显。由图还可看出，生育期内水分渗漏主要发生玉米生育初期和末期。例如，I3D3 处理在 2014 年和 2015 年玉米灌浆-成熟期由降雨灌水造成的渗漏量分别占生育期总渗漏量的 45% 和 27%，这与玉米进入灌浆期后水分吸收逐渐减少而根区土壤含水率较高有关。该结果与 Marofi 等（2015）报道一致，他们通过研究再生水灌溉条件下罗勒（*Ocimum basilicum* L.）生育期水分渗漏和硝态氮淋失规律，指出水分渗漏量主要发生在罗勒水分需求量较小的播种期和成熟期。

由表 11-7 还可知，除 I2D3 和 I3D1 处理，2014 年各处理生育期累积渗漏量均高于 2015 年。2014 年所有处理平均累积渗漏量为 105mm，较 2015 年平均累积渗漏量 96mm 高 9%，这是因为 2014 年玉米生育期较高的降雨（2014 年降雨 276mm，I2 处理总灌水量 75mm；2015 年降雨 219mm，I2 处理总灌水量 160mm）所致。该结果与王珍（2014）大田滴灌玉米试验结果相似，年际较多的降水量导致了较多的渗漏量。尽管如此，滴灌带埋深一致时，累积渗漏量基本随灌水量的增加而增加，例如，I1D2、I2D2 和 I3D2 处理在 2014 年玉米生育期累积渗漏量分别为 87mm、97mm 和 117mm。相同灌水量条件下，滴灌带埋深 30cm 处理累积渗漏量高于地表滴灌处理，例如，I3D3 处理 2014 年和 2015 年累积渗漏量较 I3D1 分别高 77% 和 13%，这是因为滴灌带埋深 30cm 促进了灌溉水向下层土壤运移。

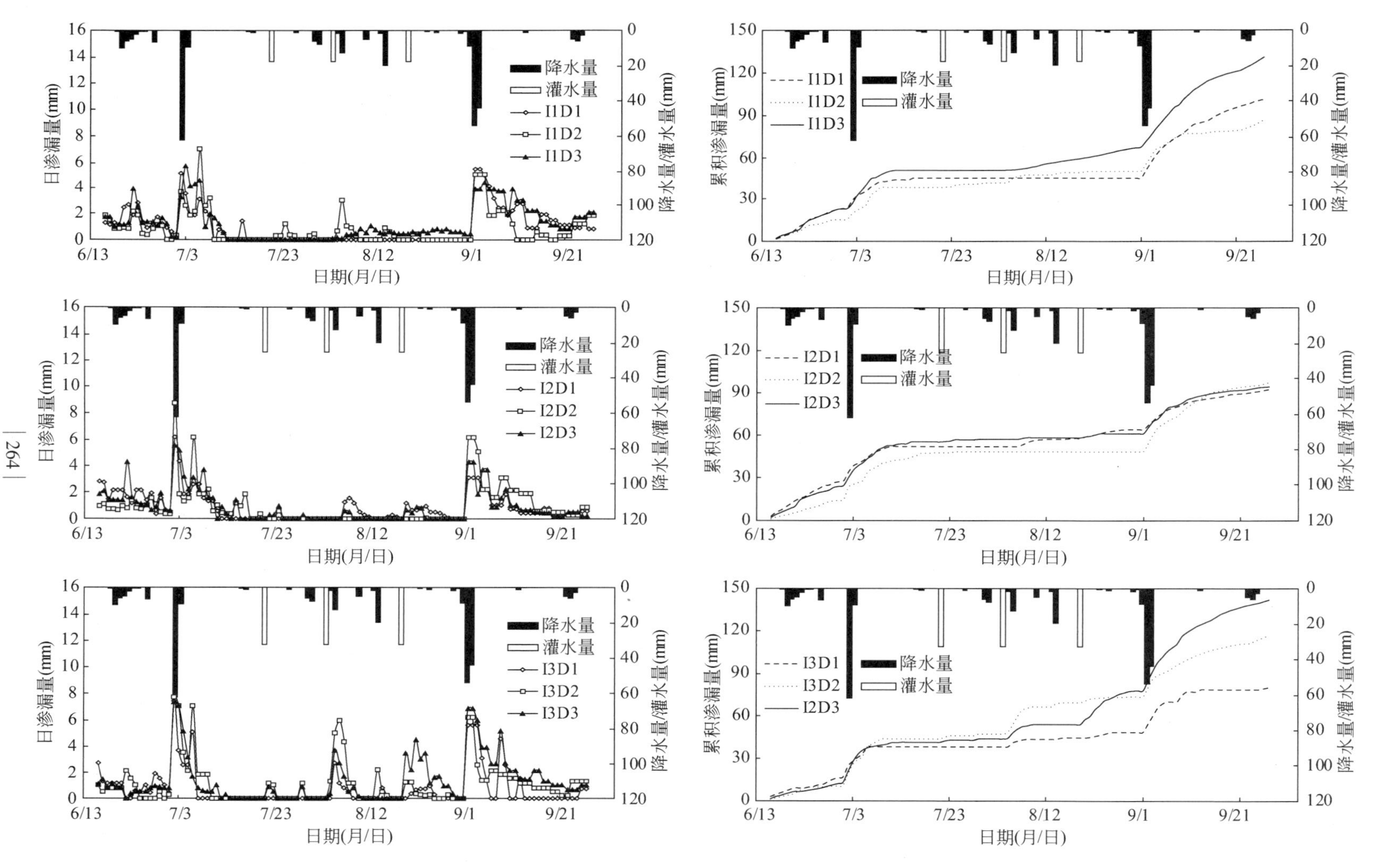

图 11-2　2014年不同处理玉米生育期水分日渗漏量和累积渗漏量变化

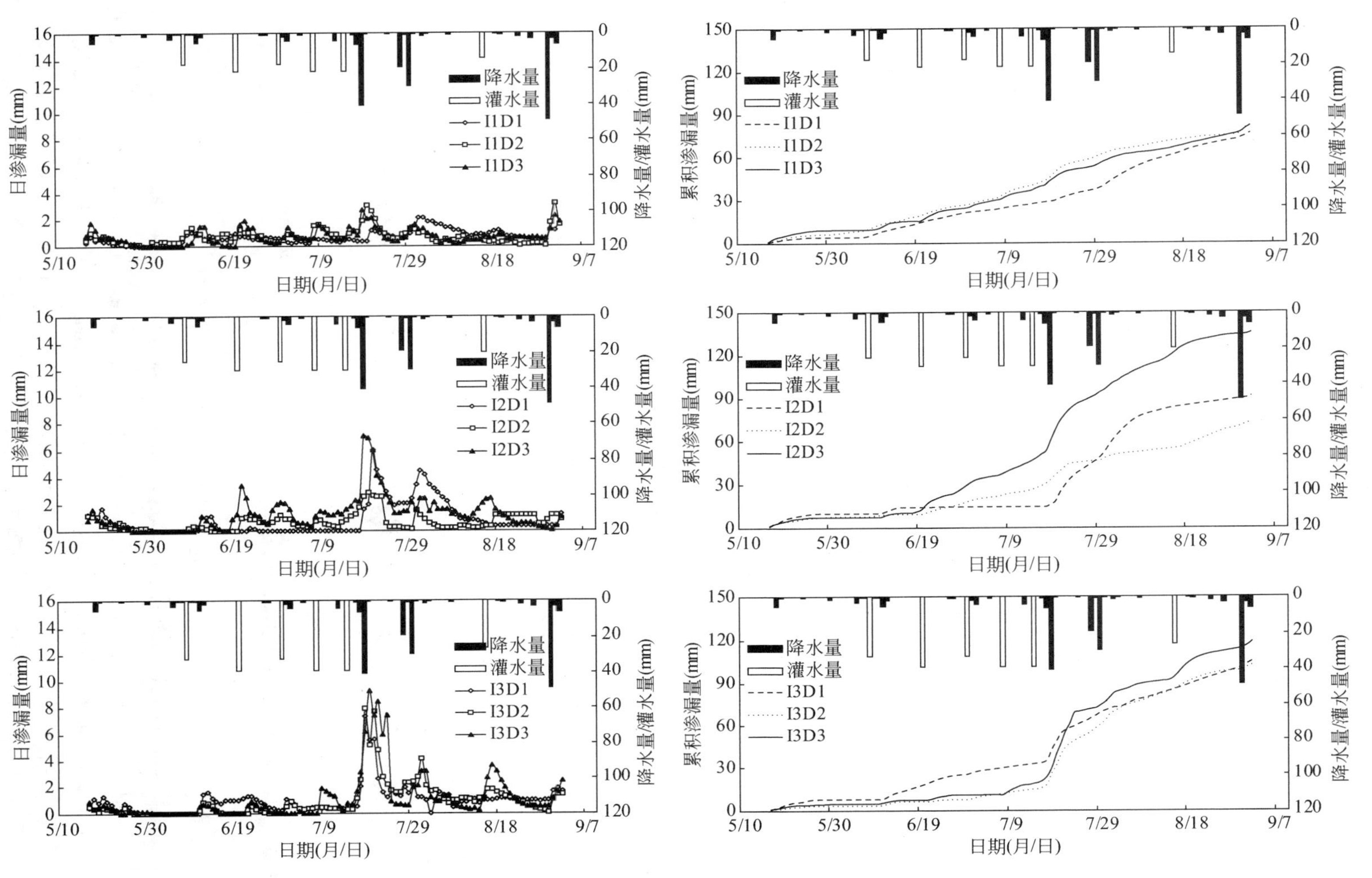

图 11-3　2015年不同处理玉米生育期水分日渗漏量和累积渗漏量变化

尽管灌水量和滴灌带埋深明显影响了累积渗漏量，但两年 Tukey 检验结果表明，滴灌带埋深和灌水量及其交互作用均未对累积渗漏量造成显著影响（$P>0.1$），这可能与试验地处于半湿润地区，作物生育期灌水量小于降水量有关。在试验中，2014 年和 2015 年玉米生育期充分灌溉处理（I2）总灌水量仅分别占降雨总量的 27% 和 73%。Wang 等（2014a）研究也表明，降雨是造成半湿润区深层渗漏的主要原因。

表 11-7　灌水量和滴灌带埋深对玉米生育期累积水分渗漏量和累积 NO_3^--N 淋失量的影响

处理	2014 年		2015 年	
	累积渗漏量（mm）	累积 NO_3^--N 淋失量（kg/hm^2）	累积渗漏量（mm）	累积 NO_3^--N 淋失量（kg/hm^2）
I1D1	101	9	76	21
I1D2	87	14	82	27
I1D3	131	26	81	41
I2D1	92	12	91	21
I2D2	97	18	73	31
I2D3	94	15	136	58
I3D1	80	15	105	41
I3D2	117	19	103	54
I3D3	142	42	119	35
Tukey 检验				
I	NS（$P=0.366$）	NS（$P=0.143$）	NS（$P=0.254$）	NS（$P=0.542$）
D	NS（$P=0.137$）	*（$P=0.062$）	NS（$P=0.292$）	NS（$P=0.420$）
I×D	NS（$P=0.123$）	*（$P=0.094$）	NS（$P=0.457$）	NS（$P=0.449$）

注：NS 表示在 $\alpha=0.1$ 水平上不显著；* 表示在 $\alpha=0.1$ 水平上显著；I、D 和 I×D 分别代表灌水量、滴灌带埋深和灌水量与滴灌带埋深的交互作用。

11.5　玉米生育期内硝态氮淋失变化特征

11.5.1　土壤溶液硝态氮浓度

表 11-8 给出了玉米生育期内不同处理 70cm 深度处土壤溶液 NO_3^--N 浓度统计特征值。由表可知，玉米生育期 70cm 深度处土壤溶液 NO_3^--N 浓度随时间变化剧烈，变异系数 Cv 值介于 0.1～1.1，属于中等–强变异程度（雷志栋等，1988）；2014 年和 2015 年土壤溶液 NO_3^--N 浓度变化范围分别为 0.1～47.1mg/L 和 1.1～62.7mg/L，这与前人观测的玉米根区土壤溶液 NO_3^--N 浓度变化区间基本一致（Perego et al.，2012；王珍，2014）。与 2014 年测定的土壤溶液 NO_3^--N 浓度相比，2015 年各处理 70cm 深度处土壤溶液 NO_3^--N 浓度明显较

高（2015 年所有处理 70cm 深度处土壤溶液 NO_3^--N 浓度平均值为 36.9mg/L，较 2014 年 11.3mg/L 高 227%），这与 2015 年较多的灌溉次数和灌水量（共灌水 6 次，I2 处理共灌水 160mm）有关，因为土壤 NO_3^--N 易随灌溉增加而向深层土壤运移（Lamm et al.，2001），进而提高了土壤溶液中 NO_3^--N 浓度。此外，2014 年玉米生育期末 0 ~ 70cm 土壤残留无机氮含量 152kg/hm^2（装有土壤溶液提取器的再生水灌溉处理 9 个小区平均值）与初始无机氮含量 151kg/hm^2 基本相同，而 2015 年 0 ~ 70cm 土壤残留无机氮含量 54kg/hm^2 仅为其初始无机氮含量（125kg/hm^2）的 43%。这表明 2015 年可能有较多土壤 NO_3^--N 进入土壤溶液。尽管受灌水施肥、作物吸收和降雨等因素影响，不同处理间 70cm 处土壤溶液 NO_3^--N 浓度变化不一，差异较大（Wang et al.，2014a），但仍在一定程度上随滴灌带埋深的增加而增加。例如，2015 年 70% ET_C 灌水量条件下，滴灌带埋深 0cm、15cm 和 30cm 处理 70cm 深度处平均土壤溶液 NO_3^--N 浓度分别为 23.2mg/L、27.2mg/L 和 36.2mg/L，这是因为滴灌条件下滴灌带埋深促进了 NO_3^--N 在深层土壤累积（Li and Liu，2011）。此外，较大的灌水量也会导致 70cm 处土壤溶液 NO_3^--N 浓度较高，如 2015 年 I1D2 和 I3D2 处理 70cm 处平均土壤溶液 NO_3^--N 浓度分别为 27.2mg/L 和 51.3mg/L。由表 11-8 还可知，再生水灌溉处理 70cm 处平均土壤溶液 NO_3^--N 浓度通常比地下水灌溉处理高。例如，2015 年 I3D1、I3D2 和 I3D3 处理平均土壤溶液 NO_3^--N 浓度分别较 C1、C2 和 C3 高 13%、401% 和 214%，这与再生水中较高的 NO_3^--N 浓度和再生水灌溉促进了土壤硝化作用有关（Levy et al.，2011；Blum et al.，2013）。

表 11-8　2014 年和 2015 年各处理 70cm 深度处土壤溶液 NO_3^--N 浓度统计

处理	I1D1	I1D2	I1D3	I2D1	I2D2	I2D3	I3D1	I3D2	I3D3	C1	C2	C3
2014 年	NO_3^--N 浓度											
平均值（mg/L）	9.1	11.9	9.2	9.4	8.8	7.5	6.6	13.9	20.2	10.1	3.8	6.9
最大值（mg/L）	9.7	29.9	13.8	13.8	24.1	12.8	11.4	36.4	47.1	11.2	7.4	13.1
最小值（mg/L）	8.5	1.8	0.3	6.0	0.2	1.9	0.1	2.9	3.7	7.8	0.6	1.2
标准差（mg/L）	0.8	12.3	7.7	2.9	9.2	3.8	4.9	11.8	16.3	1.6	2.3	5.0
变异系数	0.1	1.0	0.8	0.3	1.1	0.5	0.7	0.9	0.8	0.2	0.6	0.7
2015 年	NO_3^--N 浓度											
平均值（mg/L）	23.2	27.2	36.2	20.0	36.9	45.2	36.5	51.3	32.8	32.2	10.2	10.5
最大值（mg/L）	26.8	30.8	39.8	31.8	57.5	53.3	57.1	62.7	48.6	52.4	27.4	30.7
最小值（mg/L）	19.1	23.6	32.6	8.2	1.1	35.9	11.2	40.3	20.8	0.4	0.1	0.5
标准差（mg/L）	3.2	5.1	5.1	16.7	22.7	7.7	15.8	8.2	9.3	17.8	10.6	10.1
变异系数	0.1	0.2	0.1	0.8	0.6	0.2	0.4	0.2	0.3	0.6	1.0	1.0

11.5.2　硝态氮日淋失量变化特征

2014 年和 2015 年玉米生育期内 NO_3^--N 日淋失量如图 11-4 和图 11-5 所示。由于 NO_3^--N

在土壤中性质相对稳定且易随水分运移，NO_3^--N 日淋失量变化规律与水分日渗漏量变化规律基本一致（图 11-2 和图 11-3）。受降雨和灌水影响，玉米生育期内 NO_3^--N 日淋失量变化剧烈。较大降雨和持续灌溉后降雨均会产生较大的 NO_3^--N 日淋失量。例如，I3D3 处理在 2014 年 9 月 2 ~ 3 日 105mm 降雨和 2015 年 7 月 15 ~ 19 日灌溉后降雨分别导致了 3.25kg/hm^2 和 3.55kg/hm^2 日淋失量。与地表滴灌相比，地下滴灌在降雨和灌溉后产生了较大的 NO_3^--N 日淋失量。例如，2015 年 100% ET_C 灌水量条件下，滴灌带埋深 0cm 处理在 7 月 15 日灌溉后日淋失量为 0kg/hm^2，而滴灌带埋深 15cm 和 30cm 处理日淋失量分别为 0.4kg/hm^2 和 0.6kg/hm^2，这是因为地下滴灌促进了 NO_3^--N 向下层土壤运移（Lamm and Ayars，2007）。

11.5.3 累积 NO_3^--N 淋失量变化特征

NO_3^--N 淋失是随着水分深层渗漏而产生。由图 11-4 和图 11-5 可知，2014 年和 2015 年玉米生育期累积 NO_3^--N 淋失量与累积渗漏量变化趋势和规律相似。玉米生育期内累积 NO_3^--N 淋失量在较大降雨和灌水后明显增加，在连续灌溉后随即发生降雨情况下 NO_3^--N 淋失增加趋势尤为明显。例如，I3D3 处理在 2015 年 7 月 15 ~ 24 日灌溉和降雨期间 NO_3^--N 淋失量（18.44kg/hm^2）占全生育期累积淋失量的 52%。由图还可知，玉米生育期内 NO_3^--N 淋失量主要发生在玉米生育初期和末期。例如，I1D3 处理在 2014 年和 2015 年玉米灌浆–成熟期造成的 NO_3^--N 淋失量，分别占全生育期累积淋失量的 57% 和 23%，这与灌浆–成熟期玉米对氮素的吸收减弱而该时期土壤氮素矿化程度较高有关（Ghiberto et al.，2009）。研究表明，养分淋失一般发生在养分矿化与作物吸收不同步的时期，且通过淋溶而损失的氮素大部分来自土壤有机质矿化。

土壤溶液 NO_3^--N 浓度和深层渗漏量是两个控制 NO_3^--N 淋失的重要因素（Tamini and Mermoud，2002）。为了进一步量化累积渗漏量、土壤溶液 NO_3^--N 浓度与累积 NO_3^--N 淋失量的关系。图 11-6 给出了两年玉米生育期内累积渗漏量、土壤溶液 NO_3^--N 浓度与累积 NO_3^--N 淋失量的回归分析结果。由图可知，2014 年生育期内累积 NO_3^--N 淋失量随累积渗漏量（$R^2=0.741$，$P<0.001$）和土壤溶液 NO_3^--N 浓度（$R^2=0.637$，$P=0.002$）增加而增加，而 2015 年生育期累积 NO_3^--N 淋失量仍随土壤溶液 NO_3^--N 浓度（$R^2=0.877$，$P<0.001$）增加而增加，但与累积渗漏量的相关关系减弱（$R^2=0.132$，$P=0.246$），这表明与累积渗漏量相比，土壤溶液 NO_3^--N 浓度决定了累积 NO_3^--N 淋失量的大小。这与 Ghiberto 等（2009）研究结果相似，土壤养分淋失的量级与土壤溶液中养分的浓度呈正比例。

2014 年和 2015 年玉米生育不同处理累积 NO_3^--N 淋失量和 Tukey 检验结果见表 11-7。由表可知，滴灌带埋深相同时，累积 NO_3^--N 淋失量大体随灌水量增加而增加，例如，2014 年玉米生育期 I3D1 处理累积 NO_3^--N 淋失量分别比 I2D1 和 I1D1 处理高 25% 和 67%。给定灌水量条件下，累积 NO_3^--N 淋失量基本随滴灌带埋深增加而增加。例如，2015 年玉米生育期 I1D3 处理累积 NO_3^--N 淋失量分别比 I1D1 和 I1D2 高 95% 和 52%。由表 11-7 还

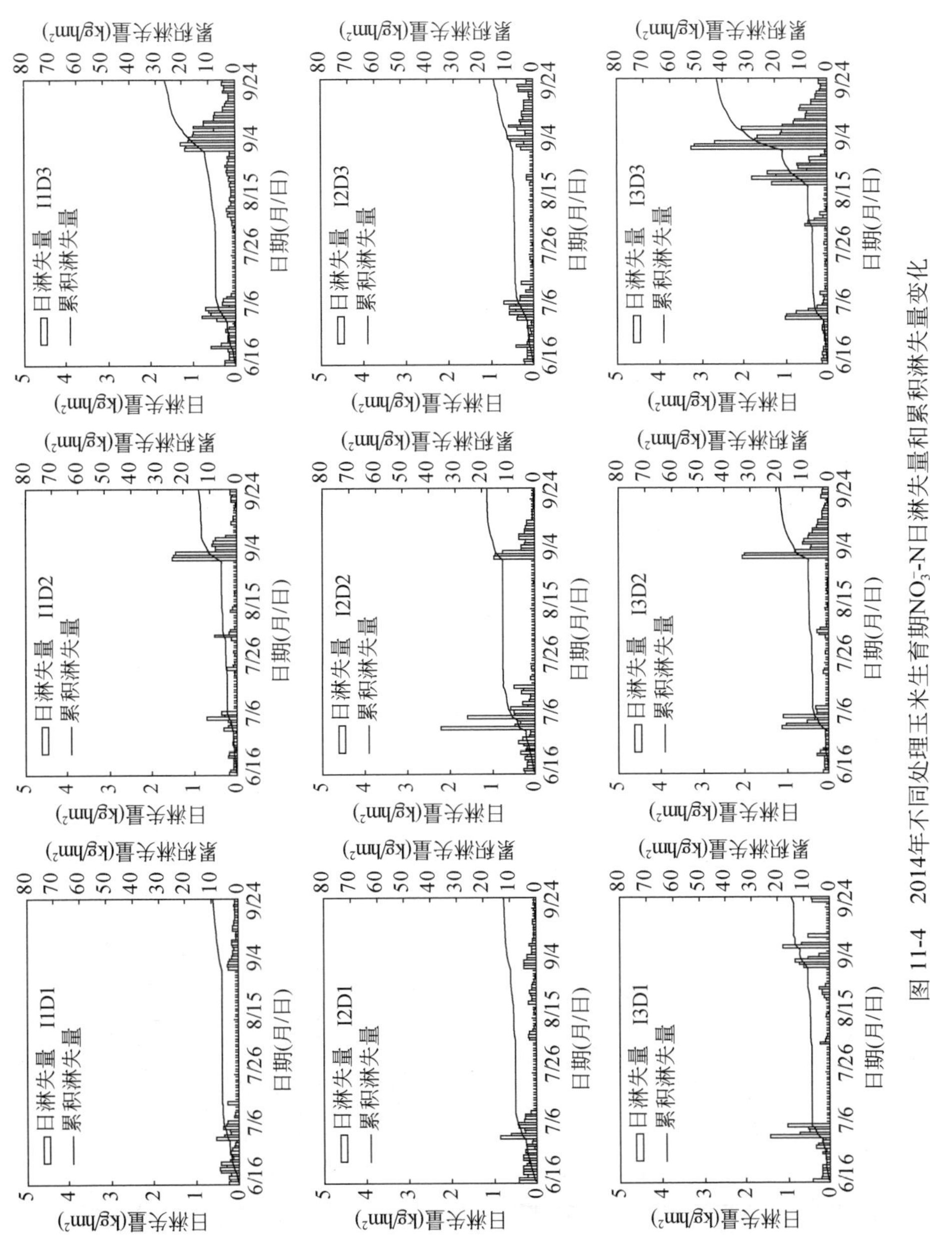

图 11-4 2014年不同处理玉米生育期NO_3^--N日淋失量和累积淋失量变化

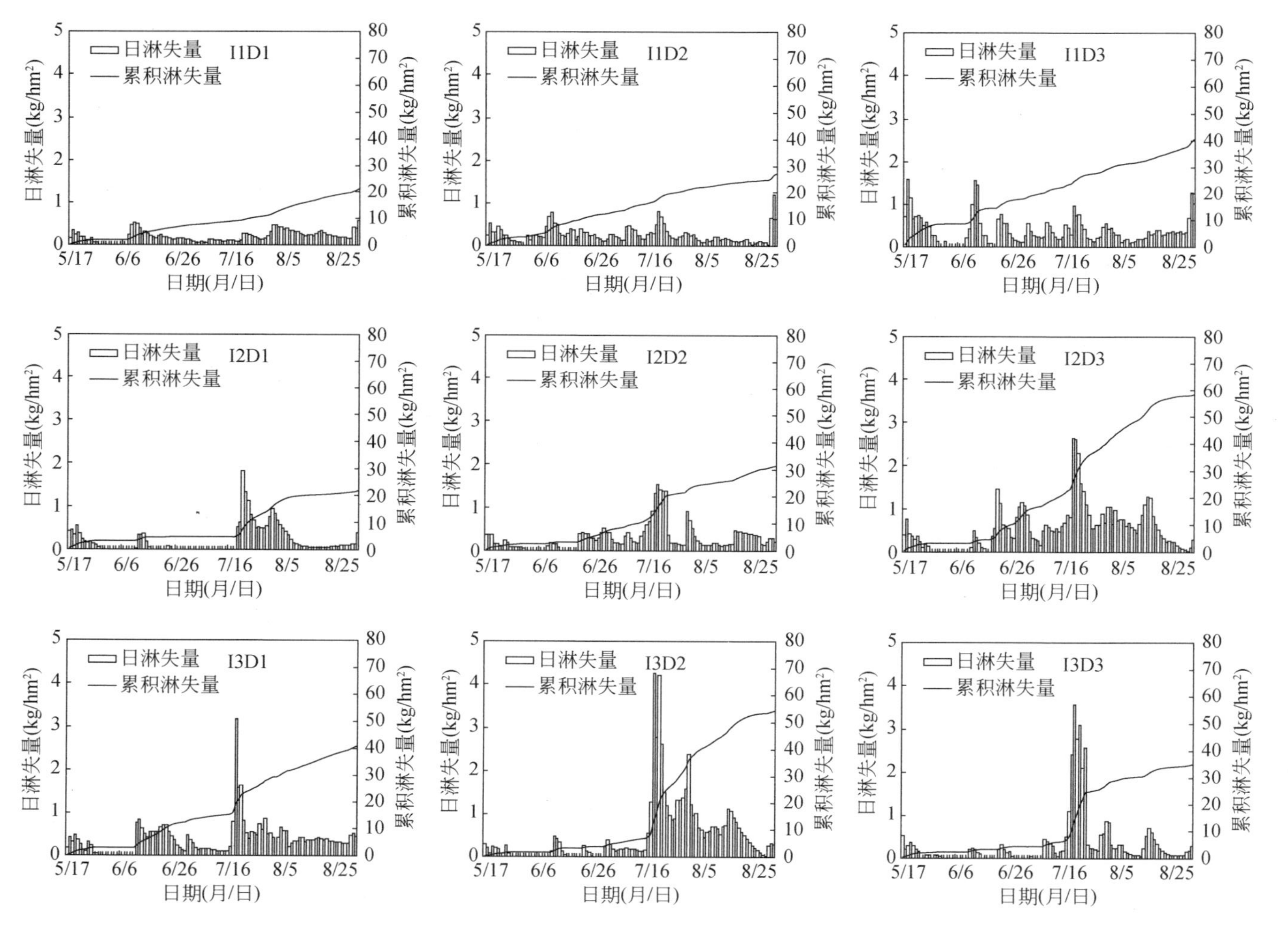

图 11-5 2015年不同处理玉米生育期NO_3^--N日淋失量和累积淋失量变化

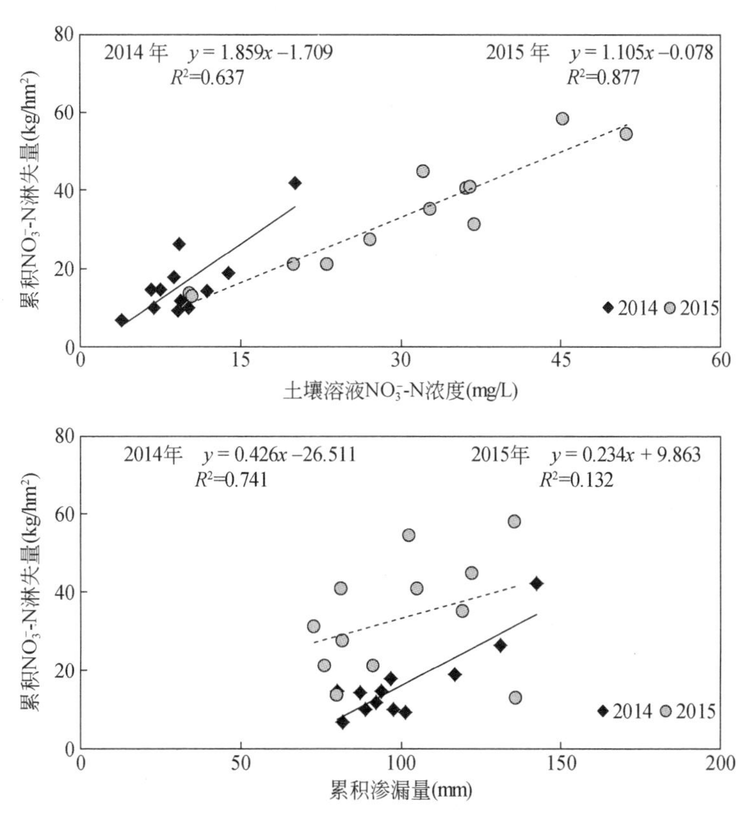

图 11-6 2014 年和 2015 年玉米生育期内土壤溶液 NO_3^--N 浓度、累积渗漏量与累积 NO_3^--N 淋失量的关系

可知，两年生育期内累积 NO_3^--N 淋失量最大值均发生在滴灌带埋深 30cm 处理，其中 2014 年累积 NO_3^--N 淋失量最大值出现在 I3D3 处理（42kg/hm²），2015 年累积 NO_3^--N 淋失量最大值则出现在 I2D3 处理（58kg/hm²）。上述结果表明，再生水地下滴灌条件下，较大灌水量和滴灌带埋深都会增加地下水污染风险。Tukey 检验结果表明，滴灌带埋深（P = 0.062）及其与灌水量的交互作用（P=0.094）显著影响了 2014 年玉米生育期累积 NO_3^--N 淋失量，而灌水量在 2014 年和 2015 年均未对累积 NO_3^--N 淋失量造成显著影响。

土壤初始无机氮含量可能也是影响土壤溶液 NO_3^--N 浓度和 NO_3^--N 淋失量的一个重要因素（王珍，2014）。为了进一步判定灌水量、滴灌带埋深和土壤初始无机氮与玉米生育期累积 NO_3^--N 淋失量的关系，对各处理累积 NO_3^--N 淋失量与灌水量、滴灌带埋深和初始无机氮进行线性回归，统计结果如表 11-9 所示。由表可知，累积 NO_3^--N 淋失量与灌水量、滴灌带埋深和初始无机氮符合线性关系（R^2 = 0.431，P = 0.043），但初始无机氮对累积 NO_3^--N 淋失量影响没有达到 α = 0.1 的显著水平。因此在本研究区域，应避免采用较大灌水量和滴灌带埋深，降低土壤溶液 NO_3^--N 浓度，进而减少 NO_3^--N 淋失量。由 t 检验结果可知，滴灌带埋深对 NO_3^--N 淋失的影响程度的重要性高于灌水量。

表 11-9　线性回归统计结果

参数	R^2	F	t	Sig.
模型	0.431	3.531		0.043 *
灌水量			1.838	0.087 *
初始无机氮			−1.580	0.136 NS
滴灌带埋深			2.511	0.025 *

注：NS 表示在 α=0.1 水平上不显著；* 表示在 α=0.1 水平上显著。

11.6　不同水质灌溉对累积渗漏量和累积硝态氮淋失量的影响

再生水中富含 N、P 等元素，使用再生水灌溉可能会增加养分淋失风险（Levy et al., 2011）。不同水质处理累积水分渗漏量和累积 NO_3^--N 淋失量的 Fisher 精确检验结果见表 11-10。由表可知，两年试验中灌溉水质均未显著影响累积渗漏量，但显著影响了 2014 年累积 NO_3^--N 淋失量，与地下水灌溉相比，再生水灌溉累积 NO_3^--N 淋失量明显较高。例如，2014 年再生水灌溉滴灌带埋深 0cm、15cm 和 30cm 处理累积 NO_3^--N 淋失量分别为 12kg/hm^2、18kg/hm^2 和 15kg/hm^2 高于地下水灌溉处理 10kg/hm^2、7kg/hm^2 和 10kg/hm^2。2014 年和 2015 年再生水灌溉处理平均 NO_3^--N 淋失量分别较地下水灌溉处理高 65% 和 84%。上述结果表明再生水灌溉会增加 NO_3^--N 污染地下水的风险。Phillips（2002）通过研究猪粪污水灌溉条件下养分淋失的变化与趋势，证实与常规水灌溉相比，再生水灌溉会增加额外的 NO_3^--N 和盐分淋失。

表 11-10　灌溉水质对玉米生育期累积渗漏量和淋失量的影响

处理	2014 年		处理	2015 年	
	累积渗漏量（mm）	累积淋失量（kg/hm^2）		累积渗漏量（mm）	累积淋失量（kg/hm^2）
I2D1	92	12	I3D1	105	41
I2D2	97	18	I3D2	103	54
I2D3	94	15	I3D3	119	35
C1	89	10	C1	122	45
C2	82	7	C2	80	13
C3	98	10	C3	136	13
Fisher 精确检验					
W	NS（P=0.400）	*（P=0.100）		NS（P=1.000）	NS（P=0.400）

注：W 代表灌溉水质；NS 表示在 α=0.1 水平上不显著；* 表示在 α=0.1 水平上显著。

11.7 再生水地下滴灌对玉米生长及产量的影响

11.7.1 株高与叶面积

图 11-7 和图 11-8 给出了 2014 年和 2015 年玉米生育期内各处理株高和叶面积指数的变化动态。2014 年和 2015 年生育期内各处理玉米株高均从拔节期起呈线性增长趋势，进入穗期后株高接近峰值且趋于稳定，至成熟期后略有下降。在 2014 年各处理 7 月 28 日、8 月 15 日和 8 月 30 日玉米株高分别介于 149.9 ~ 175.2cm、236.1 ~ 245.2cm 和 234.9 ~ 244.7cm；2015 年各处理 6 月 15 日、6 月 25 日、7 月 9 日、7 月 27 日和 8 月 27 日玉米株高分别介于 71.4 ~ 91.8cm、112.5 ~ 152.0cm、196.3 ~ 250.5cm、197.3 ~ 253.0cm 和 197.0 ~ 252.8cm。再生水灌溉条件下，2015 年不同滴灌带埋深处理玉米株高在穗期（7 月 9 日）前差异较小，生长趋势基本一致；但随着玉米进入穗期，各处理玉米株高差异增大，玉米株高基本随灌水量增加而增加，这可能是因为玉米穗期处于营养生长与生殖生长并进阶段，水分和养分需求较大，而再生水携带养分总量随灌水量增加而增加；与灌水量影响不同，2014 年 8 月 15 日和 2015 年 7 月 9 日玉米进入穗期后，滴灌带埋深 30cm 处理株高基本最小，这可能与玉米 75% 以上的根系分布在 0 ~ 10cm（戴俊英等，1988），而 0 ~ 10cm 土壤含水率以滴灌带埋深 30cm 最小有关。与株高生长趋势相似，2014 年和 2015 年玉米叶面积指数 LAI 从拔节期–穗期迅速增长，进入穗期 LAI 接近峰值；穗期后玉米由营养生长向生殖生长转变，玉米叶片停止生长并开始衰老，LAI 呈下降趋势。2014 年 8 月 15 日和 2015 年 7 月 9 日玉米进入穗期叶面积指数基本以 I2 灌水量处理较高，而随滴灌带埋深变化不明显。表 11-11 和表 11-13 分别给出了 2014 年和 2015 年灌水处理后，灌水量和滴灌带埋深对玉米株高和叶面积指数的双因素方差分析结果。由表可知，灌水量和滴灌带埋深及其交互作用对 2014 年 7 月 28 日、2014 年 8 月 15 日、2014 年 8 月 30 日、2015 年 6 月 15 日和 2015 年 6 月 25 日玉米株高未产生显著影响，但在 2015 年随着玉米进入穗期–成熟期（7 月 9 日 ~ 8 月 27 日）需水量增大，灌水量对玉米株高的影响达到了极显著水平（$P<0.01$），株高随灌水量增加而增加，不同灌水量处理间玉米株高差异明显；与株高相比，灌水量仅显著（$P=0.032$）影响了 2015 年 7 月 9 日（穗期）LAI，LAI 随灌水量增加而增加，这与玉米穗期叶片迅速生长水分养分需求增大有关。

表 11-11 2014 年灌水量和滴灌带埋深对株高和叶面积指数的影响

测定指标	变异来源	日期		
		7 月 28 日	8 月 15 日	8 月 30 日
株高（cm）	I	NS（$P=0.124$）	NS（$P=0.310$）	NS（$P=0.237$）
	D	NS（$P=0.979$）	NS（$P=0.697$）	NS（$P=0.599$）
	I×D	NS（$P=0.295$）	NS（$P=0.858$）	NS（$P=0.822$）

续表

测定指标	变异来源	日期		
		7月28日	8月15日	8月30日
LAI	I	NS（P=0.790）	NS（P=0.406）	NS（P=0.624）
	D	NS（P=0.685）	NS（P=0.240）	NS（P=0.251）
	I×D	NS（P=0.647）	NS（P=0.567）	NS（P=0.577）

注：NS代表α=0.05水平上不显著；*代表在α=0.05水平上显著，**代表在α=0.01水平上显著；I、D和I×D分别代表灌水量、滴灌带埋深和灌水量与滴灌带埋深的交互作用；下同。

再生水和地下水滴灌对生育期玉米株高和叶面积指数的影响见图11-7和图11-8（地下水灌溉处理2014年灌水量为I2；2015年灌水量为I3）。由图可知，再生水和地下水灌溉玉米株高和叶面积指数在生育期变化趋势一致。与2014年相比，2015年玉米进入穗期（7月9日）后，再生水灌溉各滴灌带埋深处理株高差异增大，而地下水灌溉各埋深处理株高差异较小，这可能与2015年灌水次数和灌水量较多，而再生水中含有较多养分有关。再生水和地下水灌溉对2014年和2015年玉米株高的影响随玉米生育阶段和滴灌带埋深而变化。例如，在2014年7月28日（拔节期）各滴灌带埋深处理地下水灌溉玉米株高高于再生水灌溉处理；2015年6月25日（拔节期）滴灌带埋深0cm和30cm处理地下水灌溉株高高于再生水灌溉，而滴灌带埋深15cm处理地下水灌溉低于再生水灌溉。与灌溉水质对株高的影响相似，灌溉水质对玉米叶面积指数的影响规律也随玉米生育阶段和滴灌带埋深而变化，例如，在2014年玉米穗期（8月15日）滴灌带埋深0cm处理地下水灌溉LAI高于再生水灌溉，而相同阶段滴灌带埋深15cm和30cm处理再生水灌溉LAI高于地下水灌溉。再生水和地下水滴灌后的玉米株高和叶面积指数的方差分析结果表明（表11-12和表11-14），灌溉水质对2014年和2015年各生育阶段的株高和LAI的影响均未达到α=0.05的显著水平。

表11-12　2014年灌溉水质对株高和叶面积指数的影响

测定指标	处理	日期		
		7月28日	8月15日	8月30日
株高（cm）	D1	NS（P=0.536）	NS（P=0.557）	NS（P=0.276）
	D2	NS（P=0.633）	NS（P=0.296）	NS（P=0.212）
	D3	NS（P=0.677）	NS（P=0.856）	NS（P=0.818）
LAI	D1	NS（P=0.533）	NS（P=0.712）	NS（P=0.571）
	D2	NS（P=0.368）	NS（P=0.980）	NS（P=0.833）
	D3	NS（P=0.499）	NS（P=0.073）	NS（P=0.116）

注：D1、D2和D3分别代表滴灌带埋深0cm、15cm和30cm；NS代表α=0.05水平上不显著；下同。

表 11-13　2015 年灌水量和滴灌带埋深对株高和叶面积指数的影响

测定指标	变异来源	日期				
		6 月 15 日	6 月 25 日	7 月 9 日	7 月 27 日	8 月 27 日
株高（cm）	I	NS（P=0.247）	NS（P=0.841）	**（P=0.005）	**（P=0.005）	**（P=0.004）
	D	NS（P=0.833）	NS（P=0.959）	NS（P=0.867）	NS（P=0.386）	NS（P=0.767）
	I×D	NS（P=0.328）	NS（P=0.890）	NS（P=0.831）	NS（P=0.536）	NS（P=0.423）
LAI	I	NS（P=0.209）	NS（P=0.660）	*（P=0.032）	NS（P=0.091）	NS（P=0.157）
	D	NS（P=0.855）	NS（P=0.787）	NS（P=0.962）	NS（P=0.869）	NS（P=0.767）
	I×D	NS（P=0.301）	NS（P=0.822）	NS（P=0.472）	NS（P=0.818）	NS（P=0.998）

表 11-14　2015 年灌溉水质对株高和叶面积指数的影响

测定指标	处理	日期				
		6 月 15 日	6 月 25 日	7 月 9 日	7 月 27 日	8 月 27 日
株高（cm）	D1	NS（P=0.672）	NS（P=0.993）	NS（P=0.725）	NS（P=0.836）	NS（P=0.742）
	D2	NS（P=0.190）	NS（P=0.688）	NS（P=0.492）	NS（P=0.196）	NS（P=0.249）
	D3	NS（P=0.958）	NS（P=0.719）	NS（P=0.721）	NS（P=0.607）	NS（P=0.703）
LAI	D1	NS（P=0.410）	NS（P=0.784）	NS（P=0.959）	NS（P=0.468）	NS（P=0.772）
	D2	NS（P=0.766）	NS（P=0.380）	NS（P=0.896）	NS（P=0.758）	NS（P=0.578）
	D3	NS（P=0.844）	NS（P=0.723）	NS（P=0.858）	NS（P=0.842）	NS（P=0.945）

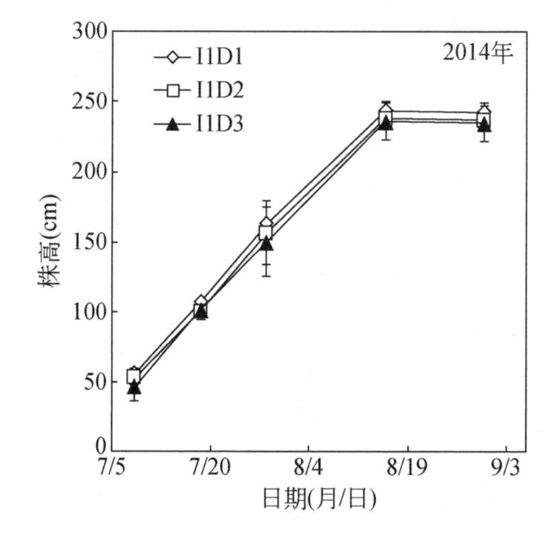

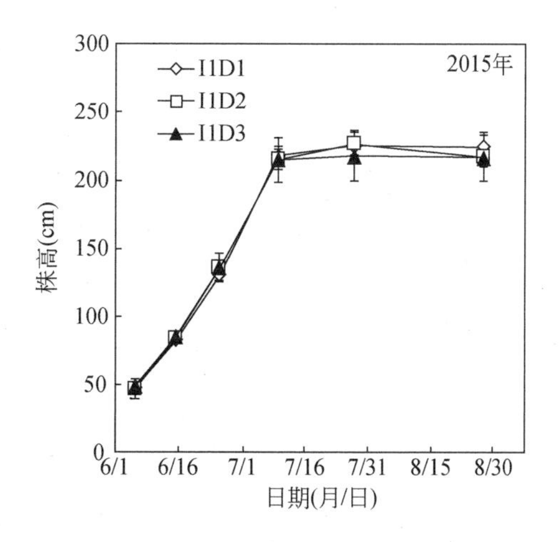

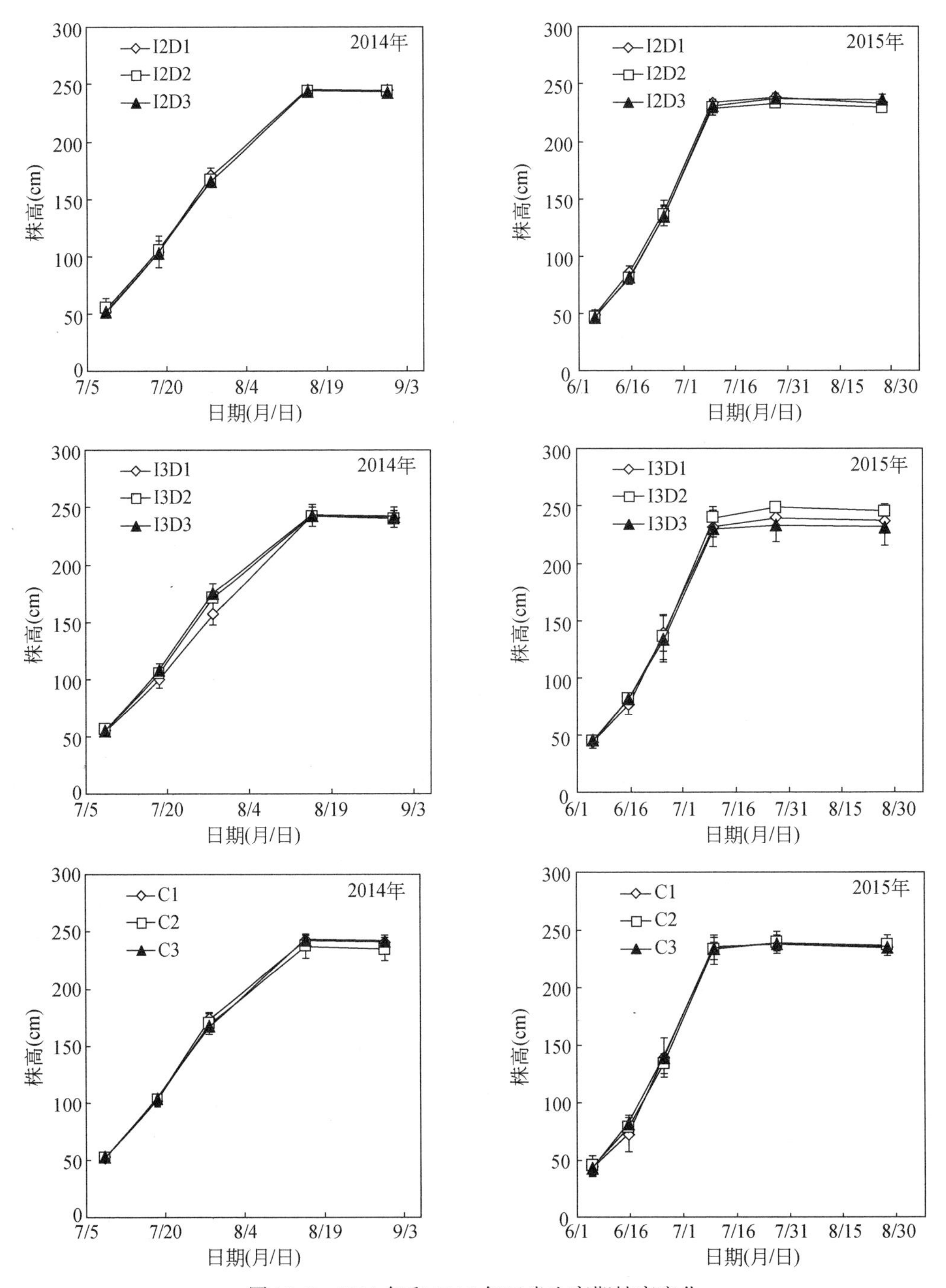

图 11-7　2014 年和 2015 年玉米生育期株高变化

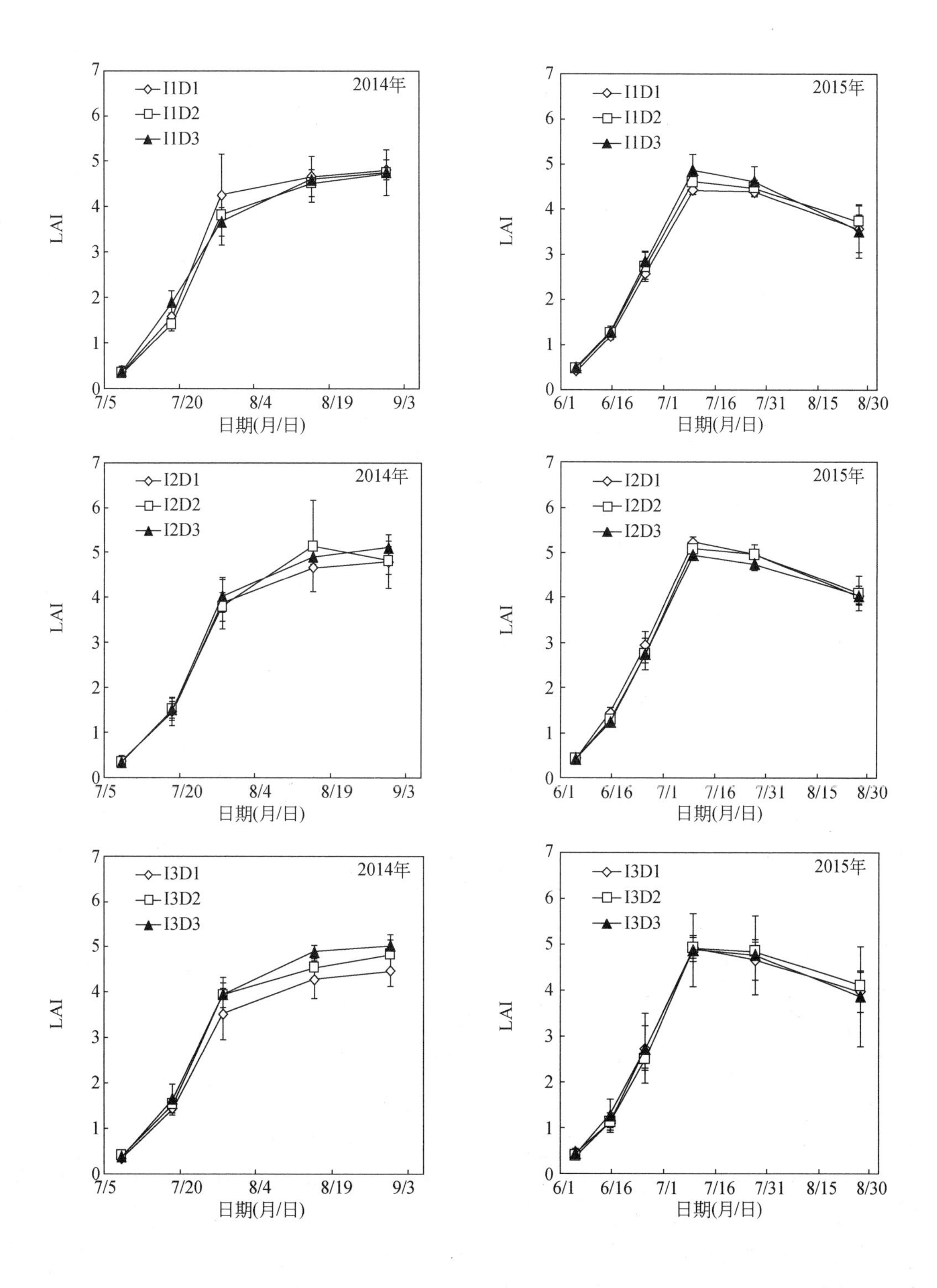
I1D1
I1D2
I1D3
2014年
LAI
日期(月/日)
7/5
7/20
8/4
8/19
9/3
I1D1
I1D2
I1D3
2015年
6/1
6/16
7/1
7/16
7/31
8/15
8/30
I2D1
I2D2
I2D3
I3D1
I3D2
I3D3

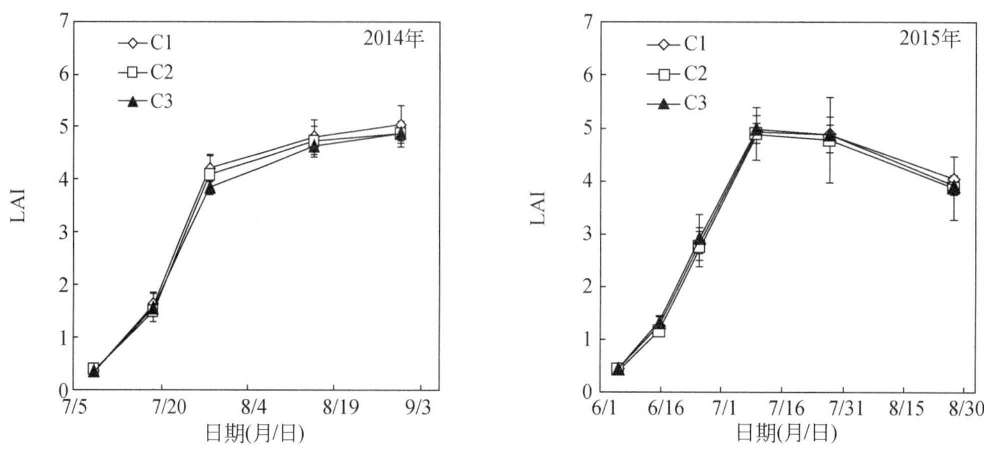

图 11-8　2014 年和 2015 年玉米生育期叶面积指数（LAI）变化

11.7.2　地上部分干物质质量及其吸氮量

在 2014 年玉米拔节期（7 月 18 日）、穗期（8 月 11 日）、成熟期（9 月 27 日）和 2015 年玉米苗期末（6 月 6 日）、拔节期（6 月 21 日）、穗期（7 月 10 日）、灌浆期（8 月 4 日）、成熟期（9 月 2 日）分别剪取地上部分植株样本，分成叶、茎和籽粒以监测再生水滴灌不同灌水量和滴灌带埋深条件下玉米地上部分干物质积累和生长状况。表 11-15 ~ 表 11-18给出了 2014 年和 2015 年玉米不同生育阶段各处理地上部分叶、茎和籽粒干物质质量及吸氮量。由表可知，玉米地上部分干物质质量随玉米生长而增加，在成熟期达到峰值，质量介于 18000 ~ 23000kg/hm^2。玉米叶片干物质质量自拔节期起迅速增长，进入灌浆期后趋于平稳；茎秆干物质质量拔节–穗期增长迅速，进入穗期后茎干物质质量减小，最后趋于稳定，这是因为穗期玉米由营养生长向生殖生长转变，茎秆停止增长，而玉米穗部从茎秆分化，茎秆中养分向籽粒转移（谭军利等，2013），从而使得茎秆干物质质量先增大后减小；在玉米拔节–穗期，玉米叶片的干物质质量均小于茎秆部分干物质质量，而叶片吸氮量高于茎秆吸氮量，这表明在玉米处于营养生长和生殖生长并进的阶段（拔节至穗期），植株干物质积累主要在茎秆部分，而叶片作为光合作用的主要器官，具有较高的吸氮量。玉米进入生殖生长后，植株干物质主要积累在籽粒部分，玉米籽粒干物质质量和吸氮量增长迅速，这是因为玉米粒期营养器官基本停止生长，而进入以果穗为中心的生殖生长阶段（王璞等，2006），光合产物逐渐向籽粒分配，并逐渐增多。

再生水滴灌条件下，各生育阶段玉米叶、茎和籽粒干物质质量及吸氮量随灌水量和滴灌带埋深而变化，没有明显的规律。例如，当灌水量条件相同时，2014 年 8 月 11 日（穗期）玉米叶片干物质质量基本随滴灌带埋深增加而减少；而 2014 年 9 月 27 日（成熟期）玉米叶片干物质质量基本随滴灌带埋深增加先减小后增加。滴灌带埋深 0cm 条件下，2015 年6 月 21 日（拔节期）叶片吸氮量随灌水量增加而增加，而 2015 年 8 月 4 日（灌浆期）叶片吸氮量随灌水量增加先增加后减小。灌水量和滴灌带埋深对地上部分干物质质量和吸氮量的方差分析结果表明，灌水量显著影响了 2014 年穗期（8 月 11 日）茎秆的吸氮量，茎秆吸氮量随灌水量的增加先增加后减小；灌水量对 2015 年玉米成熟期（9 月 2 日）叶片干物质质量和吸氮量造成了显著影响，叶片干物质质量和吸氮量均随灌水量增加呈先增加后减少趋势，这表明再生水灌溉条件下与亏缺和过量灌溉相比，充分灌溉更有利于促进玉米营养器官对氮素的吸收。滴灌带埋深未显著影响 2014 和 2015 年玉米生育期各阶段的叶、茎和籽粒干物质质量和吸氮量。灌水量与滴灌带埋深的交互作用显著影响了 2014 年 9 月 27 日（成熟期）玉米籽粒的吸氮量，且以 I1D2 处理最高，这表明再生水缺灌溉条件下滴灌带埋深 15cm 有利于促进玉米对氮素的吸收。

表 11-15　2014 年玉米生育期地上部分干物质质量及方差分析

处理	2014 年地上部分干物质质量（kg/hm^2）						
	8 月 11 日			9 月 27 日			
	叶	茎	植株	叶	茎	籽粒	植株
I1D1	2039a	5992ab	8031ab	3767ab	3176a	13640ab	20583ab
I1D2	1953a	6068ab	8021ab	3875ab	3225a	14611a	21711a
I1D3	1800a	4901b	6701b	3870ab	2907a	13507ab	20284ab
I2D1	2134a	6439ab	8572ab	4054a	3310a	14313a	21677a
I2D2	2081a	7098a	9179a	3851ab	3247a	13976ab	21073ab
I2D3	1978a	5950ab	7928ab	4031a	3276a	14078ab	21385a
I3D1	2028a	6436ab	8465ab	3981ab	3316a	13691ab	20988ab
I3D2	2087a	6645a	8733ab	3427b	2945a	12601b	18973b
I3D3	2017a	6036ab	8053ab	3837ab	3132a	13796ab	20766ab
方差分析							
I	NS(P=0.490)	NS(P=0.115)	NS(P=0.161)	NS(P=0.266)	NS(P=0.317)	NS(P=0.150)	NS(P=0.181)
D	NS(P=0.492)	NS(P=0.080)	NS(P=0.129)	NS(P=0.248)	NS(P=0.381)	NS(P=0.924)	NS(P=0.702)
I×D	NS(P=0.953)	NS(P=0.924)	NS(P=0.945)	NS(P=0.438)	NS(P=0.438)	NS(P=0.163)	NS(P=0.207)

注：同一列有相同字母表示在 α=0.05 水平上不显著；NS 代表 α=0.05 水平上不显著；* 代表在 α=0.05 水平上显著；I、D 和 I×D 分别代表灌水量、滴灌带埋深和灌水量与滴灌带埋深的交互作用；下同。

表 11-16　2014 年生育期玉米吸氮量及方差分析

处理	2014 年吸氮量（kg/hm^2）						
	8 月 11 日			9 月 27 日			
	叶	茎	植株	叶	茎	籽粒	植株
I1D1	57a	49ab	106a	63a	21a	166a	250ab
I1D2	54a	53ab	107a	66a	21a	182a	269a
I1D3	55a	39b	94a	58a	19a	162ab	239ab
I2D1	62a	60a	122a	70a	19a	178a	267a

续表

处理	2014年吸氮量（kg/hm²）						
	8月11日			9月27日			
	叶	茎	植株	叶	茎	籽粒	植株
I2D2	59a	62a	121a	62a	21a	169a	252ab
I2D3	57a	54ab	112a	64a	19a	170a	254ab
I3D1	59a	49ab	107a	70a	23a	165a	258a
I3D2	62a	54ab	115a	58a	18a	144b	219b
I3D3	61a	47ab	108a	65a	20a	171a	257a
方差分析							
I	NS(P=0.424)	*(P=0.030)	NS(P=0.099)	NS(P=0.790)	NS(P=0.942)	NS(P=0.071)	NS(P=0.395)
D	NS(P=0.928)	NS(P=0.100)	NS(P=0.344)	NS(P=0.374)	NS(P=0.689)	NS(P=0.641)	NS(P=0.438)
I×D	NS(P=0.936)	NS(P=0.919)	NS(P=0.943)	NS(P=0.541)	NS(P=0.491)	*(P=0.023)	NS(P=0.061)

表 11-17　2015 年玉米生育期地上部分干物质质量及方差分析

处理	2015年地上部分干物质质量（kg/hm²）						
	6月21日			8月4日			
	叶	茎	植株	叶	茎	籽粒	植株
I1D1	1381a	1006a	2387a	3681a	3049ab	5380a	12110a
I1D2	1484a	1195a	2679a	3579a	2877b	5087a	11543a
I1D3	1458a	1143a	2601a	3969a	3514ab	6295a	13778a
I2D1	1634a	1295a	2929a	3893a	3761a	5895a	13549a
I2D2	1558a	1218a	2776a	3945a	3578ab	5953a	13476a
I2D3	1425a	1084a	2508a	3574a	3242ab	5659a	12474a
I3D1	1535a	1218a	2754a	3795a	3381ab	6127a	13303a
I3D2	1553a	1268a	2821a	3640a	3262ab	5150a	12052a
I3D3	1336a	1187a	2524a	3972a	3617ab	5894a	13483a
方差分析							
I	NS(P=0.553)	NS(P=0.487)	NS(P=0.564)	NS(P=0.939)	NS(P=0.205)	NS(P=0.904)	NS(P=0.740)
D	NS(P=0.333)	NS(P=0.642)	NS(P=0.478)	NS(P=0.836)	NS(P=0.573)	NS(P=0.592)	NS(P=0.606)
I×D	NS(P=0.666)	NS(P=0.652)	NS(P=0.665)	NS(P=0.504)	NS(P=0.308)	NS(P=0.751)	NS(P=0.605)

处理	2015年地上部分干物质质量（kg/hm²）						
	7月10日			9月2日			
	叶	茎	植株	叶	茎	籽粒	植株
I1D1	2216ab	5430ab	7646ab	3481b	3189a	12150a	18820b
I1D2	2000b	4659b	6659b	3305b	3285a	12071a	18661b
I1D3	2335ab	5928ab	8263ab	3353b	3408a	12755a	19517ab

续表

处理	2015 年地上部分干物质质量（kg/hm²）						
	7 月 10 日			9 月 2 日			
	叶	茎	植株	叶	茎	籽粒	植株
I2D1	2515ab	6427ab	8941ab	4460a	4229a	14155a	22844a
I2D2	2371ab	6328ab	8699ab	3904ab	3732a	12775a	20411ab
I2D3	2559a	6933a	9492a	3707ab	3946a	13252a	20905ab
I3D1	2423ab	6487ab	8910ab	4075ab	3459a	12998a	20531ab
I3D2	2428ab	6192ab	8620ab	3823ab	3850a	13173a	20846ab
I3D3	2058ab	5092ab	7150ab	3571b	3585a	12630a	19786ab
方差分析							
I	NS(P=0.087)	NS(P=0.101)	NS(P=0.090)	*(P=0.017)	NS(P=0.096)	NS(P=0.174)	NS(P=0.051)
D	NS(P=0.651)	NS(P=0.764)	NS(P=0.737)	NS(P=0.097)	NS(P=0.996)	NS(P=0.739)	NS(P=0.663)
I×D	NS(P=0.239)	NS(P=0.391)	NS(P=0.344)	NS(P=0.783)	NS(P=0.775)	NS(P=0.642)	NS(P=0.619)

表 11-18　2015 年生育期玉米吸氮量及方差分析

处理	2015 年吸氮量（kg/hm²）						
	6 月 21 日			8 月 4 日			
	叶	茎	植株	叶	茎	籽粒	植株
I1D1	36a	16a	52a	105a	26a	74a	205a
I1D2	47a	16a	63a	101a	23a	70a	194a
I1D3	40a	16a	57a	109a	26a	87a	222a
I2D1	47a	20a	67a	121a	26a	82a	229a
I2D2	45a	18a	64a	120a	30a	81a	231a
I2D3	36a	14a	50a	100a	23a	77a	200a
I3D1	48a	19a	68a	110a	22a	85a	218a
I3D2	41a	18a	59a	91a	22a	70a	183a
I3D3	46a	18a	64a	116a	25a	82a	223a
方差分析							
I	NS(P=0.622)	NS(P=0.439)	NS(P=0.464)	NS(P=0.436)	NS(P=0.526)	NS(P=0.921)	NS(P=0.654)
D	NS(P=0.631)	NS(P=0.394)	NS(P=0.481)	NS(P=0.581)	NS(P=0.977)	NS(P=0.525)	NS(P=0.623)
I×D	NS(P=0.348)	NS(P=0.515)	NS(P=0.272)	NS(P=0.183)	NS(P=0.541)	NS(P=0.728)	NS(P=0.400)

处理	2015 年吸氮量（kg/hm²）						
	7 月 10 日			9 月 2 日			
	叶	茎	植株	叶	茎	籽粒	植株
I1D1	60ab	39a	100abc	57b	20a	165a	243a
I1D2	60ab	33a	92bc	54b	20a	162a	236a

续表

处理	2015年吸氮量（kg/hm^2）						
	7月10日			9月2日			
	叶	茎	植株	叶	茎	籽粒	植株
I1D3	75ab	41a	116abc	60ab	20a	175a	256a
I2D1	78a	52a	130a	80a	23a	188a	291a
I2D2	70ab	42a	111abc	68ab	16a	172a	256a
I2D3	78a	51a	129ab	66ab	23a	182a	271a
I3D1	66ab	44a	110abc	74ab	17a	172a	263a
I3D2	75ab	47a	122abc	71ab	21a	188a	280a
I3D3	55b	35a	90c	58b	21a	171a	249a
方差分析							
I	NS(P=0.110)	NS(P=0.120)	NS(P=0.081)	*(P=0.043)	NS(P=0.902)	NS(P=0.341)	NS(P=0.186)
D	NS(P=0.978)	NS(P=0.656)	NS(P=0.872)	NS(P=0.246)	NS(P=0.702)	NS(P=0.978)	NS(P=0.831)
I×D	NS(P=0.069)	NS(P=0.433)	NS(P=0.125)	NS(P=0.481)	NS(P=0.627)	NS(P=0.522)	NS(P=0.499)

表11-19和表11-20给出了2014年和2015年玉米生育期内再生水和地下水灌溉玉米地上部分干物质质量和吸氮量的方差分析结果。由表可知，再生水和地下水滴灌处理植株干物质质量和吸氮量均随玉米生长累积而增多。再生水和地下水滴灌对玉米叶、茎、籽粒和植株干物质质量和吸氮量的影响随滴灌带埋深而变化。例如，在2015年玉米拔节期(6月21日)再生水地表滴灌玉米叶、茎和植株干物质质量和吸氮量均低于地下水地表滴灌，而该生育阶段滴灌带埋深15cm处理再生水灌溉玉米叶、茎和植株干物质质量较地下水灌溉要高。相同滴灌带埋深条件下再生水和地下水处理地上部分干物质质量和吸氮量在玉米不同生育阶段变化不同。例如，在2014年玉米穗期（8月11日），再生水灌溉滴灌带埋深15cm处理叶、茎和植株干物质质量和吸氮量要高于地下水灌溉滴灌带埋深15cm处理；而在玉米成熟期（9月27日），再生水滴灌带埋深15cm处理叶、茎、籽粒和植株干物质质量和吸氮量却低于地下水滴灌带埋深15cm处理。灌溉水质对地上部分干物质质量和吸氮量的方差分析结果表明，2014年8月11日滴灌带埋深15cm处理茎秆干物质质量和吸氮量再生水灌溉显著高于地下水灌溉；与2014年相比，灌溉水质显著影响了2015年7月10日滴灌带埋深15cm处理茎秆干物质质量和滴灌带埋深30cm处理叶片和植株的吸氮量，其中，再生水灌溉茎秆干物质质量显著高于地下水灌溉，而叶片和植株吸氮量显著低于地下水灌溉。上述结果表明，再生水灌溉对作物干物质质量和吸氮量的累积受滴灌带埋深和作物生育阶段的影响。

表11-19　2014年灌溉水质对玉米地上部分干物质质量和吸氮量的影响

处理	8月11日			9月27日			
	叶	茎	植株	叶	茎	籽粒	植株
地上部分干物质质量(kg/hm^2)							
I2D1	2134	6439	8572	4054	3310	14313	21677

续表

处理	8 月 11 日			9 月 27 日			
	叶	茎	植株	叶	茎	籽粒	植株
地上部分干物质质量(kg/hm²)							
C1	2136	7001	9137	3798	3305	14236	21339
W	NS(P=0.990)	NS(P=0.489)	NS(P=0.580)	NS(P=0.392)	NS(P=0.981)	NS(P=0.876)	NS(P=0.702)
I2D2	2081	7098	9179	3851	3247	13976	21073
C2	2037	5657	7694	4247	3122	14236	21605
W	NS(P=0.774)	*(P=0.031)	NS(P=0.055)	NS(P=0.150)	NS(P=0.402)	NS(P=0.658)	NS(P=0.542)
I2D3	1978	5950	7928	4031	3276	14078	21385
C3	2155	6554	8709	3777	2862	13396	20035
W	NS(P=0.236)	NS(P=0.357)	NS(P=0.327)	NS(P=0.084)	NS(P=0.078)	NS(P=0.285)	NS(P=0.080)
吸氮量(kg/hm²)							
I2D1	62	60	122	70	19	178	267
C1	62	61	122	67	24	179	270
W	NS(P=0.950)	NS(P=0.929)	NS(P=0.988)	NS(P=0.647)	NS(P=0.111)	NS(P=0.891)	NS(P=0.856)
I2D2	59	62	121	62	21	169	252
C2	58	45	103	64	23	175	262
W	NS(P=0.742)	*(P=0.025)	NS(P=0.107)	NS(P=0.824)	NS(P=0.626)	NS(P=0.454)	NS(P=0.546)
I2D3	57	54	112	64	19	170	254
C3	58	50	108	68	16	158	243
W	NS(P=0.886)	NS(P=0.582)	NS(P=0.706)	NS(P=0.709)	NS(P=0.304)	NS(P=0.168)	NS(P=0.507)

注：W 代表灌溉水质；NS 代表 α=0.05 水平上不显著；* 代表 α=0.05 水平上显著；** 代表 α=0.01 水平上显著；下同。

表 11-20　2015 年灌溉水质对玉米地上部分干物质质量和吸氮量的影响

处理	6 月 21 日			8 月 4 日			
	叶	茎	植株	叶	茎	籽粒	植株
地上部分干物质质量(kg/hm²)							
I3D1	1535	1218	2754	3795	3381	6127	13303
C1	1613	1359	2972	3778	3576	5702	13056
W	NS(P=0.830)	NS(P=0.598)	NS(P=0.900)	NS(P=0.659)	NS(P=0.852)	NS(P=0.425)	NS(P=0.567)
I3D2	1553	1268	2821	3640	3262	5150	12052
C2	1497	1169	2666	4138	3784	6390	14312
W	NS(P=0.740)	NS(P=0.641)	NS(P=0.682)	NS(P=0.229)	NS(P=0.392)	NS(P=0.324)	NS(P=0.297)
I3D3	1336	1187	2524	3972	3617	5894	13483
C3	1436	1111	2547	4115	3659	6037	13811

续表

处理	6月21日			8月4日			
	叶	茎	植株	叶	茎	籽粒	植株
地上部分干物质质量(kg/hm^2)							
W	NS(P=0.685)	NS(P=0.698)	NS(P=0.954)	NS(P=0.789)	NS(P=0.935)	NS(P=0.904)	NS(P=0.882)
吸氮量(kg/hm^2)							
I3D1	48	19	68	110	22	85	218
C1	52	21	74	104	28	78	211
W	NS(P=0.675)	NS(P=0.583)	NS(P=0.583)	NS(P=0.518)	NS(P=0.134)	NS(P=0.308)	NS(P=0.634)
I3D2	41	18	59	91	22	70	183
C2	46	17	63	120	24	92	236
W	NS(P=0.421)	NS(P=0.906)	NS(P=0.552)	NS(P=0.164)	NS(P=0.657)	NS(P=0.260)	NS(P=0.174)
I3D3	46	18	64	116	25	82	223
C3	37	17	53	120	27	86	233
W	NS(P=0.395)	NS(P=0.761)	NS(P=0.428)	NS(P=0.852)	NS(P=0.473)	NS(P=0.822)	NS(P=0.791)

处理	7月10日			9月2日			
	叶	茎	植株	叶	茎	籽粒	植株
地上部分干物质质量(kg/hm^2)							
I3D1	2423	6487	8910	4075	3459	12998	20531
C1	2308	5703	8011	3832	4227	13473	21531
W	NS(P=0.527)	NS(P=0.220)	NS(P=0.284)	NS(P=0.791)	NS(P=0.709)	NS(P=0.953)	NS(P=0.918)
I3D2	2428	6192	8620	3823	3850	13173	20846
C2	2214	5195	7410	3458	3644	12250	19351
W	NS(P=0.386)	*(P=0.028)	NS(P=0.074)	NS(P=0.501)	NS(P=0.547)	NS(P=0.448)	NS(P=0.458)
I3D3	2058	5092	7150	3571	3585	12630	19786
C3	2418	6158	8575	3879	3591	12173	19643
W	NS(P=0.193)	NS(P=0.155)	NS(P=0.163)	NS(P=0.245)	NS(P=0.995)	NS(P=0.785)	NS(P=0.955)
吸氮量(kg/hm^2)							
I3D1	66	44	110	74	17	172	263
C1	67	44	111	70	23	192	285
W	NS(P=0.851)	NS(P=0.950)	NS(P=0.803)	NS(P=0.719)	NS(P=0.297)	NS(P=0.204)	NS(P=0.360)
I3D2	75	47	122	71	21	188	280
C2	61	42	103	59	24	167	250
W	NS(P=0.059)	NS(P=0.432)	NS(P=0.142)	NS(P=0.143)	NS(P=0.346)	NS(P=0.274)	NS(P=0.311)
I3D3	55	35	90	58	21	171	249
C3	69	47	116	62	23	168	253
W	**(P=0.008)	NS(P=0.165)	*(P=0.029)	NS(P=0.741)	NS(P=0.757)	NS(P=0.903)	NS(P=0.925)

11.7.3 产量及其构成要素

表 11-21 和表 11-22 给出了再生水灌溉条件下，不同灌水量和滴灌带埋深对玉米产量及其构成要素的影响以及方差分析结果。由表可知，2014 年穗长和穗粒数基本随灌水量和滴灌带埋深增加而增加，秃尖长介于 1.5 ~ 2.2cm，占到穗长的 7%~12%；百粒重基本随灌水量增加而减少，随滴灌带埋深增加而增加；玉米产量随灌水量先增加后减小，随滴灌带埋深增加而增加。与 2014 年相比，2015 年玉米穗长基本随灌水量增加先增加后减小，随滴灌带埋深增加而减小，秃尖长介于 2.2 ~ 2.7cm，占到穗长的 12%~14%；百粒重基本随灌水量增加先增加后减少；滴灌带埋深 0cm 和 30cm 条件下玉米产量随灌水量增加先增加后减小，滴灌带埋深 15cm 条件下玉米产量随灌水量增加而增加。尽管如此，方差分析结果表明，两年试验中灌水量、滴灌带埋深及其交互作用均没有显著影响玉米产量及其构成要素，这与试验区玉米生育期灌溉施水小于降雨有关，较多的降雨提高了土壤水分和养分的分布均匀性（Van Donk et al., 2013；Wang et al., 2014b），从而削弱了试验因素的影响，不同处理间差异不明显。上述分析表明在华北平原半湿润地区，田间地下滴灌条件下玉米需水量的计算偏高，可以适量降低。

表 11-21　2014 年灌水量和滴灌带埋深对玉米产量及其构成要素的影响

处理	穗长（cm）	秃尖长（cm）	穗粒数	百粒重（g）	产量（kg/hm^2）
I1D1	19.4a	1.9a	447a	35.5a	11842a
I1D2	19.8a	1.9a	449a	36.0a	12013a
I1D3	19.6a	2.2a	449a	36.1a	12149a
I2D1	19.6a	1.8a	467a	35.3a	12353a
I2D2	19.9a	1.6a	465a	35.5a	12305a
I2D3	20.2a	1.5a	471a	36.2a	12765a
I3D1	19.5a	2.2a	434a	35.0a	11715a
I3D2	20.0a	1.6a	465a	35.2a	12173a
I3D3	22.2a	1.7a	484a	35.5a	12502a
方差分析					
I	NS（P=0.464）	NS（P=0.662）	NS（P=0.361）	NS（P=0.350）	NS（P=0.492）
D	NS（P=0.315）	NS（P=0.803）	NS（P=0.399）	NS（P=0.304）	NS（P=0.468）
I×D	NS（P=0.615）	NS（P=0.926）	NS（P=0.591）	NS（P=0.965）	NS（P=0.979）

注：同一列有相同字母表示在 α=0.05 水平上不显著；NS 代表 α=0.05 水平上不显著；** 代表在 α=0.01 水平上显著；I、D 和 I×D 分别代表灌水量、滴灌带埋深和灌水量与滴灌带埋深的交互作用；下同。

表 11-22　2015 年灌水量和滴灌带埋深对玉米产量及其构成要素的影响

处理	穗长（cm）	秃尖长（cm）	穗粒数	百粒重（g）	产量（kg/hm²）
I1D1	19.0a	2.2a	433a	36.0b	11077a
I1D2	18.9a	2.5a	425a	37.5ab	11190a
I1D3	18.6a	2.3a	430a	35.6b	10676a
I2D1	19.9a	2.4a	451a	38.4ab	12205a
I2D2	19.4a	2.4a	433a	36.7ab	11547a
I2D3	19.5a	2.7a	425a	39.2a	11724a
I3D1	19.4a	2.7a	436a	37.4ab	11943a
I3D2	19.5a	2.4a	439a	37.5ab	11899a
I3D3	19.2a	2.4a	437a	36.5ab	11447a
方差分析					
I	NS（P=0.117）	NS（P=0.569）	NS（P=0.835）	NS（P=0.100）	NS（P=0.261）
D	NS（P=0.618）	NS（P=0.910）	NS（P=0.790）	NS（P=0.971）	NS（P=0.711）
I×D	NS（P=0.959）	NS（P=0.513）	NS（P=0.931）	NS（P=0.177）	NS（P=0.976）

表 11-23 给出了再生水和地下水灌溉玉米产量及其构成要素的方差分析结果。由表可知，灌溉水质对玉米产量及其构成要素的影响随滴灌带埋深而变化，例如，2014 年再生水地表滴灌玉米产量低于地下水地表滴灌，而再生水滴灌带埋深 30cm 处理玉米产量高于地下水滴灌带埋深 30cm 处理。再生水和地下水灌溉对玉米产量及其构成要素的方差分析结果表明，灌溉水质没有显著影响玉米产量及其构成要素。Tavassoli 等（2010）研究指出，再生水中含有较高浓度的养分，再生水灌溉能够明显增加饲料玉米的产量，但是随再生水灌溉进入土壤的养分总量有限仍不足以完全替代矿质肥料（Adrover et al.，2012b）。本研究中 2014 年和 2015 年 100% ET_C灌水量（I2）条件下，再生水携入氮素含量分别占玉米生育期施氮总量的 12% 和 11%，分别占玉米吸氮量的 7% 和 7%，这可能是再生水和地下水灌溉玉米产量差异不明显的原因。

表 11-23　灌溉水质对玉米产量及其构成要素的影响

处理	2014 年				
	穗长（cm）	秃尖长（cm）	穗粒数	百粒重（g）	产量（kg/hm²）
I2D1	19.6	1.8	467	35.3	12353
C1	19.9	1.8	471	35.8	12538
W	NS（P=0.624）	NS（P=0.977）	NS（P=0.908）	NS（P=0.405）	NS（P=0.836）
I2D2	19.9	1.6	465	35.5	12305
C2	19.7	1.7	469	36.5	12321
W	NS（P=0.677）	NS（P=0.913）	NS（P=0.825）	NS（P=0.441）	NS（P=0.976）
I2D3	20.2	1.5	471	36.2	12765

续表

处理	2014 年				
	穗长（cm）	秃尖长（cm）	穗粒数	百粒重（g）	产量（kg/hm^2）
C3	19.9	2.0	454	35.4	11945
W	NS（P=0.482）	NS（P=0.504）	NS（P=0.344）	NS（P=0.361）	NS（P=0.266）

处理	2015 年				
	穗长（cm）	秃尖长（cm）	穗粒数	百粒重（g）	产量（kg/hm^2）
I3D1	19.4	2.7	436	37.4	11943.
C1	19.3	2.4	439	38.2	12013
W	NS（P=0.788）	NS（P=0.303）	NS（P=0.852）	NS（P=0.464）	NS（P=0.932）
I3D2	19.5	2.4	439	37.5	11899
C2	19.8	2.7	439	38.4	11922
W	NS（P=0.621）	NS（P=0.621）	NS（P=0.989）	NS（P=0.538）	NS（P=0.980）
I3D3	19.2	2.4	437	36.5	11447
C3	19.4	2.4	440	37.5	11608
W	NS（P=0.711）	NS（P=0.924）	NS（P=0.921）	NS（P=0.594）	NS（P=0.903）

注：W 代表灌溉水质；NS 代表 α=0.05 水平上不显著。

11.7.4 籽粒品质

对滴灌带埋深 30cm 处理玉米籽粒主要品质进行了检测，再生水和地下水对玉米主要品质的影响见表 11-24。由表可知，2014 年和 2015 年再生水和地下水灌溉玉米品质成分无明显差异。例如，2015 年再生水灌溉玉米籽粒粗淀粉含量为 79%，而地下水灌溉玉米籽粒粗淀粉含量为 77%。方差分析结果也表明，灌溉水质未显著影响玉米籽粒中粗蛋白、粗淀粉和粗灰分含量。

表 11-24　灌溉水质对玉米品质的影响

处理	2014 年		
	粗蛋白/%	粗淀粉/%	粗灰分/%
I2D3	8	84	1
C3	8	82	1
W	NS（P=0.954）	NS（P=0.601）	NS（P=0.489）

处理	2015 年		
	粗蛋白/%	粗淀粉/%	粗灰分/%
I3D3	8	79	1
C3	9	77	1
W	NS（P=0.678）	NS（P=0.733）	NS（P=0.536）

注：W 代表水质；NS 代表 α=0.05 水平上不显著。

2015 年对成熟期玉米籽粒进行了 *E. coli* 检测，表 11-25 给出了不同处理玉米籽粒 *E. coli* 检测情况。由表可知，所有处理中玉米籽粒均未检测出 *E. coli*，这表明再生水滴灌条件下 *E. coli* 不会迁移至玉米籽粒。

表 11-25　2015 年籽粒 *E. coli* 检测

处理	I1D1	I1D2	I1D3	I2D1	I2D2	I2D3
E. coli（CFU/g）	0	0	0	0	0	0
处理	I3D1	I3D2	I3D3	C1	C2	C3
E. coli（CFU/g）	0	0	0	0	0	0

11.8　本章结论

通过 2 年再生水地下滴灌玉米试验，研究了灌水量、滴灌带埋深和灌溉水质对土壤 *E. coli* 分布与迁移、水分渗漏和 NO_3^--N 淋失、生育期内玉米株高、叶面积指数 LAI、地上部分干物质质量及吸氮量、产量及其构成要素和品质的影响，主要结论如下。

（1）田间再生水滴灌条件下，表层土壤较高的 *E. coli* 浓度通常出现在地表滴灌处理；而地下滴灌易导致深层土壤出现较高的 *E. coli* 浓度。

（2）与生育期初期土壤 *E. coli* 浓度相比，再生水地下滴灌不会导致玉米生育期 *E. coli* 在土壤中累积，灌水量和滴灌带埋深对 *E. coli* 在土壤中分布影响不显著。

（3）降雨和再生水灌溉条件下，地下滴灌不会导致 *E. coli* 随深层渗漏进入深层土壤。

（4）玉米生育期水分深层渗漏主要发生在降雨较多而作物耗水量较小的生育初期和末期。滴灌条件下较大的灌水量和滴灌带埋深，均会导致较大的深层渗漏量和土壤溶液中较高的 NO_3^--N 浓度。

（5）累积 NO_3^--N 淋失量随滴灌带埋深增加而显著增加。灌水量增加会提高 NO_3^--N 淋失风险，但影响不显著。与地下水灌溉相比，再生水灌溉增加了 NO_3^--N 淋失量，2014 年和 2015 年平均增幅分别为 65% 和 84%。

（6）灌水量对 2015 年穗期–成熟期的玉米株高和穗期 LAI 造成了显著影响，株高和 LAI 均随灌水量增加而增加。灌水量显著影响了 2014 年穗期茎秆的吸氮量和 2015 年成熟期叶片干物质质量及吸氮量，茎秆吸氮量和叶片干物质质量及吸氮量均随灌水量增加呈先增加后减少趋势。玉米生育期内滴灌带埋深未显著影响玉米株高、LAI、地上部分干物质质量及吸氮量和产量及其构成要素。

（7）与地下水滴灌相比，再生水滴灌未对玉米株高、LAI、地上部分干物质质量及吸氮量、产量及其构成要素和品质造成显著差异，再生水滴灌玉米籽粒未检出 *E. coli*。

综上所述，在华北平原半湿润地区，滴灌带埋深 15cm 的地下滴灌结合灌水量为 70% ET_C进行灌水管理，能够避免再生水直接接触污染和 *E. coli* 在土壤中累积，并降低水氮淋失，是较合适的再生水灌溉管理方式。

第12章　施肥制度对再生水地下滴灌水氮淋失影响的模拟评估

通过对田间试验数据的分析可知，与地下水滴灌相比，再生水滴灌在玉米生育期内会造成相对较高的硝态氮淋失，这与再生水中较高的硝态氮浓度（Levy et al.，2011；Blum et al.，2013）和再生水灌溉促进有机氮矿化，提高了土壤硝化反应速率和降低反硝化反应速率有关（Levy et al.，2011）。因此再生水灌溉条件下，按照常规水灌溉条件下的施氮量会容易造成过量施肥，引起环境污染。Wang 等（2003）对美国加州再生水灌溉 80 年的农场调查研究指出，无去氮处理的二级再生水每年可向土壤提供 350kg/hm^2 氮量，能够满足大部分作物对肥料的需求。Anonymous（2006）对以色列不同地区清水和再生水灌溉柑橘园和鳄梨园土壤含氮量进行了调查研究，指出再生水灌溉小区较清水灌溉小区土壤含量高出 150 ~ 190kg/hm^2，而导致这样巨大差异的原因是农户忽略了再生水中氮素的含量。Elgallal 等（2016）总结分析了干旱-半干旱地区使用再生水灌溉的潜在风险，指出再生水灌溉中过量施氮会导致植物成熟期的推迟，降低作物产量和品质，并增加了硝态氮淋失风险。本章尝试建立了再生水地下滴灌水氮运移模型，用第 6 章田间试验数据对模型进行了率定和验证，然后设置不同的施肥制度情景，评价施肥制度对水氮淋失的影响，为华北平原再生水滴灌施肥制度优化提供参考。

12.1　概　　述

12.1.1　滴灌条件下水分运移的模拟研究

滴灌条件下的土壤水分运动为三维饱和-非饱和流动，遵循达西定律和质量守恒定律，可以用 Richards 方程进行描述（雷志栋等，1988）。Richards 方程中的非饱和导水率是土壤水分运动求解的关键，但其与土壤含水率的高度非线性给模型求解带来诸多困难，而且水分在土壤中的运移又受土壤孔隙结构和土壤基质的影响，一般采用 VG 模型计算土壤非饱和导水率（Mualem，1976；van Genuchten，1980；刘玉春，2010；王珍，2014）。对于 Richards 方程的求解，目前主要采用解析解和数值解两种方法（栗岩峰，2006；刘玉春，2010；王珍，2014）。

对 Richards 方程用解析法求解，一般需要通过假设将 Richards 方程线性化。Lockington 等（1984）通过假定扩散率为土壤含水率的幂函数，从而将 Richards 方程线性化，并推导了非稳定入渗条件下饱和区半径和湿润锋的解析表达式；而 Gardner（1958）通过假设非饱和导水率为土壤含水率的指数函数，将 Richards 方程线性化。Raats（1971）基于 Gardner 的结果推导了地表点源条件下稳定流的解析解，而 Warrick 和 Lomen（1976）则推导了地表点源条件下非稳定流的解析解。由于解析解的推导过程中假设条件较多，在求解实际水分运移问题时通常很困难。随着计算机的快速发展，数值计算方法求解土壤水分运移问题越来越受到科学家的重视。常用的数值计算方法主要包括有限差分法和有限单元法。

有限差分法（finite difference method）是从土壤水分运动的微分形式出发，用数值微分公式推导出相应的代数方程组。针对点源和线源灌溉，Brandt 等（1971）分别提出了柱状流和平面流模型的数值解法，并且还分析了饱和区半径随时间动态变化的规律。张振华等（2004）对比了室内试验与交替隐式差分（ADI）结合牛顿迭代求解 Brandt 点源柱状流模型的结果，研究发现，小流量条件下该方法能够较好地模拟试验情况。刘晓英等（1990）利用有限差分法对 Brandt 点源平面流模型进行了验证，并得到了滴灌条件下湿润锋与时间的幂函数关系。Healy 和 Warrick（1988）对滴灌条件下轴对称流的 Richards 方程进行有限差分求解，并给出了不同土壤质地和滴头流量的通用经验公式。冯绍元等（2001）建立了考虑根系吸水的二维滴灌土壤水分运移数学模型，并通过交替隐式差分法和 Gauess-Seidal 法联合求解，发现计算结果与实测值基本一致。

有限单元法（finite element method）是用简单的插值函数来替代每个单元上的位置函数的分布，形成可以直接求解的代数方程组。有限单元法继承了有限差分法的离散处理，并采用逼近函数对区域进行积分，具有广泛的适用性（栗岩峰，2006）。Taghavi 等（1984）用 Galerkin 有限元法对点源条件下的土壤水分运动进行了模拟，并对比了模拟和实测结果，研究表明，模拟值与实测值在水平方向上吻合较好，但随着时间延长，两者在垂直方向的偏差增加。雷廷武（1988）将边界处理为随时间动态变化，并用有限元法求解了单个滴头水分运动的三维轴对称问题。Ghali（1989）用有限单元法求解了水力和热梯度作用下滴灌水流的通用模型，并给出了模型的数值解。

12.1.2 滴灌条件下氮素运移的模拟研究

滴灌灌水施肥条件下，溶质主要通过对流和水动力弥散作用在土壤中运移，通常用对流–弥散方程（CDE）来描述。影响溶质在土壤中运移的因素很多，包括土壤含水率、溶质与土壤之间的相互作用、溶质的转化、根系对溶质的吸收等。由于不同形态溶质之间的转化、土壤对溶质吸附以及滴灌边界条件在数学描述上的复杂性，不少学者采用保守性溶质为对象研究滴灌条件下溶质运移（李久生等，2003）；对滴灌条件下的溶质运移模型的求解也多在理想条件下进行（王珍，2014）。解析解和数值解也是求解溶质运移模型的主要方法。Clothier 和 Elrick（1985）假定水分和溶质始终沿流线运动和扩散，推导得出点源条件下非饱和土壤溶质运移模型，并给出了特定条件下方程的近似解析解。Bresler（1975）忽略了土壤对溶质吸附、溶质转化和根系吸收作用，应用 ADI 法对非饱和多孔介质中溶质二维对流扩散方程进行了求解。左强（1993）采用交替方向有限单元法对溶质运移的对流弥散方程进行了求解，并取得了较好的结果。

随着计算机技术的快速发展与应用，科学家研究开发了许多能够模拟非饱和多孔介质中水和溶质运移的数学模型软件，主要包括：美国盐土试验室开发的 HYDRUS 系列软件、美国康奈尔大学开发的 LEACHM 模型、美国农业部农业研究局大平原系统研究室开发的 NLEAP 和 RZWQM 等。目前模拟研究滴灌条件下水分和溶质运移应用最广泛的是 HYDRUS 系列软件。Abbasi 等（2003）利用 HYDRUS-2D 模拟土壤水分和溶质分布，结果表明，模拟值与实测值吻合良好；李久生等（2005）建立了壤土和砂土地表滴灌水氮运移模型，分别采用线型和半球面饱和区作为进水边界，并采用 HYDRUS-2D 对模型进行求解，结果表明模型模拟结果与试验数据吻合良好；他们还认为，HYDRUS-2D 能够作为预测滴灌灌溉施肥条件下水分和氮素在土壤中运移的有效工具。随着 HYDRUS 系列软件的功能日益完善，模拟精度不断提高，很多科学家利用该软件开展了广泛的模拟研究。Gärdenäs 等（2005）通过 HYDRUS-2D 模拟研究了不同施肥制度和土壤类型对硝态氮淋失的影响。Cote 等（2003）利用 HYDRUS-2D 模拟研究了不同土壤质地地下滴灌条件下土壤水分和保守溶质的运移规律。Hanson 等（2006）利用 HYDRUS-2D 软件模拟了施用尿素条件下土壤中尿素、铵态氮和硝态氮的运移特征，并指出施用尿素造成的硝态氮淋失较施用硝态氮肥要少，地表滴灌应避免灌水初期较短的时间内注入肥料。Wang 等（2014b）用 HYDRUS-2D 模拟了降雨和滴灌均匀系数对水氮淋失的影响，指出滴灌均匀系数对硝态氮淋失的影响程度与降雨密切相关，在干旱年高均匀系数处理硝态氮淋失较低均匀系数处理明显要小。Hu 等（2008）将 HYDRUS-1D 和 SPWS 结合模拟研究了砂土条件下春玉米生育期内氮素变化，指出 32%～61% 的氮素通过淋失损失。此外，不少科学家还研究了咸水灌溉条件下水分和盐分的运移分布特征。Hanson 等（2008）通过 HYDRUS-2D 模拟对比了地下滴灌条件下不同咸水灌水量对盐分淋失的影响，结果表明，当咸水灌水量介于 60%～115% ET_{pot}，盐分淋洗系数介于 7.7%～30.9%。Rahil 和 Antonopoulos（2007）利用 HYDRUS-2D 模拟了向日葵田块再生水灌溉条件下土壤水分和氮素动态变化，并与实测值进行了对比，结果表明模拟的氮素值与实测氮素值吻合较好。尽管如此，HYDRUS 模拟不能反映再生水中各成分的相互作用。

本章通过达西定律和质量守恒定律，构建了地下滴灌水氮运移的水动力学模型，并利用数值模拟软件（HYDRUS-2D）对再生水地下滴灌条件下水氮运移进行模拟分析，研究了再生水地下滴灌条件下施肥制度对作物根区水氮淋失的影响，提出再生水地下滴灌条件下较合适的施肥制度，以期为再生水安全高效利用提供科学依据。

本章的技术路线如图 12-1 所示。

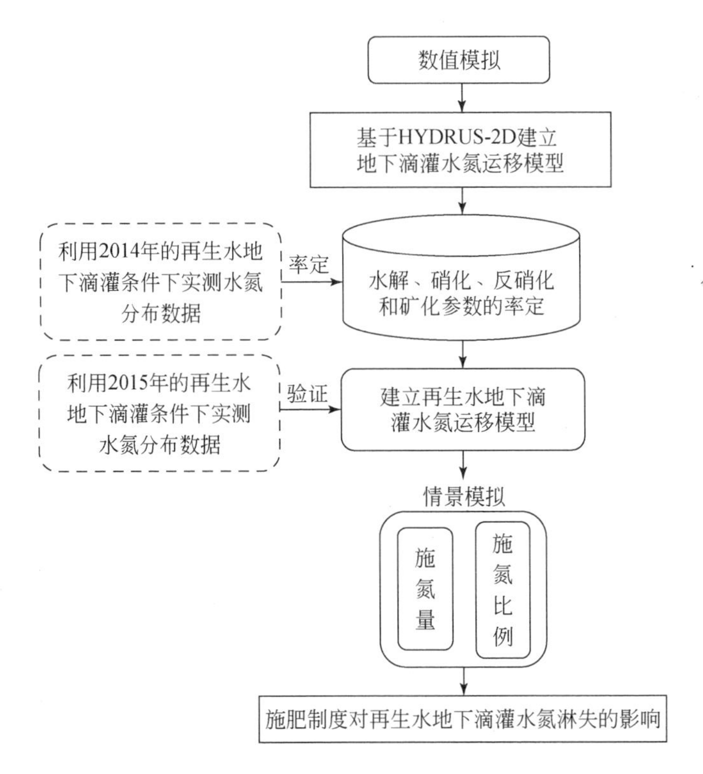

图 12-1　再生水地下滴灌水氮运移模型构建及情景模拟技术路线图

12.2　数学模型

随着田间滴灌时间的继续，相邻滴灌湿润体相交，很快会由单个椭圆体向平行于滴灌带的带状过渡，且相同深度沿毛管方向土壤含水率基本一致，因此可以将试验中土壤水氮运移过程视为二维土壤垂直剖面上的线源水氮运动（冯绍元等，2001；Wang et al.，2014b）。由于田间试验中一条滴灌带等间距控制两行玉米（图 6-4），模拟区域设置：以滴头所在地表位置为原点，水平长度为毛管间距的一半 50cm；考虑根区深度和边界条件影响，垂向长度参考文献资料设为 150cm（王珍，2014），构建成 50cm×150cm 矩形区域（图 12-2）。

12.2.1　土壤水分运动基本方程

根据达西定律和质量守恒定律，对均质、各项同性的刚性多孔介质，不考虑气相和温度对水分运动的影响，滴灌二维水分运动的控制方程为（Šimůnek et al.，1999）：

$$\frac{\partial\theta}{\partial t}=\frac{\partial}{\partial x}\left[K(h)\frac{\partial h}{\partial x}\right]+\frac{\partial}{\partial z}\left[K(h)\frac{\partial h}{\partial z}\right]+\frac{\partial K(h)}{\partial z}-S(x,z,h) \tag{12-1}$$

式中，x 为模拟区域横向坐标，cm；z 为模拟区域垂向坐标，cm，向上为正；t 为模拟时

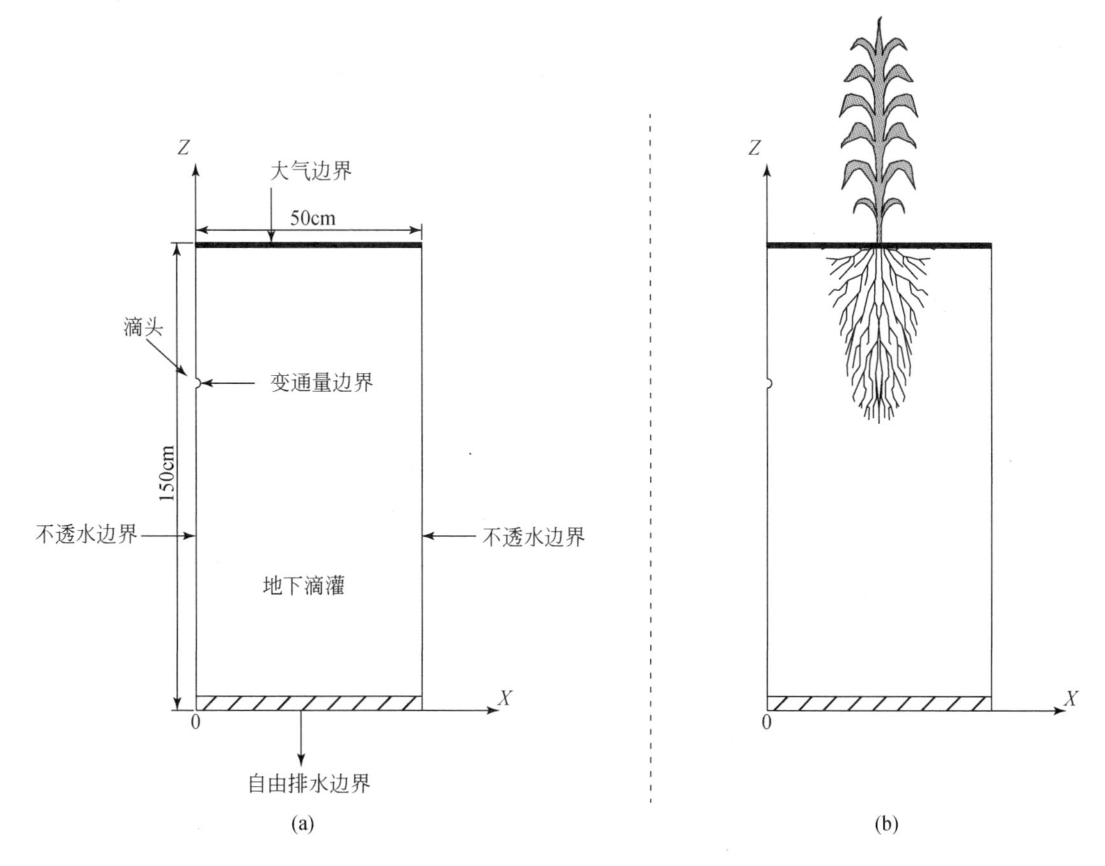

图 12-2　地下滴灌模拟区域示意图

a 和 b 分别代表边界设置和根系分布

间，h；θ 为土壤体积含水率，cm^3/cm^3；h 为土壤负压水头，cm；$K(h)$ 为土壤非饱和导水率，cm/h；$S(x,z,h)$ 为作物根系吸水源汇项，1/h。

12.2.2　溶质运移方程

试验中使用氮肥为尿素，尿素一阶反应链如图 12-3 所示：

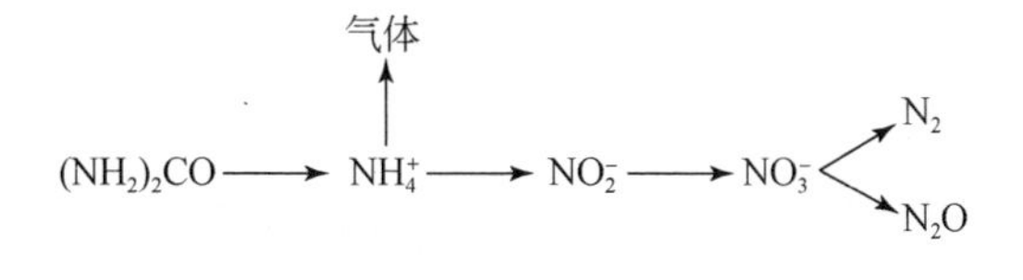

图 12-3　尿素一阶反应链

田间土壤中无机态氮之间的转化过程不仅包括尿素水解和 NH_4^+-N 硝化和挥发，还包括 NO_3^--N 反硝化和生物固持（Šimůnek et al.，1999；王珍，2014）。由于本研究中土壤

NH_4^+-N 含量较少，且 NH_4^+-N 易被土壤颗粒吸附，因此忽略 NH_4^+-N 的挥发。采用零阶和一阶反应动力学方程描述上述土壤无机氮转化过程，基本方程如下。

$$\frac{\partial\theta c_1}{\partial t}=\frac{\partial}{\partial x}\left(\theta D_{xx}\frac{\partial c_1}{\partial x}+\theta D_{xz}\frac{\partial c_1}{\partial z}\right)+\frac{\partial}{\partial z}\left(\theta D_{zz}\frac{\partial c_1}{\partial z}+\theta D_{zx}\frac{\partial c_1}{\partial x}\right)-\left(\frac{\partial q_x c_1}{\partial x}+\frac{\partial q_z c_1}{\partial z}\right)+k_1\theta c_1 \tag{12-2}$$

$$\frac{\partial\theta c_2}{\partial t}+\frac{\partial\rho s}{\partial t}=\frac{\partial}{\partial x}\left(\theta D_{xx}\frac{\partial c_2}{\partial x}+\theta D_{xz}\frac{\partial c_2}{\partial z}\right)+\frac{\partial}{\partial z}\left(\theta D_{zz}\frac{\partial c_2}{\partial z}+\theta D_{zx}\frac{\partial c_2}{\partial x}\right)-\left(\frac{\partial q_x c_2}{\partial x}+\frac{\partial q_z c_2}{\partial z}\right)+k_0\rho c_{\mathrm{N}}+$$
$$k_1\theta c_1-k_{2\mathrm{w}}\theta c_2-k_{2\mathrm{s}}\rho s-Sc_2\,,s=K_{\mathrm{d}}c_2 \tag{12-3}$$

$$\frac{\partial\theta c_3}{\partial t}=\frac{\partial}{\partial x}\left(\theta D_{xx}\frac{\partial c_3}{\partial x}+\theta D_{xz}\frac{\partial c_3}{\partial z}\right)+\frac{\partial}{\partial z}\left(\theta D_{zz}\frac{\partial c_3}{\partial z}+\theta D_{zx}\frac{\partial c_3}{\partial x}\right)-\left(\frac{\partial q_x c_3}{\partial x}+\frac{\partial q_z c_3}{\partial z}\right)+k_{2\mathrm{w}}\rho c_2+k_{2\mathrm{s}}\rho s-$$
$$k_3\theta c_3-k_4\theta c_3-Sc_3 \tag{12-4}$$

式中，c_1、c_2、c_3 分别为土壤溶液中尿素、NH_4^+-N 和 NO_3^--N 的质量浓度，mg/cm^3；q_x、q_z 分别为 x 方向和 z 方向上的土壤水通量，cm/h；s 为土壤颗粒中 NH_4^+-N 的质量浓度（吸附项），mg/cm^3；c_{N}为土壤中有机质含量，g/g；K_{d}为铵态氮吸附系数，cm^3/g；k_0、k_1、k_2、k_3 和 k_4 分别为有机质矿化速率、尿素水解速率、硝化速率（$k_{2\mathrm{w}}$为液相中硝化速率；$k_{2\mathrm{s}}$为固相中硝化速率）、反硝化速率和生物固持速率，1/h；ρ 为土壤干容重，g/cm^3；S 为汇项（根系吸水），1/h；D_{xx}，D_{zz}，D_{xz}为水动力弥散系数张量的分量，cm^2/h，由下式确定：

$$\begin{cases}\theta D_{xx}=\alpha_{\mathrm{L}}\dfrac{q_x^2}{|q|}+\alpha_{\mathrm{T}}\dfrac{q_z^2}{|q|}+\theta D_{\mathrm{w}}\tau\\[2ex]\theta D_{zz}=\alpha_{\mathrm{L}}\dfrac{q_z^2}{|q|}+\alpha_{\mathrm{T}}\dfrac{q_x^2}{|q|}+\theta D_{\mathrm{w}}\tau\\[2ex]\theta D_{xz}=(\alpha_{\mathrm{L}}-\alpha_{\mathrm{T}})\dfrac{q_xq_z}{|q|};\tau=\dfrac{\theta^{7/3}}{\theta_{\mathrm{s}}^2}\end{cases} \tag{12-5}$$

式中，$|q|$为土壤水通量的绝对值，cm/h；α_{L}和 α_{T}分别为溶质的纵向和横向弥散系数，cm；D_{w}为自由水中的分子扩散系数，cm^2/h；τ 为土壤孔隙的曲率因子，常表示为土壤含水率的函数；θ_{s}为土壤饱和含水率，cm^3/cm^3。

12.2.3 初始和边界条件

模拟时假设各层土壤初始含水率、NO_3^--N 和 NH_4^+-N 含量沿水平方向均匀分布，则土壤初始条件可以表示为

$$\begin{cases}\theta(x,z)=\theta_0 & 0\leqslant x\leqslant X,t=0\\ c(x,z)=c_0 & 0\leqslant x\leqslant X,t=0\end{cases} \tag{12-6}$$

式中，θ_0和 c_0分别土壤含水率（cm^3/cm^3）和土壤溶质浓度（mg/cm^3）的初始值。

地下滴灌条件下水分和溶质运移的模型如图 12-2 所示。地下滴灌模拟计算区域的左右（x=0 和 x=50cm）边界均设置为零通量边界；由于研究区域地下水水位较深，且土壤排水性能良好，模拟区域下边界（z=0cm）设定为自由排水边界。假设灌水过程中滴头周

围存在半径等于滴灌毛管半径（$\rho'=0.8$cm）的球状体饱和区，灌水期间设置为定通量边界（$\sigma(t)$，cm/h），停灌期间设置为零通量边界（刘玉春，2010）。$\sigma(t)$ 根据滴头流量、饱和区宽度和滴灌毛管上滴头的间距计算：

$$\sigma(t)=\frac{Q(t)}{2\pi r L_e} \tag{12-7}$$

式中，$Q(t)$ 为滴头流量，cm³/h；r 为滴头边界的物理尺寸，cm；L_e 为滴灌毛管上滴头间距，cm。不灌水时 $\sigma(t)=0$。溶质浓度边界条件（第三类边界）由下式计算：

$$\begin{cases}-\left(\theta D_{xx}\dfrac{\partial c}{\partial x}+\theta D_{xz}\dfrac{\partial c}{\partial z}\right)+q_x c=q_x c_a & x=\rho,t>0\\ -\left(\theta D_{zz}\dfrac{\partial c}{\partial x}+\theta D_{xz}\dfrac{\partial c}{\partial z}\right)+q_z c=q_z c_a & x=\rho,t>0\end{cases} \tag{12-8}$$

式中，c_a 为肥料溶液的溶质浓度，mg/cm³。

大气边界的水流通量主要包括土壤表面的蒸发速率、作物蒸腾速率和降水通量，而蒸发速率主要取决于潜在蒸发速率 E_p，E_p 由下式计算：

$$\begin{cases}E_p=\mathrm{ET_p}-T_p=\mathrm{ET_p}\times\exp(-\eta\times\mathrm{LAI})\\ \mathrm{ET_p}=K_C\times\mathrm{ET_0}\\ \sigma'(t)=T_p+E_p+P\end{cases} \tag{12-9}$$

式中，$\sigma'(t)$ 为土壤表面的水流通量，cm/h；P 为单位时间降水量，cm/h；$\mathrm{ET_p}$ 为蒸发蒸腾速率，cm/h；T_p 为模拟作物潜在蒸腾速率，cm/h；η 为消光系数，本研究中取为 0.65（王珍，2014）；LAI 为叶面积指数；K_C 为作物系数，利用 FAO 推荐值修正；$\mathrm{ET_0}$ 是参考作物蒸发蒸腾量，利用 FAO 推荐 Penman-Monteith 公式计算（Allen et al.，1998），mm/d（可转换为 cm/h）：

$$\mathrm{ET_0}=\frac{0.408\Delta(R_n-G)+\gamma\dfrac{900}{T+273}u_2(e_s-e_a)}{\Delta+\gamma(1+0.34u_2)} \tag{12-10}$$

式中，R_n 为作物表面净辐射，MJ/(m²·d)；G 为土壤热通量密度，MJ/(m²·d)；T 为 2m 高处每日平均气温,℃；u_2 为 2m 处的风速，m/s；e_s 为饱和水汽压，kPa；e_a 为实际水汽压，kPa；e_s-e_a 为水气压差，kPa；Δ 为饱和水汽压曲线的斜率；γ 为湿度计常数。

12.2.4 根系吸水吸氮模型

二维土壤水分运移方程中的吸水源汇项 S 利用（Feddes et al.，1978）模型计算：

$$\begin{cases}S(x,z,h)=\alpha(x,z,h)b(x_1,z_1)L_r T_p\\ x_1=|x-25|;z_1=150-z\end{cases} \tag{12-11}$$

式中，$\alpha(x,z,h)$为土壤水分胁迫函数；$b(x_1,z_1)$为相对根系密度分布函数；L_r 为根区的宽度，cm，取为计算区域上边界的宽度（50cm）。

土壤水分胁迫函数 $\alpha(x,z,h)$取决于根区土壤负压水头 h，可表示为

$$\alpha(x,z,h)=\begin{cases}0 & h\leqslant h_4\\ \dfrac{h-h_4}{h_3-h_4} & h_4\leqslant h\leqslant h_3\\ 1 & h_3\leqslant h\leqslant h_2\\ \dfrac{h_1-h}{h_1-h_2} & h_2\leqslant h\leqslant h_1\\ 0 & h\geqslant h_1\end{cases} \tag{12-12}$$

式中，h_1、h_2、h_3 和 h_4 分别为根系吸水厌氧点、最适合开始、最适合结束和萎蔫点所对应的土壤基质势，cm。本研究模拟作物为玉米，土壤水分胁迫函数 $\alpha(x,z,h)$ 随根区土壤负压水头 h 变化的计算模型由 HYDRUS-2D 软件中的数据库提供（Šimůnek et al., 1999），其中 h_1、h_2、h_3 和 h_4 分别为-15cm、-30cm、-600cm、-8000cm。

相对根系密度分布函数 $b(x_1, z_1)$ 如下（Vrugt et al., 2001）：

$$b(x_1,z_1)=\begin{cases}\left[1-\dfrac{x_1}{x_{1m}}\right]\left[1-\dfrac{z_1}{z_{1m}}\right]e^{-\left(\frac{p_x}{x_{1m}}\mid x_1^*-x_1\mid+\frac{p_z}{z_{1m}}\mid z_1^*-z_1\mid\right)} & 0\leqslant x_1\leqslant 25,0\leqslant z_1\leqslant 70\\ 0 & 70<z_1\leqslant 150\end{cases} \tag{12-13}$$

式中，x_{1m} 为根系分布横向的最大距离，取为 25cm；z_{1m} 为垂向根系分布最大距离，取为 70cm；x_1^* 代表横向根系密度最大处对应的横向坐标，地下滴灌取 0cm；z_1^* 为垂向根系密度最大处对应的垂向坐标，地下滴灌取 20cm；p_x、p_z 分别为表示 x 方向和 z 方向根系不对称性的经验参数，本研究中均取为 1.0（Vrugt et al., 2001）。

根系吸氮量为计算点的吸水量与该点氮素浓度的乘积。

12.3 地下滴灌水氮运移模型率定与验证

由田间试验数据的分析可知，滴灌带埋深 15cm 的地下滴灌结合亏缺灌溉（I1D2）能够降低水氮淋失。基于已构建的地下滴灌水氮运移模型，利用 2014 年和 2015 年玉米生育期内 I1D2（灌水量为 70% ET_C，滴灌带埋深为 15cm）处理 Trime-FM 监测的土壤含水率和取土测定的土壤 NH_4^+-N 和 NO_3^--N 含量（第 6 章）对模型参数进行率定和验证。模型模拟时，在模拟区域内按照不同土壤深度设置土壤含水率和土壤溶液氮素浓度的监测点，监测点位置与田间试验取土测定位置一致。模型初始土壤含水率根据玉米播种前土壤含水率测定值进行设定；模型中初始土壤溶液氮素浓度（mg/cm^3）可由测得的干土中氮素含量（mg/kg）转化获得，转化公式如下：

$$C_w=\frac{C_s\rho}{1000\theta} \tag{12-14}$$

式中，C_w 为土壤溶液中的氮素浓度，mg/cm^3；C_s 为干土重氮素含量，mg/kg；ρ 为土壤容重，g/cm^3；θ 为土壤体积含水率，cm^3/cm^3。由于田间试验中 100～150cm 土壤含水率和氮素含量未测定，假定模型中 100～150cm 土壤含水率和氮素含量与 80～100cm 的测定值一致。

12.3.1 参数率定与验证标准

土壤水分运移参数 θ_s、θ_r、K_s、α、m 和 n 利用 2014 年生育内（6 月 16 日 ~9 月 27 日）Trime-FM 检测的 18 次土壤含水率数据进行率定。土壤溶质运移参数 α_L、α_T、α_w、k_0、k_1、k_2、k_3 和 k_4 首先依据文献进行取值，利用 2014 年取土测定的土壤氮素含量对模型进行率定。模型参数率定后，利用 2015 年玉米生育期内 I1D2 处理测定的土壤含水率和氮素含量的数据进行验证。模型参数率定结果见表 12-1 和表 12-2。

表 12-1　土壤水力参数率定结果

深度（cm）	θ_r(cm^3/cm^3)	θ_s(cm^3/cm^3)	α(1/cm)	n	K_s(cm/d)	l
0 ~ 20	0. 112	0. 36	0. 0068	1. 4512	39. 56	0. 5
20 ~ 40	0. 112	0. 36	0. 0068	1. 3221	36. 66	0. 5
40 ~ 60	0. 096	0. 36	0. 0054	1. 4238	28. 16	0. 5
60 ~ 80	0. 078	0. 36	0. 0045	1. 3560	24. 31	0. 5
80 ~ 150	0. 048	0. 34	0. 0045	1. 2400	10. 81	0. 5

表 12-2　土壤溶质运移参数率定结果

深度（cm）	D_L(cm)	D_T(cm)	k_0[mg/(g·h)]	k_1(1/h)	k_2(1/h)	k_3(1/h)	k_4(1/h)
0 ~ 20	5	0. 5	4.6×10^{-6}	0. 0158	0. 0125	2.5×10^{-5}	1.0×10^{-4}
20 ~ 40	5	0. 5	4.2×10^{-6}	0. 0158	0. 0021	1.6×10^{-4}	2.6×10^{-4}
40 ~ 60	2	0. 2	1.0×10^{-6}	0. 0150	0. 0015	5.7×10^{-4}	2.6×10^{-4}
60 ~ 80	2	0. 2	0	0	0. 0017	1.7×10^{-4}	2.5×10^{-4}
80 ~ 150	2	0. 2	0	0	0. 0022	1.7×10^{-4}	2.5×10^{-4}

模型率定和验证中模拟值和观测值的吻合程度采用均方根误差 RMSE 和一致性指数 d 进行评价：

$$\mathrm{RMSE}=\sqrt{\frac{\sum_{i=1}^{n}(O_i-P_i)^2}{n}} \tag{12-15}$$

$$d=1-\frac{\sum_{i=1}^{n}(O_i-P_i)^2}{\sum_{i=1}^{n}(|O_i-O|+|P_i-O|)^2} \tag{12-16}$$

式中，O_i和 P_i分别是观测值和模拟值；n 是观测点的个数；O 是观测值的平均值。RSME 最小值为 0，值越接近 0 表示模拟效果越好；d 的变化范围为 0 ~ 1，值越接近 1 模拟效果越好。

12.3.2 模型率定与验证结果

表 12-3 给出了不同深度土壤含水率、硝态氮和铵态氮含量率定及验证的均方根误差 RMSE 和一致性指数 d。由表可知，2014 年土壤含水率率定的 RMSE 介于 0.019 ~ 0.038cm³/cm³，这与课题组先前的模拟结果：土壤含水率模拟值和观测值 RMSE 介于 0.02 ~ 0.03cm³/cm³ 一致（王珍，2014）。与 Kandelous 和 Šimůnek（2010b）模拟结果（土壤含水率模拟值和观测值 RMSE 介于 0.01 ~ 0.05cm³/cm³）相比，所建立的再生水地下滴灌水动力学模型土壤含水率模拟值和观测值 RMSE 较小，能够较好地模拟再生水地下滴灌条件下玉米生育期内降雨和灌溉对不同深度土壤水分的影响。此外，较高的一致性指数 d（0.769 ~ 0.919）也表明，模型能够较好地模拟土壤含水率在玉米生育期的动态变化过程。与土壤含水率相比，硝态氮和铵态氮含量模拟值与观测值一致性指数 d 略小（硝态氮和铵态氮含量模拟值与观测值一致性指数 d 分别为 0.524 ~ 0.818 和 0.504 ~ 0.753），这与氮素在土壤中复杂的转化过程有关。尽管如此，各深度硝态氮和铵态氮含量模拟值与观测值一致性指数 d 均大于 0.5，这表明模型能够较好地描述硝态氮和铵态氮在玉米生育期的动态变化过程。

表 12-3 土壤含水率、硝态氮和铵态氮模拟值和观测值均方根误差 RMSE 和一致性指数 d

深度 (cm)	2014 年（率定）						2015 年（验证）					
	土壤含水率		硝态氮		铵态氮		土壤含水率		硝态氮		铵态氮	
	RMSE (cm³/cm³)	d	RMSE (mg/cm³)	d	RMSE (mg/cm³)	d	RMSE (cm³/cm³)	d	RMSE (mg/cm³)	d	RMSE (mg/cm³)	d
0 ~ 20	0.021	0.919	0.087	0.759	0.009	0.753	0.029	0.769	0.260	0.753	0.010	0.726
20 ~ 40	0.026	0.871	0.100	0.818	0.012	0.640	0.017	0.857	0.108	0.569	0.004	0.711
40 ~ 60	0.038	0.769	0.057	0.524	0.012	0.522	0.016	0.684	0.020	0.501	0.004	0.540
60 ~ 80	0.023	0.850	0.052	0.591	0.014	0.504	0.017	0.545	0.023	0.550	0.002	0.651
80 ~ 150	0.019	0.782	0.062	0.550	0.011	0.638	0.009	0.687	0.017	0.651	0.003	0.591

图 12-4 ~ 图 12-6 分别给出了玉米生育期 I1D2 处理土壤含水率、硝态氮和铵态氮的动态变化和模型率定验证结果。由图可知，土壤含水率、硝态氮和铵态氮含量的模拟值与观测值在玉米生育的变化趋势基本一致。I1 灌水量条件下，0 ~ 40cm 深度土壤含水率模拟值和观测值在灌水后明显增加，40 ~ 100cm 深度土壤含水率模拟值和观测值在较大降雨后增加，玉米生育期内土壤含水率随作物蒸腾和土面蒸发而降低。玉米生育期初期 0 ~ 40cm 深度土壤硝态氮含量模拟值和观测值随有机质矿化和铵态氮硝化呈增加趋势，且施氮后有明显增加；40 ~ 100cm 深度硝态氮含量模拟值和观测值在玉米生育期均变化平缓。受硝化作用影响 0 ~ 100cm 深度铵态氮含量模拟值和观测值玉米生育期内均呈下降趋势。

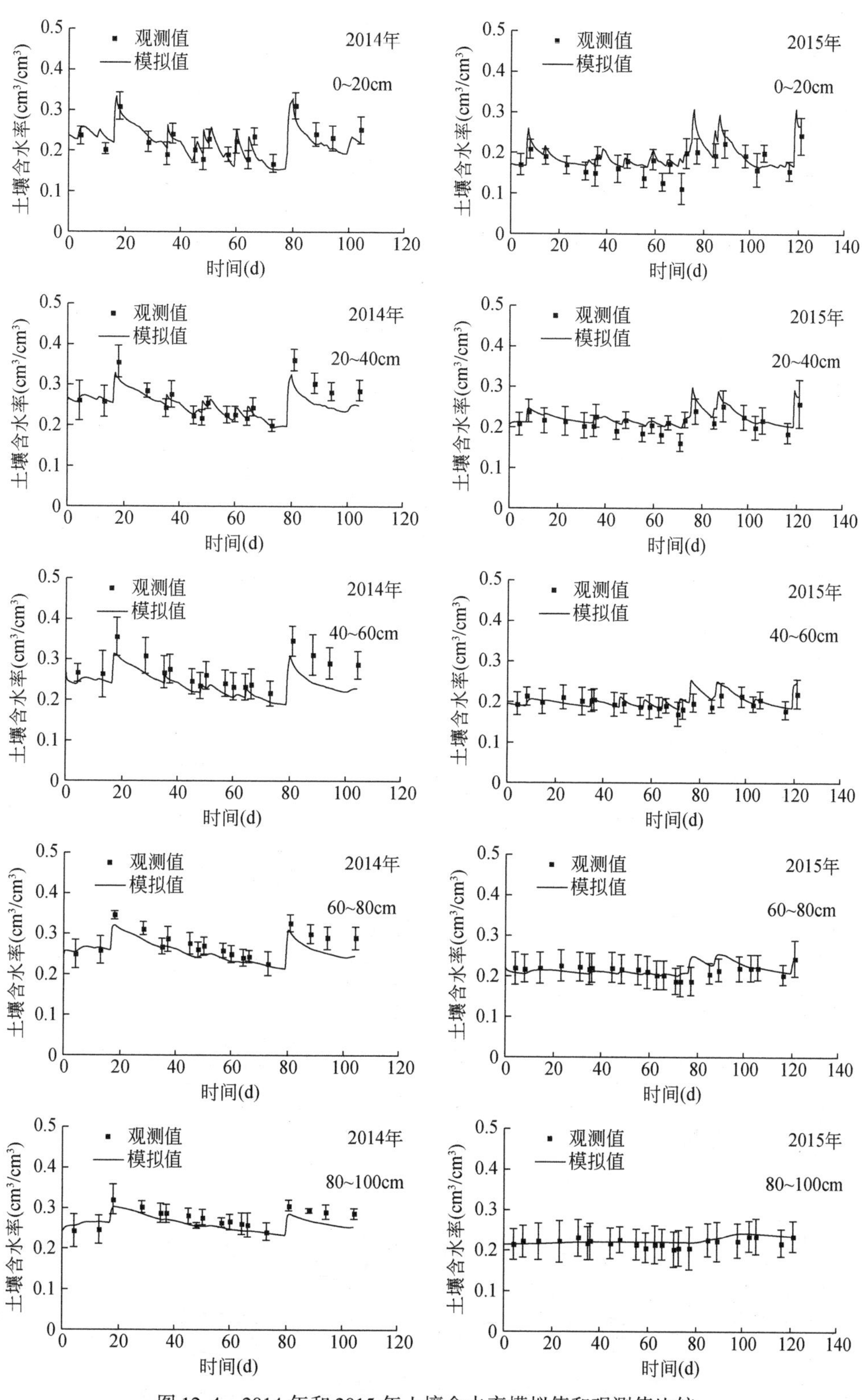

图 12-4 2014 年和 2015 年土壤含水率模拟值和观测值比较

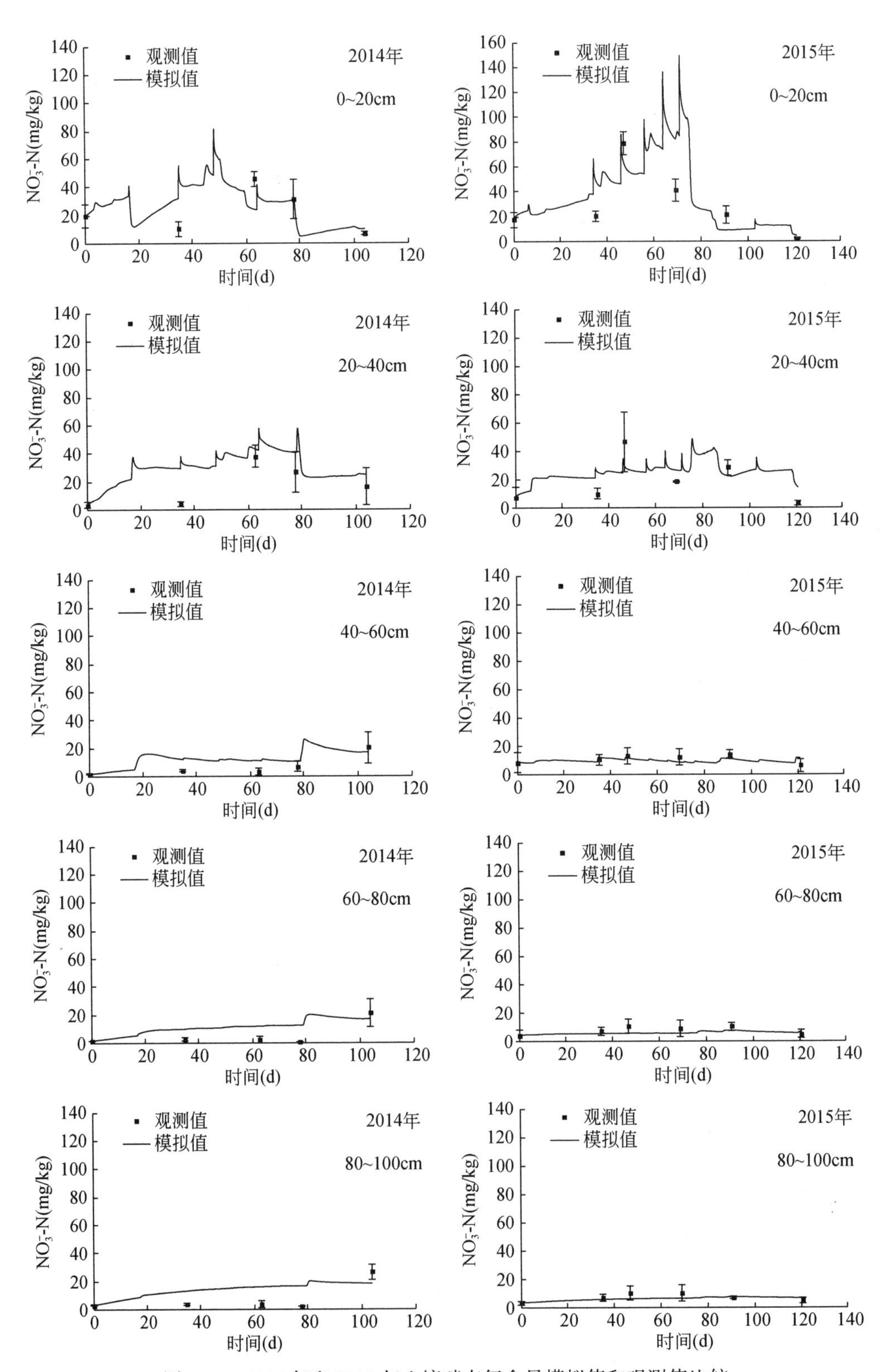

图 12-5　2014 年和 2015 年土壤硝态氮含量模拟值和观测值比较

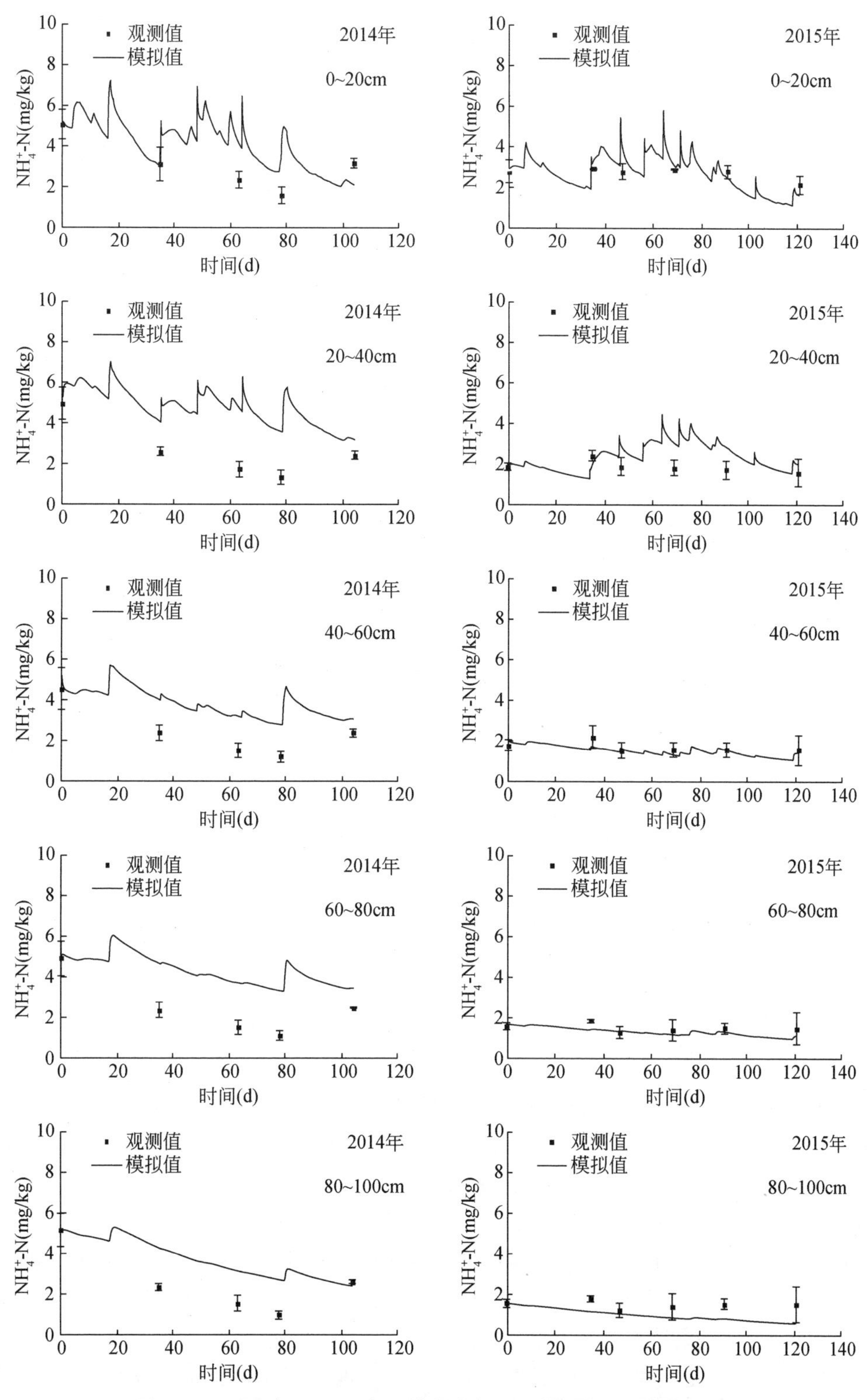

图 12-6 2014 年和 2015 年土壤铵态氮含量模拟值和观测值比较

在 2015 年模型验证中，土壤含水率、硝态氮和铵态氮含量的模拟值与观测值 RMSE 变化范围分别为 0.009 ~ 0.029 cm^3/cm^3、0.02 ~ 0.26 mg/cm^3 和 0.002 ~ 0.01 mg/cm^3，这与率定时 RMSE 基本一致；此外，土壤含水率、硝态氮和铵态氮含量的模拟值与观测值的一致性指数 d 的变化范围分别为 0.545 ~ 0.857、0.501 ~ 0.753 和 0.540 ~ 0.726，这些都说明模型对土壤含水率、硝态氮和铵态氮含量的模拟精度较高。

12.4 施氮量及其分配对水氮淋失的模拟研究

12.4.1 模拟方法

施氮量是影响土壤水氮淋失最主要的因素之一，有研究表明，硝态氮淋失量随施氮量的增加而增加（王珍，2014）。为了确定再生水灌溉条件下，I1D2（灌水量为 70% ET_C，滴灌带埋深为 15cm）处理较适宜的施氮量，本节利用再生水地下滴灌水氮运移数学模型模拟研究不同施氮量和生育期两次施氮比例对根区水氮淋失的影响。模拟过程中，假定土壤初始含水率、硝态氮和铵态氮含量与 2014 年试验测定值相同，模拟时间为 6 月 16 日 ~ 9 月 27 日。模拟过程中，灌水制度、降水量和施肥时间与 2014 年一致，根据计算时段内作物需水量 ET_C 与有效降水量 P_0 的差值确定灌水量，施肥时间为 7 月 21 日和 8 月 3 日。模拟中，施氮量设为 0 kg/hm^2、120 kg/hm^2、160 kg/hm^2 和 210 kg/hm^2，记为 N0、N1、N2 和 N3；生育期两次施氮比例分别为 1∶4、1∶1 和 3∶1，记为 P1、P2 和 P3。采用全组合设计，共 10 个处理（N0、N1P1、N1P2、N1P3、N2P1、N2P2、N2P3、N3P1、N3P2 和 N3P3）。模拟结束后，利用水量平衡法和氮素质量平衡法计算每次模拟 70cm 深度处的日深层渗漏量和 NO_3^--N 淋失量（如果计算结果为负值，则该天的渗漏量和 NO_3^--N 淋失量均为 0），将每天的 NO_3^--N 淋失量进行累加，得到玉米生育期累积 NO_3^--N 淋失量。

12.4.2 模拟结果

图 12-7 和表 12-4 分别给出了不同施氮量和生育期两次施氮比例条件下玉米生育期 NO_3^--N 淋失量的动态变化和累积淋失量。由图和表可知，NO_3^--N 淋失主要发生在降雨较大而作物耗水量较小的生育初期和末期，这与田间实测 NO_3^--N 淋失规律一致。累积 NO_3^--N 淋失量随施氮量增加而增加，但增加幅度较小，这与滴灌灌水过程中较少的深层渗漏量和氮素淋失的氮源主要来自土壤氮素有关。在模拟中不施氮处理玉米生育期累积 NO_3^--N 淋失量为 13.17 kg/hm^2，而施氮量增加至 210 kg/hm^2，累积 NO_3^--N 淋失量为 19.76 kg/hm^2。Ghiberto 等（2009）通过 ^{15}N 示踪土壤氮素淋失，结果指出，通过淋溶损失的氮主要来源土壤氮素，较少部分来自氮肥。与施氮量相比，生育期两次施氮比例对 NO_3^--N 淋失影响很小，这是因为根区的土壤水分渗漏量、施氮量、氮肥形式和施肥时间是根区氮素淋失的

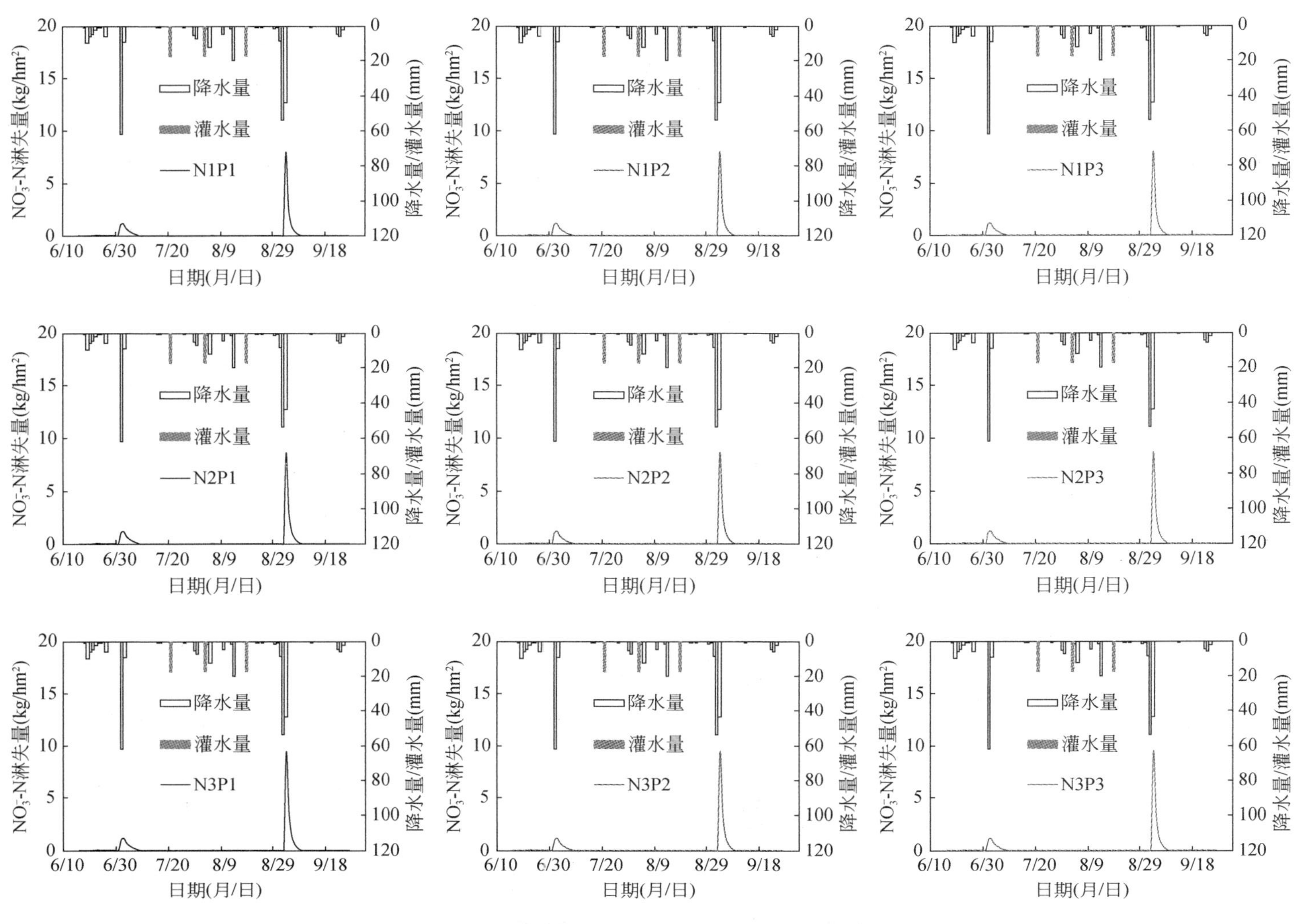

图 12-7　玉米生育期不同施氮量和施氮比例硝态氮淋失量动态变化

主要原因（Ramos et al.，2012）。Guo 等（2017）通过再生水滴灌盆栽和大田玉米试验，指出再生水中含氮量能够替代部分肥料氮，华北平原半湿润地区再生水滴灌条件下优化施氮量为 140 ~ 160kg/hm^2。因此，结合施氮量对再生水地下滴灌水氮淋失的影响，华北平原半湿润地区再生水地下滴灌条件下施氮量可考虑≤160kg/hm^2。

表 12-4　不同施氮量和施氮比例玉米生育期累积硝态氮淋失量

施氮比例	施氮量				灌水量（mm）	降水量（mm）
	0kg/hm^2	120kg/hm^2	160kg/hm^2	210kg/hm^2		
1 : 4	13.17	16.92	18.18	19.76	52.5	276
1 : 1		16.93	18.18	19.76		
3 : 1		16.93	18.18	19.77		

12.5　本章结论

本章利用 HYDRUS-2D 软件模拟研究了施氮量和生育期两次施氮比例对再生水亏缺灌溉条件下浅滴灌带埋深处理（I1D2）硝态氮淋失的影响，主要结论如下。

（1）再生水地下滴灌线源条件下土壤水分、NO_3^--N 和 NH_4^+-N 运移模型利用 HYDRUS-2D 模拟求解，结果较好。

（2）玉米生育期累积 NO_3^--N 淋失量随施氮量增加而增加，受生育期两次施氮比例影响较小。

（3）降低硝态氮淋失，华北平原半湿润地区再生水地下滴灌条件下施氮量可考虑≤160kg/hm^2。

第三篇　养分高效利用

第 13 章 盆栽玉米再生水滴灌不同来源氮素平衡分析

研究土壤-作物系统氮素平衡，不仅可以揭示氮素吸收利用及转化规律，反映作物的生长状况，还能表征氮素污染风险，是制定经济环保施肥制度最有效的手段之一（刘学军等，2002；钟茜等，2006；赵荣芳等，2009；Khajanchi et al.，2015；Matheyarasu et al.，2016）。^{15}N 示踪法被广泛应用于研究土壤-作物系统中无机氮肥的转化和去向，定量反映氮肥实际利用、残留和损失情况。再生水滴灌施肥条件下，土壤-作物系统氮素来源不仅包括肥料氮和土壤氮，还包括再生水氮。因此，应用 ^{15}N 示踪法研究再生水滴灌施肥条件下肥料氮和再生水氮在土壤-作物系统中的运移分布、吸收利用及损失等情况，揭示再生水氮和肥料氮之间的耦合利用规律，为再生水滴灌养分安全高效利用提供支撑。

本章通过盆栽玉米再生水滴灌试验，应用 ^{15}N 示踪法研究再生水滴灌施肥下，肥料氮和再生水氮在土壤中的运移分布特征和施氮量对氮素运移分布的影响，研究灌溉水质、施氮量对盆栽玉米吸氮量的影响，进行肥料氮、再生水氮和总氮平衡分析等。

13.1 概　　述

再生水具有来源稳定、就地取材、保证率高等优点，已逐渐成为缺水地区农业灌溉重要的替代水源（da Fonseca et al.，2005；Chen et al.，2013b；栗岩峰等，2015；Lyu et al.，2016）。此外，相比于常规灌溉水，再生水含有更高养分和有机质。因此，再生水灌溉通常能提高土壤肥力，改善土壤环境（Gwenzi and Munondo，2008；刘洪禄等，2009；栗岩峰和李久生，2010；Chen et al.，2015），促进作物生长和提高产量（刘洪禄等，2010；Li et al.，2014；Matheyarasu et al.，2016），再生水可以作为替代肥源而受到了人们的普遍欢迎（Hussain et al.，1996；da Fonseca et al.，2005；Nogueira et al.，2013）。再生水灌溉还可以降低直接排放到河流湖泊造成的水体富营养化污染风险（李云开等，2012；Trinh et al.，2013）。然而，仅灌溉再生水通常不能满足作物整个生育期对氮素的需求，需要加施肥料（da Fonseca et al.，2007c；Nogueira et al.，2013；Bame et al.，2014）。但由于再生水中养分来源和形态的多样性，离子、微生物环境也与常规灌溉水有较大差异，不同再生水组分之间的相互作用更加复杂，再生水氮素与氮肥的吸收利用模式仍存在差异，再生水灌溉施肥制度可能不同于常规水施肥灌溉（Feigin et al.，1991；da Fonseca et al.，2007b）。开展氮素平衡分析研究，探析氮素利用效率有助于制定经济环保的施肥制度，但目前仍缺乏再生水灌溉氮素利用效率方面的系统研究。Adeli 等（2003）评估了再生水灌溉不施肥条件下的氮素利用效率。Minhas 等（2015）研究了再生水施肥灌溉条件下氮素利用效率随施氮量的变化规律。但这些研究都是从农学角度研究再生水灌溉下再生水氮或总氮利用效率，而且无法避免土壤氮素干扰，也缺乏对肥料氮和再生水氮之间耦合利用关系以及不同来源氮素残留和损失等方面的综合研究，进而无法准确地定量再生水氮对作物生长的有效性（Adeli et al.，2003；Minhas et al.，2015；郭魏等，2015），难以制定出科学的再生水灌溉施肥制度。农民为了保证粮食产量获得可靠收益，只能依据常规水灌溉的施肥制度指导再生水灌溉（Hu et al.，2016）。但是，这容易造成再生水灌溉氮素供给过量或失衡，不仅会影响作物生长和产量形成，也增大了氮素损失风险，特别是增大了 NO_3^--N 淋失风险（Yadav et al.，2002；Master et al.，2004；李平等，2008；Gloaguen et al.，2007；Levy et al.，2011；Segal et al.，2011）。因此，再生水灌溉施肥条件下，进行不同来源氮素平衡分析，揭示再生水灌溉不同来源氮素吸收利用规律，探析不同来源氮素残留发布和损失情况，将有助于制定安全环保的再生水灌溉施肥制度。

当前灌溉施肥条件下开展不同来源氮素平衡分析，揭示氮素吸收利用和残留损失情况，采用的研究方法主要有差减法和 ^{15}N 示踪法（巨晓棠和张福锁，2003）。一般而言，差减法计算的氮肥利用率（氮素回收率）是根据施肥处理和不施肥处理作物吸氮量（一般指作物的地上部分）的差值与施氮量进行比较得到，反映的是作物对氮素的需求与氮素供给的关系，受施肥方法（施肥量、施肥时间、施肥地点和氮肥形式等）和决定作物养分吸收的因素（作物基因、气象、种植密度等）影响。氮素回收率需要设置不施肥处理做对照，而且施肥处理与不施肥处理需要有相似的土壤-作物-气候环境，以反映氮肥对作物生长的贡献（田昌玉等，2011）。长期试验会造成不施肥处理土壤氮素的亏缺，从而高估氮素回收率。因此，这种方法不适合评价长期试验氮肥的利用率。另外，差减法计算的氮素回收率也会受到氮素激发的干扰。^{15}N 示踪法是根据作物吸收肥料氮量与施氮量的比例直接计算得到的氮肥利用率。与差减法相比，^{15}N 示踪法可以反映氮肥实际利用、残留和损失情况。因此，在研究氮素转化和去向时，^{15}N 示踪法是一种有效的方法，而且 ^{15}N 示踪法可以评价后季作物生长的氮肥利用率（巨晓棠和张福锁，2003；Ladha et al.，2005）。

^{15}N 示踪法可以研究不同氮肥类型在土壤-作物系统中的去向问题。李玉中等（2002）通过对比两种氮肥 $Ca(^{15}NO_3)_2$ 和 $(^{15}NH_4)_2SO_4$ 在草地-土壤系统中的去向，发现 NO_3^--N 肥较 NH_4^+-N 肥有更高的氮素利用率和较低的氮素损失率，因此，建议该草地采用 NO_3^--N 肥。Zhang 等（2012）应用 ^{15}N 示踪法研究了宁夏灌区土壤-水稻系统氮素平衡，发现增加施氮量不仅会降低水稻从土壤中吸收氮素，也会降低氮素利用率，0～90cm 土壤中的氮素残留率为18%～23%。Hou 等（2009）研究了不同盐分的灌溉水和不同施肥策略（分别在灌溉前期、中期和后期施肥）对棉花生长、产量和氮肥利用率的影响，发现灌溉水质显著影响了作物生长、产量和氮肥利用率，中等盐度时上述指标达到最大值；灌溉前期施肥有利于获得较高的棉花产量，但也增加了氮肥从根区淋失的风险。Ju 等（2007）研究了玉米（深根系）和茄子（浅根系）对不同埋深 ^{15}N 标记 NO_3^--N 吸收利用的影响，发现 ^{15}N 利用率随深度增加而减小，同一深度玉米对氮肥利用率高于茄子，玉米对15cm、45cm 和75cm 深处 ^{15}N 的利用率分别为22.4%、13.8%和7.8%，茄子 ^{15}N 利用率分别为7.9%、4.9%和2.7%。

^{15}N 示踪法也被用于有机肥氮利用效率方面的研究。Paul 和 Beauchamp（1995）研究

了温室和田间试验条件下玉米对牛粪尿和等量 NH_4^+-N 肥利用率的影响，发现温室条件下，牛粪尿和 NH_4^+-N 肥的氮肥表观回收率分别为 76% 和 85%，田间试验条件下分别为 43% 和 58%，玉米对牛粪尿氮的利用率低于 NH_4^+-N 肥；^{15}N 示踪法得到的牛粪尿和 NH_4^+-N 肥氮的利用率分别为 15% 和 29%，这说明试验过程发生矿化–固持周转，而且施用牛粪尿的土壤发生矿化–固持周转更多，主要原因可能是施用牛粪尿的土壤有更高的微生物量和发生了更多的氮固定。朱莱红等（2010）研究发现，和单施化肥相比，配施有机肥处理微生物前期可以提高对化肥的固持率，并在后期矿化后释放出来，从而提高了氮素利用率。Thomsen（2004）研究了家禽粪肥施入时间对氮素利用率的影响，发现春季较冬季施家禽粪肥能够提高家禽粪肥的利用率，3 年家禽粪肥累积利用率分别为 88% 和 56%。

综上分析，再生水灌溉施肥条件下，可以采用 ^{15}N 示踪法研究土壤–作物系统氮素平衡，进行不同来源氮素示踪分析，不仅可以揭示氮素吸收利用及转化规律，反映作物的生长状况，还能表征土壤氮素动态发布情况，以及进行氮素损失风险分析（刘学军等，2002；钟茜等，2006；赵荣芳等，2009；Khajanchi et al.，2015；Matheyarasu et al.，2016）。

13.2 研究方法

再生水滴灌玉米盆栽试验在国家节水灌溉中心大兴试验研究基地（116°15′E，39°39′N）进行。该试验区平均海拔为 31.3m，属北温带半湿润大陆季风气候，多年平均气温 11.6℃，多年平均降水量 556mm，但降水在季节间的分配不均匀，6 ~ 8 月降水约为全年的 70% ~ 80%。

13.2.1 试验土壤

滴灌玉米盆栽试验于 2014 年和 2015 年在试验基地一遮雨棚（11.6m×6.5m）内进行。土壤取自田间试验区 0 ~ 60cm 土层，为砂壤土（美国制），其中黏粒、粉粒和砂粒含量分别为 13.6%、53.5% 和 32.9%（王珍，2014）。盆栽土壤平均干容重为 1.38g/cm^3，平均田间持水率为 0.30cm^3/cm^3（王珍，2014）。2014 年土壤含 0.6g/kg 总磷、5.7mg/kg 有效磷、0.4g/kg 总氮、5.0mg/kg NO_3^--N、2.1mg/kg NH_4^+-N，电导率为 75μS/cm，pH 为 8.53。2015 年土壤含 0.5g/kg 总氮、8.5mg/kg NO_3^--N、3.3mg/kg NH_4^+-N、电导率为 82μS/cm，pH 为 8.43。遮雨棚内的温湿度由 HOBO 温湿度计（Onset Computer，USA）测定（表 13-1）。

表 13-1　盆栽试验遮雨棚内温湿度

年份	月/日	温度（℃）	相对湿度（%）	年份	月/日	温度（℃）	相对湿度（%）
2014	5/4 ~ 5/31	22.1	53.0	2015	5/5 ~ 5/31	22.0	53.1
	6/1 ~ 6/30	26.0	66.2		6/1 ~ 6/30	26.0	61.4
	7/1 ~ 7/31	29.3	68.3		7/1 ~ 7/31	28.0	69.1
	8/1 ~ 8/25	27.3	73.2		8/1 ~ 8/23	28.4	72.6

13.2.2 试验设计

盆栽种植作物选为玉米（*Zea mays* L.），选用当地常用品种‘京科 389’。2014 年和 2015 年进行了施氮量影响试验。试验因素为灌溉水质和施氮量，灌溉水质为二级再生水（secondary treated sewage effluent，用 S 代表）和地下水（groundwater，用 G 代表），二级再生水取自北京大兴黄村污水处理厂，地下水取自试验站。施氮量分别为 0、0.88g/盆、1.76g/盆和 2.64g/盆，折合 0kg/hm^2、70kg/hm^2、140kg/hm^2 和 210kg/hm^2，分别称为对照、低氮、中氮和高氮处理，其中再生水处理（SW）分别记作 S0、S70、S140、S210，地下水处理（GW）分别记作 G0、G70、G140、G210。为了研究不同再生水水质对玉米生长、产量、吸氮量和再生水氮有效性的影响，2015 年增加了给定灌溉定额条件下的水质影响试验，各处理施氮量都为 1.76g/盆，折合 140kg/hm^2。水质影响试验设 4 个水质处理，按灌溉水中再生水所占比例从低到高依次为地下水（G）、再生水与地下水体积比为 4∶2（S67%）和体积比为 5∶1（S83%）的混合水和再生水（S100%）。2014 年试验各处理有 10 个重复，2015 年试验各处理有 4 个重复，盆栽试验采用裂区布置。玉米分别于 2014 年 5 月 4 日和 2015 年 5 月 5 日播种，播种位置在灌水器旁约 3cm 深处，玉米于 2014 年 8 月 25 日和 2015 年 8 月 23 日收获。

盆栽规格为外径 40cm，高 65cm，采用 PVC 材质，盆底用 PVC 板焊接而成，且在盆底开 5 个直径为 1.5cm 的圆孔，在盆底铺设 7cm 的反滤层（自下而上为大石子、小石子和细沙砾），以便排水和通气。土壤风干过 3mm 筛，然后按田间平均土壤容重（1.38g/cm^3）在反滤层上方分层填装，每层填土 5cm，共 55cm。在遮雨棚内开沟，深度约 80cm，然后将盆置于沟中，盆上沿高出地表 3cm 左右，并在盆底放置接水容器，以便收集渗漏水量。

13.2.3 灌溉施肥

施氮量影响试验采用两个独立的滴灌系统分别向再生水和地下水处理供水。每次灌水前，先将再生水和地下水分别储存在 300L 的储水桶中，储水桶内安装水泵（流量为 1.5m^3/h，扬程为 32m）为再生水和地下水滴灌系统分别供水。两个滴灌系统均安装有叠片式过滤器、水表、压力表、阀门、滴灌带及配件等。滴灌带选用以色列耐特菲姆公司生产的非压力补偿滴灌带——超级台风（Super Typhoon）125，0.1MPa 对应的灌水器标定流量为 1.10L/h。灌水器间距为 40cm，每个盆中心位置对应一个灌水器。水质影响试验中，分别在各盆旁距地面约 2m 高处安装水桶（6L）作为水源，灌溉前根据各水质处理要求均匀混合灌溉水，然后通过输液管滴灌到玉米根旁，流量控制在 1.10L/h 左右。

再生水和地下水处理分别选一个盆安装 EM50 土壤多参数自动检测系统（Decagon，美国）用以连续观测土壤体积含水率，探头安装深度为距地表 5cm、15cm、27.5cm 和 45cm，分别代表 0～10cm、10～20cm、20～35cm 和 35～55cm 土层的平均土壤体积含水率。当计划湿润层（苗期和成熟期为 35cm，其他生育期为 55cm）土壤体积含水率降到

60% 田间持水率时进行灌溉，灌水上限为 95% 田间持水率。依据《微灌工程技术规范》(GB/T 50485—2009)，苗期和成熟期灌水定额为 20mm，其他时期为 30mm。2014 年施氮量影响试验各处理生育期灌水总量为 440mm，其中包括 5 月 14 日和 5 月 24 日分别灌 15mm 地下水（出苗水）。2015 年施氮量影响试验和灌溉水质影响试验灌水总量分别为 460mm 和 546mm，其中包括 5 月 15 日和 5 月 25 日灌的 15mm 地下水（出苗水）。自苗期末施肥灌水时开始进行水质处理。为了淋洗土壤氮素，避免土壤氮素过高影响玉米生长和产量对灌溉水质和施氮量的响应，在播前进行了大定额灌水，即 2014 年 5 月 1 日灌地下水 60mm，2015 年 4 月 29 日和 5 月 1 日分别灌 50mm 和 40mm 地下水。

氮肥选用上海化工研究院生产的 ^{15}N 标记尿素，丰度为 10.2%，含氮 46.8%。全生育期分别在苗期末、大喇叭口期和灌浆期施肥，分别施各处理设计施氮量的 30%、40% 和 30%。施肥时首先将 ^{15}N 尿素溶解，然后施到玉米旁，深度约 3cm，施肥后立即用土覆盖，以避免发生氨挥发损失。磷肥选用过磷酸钙，钾肥选用硫酸钾，均在盆栽填土时与表层 0～20cm 土壤均匀混合。施肥量按当地水平（P_2O_5 和 K_2O 均为 100kg/hm^2），磷酸钙和硫酸钾施入量分别为 10.47g/盆和 2.42g/盆。

13.2.4 观测内容与方法

13.2.4.1 土壤全氮和 ^{15}N 丰度

为研究不同来源氮素在土壤中的运移分布特征，测定了土壤的全氮和 ^{15}N 丰度。2014 年分别于 6 月 27 日、7 月 22 日和 8 月 25 日采集土壤样品，每次分别取各处理的 3、3 和 4 个重复。2015 年所有盆栽均在 8 月 23 日采集土壤样品。利用半径为 1cm 的土钻采集土壤样品，采集深度为 0～10cm、10～20cm、20～35cm 和 35～55cm，每个土层沿径向取 4 钻，位置分别在距离圆心 0cm、6cm、12cm 和 18cm 处。为研究土壤氮素沿径向的运移分布特征，选取 S210 和 G210 处理，在 2014 年 8 月 25 日沿径向和土壤深度方向采集土壤样品进行土壤全氮和 ^{15}N 丰度测定。其他处理将同一深度的 4 个土样均匀混合为一个 20g 的样品，然后再进行土壤全氮和 ^{15}N 丰度测定。所有土壤样品都要风干并过 100 目筛，在取样和过筛等过程中按照施氮量从低到高进行，同时注意清洁，防止发生 ^{15}N 交叉污染。

采用元素分析仪-稳定同位素质谱仪（Elementar 公司 vario PYRO cube 元素分析仪+Isoprime 100 主机）测试土壤样品全氮及 ^{15}N 丰度。主要测试原理为 vario PYRO cube 元素分析仪在 1500℃裂解温度下进行 H/O 分析，杜马斯燃烧法进行 C、N 和 S 含量连续分析；IRMS 是将 EA 产生的气体离子化，按照质荷比不同分离进行同位素质谱分析。

13.2.4.2 生物量、吸氮量及其 ^{15}N 丰度

为研究盆栽玉米生物量、吸氮量、氮素平衡及再生水中氮素的有效性，测定了玉米生物量、吸氮量及其 ^{15}N 丰度。2014 年分别在 6 月 27 日、7 月 22 日和 8 月 25 日取样，每次取各处理的 3 个、3 个和 4 个重复。2015 年所有玉米在 8 月 23 日取样。植株样品分为籽

粒、除籽粒外的地上部分（简称地上部）和根。收获后1天（2014年8月26日和2015年8月24日）用6cm直径根钻采集根土样。取土深度为0～10cm、10～20cm、20～35cm和35～55cm，径向分别为距圆心0～6cm、6～12cm和12～18cm。用镊子仔细将根系检出，然后把根洗干净后测定根生物量和根长密度。所有样品均在70℃下烘干至恒重，称其生物量。烘干后的样品用旋磨机进行粉碎并过100目筛，并用元素分析仪-稳定同位素质谱仪测定植株全氮及其^{15}N丰度。

13.2.4.3 氮素平衡计算

玉米吸收的氮素来自^{15}N标记肥的比例（%NDFF,%）或土壤氮素来自肥料的比例（%SNDFF,%）均用式（13-1）表示（Cliquet et al.，1990；Gallais et al.，2007）：

$$\%\mathrm{NDFF}(\%\mathrm{SNDFF})=\frac{\mathrm{atom}\%\ ^{15}N_{\mathrm{assay}}-\mathrm{atom}\%\ ^{15}N_{\mathrm{control}}}{\mathrm{atom}\%\ ^{15}N_{\mathrm{fertilizer}}-\mathrm{atom}\%\ ^{15}N_{\mathrm{control}}}\times 100 \tag{13-1}$$

式中，$\mathrm{atom}\%\ ^{15}N_{\mathrm{assay}}$为施肥处理植株或土壤样品^{15}N丰度（%）；$\mathrm{atom}\%\ ^{15}N_{\mathrm{control}}$为对照不施肥处理植株或土壤样品^{15}N丰度（%）；$\mathrm{atom}\%\ ^{15}N_{\mathrm{fertilizer}}$为标记尿素^{15}N丰度（%）。

玉米吸收的氮素来自^{15}N标记肥的量（NDFF，g/株）或土壤氮素来自肥料的量（SNDFF，g/盆）：

$$\mathrm{NDFF}(\mathrm{SNDFF})=\frac{N_{\mathrm{assay}}\times\%\mathrm{NDFF}(\%\mathrm{SNDFF})}{100} \tag{13-2}$$

式中，N_{assay}为植株吸氮量或土壤全氮（g/株）。

玉米各部分生物量乘以含氮量得到玉米各部分吸氮量，植株吸氮量为各部分吸氮量之和。土壤全氮为土壤质量和土壤含氮量的乘积。玉米吸收氮素来自土壤的量（NDFS，g/株）为植株吸氮量减去NDFF。考虑到盆栽土壤为过筛土，播前进行了大定额灌溉，初始土壤矿质氮素含量很低（不足全氮2%），因此，可以认为土壤有机氮是土壤氮素供给的主要来源。研究表明，短期二级再生水灌溉不会对土壤氮矿化产生显著影响（Feigin et al.，1981；Master et al.，2004；Shang et al.，2015）。因此，在同一施氮水平下，我们可以认为不同水质灌溉玉米对土壤氮素吸收量相同。玉米吸收的再生水氮量（NDFE，g/株）可以根据植株吸氮量减去NDFF，再减去NDFS得到。

肥料氮利用率（UFN,%）用以表示玉米吸收的肥料氮占总施氮量的比例情况，计算方法如式（13-3）。另外，式（13-3）也可用以计算肥料氮在土壤中的残留率（RFN,%）。

$$\mathrm{UFN}(\mathrm{RFN})=\frac{\mathrm{NDFF}(\mathrm{SNDFF})}{N_{\mathrm{fert}}}\times 100 \tag{13-3}$$

式中，N_{fert}为施入的标记肥量（g/株）。

和肥料氮利用率计算方法相似，再生水氮利用率（UEN,%）为玉米吸收的再生水氮占再生水氮施入量的比率，总氮（肥料氮+再生水氮）利用率（UTN,%）为玉米吸收的肥料氮和再生水氮总和与施入的肥料氮和再生水总和的比率。肥料氮损失率（LFN,%）用100减去UFN及RFN，再生水氮损失率（LEN,%）和总氮损失率（LTN,%）的计算方法与 LFN 相似。

13.2.4.4 玉米生长、产量和品质指标

为研究玉米生育期生长情况，测定了玉米的株高和叶面积指数（LAI）。用 3.0m 量程的卷尺测定玉米株高、叶片的长和宽。玉米 LAI 用每株玉米所有绿叶面积之和再除了 PVC 盆的面积得到。

收获后对各处理玉米进行考种。考种指标包括穗长、秃尖长、行数、行粒数、百粒重。将玉米穗晒干后并脱粒，70℃烘至恒重后测定其籽粒质量，然后转换为含有 14% 水分的籽粒标准产量。玉米籽粒品质指标主要有粗蛋白、粗淀粉和粗灰分，各指标按照《土壤农业化学分析方法》测定。

13.2.4.5 灌溉水质

每次灌溉前，取灌溉水样进行水质指标测定。再生水从储水桶中取水样 500mL 进行测定；地下水直接采集从井里抽出的水。测试指标有全氮、NH_4^+-N、NO_3^--N、全磷、有效磷、全盐、总悬浮物（TSS），COD_{Cr}，BOD_5，pH、EC 值，测试结果见表 13-2 和表 13-3。

和地下水相比，再生水含有更高的氮、磷等营养元素。施氮量影响试验中，2014 年和 2015 年再生水全氮含量分别是地下水全氮含量的 17 倍和 15 倍（表 13-2）。再生水氮素组分以 NO_3^--N 为主，两年平均占比达到了全氮含量的 75%，NH_4^+-N 含量仅为全氮含量的 3%，有机氮（全氮−NO_3^--N−NH_4^+-N）含量约占全氮含量的 22%。根据再生水氮素含量和全生育期灌水量，2014 年再生水全氮、矿化氮和有机氮施入量分别为 1.34g/盆、1.08g/盆和 0.26g/盆（107kg/hm^2、86kg/hm^2 和 21kg/hm^2），2015 年各组分施入量分别为 0.96g/盆、0.72g/盆和 0.24g/盆（77kg/hm^2、57kg/hm^2 和 20kg/hm^2）。

水质影响试验结果表明，混合水和再生水中的全氮含量高于地下水，并且随灌溉水中再生水所占比例提高，全氮含量呈增大趋势（表 13-3）。和地下水灌溉相比（1.16mg/L），S67%、S83% 和 S100% 处理全氮含量分别提高了 10 倍、12 倍和 14 倍。玉米全生育期内，G、S67%、S83% 和 S100% 处理全氮施入量分别为 0.08g/盆、0.81g/盆、0.98g/盆和 1.15g/盆（6kg/hm^2、65kg/hm^2、78kg/hm^2 和 92kg/hm^2）。

尽管再生水（混合水）中的全磷含量显著高于地下水，但含量依然较低，最高全磷含量仅为 3.8mg/L（表 13-2 和表 13-3）。施氮量影响试验中，2014 年和 2015 年再生水灌溉全磷施入量分别为 0.20g/盆和 0.07g/盆（16kg/hm^2 和 5kg/hm^2）。

施氮量影响试验和水质影响试验再生水水质结果均表明，再生水（混合水）水质符合《城市污水再生利用 农田灌溉用水水质》（GB 20922—2007）。例如，再生水 COD_{Cr} 和 BOD_5 含量最大值分别为 29.0mg/L 和 16.2mg/L，低于水质标准要求的相应阈值 180mg/L 和 80mg/L，试验中的再生水可用于农田灌溉。

表 13-2 施氮量影响盆栽试验再生水和地下水水质

指标	单位	2014 年				2015 年			
		再生水		地下水		再生水		地下水	
		平均值	标准差	平均值	标准差	平均值	标准差	平均值	标准差
全氮	mg/L	26.01	2.17	1.53	0.01	17.81	8.32	1.16	0.06
NH_4^+-N	mg/L	0.56	0.03	0.52	0.02	0.72	0.78	0.28	0.04
NO_3^--N	mg/L	20.42	2.34	0.73	0.01	12.53	4.06	0.65	0.03
全磷	mg/L	3.79	0.52	0.26	0.27	1.26	0.24	0.04	0.01
全盐	mg/L	753	52	337	25	693	108	260	10
TSS	mg/L	52.9	12.4	18.5	3.5	65.5	5.0	28.3	7.5
COD_{Cr}	mg/L	29.0	7.0	13.2	1.3	23.9	9.6	15.4	4.1
BOD_5	mg/L	14.7	2.7	9.3	0.4	16.2	6.3	11.1	3.5
EC	μS/cm	1170	83	510	2	1134	137	560	1
pH		8.30	0.09	7.55	0.01	8.28	0.21	7.56	0.01

注：TSS 为总悬浮物；EC 为电导率。

表 13-3 水质影响盆栽试验再生水和地下水水质

指标	单位	G		S67%		S83%		S100%	
		平均值	标准差	平均值	标准差	平均值	标准差	平均值	标准差
全氮	mg/L	1.16	0.06	12.52	5.85	15.08	7.05	17.81	8.32
NH_4^+-N	mg/L	0.28	0.04	0.52	0.52	0.66	0.64	0.72	0.78
NO_3^--N	mg/L	0.65	0.03	8.43	2.73	10.36	3.36	12.53	4.06
全磷	mg/L	0.04	0.01	0.85	0.11	1.08	0.20	1.26	0.24
全盐	mg/L	260	10	577	49	633	107	693	108
TSS	mg/L	28.3	7.5	37.7	18.8	43.0	7.1	65.5	5.0
COD_{Cr}	mg/L	15.4	4.1	34.0	4.1	26.2	10.6	23.9	9.6
BOD_5	mg/L	11.1	3.5	21.2	1.5	16.6	5.6	16.2	6.3
EC	μS/cm	560	1	974	103	1082	126	1134	118
pH		7.56	0.01	8.23	0.12	8.29	0.17	8.28	0.17

注：TSS 为总悬浮物；EC 为电导率。

13.2.5 统计分析方法

采用双因素方差分析确定灌溉水质和施氮量对玉米株高、LAI、生物量、吸氮量、产量、产量构成要素的影响，以及对盆栽试验肥料氮平衡的影响；采用单因素方差分析确定盆栽试验施氮量对总氮平衡的影响；采用 Dcuncan 多重比较确定各处理的均值差异。本节中的方差分析和 Dcuncan 多重比较均用 SPSS 16.0（SPSS，2007）完成。

13.3 氮素在土壤中的运移分布特征

13.3.1 沿深度和径向的分布特征

2014 年以高氮处理（2.64g/盆）为例，分析了^{15}N 在土壤中沿深度和径向的运移分布特征。为了分析径向 4 点法取样（距离圆心 0cm、6cm、12cm 和 18cm）^{15}N 丰度的代表性和不同位置^{15}N 丰度的权重系数，对径向^{15}N 丰度进行了分析，结果见表 13-4 和表 13-5。首先对各层土壤（10cm、20cm、35cm 和 55cm）径向^{15}N 丰度与相应距离（距离圆心 0cm、6cm、12cm 和 18cm）进行回归分析，得到两者之间的回归方程，然后根据回归方程在径向距离方向进行积分并除以径向距离得到每层土壤^{15}N 丰度的均值，再和距离圆心 0cm、6cm、12cm 和 18cm 的 4 个径向取样点处^{15}N 丰度平均值进行比较。结果表明，4 点法和积分计算的^{15}N 丰度均值相差不大，两者的相对误差为-1.4%～3.0%，平均相对误差仅为 0.7%，这说明 4 点法能够反映同一土层^{15}N 丰度的均值。

表 13-4　径向 4 点法取样^{15}N 丰度的代表性分析

处理	深度（cm）	积分法	4 点法	相对误差（%）
G210	10	0.66	0.67	1.1
	20	0.80	0.82	2.1
	35	0.48	0.48	0.3
	55	0.38	0.38	-0.1
S210	10	0.61	0.63	3.0
	20	0.73	0.74	1.9
	35	0.55	0.55	-1.4
	55	0.40	0.40	-0.1
平均				0.7

表 13-5　径向不同位置^{15}N 丰度权重分析

径向距离（cm）	G210	S210
0	27.8	29.2
6	27.3	28.3
12	22.6	22.0
18	22.3	20.5

同一土层距离圆心不同位置^{15}N 丰度的权重可以根据不同位置^{15}N 丰度值占 4 点法^{15}N 丰度之和的比例得到。结果表明，再生水灌溉和地下水灌溉条件下，^{15}N 丰度权重沿径向有降低的趋势。

为了研究肥料氮在土壤中的分布特征，测定了根钻体积土壤的^{15}N残留率沿土壤深度分布特征（图 13-1（a））。^{15}N残留率沿深度方向呈先增加后降低的变化规律，在 10～20cm 土层出现峰值，并且^{15}N主要分布在 35cm 以上土层，35～55cm 土层^{15}N残留量非常少。例如，再生水灌溉和地下水灌溉 35cm 以上土壤^{15}N含量占全部土壤^{15}N的比例分别达到了 93% 和 98%。尽管 35～55cm 土层也会发现^{15}N残留，但其含量不足^{15}N总残留量的 7%。因此，在本试验条件下，可以认为^{15}N沿深度方向的运移距离是 35cm。同一深度，不同水质的^{15}N残留率不一致。20cm 以上土壤，地下水灌溉土壤^{15}N残留率大于再生水灌溉，而 20cm 以下土壤，再生水灌溉土壤^{15}N残留率大于地下水灌溉。

^{15}N残留率沿径向分布特征见图 13-1（b）。离圆心距离越大，^{15}N残留率越小，但在圆心 6cm 以内的^{15}N残留率降幅较小。距圆心 6cm 范围内，再生水灌溉^{15}N残留率高于地下水灌溉，而距离圆心 6cm 以外，不同水质的^{15}N残留率变化规律与距圆心 6cm 内的情况相反。本试验结果表明，再生水灌溉较地下水灌溉^{15}N更多地分布在距圆心 6cm 以内和 20cm 以下土壤。^{15}N在土壤中的分布主要受灌溉水质、施氮量和根系分布等因素的综合影响。再生水灌溉促进了玉米根系的生长，根系多分布于 20cm 以上和离圆心较近的土壤，根系对肥料氮的吸收促使肥料氮更易分布于近圆心的土壤。但再生水灌溉相比地下水灌溉带入土壤更多的氮素，且再生水氮素主要分布在 20cm 以上土层，从而减少了玉米对深层土壤肥料氮的吸收利用，增加了肥料氮在下层土壤中的累积。

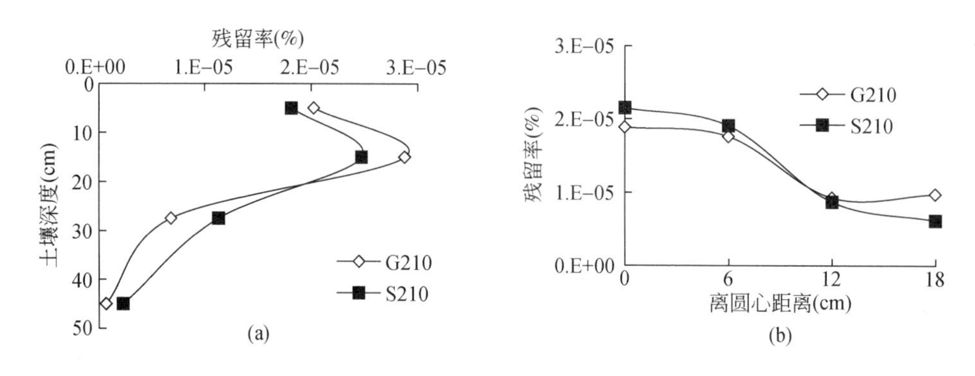

图 13-1 ^{15}N（根钻体积）沿土壤深度（a）和径向（b）分布特征

再生水氮素对土壤全氮的贡献率（%SNDFE）沿土壤深度和径向分布特征见图 13-2（a）和图 13-2（b）。和^{15}N残留率沿土壤深度方向的变化规律一致，%SNDFE 沿土壤深度呈先增加后降低的变化规律，在 10～20cm 土层出现峰值。离圆心距离越大，%SNDFE 呈先增加后降低的变化规律，在距离圆心 12cm 处出现峰值。再生水灌溉后的土壤以 NO_3^--N 为主，NO_3^--N 易随水运移，在灌水湿润锋周围累积，受玉米根系对养分吸收的影响，根系的主要分布区也是养分吸收的主要区域，容易造成氮素累积。因此，再生水氮的分布特征可能是施肥量、玉米根系分布和土壤水分湿润锋等因素综合作用的结果。

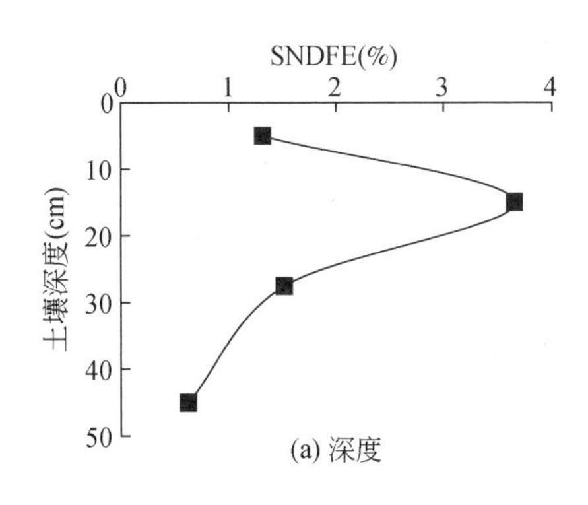

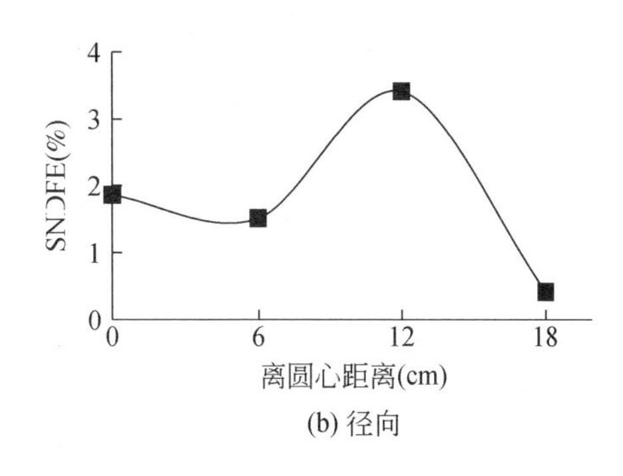

图 13-2　再生水氮素（根钻体积）沿土壤深度（a）和径向（b）分布特征

13.3.2　施氮量对氮素运移分布的影响

为了研究施氮量对土壤 ^{15}N 分布的影响，将各土层 ^{15}N 残留率折算为相等土层（10cm）条件下的氮肥残留率（20～35cm 土层 ^{15}N 残留率除以 1.5，35～55cm 土层 ^{15}N 残留率除以 2）。2014 年 8 月 25 日和 2015 年 8 月 23 日不同施氮处理 ^{15}N 残留率沿土壤深度分布特征分别见图 13-3 和图 13-4。^{15}N 沿土壤深度方向多表现为先增后减的变化规律，2014 年各处理 ^{15}N 都在 10～20cm 土层达到峰值，2015 年除在 10～20cm 土层出现峰值外，在 20～35cm 土层也出现了峰值。玉米根系生长和土壤水分运移分布的差异可能是造成 ^{15}N 分布差异的主要原因。^{15}N 主要分布在 35cm 以上土层，特别是 20cm 以上土层。例如，2014 年和 2015 年各处理 ^{15}N 在 35cm 以上土壤中的残留量占 ^{15}N 总残留量的比例分别达到 92% 和 79% 以上。这也表明 ^{15}N 在土壤中的主要运移距离为 35cm，滴灌条件下，氮素运移距离较小，不易发生氮素淋失。连续两年均未在盆底收集到渗漏液，也表明土壤氮素没有淋出 55cm 深度土壤。施氮量可以影响 ^{15}N 在土壤中的分布特征，20cm 以下土壤，^{15}N 残留率随施氮量的增加呈增大的趋势。例如，2015 年 35～55cm 土层，土壤 ^{15}N 肥残留率从 G70 处理的 0.2% 增长到 G210 处理的 2.3%。这说明提高施氮量增强了 ^{15}N 向下层土壤运移的能力（Liu et al.，2003）。

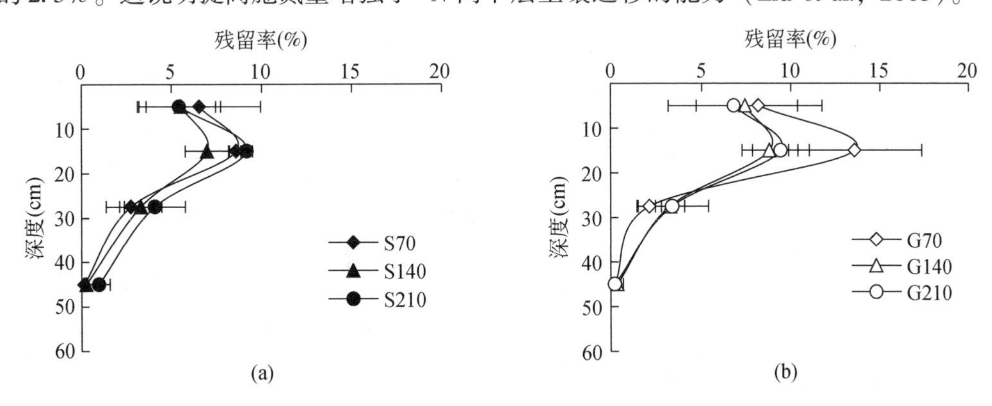

图 13-3　2014 年各处理 ^{15}N 残留率沿土壤深度分布特征

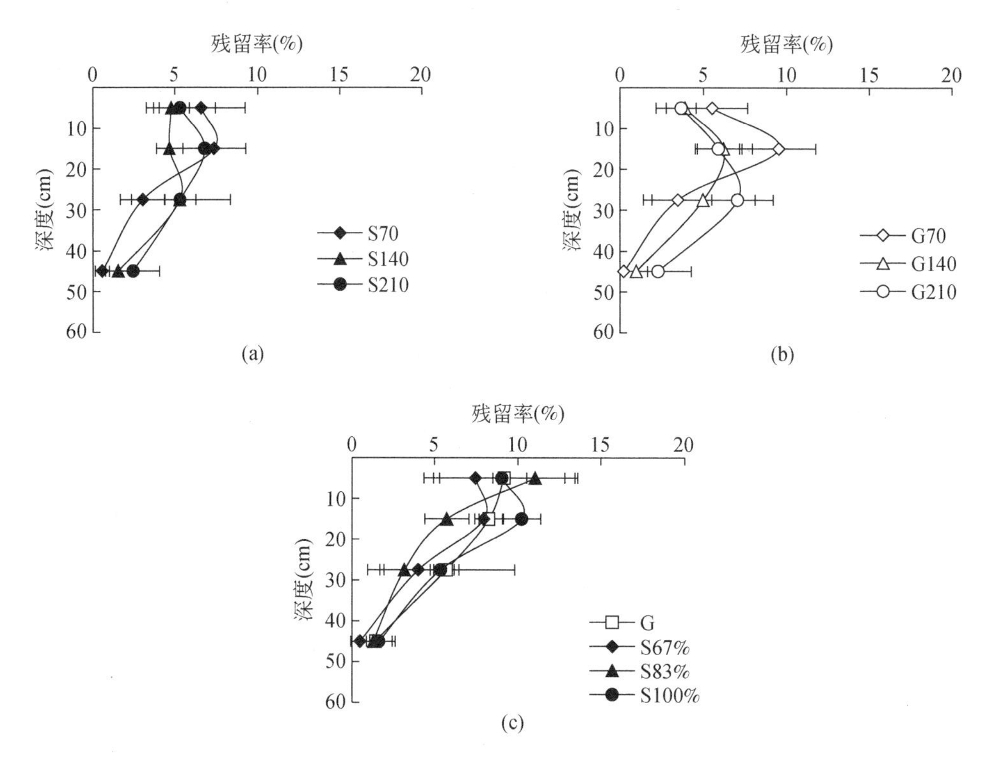

图 13-4　2015 年各处理^{15}N残留率沿土壤深度变化特征

各层土壤中不同水质灌溉的^{15}N残留率变化情况不一致。20cm 以上土层地下水灌溉的肥料残留率多大于再生水灌溉，20cm 以下土壤再生水灌溉的肥料氮残留量多高于地下水灌溉。例如，2015 年施氮量影响试验中再生水处理在 35cm 以下土层^{15}N残留量占全部^{15}N残留量的比例为 14%，高于地下水处理的 10%，这说明再生水灌溉更易引起^{15}N在 35cm 以下土壤的累积（Leal et al.，2010）。另外，在 2015 年的水质影响试验中，随灌溉水中再生水所占比例的提高，^{15}N也有向深层土壤运移趋势。例如，S87% 和 S100% 处理^{15}N在 35cm 以下土壤残留占比分别为 11% 和 13%，显著高于 G 和 S67% 处理的 4% 和 6%。这与 Alrajhi 等（2015）研究不同水质对土壤全氮的影响结果一致，即再生水灌溉土壤全氮高于混合水灌溉，清水灌溉土壤全氮含量最低。再生水灌溉氮素在土壤中的分布情况主要受氮肥施入量、再生水氮带入量和玉米根系吸收等因素的影响。氮素施入土壤后，一部分氮素被玉米根系吸收利用，一部分被土壤吸附，但根系吸收氮素和土壤对氮素的吸附量是一定的，过多的氮素供给超出了根系吸收和土壤对氮素的吸附能力，从而使得剩余的氮素随水运移至下层土壤。

2014 年和 2015 年施氮量影响试验各处理再生水氮素（再生水氮素对土壤全氮的贡献率,% SNDFE）沿土壤深度分布特征分别见图 13-5。受施肥灌水的影响，各处理% SNDFE 沿土壤深度分布特征和^{15}N残留情况相似，均表现为随深度增加而先增加至 10～20cm 土层，后又逐渐降低。但同一深度土壤,% SNDFE 随施氮量的变化规律不一致。总体而言，增加施氮量提高了再生水氮在土壤中的残留。这主要是由于较高的施氮量抑制了玉米对再生水氮的吸收，进而增加了再生水氮在土壤中的残留。另外，随灌溉水中再生水所占比例的提高，再生水氮素在土壤中的残留也有增长趋势（图 13-5）。

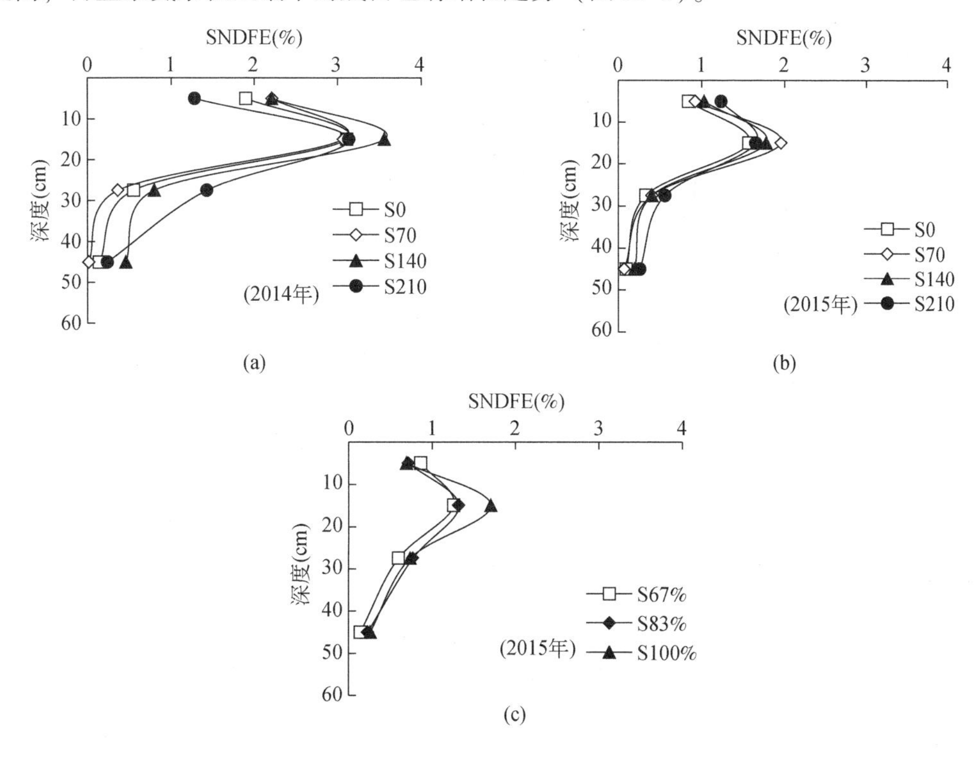

图 13-5　2014 年和 2015 年各处理再生水氮素沿土壤深度分布特征

13.4　土壤-玉米系统氮素平衡

13.4.1　吸氮量

表 13-6 给出了 2014 年盆栽玉米植株吸氮量和氮肥利用率生育期变化。玉米吸氮量随时间呈增长趋势，再生水灌溉玉米吸氮量增幅高于地下水灌溉。例如，G0 处理吸氮量由 6 月 27 日的 0.48g/株增长到 8 月 25 日的 1.48g/株，S0 处理吸氮量则从 0.60g/株增长到 2.05g/株。除 G140 和 G210 外，各处理生育期内氮肥利用率呈逐渐增长趋势，G140 和 G210 处理在 6 月 27 日的氮肥利用率较高，到 7 月 22 日氮肥利用率有小幅降低，而后有所增大。除了 8 月 25 日再生水灌溉的氮肥利用率随施氮量增加有降低趋势外，其他各时期氮肥利用率呈先增后减的变化规律，中氮处理氮肥利用率最大。灌溉水质对氮肥利用率有一定的影响。6 月 26 日的再生水处理氮肥利用率低于地下水处理，而 7 月 22 日和 8 月 25 日的再生水处理氮肥利用率多高于地下水灌溉。施氮量、再生水氮带入量和玉米根系对氮

肥的吸收利用是氮肥利用率变化的主要因素。例如，拔节期是玉米的快速生长期，对氮肥等营养元素的需求较大，但此时施入的肥料氮较少，即便高氮处理也不能满足玉米生长对氮素的需求，玉米对肥料氮的吸收量随施氮量的增加而增大，中氮和高氮处理的氮肥利用率较高。各处理施肥灌水增加了土壤氮素供给，特别是较高施氮量可能超过了玉米对氮素的需求，从而降低了氮肥利用率。

表 13-6　2014 年玉米植株吸氮量和氮肥利用率生育期变化

处理	6 月 27 日		7 月 22 日		8 月 25 日	
	吸氮量（g/株）	利用率（%）	吸氮量（g/株）	利用率（%）	吸氮量（g/株）	利用率（%）
G0	0. 48f		0. 96f		1. 48e	
G70	0. 73de	43ab	1. 29ef	50a	2. 01d	62ab
G140	0. 84cd	56a	1. 75bcd	52a	2. 65c	62ab
G210	1. 02ab	54ab	1. 83abc	47a	2. 99bc	54b
S0	0. 59ef		1. 35def		2. 05d	
S70	0. 84cd	38b	1. 67cde	51a	2. 64c	69a
S140	0. 95bc	45ab	2. 10ab	54a	3. 27ab	67a
S210	1. 12a	43ab	2. 15a	47a	3. 46a	55b
方差分析						
灌溉水质	** (P=0. 00)	* (P=0. 04)	** (P=0. 00)	NS(P=0. 85)	** (P=0. 00)	NS(P=0. 07)
施氮量	** (P=0. 00)	NS(P=0. 10)	** (P=0. 00)	NS(P=0. 35)	** (P=0. 00)	** (P=0. 00)

注：同一列不同字母表示在 α=0. 05 水平上显著；NS 表示在 α=0. 05 水平上不显著；* 和 ** 分别表示在 α=0. 05 和 α=0. 01 水平上显著，下同。

2014 年和 2015 年施氮量影响试验玉米各部分吸氮量和氮肥利用率分别见表 13-7 和表 13-8。两年试验均表明，施氮量和灌溉水质对玉米吸氮量的影响达到了极显著的水平（P<0. 01）。随施氮量的增加，玉米吸氮量呈增长趋势，施肥处理玉米吸氮量明显高于不施肥处理，但中氮和高氮处理的玉米吸氮量无明显差异。例如，2015 年 G70、G140 和 G210 处理玉米籽粒吸氮量分别为 1. 59g/株、1. 84g/株和 1. 85g/株，较 G0 处理玉米吸氮量 1. 28g/株分别增大 24%、44% 和 45%。和地下水灌溉相比，再生水灌溉可以提高吸氮量，但增加施氮量削弱了再生水灌溉对吸氮量的促进作用。例如，2015 年不施肥时，再生水灌溉较地下水灌溉籽粒吸氮量提高 18%，但当施氮量为 2. 64g/盆时，再生水处理较地下水处理仅提高了 10%。水质影响试验也表明，再生水灌溉能刺激玉米对肥料氮的吸收（表 13-9）。提高灌溉水中再生水所占比例，肥料氮吸收量呈先增后减的变化规律，S83% 处理氮肥吸收量和氮肥利用率最高。施氮量可以显著影响玉米籽粒和植株的氮肥利用率（P<0. 01），提高施氮量降低了玉米籽粒和植株的氮肥利用率，尤其是高氮处理氮肥利用率显著低于低氮和中氮处理氮肥利用率。

表 13-7　2014 年施氮量影响试验玉米各部分吸氮量和氮肥利用率

处理	籽粒		地上部		根	
	吸氮量（g/株）	利用率（%）	吸氮量（g/株）	利用率（%）	吸氮量（g/株）	利用率（%）
G0	0.84e		0.55d		0.09f	
G70	1.23cd	44a	0.66cd	16a	0.12ef	2d
G140	1.57b	42a	0.92abc	17a	0.16de	3cd
G210	1.68ab	34b	1.06ab	17a	0.25b	3bcd
S0	1.16d		0.76bcd		0.13ef	
S70	1.53bc	46a	0.92abc	19a	0.19cd	4abc
S140	1.87a	42a	1.16a	20a	0.24bc	5a
S210	1.92a	33b	1.23a	17a	0.31a	5ab
方差分析						
灌溉水质	**(P=0.00)	NS(P=0.90)	**(P=0.01)	NS(P=0.16)	**(P=0.00)	**(P=0.00)
施氮量	**(P=0.00)	**(P=0.00)	**(P=0.00)	NS(P=0.67)	**(P=0.00)	NS(P=0.13)

注：地上部：玉米植株除籽粒外的地上部分，下同。

表 13-8　2015 年施氮量影响试验玉米各部分吸氮量和氮肥利用率

处理	籽粒		地上部		根	
	吸氮量（g/株）	利用率（%）	吸氮量（g/株）	利用率（%）	吸氮量（g/株）	利用率（%）
G0	1.28d		0.72c		0.10e	
G70	1.59bc	38a	0.86c	17a	0.13de	3ab
G140	1.84ab	37ab	1.31ab	19a	0.16abc	3a
G210	1.85ab	29b	1.36a	17a	0.18ab	3ab
S0	1.51cd		0.91bc		0.14cd	
S70	1.82ab	41a	1.10abc	20a	0.15bcd	3ab
S140	2.10a	37ab	1.49a	22a	0.18ab	3ab
S210	2.03a	29b	1.46a	17a	0.18a	2b
方差分析						
灌溉水质	**(P=0.00)	NS(P=0.71)	NS(P=0.06)	NS(P=0.28)	**(P=0.01)	*(P=0.05)
施氮量	**(P=0.00)	**(P=0.00)	**(P=0.00)	NS(P=0.38)	**(P=0.00)	NS(P=0.14)

表 13-9　2015 年水质影响试验玉米各部分吸氮量和氮肥利用率

处理	籽粒		地上部		根	
	全氮（g/株）	利用率（%）	全氮（g/株）	利用率（%）	全氮（g/株）	利用率（%）
G	1.96a	41a	1.06b	17a	0.14a	3a
S67%	2.13a	45a	1.35a	20a	0.15a	2a
S83%	2.23a	47a	1.38a	20a	0.15a	2a
S100%	2.14a	40a	1.38a	20a	0.16a	2b
方差分析						
灌溉水质	NS(P=0.28)	NS(P=0.59)	*(P=0.02)	NS(P=0.40)	NS(P=0.44)	*(P=0.02)

13.4.2 肥料氮平衡

2014 年和 2015 年土壤-玉米系统肥料氮平衡分别见表 13-10 和表 13-11。施氮量影响试验表明，施氮量对^{15}N 吸收量、残留量和损失量有极显著的影响（P<0.01）。土壤初始氮素含量低，并且不受降雨的影响，因此，施氮显著改变了土壤氮素含量，影响了土壤-玉米系统氮素平衡。相同水质下，增加施氮量提高了^{15}N 吸收量、残留量和损失量。例如，2015 年施氮量影响试验 G210 和 G140 处理^{15}N 吸收量为 1.29g/株和 1.04g/株，较 G70 处理^{15}N 吸收量（0.51g/株）分别增加了 153% 和 104%。^{15}N 利用率和损失率受施氮量影响有相反的变化规律，即增加施氮量降低了^{15}N 利用率，但增大了^{15}N 损失率。以 2014 年再生水灌溉为例，施氮量从 0.88g/盆增加到 2.64g/盆时，肥料氮利用率从 69% 降低到 55%，而肥料氮损失率从 12% 增大到 22%。

表 13-10 2014 年和 2015 年施氮量影响试验土壤-玉米系统肥料氮平衡

生育期	处理	^{15}N 吸收量（g/株）	UFN（%）	^{15}N 残留量（g/盆）	RFN（%）	^{15}N 损失量（g/盆）	LFN（%）
2014 年	G70	0.54c	62ab	0.23d	25a	0.11b	13c
	G140	1.09b	62ab	0.39b	22b	0.28b	16abc
	G210	1.43a	54b	0.58a	22b	0.63a	24a
	S70	0.61c	69a	0.17d	19bc	0.10b	12c
	S140	1.18b	67a	0.32c	18c	0.26b	15bc
	S210	1.44a	55b	0.60a	23ab	0.60a	22ab
	方差分析						
	灌溉水质	NS(P=0.29)	NS(P=0.07)	NS(P=0.09)	*(P=0.02)	NS(P=0.66)	NS(P=0.53)
	施氮量	**(P=0.00)	**(P=0.00)	**(P=0.00)	NS(P=0.16)	**(P=0.00)	**(P=0.00)
2015 年	G70	0.51c	58ab	0.18bc	21a	0.19bc	21a
	G140	1.04b	59ab	0.34bc	20a	0.38b	21a
	G210	1.29a	49b	0.65a	25a	0.70a	26a
	S70	0.57c	64a	0.17c	20a	0.14c	16a
	S140	1.08ab	62a	0.36b	20a	0.32bc	18a
	S210	1.26a	48b	0.66a	25a	0.72a	27a
	方差分析						
	灌溉水质	NS(P=0.64)	NS(P=0.42)	NS(P=0.93)	NS(P=1.00)	NS(P=0.57)	NS(P=0.45)
	施氮量	**(P=0.00)	**(P=0.00)	**(P=0.00)	NS（P=0.14）	**(P=0.00)	NS（P=0.11）

注：UFN、RFN 和 LFN：肥料氮利用率、肥料氮残留率和肥料氮损失率，下同。

表 13-11　2015 年水质影响试验土壤-玉米系统肥料氮平衡

处理	吸收量（g/株）	UFN（%）	残留量（g/盆）	RFN（%）	损失量（g/盆）	LFN（%）
G	1.07	61	0.43	24	0.26	15
S67%	1.17	67	0.40	22	0.19	11
S83%	1.21	69	0.43	24	0.12	7
S100%	1.09	62	0.54	30	0.13	8

和地下水灌溉相比，再生水灌溉促进了玉米对肥料氮的吸收。再生水灌溉较地下水灌溉促进了玉米生长，尤其是提高了根系生物量和吸氮量，发达的根系进一步促进了玉米对肥料氮的吸收。但是，再生水灌溉的促进作用随施氮量的增加而减小。增加施氮量提高了肥料氮在土壤中的残留，促使玉米吸收更多的肥料氮，进而削弱了再生水灌溉对肥料氮吸收的促进作用。水质影响试验表明，随灌溉水中再生水比例的提高，肥料氮吸收量和利用率均呈先增加后降低的变化规律，S83% 处理达到峰值（表 13-11）。

和 2014 年相比，2015 年施氮量影响试验中玉米对肥料氮的吸收量有所降低。主要原因是 2015 年较大的灌溉量和较高的土壤初始氮素含量促进了玉米对土壤氮的吸收利用，从而抑制了玉米对肥料氮的吸收。

13.4.3　再生水氮平衡

2014 年和 2015 年施氮量影响试验土壤-玉米系统再生水氮平衡见表 13-12。增加施氮量降低了再生水氮素吸收量和再生水氮利用率（UEN）。以 2015 年为例，当施氮量从 0 增加到 2.64g/盆时，再生水氮吸收量从 0.46g/盆降到 0.31g/盆，UEN 从 48% 降到 32%。增加施氮量提高了再生水氮残留量和再生水氮残留率（REN）。和不施肥处理相比，2014 年和 2015 年施氮处理再生水氮残留量增幅分别为 0 ~ 34% 和 10 ~ 28%。另外，当施氮量从 1.76g/盆增加到 2.64g/盆时，再生水氮损失量和损失率（LEN）均有较大幅度的升高。

表 13-12　2014 年和 2015 年施氮量影响试验土壤-玉米系统再生水氮平衡

生育期	处理	吸收量（g/株）	UEN（%）	残留量（g/盆）	REN（%）	损失量（g/盆）	LEN（%）
2014 年	S0	0.57	43	0.35	26	0.42	31
	S70	0.56	42	0.35	26	0.43	32
	S140	0.54	40	0.47	35	0.33	25
	S210	0.46	34	0.43	32	0.45	34
2015 年	S0	0.46	48	0.29	30	0.21	22
	S70	0.44	46	0.32	33	0.20	21
	S140	0.42	43	0.33	35	0.21	22
	S210	0.31	32	0.37	38	0.28	30

注：UEN、REN 和 LEN：再生水氮利用率、再生水氮残留率和再生水氮损失率，下同。

2015 年水质影响试验土壤–玉米系统再生水氮平衡见表 13-13。随灌溉水中再生水所占比例提高，再生水氮吸收量、残留量和损失量都有增大的趋势。但是，再生水氮利用率表现为先增后减的变化规律，S83% 处理再生水氮利用率最高（47%）。提高灌溉水中再生水所占比例，再生水氮残留率有降低趋势，而再生水氮损失率有增大趋势。

表 13-13　2015 年水质影响试验土壤–玉米系统再生水氮平衡

处理	吸收量（g/株）	UEN（%）	残留量（g/盆）	REN（%）	损失量（g/盆）	LEN（%）
S67%	0.37	44	0.29	37	0.15	19
S83%	0.46	47	0.33	33	0.19	20
S100%	0.50	43	0.37	32	0.28	25

13.4.4　总氮平衡

2014 年和 2015 年土壤–玉米系统总氮平衡见表 13-14。对于再生水灌溉，增加施氮量显著提高了玉米总氮吸收量（$P<0.05$）。以 2014 年为例，S70、S140、S210 处理总氮吸收量较 S0 处理分别增加了 105%、202% 和 233%。当施氮量从 0 增长到 1.76g/盆时，总氮利用率（UTN）逐渐增大，但当施氮量继续增加到 2.64g/盆时，UTN 会有较大幅度的降低。以 2015 年为例，再生水灌溉施氮量从 0 增加到 1.76g/盆时，UTN 从 48% 提高到 55%，随后又降到 2.64g/盆时的 44%。土壤氮素供给与玉米对氮素的需求关系是决定再生水灌溉总氮利用模式的主要原因（Segal et al., 2011；Minhas et al., 2015）。当包括氮肥、再生水氮在内的土壤氮素供应不能满足玉米对氮素的吸收利用时，增加施氮量不仅提高了玉米植株吸氮量，而且再生水灌溉促进了肥料氮的吸收利用，从而提高了总氮利用率；但当土壤氮素供应能够满足玉米对氮素的吸收利用时，过多的施氮量没有显著提高玉米对肥料氮和再生水氮的吸收，反而大幅降低了肥料氮利用率和减小了再生水氮利用率，从而造成总氮利用率的大幅降低。Hussain 等（1996）研究表明，当土壤氮素较高时，再生水灌溉增加施氮量会降低氮素利用效率。

表 13-14　2014 年和 2015 年施氮量影响试验土壤–玉米系统总氮平衡

生育期	处理	吸收量（g/株）	UTN（%）	残留量（g/盆）	RTN（%）	损失量（g/盆）	LTN（%）
2014 年	S0	0.57d	43c	0.35c	26a	0.42b	31a
	S70	1.17c	52ab	0.52c	24a	0.53b	24a
	S140	1.72b	55a	0.79b	26a	0.59b	19a
	S210	1.90a	48bc	1.03a	26a	1.05a	26a
	方差分析						
	施氮量	**(P=0.00)	**(P=0.01)	**(P=0.00)	NS(P=0.96)	**(P=0.01)	NS(P=0.34)

续表

生育期	处理	吸收量（g/株）	UTN（%）	残留量（g/盆）	RTN（%）	损失量（g/盆）	LTN（%）
2015 年	S0	0.46c	48a	0.29c	30a	0.21c	22a
	S70	1.01b	54a	0.49bc	27a	0.34bc	19a
	S140	1.50a	55a	0.69b	25a	0.53b	20a
	S210	1.57a	44a	1.03a	28a	1.00a	28a
	方差分析						
	施氮量	**(P=0.00)	NS(P=0.53)	**(P=0.00)	NS(P=0.95)	**(P=0.00)	NS(P=0.45)

注：总氮为总施入氮，即肥料氮+再生水氮。UTN、RTN 和 LTN：总氮利用率、总氮残留率和总氮损失率，下同。

增加施氮量也显著提高了总氮残留量和总氮损失量，施氮量为 2.64g/盆时，总氮残留量和损失量达到最大值。2014 年 S210 处理总氮残留量分别较 S0、S70 和 S140 处理增加 194%、98% 和 30%，总氮损失量分别增加 150%、98% 和 78%。2014 年和 2015 年玉米生育期内均未在盆底监测到水分渗漏，这表明本试验未产生水分渗漏和氮素淋失。相比于 2015 年，2014 年玉米总氮吸收量较大。2014 年不仅有较高的肥料氮吸收量，而且较大的再生水氮素施入量也提高了玉米对再生水氮的吸收。但是，这也在一定程度上提高了总氮残留量和损失量。

2015 年水质影响试验土壤–玉米系统总氮平衡见表 13-15。随灌溉水中再生水所占比例提高，总氮吸收量、残留量和损失量都有增大趋势。相比于地下水和混合水灌溉，仅采用再生水进行灌溉的 UTN 有较大幅度的降低。随灌溉水中再生水所占比例提高，总氮残留率呈增大趋势，而总氮损失率呈先减小后增大的变化规律，S83% 处理总氮损失率最小。

表 13-15　2015 年水质影响试验土壤–玉米系统总氮平衡

处理	吸收量（g/株）	UTN（%）	残留量（g/盆）	RTN（%）	损失量（g/盆）	LTN（%）
G	1.07b	61a	0.43b	25a	0.26a	14a
S67%	1.54a	60a	0.69a	27a	0.34a	13a
S83%	1.67a	61a	0.76a	27a	0.31a	12a
S100%	1.59a	55a	0.91a	31a	0.41a	14a
方差分析						
灌溉水质	**(P=0.00)	NS(P=0.50)	**(P=0.01)	NS(P=0.60)	NS(P=0.42)	NS(P=0.87)

13.5　本章结论

本章分析了灌溉水质和施氮量对盆栽土壤氮素运移分布及氮素平衡的影响，主要结论如下。

（1）采用 4 点法取土（离圆心距离分别为 0cm、6cm、12cm 和 18cm）可以较好地代表每层土壤^{15}N丰度的平均值。^{15}N沿径向有减小的趋势，但再生水氮素呈先增后减的变化规律，在离圆心 12cm 处达到峰值；^{15}N 和再生水氮素均沿土壤深度方向呈先增后减的变化规律，峰值出现在 10～20cm 或 20～35cm 土层，并且主要分布在 35cm 以上土壤。增加施氮量和再生水灌溉都增强了 ^{15}N 和再生水氮素向深层土壤运移的能力，因此，再生水灌溉适当减少施氮量可以有效保持氮素分布在根区土壤。

（2）增加施氮量显著提高了肥料氮吸收量，但也降低了肥料氮利用率和再生水氮利用率。当施氮量从 2.64g/盆减小到 1.76g/盆时，肥料氮和再生水氮利用率都有明显的提高，并能大幅减少肥料氮和再生水氮的损失量。

（3）和地下水灌溉相比，再生水灌溉促进了玉米对肥料氮的吸收，提高了总氮吸收量，但降低了总氮利用率，增加了总氮残留量和损失量。随施氮量增加，再生水灌溉总氮利用率呈先增后减的变化规律，S140 处理总氮利用率最大。

（4）提高灌溉水中再生水所占比例能促进玉米对再生水氮的吸收，但再生水氮利用率呈先增后减的变化规律，S83% 处理有最大的再生水氮利用率（47%）。和地下水灌溉相比，混合水和再生水灌溉都促进了玉米对肥料氮的吸收，进而提高了总氮吸收量，S83% 处理有最大的总氮吸收量。

第14章 再生水氮素对盆栽滴灌玉米生长有效性的影响

再生水含有丰富的氮、磷和钾等养分，大部分研究表明，再生水灌溉能提高土壤养分，促进作物生长和提高作物产量，灌溉再生水可以起到替代部分施肥量的作用（Gwenzi and Munondo，2008；刘洪禄等，2009；栗岩峰和李久生，2010；Chen et al.，2015）。不同于无机肥具有稳定的养分含量，采用不同来源和不同时期的再生水所含有的养分成分和养分浓度变化较大，再生水氮对作物的有效性可能不同于常规的无机氮肥，进而导致再生水灌溉难以采用常规水灌溉施肥策略（Feigin et al.，1991；da Fonseca et al.，2007b）。因此，定量确定再生水氮素对作物生长的有效性，是制定科学合理的再生水施氮制度的根本途径。但是，目前仍缺乏定量评估再生水养分对作物生长的有效性，进而无法对再生水中的养分能在多大程度上代替肥料予以准确回答（Adeli et al.，2003；郭魏等，2015）。

本章首先研究再生水灌溉对盆栽玉米株高、叶面积指数（LAI）、生物量、根重密度、根长密度、产量、产量构成要素和品质等指标的影响。进而应用^{15}N示踪-肥料当量法，定量评估再生水氮素对玉米生长的有效性。通过建立施氮量和灌溉水质与再生水氮素有效性之间的回归关系，确定任一施氮量下再生水氮素的有效性，并根据再生水灌溉施入氮素量计算再生水氮素的相对替代当量，实现不同施氮量和不同来源氮素的有效性比较，提出再生水滴灌施肥条件下再生水养分安全高效利用的最优施氮策略。

14.1 概　述

国内外学者就再生水氮素对作物生长的有效性开展了一些探索性研究。一些学者认为，再生水中的氮素与无机氮素对作物生产的功能效果相似，通过将再生水灌溉量乘以再生水中的含氮量来估计再生水氮素对作物生长的贡献（Trinh et al.，2013）。其他学者通过比较再生水灌溉和传统施肥灌溉对作物生长和产量的差异，来确定再生水源氮对作物的贡献（da Fonseca et al.，2007b；Nogueira et al.，2013）。Adeli 和 Varco（2001）及 Feigin 等（1984）均对比研究了再生水灌溉与养分含量相当的清水施肥灌溉对作物生长的影响，发现再生水养分与施入肥料对作物生长和产量的影响没有明显差异，这些结果是在再生水灌溉未施肥的情况下获得的。但是，通常再生水灌溉需要加施氮肥以满足作物整个生育期对氮素的需求。因此，研究再生水施肥灌溉条件下施氮量对再生水氮有效性的影响更具有实际意义。da Fonseca 等（2007c）通过对比常规水灌溉（推荐施氮量 520kg/hm^2）和再生水灌溉不同施肥量（0、33%、66%和100%推荐施氮量）对狗牙草干物质量和蛋白质含量的影响，发现再生水灌溉可以节省32.2%~81%的肥料而不造成干物质质量和蛋白质含量的减少。Minhas 等（2015）对比了再生水和地下水灌溉对不同农作物生长和品质的影响，发现对于粮食作物、农业森林、牧草和蔬菜，再生水灌溉条件下仅需 40%、33%、75% 和 20% 的施氮量就能获得和地下水灌溉相似作物产量。以上这些研究都是从农学的角度，通过比较不同水质灌溉的作物生长状况间接确定再生水氮素对作物生长的有效性。这种方法计算再生水氮素的有效性无法避免土壤氮素的干扰，结果变异性较大，也缺乏施氮量对再生水氮素有效性影响方面的评估。另外，受不同再生水灌溉量、不同再生水氮素组成和浓度等的影响，再生水氮素对作物生长的有效性无法进行相互比较（Cassman et al.，2002；Mojid et al.，2012）。因此，需要探索从氮源的角度来定量评估再生水氮素的有效性，并比较再生水氮与其他肥料氮对作物生长的相对有效性，以便制定出再生水施肥灌溉条件下更为高效和环境友好的施肥策略。

如本书第 13 章所述，^{15}N 示踪法是从氮素平衡的角度定量确定肥料氮和再生水氮的吸收利用、残留和损失情况，既能揭示肥料氮和再生水氮之间的耦合利用关系，也能评估不同来源氮素对环境的污染风险。大量研究表明，肥料当量法通常被用于有机肥氮素对作物生长的有效性方面的研究（Motavalli et al.，1989；Kimetu et al.，2004；Schröder et al.，2007；Yagüe and Quílez，2015）。因此，采用^{15}N 示踪法联合肥料当量法为定量评估再生水氮素对作物的有效性提供了可能。肥料当量法的具体计算过程如下。首先，确定化肥施氮量与作物生物量或产量之间的回归关系，然后将某一有机肥施用量条件下作物生物量或产量代入回归方程，进而反求出所需化肥施用量，即为有机肥的化肥替代当量。另外，为了便于比较不同种类有机肥和不同施入量时有机氮的化肥替代当量，需要计算有机肥的相对替代当量，即将有机肥的化肥替代当量除以施入的有机肥氮量。Motavalli 等（1989）应用肥料当量法研究了牛粪对玉米生长的有效性，结果表明牛粪的相对替代当量仅为 12%~63%。Muñoz 等（2008）以玉米为试验对象，研究了新鲜鸡粪、干鸡粪、腐熟鸡粪和腐熟牛粪替代 NH_4NO_3 的当季相对替代当量为 57%、53%、14% 和 4%，第二季相对替代当量分别为 18%、19%、12% 和 7%。Schröder 等（2007）研究发现，牛粪尿和厩肥当季的化肥替代当量分别为 51%~53% 和 31%。以上这些结果表明不同的有机肥对作物生长的有效性不同，但有效性都低于化肥。一方面，有机肥中的有机氮需要矿化后才能被作物吸收利用；另一方面，有机肥富含微生物，促进了氮素的氨挥发、硝化和反硝化反应，增加了氮素损失量。因此，应用^{15}N 示踪-肥料当量法计算再生水氮素有效性可以避免土壤氮素的影响，直接根据肥料氮和再生水氮对作物吸氮量的贡献情况确定再生水氮素的有效性，结果更加科学。

14.2 株高和叶面积

2014 年和 2015 年玉米株高生育期变化见图 14-1 和图 14-3（a），方差分析见表 14-1、表 14-2 和表 14-3。各处理株高都随时间呈先增长后基本稳定。施氮量对玉米株高的影响达到了显著水平（$P<0.05$）。随施氮量的增加，玉米株高呈逐渐增大趋势，不施肥处理玉米株高显著低于施氮处理，但中氮和高氮处理玉米株高差异不大。例如，2015 年播种后第

106 天（DAS 106 天），G0、G70、G140 和 G210 处理玉米株高分别为 235cm、247cm、251cm 和 252cm。灌溉水质未对玉米株高产生显著影响（$P>0.05$）。例如，2015 年播种后第 106 天，G、S67%、S83% 和 S100% 处理株高分别为 250cm、252cm、252cm 和 253cm。

2014 年和 2015 年玉米叶面积指数（LAI）生育期变化见图 14-2 和图 14-3（b），方差分析见表 14-1、表 14-2 和表 14-3。各处理玉米 LAI 都随时间先增大后由于玉米下层叶子枯萎衰减而有不同程度的降低。施氮量对 LAI 的影响达到了极显著水平（$P<0.01$）。随施氮量的增加，LAI 呈增长趋势，但中氮和高氮处理的 LAI 差异不大。例如，2015 年播后 106 天，G0、G70、G140 和 G210 处理 LAI 分别为 3.3、3.7、4.1 和 4.1。灌溉水质对 LAI 有一定的影响，施氮量影响试验中灌溉水质对 LAI 产生了显著影响（$P<0.05$）。水质影响试验中，混合水和再生水灌溉的 LAI 都高于地下水灌溉，且 LAI 随灌溉水中再生水比例的提高呈增大趋势。例如，2015 年 S67%、S83% 和 S100% 处理较 G 处理 LAI 分别提高 2%、9% 和 13%。对于玉米灌浆期后的 LAI 衰减，再生水处理的 LAI 降幅小于地下水处理。例如，2015 年 G0 处理 LAI 降幅达到了 28%，高于 S0 处理的 20%。再生水较地下水灌溉含有更高的氮、磷、钾等养分，提高灌溉水中再生水所占的比例增加了施入土壤的再生水氮，且再生水氮也可以被作物吸收利用（Segal et al., 2011），从而降低了由于养分供应不足或叶片养分向籽粒等转移而造成的叶片衰减幅度。

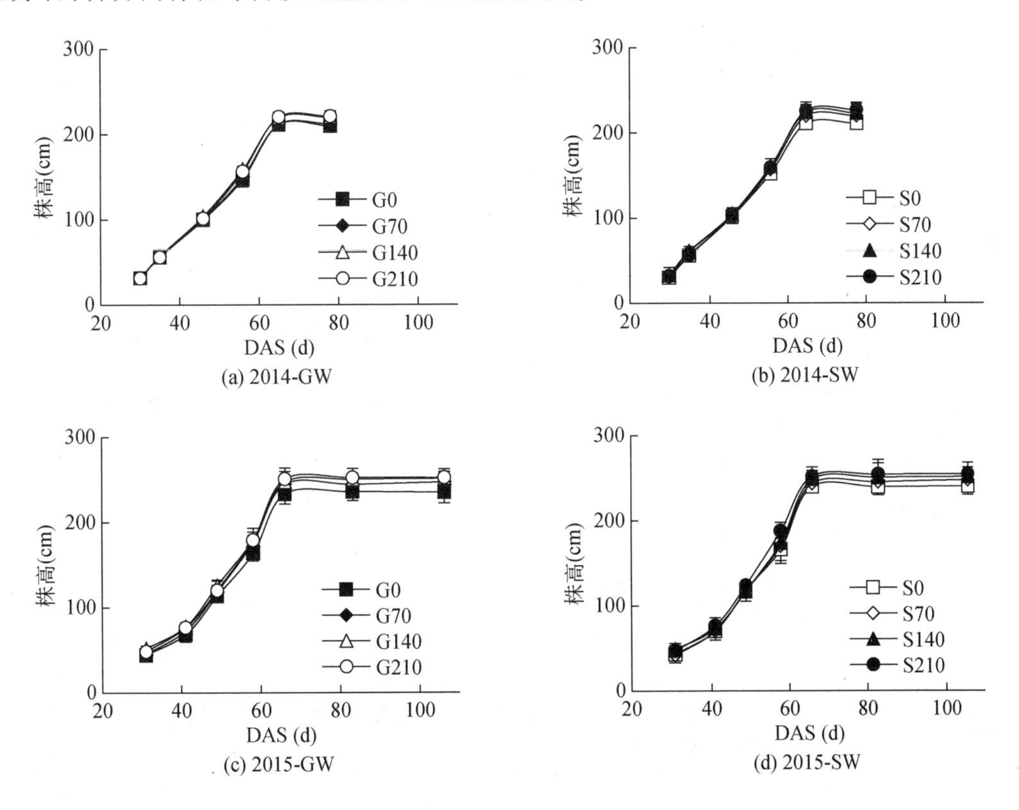

图 14-1　2014 年和 2015 年施氮量影响试验玉米株高生育期内动态变化

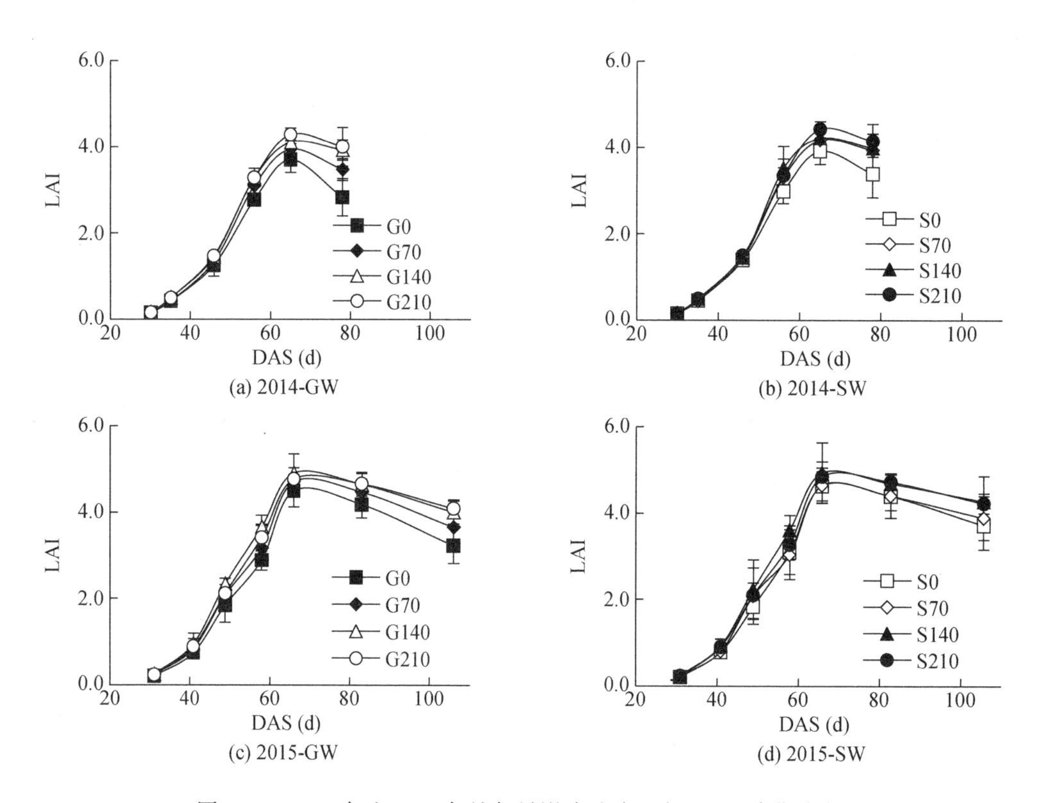

图 14-2　2014 年和 2015 年施氮量影响试验玉米 LAI 生育期变化

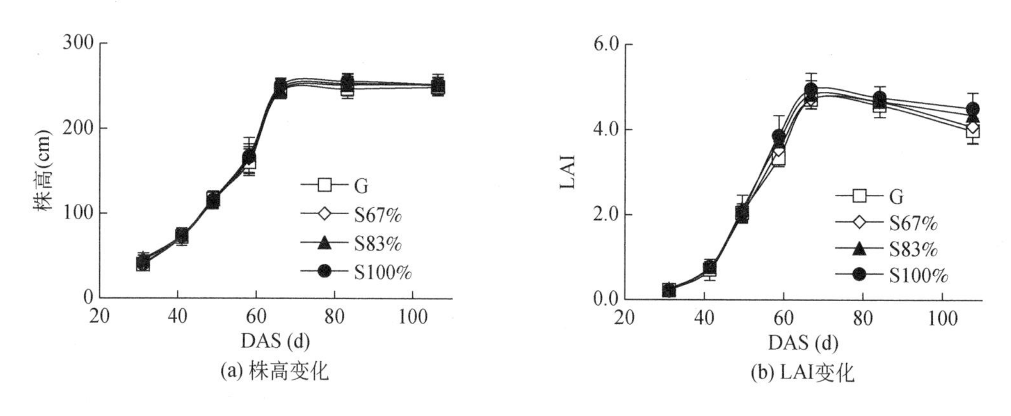

图 14-3　2015 年水质影响试验玉米株高和 LAI 生育期变化

表 14-1　2014 年施氮量影响试验生育期内玉米株高和 LAI 方差分析

变异来源	DAS 30	DAS 35	DAS 46	DAS 56	DAS 65	DAS 78
	V6	V8	V10	V12	VT	R2
株高						
灌溉水质	‡NS($P=0.98$)	NS($P=0.21$)	NS($P=0.41$)	NS($P=0.07$)	NS($P=0.11$)	NS($P=0.11$)
施氮量	NS($P=0.90$)	NS($P=0.42$)	NS($P=0.74$)	*($P=0.03$)	*($P=0.02$)	**($P=0.01$)

续表

变异来源	DAS 30	DAS 35	DAS 46	DAS 56	DAS 65	DAS 78
	V6	V8	V10	V12	VT	R2
LAI						
灌溉水质	NS(P=0.73)	NS(P=0.70)	NS(P=0.22)	NS(P=0.09)	NS(P=0.06)	* (P=0.05)
施氮量	NS(P=0.56)	NS(P=0.18)	NS(P=0.19)	** (P=0.01)	** (P=0.00)	** (P=0.00)

注：‡NS 表示在 α=0.05 水平上不显著；* 和 ** 分别表示在 α=0.05 和 α=0.01 水平上显著；DAS：播种后天数，下同。

表 14-2　2015 年施氮量影响试验生育期内玉米株高和 LAI 方差分析

变异来源	DAS 31	DAS 41	DAS 49	DAS 58	DAS 66	DAS 83	DAS 106
	V6	V8	V10	V12	VT	R2	R6
株高							
灌溉水质	NS(P=0.32)	NS(P=0.59)	NS(P=0.86)	NS(P=0.96)	NS(P=0.61)	NS(P=0.68)	NS(P=0.60)
施氮量	NS(P=0.07)	NS(P=0.12)	NS(P=0.35)	* (P=0.04)	* (P=0.04)	* (P=0.04)	* (P=0.03)
LAI							
灌溉水质	NS(P=0.77)	NS(P=0.80)	NS(P=0.85)	NS(P=0.93)	NS(P=0.73)	NS(P=0.48)	NS(P=0.06)
施氮量	NS(P=0.24)	NS(P=0.11)	NS(P=0.12)	* (P=0.02)	NS(P=0.30)	* (P=0.03)	** (P=0.01)

表 14-3　2015 年水质影响试验生育期内玉米株高和 LAI 方差分析

变异来源	DAS 31	DAS 41	DAS 49	DAS 58	DAS 66	DAS 83	DAS 106
	V6	V8	V10	V12	VT	R2	R6
株高							
灌溉水质	NS(P=0.26)	NS(P=0.97)	NS(P=0.97)	NS(P=0.89)	NS(P=0.73)	NS(P=0.69)	NS(P=0.97)
LAI							
灌溉水质	NS(P=0.98)	NS(P=0.87)	NS(P=0.83)	NS(P=0.11)	NS(P=0.58)	NS(P=0.68)	NS(P=0.11)

14.3　生物量和根系分布

14.3.1　生物量

2014 年施氮量影响试验中各时期玉米植株生物量及方差分析见表 14-4。玉米植株生物量随时间呈增长趋势，再生水灌溉和施氮都提高了玉米生物量，但随时间增长，再生水灌溉和施氮量对生物量的促进作用都有所降低。以地下水灌溉为例，6 月 26 日施肥处理较不施肥处理增幅为 30%～50%，而 8 月 25 日施肥处理较不施肥处理增幅为 17%～35%。再生水灌溉较地下水灌溉生物量增幅从 6 月 26 日 11%～26% 降低到了 3%～12%。盆栽试验播前进行了大定额灌水，初期土壤矿化氮含量较低，氮素是限制玉米生长的主要因素。因此，再生水灌溉和施肥都能明显提高土壤氮素含量，促进玉米生长。但随时间增长，经过多次再生水灌溉和施肥后的土壤氮素状况有所改善，从而降低了再生水灌溉和施肥对玉米生物量的促进作用。

表 14-4　2014 年施氮量影响试验各时期玉米植株生物量及方差分析

处理	生物量（g/株）		
	6 月 27 日	7 月 22 日	8 月 25 日
G0	33. 1e	119. 0e	197. 0c
G70	42. 9cd	140. 8de	230. 9bc
G140	47. 8bcd	168. 2abc	263. 9ab
G210	49. 9bc	171. 6abc	266. 2ab
S0	41. 6d	149. 5cd	220. 4c
S70	50. 2bc	157. 4bcd	255. 5ab
S140	53. 0ab	185. 5a	278. 8a
S210	58. 2a	178. 7ab	274. 7a
方差分析			
灌溉水质	**（P=0. 00）	**（P=0. 00）	*（P=0. 02）
施氮量	**（P=0. 00）	**（P=0. 00）	**（P=0. 00）

2014 年和 2015 年施氮量影响试验中玉米各部分生物量及方差分析分别见表 14-5 和表 14-6。施氮量和灌溉水质均对玉米植株生物量产生了显著的影响（P<0. 05）。提高施氮量，玉米生物量先增加后保持稳定，甚至会有所降低。例如，2015 年 G70、G140 和 G210 处理植株生物量分别为 280. 4g/株、317. 1g/株和 311. 1g/株，较不施肥 G0 处理（255. 5g/株）分别增加 10%、24% 和 22%。Duncan 多重比较结果表明，施氮处理玉米植株生物量显著高于不施肥处理，但中氮和高氮处理玉米植株生物量的差异不显著。这说明在一定的施氮量范围内，增加施氮量能明显提高玉米植株生物量，但过量施氮量可能会对玉米植株生物量产生不利影响。和地下水灌溉相比，再生水灌溉提高了玉米植株生物量，方差分析结果表明，灌溉水质对玉米籽粒和植株生物量的影响达到了显著水平（P<0. 05），但再生水对玉米生物量的促进作用受施氮量的影响，较高的施氮量可能抑制了玉米对再生水氮的吸收利用，减弱了再生水氮对玉米生物量的促进作用。例如，2015 年施氮量影响试验中再生水较地下水处理的玉米植株生物量增幅从不施肥处理的 12% 减小到高氮处理的 3%。2015 年水质影响试验玉米各部分生物量及方差分析见表 14-7。水质影响试验各处理都采用中等施氮水平，灌溉水质未对玉米生物量产生显著影响（P>0. 05），但提高灌溉水中再生水的比例能增加玉米生物量（Paliwal et al.，1998）。再生水中含有的氮、磷等营养元素是造成差异的主要原因（Bielorai et al.，1984；da Fonseca et al.，2005）。再生水中的氮、磷、钾等营养元素可以被作物吸收利用，促进玉米生长和提高作物生物量，但增加施氮量会抑制玉米对再生水氮的吸收利用，不同水质的玉米植株生物量差异减小。

表 14-5　2014 年施氮量影响试验玉米各部分生物量及方差分析

处理	生物量（g/株）			
	籽粒	地上部	根	植株生物量
G0	70. 9d	109. 0a	17. 1b	197. 0c
G70	93. 6bc	118. 7a	18. 6ab	230. 9bc
G140	110. 1a	131. 9a	21. 9ab	263. 9ab
G210	109. 9a	132. 9a	23. 4ab	266. 2ab
S0	84. 9cd	115. 7a	19. 8ab	220. 4c
S70	102. 8ab	129. 9a	22. 8ab	255. 5ab
S140	118. 0a	137. 0a	23. 8ab	278. 8a
S210	113. 1a	137. 3a	24. 3a	274. 7a
方差分析				
灌溉水质	*(P=0. 02)	NS(P=0. 23)	NS(P=0. 09)	*(P=0. 02)
施氮量	**(P=0. 00)	*(P=0. 03)	NS(P=0. 06)	**(P=0. 00)

一般玉米各部分生物量随施氮量增加有增大趋势，不施肥处理玉米生物量明显低于其他施肥处理，但中氮和高氮处理的生物量差异不显著。另外，和地下水灌溉相比，再生水灌溉通常会提高玉米各部分生物量。施氮量影响试验中再生水灌溉较地下水灌溉玉米籽粒、地上部和根生物量分别提高 8%、6% 和 8%。方差分析结果表明，2015 年施氮量影响试验中，施氮量和灌溉水质对玉米籽粒生物量的影响达到了显著水平（P<0. 05），对玉米地上部分（不包括籽粒）和根生物量的影响未达到显著水平（P>0. 05）。水质影响试验中，和地下水灌溉相比，混合水和再生水灌溉都提高了玉米生物量。以玉米籽粒为例，S67%、S83% 和 S100% 处理较 G 处理玉米籽粒生物量增幅分别为 14%、25% 和 18%。

表 14-6　2015 年施氮量影响试验玉米各部分生物量及方差分析

处理	生物量（g/株）			
	籽粒	地上部	根	植株生物量
G0	102. 5d	134. 9b	18. 1b	255. 5d
G70	120. 0bcd	140. 6ab	19. 8ab	280. 4cd
G140	137. 4ab	158. 2ab	21. 5ab	317. 1ab
G210	133. 2abc	156. 9ab	21. 0ab	311. 1ab
S0	116. 4cd	151. 1ab	19. 5ab	287. 0bc
S70	132. 3abc	149. 3ab	19. 7ab	301. 3abc
S140	145. 1a	162. 7a	22. 6a	330. 4a
S210	137. 5ab	160. 5ab	22. 3a	320. 3a
方差分析				
灌溉水质	*(P=0. 03)	NS(P=0. 14)	NS(P=0. 27)	**(P=0. 01)
施氮量	**(P=0. 00)	NS(P=0. 06)	*(P=0. 03)	**(P=0. 00)

表 14-7 2015 年水质影响试验玉米各部分生物量及方差分析

处理	生物量（g/株）			
	籽粒	地上部	根	植株生物量
G	138.3a	161.0a	21.0a	320.3b
S67%	145.9a	176.9a	22.0a	344.8ab
S83%	152.7a	181.2a	22.4a	356.3a
S100%	150.5a	179.8a	22.5a	352.8a
方差分析				
灌溉水质	NS（$P=0.30$）	NS（$P=0.33$）	NS（$P=0.91$）	*（$P=0.05$）

14.3.2 根系分布

2014 年和 2015 年各处理玉米根重密度和根长密度沿土壤深度分布特征分别见图 14-4 和图 14-6。各处理根重密度和根长密度沿土壤深度方向都有降低趋势，根系主要分布在 35cm 以上土层，特别是在 0 ~ 20cm 土层分布较多，在 35 ~ 55cm 土层分布较少。例如，2015 年施氮量影响试验中，地下水和再生水处理 0 ~ 20cm 土层根生物量分别占根总生物量的 74% 和 76%，0 ~ 35cm 土层根生物量占比分别达到了 89% 和 90%；地下水和再生水处理 0 ~ 20cm 土层根长分别占总根长的 57% 和 60%，0 ~ 35cm 土层根长占比分别达到了 81% 和 83%。各土层根重密度对施氮量的响应规律不一致，不施肥处理玉米根受养分胁迫更易向土壤深层生长，35 ~ 55cm 根重密度和根长密度占比要高于施氮处理。例如，2015 年 G0 处理 35 ~ 55cm 根长密度占比 27%，高于 G70、G140 和 G210 处理 18%、18% 和 16%。另外，和再生水灌溉相比，地下水灌溉玉米根系更易向下层土壤分布，35 ~ 55cm 根重密度和根长密度占比更大。

2014 年和 2015 年各处理根重密度和根长密度沿径向分布特征见图 14-5 和图 14-7。各处理根重密度和根长密度沿径向都有减小趋势。以 2015 年再生水灌溉为例，各处理 0 ~ 6cm 范围内的根重密度均值为 1.53mg/cm^3，显著高于距圆心 6 ~ 12 和 12 ~ 19cm 处根重密度 0.29mg/cm^3 和 0.16mg/cm^3；0 ~ 6cm 根长密度为 1.58cm/cm^3，高于 6 ~ 12cm 的 1.19cm/cm^3 和 12 ~ 19cm 的 0.97cm/cm^3。施氮量对各位置根重密度和根长密度的影响不一致，总体表现为随施氮量增加呈增大趋势。和不施肥相比，施肥处理增加了 12 ~ 19cm 处根重和根长所占的比例。以 2015 年再生水灌溉为例，不施肥处理 12 ~ 19cm 的根重占总根重比例为 24%，低于施氮处理的 28% ~ 35%；不施肥处理 12 ~ 19cm 的根长占总根长比例为 46%，低于施氮处理的 53% ~ 58%。另外，和地下水灌溉相比，混合水和再生水灌溉也能提高 12 ~ 19cm 根长密度所占的比例。这说明再生水灌溉和施肥都促进了玉米根系沿径向生长。

总体而言，再生水灌溉和施氮都提高了盆栽玉米根重密度和根长密度（齐广平，2001）。例如，2015 年再生水灌溉施肥处理根长密度较不施肥处理提高了 28% ~ 45%，再生水灌溉相比于地下水灌溉根长密度提高了 6%~14%。根系生长主要受土壤含水率、养分和土壤密实度等因素的影响，良好的水分和养分可以促进根生物量的积累。但养分亏缺可以促使根向土壤深处生长，以最大限度地吸收作物生长所需的养分。水质影响试验中，灌溉水质对根系生长有一定影响。和地下水灌溉相比，混合水和再生水灌溉都提高了根重密度和根长密度，分别提高 5%~7% 和 8%~16%。

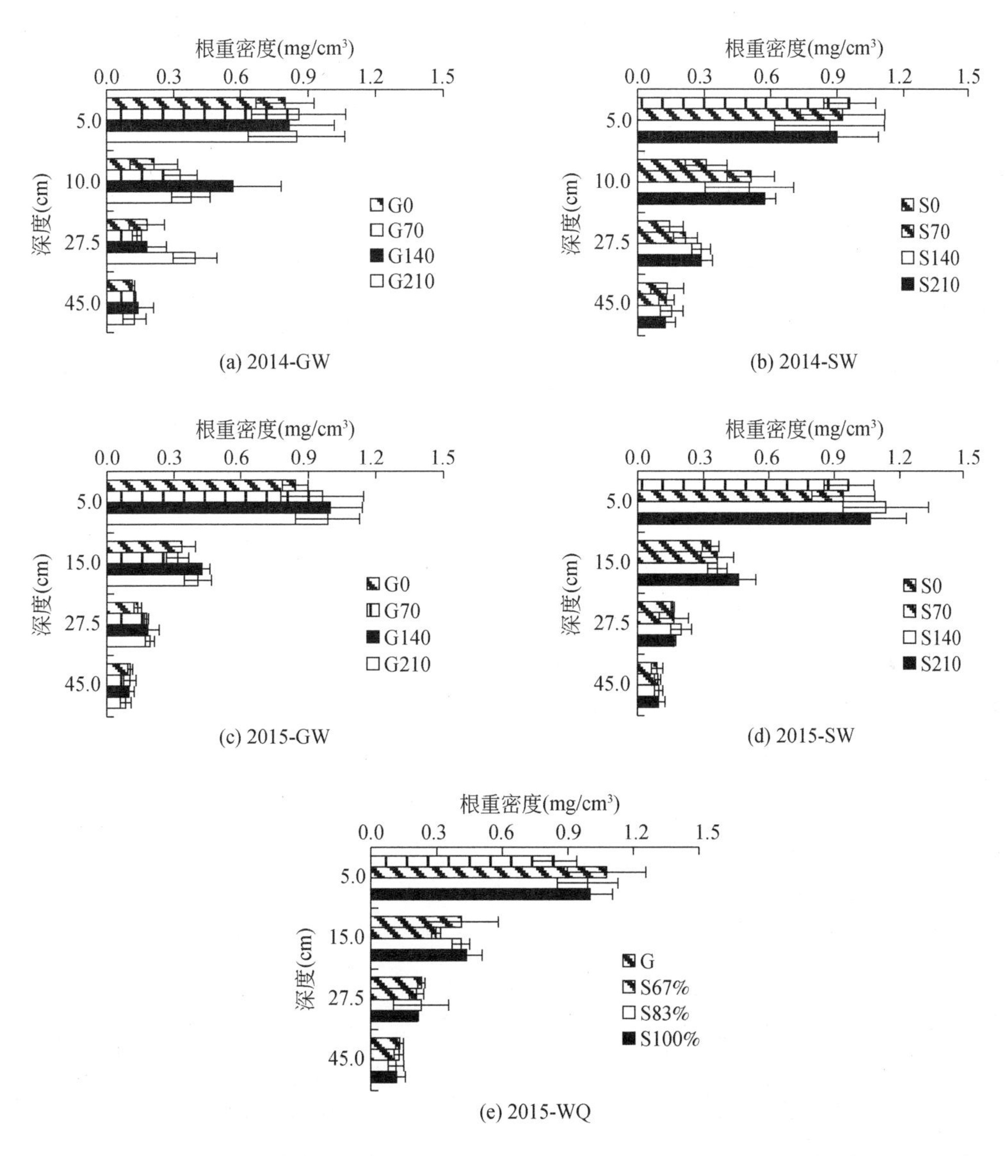

图 14-4 各处理根重密度沿土壤深度分布特征

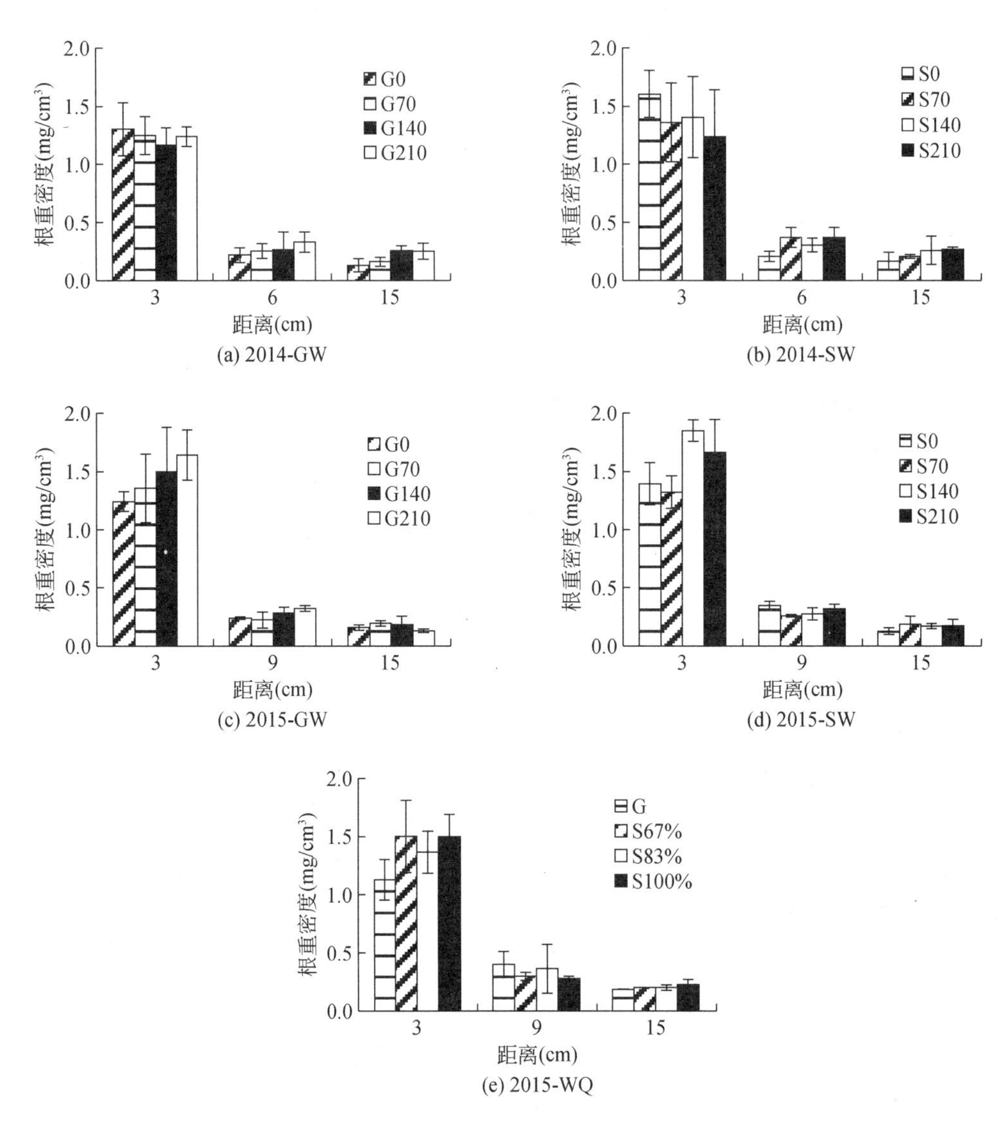

(a) 2014-GW

(b) 2014-SW

(c) 2015-GW

(d) 2015-SW

(e) 2015-WQ

图 14-5 各处理根重密度沿径向分布特征

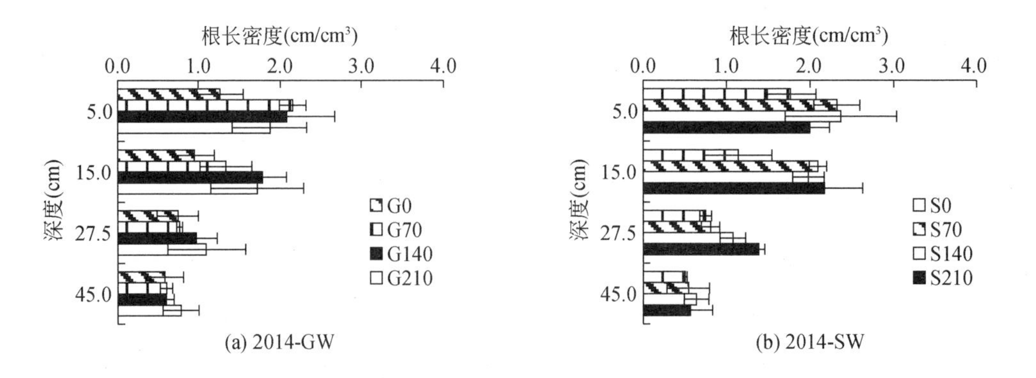

(a) 2014-GW

(b) 2014-SW

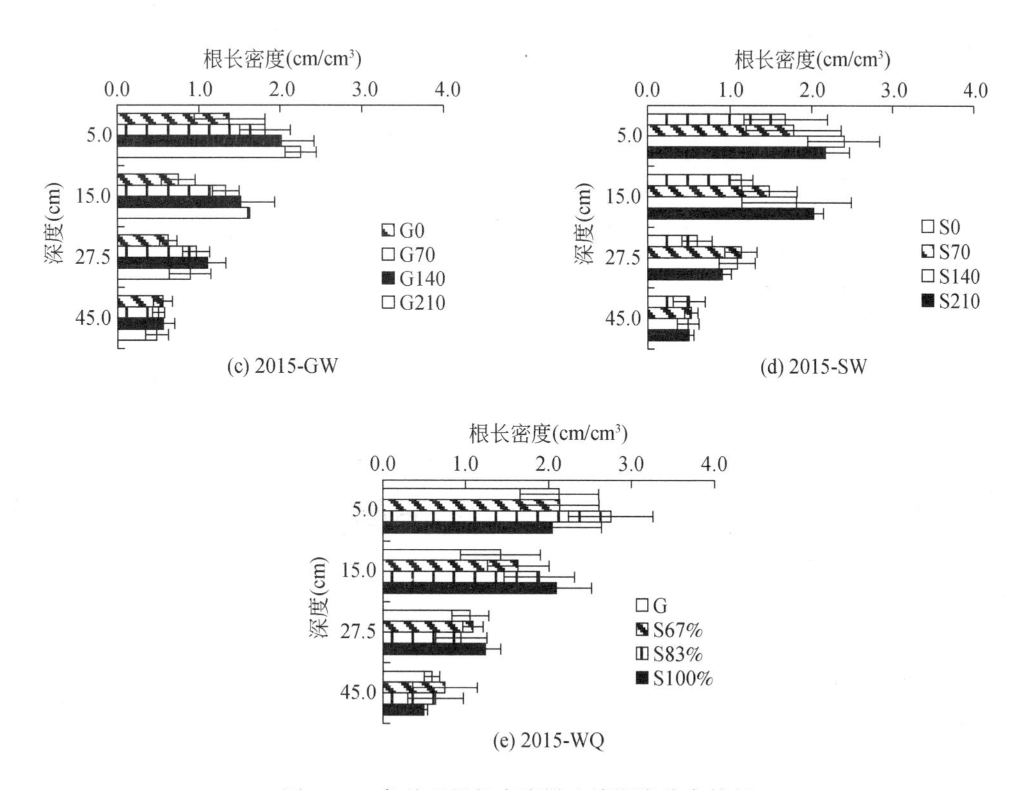

图 14-6　各处理根长密度沿土壤深度分布特征

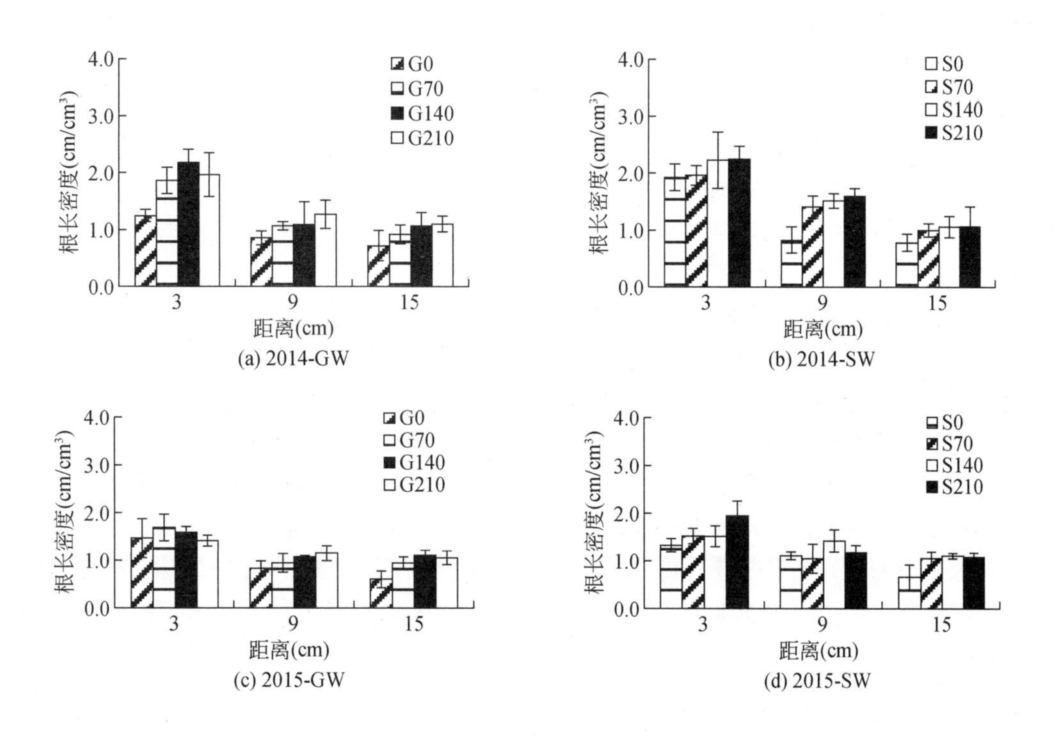

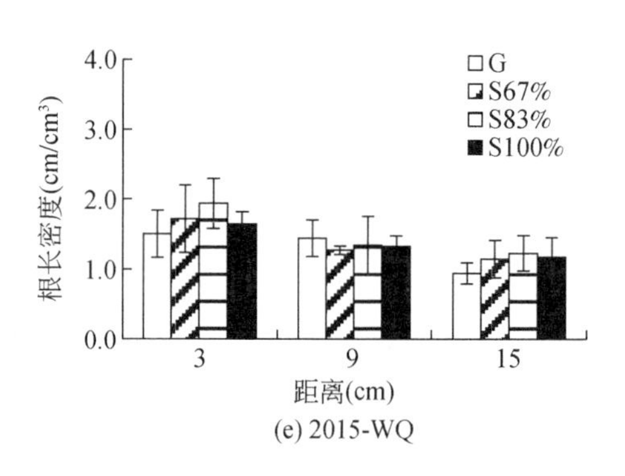

图 14-7 各处理根长密度沿径向分布特征

14.4 产量和品质

14.4.1 产量及其构成要素

2014 年和 2015 年施氮量影响试验玉米产量及其产量构成要素见表 14-8 和表 14-9。施氮量和灌溉水质均对玉米产量和产量构成要素产生了积极影响，施氮量的影响大于灌溉水质。例如，2015 年施氮量对玉米秃尖长、穗粒数和百粒重的影响达到了显著水平（$P<0.05$），但灌溉水质未对上述指标产生显著影响（$P>0.05$）。另外，施氮量对玉米籽粒产量的影响达到了极显著水平（$P<0.01$）。施氮量影响试验结果表明随施氮量的增加，玉米籽粒产量呈先增后减的变化规律，中氮处理籽粒产量最高（Adeli et al.，2005）。例如，2015 年 G70、G140 和 G210 处理籽粒产量分别为 139. 6g/株、159. 7g/株和 154. 8g/株，较 G0 处理（119. 2g/株）分别增产 17%、34% 和 30%。灌溉水质对籽粒产量产生了显著的影响（$P<0.05$）。再生水处理玉米籽粒产量高于地下水处理，但增加施氮量削弱了这种促进作用。例如，2015 年 S0 处理较 G0 处理增产 14%，而 S210 处理较 G210 处理仅增产 3%。刘洪禄等（2010）研究表明，再生水对冬小麦和夏玉米产量有增产作用，但灌溉水质对产量的影响未达到显著水平（$P>0.05$）。本试验是在遮雨棚中进行的盆栽试验，不仅避免了降雨对土壤氮素分布及运移的影响，而且盆栽试验较大的灌水量也增强了再生水灌溉对玉米籽粒产量的影响。2015 年玉米籽粒产量和构成要素要优于 2014 年。例如，再生水处理 2015 年较 2014 年增产 22%~37%。2015 年较大的再生水灌溉量和较高的土壤初始氮素含量使土壤保持良好的水氮环境，进而促进了玉米生长，提高了籽粒产量。2015 年水质影响试验玉米产量及其构成要素见表 14-10。不同灌溉水配比对玉米产量及其构成要素有一定影响，和地下水灌溉相比，混合水和再生水灌溉增加了玉米籽粒产量，增产 4%~9%。

表 14-8　2014 年施氮量影响试验玉米产量及其构成要素

处理	穗长（cm）	秃尖长（cm）	穗粒数（个）	百粒重（g）	产量（g/株）
G0	16.4c	3.3a	282b	28.9b	82.4d
G70	17.0abc	2.4a	345ab	31.6ab	108.8bc
G140	18.5ab	2.6a	384a	32.2a	128.1a
G210	18.5ab	2.5a	405a	31.9a	127.8a
S0	16.6bc	2.2a	337ab	30.5ab	98.7cd
S70	18.3a	2.0a	359ab	32.0a	119.5ab
S140	18.8abc	2.0a	384a	32.4a	137.2a
S210	18.9a	2.0a	390a	32.6a	131.5a
方差分析					
灌溉水质	NS(P=0.23)	NS(P=0.06)	NS(P=0.54)	NS(P=0.27)	*(P=0.02)
施氮量	*(P=0.02)	NS(P=0.60)	**(P=0.01)	*(P=0.03)	**(P=0.00)

表 14-9　2015 年施氮量影响试验玉米产量及其构成要素

处理	穗长（cm）	秃尖长（cm）	穗粒数（个）	百粒重（g）	产量（g/株）
G0	18.0a	2.5ab	403a	27.6c	119.2d
G70	18.2a	1.3bc	431a	29.1bc	139.6bcd
G140	18.5a	1.4abc	468a	31.7ab	159.7ab
G210	18.8a	0.8c	452a	30.9ab	154.8abc
S0	18.4a	2.8a	417a	29.6bc	135.3cd
S70	18.6a	1.7abc	439a	29.5bc	153.8abc
S140	19.0a	1.0c	480a	32.7a	168.7a
S210	19.6a	0.9c	481a	31.2ab	159.8ab
方差分析					
灌溉水质	NS(P=0.16)	NS(P=0.73)	NS(P=0.35)	NS(P=0.14)	*(P=0.03)
施氮量	NS(P=0.28)	**(P=0.00)	*(P=0.04)	**(P=0.00)	**(P=0.00)

表 14-10　2015 年水质影响试验玉米产量及其构成要素

处理	穗长（cm）	秃尖长（cm）	穗粒数（个）	百粒重（g）	产量（g/株）
G	19.4	1.9	479	30.9	160.8
S67%	19.5	1.3	496	31.5	169.7
S83%	19.5	0.5	504	33.3	177.6
S100%	19.3	0.9	502	32.7	175.0

玉米籽粒产量对施氮量的响应见图 14-8。2014 年再生水和地下水灌溉籽粒产量和施氮量之间的回归方程如式(14-1) 和式(14-2)，再生水灌溉和地下水灌溉分别在施氮量

2.09g/盆和2.35g/盆时获得最高产量，分别为135.1g/株和129.2g/株。2015年再生水和地下水灌溉下玉米籽粒产量和施氮量之间的回归方程如式(14-3)和式(14-4)，再生水灌溉和地下水灌溉分别在施氮量为1.89g/盆和2.20g/盆时获得最高产量，分别为165.8g/株和157.6g/株。

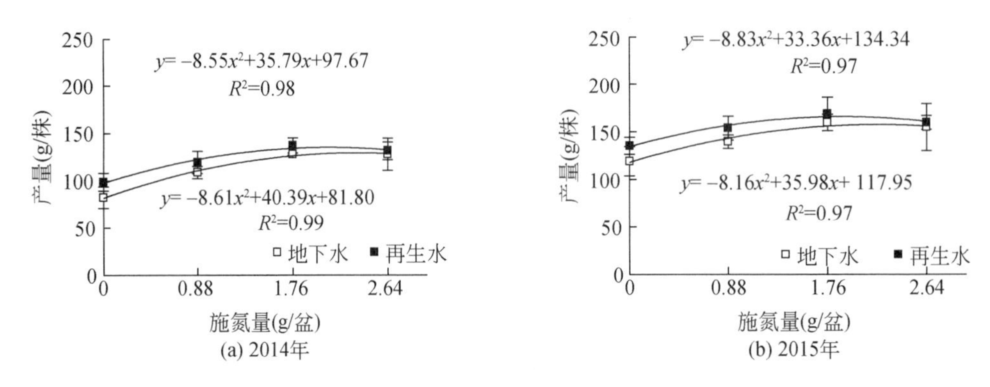

图14-8 玉米籽粒产量对施氮量的响应

$$y=-8.55x^2+35.79x+97.67 \quad (R^2=0.98) \tag{14-1}$$

$$y=-8.61x^2+40.39x+81.80 \quad (R^2=0.99) \tag{14-2}$$

$$y=-8.83x^2+33.36x+134.34 \quad (R^2=0.97) \tag{14-3}$$

$$y=-8.16x^2+35.98x+117.95 \quad (R^2=0.97) \tag{14-4}$$

14.4.2 玉米品质

2015年水质影响试验灌溉水质对玉米品质的影响见表14-11。和地下水灌溉相比，混合水和再生水灌溉玉米粗蛋白含量提高了2%～13%，粗淀粉降低了4%～7%，粗灰分增幅为-5%～3%。方差分析表明，灌溉水质对玉米粗蛋白含量有显著影响（$P<0.05$），混合水和再生水灌溉较地下水灌溉提高了粗蛋白含量。但是，灌溉水质未对粗淀粉和粗灰分含量产生显著影响（$P>0.05$）。和地下水灌溉相比，混合水和再生水灌溉降低了粗淀粉含量，玉米粗灰分没有明显差异。这说明不同的玉米籽粒品质对灌溉水质的响应特征不一致。S67%和S83%处理玉米粗蛋白含量差异不显著，分别为10.33%和9.65%，但S67%处理粗蛋白含量显著高于S100%处理的9.31%和G处理的9.17%，混合水和再生水较高的氮素含量是提高玉米粗蛋白的主要原因。研究表明，一定的施氮量范围内，增加施氮量能提高籽粒粗蛋白含量，但过量氮肥施入也会降低粗蛋白含量（Adeli et al.，2005）。刘洪禄等（2010）研究表明，再生水灌溉对夏玉米籽粒中的粗蛋白、粗淀粉和粗灰分含量等主要品质指标都未产生显著影响（$P>0.05$）。田间试验降雨充沛而再生水灌溉量较小，可能是造成再生水灌溉对玉米品质影响都不显著的主要原因。

表 14-11　2015 年水质影响试验灌溉水质对玉米品质的影响

处理	粗蛋白（%）	粗淀粉（%）	粗灰分（%）
G	9.17b	57.57a	1.33a
S67%	10.33a	53.80a	1.29a
S83%	9.65ab	55.50a	1.26a
S100%	9.31b	55.53a	1.37a
方差分析			
灌溉水质	*（P=0.04）	NS(P=0.73)	NS(P=0.38)

14.5　不同来源氮素的吸收利用

2014 年和 2015 年施氮量影响试验玉米对不同来源氮素吸收情况分别见表 14-12 和表 14-13。地下水灌溉玉米吸收的氮素来自肥料和土壤；再生水灌溉玉米不仅可以吸收来自肥料和土壤的氮素，还可以吸收来自再生水的氮素。施氮量显著影响肥料氮吸收利用（P<0.01）。增加施氮量提高了肥料氮对玉米吸氮量的贡献，但再生水灌溉较地下水灌溉降低了肥料氮对玉米吸氮量的贡献率（%NDFF）。以 2014 年为例，施氮量从 0.88g/盆增加到 2.64g/盆时，地下水灌溉%NDFF 从 26.9% 增长到 47.8%，而再生水灌溉%NDFF 从 22.9% 增长到 41.8%，主要原因是再生水灌溉玉米可以吸收来自再生水的氮素，进而降低了肥料氮对玉米吸氮量的贡献率。增加施氮量抑制了再生水氮的吸收利用，降低了再生水氮对玉米吸氮量的贡献率（%NDFE）（P<0.01）。例如，2014 年 S0、S70、S140 和 S210 处理%NDFE 分别为 27.7%、21.2%、16.4% 和 13.2%。另外，增加施氮量和再生水灌溉会降低土壤氮对玉米吸氮量的贡献率（%NDFS），地下水灌溉和再生水灌溉最低的%NDFS 分别为 52.2% 和 45%，这说明无论是再生水灌溉还是地下水灌溉，土壤氮素是玉米氮素吸收的重要来源。由于播前进行大定额灌水，土壤初始矿化氮含量仅为全氮含量的 2%，因此，可以认为土壤氮素供给主要来自土壤有机氮矿化。

表 14-12　2014 年施氮量影响试验玉米对不同来源氮素吸收情况

处理	标记肥		土壤氮		再生水氮	
	NDFF（g/株）	%NDFF（%）	NDFS（g/株）	%NDFS（%）	NDFE（g/株）	%NDFE（%）
G0			1.48a	100a		
G70	0.54c	27c	1.47a	73b		
G140	1.10b	41b	1.55a	59c		
G210	1.43a	48a	1.56a	52de		
S0			1.48a	72b	0.57a	28a
S70	0.61c	23c	1.47a	56cd	0.56a	21b
S140	1.18b	36b	1.55a	48ef	0.54a	16bc

续表

处理	标记肥		土壤氮		再生水氮	
	NDFF（g/株）	%NDFF（%）	NDFS（g/株）	%NDFS（%）	NDFE（g/株）	%NDFE（%）
S210	1.44a	42b	1.56a	45f	0.46a	13c
方差分析						
灌溉水质	NS(P=0.29)	**(P=0.00)	NS(P=1.00)	**(P=0.00)		
施氮量	**(P=0.00)	**(P=0.00)	NS(P=0.77)	**(P=0.00)	NS(P=0.42)	**(P=0.00)

表 14-13　2015 年施氮量影响试验玉米对不同来源氮素吸收情况

处理	标记肥		土壤氮		再生水氮	
	NDFF（g/株）	%NDFF（%）	NDFS（g/株）	%NDFS（%）	NDFE（g/株）	%NDFE（%）
G0			2.10a	100a		
G70	0.52c	20d	2.06a	80b		
G140	1.04b	31bc	2.27a	69c		
G210	1.29a	38a	2.10a	62cd		
S0			2.10a	82b	0.46a	18a
S70	0.57c	19d	2.06a	67c	0.44a	14ab
S140	1.08ab	29c	2.27a	60d	0.42a	11ab
S210	1.26a	34ab	2.10a	57d	0.31a	9b
方差分析						
灌溉水质	NS(P=0.64)	NS(P=0.09)	NS(P=1.00)	**(P=0.00)		
施氮量	**(P=0.00)	**(P=0.00)	NS(P=0.19)	**(P=0.00)	NS(P=0.71)	NS(P=0.11)

水质影响试验玉米对不同来源氮素吸收情况见表 14-14。随灌溉水中再生水比例的提高，再生水氮吸收量和%NDFE 均呈增大趋势，肥料氮吸收量呈先增加后降低的变化规律，而%NDFF 有降低趋势。灌溉水中再生水所占比例越大，其含有的氮、磷、钾等营养成分越多，从而提高了玉米对再生水氮的吸收，降低了玉米对肥料氮的吸收。

表 14-14　2015 年水质影响试验玉米对不同来源氮素吸收情况

处理	标记肥		土壤氮		再生水氮	
	NDFF（g/株）	%NDFF（%）	NDFS（g/株）	%NDFS（%）	NDFE（g/株）	%NDFE（%）
G	1.07	34	2.09	66		
S67%	1.17	32	2.09	58	0.37	10
S83%	1.21	32	2.09	56	0.46	12
S100%	1.09	29	2.09	57	0.50	14

14.6 再生水氮素的有效性

采用肥料当量法（FE）研究再生水氮对玉米生长的有效性（Kimetu et al.，2004；Muñoz et al.，2004）。首先，建立地下水灌溉下施氮量和肥料氮吸收量（NDFF）之间的回归关系，然后将再生水灌溉下玉米吸收的再生水氮量（NDFE）代入上述回归方程，得再生水氮素在不同施氮水平下的尿素替代当量（FE 值）。NDFF 和 FE 值对施氮量的响应见图 14-9，其中图（a），（b）和（c）分别是 2014 年苗期末施肥后至大喇叭口期施肥前（6 月 4 日 ~6 月 27 日）、苗期末至灌浆期施肥前（6 月 4 日 ~7 月 22 日）和苗期末施肥后至收获时（6 月 4 日 ~8 月 25 日）再生水氮的有效性，以研究再生水氮素有效性在生育期内的变化情况。

苗期末施肥后至大喇叭口施肥前、灌浆期施肥前和收获时，地下水灌溉下施氮量和 NDFF 之间的回归方程分别为：

$$\mathrm{NDFF}=0.103N^2+0.470N-0.001 \quad (R^2=0.993) \tag{14-5}$$

$$\mathrm{NDFF}=-0.055N^2+0.578N-0.005 \quad (R^2=0.997) \tag{14-6}$$

$$\mathrm{NDFF}=-0.062N^2+0.710N-0.002 \quad (R^2=0.998) \tag{14-7}$$

将各时期 NDFE 分别代入到相应的回归方程，得到苗期末施肥后至大喇叭口施肥前（2014 年 6 月 4 日 ~6 月 27 日）再生水氮的 FE 值为 0.23 ~ 0.38g/盆（相当于 19 ~ 30kg/hm^2），苗期末施肥后至灌浆期施肥前（2014 年 6 月 4 日 ~7 月 22 日）再生水氮的 FE 值为 0.62 ~ 0.74g/盆（相当于 50 ~ 59kg/hm^2），苗期末施肥后至收获时（2014 年 6 月 4 日 ~8 月 25 日）再生水氮的 FE 值为 0.69 ~ 0.87g/盆（相当于 55 ~ 69kg/hm^2）。结果表明，再生水氮 FE 值随时间有增大趋势，再生水氮素可以替代更多的肥料氮。主要原因是增加再生水灌溉量提高了再生水氮施入量，进而促使玉米吸收更多的再生水氮，替代更多的肥料。

类似地，2015 年施氮量影响试验再生水氮对玉米生长的有效性见图 14-9（d），地下水灌溉下施氮量和 NDFF 之间的回归方程为

$$\mathrm{NDFF}=-0.083N^2+0.717N-0.010 \quad (R^2=0.995) \tag{14-8}$$

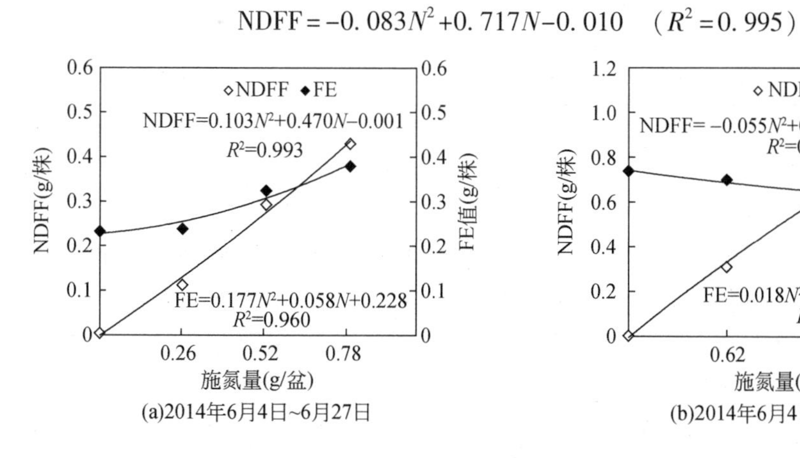

(a)2014年6月4日~6月27日

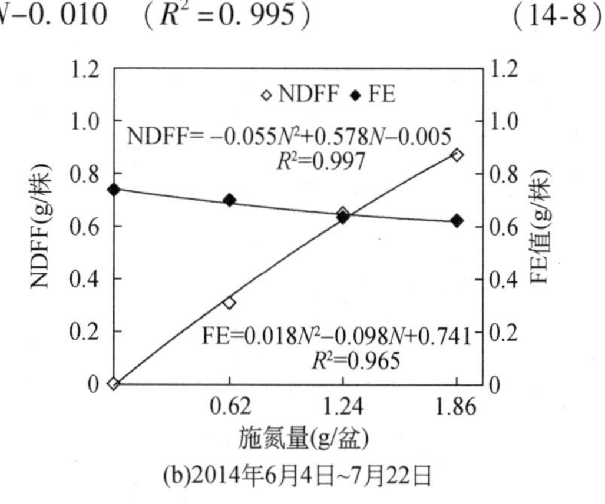

(b)2014年6月4日~7月22日

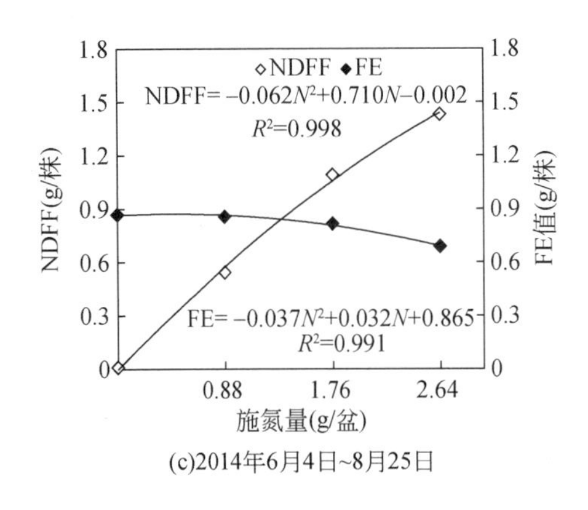

(c)2014年6月4日~8月25日

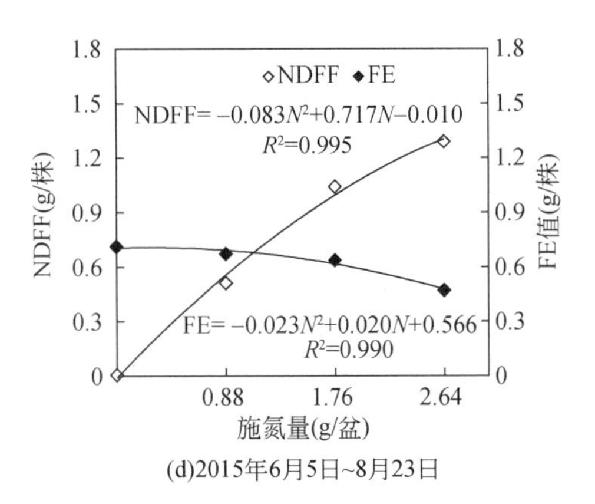

(d)2015年6月5日~8月23日

图 14-9 NDFF 和 FE 值对施氮量的响应

将 NDFE 代入回归方程，得到 2015 年再生水施入氮素的 FE 值为 0.47 ~ 0.71g/盆（相当于 38 ~ 57kg/hm^2）。

为了验证肥料当量法计算再生水氮素有效性的合理性，我们比较了再生水灌溉实测玉米籽粒产量和根据肥料当量法拟合的籽粒产量。具体而言，首先，建立地下水灌溉施氮量和产量的回归关系，拟合得到两者之间的回归方程，然后通过肥料当量法得到某一施氮量条件下再生水氮的 FE 值，将该施氮量与再生水氮的 FE 值相加得到总施入的肥料氮量，再将这一总肥料氮量代入到地下水灌溉下施氮量与产量的回归方程中，拟合得到再生水灌溉玉米籽粒产量，最后比较再生水灌溉实测产量与拟合产量两者之间的相对误差，具体结果见表 14-15。结果表明，根据肥料当量法拟合的再生水处理玉米籽粒产量与实测产量的相对误差为−8% ~ 12%，2014 年和 2015 年平均相对误差仅为−0.2% 和 2.6%，这说明肥料当量法可以用于定量研究再生水氮对玉米生长的有效性。

表 14-15 再生水处理玉米籽粒产量观测值与拟合值比较

施氮量	2014 年			2015 年		
（g/盆）	观测值（g/盆）	拟合值（g/盆）	相对误差（%）	观测值（g/盆）	拟合值（g/盆）	相对误差（%）
0	98.7	110.4	11.9	135.3	139.4	3
70	119.5	126.0	5.4	153.8	154.1	0.2
140	137.2	128.7	−6.2	168.7	157.3	−6.8
210	131.5	120.8	−8.1	159.8	150.9	−5.6
平均值	121.7	121.5	−0.2	154.4	150.4	−2.6

为了定量任意施氮水平下再生水氮对玉米生长的有效性，建立了再生水氮的 FE 值与施氮量之间的回归方程。2014 年苗期末施肥后至大喇叭口施肥前、灌浆期施肥前和收获时再生水氮的 FE 值与施氮量之间的回归方程分别为式(14-9)、式(14-10)和式(14-11)，2015 年再生水氮有效性和施氮量之间的回归方程为式(14-12)：

$$FE = 0.177N^2 + 0.058N + 0.228 \quad (R^2 = 0.960) \tag{14-9}$$

$$\mathrm{FE}=0.018N^2+0.098N+0.741 \quad (R^2=0.965) \tag{14-10}$$

$$\mathrm{FE}=-0.037N^2+0.032N+0.865 \quad (R^2=0.991) \tag{14-11}$$

$$\mathrm{FE}=-0.023N^2+0.020N+0.566 \quad (R^2=0.990) \tag{14-12}$$

结果表明再生水氮的 FE 值与施氮量之间为二次曲线关系。除 2014 年苗期末至大喇叭口施肥前 FE 值随施氮量有增加趋势外，其他时期再生水氮 FE 值均随施氮量增加而减小。主要原因是玉米生长初期土壤氮素水平低，是玉米生长的限制因素，因此，无论是增加肥料氮还是再生水氮都会促进玉米生长，肥料氮和再生水氮之间存在协同促进的关系。玉米生长后期，由于肥料氮和再生水氮的不断施入，土壤氮素供给有所改善，肥料氮和再生水氮之间的关系转变为竞争关系。为了获得较高的籽粒产量而大幅降低氮素损失风险，我们将 95% 最高产量作为目标产量。为此，地下水灌溉在施氮量为 1.36g/盆时获得 95% 最高产量（136g/株），而再生水灌溉仅需 0.57g/盆的施氮量就能获得地下水灌溉相同的玉米籽粒产量，再生水氮的 FE 值为 0.79g/盆。这说明和地下水灌溉相比，再生水灌溉可以替代 58% 的尿素氮。

将再生水氮的 FE 值除以各时期再生水氮施入量，得到再生水氮的尿素相对替代当量，以方便比较再生水氮和尿素氮对玉米生长的有效性。根据再生水氮施入量（6 月 4 日 ~ 6 月 27 日、6 月 4 日 ~7 月 22 日和 6 月 4 日 ~8 月 25 日施入量分别为 0.26g/盆、0.75g/盆和 1.34g/盆），得到各时期再生水氮相对于尿素的相对替代当量分别为 89% ~ 145%、83% ~ 98% 和 51% ~ 65%。这说明增加再生水灌溉量提高了玉米对再生水氮的吸收利用，但再生水氮吸收量的增幅小于再生水氮施入量的增幅，从而降低了再生水氮的相对替代当量。随时间增长，再生水氮对玉米生长的有效性从前期的高于尿素，逐渐降低，到生育期末低于尿素，这说明再生水氮对作物的有效性受施入时期的影响。前期土壤养分含量低，特别是肥料氮施入量低，不能满足作物对氮素需求量的迅速增长，这促使作物吸收更多的来自再生水的氮素。随着肥料氮和再生水氮的不断施入，土壤氮素供给水平有所改善。此时，一方面肥料氮施入量增加促进了作物对肥料氮的吸收，进而抑制了作物对再生水氮的吸收；另一方面，再生水氮的不断施入也增大了再生水氮损失量，降低了再生水氮对作物生长的有效性。

2015 年再生水带入土壤中的氮量为 0.96g/盆，因此，再生水氮的尿素相对替代当量为 49% ~ 74%。两年试验结果均表明，对于整个玉米生育期，再生水氮的尿素相对替代当量都小于 100%。这说明再生水氮对玉米吸氮量的有效性低于尿素氮。原因主要有：①再生水中的各氮素组分含量以及肥料氮与再生水氮之间的耦合利用关系是决定再生水氮素有效性的主要原因。盆栽试验，再生水中的有机氮含量约占全氮含量的 22%，有机氮通常不能被作物吸收利用，需要经过矿化作用转化为 NH_4^+-N 或 NO_3^--N 才能被作物吸收利用。但是，有机氮矿化过程一般较长，矿化速率低于尿素水解速率，进而降低了再生水中氮素对作物生长的有效性。这与 Schröder 等（2007）研究得到的有机肥（牛粪尿和厩肥）氮的有效性低于化肥的结果一致。为评估再生水中的矿化氮素对玉米生长的有效性，计算了再生水矿化氮的尿素相对替代当量。对于再生水不施肥处理，再生水矿化氮素的尿素相对替代当量为 88%，这表明再生水中的矿化氮素对玉米生长的有效性与尿素相差不大。随施氮量增加，再生水矿化氮的尿素相对替代当量有降低趋势，高氮处理再生水矿化氮的尿素相对替代当量为64%。增加施氮量会促进玉米对肥料氮的吸收利用，抑制了再生水氮素的吸收利用，进而降低了再生水氮素的有效性。另外，再生水中的氮素以 NO_3^--N 为主，而尿素水解主要为 NH_4^+-N，NH_4^+-N 对作物的有效性高于 NO_3^--N 可能也是造成再生水氮素有效性偏低的原因（Cassman et al.，2002；潘瑞炽等，2004；Nogueira et al.，2013）。②再生水处理通常根据作物的灌溉制度而不是施肥制度进行灌溉，这会导致作物对土壤氮素需求与氮素供需不一致，进而降低了再生水氮的有效性。③相比于地下水灌溉，再生水灌溉更容易发生氮淋失、氨挥发和硝化反硝化等氮素损失，进而降低了再生水氮素对作物生长的有效性。

类似地，水质影响试验 S67%、S83% 和 S100% 处理再生水氮的尿素替代当量分别为 0.59g/盆、0.75g/盆和 0.83g/盆（相当于 $47kg/hm^2$、$60kg/hm^2$ 和 $66kg/hm^2$），相对尿素替代当量为 73%、76% 和 72%。尽管采用较高比例的再生水进行灌溉能替代更多的氮肥，但仅采用再生水灌溉会降低再生水氮相对于尿素的有效性，增加再生水氮素损失。水质影响试验也表明，再生水氮素对玉米生长的有效性低于尿素氮。

14.7 本章结论

通过测定不同灌溉水质和不同施氮量下盆栽玉米株高、LAI、生物量、根重密度、根长密度、产量及其构成要素，评价了灌溉水质和施氮量对盆栽玉米生长的影响；根据 ^{15}N 示踪-肥料当量法定量估算了再生水氮素对玉米生长的有效性，建立了再生水氮有效性与施氮量之间的回归方程，研究了不同再生水水质对再生水氮有效性的影响，分析了再生水氮与肥料氮有效性之间差异的原因。主要结论如下。

（1）和地下水灌溉相比，再生水灌溉能提高玉米株高、LAI、生物量和产量，但增加施氮量会削弱再生水灌溉对上述指标的促进作用。2014 年和 2015 年再生水灌溉较地下水灌溉分别增产 3%~20% 和 3%~14%。随灌溉水中再生水所占比例的提高，上述指标多表现为先增后减的变化规律，S83% 处理最有利于玉米生长。水质影响试验中，灌溉水质对玉米粗蛋白含量产生了显著影响（$P<0.05$），混合水和再生水灌溉较地下水灌溉都提高了粗蛋白含量。

（2）再生水灌溉和施氮都提高了玉米根重密度和根长密度。玉米根重密度和根长密度沿深度和径向都有减小趋势，根系主要分布在 0~35cm 土壤，根重和根长占比分别超过了 88% 和 82%。再生水灌溉和施氮都能提高根生物量和根长在 0~35cm 土层中的分布，增加其在径向 12~18cm 土壤中的分布。

（3）增加施氮量提高了肥料氮对玉米吸氮量的贡献率，但降低了再生水氮和土壤氮对玉米吸氮量的贡献率，再生水氮对玉米吸氮量的平均贡献率为 11%~22%。和地下水灌溉相比，再生水灌溉能促进玉米对肥料氮的吸收，但降低了肥料氮对玉米吸氮量的贡献率。另外，提高灌溉水中再生水所占比例能促进玉米对再生水氮的吸收利用。

（4）应用 ^{15}N 示踪-肥料当量法拟合的 2014 年和 2015 年再生水灌溉玉米籽粒产量和实

际产量的平均相对误差仅为-0.2%和-2.6%，这说明^{15}N示踪-肥料当量法可用于定量评估再生水氮对玉米生长的有效性。再生水氮有效性和施氮量之间为二次曲线关系，当施氮量1.76g/盆增长到2.64g/盆时，再生水氮的尿素替代当量降幅最大。因此，再生水灌溉合理减施氮肥有利于保持较高的再生水氮对作物生长的有效性。2014年和2015年全生育期再生水氮相当于尿素纯氮量0.69～0.87g/盆（相当于55～69kg/hm^2）和0.47～0.71g/盆（相当于37～54kg/hm^2）。

（5）再生水氮对玉米吸氮量的有效性低于尿素氮，仅相当于尿素氮的50%～69%。再生水中的各氮素组分含量以及肥料氮与再生水氮之间的耦合利用关系是决定再生水氮素有效性的主要原因。提高灌溉水中再生水所占比例，再生水氮素的尿素相对替代当量呈先增后减变化规律，S83%处理有最大的再生水氮素有效性。

第 15 章　灌溉水质和施氮量对滴灌玉米农田水氮淋失及产量的影响

土壤氮素分布特征不仅能够反映土壤肥力状况，影响作物生长和产量形成，而且也会直接影响土壤氮素损失，特别是 NO_3^--N 淋失。再生水灌溉和施氮都会直接影响土壤氮素分布特征，从而对 NO_3^--N 淋失产生影响。另外，灌溉、降雨等因素也会影响土壤氮素分布特征及 NO_3^--N 淋失（Yadav et al.，2002；Master et al.，2004；Gloaguen et al.，2007；Levy et al.，2011；Segal et al.，2011）。本书第 13 章和第 14 章应用 ^{15}N 示踪法，揭示了盆栽玉米再生水滴灌条件下再生水氮和肥料氮之间的耦合利用规律，联合肥料当量法定量确定了再生水氮对作物生长的有效性。相比于盆栽玉米再生水滴灌试验，受土壤空间变异、降雨等因素的影响，大田土壤–作物系统氮素吸收利用和迁移转化情况更加复杂，再生水氮素对作物生长的有效性也可能有所差异。因此，需要通过华北平原大田玉米再生水滴灌试验，明确华北平原滴灌土壤水氮淋失和玉米生长及产量对灌溉水质和施氮量的响应特征，进一步验证盆栽玉米滴灌揭示的土壤–玉米系统氮素平衡和再生水氮素对作物的有效性结果，为再生水滴灌玉米最优施氮制度的制定提供进一步支撑。

本章将通过开展华北地区大田玉米再生水滴灌试验研究，分析玉米生育期内土壤氮素动态变化，研究华北平原田间试验条件下再生水灌溉和施氮对土壤氮素分布及 NO_3^--N 淋失的影响；通过分析玉米株高、叶面积、生物量、吸氮量、产量和氮素利用效率等对滴灌条件下灌溉水质和施氮量的响应特征，进行大田玉米再生水滴灌条件下的氮素平衡分析，进一步确认盆栽试验关于再生水中氮素有效性及对作物生长影响的研究结果，并研究提出华北平原再生水滴灌玉米最优施氮制度。

15.1　概　　述

华北平原是我国主要的粮食主产区，也是保障国家粮食安全的重要区域。但是，当前华北平原正面临着极度缺水和严重氮素污染的双重挑战（Cui et al.，2008a；Ju et al.，2009）：一方面，华北地区匮乏的水资源影响了作物灌溉用水量，严重影响了作物生长和产量提高，促使更多的再生水被用于农业灌溉（da Fonseca et al.，2005）；另一方面，华北地区长期不合理的氮肥制度已经导致了严重的氮素损失，造成了环境污染（Cui et al.，2008a；Ju et al.，2009；Gu et al.，2016）。大量研究表明，NO_3^--N 淋失是华北平原氮素损失的主要途径（Liu et al.，2003；Ju et al.，2009）。NO_3^--N 淋失不仅会造成有养分的损失，而且还可能污染地下水。因此，国内外学者进行了大量的田间试验，通过优化施肥和灌溉策略来尽量减少 NO_3^--N 淋失（Rajput et al.，2006；Gheysari et al.，2009；Gu et al.，2016）。

Delin 和 Stenberg（2014）研究表明，土壤氮素供给水平低于经济最优施氮量时可以减缓 NO_3^--N 淋失。作为常规水的重要替代水源，养分含量更高的再生水灌溉可能会对 NO_3^--N 淋失产生更大的影响（Gloaguen et al.，2007；Hamilton et al.，2007；Blum et al.，2013）。Segal 等（2011）研究表明，与常规水灌溉相比，再生水灌溉显著增加了 NO_3^--N 淋失。因此，再生水灌溉条件下需要对常规灌溉的施肥制度进行修正，以尽量减少再生水灌溉施肥对环境造成的污染。此外，与传统灌溉方式如地面灌溉和喷灌相比，滴灌能有效降低或消除再生水灌溉带来的环境污染和健康风险，被认为是最适合的再生水灌溉方式之一（Bar-Yosef，1999；Hassanli et al.，2010；李久生等，2010）。然而，不合理的滴灌施肥制度依旧会造成氮素在土壤中的累积，并在灌溉和降雨作用下造成 NO_3^--N 的淋失（Li et al.，2004；Zotarelli et al.，2008）。目前，华北平原 NO_3^--N 淋失主要是针对常规水灌溉，而且多采用地面灌溉方式，仍缺乏再生水滴灌条件下 NO_3^--N 淋失等方面的研究。

大量研究表明，再生水灌溉不仅能促进作物生长，提高作物产量，而且未显著影响作物品质（彭致功等，2006b；吴文勇等，2010；薛彦东等，2011；Bame et al.，2014）。另外，也有部分研究表明，再生水灌溉对作物生长和产量影响不显著（Li et al.，2012a；Mok et al.，2014），甚至会造成作物减产和品质下降（Bielorai et al.，1984；Hamilton et al.，2007；陈卫平等，2012）。Qadir 等（2010）研究发现，利用再生水灌溉过度施肥会造成作物营养生长不良，延缓作物成熟期，降低作物品质。再生水灌溉作物通常需要加施氮肥。再生水灌溉加施氮肥能有效保证作物生长及产量，但施肥制度不合理可能会导致施肥过度或不平衡（Leal et al.，2010；Marofi et al.，2015），不仅会降低作物产量，还会大幅降低氮素利用效率和提高氮素损失率。李平等（2013b）研究发现提高施氮量，番茄产量呈先增加后降低的变化规律，而氮肥偏生产力有降低趋势。Minhas 等（2015）研究表明随施氮量增加，再生水灌溉氮素偏生产力有降低趋势，而且再生水氮素偏生产力低于地下水灌溉。再生水的水质特性（养分来源和形态多样、复杂的离子和微生物等环境）造成了再生水灌溉带入土壤-作物系统中的氮素水平不同，加上不合理的再生水灌溉施肥制度，导致土壤-作物系统氮素平衡状态的不同，进而造成再生水灌溉对作物生长、产量和氮素吸收利用的差异。这与大部分学者得到的土壤-作物系统氮素平衡时的施肥制度是最优施肥制度的结果相一致（Cui et al.，2008a；Chen et al.，2010b）。Dai 等（2015）建议中国黄土高原冬小麦施氮量为 66 ~ 92kg/hm^2，以平衡产量和土壤中残留 NO_3^--N。这些研究主要是常规水地表灌溉最优施肥策略研究（Ju et al.，2006；Cui et al.，2008a；Hartmann et al.，2014），华北平原再生水滴灌条件下土壤氮素平衡和最佳施肥制度的研究还相对较少。

15.2 研究方法

再生水滴灌玉米大田试验均在国家节水灌溉中心大兴试验研究基地（39°39′N，116°15′E）进行。该试验区平均海拔为 31.3m，属北温带半湿润大陆季风气候，多年平均气温 11.6℃，多年平均降水量 556mm，但降水在季节间的分配不均匀，6 ~ 8 月降水约为全年的 70% ~ 80%。

15.2.1 试验地概况

试验区 0～100cm 土壤为砂质壤土（美国制），各土层黏粒、粉粒和砂粒含量见表 15-1。采用环刀法测试土壤干容重，平均土壤干容重为 1.41g/cm^3，采用小区灌水法测试土壤田间持水率，采用离心机法（CR21GⅡ，Hitachi，日本）测试凋萎含水率，土壤平均田间持水率和凋萎含水率（土壤水吸力为 1500 kPa 时的土壤含水率）分别为 0.30cm^3/cm^3 和 0.10cm^3/cm^3（表 15-1）。自动气象站安装在距试验地 50m 处，可以连续监测气温和降雨等气象数据，数据自动采集时间间隔为 30min（图 15-1）。

表 15-1 大田试验土壤物理特性

深度（cm）	颗粒分布			质地	土壤干容重	田间持水率	凋萎含水率
	黏粒（%）	粉粒（%）	砂粒（%）		（g/cm^3）	（cm^3/cm^3）	（cm^3/cm^3）
0～20	13.2	53.5	33.3	砂壤土	1.31	0.29	0.10
20～60	12.3	57.3	30.3	砂壤土	1.41	0.31	0.09
60～100	15.8	55.1	29.1	砂壤土	1.45	0.31	0.10

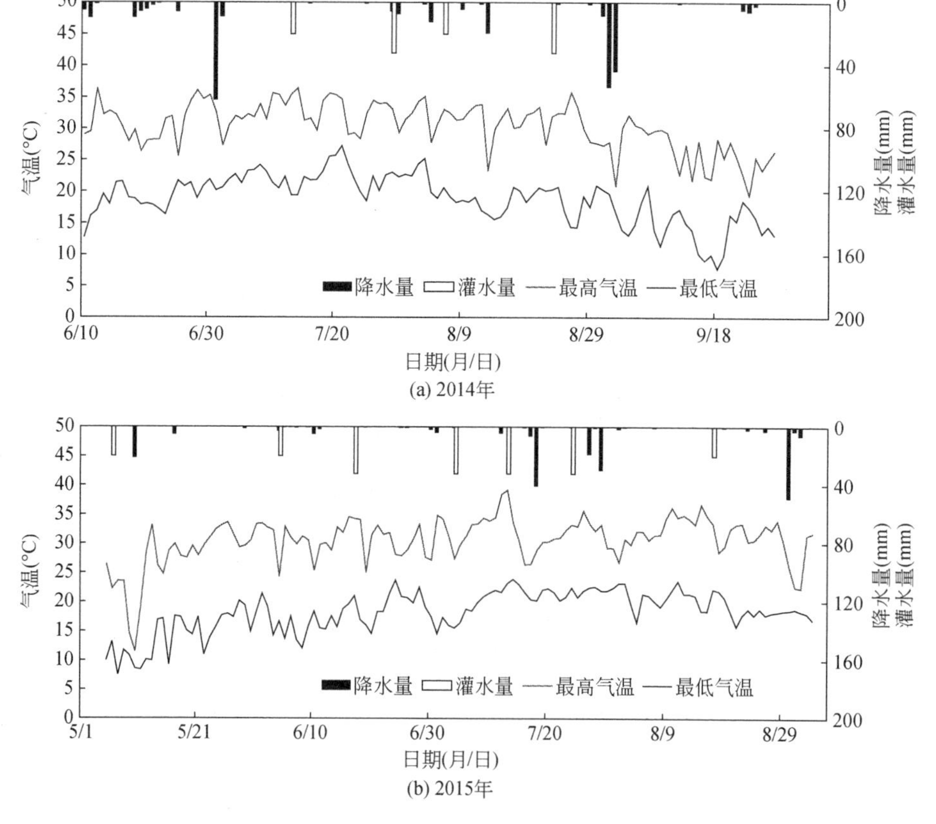

图 15-1 大田试验玉米生育期内灌水、降水及气温变化

15.2.2 试验设计

田间试验作物为玉米（*Zea mays* L.），玉米品种同盆栽试验（‘京科 389’）。试验分别于 2014 年 6 月 15 日 ~2014 年 9 月 28 日和 2015 年 5 月 5 日 ~9 月 3 日进行。试验设灌溉水质和施氮量 2 个因素。灌溉水质为二级再生水（S）和地下水（G）两个水平。施氮量分别为 0kg/hm^2、60kg/hm^2、120kg/hm^2、180kg/hm^2，即分别为对照处理、低氮、中氮和高氮处理，其中再生水处理（SW）分别记作 S0、S60、S120、S180，地下水处理（GW）分别记作 G0、G60、G120、G180。灌溉方式为滴灌，灌水定额为充分灌溉（I_1），灌水下限为 65% 田间持水量，灌水上限为 95% 田间持水量。为了研究不同再生水灌溉量对土壤氮素动态分布、玉米生长、氮素吸收和产量等指标的影响，2014 年在再生水高氮水平下增设两个灌水量处理，以充分灌溉（中灌水平，I_1）为基准，设 0.75 倍的充分灌溉灌水量为低灌处理（S180I_2）和 1.25 倍的充分灌溉为高灌处理（S180I_3）。为了更直接确认盆栽试验得到的再生水氮的有效性，2015 年将 2014 年 S180I_2 处理调整为 G140 处理，S180I_3 调整为 S160 处理，分别与 S120、G180 处理做对照。试验共 10 个处理，每个处理 3 个重复，共 30 个小区，小区随机布置，再生水滴灌大田试验处理表见表 15-2。试验小区尺寸为 9.0m×4.0m，每个小区种植 8 行玉米，其中小区两侧最外 1 行为保护行，行距 50cm，株距 30cm，种植密度为 66666 株/hm^2。每个小区沿玉米行方向安装 4 条间距 100cm 的滴灌带，1 条滴灌带控制 2 行玉米。为了方便进行田间试验观测和防止各试验小区之间发生横向水分交换，在相邻小区之间留 50cm 的缓冲区。

表 15-2　再生水滴灌玉米大田试验处理表

处理编号	简称	施氮量（kg/hm^2）	灌水水质	灌水量	小区编号		
					重复 1	重复 2	重复 3
1	G0	0	地下水	I_1	5	11	24
2	G60	60	地下水	I_1	8	19	23
3	G120	120	地下水	I_1	6	17	29
4	G180	180	地下水	I_1	3	12	28
5	S0	0	再生水	I_1	7	13	22
6	S60	60	再生水	I_1	2	16	30
7	S120	120	再生水	I_1	1	15	27
8	S180	180	再生水	I_1	10	20	25
9	S180I_2(G140)‡	180(140)	再生水(地下水)	I_2(I_1)	4	14	21
10	S180I_3(S160)	180(160)	再生水(再生水)	I_3(I_1)	9	18	26

注：‡ 括号内为 2015 年的试验处理。

15.2.3 灌溉施肥

试验采用两套独立的滴灌系统分别向再生水和地下水小区供水。对于再生水灌溉，每次灌水施肥前 1 ~2 天，将二级再生水储存到一个 35m^3 的储水池，然后利用水泵（流量为 1.5m^3/h，扬程为 32m）将再生水注入再生水滴灌系统中。对于地下水灌溉，灌溉时先将地下水不间断地注入一个 1m^3 的储水桶中，然后用水泵将地下水加压注入地下水滴灌系统。两个滴灌系统均安装有离心式过滤器、叠片式过滤器、水表、压力表、阀门和比例施肥泵等，干管为 Φ40 PE 管、分干管为 Φ32 PE 管。选用亚美特滴灌带（RY150），小区入水口的工作压力设定为 0.1 MPa，灌水器间距 30cm，标称流量为 1.40 L/h（图 15-2）。

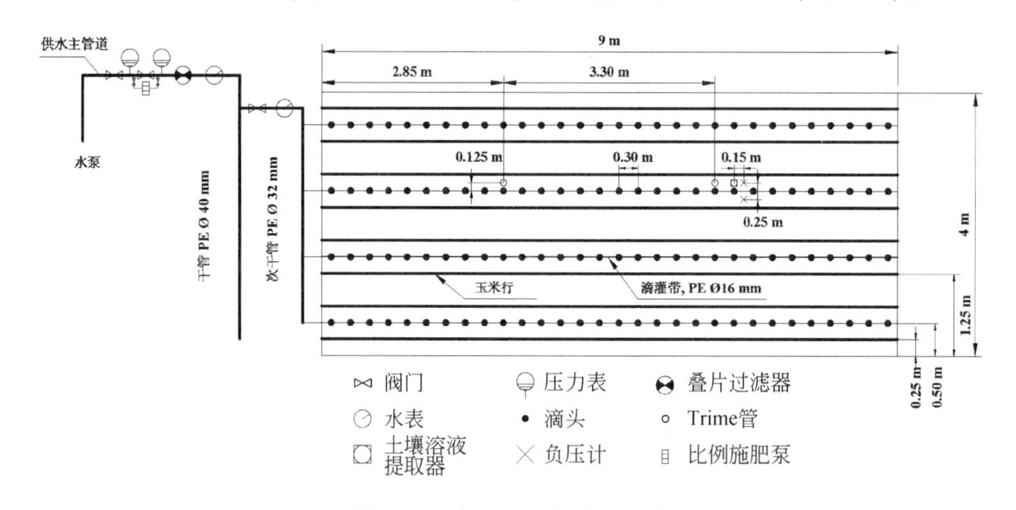

图 15-2　大田试验小区布置图

每个小区安装 1 ~2 根 1.5m 长的 T3 探管用以监测土壤水分变化，灌水上下限分别为 65% 和 95% 的田间持水率。玉米生育期共灌水 4 次，充分灌溉处理总灌水量为 104mm，0.75 和 1.25 倍充分灌溉总灌水量分别为 78mm 和 130mm。2014 年玉米生育期降水量为 276mm，其中≥5mm 的有效降水量为 265mm。2015 年玉米生育期共灌水 7 次，生育期总灌水量为 188mm，其中 5 月 6 日喷灌出苗水 20mm。2015 年玉米生育期内降水量 219mm，其中≥5mm 的有效降水量为 182mm，各处理的灌溉施肥制度见图 15-1。

本试验氮肥选用尿素（含氮量 46.4%）。生育期内施氮肥 3 次，分别在苗期末（2014 年 7 月 13 日和 2015 年 6 月 4 日）、抽雄期（2014 年 8 月 7 日和 2015 年 7 月 4 日）和灌浆期（2014 年 8 月 23 日和 2015 年 7 月 24 日）施入，施氮量为各处理施氮量的 30%、40% 和 30%。施肥采用“1/4W-1/2N-1/4W”模式（Li et al., 2004），利用比例施肥泵（Mis Rite Model 2504，Tefen）将溶解的尿素施入各试验小区。

15.2.4　观测内容与方法

15.2.4.1　土壤含水量

为了监测生育期内土壤水分动态变化和确定每次灌水日期，采用 Trime-T3 土壤含水率测量系统（IMKO，德国）测定 0 ~100cm 土壤体积含水率。在各处理的 1 个小区埋设 2 根

Trime 探管，其余小区各埋设 1 根 Trime 探管。生育期内每周测量一次，并在灌水前、灌水后和降雨后 1 天各加测一次，测量深度为 0 ~ 20cm、20 ~ 40cm、40 ~ 60cm、60 ~ 80cm 和 80 ~ 100cm。

15.2.4.2 土壤氮素

为了监测生育期内土壤氮素动态变化，在玉米播种前、各生育期、施肥前后和收获后，利用 4cm 直径的土钻取土测定 0 ~ 100cm 深度内土壤矿化氮含量。每个小区 2 个测点，每个测点取样深度分别为 0 ~ 20cm、20 ~ 40cm、40 ~ 60cm、60 ~ 80cm 和 80 ~ 100cm。采集的土壤样品风干研磨过 1mm 筛，并用 1mol/L 的 KCl 溶液浸提（土水比为 1∶2.5），再用流动分析仪（Auto Analyzer 3，德国 Bran+Luebbe 公司）测定其 NO_3^--N 和 NH_4^+-N 浓度（mg/L），获得土壤 NO_3^--N 和 NH_4^+-N 含量（mg/kg）。

15.2.4.3 生育期内土壤水氮淋失

为了监测生育期内根区底部（70cm）水分通量情况，2014 年选择 G180、S180、$S180I_2$ 和 $S180I_3$ 处理，2015 年选择 G180、S120、S160 和 S180 处理埋设张力计用以监测 60cm 和 80cm 处土壤基质势，测定时间为每天上午 7∶00 ~ 8∶00，并为需要加水的张力计加蒸馏水。

每组张力计旁安装一个土壤溶液提取器，用于采集 70cm 深度土壤溶液，并测定其 NO_3^--N 含量。采集时间为灌水后 1 天和大于 30mm 降雨后，土壤溶液样品采集时，首先需要通过真空泵给土壤溶液提取器施加约 30 kPa 的负压，并且保持 1 天左右，然后采集土壤溶液。土壤溶液中 NO_3^--N 含量利用流动分析仪测定（mg/L）。

NH_4^+-N 受土壤吸附作用的影响，生育期内土壤溶液 NH_4^+-N 浓度明显低于 NO_3^--N 浓度（李久生等，2004），因此，本研究中仅考虑 NO_3^--N 的淋失。根据 Darcy 定律，70cm 深处的水分通量（q，cm/d）用式（15-1）估算：

$$q=K(h)\frac{H_{60}-H_{80}}{20} \tag{15-1}$$

式中，$K(h)$ 为 60 ~ 80cm 土层非饱和导水率，cm/d；h 为 60 ~ 80cm 土层的平均土壤基质势，cm；H_{60} 和 H_{80} 分别是 60cm 和 80cm 深度处的土水势，cm。

$K(h)$ 由式（15-2）进行计算（van Genuchten，1980）：

$$K(h)=K_s\left(\frac{\theta(h)-\theta_r}{\theta_s-\theta(h)}\right)^{0.5}\left[1-\left(1-\left(\frac{\theta(h)-\theta_r}{\theta_s-\theta(h)}\right)^{1/m}\right)^m\right]^2 \tag{15-2}$$

$$\theta(h)=\theta_r+\frac{\theta_s-\theta_r}{[1+|\alpha h|^n]^m} \tag{15-3}$$

式中，θ_r 为残余含水率（取 0.035cm^3/cm^3）；θ_s 为饱和含水率（取 0.373cm^3/cm^3）；$\theta(h)$ 为土壤基质是为 h 时的土壤含水率，cm^3/cm^3，由式（15-3）计算；α、m 和 n 为土壤水分特征曲线的拟合参数，分别为 0.0117 1/cm、0.287 和 1.402；K_s 为饱和导水率（取 21.19cm/d）。

当 $q>0$ 时，70cm 深度处的水分日渗漏量（mm）等于 q；当 $q<0$ 时，日渗漏量为 0，

生育期累积渗漏量为每日渗漏量的总和。70cm 深度处 NO_3^--N 日淋失量（kg/hm^2）为日渗漏量和 NO_3^--N 浓度的乘积，生育期淋失量为日淋失量总和。

15.2.4.4 玉米生长指标

在各试验小区内选择长势良好、具有代表性的 4 株玉米进行标记，进行玉米株高和叶面积指数（LAI）测定。在玉米 6 叶期（V6，2014 年 7 月 8 日和 2015 年 6 月 5 日）、8 叶期（V8，2014 年 7 月 18 日和 2015 年 6 月 15 日）、10 叶期（V10，2014 年 7 月 29 日和 2015 年 6 月 25 日）、抽雄期（VT，2014 年 8 月 15 日和 2015 年 7 月 9 日）、灌浆期（R2，2014 年 8 月 30 日和 2015 年 7 月 27 日）和成熟期（R6，2015 年 8 月 27 日）测量玉米株高和所有完全展开叶片的长和宽，同时采集具有代表性的 15 片不同尺寸叶片，并用 WinFOLIA 叶面积分析仪（LC1200P+，WinFOLIA，加拿大）扫描叶片实际面积，并根据经验关系：$y=ax$（y 代表实际叶面积；x 代表测量叶面积；a 为回归系数）计算各小区实际叶面积，进而计算叶面积指数。

15.2.4.5 生物量、吸氮量及氮素表观平衡

为监测生育期内玉米生物量和吸氮量，在玉米 6 叶期（V6，2014 年 7 月 12 日和 2015 年 6 月 9 日）、10 叶期（V10，2015 年 6 月 26 日）、12 叶期（V12，2014 年 8 月 3 日和 2015 年 7 月 3 日）、抽雄期（VT，2014 年 8 月 20 日和 2015 年 7 月 21 日）、灌浆期（R2，2014 年 9 月 5 日和 2015 年 8 月 4 日）和成熟期（R6，2014 年 9 月 28 日和 2015 年 8 月 28 日）测定玉米地上部分生物量。每个小区 3 个测点，每个测点选取有代表性的 1 株玉米。取样时将样品按茎、叶、（粒、不包括粒的棒）分别装入相应的档案袋，然后拿回实验室，先在烘箱中用 105℃杀青 30min，然后在 70℃条件下烘至恒重，测定其生物量。再利用四分法进行取样，用旋风磨将样品磨碎过 1mm 筛，用凯氏定氮仪（Kjeltec 2003，Foss，丹麦）测定植株全氮含量，利用玉米生物量和全氮含量计算植株各部分吸氮量。

根据不施肥处理作物吸氮量与试验前后土壤无机氮的净变化估计生育期内根层土壤（0～70cm）氮素矿化量（N_{mine}，kg/hm^2）（Cabrera and Kissel，1988）：

$$N_{mine}=N_{min(res)}+N_{crop}-N_{min(ini)}-N_{irr} \tag{15-4}$$

式中，$N_{min(res)}$ 为不施肥处理生育末期残余无机氮含量，kg/hm^2；$N_{min(ini)}$ 为不施肥处理初始无机氮含量，kg/hm^2；N_{irr} 为灌溉带入的无机氮，kg/hm^2；N_{crop} 为不施肥处理植株吸氮量，kg/hm^2。

施氮处理生育期内氮素的表观损失量（ANL，kg/hm^2）由氮素表观平衡法进行估算：

$$ANL=N_{min(ini)}+N_{fert}+N_{mine}+N_{irr}-N_{crop}-N_{min(res)} \tag{15-5}$$

式中，N_{fert} 为各处理的施氮量，kg/hm^2。

15.2.4.6 产量及氮素利用效率

为测定各处理玉米籽粒产量、产量构成要素和品质，在 2014 年 9 月 28 日和 2015 年 8 月 30 日对玉米进行考种。每个小区取 3 个考种点，每点连续选取 10 株玉米，采集样方为 1.0m×1.5m（30 株玉米）。玉米考种指标主要有穗长、秃尖长、穗行数、行粒数，百粒

重。粗蛋白、粗淀粉和粗灰分按照《土壤农业化学分析方法》测定。

氮肥农学效率（NAE，kg/kg）和氮素回收率（RE,%）根据下列公式计算：

$$NAE = \frac{Y_N - Y_0}{N_{fert}} \tag{15-6}$$

$$RE = \frac{U_N - U_0}{N_{fert}} \tag{15-7}$$

式中，Y_N 和 Y_0 分别为各施氮处理和不施肥处理作物产量，kg/hm^2；U_N 和 U_0 分别为各施肥处理和不施肥处理作物吸氮量，kg/hm^2。

15.2.4.7 灌溉水质

每次灌水前从储有再生水的水池中取再生水水样 500mL，地下水从水井中抽取 500mL 水样，用以测定不同水质的理化指标。测试指标为全氮、NH_4^+-N、NO_3^--N、全磷、全盐、pH、EC（表 15-3）。

田间试验再生水较地下水含有更高的氮、磷等营养元素，2014 年和 2015 年再生水全氮含量分别是地下水全氮含量的 17 倍和 15 倍（表 15-3），这与盆栽试验灌溉水质结果一致（表 13-2）。再生水中的氮素以 NO_3^--N 为主，平均占比达到了全氮含量的80%，NH_4^+-N 含量占比仅为 2%，有机氮含量约占全氮含量的 18%。根据灌溉水中的氮素含量和全生育期灌水量，2014 年再生水处理全氮、矿化氮和有机氮带入量分别为 27kg/hm^2、22kg/hm^2 和 5kg/hm^2，2015 年各组分施入量分别为 30kg/hm^2、25kg/hm^2 和 5kg/hm^2。由于再生水全磷含量依然较低，而且田间试验再生水灌溉量也较小，生育期内再生水灌溉全磷施入量可以忽略。另外，田间试验再生水水质也符合《城市污水再生利用 农田灌溉用水水质标准》（GB 20922—2007），再生水可以被用于农田灌溉。

表 15-3 大田试验再生水和地下水水质

指标	单位	2014 年				2015 年			
		再生水		地下水		再生水		地下水	
		平均值	标准差	平均值	标准差	平均值	标准差	平均值	标准差
全氮	mg/L	26. 20	1. 24	1. 53	0. 01	17. 50	3. 27	1. 16	0. 06
NH_4^+-N	mg/L	0. 58	0. 05	0. 52	0. 02	0. 41	0. 15	0. 28	0. 04
NO_3^--N	mg/L	20. 81	1. 80	0. 73	0. 01	14. 32	3. 51	0. 65	0. 03
全磷	mg/L	3. 79	0. 52	0. 26	0. 27	1. 26	0. 24	0. 04	0. 01
全盐	mg/L	753	52	337	25	693	108	260	10
TSS	mg/L	52. 9	12. 4	18. 5	3. 5	65. 5	5. 0	28. 3	7. 5
COD_{Cr}	mg/L	29. 0	7. 0	13. 2	1. 3	23. 9	9. 6	15. 4	4. 1
BOD_5	mg/L	14. 7	2. 7	9. 3	0. 4	16. 2	6. 3	11. 1	3. 5
EC	μS/cm	1153	84	510	2	1166	118	560	1
pH		8. 27	0. 12	7. 55	0. 01	8. 24	0. 21	7. 56	0. 01

注：TSS 为总悬浮物；EC 为电导率。

15.2.5 统计分析方法

采用双因素方差分析确定灌溉水质和施氮量对玉米株高、LAI、生物量、吸氮量、产量、产量构成要素的影响，以及对田间试验氮素回收率和氮素农学效率的影响；采用Dcuncan多重比较确定各处理的均值差异。本文中的方差分析和Dcuncan多重比较均用SPSS 16.0（SPSS，2007）操作。

15.3 硝态氮

2014年和2015年各处理土壤NO_3^--N含量在玉米生育期内的变化特征见图15-3～图15-6。受玉米吸收、施肥灌水和降雨的影响，土壤NO_3^--N含量在生育期内呈上下波动变化，不施肥处理由于缺乏外源氮肥的补给，NO_3^--N含量表现为持续降低的趋势。如苗期玉米植株较小，根系不发达，玉米对养分的需求较小，土壤NO_3^--N含量主要在0～20cm土层波动，随着玉米的生长，不断发育的根系可以吸收更深土壤中的NO_3^--N，土壤NO_3^--N含量主要在0～60cm土层波动。另外，较高的施氮量（中氮和高氮处理）和连续较大的降雨（大于30mm）都增强了NO_3^--N向60cm以下土壤运移的能力。

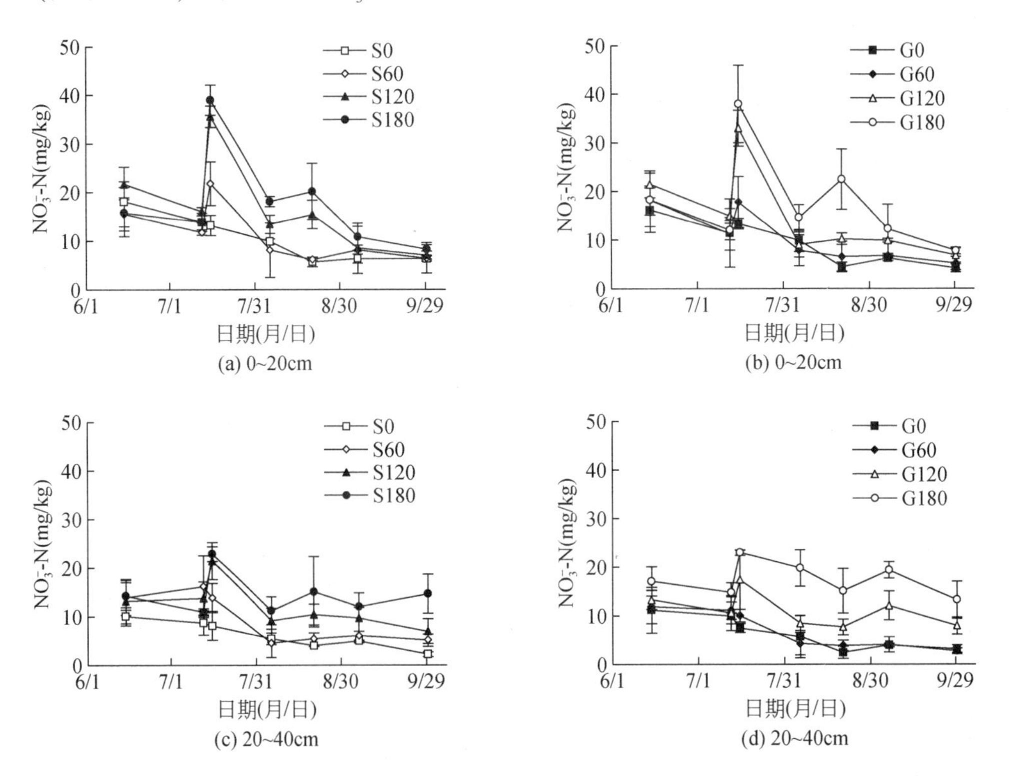

(a) 0~20cm

(b) 0~20cm

(c) 20~40cm

(d) 20~40cm

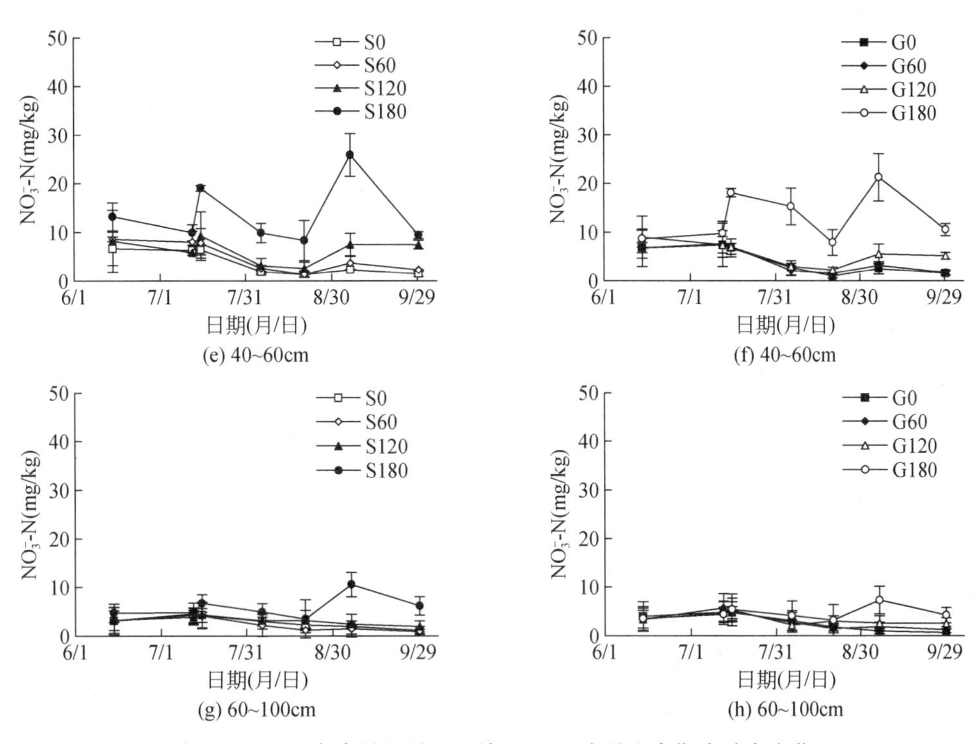

图 15-3　2014 年各施肥处理土壤 NO_3^--N 含量生育期内动态变化

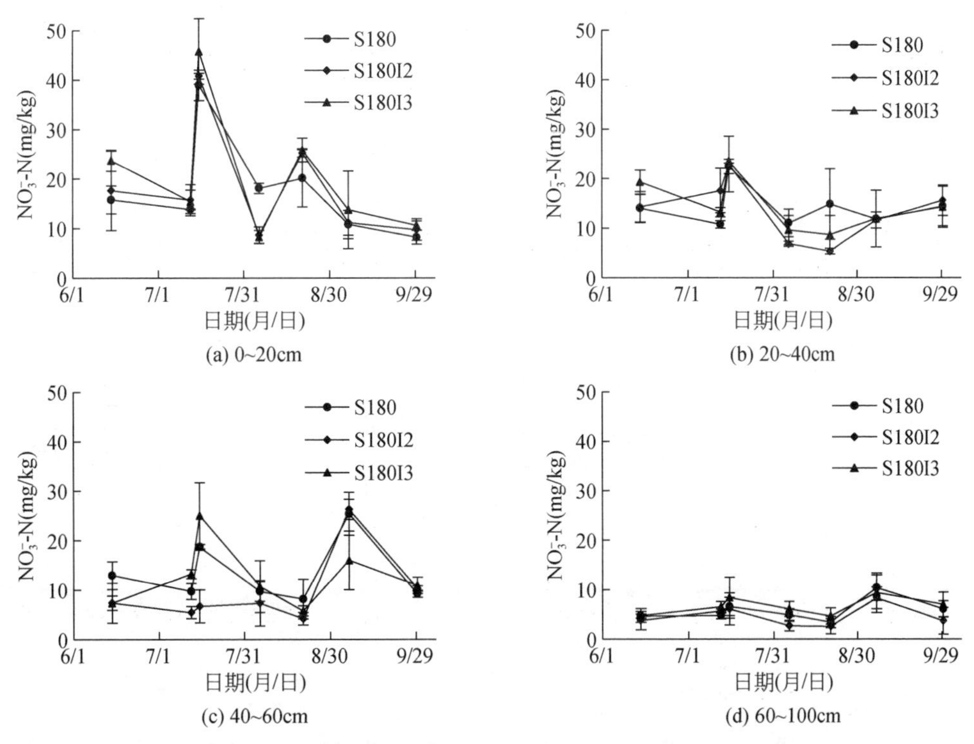

图 15-4　2014 年各灌水量处理土壤 NO_3^--N 含量生育期内动态变化

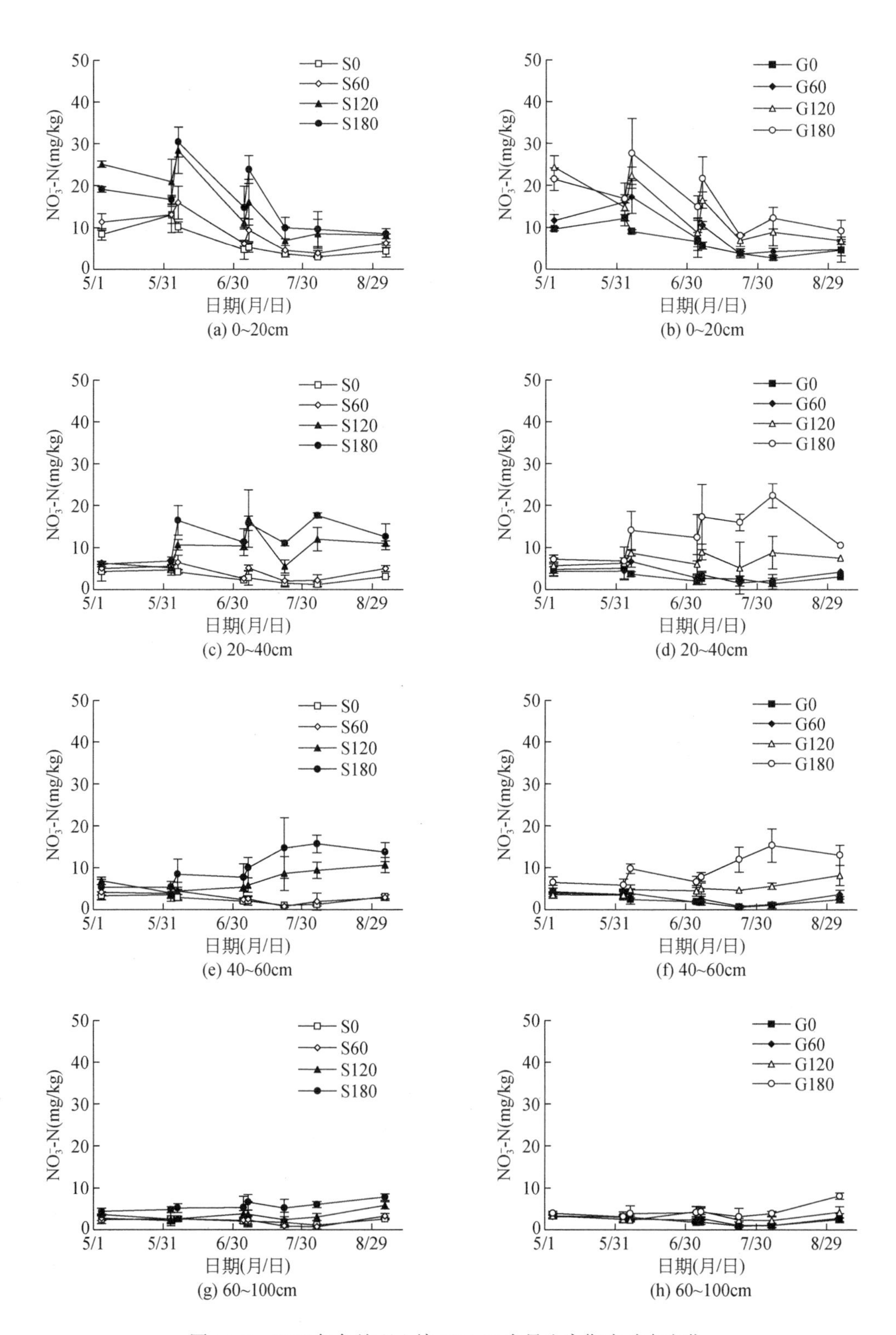

图 15-5　2015 年各处理土壤 NO_3^--N 含量生育期内动态变化

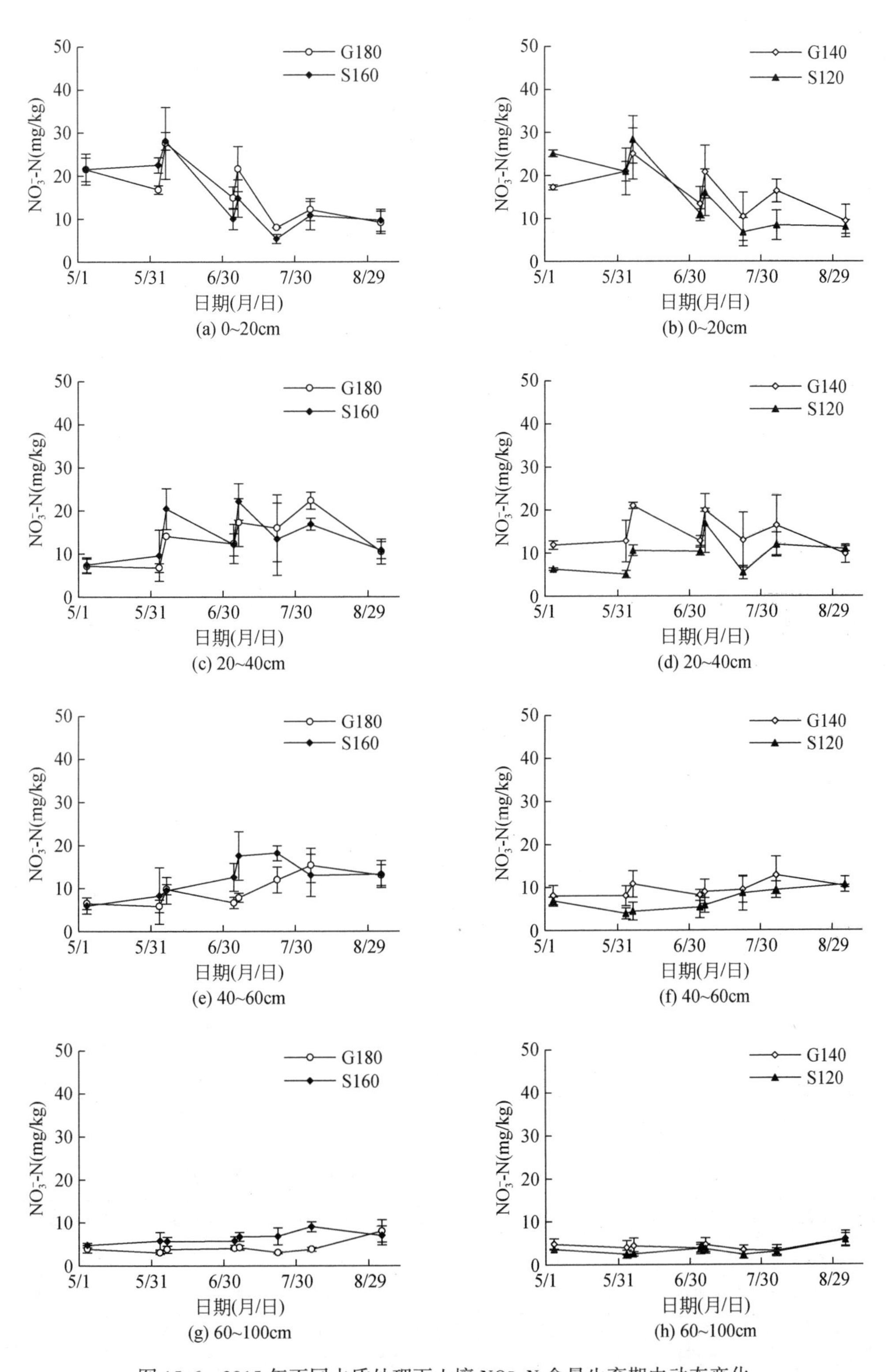

图 15-6　2015 年不同水质处理下土壤 NO_3^--N 含量生育期内动态变化

由图 15-3 和图 15-5 可知，增加施氮量能明显提高各层土壤 NO_3^--N 含量。例如，地下水灌溉下，2015 年 6 月 6 日施肥后 0～100cm 土壤 NO_3^--N 含量较 2015 年 6 月 3 日施肥前增加了 8%～71%。2015 年 G0、G60、G120 和 G180 处理生育期内 0～100cm 土壤 NO_3^--N 含量均值分别为 2.6mg/kg、3.5mg/kg、6.2mg/kg 和 10.2mg/kg，S0、S60、S120 和 S180 处理生育期内 0～100cm 土壤 NO_3^--N 含量均值分别为 2.7mg/kg、3.6mg/kg、7.7mg/kg 和 10.8mg/kg。施氮量对各层土壤 NO_3^--N 含量的影响随深度的增加而降低。例如，2015 年地下水灌溉，0～20cm、20～40cm、40～60cm 和 60～100cm 各土层施肥后（2015 年 7 月 7 日）土壤 NO_3^--N 含量较施肥前（2015 年 7 月 3 日）平均增幅分别为 59%、43%、22% 和 11%。表 15-4 和表 15-5 给出了灌溉水质和施氮量对土壤 NO_3^--N 含量影响的方差分析。结果表明，施氮量对土壤 NO_3^--N 含量的影响达到了极显著水平（$P<0.01$）。灌溉水质对土壤 NO_3^--N 含量的影响未达到显著水平（$P>0.05$），但再生水灌溉的土壤 NO_3^--N 含量稍大于地下水灌溉（李平等，2008）。例如，2015 年再生水灌溉较地下水灌溉 0～100cm 土壤 NO_3^--N 含量平均增幅为 1%～24%。一方面，再生水中含有较多的 NO_3^--N；另一方面，再生水中丰富的离子和微生物可能促进了土壤 NH_4^+-N 的硝化和有机氮的矿化，提高了土壤 NO_3^--N 含量（da Fonseca et al.，2007a；Leal et al.，2010）。因此，进行再生水灌溉时，应充分考虑再生水带入的氮量及其对作物生长的有效性，降低由于再生水灌溉而造成的 NO_3^--N 在土壤中的累积，避免 NO_3^--N 对地下水造成污染。

表 15-4　2014 年灌溉水质和施氮量对土壤 NO_3^--N 含量的影响

深度(cm)	变异来源	6 月 14 日	7 月 12 日	7 月 15 日	8 月 6 日	8 月 22 日	9 月 14 日	9 月 29 日
0～20	灌溉水质	NS(P=0.65)	NS(P=0.21)	NS(P=0.27)	NS(P=0.47)	NS(P=0.48)	NS(P=0.75)	NS(P=0.10)
	施氮量	NS(P=0.15)	NS(P=0.12)	**(P=0.00)	NS(P=0.20)	**(P=0.00)	**(P=0.01)	**(P=0.01)
20～40	灌溉水质	NS(P=0.71)	NS(P=0.59)	NS(P=0.10)	NS(P=0.13)	**(P=0.21)	*(P=0.17)	NS(P=0.58)
	施氮量	NS(P=0.09)	NS(P=0.20)	**(P=0.00)	**(P=0.00)	**(P=0.00)	**(P=0.00)	**(P=0.00)
40～60	灌溉水质	NS(P=0.35)	NS(P=0.57)	NS(P=0.33)	NS(P=0.09)	NS(P=0.71)	NS(P=0.13)	NS(P=0.32)
	施氮量	NS(P=0.21)	NS(P=0.08)	**(P=0.00)	**(P=0.00)	**(P=0.00)	**(P=0.00)	**(P=0.00)
60～100	灌溉水质	NS(P=0.96)	NS(P=0.17)	NS(P=0.67)	NS(P=0.54)	NS(P=0.67)	NS(P=0.10)	NS(P=0.28)
	施氮量	NS(P=0.28)	NS(P=0.48)	NS(P=0.20)	*(P=0.02)	**(P=0.00)	**(P=0.00)	**(P=0.00)

注：NS 表示在 $\alpha=0.05$ 水平上不显著；* 和 ** 分别表示在 $\alpha=0.05$ 和 $\alpha=0.01$ 水平上显著，下同。

表 15-5　2015 年灌溉水质和施氮量对土壤 NO_3^--N 含量的影响

深度(cm)	变异来源	5 月 4 日	6 月 3 日	6 月 6 日	7 月 4 日	7 月 7 日	7 月 22 日	8 月 5 日	9 月 3 日
0～20	灌溉水质	NS(P=0.28)	NS(P=0.51)	NS(P=0.23)	NS(P=0.85)	NS(P=0.99)	NS(P=0.35)	NS(P=0.42)	NS(P=0.53)
	施氮量	**(P=0.00)	NS(P=0.07)	**(P=0.00)	**(P=0.00)	**(P=0.00)	**(P=0.00)	**(P=0.00)	**(P=0.00)
20～40	灌溉水质	NS(P=0.92)	NS(P=0.84)	NS(P=0.21)	NS(P=0.38)	NS(P=0.19)	NS(P=0.31)	NS(P=0.71)	NS(P=0.09)
	施氮量	*(P=0.03)	NS(P=0.07)	**(P=0.00)	**(P=0.00)	**(P=0.00)	**(P=0.00)	**(P=0.00)	**(P=0.00)

续表

深度(cm)	变异来源	5月4日	6月3日	6月6日	7月4日	7月7日	7月22日	8月5日	9月3日
40～60	灌溉水质	NS(P=0.57)	NS(P=0.95)	NS(P=0.79)	NS(P=0.30)	NS(P=0.15)	NS(P=0.17)	NS(P=0.14)	NS(P=0.28)
	施氮量	NS(P=0.08)	*(P=0.02)	**(P=0.00)	**(P=0.00)	**(P=0.00)	**(P=0.00)	**(P=0.00)	**(P=0.00)
60～100	灌溉水质	NS(P=0.78)	NS(P=0.92)	NS(P=0.52)	NS(P=0.61)	NS(P=0.54)	*(P=0.05)	NS(P=0.06)	NS(P=0.42)
	施氮量	NS(P=0.06)	NS(P=0.11)	**(P=0.01)	**(P=0.00)	**(P=0.00)	**(P=0.00)	**(P=0.00)	**(P=0.00)

2014 年不同灌水量下土壤 NO_3^--N 含量在生育期内的变化趋势一致。虽然灌水量对土壤 NO_3^--N 含量影响未达到显著差异（P>0.05），但灌水量一定程度上提高了土壤 NO_3^--N 含量。例如，S180I_2 处理施肥后（2014 年 7 月 15 日）较施肥前（2014 年 7 月 12 日）土壤 NO_3^--N 含量增幅要小于 S180I_3 和 S180 处理。较高的灌水量提高了土壤含水率状况，促进了土壤微生物活动，进而可能促进其他形态氮素向 NO_3^--N 的转化。

2015 年不同水质处理土壤 NO_3^--N 含量分布特征见图 15-6。不同水质处理的土壤 NO_3^--N 含量在生育期内的变化规律较为一致，受玉米吸收、施肥灌水和降雨的影响而波动变化，但土壤 NO_3^--N 含量有一定差异。如 G140 处理土壤 NO_3^--N 含量多高于 S120 处理，而 S160 处理土壤 NO_3^--N 含量多高于 G180 处理。尽管再生水氮能起到肥料氮的作用，但其对田间土壤 NO_3^--N 含量的影响有所差异，主要受施氮量、根系吸收、土壤环境等因素的综合影响。较高的肥料氮可能抑制了玉米对再生水氮的吸收，使得 S160 处理较 G180 处理土壤 NO_3^--N 含量较高，而中氮水平可能促进了再生水氮的吸收，从而降低了 S120 处理土壤 NO_3^--N 含量。

15.4 铵态氮

各处理土壤 NH_4^+-N 含量在玉米生育期内的变化情况见图 15-7～图 15-10，灌溉水质和施氮量对 NH_4^+-N 影响的方差分析见表 15-6 和表 15-7。与各层土壤 NO_3^--N 随土壤深度递减的变化规律不同，土壤 NH_4^+-N 含量在深度方向分布较均匀。以 2014 年为例，生育期内 0～20cm、20～40cm、40～60cm 和 60～100cm 土层 NH_4^+-N 含量均值分别为 2.3mg/kg、2.2mg/kg、2.2mg/kg 和 2.3mg/kg。灌溉水质、施氮量和灌水量都未对土壤 NH_4^+-N 含量产生显著影响（P>0.05）。2014 年再生水灌溉土壤 NH_4^+-N 含量波动范围为 0.8～3.6mg/kg，地下水灌溉土壤 NH_4^+-N 含量波动范围为 0.9～3.4mg/kg。尽管单次灌水未对土壤 NH_4^+-N 含量产生显著影响，但连续较大的降雨可以提高土壤 NH_4^+-N 含量。例如，2014 年 7 月 29 日～2014 年 8 月 4 日连续灌水、降水量达 57mm，使得 2014 年 8 月 6 日 0～100cm 土壤 NH_4^+-N 含量较 2014 年 7 月 15 日平均增幅达到了 32%。这是由于连续的灌水、降雨使得土壤含水率处于较高水平，进而降低了土壤通气情况，厌氧环境有可以加速有机氮向 NH_4^+-N 的矿化，增加土壤 NH_4^+-N 含量。

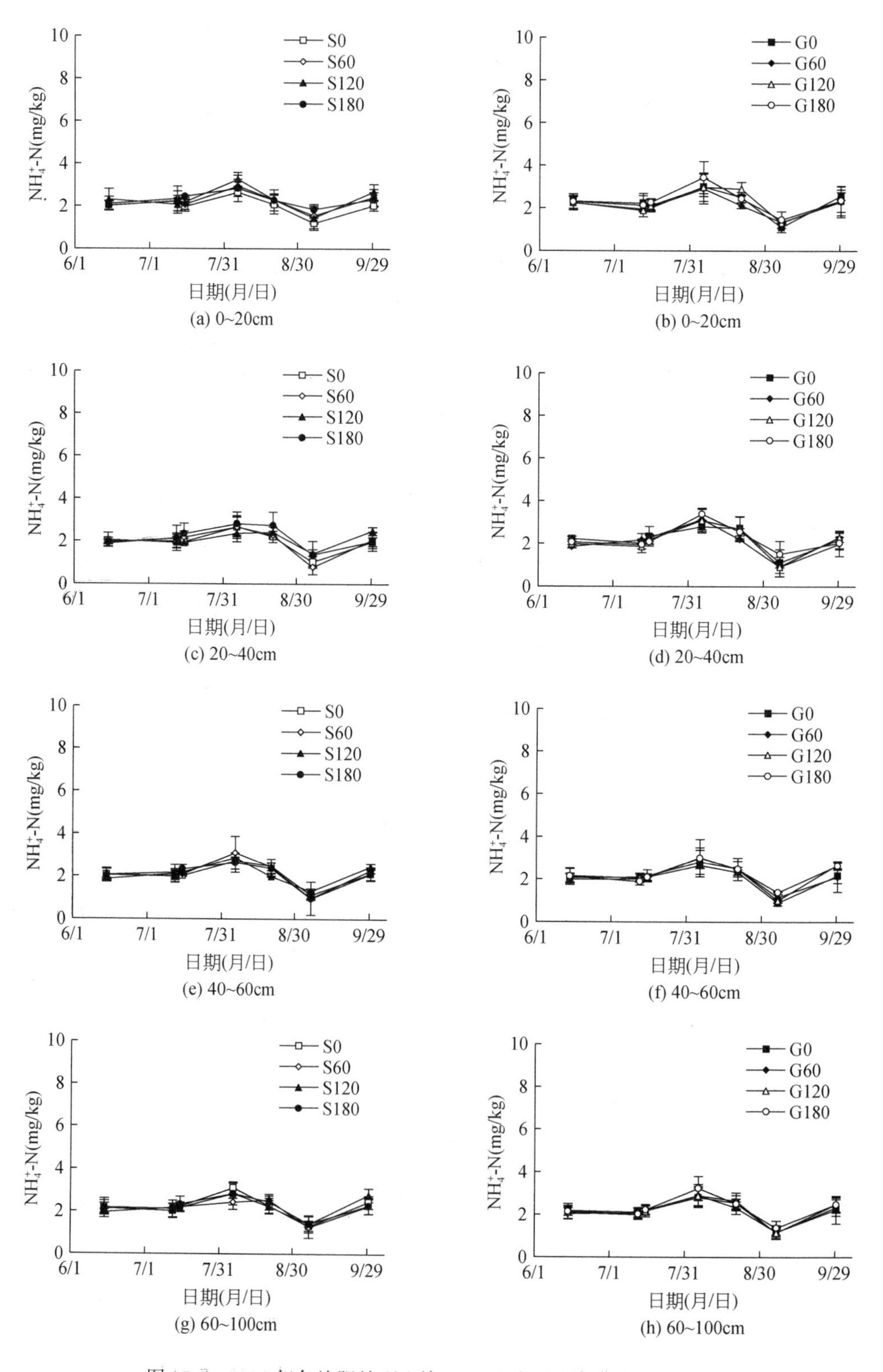

图 15-7 2014 年各施肥处理土壤 NH_4^+-N 含量生育期内动态变化

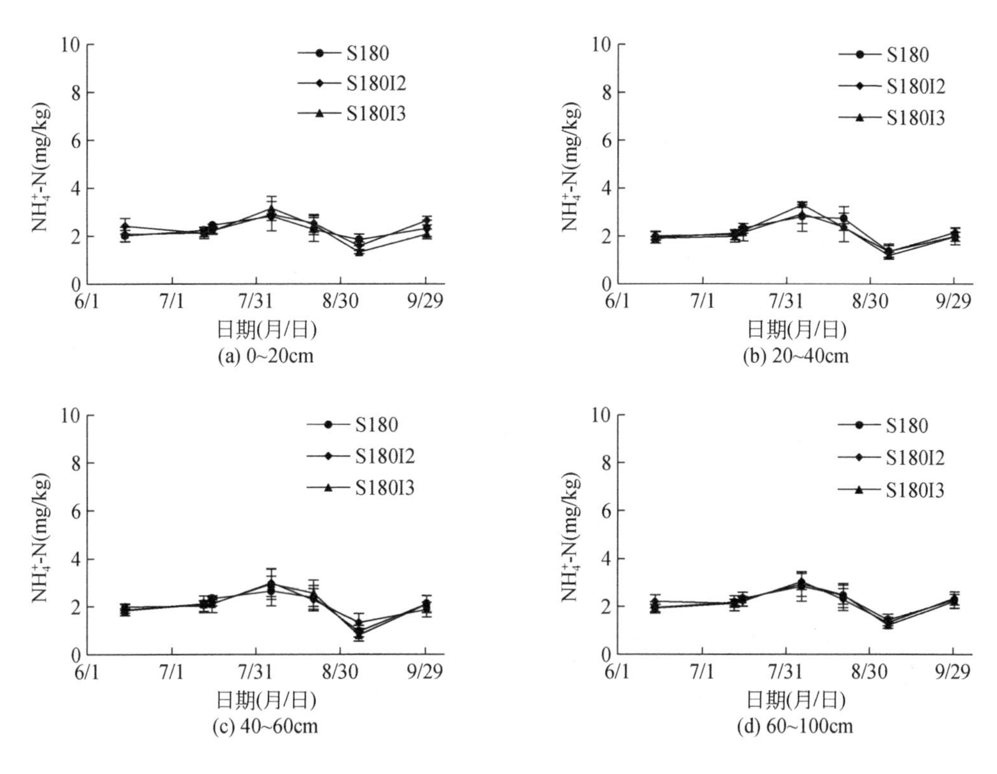

图 15-8　2014 年灌水量处理土壤 NH_4^+-N 含量生育期内动态变化

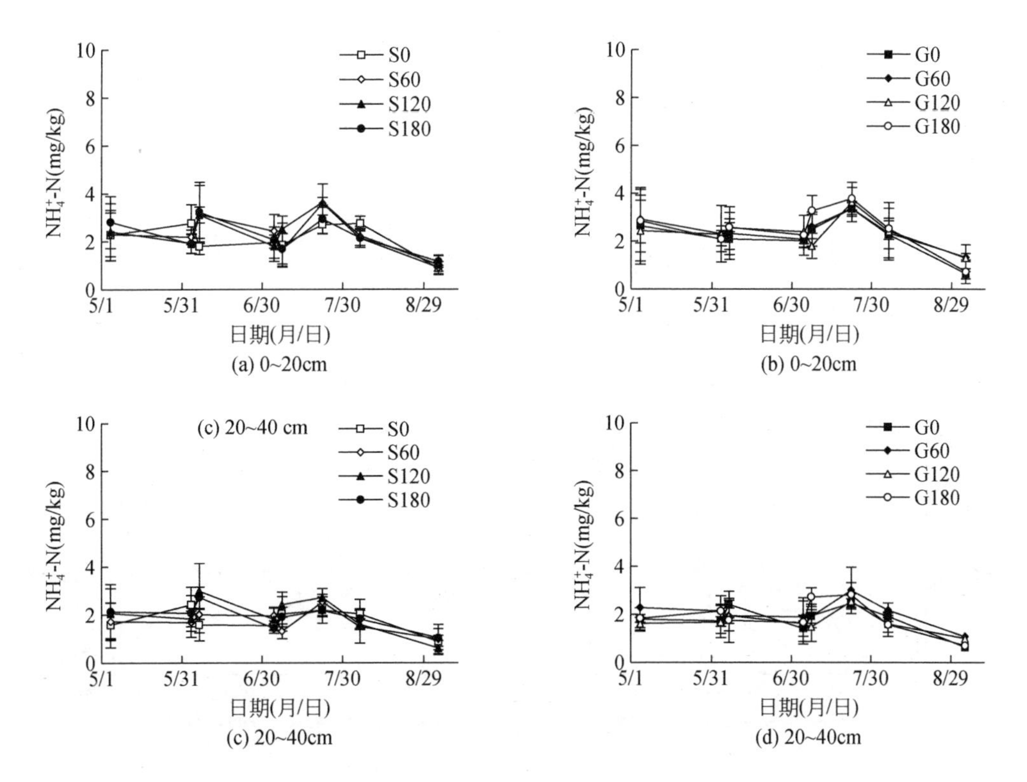

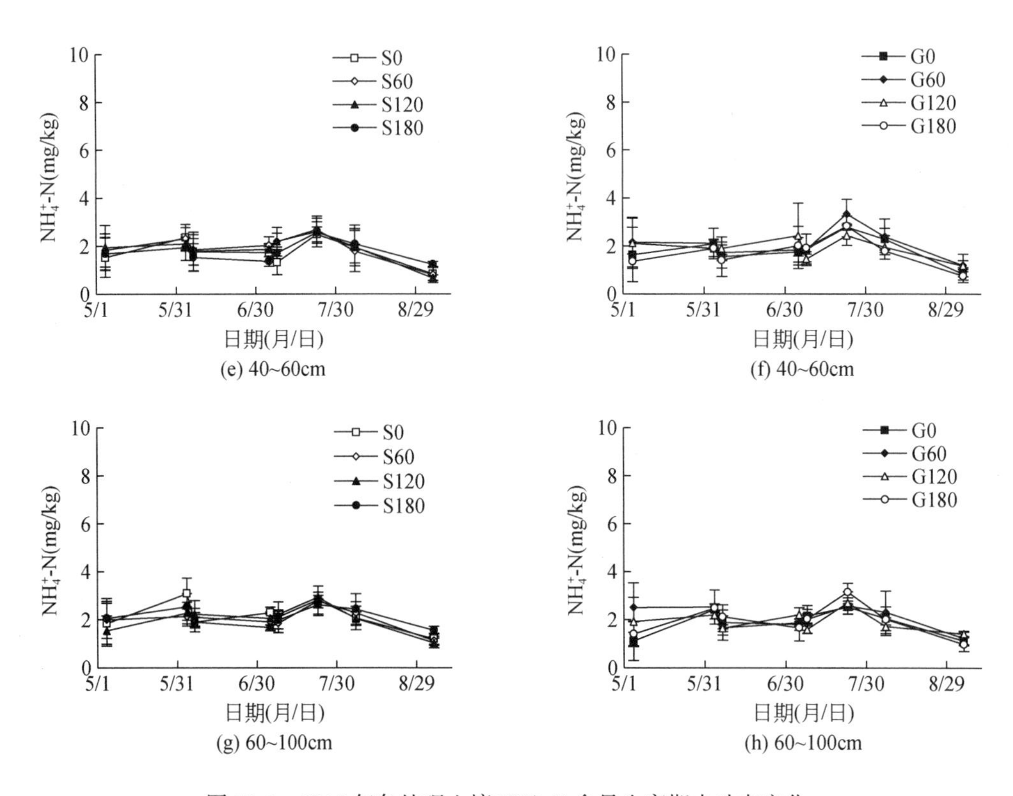

(e) 40~60cm

(f) 40~60cm

(g) 60~100cm

(h) 60~100cm

图 15-9　2015 年各处理土壤 NH_4^+-N 含量生育期内动态变化

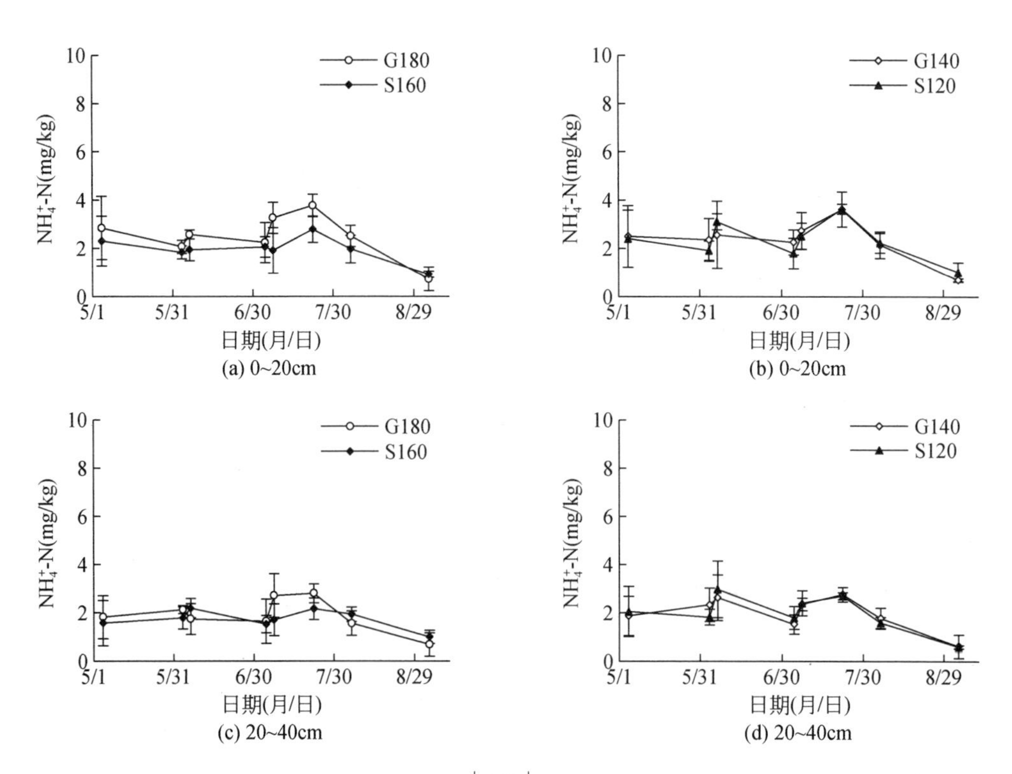

(a) 0~20cm

(b) 0~20cm

(c) 20~40cm

(d) 20~40cm

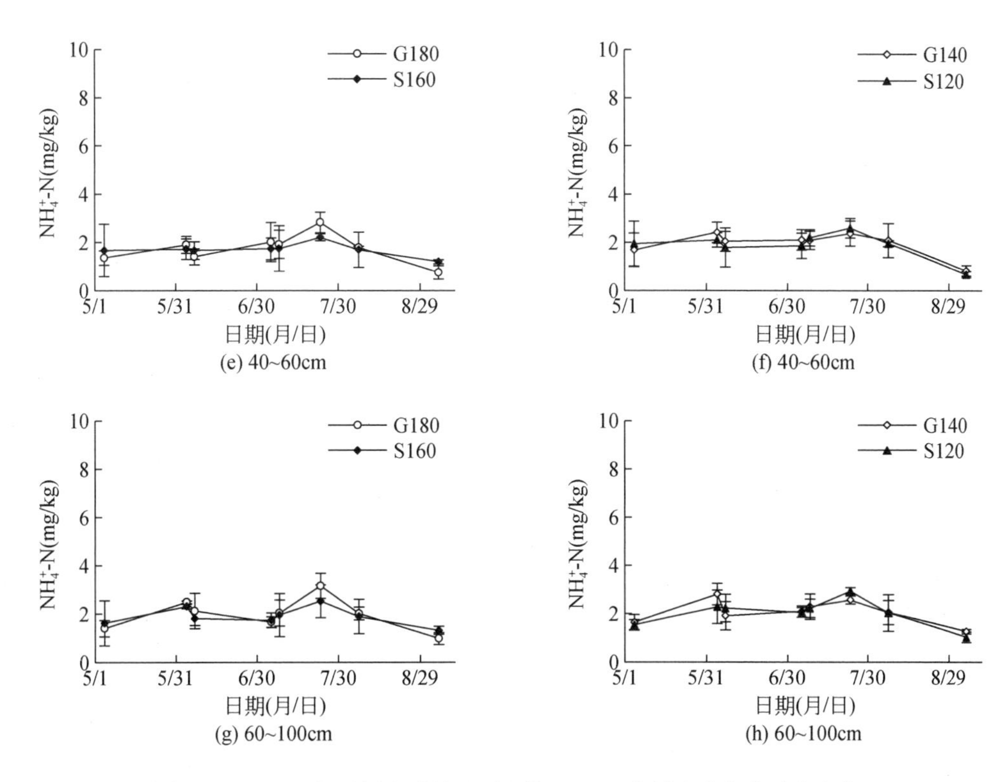

图 15-10 2015 年不同水质处理下土壤 NH_4^+-N 含量生育期内动态变化

表 15-6 2014 年灌溉水质和施氮量对土壤 NH_4^+-N 含量的影响

深度(cm)	变异来源	6 月 14 日	7 月 12 日	7 月 15 日	8 月 6 日	8 月 22 日	9 月 14 日	9 月 29 日
0 ~ 20	灌溉水质	NS(P=0.23)	NS(P=0.28)	NS(P=0.41)	NS(P=0.44)	NS(P=0.07)	NS(P=0.11)	NS(P=0.86)
	施氮量	NS(P=0.91)	NS(P=0.66)	** (P=0.01)	NS(P=0.69)	NS(P=0.24)	NS(P=0.06)	NS(P=0.85)
20 ~ 40	灌溉水质	NS(P=0.45)	NS(P=0.75)	NS(P=0.32)	** (P=0.01)	NS(P=0.43)	NS(P=0.82)	NS(P=0.98)
	施氮量	NS(P=0.20)	NS(P=0.55)	NS(P=0.74)	NS(P=0.42)	NS(P=0.33)	NS(P=0.18)	NS(P=0.22)
40 ~ 60	灌溉水质	NS(P=0.48)	NS(P=0.50)	NS(P=0.48)	NS(P=0.88)	NS(P=0.35)	NS(P=0.96)	NS(P=0.30)
	施氮量	NS(P=0.91)	NS(P=0.93)	NS(P=0.41)	NS(P=0.76)	NS(P=0.52)	NS(P=0.81)	NS(P=0.16)
60 ~ 100	灌溉水质	NS(P=0.88)	NS(P=0.86)	NS(P=0.83)	NS(P=0.77)	NS(P=0.16)	NS(P=0.27)	NS(P=0.56)
	施氮量	NS(P=0.97)	NS(P=0.91)	NS(P=0.94)	NS(P=0.20)	NS(P=0.96)	NS(P=0.80)	NS(P=0.09)

表 15-7 2015 年灌溉水质和施氮量对土壤 NH_4^+-N 含量的影响

深度(cm)	变异来源	5 月 4 日	6 月 3 日	6 月 6 日	7 月 4 日	7 月 7 日	7 月 22 日	8 月 5 日	9 月 3 日
0 ~ 20	灌溉水质	NS(P=0.57)	NS(P=0.99)	NS(P=0.20)	NS(P=0.60)	NS(P=0.06)	NS(P=0.17)	NS(P=0.79)	NS(P=0.95)
	施氮量	NS(P=0.92)	NS(P=0.60)	NS(P=0.17)	NS(P=0.87)	NS(P=0.84)	NS(P=0.30)	NS(P=0.91)	NS(P=0.27)
20 ~ 40	灌溉水质	NS(P=0.99)	NS(P=0.74)	NS(P=0.32)	NS(P=0.83)	NS(P=0.73)	NS(P=0.11)	NS(P=0.75)	NS(P=0.86)
	施氮量	NS(P=0.94)	NS(P=0.71)	NS(P=0.64)	NS(P=0.41)	NS(P=0.37)	NS(P=0.39)	NS(P=0.65)	NS(P=0.66)

续表

深度(cm)	变异来源	5月4日	6月3日	6月6日	7月4日	7月7日	7月22日	8月5日	9月3日
40～60	灌溉水质	NS(P=0.84)	NS(P=0.26)	NS(P=0.67)	NS(P=0.31)	NS(P=0.69)	NS(P=0.16)	NS(P=0.52)	NS(P=0.46)
	施氮量	NS(P=0.59)	NS(P=0.45)	NS(P=0.64)	NS(P=0.58)	NS(P=0.55)	NS(P=0.30)	NS(P=0.93)	NS(P=0.83)
60～100	灌溉水质	NS(P=0.67)	NS(P=0.61)	NS(P=0.31)	NS(P=0.50)	NS(P=0.61)	NS(P=0.78)	NS(P=0.48)	NS(P=0.75)
	施氮量	NS(P=0.29)	NS(P=0.31)	NS(P=0.97)	NS(P=0.09)	NS(P=0.81)	NS(P=0.76)	NS(P=0.64)	NS(P=0.93)

15.5 水氮淋失

15.5.1 生育期土壤水分深层渗漏量变化特征

为了研究不同水质和灌水量对土壤水氮淋失的影响,2014 年选取高氮水平下的 G180、S180、S180I_2、S180I_3 处理进行了土壤水氮淋失测定;为了研究灌溉水质和施氮量对土壤水氮淋失的影响,2015 年选取 G180、S180、S160 和 S120 处理进行了土壤水氮淋失测定,生育期内 70cm 处土壤水分日渗漏量和累积渗漏量变化分别见图 15-11 和图 15-12。生育期内各处理日渗漏量主要受灌水和降雨的影响而随时间剧烈波动。2014 年和 2015 年生育期内日渗漏量最大值分别达到了 4.1mm 和 2.4mm,而最小值都接近 0。2014 年 8 月 23 日施肥灌水前 3 天 G180、S180、S180I_2 和 S180I_3 处理日渗漏量均值分别为 0.06mm、0.10mm、0.11mm 和 0.09mm,施肥灌水后 3 天日渗漏量均值增大到 0.45mm、0.28mm、0.14mm 和 0.30mm,这说明灌水可以引起轻微的水分渗漏,并且随灌水量增加有增大趋势。随后 8 月 31 日～9 月 2 日的连续高强度降雨(106mm),引起了日渗漏量的明显增大,G180、S180、S180I_2 和 S180I_3 处理 9 月 3 日～9 月 5 日平均日渗漏量分别为 2.80mm、2.59mm、2.54mm 和 2.56mm。8 月 23 日施肥灌水后,土壤含水率处于较高的水平,而此时的连续降雨超出了土壤蓄水能力而产生较大的渗漏。另外,施肥灌水后可能使土壤非饱和导水率提高,使得降雨后土壤水分更易渗漏到根区以下,造成较大渗漏。综上所述,本试验表明,降雨是引起生育期内土壤水分深层渗漏的主要原因,特别是灌水后发生连续降雨时,水分渗漏更加严重。这与王珍(2014)在华北平原半湿润地区开展的滴灌春玉米大田试验研究结果一致,其研究表明,当发生连续高强度降雨时,能监测到较大的水分渗漏率(2012 年 7 月 22 日、7 月 31 日和 8 月 12 日分别出现了 3 次渗漏的峰值,分别为 9.8mm/d、10.2mm/d 和 4.1mm/d)。灌溉水质、灌水量和施氮量都未显著影响生育期内的累积渗漏量(P>0.05),本书第 11 章也表明,灌水量和滴灌带埋深及其交互作用均未对累积渗漏量造成显著影响(P>0.1),尽管增加灌水量和滴灌带埋深都会增大累积渗漏量。2014 年 G180、S180、S180I_2、S180I_3 处理生育期内累积渗漏量(7 月 1 日～9 月 29 日)分别为 58.1mm、60.5mm、53.9mm 和 50.8mm,2015 年 G180、S180、S160 和 S120 处理生育期内累积渗漏量(6 月 1 日～9 月 3 日)分别为 33.3mm、33.0mm、32.8mm 和 35.2mm。2015 年有效降水量(182mm)低于 2014 年的 265mm 是造成上述结果差异的主要原因。王珍(2014)研究了施氮量和滴灌均匀系数对华北平原土壤水氮淋失的影响,结果表明,施氮量对生育期内的累积渗漏量无明显影响,提高滴灌均匀系数可以降低深层渗漏量,但由于受到土壤空间变异的影响,滴灌均匀系数对深层渗漏的影响呈现出一定程度的不确定性。此外,王珍(2014)也认为降雨是影响生育期内累积渗漏量的主要因素,其研究表明2011 年和2012 年生育期累积渗漏量分别为86mm 和97mm,生育期内总有效降水量(356mm和381mm)高于本研究的总有效降水量(265mm 和182mm)是导致生育期内累积渗漏量高于本研究(生育期最高累积渗漏量分别为60. 5mm 和35. 8mm)的主要原因。

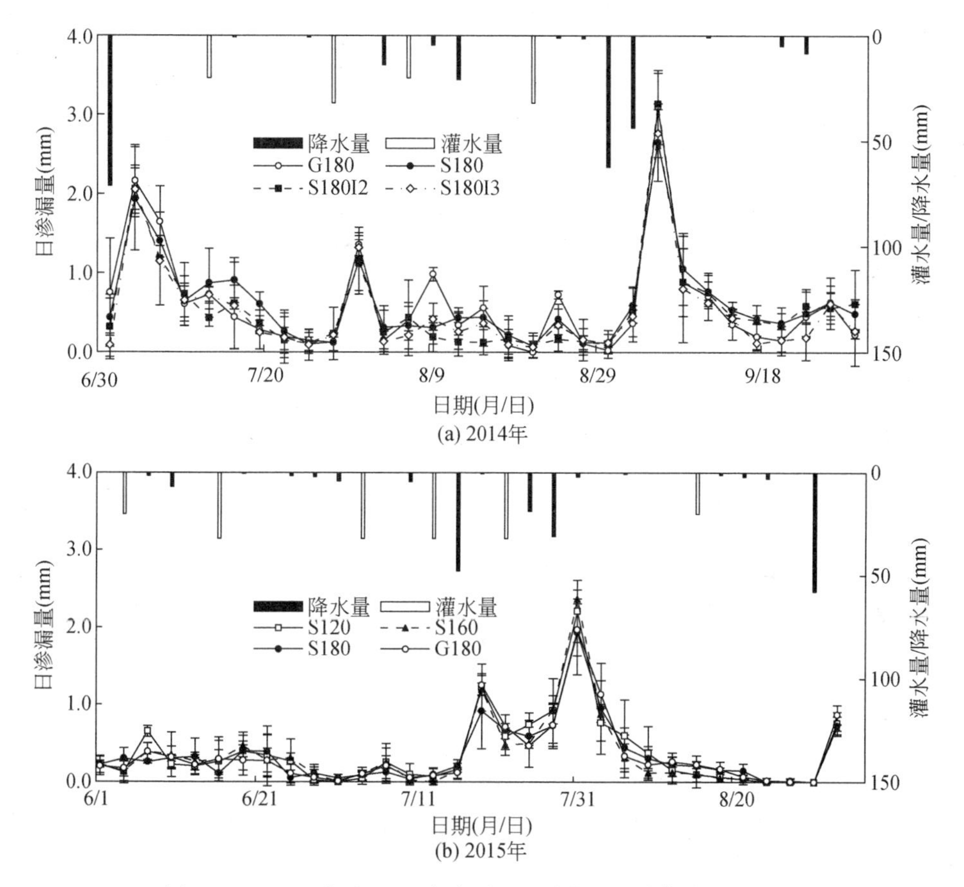

图 15-11 2014 年和2015 年各处理日渗漏量生育期内动态变化

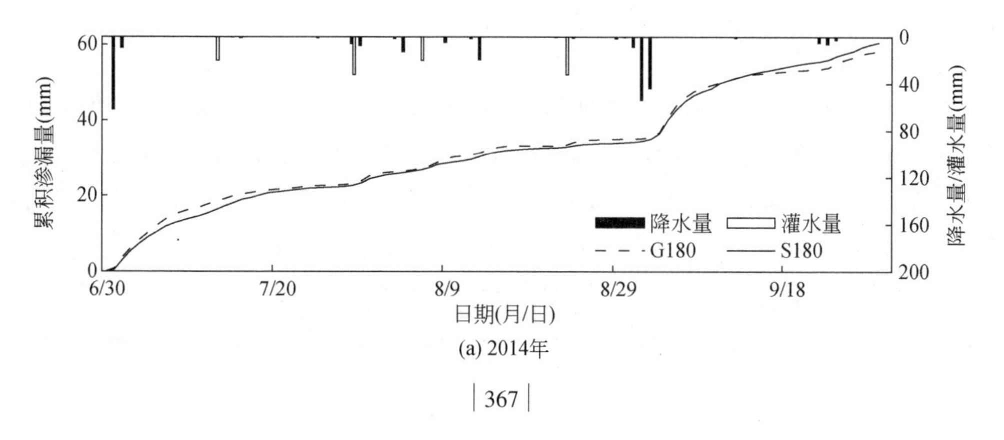

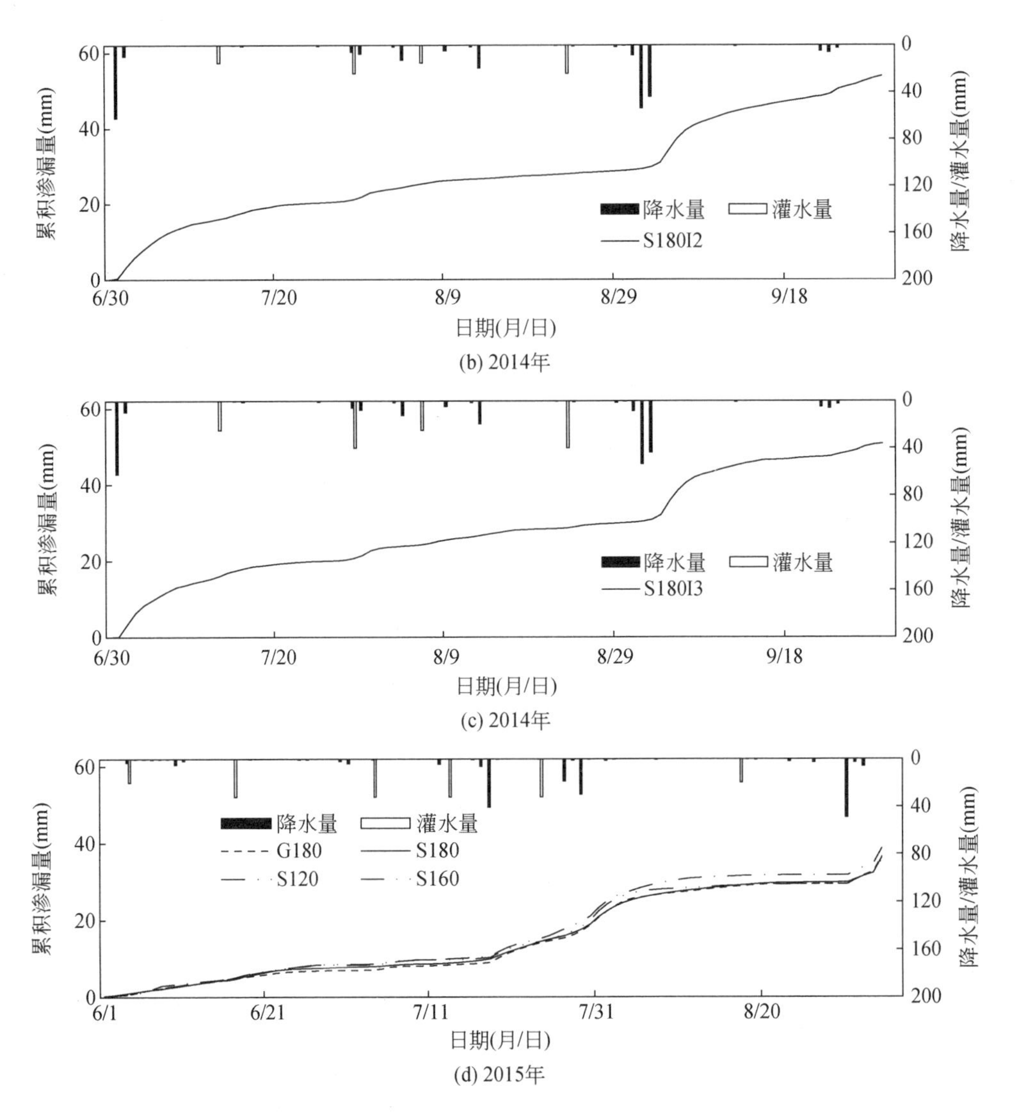

图 15-12　2014 年和 2015 年生育期内各处理累积渗漏量动态变化

15.5.2　生育期硝态氮淋失变化特征

2014 年和 2015 年生育期内各处理 NO_3^--N 日淋失量动态变化和累积淋失量动态变化分别见图 15-13 和图 15-14。生育期内 NO_3^--N 日淋失量和水分日渗漏量的变化规律基本一致，两者峰值出现的时间也基本一致。70cm 处土壤 NO_3^--N 日淋失量随施肥、灌水和降雨在生育期内波动。灌水造成的 NO_3^--N 日淋失量一般小于 0.5kg/hm^2，这说明采用滴灌进行灌溉造成 NO_3^--N 淋失的风险较小。但是，强降雨能显著提高 NO_3^--N 日淋失量(Ju et al.，2009)。例如，2014 年 8 月 31 ~9 月 2 日连续降雨 106mm，G180 和 S180 处理 NO_3^--N 日淋失量从 0 分别增大到了 1.5kg/hm² 和 1.3kg/hm²。Wang 等(2014b)进行了两年滴灌春玉米大田试验,也发现降雨是影响该地区土壤 NO_3^--N 日淋失量波动的主要原因。2014 年 G180、S180、$S180I_2$、$S180I_3$ 处理 NO_3^--N 累积淋失量分别为 12.5kg/hm²、12.9kg/hm²、11.6kg/hm² 和 14.9kg/hm²,2015 年 G180、S180、S160 和 S120 处理分别为 10.3kg/hm²、11.1kg/hm²、10.5kg/hm² 和 7.8kg/hm²,这说明增加灌水量和施氮量都能提高 NO_3^--N 淋失量(Asadi et al.,2002;Liu et al.,2003),其中,施氮量对 NO_3^--N 淋失量的影响达到了显著水平($P<0.10$)。

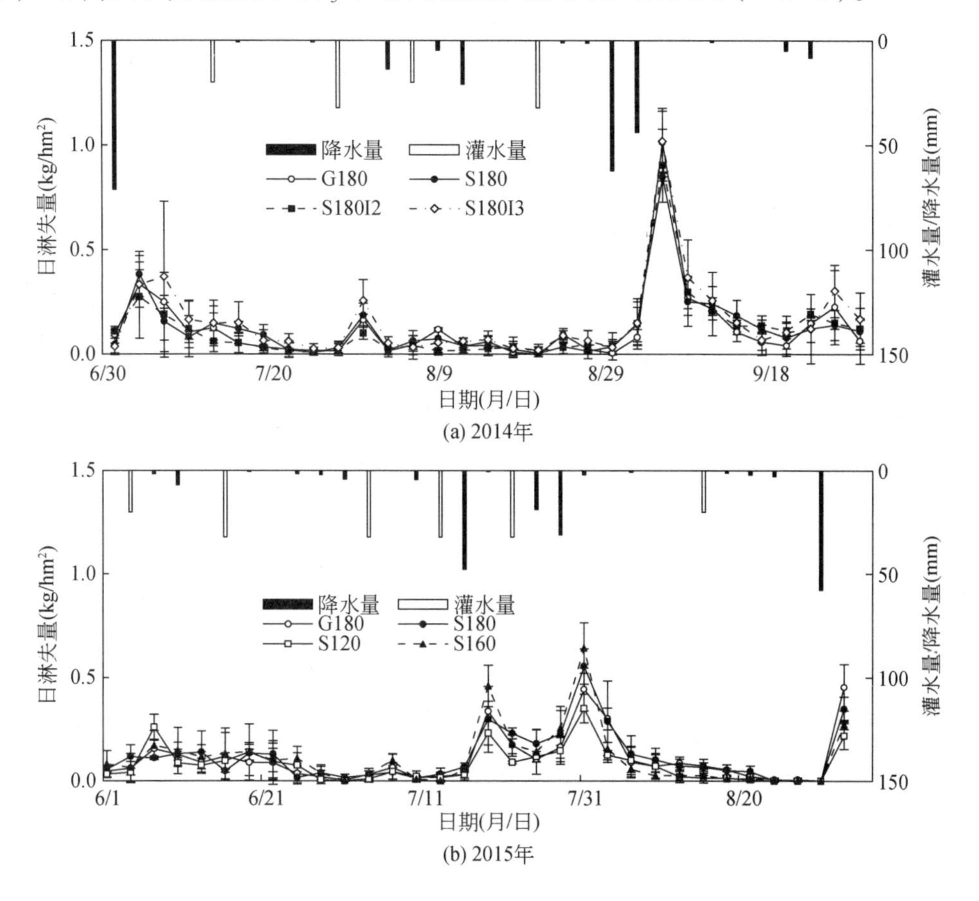

图 15-13 2014 年和 2015 年生育期内各处理日淋失量动态变化

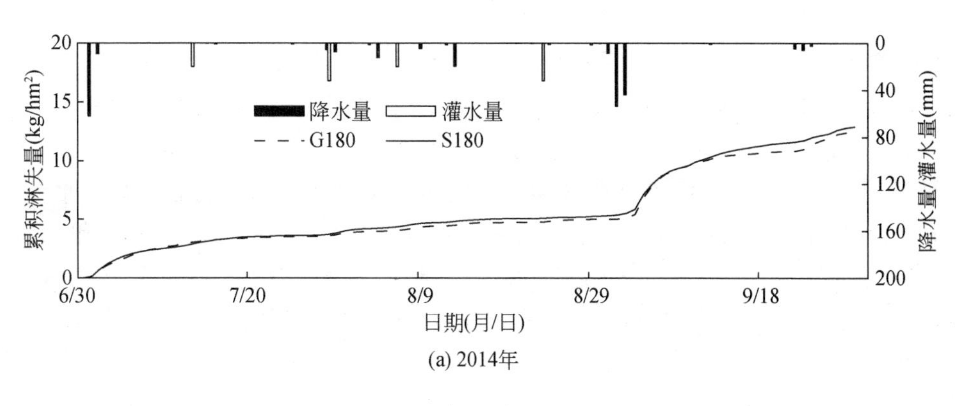

(a) 2014年

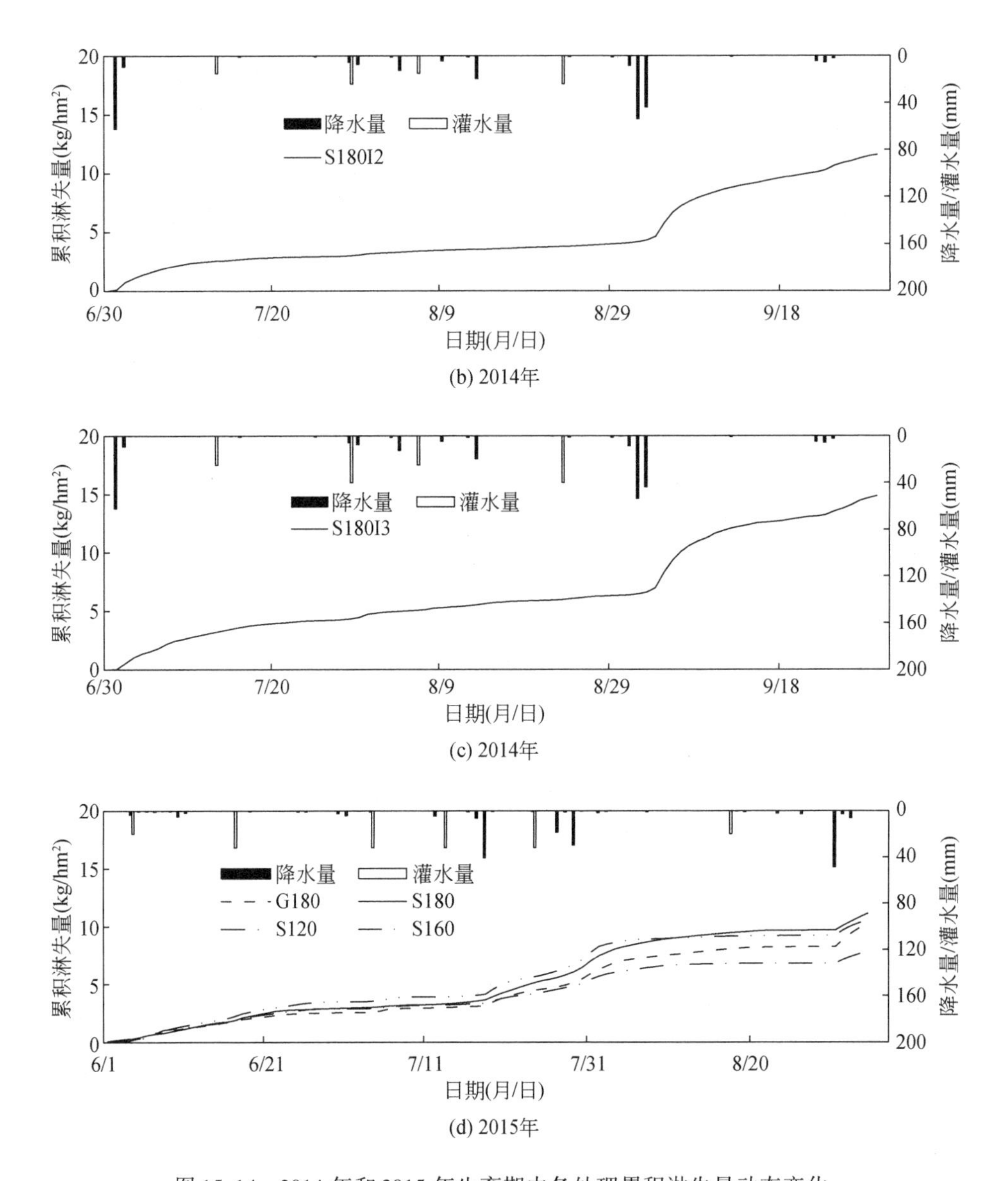

(b) 2014年

(c) 2014年

(d) 2015年

图 15-14　2014 年和 2015 年生育期内各处理累积淋失量动态变化

NO_3^--N 淋失量不仅取决于土壤溶液的 NO_3^--N 浓度，也受土壤水分渗漏的影响。再生水灌溉和施氮都能提高土壤溶液 NO_3^--N 浓度，进而增加了 NO_3^--N 潜在的淋失风险（Blum et al.，2013；Marofi et al.，2015）。例如，2015 年 S160 和 S180 处理土壤溶液 NO_3^--N 浓度较 S120 处理（24.4mg/L）分别增加 38% 和 44%。这与王珍（2014 年）开展的华北平原地下水滴灌玉米试验研究结果一致，其研究表明，当施氮量分别为 0kg/hm²、120kg/hm² 和 210kg/hm²（2012 年生育期）时，各处理 70cm 深度处平均土壤溶液 NO_3^--N 浓度分别为 8.8mg/L、38.9mg/L 和 57.3mg/L。另外，G180 处理土壤溶液平均 NO_3^--N 浓度为 25.4mg/L，低于 S180 处理的 28.1mg/L。本书第 11 章也表明，再生水灌溉较地下水灌溉，以及增加滴灌带埋深都

会增加 NO_3^--N 污染地下水的风险。不合理的灌溉制度和强降雨引起土壤水分深层渗漏是 NO_3^--N 发生淋失的另一必要条件(Asadi et al.,2002;Blum et al.,2013)。本试验中,再生水灌溉和地下水灌溉相似的土壤水分渗漏量是造成灌溉水质对 NO_3^--N 淋失量未产生显著影响的主要原因。和2014年相比,2015年较低的降水量减少了土壤水分渗漏量,进而减少了 NO_3^--N 淋失量(Gloaguen et al.,2007;Ju et al.,2009)。

为定量研究灌溉水质和施氮量对 NO_3^--N 淋失的影响,建立了 NO_3^--N 累积淋失量(NL,kg/hm²)与灌溉水氮(N_{irri})、肥料氮(N_{fert})、土壤初始矿化氮($N_{min(ini)}$)和70cm处土壤水分渗漏量(DP,mm)之间的关系:

$$\mathrm{NL}=0.05N_{\mathrm{min(ini)}}+0.09N_{\mathrm{fert}}+0.08N_{\mathrm{irri}}+0.51DP-29.64 \quad (r^2=0.93,\ p<0.01,\ n=12) \tag{15-8}$$

肥料氮、水分渗漏量、灌溉水氮和土壤初始矿化氮的标准化回归系数分别为1.23、0.65、0.42和0.28,这说明肥料氮是影响 NO_3^--N 淋失量最主要因素,其次为土壤水分深层渗漏量、灌溉水氮和土壤初始矿化氮。另外,该回归方程也表明 NO_3^--N 淋失量与上述指标成正相关。这和王珍(2014)、Zotarelli 等(2008)和 Gheysari 等(2009)研究得到的增加施氮量和灌水量都能增加 NO_3^--N 淋失量的结果一致。王珍(2014)定量评价滴灌均匀系数、施氮量和土壤初始无机氮含量对累积 NO_3^--N 淋失量的影响,研究发现生育期累积 NO_3^--N 淋失量随初始无机氮含量和施氮量的增加而增加,随滴灌均匀系数的增加而减小。生育期累积 NO_3^--N 淋失量影响程度的重要性依次为施氮量>初始无机氮含量>滴灌均匀系数。

15.6 玉米生长与产量

15.6.1 株高和叶面积

2014年和2015年生育期内玉米株高和叶面积指数(LAI)动态变化分别见图15-15和图15-16。玉米6叶期至抽雄期主要以营养生长为主,玉米的株高和LAI均表现为快速增长,至抽雄期玉米株高和LAI均达到最大值,随后玉米开始以生殖生长为主,玉米的株高基本不再增长,LAI则随玉米下层叶片的枯萎凋落而减小。

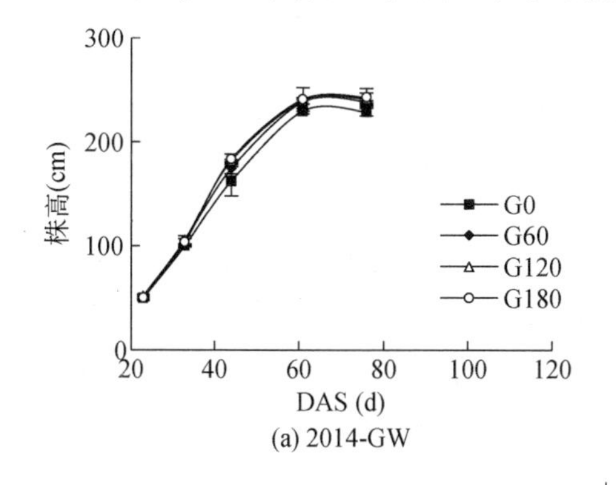

(a) 2014-GW

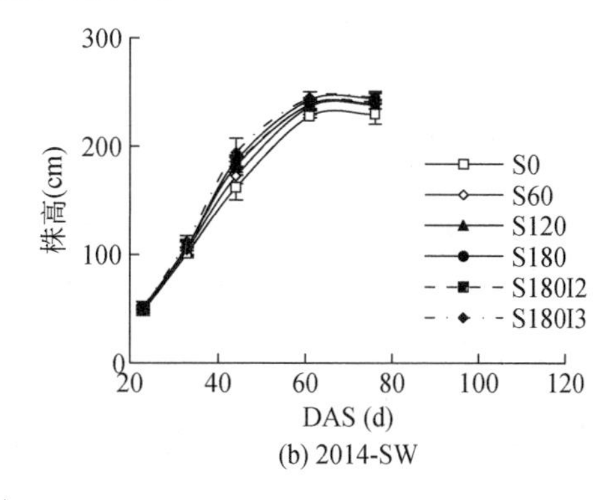

(b) 2014-SW

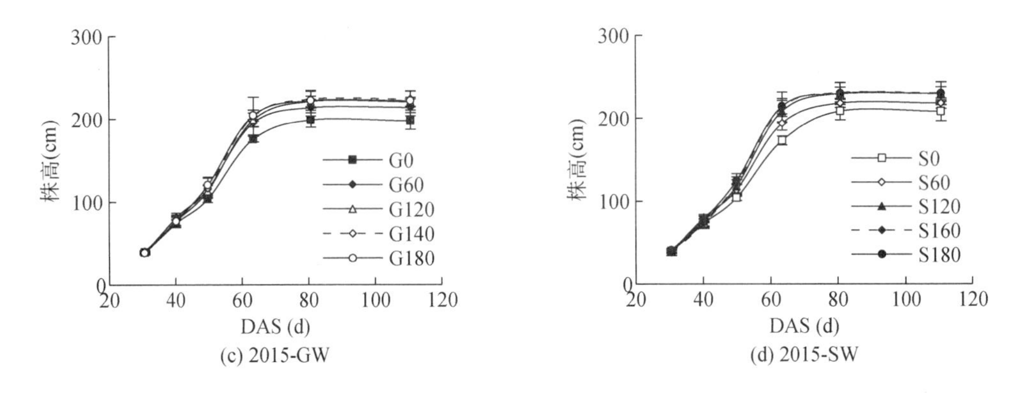

(c) 2015-GW

(d) 2015-SW

图 15-15　2014 年和 2015 年各处理玉米株高生育期内动态变化

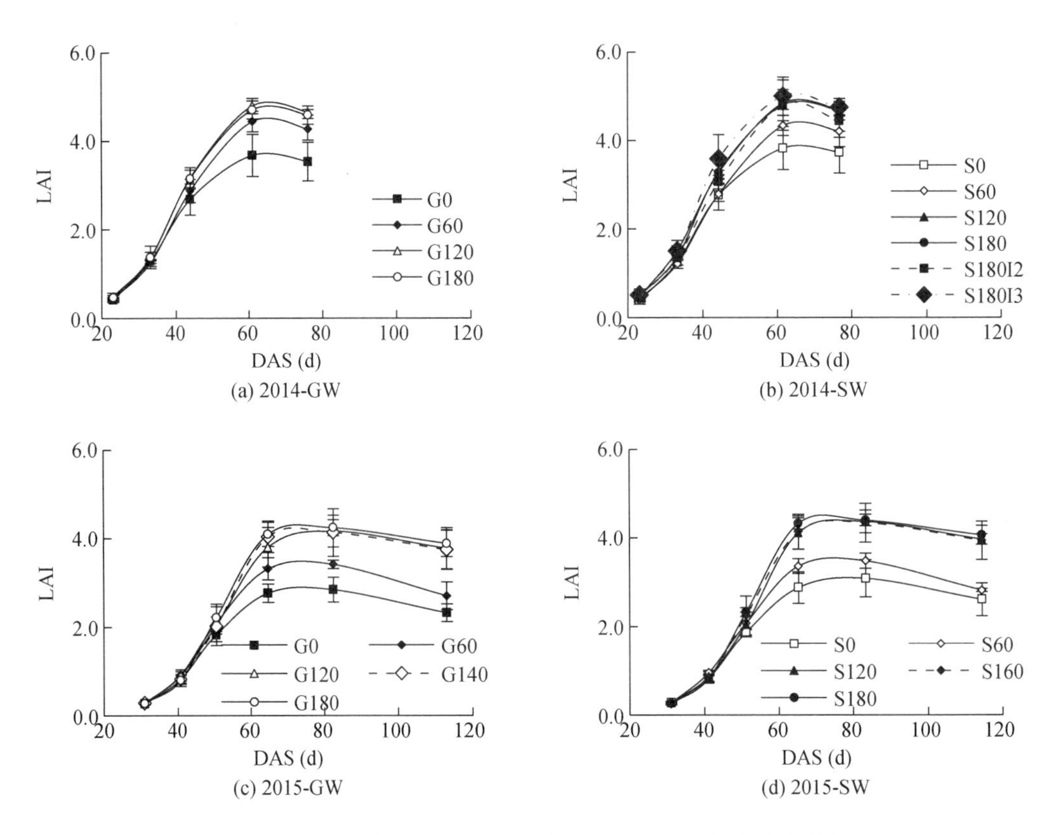

(a) 2014-GW

(b) 2014-SW

(c) 2015-GW

(d) 2015-SW

图 15-16　2014 年和 2015 年各处理玉米 LAI 生育期内动态变化

2014 年和 2015 年灌溉水质和施氮量对玉米株高和 LAI 影响的方差分析见表 15-8 和表 15-9。连续两年试验表明施氮量对玉米株高和 LAI 的影响达到了极显著水平（$P<0.01$），基本表现为玉米株高和 LAI 随施氮量的增加呈先增大后保持稳定的变化规律。例如，2015 年成熟期（DAS114）时，S180、S120 和 S60 处理较 S0 处理玉米株高分别提高 5%、10% 和 10%，LAI 分别提高 8%、52% 和 56%。虽然灌溉水质对玉米株高和 LAI 的

影响未达到显著水平（$P>0.05$），再生水灌溉玉米株高和 LAI 多大于地下水灌溉，特别是在不施肥条件下，再生水灌溉对玉米株高和 LAI 的促进作用更明显。例如，2015 年成熟期（DAS114）时，再生水灌溉较地下水灌溉玉米株高提高了 3%～6%，LAI 增大 5%～13%。灌水量对玉米株高和 LAI 的影响未达到显著水平（$P>0.05$）。2014 年灌浆期（DAS76）$S180I_3$、S180 和 $S180I_2$ 处理株高均值分别为 247cm、246cm 和 243cm，LAI 均值分别为 4.8、4.7 和 4.5。

表 15-8　2014 年灌溉水质和施氮量对玉米株高和 LAI 的影响

测定指标	变异来源	日期				
		DAS 23	DAS 33	DAS 44	DAS 61	DAS 76
		V6	V8	V10	VT	R2
株高	灌溉水质	NS($P=0.47$)	NS($P=0.42$)	NS($P=0.76$)	NS($P=0.84$)	NS($P=0.66$)
	施氮量	NS($P=0.46$)	NS($P=0.10$)	**($P=0.00$)	**($P=0.00$)	**($P=0.00$)
LAI	灌溉水质	NS($P=0.69$)	NS($P=0.74$)	NS($P=0.48$)	NS($P=0.63$)	NS($P=0.51$)
	施氮量	NS($P=0.15$)	NS($P=0.09$)	**($P=0.00$)	**($P=0.00$)	**($P=0.00$)

注：NS 表示在 α=0.05 水平上不显著；** 表示在 α=0.01 水平上显著；DAS：播种后天数，下同。

表 15-9　2015 年灌溉水质和施氮量对玉米株高和 LAI 的影响

测定指标	变异来源	日期					
		DAS 31	DAS 41	DAS 51	DAS 65	DAS 83	DAS 114
		V6	V8	V10	VT	R2	R6
株高	灌溉水质	NS($P=0.24$)	NS($P=0.92$)	NS($P=0.30$)	NS($P=0.13$)	*($P=0.02$)	*($P=0.02$)
	施氮量	NS($P=0.95$)	NS($P=0.10$)	**($P=0.00$)	**($P=0.00$)	**($P=0.00$)	**($P-0.00$)
LAI	灌溉水质	NS($P=0.70$)	NS($P=0.79$)	NS($P=0.52$)	NS($P=0.10$)	NS($P=0.07$)	NS($P=0.06$)
	施氮量	NS($P=0.84$)	NS($P=0.09$)	**($P=0.01$)	**($P=0.00$)	**($P=0.00$)	**($P=0.00$)

注：* 表示在 α=0.05 水平上显著，下同。

15.6.2　生物量和吸氮量

2014 年和 2015 年玉米地上部分生物量及方差分析见表 15-10 和表 15-11，2014 年和 2015 年玉米地上部分吸氮量及方差分析见表 15-12 和表 15-13。玉米出苗至 6 叶期（2014 年 7 月 12 日和 2015 年 6 月 9 日），此阶段由于植株较小，根系不发达，玉米地上部分生物量和吸氮量呈缓慢增长趋势。随后至第二次施肥前（2014 年 8 月 4 日和 2015 年 7 月 3 日），玉米进入快速营养生长阶段，受施肥灌水及降雨的影响，此时玉米茎和叶生物量增长较快，从而使得玉米地上部生物量和吸氮量增长也较快。第二次施肥后至抽雄期末（2014 年 8 月 20 日和 2015 年 7 月 21 日），玉米开始逐步由营养生长向生殖生长转化，养分逐渐由茎和叶等营养器官向玉米棒转移，从而使茎和叶的氮素含量有所降低。同时玉米通过根系不断吸收水分和养分，促使玉米棒生物量和吸氮量快速累积，玉米地上部分生物量依然呈增长趋势，但增长幅度有所降低。灌浆期末至玉米籽粒成熟（2014 年 9 月 28 日和 2015 年 8 月 28 日），玉米茎和叶由于氮素转移而出现衰减现象，特别是叶生物量出现明显的降低，玉米地上部分生物量和吸氮量呈缓慢增长趋势。

表 15-10　2014 年玉米地上部分生物量及方差分析　（单位：kg/hm^2）

处理	7 月 12 日（V6）	8 月 4 日（V12）	8 月 20 日（VT）	9 月 5 日（R2）	9 月 28 日（R6）
G0	1010ab	4790d	9114e	13210d	16252e
G60	1073ab	5075bcd	10908cd	16497bc	19351cd
G120	1116ab	5273abcd	12422abc	18341ab	20613bc
G180	1094ab	5714abcd	13193a	19522a	21762ab
S0	1009ab	5007cd	10315de	15100cd	17251de
S60	913b	5287abcd	11596bcd	16396bc	20364bc
S120	1110ab	5852abc	13123ab	18444ab	21402abc
S180	1128ab	6060ab	13895a	19265a	22368ab
$S180I_2$	1140ab	5478abcd	13603a	18252ab	22086ab
$S180I_3$	1220a	6183a	13664a	20393a	23214a
方差分析					
灌溉水质	NS(P=0.51)	NS(P=0.11)	*(P=0.02)	NS(P=0.38)	NS(P=0.08)
施氮量	NS(P=0.19)	*(P=0.02)	**(P=0.00)	**(P=0.00)	**(P=0.00)
灌水量	NS(P=0.72)	NS(P=0.16)	NS(P=0.93)	NS(P=0.31)	NS(P=0.52)

注：V6、V10 和 V12 分别为 6 叶期、10 叶期和 12 叶期；VT 为抽雄期；R2 为灌浆期；R6 为成熟期；下同。

表 15-11　2015 年玉米地上部分生物量及方差分析　（单位：kg/hm^2）

处理	6 月 9 日（V6）	6 月 26 日（V10）	7 月 3 日（V12）	7 月 21 日（VT）	8 月 4 日（R2）	8 月 28 日（R6）
G0	466a	3057a	3937a	8269d	11409e	13585c
G60	441a	3505a	4500a	9013cd	13749cde	15720bc
G120	433a	3211a	4388a	10079abc	15101abc	18564a
G140	397a	3445a	4238a	10555a	15831abc	19348a
G180	474a	3341a	4542a	10600a	15584abc	18401a
S0	447a	2864a	4507a	9113bcd	12572de	15298bc
S60	383a	3629a	4677a	9613abcd	13938bcd	17451ab
S120	456a	3325a	4532a	10506ab	16541a	19962a
S160	427a	3348a	4790a	11026a	16491a	19594a
S180	425a	3326a	4788a	10883a	16387ab	19194a
方差分析						
灌溉水质	NS(P=0.26)	NS(P=0.74)	NS(P=0.13)	NS(P=0.08)	**(P=0.05)	**(P=0.01)
施氮量	NS(P=0.54)	NS(P=0.20)	NS(P=0.35)	**(P=0.00)	**(P=0.00)	**(P=0.00)

表 15-12　2014 年玉米地上部分吸氮量及方差分析　　（单位：kg/hm^2）

处理	7 月 12 日（V6）	8 月 4 日（V12）	8 月 20 日（VT）	9 月 5 日（R2）	9 月 28 日（R6）
G0	21.9a	54.2d	97.0d	135.3e	145.0e
G60	23.9a	66.6cd	135.0bc	178.1cd	180.2cd
G120	24.3a	78.4bc	163.4ab	208.2ab	213.1abc
G180	24.8a	96.3ab	175.6a	215.3ab	220.1ab
S0	23.2a	62.0cd	109.1cd	153.5de	161.3de
S60	20.7a	67.9cd	139.7bc	186.4bc	195.1bcd
S120	23.9a	89.6b	170.8a	214.6ab	227.2ab
S180	22.6a	110.8a	186.5a	220.3a	229.3ab
$S180I_2$	26.9a	95.9ab	185.9a	212.3ab	228.7ab
$S180I_3$	24.8a	113.3a	190.3a	234.5a	236.7a
方差分析					
灌溉水质	NS(P=0.38)	NS(P=0.07)	NS(P=0.21)	NS(P=0.06)	NS(P=0.07)
施氮量	**(P=0.70)	**(P=0.00)	**(P=0.00)	**(P=0.00)	**(P=0.00)
灌水量	NS(P=0.43)	NS(P=0.21)	NS(P=0.96)	NS(P=0.49)	NS(P=0.87)

表 15-13　2015 年玉米地上部分吸氮量及方差分析　　（单位：kg/hm^2）

处理	6 月 9 日（V6）	6 月 26 日（V10）	7 月 3 日（V12）	7 月 21 日（VT）	8 月 4 日（R2）	8 月 28 日（R6）
G0	11.5a	34.2b	40.0d	71.4f	104.3d	108.1d
G60	12.9a	42.4b	49.0cd	96.2de	143.1bc	145.9bc
G120	12.4a	62.7a	64.0bc	124.7bc	175.0ab	197.6a
G140	11.9a	74.0a	78.6ab	138.1ab	197.5a	205.8a
G180	14.0a	72.9a	84.5a	151.8a	193.3a	203.3a
S0	10.9a	33.4b	44.7cd	82.9ef	117.0cd	125.9cd
S60	10.5a	46.0b	50.5cd	110.6cd	151.9b	162.5b
S120	12.9a	67.7a	76.2ab	138.8ab	194.4a	212.1a
S160	12.6a	72.0a	89.4a	149.0a	197.4a	214.3a
S180	12.8a	73.8a	88.7a	148.3a	200.7a	210.6a
方差分析						
灌溉水质	NS(P=0.24)	NS(P=0.28)	NS(P=0.15)	NS(P=0.08)	*(P=0.04)	**(P=0.01)
施氮量	NS(P=0.20)	**(P=0.00)	**(P=0.00)	**(P=0.00)	**(P=0.00)	**(P=0.00)

施氮量对玉米地上部分生物量和吸氮量的影响达到了极显著水平（$P<0.01$）。随施氮量的增加，玉米地上部分生物量和吸氮量呈先增加后趋于稳定的变化规律，不施肥处理显著低于施氮处理，但中氮和高氮处理差异不明显（Cui et al.，2010；Wang et al.，2014b；Minhas et al.，2015）。例如，2015 年 8 月 28 日地下水灌溉，施氮处理较不施肥处理玉米生

物量和吸氮量分别增加了 16%～37% 和 35%～88%。2014 年灌水量对玉米生物量和吸氮量的影响均未达到显著水平（$P>0.05$）。

和地下水灌溉相比，再生水灌溉提高了玉米生物量和吸氮量。因此，再生水灌溉能起到替代肥料的作用，是促进再生水灌溉快速发展的主要原因之一（Adeli and Varco，2001；Li et al.，2012a；Nogueira et al.，2013）。但这种促进作用受施氮量的影响，增加施氮量削弱了再生水灌溉对玉米生物量和吸氮量的促进作用。例如，2015 年 8 月 28 日，S0 处理较 G0 处理玉米生物量和吸氮量分别增加 13% 和 16%，但 S180 处理较 G180 处理玉米生物量和吸氮量仅增加了 4%。方差分析表明，灌溉水质未对 2014 年玉米生物量和吸氮量产生显著影响，但对 2015 年玉米生物量和吸氮量产生了显著影响（$P<0.05$）。2015 年玉米生育期前期降雨较少（2015 年 7 月 15 日前有效降雨仅为 32mm），土壤含水率和养分变化主要依赖于施肥灌水，总降水量也低于 2014 年，再生水灌溉次数和总灌水量均高于 2014 年，从而增强了再生水灌溉对玉米生物量和吸氮量的促进作用。S120 和 S160 处理较 G140 和 G180 处理玉米生物量和吸氮量的差异较小，分别为 3%～6% 和 3%～5%。

15.6.3 产量和氮素利用效率

2014 年和 2015 年各处理玉米产量及构成要素见表 15-14 和表 15-15。除 2015 年施氮量未对玉米秃尖长产生显著影响外（$P>0.05$），施氮量对玉米产量和产量构成要素的影响达到了显著水平（$P<0.05$）。随施氮量的增加，玉米穗长、穗粒数和百粒重都有增大趋势，秃尖长呈减小趋势。以再生水灌溉为例，施氮量为 60kg/hm^2、120kg/hm^2 和 180kg/hm^2 的玉米百粒重较不施肥处理分别高 5%、12% 和 14%。施氮能显著增加玉米籽粒产量，但施氮量从 120kg/hm^2 增加到 180kg/hm^2 时，玉米籽粒产量没有显著增加，甚至会有小幅降低（Cui et al.，2010；Wang et al.，2014c；Minhas et al.，2015；张经廷等，2016）。例如，2015 年 S60、S120、S160 和 S180 处理较 S0 处理增产 26%、52%、56% 和 51%，这说明施氮对保障华北平原玉米产量有非常重要的作用，但再生水灌溉超过 160kg/hm^2 会造成玉米小幅减产。

表 15-14　2014 年玉米产量及其构成要素表

处理	穗长（cm）	秃尖长（cm）	穗粒数（个）	百粒重（g）	产量（kg/hm^2）
G0	18.2c	3.7a	364d	33.0e	8955e
G60	19.7abc	2.1bcd	443ab	35.1cde	10986cd
G120	19.9ab	1.7cd	463ab	35.3bcd	12842ab
G180	20.4a	1.0d	492a	37.0abc	13302ab
S0	18.6bc	3.2ab	389cd	34.5de	9629de
S60	19.5abc	2.4bc	435bc	34.8cde	11749bc
S120	20.4a	1.6cd	473ab	36.8abcd	13656a
S180	20.4a	1.2d	496a	37.4ab	13769a

续表

处理	穗长（cm）	秃尖长（cm）	穗粒数（个）	百粒重（g）	产量（kg/hm^2）
$S180I_2$	20.4a	1.8cd	477ab	37.6ab	13708a
$S180I_3$	20.8a	1.3d	495a	37.8a	14660a
方差分析					
灌溉水质	NS(P=0.71)	NS(P=0.93)	NS(P=0.48)	NS(P=0.14)	NS(P=0.09)
施氮量	**(P=0.00)	**(P=0.00)	**(P=0.00)	**(P=0.00)	**(P=0.00)
灌水量	NS(P=0.62)	NS(P=0.43)	NS(P=0.16)	NS(P=0.94)	NS(P=0.60)

表 15-15　2015 年玉米产量及其构成要素表

处理	穗长（cm）	秃尖长（cm）	穗粒数（个）	百粒重（g）	产量（kg/hm^2）
G0	15.8e	2.5a	359b	29.0c	8084d
G60	17.8d	2.2a	412ab	31.9b	10617c
G120	18.6bcd	2.7a	413ab	34.9a	12922ab
G140	19.5ab	2.5a	434a	34.7a	13478a
G180	19.4abc	2.5a	434a	34.2a	13408a
S0	16.2e	2.5a	366b	29.5c	8923d
S60	18.3cd	2.2a	435a	32.5b	11253bc
S120	19.7ab	2.1a	445a	35.0a	13552a
S160	20.0a	2.5a	447a	36.0a	13889a
S180	19.8a	2.4a	445a	35.8a	13479a
方差分析					
灌溉水质	*(P=0.03)	NS(P=0.32)	NS(P=0.10)	NS(P=0.07)	NS(P=0.15)
施氮量	**(P=0.00)	NS(P=0.59)	**(P=0.00)	**(P=0.00)	**(P=0.00)

和地下水灌溉相比，再生水灌溉对玉米籽粒产量和产量构成要素产生了积极影响。例如，2015 年再生水灌溉较地下水灌溉玉米穗长增大了 2%~6%。2014 年和 2015 年再生水灌溉较地下水灌溉分别增产 4%~8% 和 1%~10%。再生水中的氮、磷等养分是造成上述结果差异的主要原因。需要注意的是，再生水含氮量和灌水量会影响再生水灌溉对作物生长和产量的效果（Feigin et al., 1991；Mok et al., 2014）。Bar-Tal（2011）研究表明，再生水氮素含量低于 12mg/L 时，再生水灌溉不会对作物生长和产量产生显著差异。但提高施氮量会削弱再生水灌溉对作物生长的促进作用，甚至产生抑制作用（Adeli 和 Varco, 2001；Li et al., 2012a；李平等，2013b）。因此，再生水减施氮肥或采用再生水和清水混合进行灌溉能有效避免再生水灌溉产生的不利影响（Mojid et al., 2012；Hu et al., 2016）。

灌溉水质和施氮量对氮素生产率和氮素回收率的影响见表 15-16。对于地下水灌溉，提高施氮量降低了氮素生产率（NAE），特别是当施氮量从 120kg/hm^2 增长到 180kg/hm^2 时，NAE 有较大幅度的降低（张经廷等，2016）。但再生水灌溉 NAE 和氮素回收率（RE）随施氮量增加均表现为先增加后减小的变化规律，施氮量为 120kg/hm^2 的 NAE 和 RE 最大，这与盆栽试验结果一致。大田试验条件下，施氮量低于 120kg/hm^2 的土壤氮素可能还不能满足玉米生长需要，因此，采用较高氮素含量的再生水进行灌溉提高了土壤氮素的有效性，进而提高了玉米对土壤氮素的吸收利用。这说明再生水灌溉采用适当施氮量可以提高氮素利用效率。灌溉水质显著影响了 NAE 和 RE（$P<0.05$），再生水灌溉较地下水灌溉降低了 NAE 和 RE，增加了氮素损失的能力（Cui et al.，2010；Wang et al.，2014b；Minhas et al.，2015）。

表 15-16　灌溉水质和施氮量对氮素生产率和氮素回收率的影响

2014 年			2015 年		
处理	NAE（kg/kg）	RE（%）	处理	NAE（kg/kg）	RE（%）
G60	33.0a	57.4a	G60	40.8a	61.0abc
G120	32.0ab	56.0a	G120	39.7a	73.3a
G180	23.7ab	41.4a	G140	38.0a	68.8ab
S60	24.3ab	38.7a	G180	29.3ab	52.3bcd
S120	27.3ab	44.8a	S60	26.1ab	41.0d
S180	20.0b	32.9a	S120	31.0ab	57.7abcd
S180I_2	20.3ab	33.6a	S160	26.2ab	46.7cd
S180I_3	23.5ab	35.3a	S180	21.8b	40.4d
方差分析					
灌溉水质	NS($P=0.09$)	*($P=0.05$)		**($P=0.01$)	**($P=0.00$)
施氮量	NS($P=0.13$)	NS($P=0.19$)		NS($P=0.10$)	**($P=0.01$)

注：NAE 为氮素农学效率；RE 为氮素回收率。

2014 年和 2015 年玉米籽粒产量对施氮量的响应见图 15-17。2014 年再生水和地下水灌溉下籽粒产量和施氮量的回归方程分别为式（15-9）和式（15-10），2015 年再生水和地下水灌溉下籽粒产量和施氮量的回归方程分别为式（15-11）和式（15-12）：

$$y=-0.139x^2+48.971x+9549.707 \quad (R^2=0.989) \tag{15-9}$$

$$y=-0.112x^2+44.784x+8891.845 \quad (R^2=0.993) \tag{15-10}$$

$$y=-0.165x^2+57.125x+8792.149 \quad (R^2=0.982) \tag{15-11}$$

$$y=-0.153x^2+58.781x+7965.551 \quad (R^2=0.989) \tag{15-12}$$

由回归方程得再生水灌溉和地下水灌溉施氮量分别为 175kg/hm^2 和 196kg/hm^2 时，玉米籽粒产量达到最大值，分别为 13490kg/hm^2 和 13788kg/hm^2。S120 和 G140 处理，S160 和 G180 处理玉米籽粒产量差异较小，相对误差仅为 1% 和 4%，这说明田间试验条件下再生水氮素或许可以替代 20kg/hm^2 的尿素氮。

2014 年中氮水平下不同水质的玉米品质见表 15-17。灌溉水质未对玉米品质产生显著影响（$P>0.05$），说明田间试验条件下，再生水灌溉不会影响玉米品质。例如，2014 年再生水和地下水灌溉的粗蛋白、粗淀粉和粗灰分含量分别为 8.52%、80.4%、0.96% 和 8.52%、79.4%、0.93%。

表 15-17 灌溉水质对玉米品质的影响

处理	2014 年			2015 年		
	粗蛋白（%）	粗淀粉（%）	粗灰分（%）	粗蛋白（%）	粗淀粉（%）	粗灰分（%）
G140	8.52	79.4	0.93	9.13	55.9	1.11
S140	8.52	80.4	0.96	9.54	57.3	1.11

15.6.4 氮素平衡

2014 年和 2015 年各处理 0 ~ 80cm 土壤氮素平衡及方差分析分别见表 15-18 和表 15-19。土壤氮输入项主要有土壤初始氮、肥料氮、灌溉水氮和土壤矿化氮，土壤氮输出项主要有玉米吸氮量、土壤残留氮和氮素表观损失量（ANL）。再生水较地下水含有更多的氮、磷等营养元素和有机质，因此，再生水处理的灌溉水氮明显高于地下水处理。和地下水灌溉相比，再生水灌溉提高了土壤残留氮含量，有利于保持土壤肥力（Leal et al., 2010）。另外，施氮量对土壤残留氮产生了显著影响（$P<0.01$），增加施氮量能降低土壤氮素消耗，增加土壤氮素含量。玉米收获后土壤残留氮（2014 年为收获后 1 天，2015 年为收获后 4 天）较播种前 1 天土壤初始氮有所降低，尤其是当施氮量低于 60kg/hm^2 时，土壤氮素有较大幅度的消耗。增加施氮量可以补充消耗的土壤氮素，能够保持土壤氮素稳定，但过高的施氮量会造成土壤氮素的过量累积，增加了土壤 NO_3^--N 淋失和产生氨挥发、反硝化损失的风险（Hartmann et al., 2014; Dai et al., 2015）。例如，2015 年 S0 处理土壤氮由播种前的 82.3kg/hm^2 降低到收获后的 56.9kg/hm^2，而 S180 处理土壤氮由播种前的 137.2kg/hm^2 增加到 159.2kg/hm^2。

表 15-18 2014 年各处理 0 ~ 80cm 土壤氮素平衡及方差分析

处理	氮输入（kg/hm^2）				氮输出（kg/hm^2）		
	初始氮	氮肥	灌溉水氮	矿化氮	吸氮量	残留氮	ANL
G0	132.4	0	1.3	63.3	145.0 d	52.0 c	—
G60	133.1	60	1.3	63.3	180.2 bc	53.8 c	23.7 b
G120	149.4	120	1.3	63.3	213.1 ab	90.2 b	30.7 ab
G180	153.7	180	1.3	63.3	220.1 a	132.3 a	45.9 ab
S0	126.3	0	22.2	66.7	161.3 cd	53.9 c	—
S60	138.0	60	22.2	66.7	195.1 abc	65.5 c	26.3 b
S120	152.4	120	22.2	66.7	227.2 a	98.0 b	36.1 ab
S180	154.6	180	22.2	66.7	229.3 a	139.7 a	54.5 a
方差分析							
灌溉水质					NS(P=0.07)	NS(P=0.07)	NS(P=0.34)
施氮量					**(P=0.00)	**(P=0.00)	**(P=0.01)

表 15-19 2015 年各处理 0～80cm 土壤氮素平衡及方差分析

处理	氮输入（kg/hm²）				氮输出（kg/hm²）		
	初始氮	氮肥	灌溉水氮	矿化氮	吸氮量	残留氮	ANL
G0	79.1	0	1.6	70.9	108.1 d	43.5c	—
G60	89.8	60	1.6	70.9	145.9 bc	55.4c	21.0 c
G120	122.5	120	1.6	70.9	197.6 a	89.6 b	27.8 bc
G180	125.8	180	1.6	70.9	203.3 a	130.4 a	44.6 ab
S0	68.9	0	24.7	77.5	125.9 cd	45.2c	—
S60	86.2	60	24.7	77.5	162.5 b	58.1c	27.8 bc
S120	133.3	120	24.7	77.5	212.1 a	107.9 b	35.5 abc
S180	128.3	160	24.7	77.5	214.3 a	130.9 a	45.3 ab
方差分析							
灌溉水质					** (P=0.01)	NS(P=0.11)	NS(P=0.10)
施氮量					** (P=0.00)	** (P=0.00)	* (P=0.00)

一般而言，土壤残留氮量和氮素损失量有较强的相关性，因此，土壤氮素常被作为环境指标指导施肥制度（Liu et al.，2003；Cui et al.，2008b）。本研究中，ANL 与土壤残留矿化氮（$N_{\min(\mathrm{res})}$）之间的关系如下：

$$\mathrm{ANL}=0.47N_{\min(\mathrm{res})}-13.04 \quad (r^2=0.84, P<0.01, n=17) \tag{15-13}$$

ANL 受土壤残留氮的显著影响（$P<0.01$），并且与土壤残留氮呈正相关关系，较高的土壤残留氮会产生较大的 ANL，增加了氮素对环境的污染风险。

施氮量显著影响 ANL（$P<0.05$），随施氮量增加，ANL 增幅有所扩大。以再生水灌溉为例，施氮量从 120kg/hm² 增加到 180kg/hm² 时，ANL 提高了 18.0kg/hm²，增幅大于施氮量从 60kg/hm² 增长到 120kg/hm² 时 ANL 的增幅（8.7kg/hm²）。这表明降低施氮量能有效控制 ANL（Ju et al.，2006；Zotarelli et al.，2008）。

和地下水灌溉相比，再生水灌溉增加了 ANL，2014 年和 2015 年再生水灌溉较地下水灌溉 ANL 提高了 9%～17% 和 15%～32%，尽管灌溉水质未对 ANL 的影响达到显著水平（$P>0.05$）。这表明再生水灌溉较地下水灌溉有更大的氮损失风险（Gloaguen et al.，2007；Blum et al.，2013；Marofi et al.，2015）。除了再生水含有更高的氮素含量外，再生水灌溉氮素供给与需求之间的关系也是影响 ANL 的主要原因（da Fonseca et al.，2007b；Bar-Tal，2011）。

ANL 受肥料氮、灌溉水氮和土壤初始氮含量的影响：

$$\mathrm{ANL}=0.30N_{\min(\mathrm{ini})}+0.19N_{\mathrm{fert}}+0.23N_{\mathrm{irr}}-29.84 \quad (r^2=0.87, P<0.01, n=24) \tag{15-14}$$

肥料氮、土壤初始氮和灌溉水氮的标准化回归系数分别为 0.67、0.31 和 0.13，表明影响 ANL 的因素从强到弱依次为肥料氮、土壤初始氮和灌溉水氮。另外，增加肥料氮、再生水氮和土壤初始氮都会提高 ANL（Ju et al.，2009；Gu et al.，2016）。这说明再生水灌溉加施较高的肥料氮更容易造成氮素损失。

15.6.5 再生水灌溉大田玉米优化施氮制度

2014 年和 2015 年施氮量与产量和残留氮的关系见图 15-17。土壤–作物系统氮素管理不仅要考虑作物产量等经济指标，还应尽可能地减少施氮对土壤、水体和空气等环境造成污染。过高的施氮量既增加了农业投入成本，又增加氮素在土壤中的残留累积，增加了氮素淋失引起的地下水污染风险和发生氨挥发、硝化反硝化损失等风险。本研究综合考虑产量与环境指标优化华北平原滴灌玉米施氮制度。一方面最优施氮制度要能获得较高的产量；另一方面要避免氮素低效利用，尽可能地降低氮素损失造成对环境的污染（Chen et al.，2011；张君等，2016）。为此，我们将 95% 最高产量作为目标产量确定最低施氮量，以保证能获得较满意的经济收入（Sexton et al.，1996）。根据施氮量和产量之间的回归方程，再生水灌溉和地下水灌溉施氮量不低于 107kg/hm^2 和 124kg/hm^2 就可以获得目标产量（图 15-17）。另外，本研究表明 S120 处理土壤残留氮（108kg/hm^2）显著低于 S160 处理，因此，我们将 110kg/hm^2 作为土壤残留氮阈值，以避免氮素残留量过大造成严重的氮素损失。这和 Chen 等（2010b）认为根区 0 ~ 90cm 土壤残留 NO_3^--N 含量不宜高于 105kg/hm^2 的结果基本一致。根据施氮量与土壤残留氮之间的线性关系，确定再生水灌溉和地下水灌溉不应高于 132kg/hm^2 和 150kg/hm^2。综上，再生水灌溉和地下水灌溉适宜施氮量分别为 107 ~ 132kg/hm^2 和 124 ~ 150kg/hm^2。本研究滴灌玉米最优施氮量低于 Cui 等（2008a）得到的该地区地面灌溉玉米最优施氮量（157kg/hm^2）。一方面，滴灌较地面灌溉能提高土壤水氮利用效率（Hassanli et al.，2010）；另一方面，Cui 等（2008a）施肥时期在 3 叶期和 10 叶期，本研究分别在苗期末、抽雄期和灌浆期通过滴灌系统施氮肥。生育期内采用少量多次的施肥策略也提高了氮素利用效率，这与 Rajput 和 Patel（2006）研究结果一致。另外，采用“1/4W-1/2N-1/4W”灌溉施肥模式进行施肥也会降低土壤氮素损失，提高氮素利用效率（Li et al.，2004）。比较再生水和地下水灌溉最优施氮量，得到田间试验条件下再生水氮可以替代约 17.5kg/hm^2 肥料氮，再生水灌溉较地下水灌溉能少施尿素 13%，远低于盆栽试验的 58% 尿素替代量。盆栽试验较高的再生水灌溉量是造成上述结果差异的主要原因。另外，盆栽试验再生水氮对玉米生长的有效性（68%）高于大田试验（61%）可能也是造成大田试验再生水灌溉尿素替代量较低的原因。一方面，盆栽试验不受降雨的

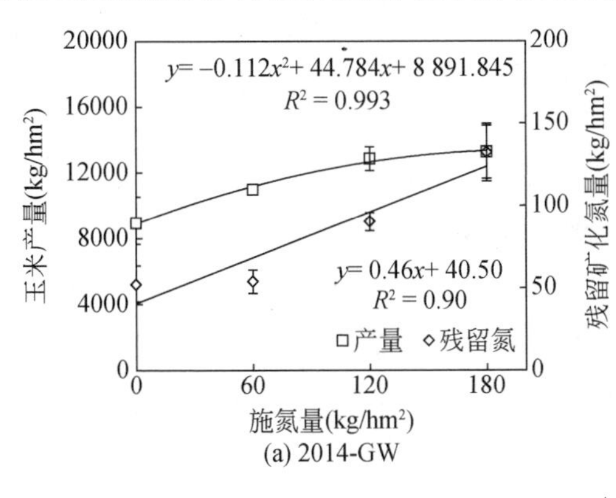

(a) 2014-GW

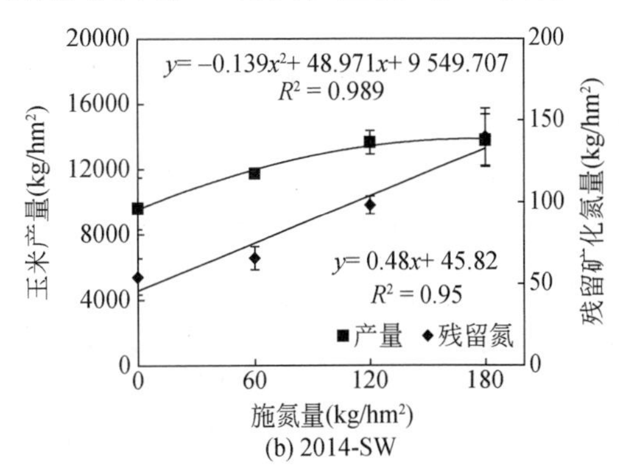

(b) 2014-SW

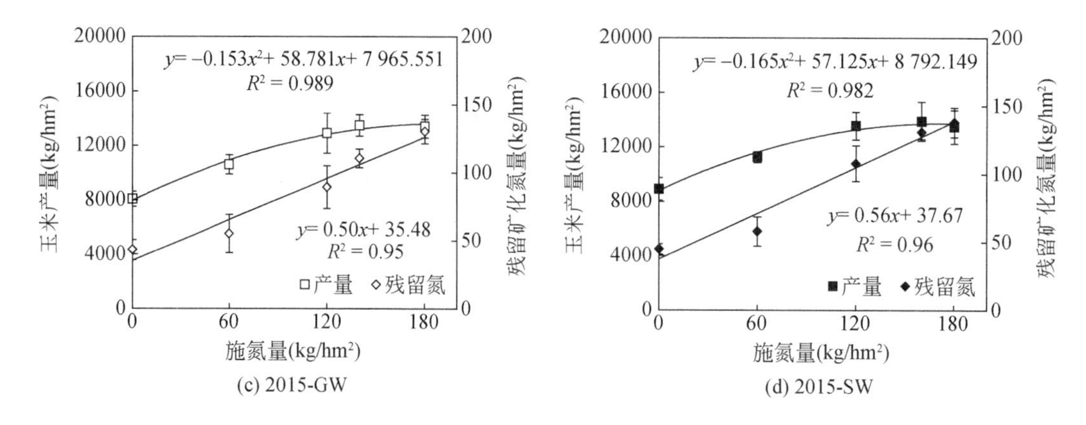

图 15-17　2014 年和 2015 年产量和残留矿化氮量对施氮量的响应

影响，没有发生淋失，而田间试验由于受降雨的影响，容易造成再生水氮素淋失而降低其对玉米生长的有效性；另一方面，盆栽试验遮雨棚内的气温（26.2℃）高于田间试验气温（24.4℃），较高的气温可能提高了土壤温度，进而加速了有机氮矿化，提高了盆栽再生水氮素的有效性。这与 Yagüe 和 Quílez（2015）研究得到的猪粪尿在夏季对作物的有效性高于冬季的结果一致。

15.7　本章结论

本章研究了滴灌下灌溉水质、施氮量和灌水量对砂壤土 NO_3^--N 和 NH_4^+-N 动态分布、土壤水分渗漏和 NO_3^--N 淋失的影响，以及灌溉水质和施氮量对玉米株高、LAI、生物量、吸氮量、产量、产量构成要素、氮素利用效率和氮素平衡的影响，优化了再生水滴灌玉米施氮制度，并对比分析了盆栽试验和大田试验再生水氮的尿素替代量。主要结论如下。

（1）施氮量、灌溉水质、作物吸收、灌水及降雨等因素影响 NO_3^--N 在土壤中的运移分布，其中，施氮量对土壤 NO_3^--N 含量产生了显著影响（$P<0.05$），但灌溉水质和灌水量均未对土壤 NO_3^--N 含量产生显著影响（$P>0.05$）。利用再生水灌溉、增加施氮量和灌水量都能提高土壤 NO_3^--N 含量，增加了土壤 NO_3^--N 向深层土壤运移的能力。

（2）华北平原滴灌砂壤土产生水分深层渗漏的风险很小，降雨是引起水分深层渗漏的主要原因。灌溉水质、施氮量和灌水量都未对土壤水分深层渗漏产生显著影响（$P>0.05$）。

（3）灌溉水氮、肥料氮、土壤初始矿化氮和 70cm 处土壤水分渗漏量都与 NO_3^--N 淋失量呈正相关，对 NO_3^--N 淋失量的影响程度依次为肥料氮>70cm 处土壤水分渗漏量>灌溉水氮>土壤初始矿化氮。再生水灌溉增加施氮量会显著增加 NO_3^--N 淋失量，因此，在未对作物造成大幅减产的情况下，适当降低施氮量（如 120kg/hm²）能有效减少 NO_3^--N 淋失量。

（4）施氮量对大田玉米株高、LAI、地上部分生物量和吸氮量、产量及构成要素、残留氮和氮素表观损失等都产生了显著影响（$P<0.05$）。施氮能明显促进玉米生长和提高产

量，但施氮量从 120kg/hm^2 增加到 180kg/hm^2 时，玉米产量没有显著增加，反而大幅降低了氮素利用效率。

（5）再生水灌溉较地下水灌溉促进了玉米生长、提高了玉米产量，未影响玉米品质，但灌溉水质未对上述指标产生显著影响（$P>0.05$）。再生水灌溉较地下水灌溉降低了氮素利用效率，但随施氮量增加，再生水氮素利用效率呈先增后减的变化规律，S120 处理再生水灌溉氮素利用效率最高。

（6）土壤-玉米系统氮素表观损失量随土壤残留氮量增加而增大，因此，土壤残留氮量可以表征氮素表观损失量。氮素表观损失量随施氮量、再生水氮量和土壤初始含氮量的增长而增大，影响程度依次为肥料氮>土壤初始氮>灌溉水氮。再生水灌溉应适当减少施氮量以降低氮素表观损失量。

（7）综合考虑经济和环境因素，根据玉米产量和土壤矿化氮残留量，华北平原再生水和地下水滴灌玉米最优施氮量分别为 107 ~ 132kg/hm^2 和 124 ~ 150kg/hm^2。再生水灌溉条件下可以替代 13% 尿素氮，低于盆栽试验 58% 的尿素替代量。主要原因是盆栽试验较田间试验有更大的再生水灌溉量和更高的再生水氮素有效性。

第 16 章　再生水滴灌玉米生长和产量模拟

科学的施肥灌溉决策受当地气候、土壤及其他农田管理措施的影响，是保障粮食产量和保护农田生态环境的根本途径。模型方法省时省力，投入低，可定量评估各种试验因素对作物生长和产量的影响，具有系统性和可预测性。但模型应用的前提是模型参数需要经过田间试验数据率定与验证，以确定模型在该地区的适用性。作物生长模拟模型是定量描述和系统分析作物生长和产量及其与环境之间动态关系的计算机模拟程序，可以根据不同的土壤、气候和田间管理措施等系统模拟预测作物不同阶段生长、形态变化、生物量累积分配及产量形成过程，以获得最优的田间管理措施。作物生长模拟模型具有系统性、动态性、预测性和通用性的优点（Bouman et al.，1996；李三爱等，2005）。

自 20 世纪 60 年代起，国内外学者开始作物模型方面的研究。为了更好地了解作物生长特性，作物模型研究初期多以作物生理生态机理描述为主。随后作物模型的应用范围不断扩大，目前，作物模型已被广泛用于农业生产管理决策、土地资源评价和环境评价等领域（林忠辉等，2003）。应用广泛的作物生长模型主要包括 WOFOST（world food studies）模型、DASST（decision support system for agrotechnology transfer）模型、APSIM（agricultural production system simulator）模型、DNDC（denitrification-decomposition model）模型，以及国内的高亮之等研发的“水稻钟”模型、潘学标的棉花生长发育模型（COTGROW）（潘学标等，1996）、曹卫星等（2007）开发的小麦生长模拟与管理决策支持系统（GMDSSWMW）等。

本章将通过构建考虑再生水氮素有效性的滴灌玉米生长模拟模型（DNDC），对模型参数进行敏感性分析，利用 2014 年和 2015 年的大田玉米再生水滴灌试验数据率定与验证模型参数，并应用该模型进行不同灌溉水质、不同施氮量和不同灌水量对玉米生长的模拟评估，系统模拟优化华北平原再生水滴灌玉米水氮管理措施，为再生水养分安全高效利用提供科学依据。

16.1　作物生长模型选择

DNDC 是 denitrification-decomposition model 的简称，意为“反硝化-分解模型”，是描述农田生态系统氮、碳生物地球化学循环过程的机理模型（Li et al.，1992a，1992b，1996；Zhang et al.，2002；李长生，2016）。该模型最初用于模拟氮氧化物排放，随后经过不断开发，已具有较强作物生长和氮素循环模拟能力（Zhang et al.，2002）。DNDC 模型主要由两部分组成，土壤气候、植物生长和有机质分解 3 个子模型为第一部分，该部分主要根据土壤、气象和农田管理数据对植物生长情况及各环境因子动态变化进行模拟；硝化、反硝化和发酵 3 个子模型为第二部分，该部分主要根据第一部分得到的植株-土壤系统温度、水分、氮素含量等因素来模拟硝化、反硝化和发酵过程，进而估算含氮和含碳气体的排放。

本研究选取 DNDC 模型进行滴灌施肥玉米生长模拟的主要原因有：

（1）该模型是对作物-土壤系统 N、C 循环过程模拟最全面的地球生物化学模型，可以进行作物生长、有机质分解、硝化、反硝化和发酵等方面的研究，被认为是最成功的生物地球化学过程模型之一，已在作物生长、氮素吸收利用、温室气体排放、NO_3^--N 淋失和有机碳等方面得到了广泛验证（Zhang et al.，2002；Li et al.，2006；李虎等，2009；李长生，2016）。

（2）该模型能够进行全面的施肥灌溉参数模拟。模型可以对施肥方式、施肥种类、施肥量和施肥时间等方面进行模拟。施肥方式分为手工施肥、测土施肥、精细施肥和灌溉施肥。灌溉施肥可以设置每日灌水量、溶入灌溉水的化肥种类和施肥量。化肥种类包括硝酸盐、碳酸氢铵、尿素、氨水、硝酸铵、硫酸铵、磷酸铵。有机肥可以选择厩肥、绿肥、动物粪尿、堆肥、豆饼、人粪尿、家禽粪便、市政污泥和动物杂碎。DNDC 提供两种方法定义灌溉：第一种为人为设定灌溉，输入参数包括灌溉次数，灌溉日期和灌溉量；第二种方法自动灌溉，当出现水分胁迫时根据定义的灌溉系数计算灌水量。另外，DNDC 提供四种灌溉方法，分别为漫灌、喷灌、地表滴灌和地下滴灌。

（3）参数相对简单易得。利用的参数主要为常规土壤、气候和农田灌溉措施。工作界面友好，便于操作使用。模型以日为计算步长进行全年模拟，不仅可以进行点尺度，而且可以与 GIS 结合，进行区域尺度模拟。

16.2 DNDC 模型数据库构建

DNDC 模型输入参数主要有地理位置、气象数据、土壤数据和田间管理数据(表 16-1)。气象数据从试验站自动气象观测站获得，土壤数据采用田间实测数据，田间管理数据主要通过模型利用 2014 年和 2015 年田间实测作物生长和产量数据率定与验证后获得，具体作物品种参数结果见表 16-3。

表 16-1 DNDC 模型主要输入参数

项目	输入参数
地理位置	模拟地点、纬度、模拟时间
气象数据	最高气温、最低气温、降雨、风速、辐射、湿度、氮沉降、空气 NH_3 和 CO_2 背景值
土壤数据	土壤初始 NO_3^--N、NH_4^+-N、有机质、土壤质地、干容重、田间持水率、凋萎含水率、饱和导水率、孔隙度、土壤 pH 等
田间管理	作物种类、播种和收获日期，作物生理参数（最佳作物生物量、生物量在籽粒、茎叶和根的分配比例、籽粒 C/N、茎叶 C/N、根 C/N、生长积温、作物需水量、生物固氮指数、最佳生长温度、维管结构），耕作次数、时间和深度，化肥和有机肥施用次数、时间、种类和数量，灌溉次数、时间及灌水量等

16.3　敏感性分析

对 DNDC 模型进行敏感性分析可以获得影响模拟结果的高敏感性参数，以便进行参数的率定与优化。本文采用敏感性指数（sensitivity，S）来评价参数对模拟结果的影响（Nearing et al.，1990；Walker et al.，2000）。

$$S=\frac{(O_2-O_1)/O_m}{(I_2-I_1)/I_m} \tag{16-1}$$

式中，S 为相对敏感性指数；I_1 和 I_2 为参数的最小值和最大值；I_m 为两者的平均值；O_1 和 O_2 为与 I_1 和 I_2 对应的模拟值；O_m 为两者的平均值。S 值无量纲，可以用以不同参数间的敏感性比较，其绝对值越大，表示施入参数对模型模拟值的影响越大，其中，正值和负值分别表示模拟值与输入参数呈正相关和负相关。

由表 16-2 可以看出，影响玉米吸氮量的主要参数依次为黏粒含量、施氮量、初始土壤有机碳，而且都为正相关。这说明与土壤肥力相关的参数（土壤有机碳、NO_3^--N 和施氮量）和土壤保肥能力的参数（黏粒含量）是影响玉米吸氮量的最主要因素。另外，灌水量是玉米吸氮量最大的负相关参数，饱和导水率也与吸氮量呈负相关。增大灌水量和饱和导水率增加了土壤水分渗漏到根层以下的能力，而土壤 NO_3^--N 容易随水运移，故增加了 NO_3^--N 淋失出根区的能力，降低了玉米对土壤氮素的吸收利用。影响玉米生物量的最主要因素为茎叶 C/N，其次为黏粒含量、籽粒 C/N 比和施氮量。籽粒 C/N、黏粒含量和施氮量是影响玉米产量的最主要因素。籽粒 C/N、茎叶 C/N 和根 C/N 是作物 C、N 分配的主要参数指标，在进行模型参数率定过程中需要格外注意。

表 16-2　DNDC 模型参数敏感性分析

参数	单位	基准	取值范围	相对敏感性指数 S		
				吸氮量	生物量	产量
初始 NO_3^--N	kgN/hm^2	20	10～30	0.13	0.11	0.22
初始有机碳	kgC/hm^2	0.016	0.01～0.022	0.21	0.18	0.35
土壤黏粒		0.16	0.10～0.22	0.41	0.34	0.7
饱和导水率	m/h	0.014	0.010～0.018	-0.08	-0.06	-0.12
土壤 pH		8.47	8.0～9.0	-0.09	-0.07	-0.14
籽粒 C/N		35	30～40	-0.14	0.3	1.15
茎叶 C/N		50	40～60	-0.09	0.37	0.1
根 C/N		50	40～60	-0.02	-0.04	0.03
最佳温度	℃	25	20～30	0.03	0.03	0.05
施氮量	kgN/hm^2	120	60～180	0.32	0.27	0.54
灌溉量	mm	188	141～235	-0.18	-0.15	-0.3
降水量	mm	413	329～497	-0.05	-0.05	-0.1

注：吸氮量为玉米地上部分吸氮量；生物量为玉米地上部分生物量，下同。

16.4 DNDC 模型模拟效果评估

利用2014 年试验数据进行 DNDC 模型参数率定，然后用2015 年试验数据进行模型验证。模型模拟效果采用相对误差（RE,%）、标准均方根误差（nRMSE,%）、一致性指数（d）和决定系数（R^2）定量评价（Yang et al.，2000）：

$$RE=\frac{S_i-O_i}{O_i}\times 100\% \tag{16-2}$$

$$nRMSE=\frac{\sqrt{\frac{1}{n}\sum_{i=1}^{n}(S_i-O_i)^2}}{O_m} \tag{16-3}$$

$$d=1-\frac{\sum_{i=1}^{n}(S_i-O_i)^2}{\sum_{i=1}^{n}(|S_i-O_m|+|O_i-O_m|)^2} \tag{16-4}$$

$$R^2=\left(\frac{\sum_{i=1}^{n}(O_i-O_m)(S_i-S_m)}{\sqrt{\sum_{i=1}^{n}(O_i-O_m)^2}\sqrt{\sum_{i=1}^{n}(S_i-S_m)^2}}\right)^2 \tag{16-5}$$

式中，S_i和 O_i分别为模拟值和实测值；S_m和 O_m为它们的均值；n 为观测值个数。通常，当 nRMSE<10% 时，认为模拟效果为优；当 10% ≤ nRMSE < 20% 时，模拟效果为良；当 20% ≤nRMSE≤30% 时，模拟效果为中等；当 nRMSE > 30% 时，模型效果为差（Dettori et al.，2011）。另外，RE 越接近 0，d 和 R^2 值越接近 1，说明模拟值和实测值一致性越好。

16.5 DNDC 模型的率定与验证

和常规水相比，再生水含有更高的氮素，但 DNDC 模型中没有设置再生水灌溉水源模块。因此，需要将再生水中的氮素转化为模型识别的通用施入项目，再进行再生水灌溉下的作物生长模拟。考虑到再生水氮素对作物生长的有效性不同于尿素，我们通过设置不同的再生水氮素的肥料替代当量，将再生水氮素转化为无机肥，再进行作物生长模拟。盆栽试验和田间试验结果表明，再生水灌溉获得 95% 最高产量时的再生水氮素的尿素相对替代当量分别为 0.68 和 0.61，因此，我们假设再生水氮素的尿素相对替代当量为 0.65，并设置较高再生水氮素的尿素相对替代当量 1.0（与尿素有效性相同）和较低再生水氮素的尿素相对替代当量 0.3。具体步骤为：先利用地下水处理的试验数据率定 DNDC 模型参数，然后根据设置的再生水氮素的尿素替代当量（1.0、0.65 和 0.3）进行再生水灌溉模拟，通过对比再生水灌溉模拟值与实测值确定再生水氮素对作物生长的有效性。

16.5.1 模型率定

应用 DNDC 模型进行作物生长模拟时，其模拟效果不仅受人为管理措施的影响，也受气候、土壤等自然条件限制。因此，不同地区进行模拟时需要利用当地的气象、土壤和作物品种参数率定与验证模型，以满足模型在当地的适用性。本研究首先利用 2014 年地下水灌溉处理的试验数据，以玉米吸氮量、生物量和产量为目标变量，通过比较模拟值与实测值拟合程度来确定模型作物品种参数，具体结果见表 16-3。

表 16-3 玉米品种参数

作物参数	单位	数值
最佳生物量	kg C/hm^2	5000
籽粒、茎叶、根生物量分配比例		0.48/0.42/0.1
籽粒、茎叶、根 C/N 比值		35/50/50
总吸氮量	kg N/hm^2	251
生长积温	℃	1800/2200
需水量	kg water/kg biomass	150
固氮系数		1
最适温度		25

收获时地下水处理玉米吸氮量、生物量和籽粒产量见图 16-1。DNDC 模型能够较好地模拟玉米吸氮量和生物量。2014 年吸氮量和生物量模拟值与实测值的 RE 范围分别为 -19%~6% 和 -18%~7%，nRMSE 都小于 25%，d 都大于 0.95，决定系数也在 0.92 以上（表 16-4 和图 16-2）。这说明 DNDC 模型对玉米吸氮量和生物量的模拟效果较好。另外，DNDC 模型也可以很好的模拟施肥处理玉米籽粒产量，模拟值与实测值的 RE 范围为 -14%~18%。综上，率定后的 DNDC 模型可以用于华北平原地下水滴灌玉米生长模拟。

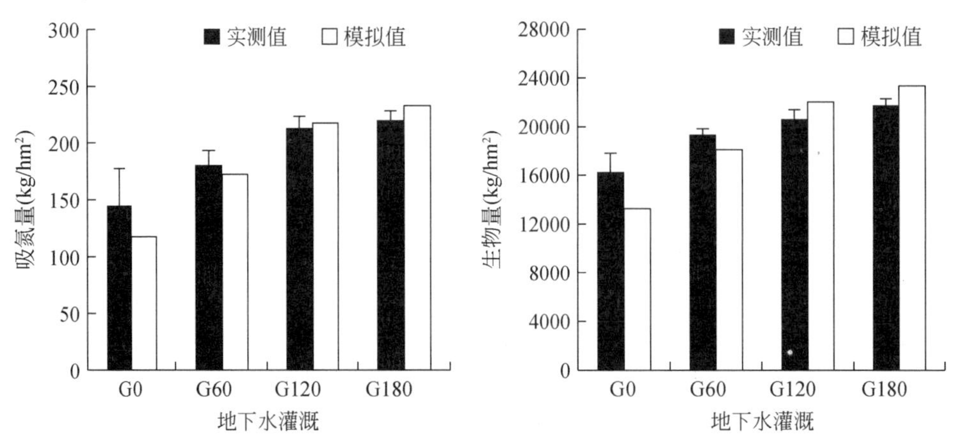

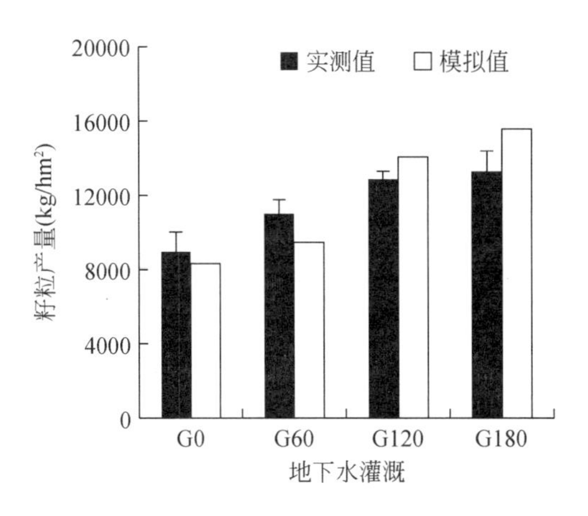

图 16-1 收获时地下水处理玉米吸氮量、生物量和产量模拟值与实测值比较

表 16-4 2014 年地下水处理玉米生育期内吸氮量模拟值和实测值的统计分析

处理	吸氮量		生物量	
	nRMSE（%）	d	nRMSE（%）	d
G0	22	0.948	25	0.950
G60	13	0.987	19	0.979
G120	18	0.974	14	0.988
G180	23	0.957	11	0.993

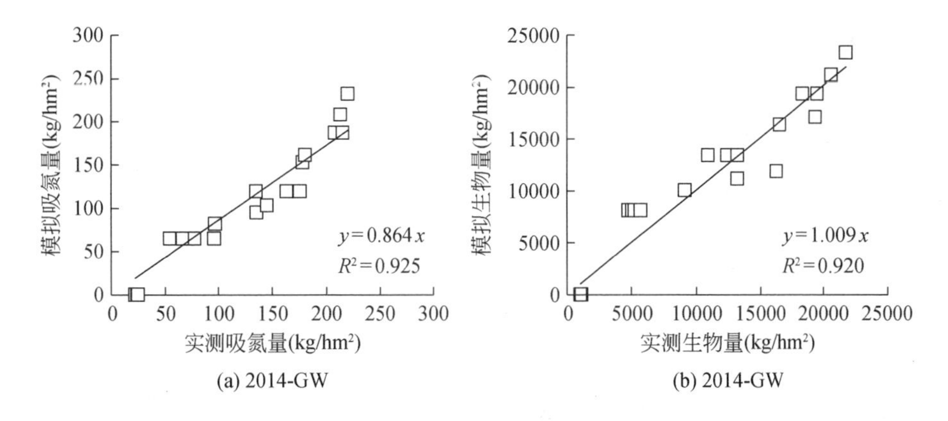

图 16-2 2014 年生育期内玉米吸氮量和生物量模拟值与实测值比较

不同再生水氮素有效性（再生水氮素的尿素相对替代当量分别为 1.0、0.65 和 0.3）条件下玉米吸氮量模拟值与实测值比较见图 16-3。当再生水氮素的尿素相对替代当量为 0.65 时，吸氮量模拟值与实测值的决定系数最大（R^2 =0.930），模拟值与实测值吻合效果最好。另外，当再生水氮的尿素相对替代当量为 0.65 时，玉米吸氮量模拟值与实测值的相对误差也最小，这也表明模拟值与实测值模拟效果最好。玉米收获时，再生水氮的尿素相对替代当量为 1.0、0.65 和 0.3 时，玉米吸氮量模拟值与实测值之间 RE 分别为 3%、0% 和−4%。

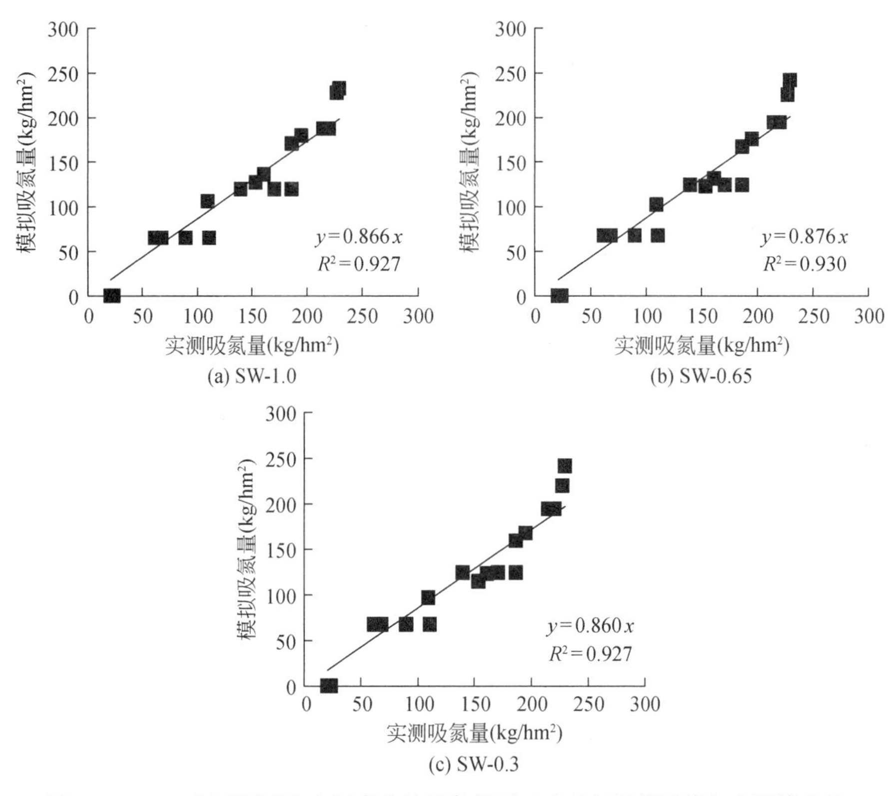

图 16-3 2014 年不同再生水氮素有效性条件下玉米吸氮量模拟值与实测值比较

当再生水氮的尿素相对替代当量为 0.65 时，玉米收获时的吸氮量、生物量和产量模拟值与实测值比较见图 16-4。结果表明，再生水灌溉玉米吸氮量和生物量的模拟值与实测值的 RE 范围分别为-16%~1%和-14%~7%。另外，施肥处理籽粒产量的 RE 范围分别为-13%~13%。2014 年再生水处理玉米生育期内吸氮量模拟值和实测值的统计分析结果表明，玉米吸氮量和生物量的 nRMSE 都小于25%，且一致性指数 d 都大于 0.95（表 16-5）。这也说明当再生水氮的尿素相对替代当量为 0.65 时，DNDC 模型可以较好地模拟再生水灌溉玉米生长情况。

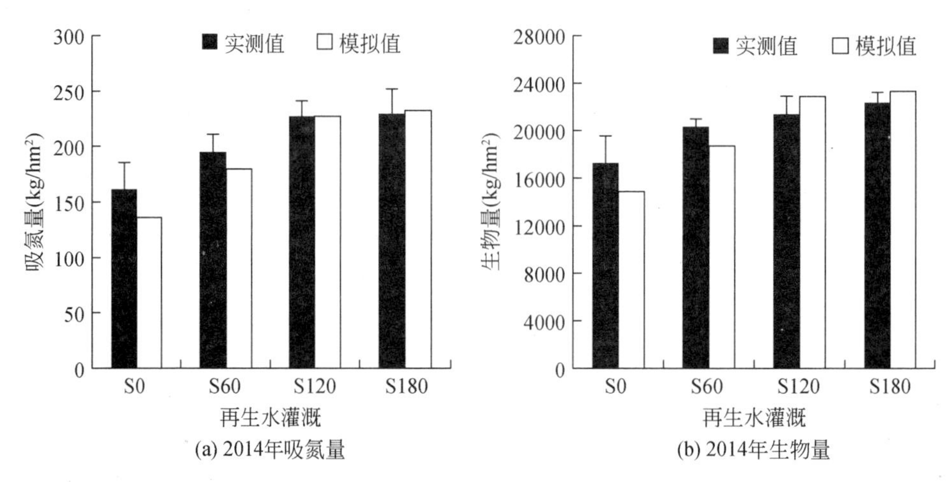

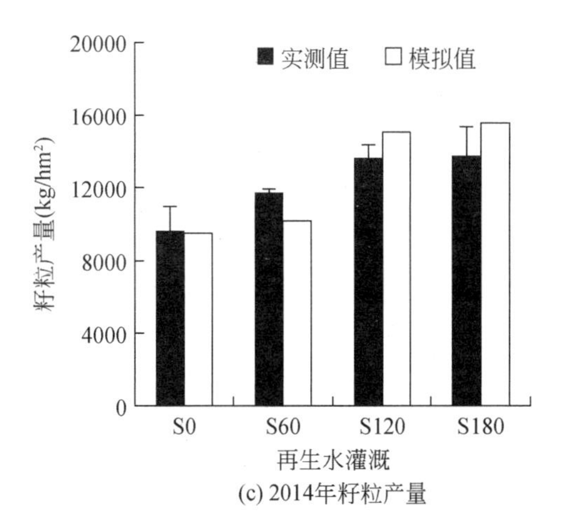

(c) 2014年籽粒产量

图 16-4 再生水处理收获时吸氮量、生物量和产量模拟值与实测值比较

表 16-5 2014 年再生水处理玉米生育期内吸氮量模拟值和实测值的统计分析

处理	吸氮量		生物量	
	nRMSE（%）	*d*	nRMSE（%）	*d*
S0	22	0.953	24	0.954
S60	14	0.984	17	0.981
S120	19	0.973	8	0.996
S180	24	0.950	8	0.996

16.5.2 模型验证

16.5.2.1 收获时玉米生物量、吸氮量和产量

2015 年收获时玉米吸氮量、生物量和产量模拟值与实测值比较见图 16-5。地下水灌溉处

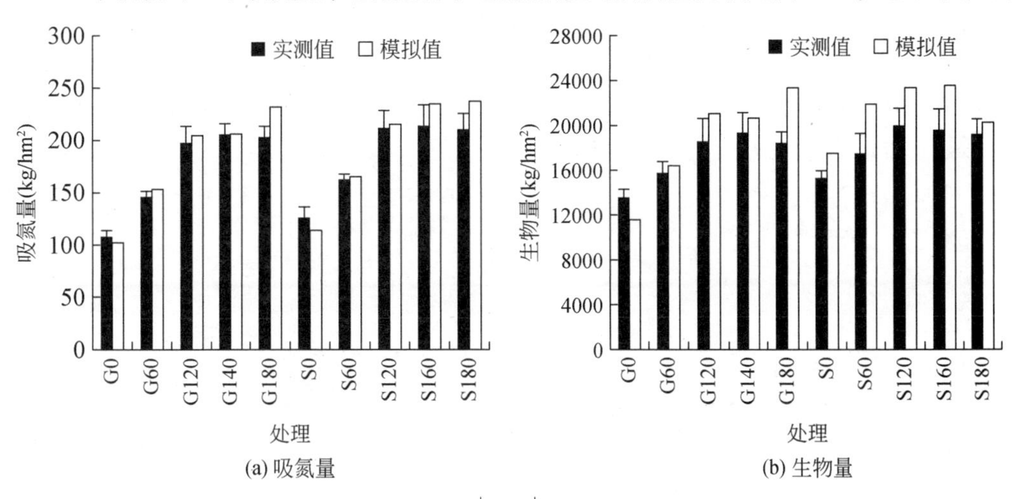

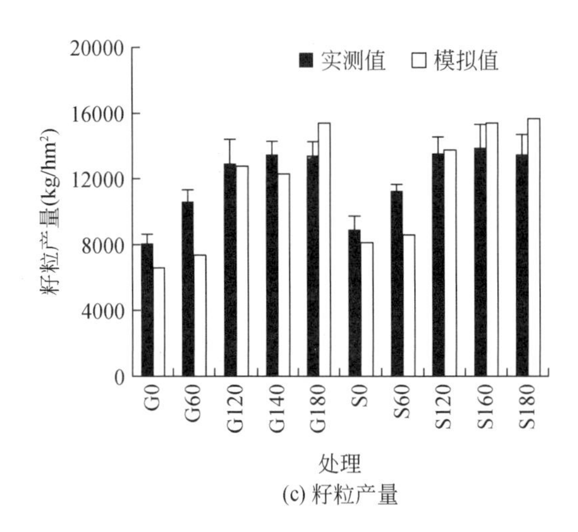

(c) 籽粒产量

图 16-5 收获时玉米吸氮量、生物量和产量模拟值与实测值比较

理，吸氮量实测值为 108 ~ 203kg/hm^2，模拟值为 102 ~ 232kg/hm^2，两者的 RE 为-5% ~ 14%。再生水灌溉处理，吸氮量实测值为 126 ~ 214kg/hm^2，模拟值为 114 ~ 238kg/hm^2，两者的 RE 为-10% ~ 13%。模拟结果表明，施氮量较低时，吸氮量的模拟值较实测值偏小。但施氮量过高时，模拟值较实测值偏大。类似地，生物量和产量的模拟值与实测值也有相似的关系。

16.5.2.2 玉米生育期内吸氮量和生物量动态变化

图 16-6 比较了 2015 年各处理玉米吸氮量模拟值与实测值生育期内变化规律。结果表明，玉米吸氮量模拟值与实测值变化趋势一致，且吻合效果较好，但当施氮量过低或过高时，模型模拟玉米吸氮量的精度都会有所降低。G120、S60 和 S120 处理玉米吸氮量的标准均方根误差 nRMSE 为 6% ~ 9%，一致性指数 d 为 0.995 ~ 0.998，模拟效果为优（表 16-6），其他处理吸氮量模拟效果为良（nRMSE = 12% ~ 19%，d = 0.970 ~ 0.991）。2015 年各处理玉米生物量模拟值与实测值生育期内变化规律见图 16-6。玉米生物量模拟值与实测值变化趋势一致，且吻合效果较好。由表 8-6 统计的标准均方根误差 nRMSE 和一致性指数 d 可知，各处理玉米生物量模拟效果多为中等，nRMSE 范围为 18% ~ 33%，一致性指数 d 范围为 0.929 ~ 0.982，接近 1。

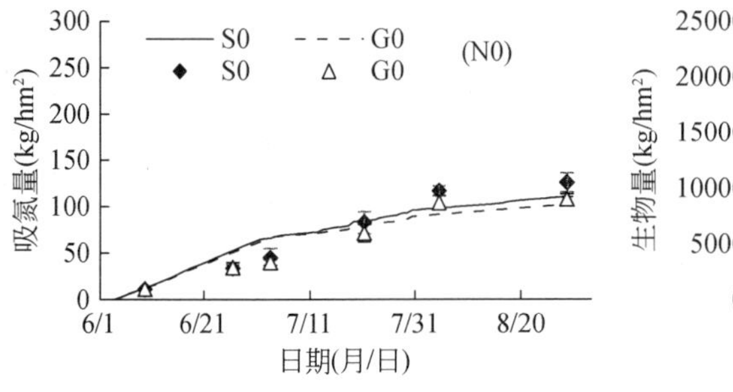

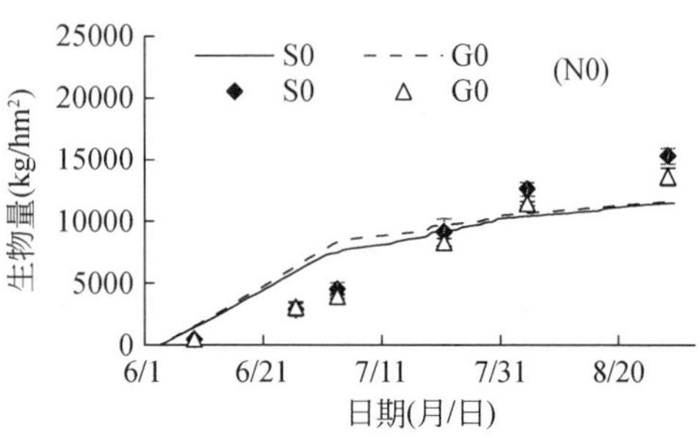

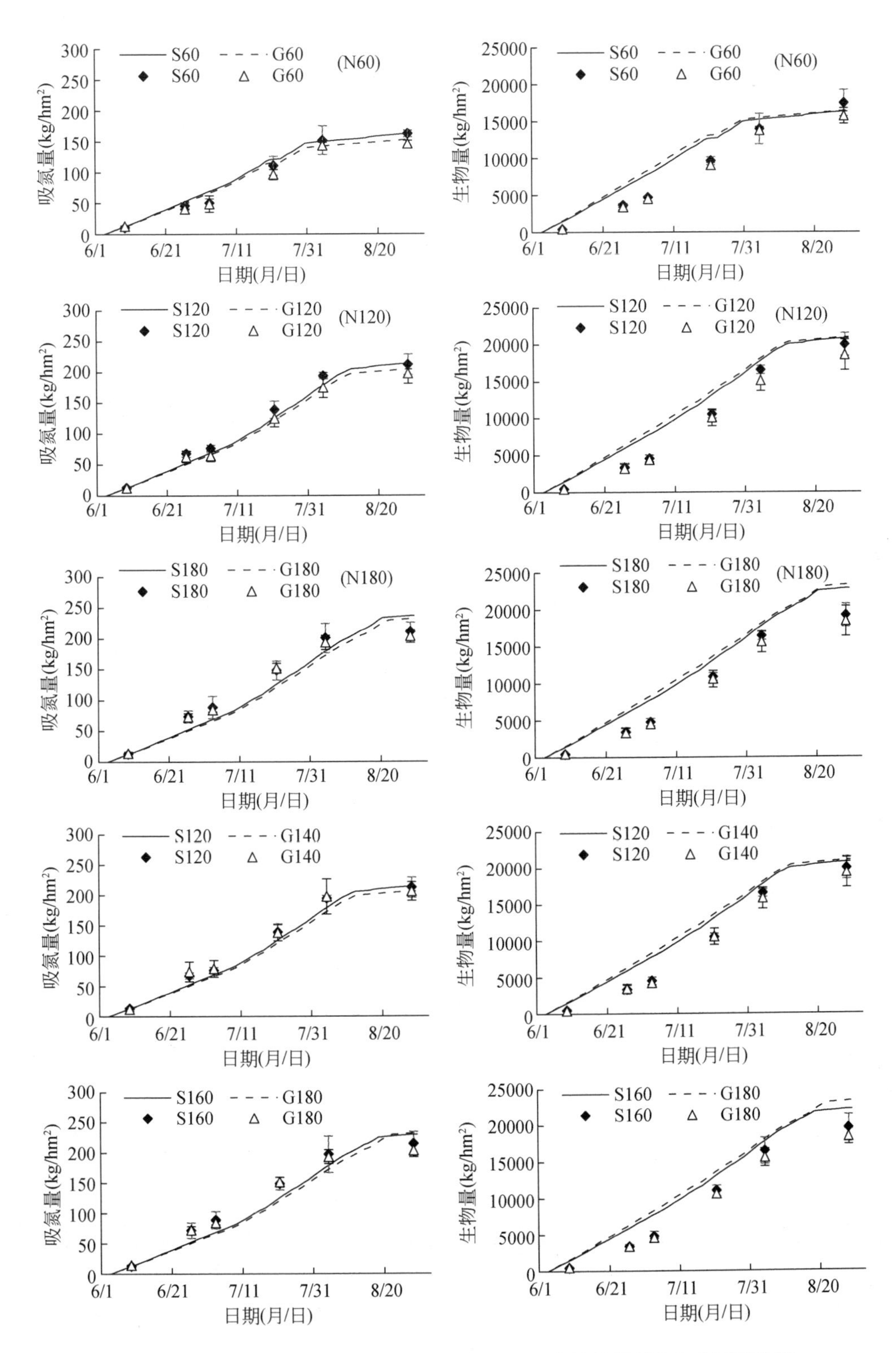

图 16-6　2015 年各处理玉米生育期内吸氮量和生物量的模拟值与实测值比较

点数据为实测值，线数据为模拟值

表 16-6 2015 年各处理玉米生育期内吸氮量和生物量模拟值与实测值的统计分析

处理	吸氮量		生物量	
	nRMSE（%）	*d*	nRMSE（%）	*d*
G0	16	0.977	26	0.949
G60	12	0.991	29	0.956
G120	6	0.998	29	0.962
G140	14	0.987	24	0.974
G180	18	0.977	33	0.955
S0	19	0.970	30	0.929
S60	6	0.998	22	0.974
S120	9	0.995	18	0.984
S160	13	0.988	20	0.982
S180	16	0.983	23	0.976

16.6 再生水滴灌玉米施肥灌溉制度模拟与优化

作物对养分吸收利用往往和土壤水分有密切关系。特别是再生水既能提供水源、也能提供肥源。这使得再生水灌溉养分吸收利用机理更加复杂。因此，再生水灌溉不仅要进行施肥制度的优化，灌溉制度也要进行相应的调整。模型设置 12 个施肥量水平，分别为 0kg/hm^2、60kg/hm^2、80kg/hm^2、100kg/hm^2、120kg/hm^2、140kg/hm^2、160kg/hm^2、170kg/hm^2、180kg/hm^2、190kg/hm^2、200kg/hm^2 和 220kg/hm^2。设 3 个灌溉量水平，分别为 75%、100% 和 125% 的充分灌溉。灌溉水质、施氮量和灌水量对玉米吸氮量、生物量和产量的影响见图 16-7。无论是地下水灌溉还是再生水灌溉，随施氮量的增加，玉米吸氮量、生物量和产量都表现为先增加后稳定。100% 充分灌溉时，地下水灌溉和再生水灌溉分别在施氮量为 200kg/hm^2 和 180kg/hm^2 时获得最高吸氮量、生物量和产量，分别为 235kg/hm^2、23540kg/hm^2 和 15663kg/hm^2。但是，不同灌溉水质条件下，氮素回收率对施氮量的响应特征不一致（图 16-8）。地下水灌溉条件下，氮素回收率随施氮量增加而降低，特别是当施氮量超过 200kg/hm^2 时，氮素回收率大幅降低。再生水灌溉条件下，增加施氮量，氮素回收率呈先增后减的变化规律。例如，当再生水采用 100% 充分灌溉时，施氮量为 140～170kg/hm^2 时的氮素回收率最大（48%）。再生水灌溉条件下，氮素回收率对施氮量的响应规律与盆栽试验和田间试验的结果一致。即在一定的施肥范围内，再生水灌溉能够提高玉米-土壤系统氮素的吸收利用。再生水灌溉施氮量超过 170kg/hm^2 时，氮素回收率有明显的降低。相比于地下水灌溉，再生水灌溉降低了氮素回收率。100% 充分灌溉时，地下水灌溉氮素回收率为 51%～69%，再生水灌溉氮素回收率为 39%～48%。

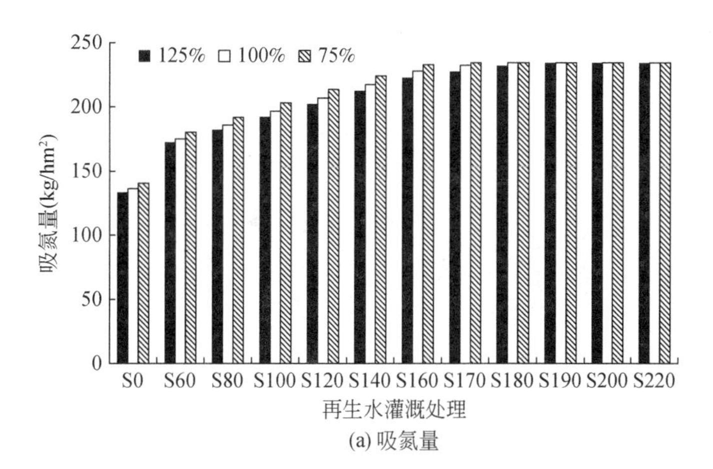

(a) 吸氮量

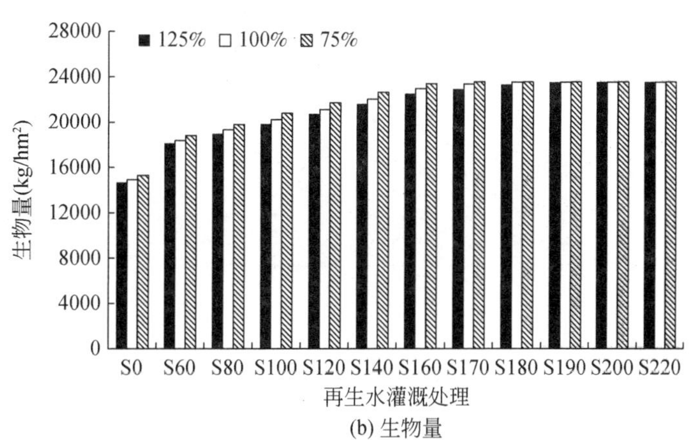

(b) 生物量

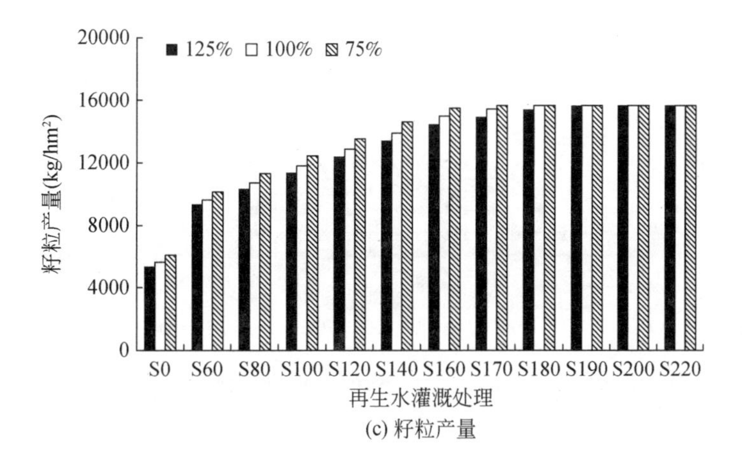

(c) 籽粒产量

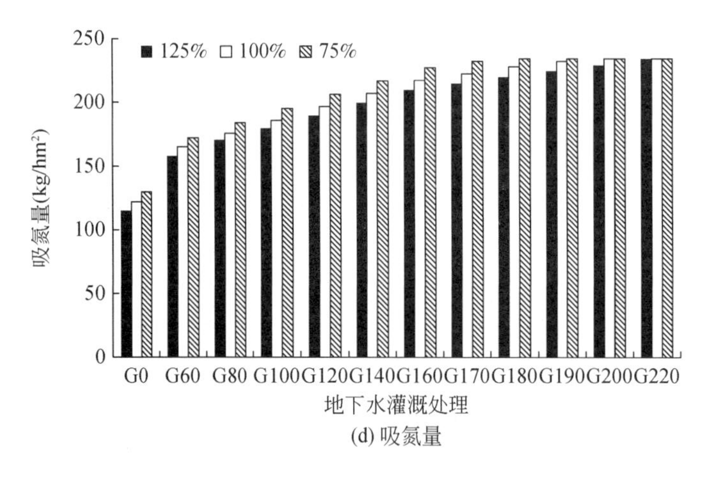

(d) 吸氮量

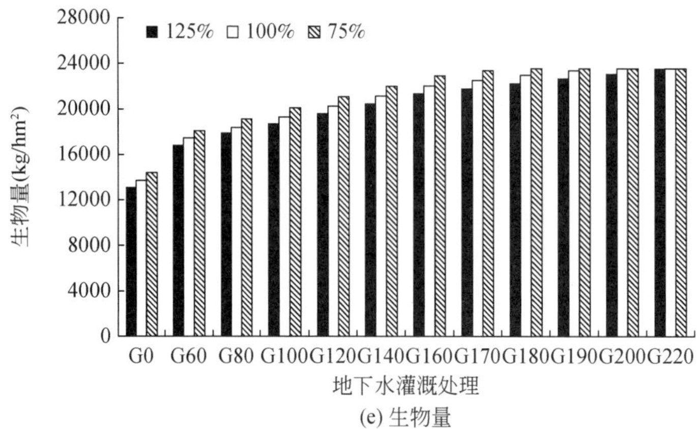

(e) 生物量

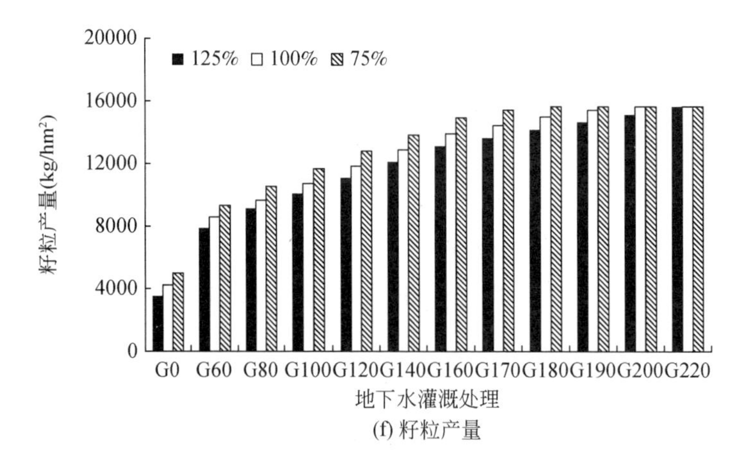

(f) 籽粒产量

图 16-7　灌溉水质、施肥量和灌水量对玉米吸氮量、生物量和产量的影响

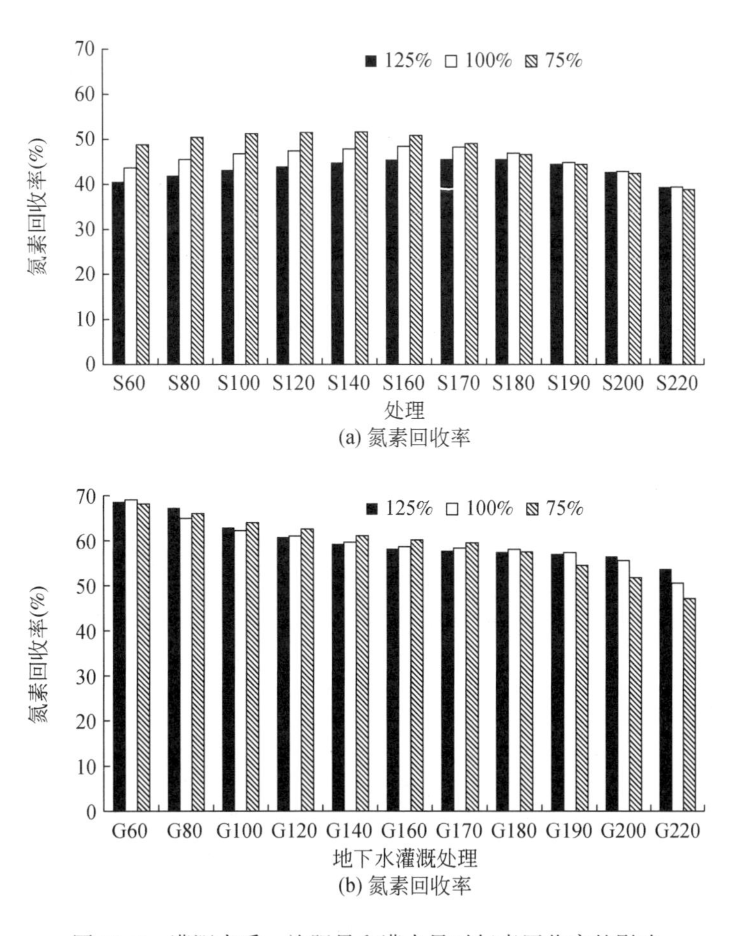

(a) 氮素回收率

(b) 氮素回收率

图 16-8　灌溉水质、施肥量和灌水量对氮素回收率的影响

灌水量对玉米吸氮量、生物量和产量的影响要小于施氮量。无论是地下水灌溉还是再生水灌溉，提高灌溉量都降低了玉米吸氮量、生物量和产量。以再生水灌溉为例，125%充分灌溉较 100% 充分灌溉玉米吸氮量、生物量和产量降幅在 2% 、5% 和 2% 之内。一方面，提高灌溉量增加了根区氮素的淋失量，减少了土壤氮素的供给，限制了玉米对氮素的吸收利用；另一方面，较高的灌溉量容易产生厌氧环境，促进氮素反硝化，进而加大氮素损失。

综上，为获得满意的产量（95% 最高产量）和较高的氮素回收率，华北平原地下水滴灌玉米推荐灌溉量为 75% 充分灌溉，施肥量为 160 ~ 180kg/hm^2；再生水滴灌玉米推荐灌溉量为 75% 充分灌溉，施肥量为 140 ~ 160kg/hm^2。这也表明，再生水氮素可以替代 20kg/hm^2 的施氮量，这与田间试验结果基本一致。另外，S120 处理与 G140 处理、S160 处理与 G180 处理生育期内吸氮量和生物量模拟值之间基本无差异，这也可以表明，再生水氮素可以替代 20kg/hm^2 的施氮量。

16.7 本章结论

利用2014年和2015年滴灌玉米田间试验数据对DNDC模型进行了率定和验证，并通过设置不同的再生水氮素有效性，确定DNDC模型模拟再生水灌溉玉米生长的可行性。最后应用该模型对再生水灌溉和地下水灌溉进行了施肥制度和灌溉制度的模拟优化。主要结论如下。

（1）当再生水氮素的尿素相对替代当量为0.65时，DNDC模拟结果和田间试验结果吻合度最高，DNDC模型可以进行再生水灌溉玉米生长模拟。利用2014年和2015年的试验数据对模型进行了率定与验证，结果表明，生育期内玉米吸氮量和生物量的模拟值与实测值的变化趋势基本一致，率定和验证后的DNDC模型可用于华北平原地下水和再生水滴灌不同水氮管理措施下的玉米生长模拟研究。

（2）通过对不同水质、不同施氮量和不同灌水量下的玉米生长进行模拟，得到再生水和地下水滴灌玉米优化施肥制度和灌溉制度：华北平原地下水滴灌玉米推荐灌溉量为75%充分灌溉，施肥量为160～180kg/hm^2；再生水滴灌玉米推荐灌溉量为75%充分灌溉，施肥量为140～160kg/hm^2。华北平原再生水灌溉可以减少20kg/hm^{2}施氮量。

参考文献

曹卫星，潘洁，朱艳，等 . 2007. 基于生长模型与 Web 应用的小麦管理决策支持系统 . 农业工程学报，23（1）：133-138.
陈黛慈，王继华，关健飞，等 . 2014. 再生水灌溉对土壤理化性质和可培养微生物群落的影响 . 生态学杂志，33（5）：1304-1311.
陈卫平，张炜铃，潘能，等 . 2012. 再生水灌溉利用的生态风险研究进展 . 环境科学，33（12）：4070-4080.
迟海燕 . 2010. 非传统水源供水管网水质模型的研究 . 天津：天津大学 .
代志远，高宝珠 . 2014. 再生水灌溉研究进展 . 水资源保护，30（1）：8-13.
戴俊英，鄂玉江，顾慰连 . 1988. 玉米根系的生长规律及其与产量关系的研究——Ⅱ. 玉米根系与叶的相互作用及其与产量的关系 . 作物学报，14（4）：310-314.
狄彩霞，李会合，王正银，等 . 2005. 不同肥料组合对莴笋产量和品质的影响 . 土壤学报，42（4）：652-658.
窦超银，康跃虎，万书勤，等 . 2010. 覆膜滴灌对地下水浅埋区重度盐碱地土壤酶活性的影响 . 农业工程学报，26（3）：44-51.
杜珍华 . 2007. 土壤特性空间变异对地下滴灌系统水氮分布及夏玉米生长的影响 . 北京：中国农业大学 .
鄂玉江，戴俊英，顾慰连 . 1988. 玉米根系生长和吸收能力与地上部分的关系 . 作物学报，14（2）：149-154.
房海 . 1997. 大肠埃希氏菌 . 石家庄：河北科学技术出版社 .
冯绍元，丁跃元，曾向辉 . 2001. 温室滴灌线源土壤水分运动数值模拟 . 水利学报，32（2）：59-63.
冯绍元，邵洪波，黄冠华 . 2002. 重金属在小麦作物体中残留特征的田间试验研究 . 农业工程学报，18（4）：113-115.
高维波 . 2011. 大肠杆菌病的危害及防制对策 . 山东畜牧兽医，32（4）：31-32.
关红杰 . 2013. 干旱区滴灌均匀系数对土壤水氮及盐分分布和棉花生长的影响 . 北京：中国水利水电科学研究院 .
关松荫 . 1986. 土壤酶及其研究法 . 北京：农业出版社 .
郭利君，李久生，栗岩峰 . 2016. 再生水水质对滴灌玉米生长和氮肥吸收的影响 . 节水灌溉，8：127-131.
郭利君 . 2017. 再生水氮素对滴灌玉米生长有效性的研究 . 北京：中国水利水电科学研究院 .
郭魏，齐学斌，李平，等 . 2015. 再生水灌溉对土壤氮素与生物有效性影响的研究进展 . 中国农学通报，31（35）：181-186.
国家环境保护总局，中华人民共和国国家质量监督检验检疫总局 . 2002. GB18918—2002 城镇污水处理厂污染物排放标准 . 北京：中国环境科学出版社 .
国家环境保护总局，中华人民共和国国家质量监督检验检疫总局 . 2002. GB8978—2002 污水综合排放标准. 北京：中国环境科学出版社 .
郝锋珍，李久生，王珍，等 . 2016. 化学离子对再生水滴灌灌水器堵塞的影响 . 节水灌溉，8：11-18.
何华 . 2001. 地下滴灌条件下作物水氮吸收利用与最佳灌水技术参数的研究 . 杨凌：西北农林科技大学 .
何江涛，金爱芳，陈素暖，等 . 2010. 北京东南郊再生水灌区土壤 PAHs 污染特征 . 农业环境科学学报，29（4）：666-673.
黄冠华，查贵锋，冯绍元，等 . 2004. 冬小麦再生水灌溉时水分与氮素利用效率的研究 . 农业工程学报，

20（1）：65-68.
黄占斌，苗战霞，侯利伟，等 . 2007. 再生水灌溉时期和方式对作物生长及品质的影响 . 农业环境科学学报，26（6）：2257-2261.
焦志华，黄占斌，李勇，等 . 2010. 再生水灌溉对土壤性能和土壤微生物的影响研究 . 农业环境科学学报，29（2）：319-323.
金建华，孙书洪，王仰仁 . 2009. 再生水灌溉的研究进展 . 节水灌溉，5：30-34.
居煇，李康，姜帅，等 . 2011. 再生水灌溉冬小麦的铅和镉累积分布研究 . 农业环境科学学报，30（1）：84-89.
巨晓棠，张福锁 . 2003. 关于氮肥利用率的思考 . 生态环境学报，12（2）：192-197.
康绍忠 . 2005. 农业水土工程概论 . 北京：中国农业出版社 .
康跃虎 . 1999. 微灌系统水力学解析和设计 . 西安：陕西科学技术出版社 .
雷廷武 . 1988. 微灌果园的 SPAC 系统模拟研究及其应用 . 北京：北京农业工程大学 .
雷志栋，杨诗秀，谢森传 . 1988. 土壤水动力学 . 北京：清华大学出版社 .
李波，任树梅，张旭，等 . 2007. 再生水灌溉对番茄品质、重金属含量以及土壤的影响研究 . 水土保持学报，21（2）：163-165.
李长生 . 2016. 生物地球化学：科学基础与模型方法 . 北京：清华大学出版社 .
李道西，罗金耀 . 2003. 地下滴灌技术的研究及其进展 . 中国农村水利水电，7：15-18.
李光永，曾德超 . 1997. 滴灌土壤湿润体特征值的数值算法 . 水利学报，7：1-6.
李贵兵 . 2009. 再生水滴灌系统内生物膜形成机理的试验研究 . 北京：中国农业大学 .
李贵兵，任树梅，杨培岭，等 . 2012. 再生水条件下灌水器内生物膜生长对流量的影响 . 农业机械学报，43（3）：33-38.
李桂花 . 2002. 大肠杆菌和沙雷菌在砂土和砂壤土中的运移特性 . 北京：中国农业大学 .
李虎，王立刚，邱建军 . 2009. DNDC 模型在农田氮素渗漏淋失估算中的应用 . 应用生态学报，20（7）：1591-1596.
李久生，陈磊，栗岩峰 . 2010. 加氯处理对再生水滴灌系统灌水器堵塞及性能的影响 . 农业工程学报，26（5）：7-13.
李久生，杜珍华，栗岩峰，等 . 2008. 壤土特性空间变异对地下滴灌水氮分布及夏玉米生长的影响 . 中国农业科学，41（6）：1717-1726.
李久生，栗岩峰，赵伟霞 . 2015. 喷灌与微灌水肥高效安全利用原理 . 北京：中国农业出版社 .
李久生，张建君，饶敏杰 . 2004. 滴灌系统运行方式对砂壤土水氮分布影响的试验研究 . 水利学报，35（9）：31-37.
李久生，张建君，饶敏杰 . 2005. 滴灌施肥灌溉的水氮运移数学模拟及试验验证 . 水利学报，36（8）：932-938.
李久生，张建君，薛克宗 . 2003. 滴灌施肥灌溉原理与应用 . 北京：中国农业科学技术出版社 .
李平，齐学斌，亢连强，等 . 2008. 不同潜水埋深再生水灌溉夏玉米土壤氮素运移研究 . 中国生态农业学报，16（6）：1384-1388.
李平，樊向阳，齐学斌，等 . 2013b. 加氯再生水交替灌溉对土壤氮素残留和马铃薯大肠菌群影响 . 中国农学通报，29（7）：82-87.
李平，胡超，樊向阳，等 . 2013. 减量追氮对再生水灌溉设施番茄根层土壤氮素利用的影响 . 植物营养与肥料学报，19（4）：972-979.
李三爱，居辉，池宝亮 . 2005. 作物生产潜力研究进展 . 中国农业气象，26（2）：106-111.
李晓娜，武菊英，孙文元，等 . 2011. 再生水灌溉对苜蓿、白三叶生长及品质的影响 . 草地学报，19（3）：

463-467.
李阳，王文全，吐尔逊·吐尔洪. 2015. 再生水灌溉对葡萄叶片抗氧化酶和土壤酶的影响. 植物生理学报，3：295-301.
李玉中，祝廷成，李建东. 2002. ^{15}N 标记肥去向及平衡状况. 中国草地，24（5）：15-17.
李云开，宋鹏，周博. 2013. 再生水滴灌系统灌水器堵塞的微生物学机理及控制方法研究. 农业工程学报，29（15）：98-107.
李云开，周博，杨培岭. 2018. 滴灌系统灌水器堵塞机理与控制方法研究进展. 水利学报，48：1-12.
李云开，杨培岭，任树梅，等. 2007. 分形流道设计及几何参数对滴头水力性能的影响. 机械工程学报，43（7）：109-113.
李中阳，樊向阳，齐学斌，等. 2012. 施磷水平对再生水灌溉小白菜 Cd 质量分数和土壤 Cd 活性的影响. 灌溉排水学报，6：116-118.
李中阳，樊向阳，齐学斌，等. 2014. 再生水灌溉对不同类型土壤磷形态变化的影响. 水土保持学报，28（3）：232-235.
栗岩峰，李久生，李蓓. 2007. 滴灌系统运行方式和施肥频率对番茄根区土壤氮素动态的影响. 水利学报，38（7）：857-865.
栗岩峰，李久生. 2010. 再生水加氯对滴灌系统堵塞及番茄产量与氮素吸收的影响. 农业工程学报，26（2）：18-24.
栗岩峰. 2006. 滴灌水肥管理对土壤水氮动态及番茄生长的影响. 北京：中国水利水电科学研究院.
林忠辉，莫兴国，项月琴. 2003. 作物生长模型研究综述. 作物学报，29（5）：750-758.
刘洪禄，马福生，许翠平，等. 2010. 再生水灌溉对冬小麦和夏玉米产量及品质的影响. 农业工程学报，26（3）：82-86.
刘洪禄，吴文勇. 2009. 再生水灌溉技术研究. 北京：中国水利水电出版社.
刘洪禄，吴文勇，郝仲勇，等. 2008. 再生水灌溉水质安全性分析与评价研究. 灌溉排水学报，27（3）：9-13.
刘秋丽，马娟娟，孙西欢，等. 2011. 土壤的硝化-反硝化作用因素研究进展. 农业工程，1（4）：79-83.
刘文莉，张珍，朱连秋，等. 2010. 电子垃圾拆解地区土壤和植物中邻苯二甲酸酯分布特征. 应用生态学报，21（2）：489-494.
刘晓英，杨振刚，王天俊. 1990. 滴灌条件下土壤水分运动规律的研究. 水利学报，1：11-22.
刘学军，巨晓棠，张福锁. 2001. 基施尿素对土壤剖面中无机氮动态的影响. 中国农业大学学报：6（5）：63-68.
刘学军，赵紫娟，巨晓棠，等. 2002. 基施氮肥对冬小麦产量，氮肥利用率及氮平衡的影响. 生态学报，22（7）：1122-1128.
刘玉春. 2010. 层状土壤条件下番茄对地下滴灌水氮管理措施的响应特征及其调控. 北京：中国水利水电科学研究院.
鲁如坤. 2000. 土壤农业化学分析方法. 北京：中国农业科技出版社.
吕殿青，杨进荣，马林英. 1999. 灌溉对土壤硝态氮淋吸效应影响的研究. 植物营养与肥料学报，5（4）：307-315.
麻雪艳，周广胜. 2013. 春玉米最大叶面积指数的确定方法及其应用. 生态学报，33（8）：2596-2603.
马国瑞. 1993. 氯离子对土壤中氮肥的行为及微生物数量和酶活性的影响. 浙江农业大学学报，19（4）：437-440.
马学良，吴晓光，苏音，等. 2004. 我国滴灌技术应用发展若干问题分析. 节水灌溉，5：21-25.

苗战霞，黄占斌，侯利伟，等．2008. 再生水灌溉对玉米根际土壤特性和微生物的影响．农业环境科学学报，27（1）：62-66.
牛文全，吴普特，喻黎明．2010. 基于含砂量等值线的迷宫流道结构抗堵塞设计与模拟．农业工程学报，26（5）：14-20.
潘瑞炽．2004. 植物生理学，第5版．北京：高等教育出版社．
潘学标，韩湘玲，石元春．1996. COTGROW：棉花生长发育模拟模型．棉花学报，（4）：180-188.
庞妍，同延安，梁连友，等．2015. 污灌农田土壤-作物体系重金属污染评价．农业机械学报，46（1）：148-154.
彭致功，杨培岭，任树梅，等．2006a. 再生水灌溉草坪观赏品质及其综合评价．中国农业大学学报，11（5）：81-87.
彭致功，杨培岭，任树梅，等．2006b. 再生水灌溉对草坪草生长速率、叶绿素及类胡萝卜素的影响特征．农业工程学报，22（10）：105-108.
齐广平．2001. 生活污水灌溉对茄子生长效应的影响．甘肃农大学报，36（3）：329-332.
齐学斌，李平，亢连强，等．2008. 变饱和带条件下污水灌溉对土壤氮素运移和冬小麦生长的影响．生态学报，28（4）：1635-1645.
仇付国，王晓昌．2005. 污水再生工艺去除病原体效果的评价．中国给水排水，21（7）：52-54.
仇振杰，李久生，赵伟霞．2016. 再生水地下滴灌对玉米生育期土壤脲酶活性和硝态氮的影响．节水灌溉，8：1-6.
仇振杰．2017. 再生水地下滴灌对土壤酶活性和大肠杆菌（*Escherichia coli*）迁移的影响．北京：中国水利水电科学研究院．
商放泽，杨培岭，任树梅．2013. 再生水灌溉对深层包气带土壤盐分离子的影响．农业机械学报，44（7）：98-107.
商放泽．2016. 再生水灌溉对深层土壤盐分迁移累积及碳氮转化的影响．北京：中国农业大学．
孙爱华，蔡焕杰，陈新明，等．2007. 污水灌溉对番茄生长与品质的影响研究．灌溉排水学报，26（2）：37-40.
孙傅，陈吉宁，曾思育．2008. 基于EPANET-MSX的多组分给水管网水质模型的开发与应用．环境科学，29（12）：3360-3367.
孙继文．2017. 痕量灌水器水力性能与抗堵塞性能研究．淄博：山东理工大学．
孙志高，刘景双．2008. 湿地土壤的硝化-反硝化作用及影响因素．土壤通报，39（6）：1462-1467.
谭军利，康跃虎，窦超银．2013. 干旱区盐碱地覆膜滴灌不同年限对糯玉米生长和产量的影响．中国农业科学，46（23）：4957-4967.
田昌玉，林治安，左余宝，等．2011. 氮肥利用率计算方法评述．土壤通报，42（6）：1530-1536.
万忠梅，吴景贵．2005. 土壤酶活性影响因子研究进展．西北农林科技大学学报（自然科学版），6：87-92.
王丹，康跃虎，万书勤．2007. 微咸水滴灌条件下不同盐分离子在土壤中的分布特征．农业工程学报，23（2）：83-87.
王洪涛．2008. 多孔介质污染物迁移动力学．北京：高等教育出版社．
王晋兴，李晓娜，武菊英，等．2009. 灌溉水质对苜蓿早期生长及养分吸收的影响．农业环境科学学报，28（3）：522-526.
王军涛，刘洪禄，吴文勇，等．2008. 水培条件下重金属Cr（Ⅵ）对作物种子萌发影响的试验研究．农业工程学报，24（6）：222-225.

王璞，易镇邪，陶洪斌．2006．氮肥类型对华北平原夏玉米及后作冬小麦水、氮利用的影响．现代农业与农作制度建设学术研讨会暨中国耕作制度研究会成立 25 周年纪念会．
王淑京，王多春，阚飙．2011．典型再生水体中细菌含量特征与变化规律．中国卫生检验杂志，8：201-203．
王新坤，蔡焕杰．2005．微灌毛管水力解析及优化设计的遗传算法研究．农业机械学报，36（8）：55-58．
王珍．2014．滴灌均匀系数与土壤空间变异对农田水氮淋失的影响及风险评估．北京：中国水利水电科学研究院．
吴文勇，刘洪禄，郝仲勇，等．2008．再生水灌溉技术研究现状与展望．农业工程学报，24（5）：302-306．
吴文勇，许翠平，刘洪禄，等．2010．再生水灌溉对果菜类蔬菜产量及品质的影响．农业工程学报，26（1）：36-40．
吴显斌，吴文勇，刘洪禄，等．2008．再生水滴灌系统滴头抗堵塞性能试验研究．农业工程学报，24（5）：61-64．
吴月茹，王维真，王海兵，等．2011．采用新电导率指标分析土壤盐分变化规律．土壤学报，48（4）：869-873．
谢深喜，Lovatt C J，张秋明．2004．处理后的生活污水对柠檬生长及果实的影响．湖南农业大学学报（自然科学版），30（6）：542-544．
信昆仑．2003．给水管网微观模型优化调度应用研究．上海：同济大学．
徐应明，周其文，孙国红，等．2009．再生水灌溉对甘蓝品质和重金属累积特性影响研究．灌溉排水学报，28（2）：13-16．
许翠平，吴文勇，刘洪禄，等．2008．再生水灌溉对根菜类蔬菜产量及品质影响的试验研究．节水灌溉，12：12-14，19．
薛彦东，杨培岭，任树梅，等．2011．再生水灌溉对黄瓜和西红柿养分元素分布特征及果实品质的影响．应用生态学报，22（2）：395-401．
闫大壮．2010．再生水滴灌下生物膜对滴头堵塞诱发机理及其控制模式研究．北京：中国农业大学．
杨军，陈同斌，雷梅，等．2011．北京市再生水灌溉对土壤、农作物的重金属污染风险．自然资源学报，26（2）：209-217．
杨林生，张宇亭，黄兴成，等．2016．长期施用含氯化肥对稻-麦轮作体系土壤生物肥力的影响．中国农业科学，49（4）：686-694．
宰松梅，王朝辉，庞鸿宾．2006．污水灌溉的现状与展望．土壤，6：805-813．
张建君．2002．滴灌施肥灌溉土壤水氮分布规律的试验研究及数学模拟．北京：中国农业科学院．
张经廷，陈青云，吕丽华，等．2016．冬小麦-夏玉米轮作产量与氮素利用最佳水氮配置．植物营养与肥料学报，22（4）：886-896．
张君，赵沛义，潘志华，等．2016．基于产量及环境友好的玉米氮肥投入阈值确定．农业工程学报，32（12）：136-143．
张楠，李民，张克强，等．2006．再生水灌溉高羊茅全盐量和余氯的上限．天津大学学报，39（7）：866-870．
张振华，蔡焕杰，郭永昌，等．2002．滴灌土壤湿润体影响因素的实验研究．农业工程学报，18（2）：17-20．
张振华，蔡焕杰，杨润亚，等．2004．滴灌入渗土壤水分分布的数值研究．水土保持研究，11（3）：91-94．

张志华，陈为峰，石岳峰，等 . 2009. 再生水灌溉对苜蓿生长发育和品质的影响 . 应用生态学报，20（11）：2659-2664.
张志云，赵伟霞，李久生 . 2015. 灌水频率和施氮量对番茄生长及水氮淋失的影响 . 中国水利水电科学研究院学报，13（2）：81-90.
章明奎，刘丽君，黄超 . 2011. 养殖污水灌溉对蔬菜地土壤质量和蔬菜品质的影响 . 水土保持学报，25（1）：87-91.
赵洪宾，严煦世 . 2003. 给水管网系统理论与分析 . 北京：中国建筑工业出版社 .
赵荣芳，陈新平，张福锁 . 2009. 华北地区冬小麦–夏玉米轮作体系的氮素循环与平衡 . 土壤学报，46（4）：684-697.
赵伟霞，李久生，王珍，等 . 2014. 土壤含水率监测位置对温室滴灌番茄耗水量估算的影响 . 中国生态农业学报，22（1）：37-43.
中国城镇供水协会 . 2005. 城市供水行业 2010 年技术进步发展规划及 2020 年远景目标 . 北京：中国建筑工业出版社 .
中华人民共和国国家质量监督检验检疫总局 . 2002. GB/T 18921—2002 城市污水再生利用 景观环境用水水质 . 北京：中国环境科学出版社 .
中华人民共和国国家质量监督检验检疫总局，中国国家标准化管理委员会 . 2007. GB20922—2007 城市污水再生利用 农田灌溉用水水质 . 北京：中国质检出版社 .
中华人民共和国国家质量监督检验检疫总局，中国国家标准化管理委员会 . 2010. GB/T 25499—2010 城市污水再生利用 绿地灌溉水质 . 北京：中国质检出版社 .
中华人民共和国国家质量监督检验检疫总局，中国国家标准化管理委员会 . 2017. GB/T 14848—2017 地下水质量标准 . 北京：中国标准出版社 .
中华人民共和国国家质量监督检验检疫总局，中国国家标准化管理委员会 . 2005. GB 5084—2005 农田灌溉水质标准 . 北京：中国环境出版社 .
中华人民共和国国家质量监督检验检疫总局 . GB18406. 1—2001 农产品安全质量无公害蔬菜安全要求 . 2001.
中华人民共和国水利部 . 2014. 2013 年全国水利发展统计公报 . 北京：中国水利水电出版社 .
中华人民共和国水利部 . 2014. 2013 年中国水资源公报 . 北京：中华人民共和国水利部 .
中华人民共和国卫生部，中国国家标准化管理委员会 . 2005. GB2715—2005 粮食卫生标准 . 北京：中国质检出版社 .
中华人民共和国卫生部，中国国家标准化管理委员会 . 2006. GB 5749—2006 生活饮用水卫生标准 . 北京：中国标准出版社 .
中华人民共和国住房和城乡建设部/中华人民共和国国家质量监督检验检疫总局 . 2009. GB/T 50485—2009 微灌工程技术规范 . 北京：中国计划出版社 .
中华人民共和国住房和城乡建设部 . 1992. GB 5084—1992：农田灌溉水质标准 . 北京：中华人民共和国农业部 .
钟玲玲 . 2002. 关于土壤中氮素转化规律的研究 . 环境科学与管理，（3）：50-53.
钟茜，巨晓棠，张福锁 . 2006. 华北平原冬小麦/夏玉米轮作体系对氮素环境承受力分析 . 植物营养与肥料学报，12（3）：285-293.
周媛，齐学斌，李平，等 . 2015. 再生水灌溉对作物生长及土壤养分影响研究进展 . 中国农学通报，（12）：247-251.
朱莱红，董彩霞，沈其荣，等 . 2010. 配施有机肥提高化肥氮利用效率的微生物作用机制研究 . 植物营养与肥料学报，16（2）：282-288.

邹长明，高菊生.2004. 长期施用含氯化肥对稻田土壤氯积累及养分平衡的影响.24（11）：2557-2563.

左海涛，武菊英，温海峰，等.2005. 再生水灌溉对草坪草生长和土壤的影响．核农学报，19（6）：474-478.

左强.1993. 改进交替方向有限单元法求解对流-弥散方程．水利学报，（3）：1-9.

Abbasi F，Simunek J，Feyen J，et al. 2003. Simultaneous inverse estimation of soil hydraulic and solute transport parameters from transient field experiments：Homogeneous soil. Transactions of the ASAE，46（4）：1085-1095.

Abu-Ashour J，Joy D M，Lee H，et al. 1994. Transport of microorganisms through soil. Water，Air，and Soil Pollution，75：141-158.

Ackers M L，Mahon B E，Leahy E，et al. 1998. An outbreak of *Escherichia coli* O157：H7 infections associated with leaf lettuce consumption. Journal of Infectious Diseases，177：1588-1593.

Acosta-Martínez V，Klose S，Zobeck T M. 2003. Enzyme activities in semiarid soils under conservation reserve program，native rangeland，and cropland. Journal of Plant Nutrition and Soil Science，166（6）：699-707.

Adeli A，Varco J J，Sistani K R，et al. 2005. Effects of swine lagoon effluent relative to commercial fertilizer applications on warm-season forage nutritive value. Agronomy Journal，97（2）：408-417.

Adeli A，Varco J J，Rowe D E. 2003. Swine effluent irrigation rate and timing effects on bermudagrass growth，nitrogen and phosphorus utilization，and residual soil nitrogen. Journal of Environmental Quality，32（2）：681-686.

Adeli A，Varco J J. 2001. Swine lagoon effluent as a source of nitrogen and phosphorus for summer forage grasses. Agronomy Journal，93（5）：1174-1181.

Adin A，Sacks M. 1991. Dripper clogging factor in wastewater irrigation. Journal of Irrigation and Drainage Engineering，117（6）：813-826.

Adrover M，Farrús E，Moyà G，et al. 2012b. Chemical properties and biological activity in soils of Mallorca following twenty years of treated wastewater irrigation. Journal of Environmental Management，95 Suppl：188-192.

Adrover M，Moyà G，Vadell J. 2012a. Effect of treated wastewater irrigation on plant growth and biological activity in three soil types. Communications in Soil Science and Plant Analysis，43（8）：1163-1180.

Ahimou F，Semmens M J，Novak P J，et al. 2007. Biofilm cohesiveness measurement using a novel atomic force microscopy methodology. Applied and Environment Microbiology，73（9）：2897-2904.

Ahmad Aali K，Liaghat A，Dehghanisanij H. 2009. The effect of acidification and magnetic field on emitter clogging under saline water application. Journal of Agricultural Science，1（1）：132-141.

Aiello R，Cirelli G L，Consoli S. 2007. Effect of reclaimed wastewater irrigation on soil and tomato fruits：a case study in Sicily（Italy）. Agricultural Water Management，93：65-72.

Allen R G，Pereira L S，Raes D，et al. 1998. Crop Evapotranspiration-Guidelines for Computing Crop Water Requirements. Rome，Italy：FAO Irrigation and Drainage Paper No. 56.

Allred B J. 2008. Cation effects on nitrate mobility in an unsaturated soil. Transactions of the ASABE，51（8）：1997-2012.

Alrajhi A，Beecham S，Bolan N S，et al. 2015. Evaluation of soil chemical properties irrigated with recycled wastewater under partial root-zone drying irrigation for sustainable tomato production. Agricultural Water Management，161：127-135.

Al-Lahham O，El Assi N M，Fayyad M. 2003. Impact of treated wastewater irrigation on quality attributes and contamination of tomato fruit. Agricultural Water Management, 61: 51-62.

Amador J A, Glucksman A M, Lyons J B, et al. 1997. Spatial distribution of soil phosphatase activity within a riparian forest. Soil Science, 162 (11): 808-825.

Amano Y, Hosoi T, Machida M et al. 2013. Effect of extracellular polymeric substances (EPS) and iron on colony formation of unicellular Microcystis aeruginosa. Journal of Japan Society of Civil Engineers, 69 (7): 39-44.

Amin M G M, Šimůnek J, Lægdsmand M. 2014. Simulation of the redistribution and fate of contaminants from soil-injected animal slurry. Agricultural Water Management, 131: 17-29.

Anonymous. 2006. National Wastewater Effluent Irrigation Survey 2003-2005. Israel: Ministry of Agriculture and Rural Development.

Arunakumara K K I U, Walpola B C, Yoon M. 2013. Current status of heavy metal contamination in Asia's rice lands. Reviews in Environmental Science and Bio/Technology, 12: 355-377.

Asadi M E, Clemente R S, Gupta A D, et al. 2002. Impacts of fertigation via sprinkler irrigation on nitrate leaching and corn yield in an acid-sulphate soil in Thailand. Agricultural Water Management, 52 (3): 197-213.

Ayars J E, Phene C J, Hutmacher R B, et al. 1999. Subsurface drip irrigation of row crops: a review of 15 years of research at the Water Management Research Laboratory. Agricultural Water Management, 42 (1): 1-27.

Bame I B, Hughes J C, Titshall L W, et al. 2014. The effect of irrigation with anaerobic baffled reactor effluent on nutrient availability, soil properties and maize growth. Agricultural Water Management, 134: 50-59.

Bandick A K, Dick R P. 1999. Field management effects on soil enzyme activities. Soil Biology and Biochemistry, 31 (11): 1471-1479.

Bansal O P, Gajraj S, Pragati K. 2014. Effect of untreated sewage effluent irrigation on heavy metal content, microbial population and enzymatic activities of soils in Aligarh. Journal of Environmental Biology, 35 (4): 641-647.

Bao Z, Wu W, Liu H, et al. 2014. Impact of long-term irrigation with sewage on heavy metals in soils, crops, and groundwater-a case study in Beijing. Polish Journal of Environmental Studies, 23 (2): 309-318.

Bar-Yosef B, Sheikholslami M. 1976. Distribution of water and ions in soils irrigated and fertilized from a trickle source. Soil Science Society of America Journal, 40 (4): 575-582.

Bear J. 1972. Dynamics of Fluids in Porous Materials. New York: American Elsevier Publishing Company, 605-616.

Becker M W, Collins S A, Metge D W, et al. 2004. Effect of cell physicochemical characteristics and motility on bacterial transport in groundwater. Journal of Contaminant Hydrology, 69: 195-213.

Bedbabis S, Ben Rouina B, Boukhris M, et al. 2014. Long-terms Effect of irrigation with treated wastewater on soil chemical properties and infiltration rate. Journal of Environmental Management, 133: 45-50.

Bedbabis S, Trigui D, Ben Ahmed C, et al. 2015. Long-terms effects of irrigation with treated municipal wastewater on soil, yield and olive oil quality. Agricultural Water Management, 160: 14-21.

Ben-Asher J, Charach C H, Zemel A. 1986. Infiltration and water extraction from trickle irrigation source: The effective hemisphere model. Soil Science Society of America Journal, 50 (4): 882-887.

Beven K, Germann P. 1982. Macropores and water flow in soils. Water Resources Research, 18: 1311-1325.

Bhati M, Singh G. 2003. Growth and mineral accumulation in Eucalyptus camaldulensis seedlings irrigated with mixed industrial effluents. Bioresource Technology, 88 (3): 221-228.

Bhattacharyya P, Subhasish T, Kangjoo K, et al. 2008. Arsenic fractions and enzyme activities in arsenic-contaminated soils by groundwater irrigation in West Bengal. Ecotoxicology and Environmental Safety, 71 (1):

149-156.
Bhattarai S P, Midmore D J, Pendergast L. 2008. Yield, water-use efficiencies and root distribution of soybean, chickpea and pumpkin under different subsurface drip irrigation depths and oxygation treatments in vertisols. Irrigation Science, 26 (5): 439-450.
Bielorai H, Vaisman I, Feigin A. 1984. Drip irrigation of cotton with treated municipal effluents: I. Yield response. Journal of Environmental Quality, 13: 231-234.
Bixio D, Thoeye C, De Koning J, et al. 2006. Wastewater reuse in Europe. Desalination, 187 (1): 89-101.
Blum J, Melfi A J, Montes C R, et al. 2013. Nitrogen and phosphorus leaching in a tropical Brazilian soil cropped with sugarcane and irrigated with treated sewage effluent. Agricultural Water Management, 117: 115-122.
Boerner R E J, Decker K L M, Sutherland E K. 2000. Prescribed burning effects on soil enzyme activity in a southern Ohio hardwood forest: a landscape-scale analysis. Soil Biology and Biochemistry, 32 (99): 899-908.
Bole J B, Bell R G. 1978. Land application of municipal sewage waste water: yield and chemical composition of forage crops. Journal of Environmental Quality, 7: 222-226.
Bouman B A M, Van Keulen H, Van Laar H H, et al. 1996. The 'School of de Witcrop' growth simulation models: a pedigree and historical overview. Agricultural Systems, 52 (2-3): 171-198.
Bowen G D. 1991. Microbial dynamics in the rhizosphere: Possible strategies in managing rhizosphere populations. The rhizosphere and plant growth. Springer Netherlands, 25-32.
Bradford S A, Torkzaban S. 2008. Colloid transport and retention in unsaturated porous media: A review of interface-, collector-, and pore-scale processes and models. Vadose Zone Journal, 7 (2): 667-681.
Bralts V, Wu I-P, Gitlin H. 1981. Drip irrigation uniformity: considering emitter plugging. Transaction of the ASAE, 24 (5): 1234-1240.
Brandt A, Bresler E, Diner N, et al. 1971. Infiltration from a trickle source: I. Mathematical models. Soil Science Society of America Journal, 35 (5): 675-682.
Bresler E. 1975. Two-dimensional transport of solutes during nonsteady infiltration from a trickle source. Soil Science Society of America Journal, 39 (4): 604-613.
Bruce A C. 2005. Enzyme activities as a component of soil biodiversity: a review. Pedobiologia, 49 (6): 637-644.
Brzezinska M, Tiwari S, Stepniewska Z, et al. 2006. Variation of enzyme activities, CO_2 evolution and redox potential in an eutric histosol irrigated with wastewater and tap water. Biology and Fertility of Soils, 2006, 43 (1): 131-135.
Burns R G, Dick R P. 2002. Enzymes in the Environment: Activity, Ecology, and Applications. New York: CRC Press.
Cabrera M L, Kissel D E. 1988. Evaluation of a method to predict nitrogen mineralized from soil organic matter under field conditions. Soil Science Society of America Journal, 52 (4): 1027-1031.
Camp C R. 1998. Subsurface drip irrigation: a review. Transactions of the ASAE, 41 (5): 1353-1367.
Campos C, Oron G, Salgot M, et al. 2000. Attenuation of microorganisms in the soil during drip irrigation with waste stabilization pond effluent. Water Science and Technology, 42 (10): 387-392.
Candela L, Fabregat S, Josa A, et al. 2007. Assessment of soil and groundwater impacts by treated urban wastewater reuse. A case study: Application in a golf course (Girona, Spain). Science of The Total Environment, 374 (1): 26-35.
Capra A, Scicolone B. 1998. Water quality and distribution uniformity in drip/trickle irrigation systems. Journal of

Agricultural Engineering Research, 70 (4): 355-365.

Cararo D C, Botrel T A, Hills D J, et al. 2006. Analysis of clogging in drip emitters during wastewater irrigation. Applied Engineering in Agriculture, 22 (2): 251-257.

Carlos A, Lucho C, Francisco P G, et al. 2005. Chemical fractionation of boron and heavy metals in soils irrigated with wastewater in central Mexico. Agriculture, Ecosystems and Environment, 108 (1): 57-71.

Cassman K G, Dobermann A, Walters D T. 2002. Agroecosystems, nitrogen-use efficiency, and nitrogen management. Ambio, 31 (2): 132.

Characklis, W G, Cooksey K E. 1983. Biofilms and microbial fouling. Advances in Applied Microbiology, 29 (29): 93-138.

Chen W P, Wu L S, Frankenberger W T, et al. 2008. Soil enzyme activities of long-term reclaimed wastewater-irrigated soils. Journal of Environmental Quality, 37 (5 Suppl): S36-42.

Chen W R, He Z L, Yang X E, et al. 2010a. Chlorine nutrition of higher plants: progress and perspectives. Journal of Plant Nutrition, 33: 943-952.

Chen W P, Lu S D, Peng C, et al. 2013a. Accumulation of Cd in agricultural soil under long-term reclaimed water irrigation. Environmental Pollution, 178 (7): 294-299.

Chen W P, Lu S D, Jiao W T, et al. 2013b. Reclaimed water: A safe irrigation water source? Environmental Development, 8: 74-83.

Chen W P, Lu S D, Pan N, et al. 2015. Impact of reclaimed water irrigation on soil health in urban green areas. Chemosphere, 119 (1): 654-661.

Chen X P, Zhang F S, Cui Z L, et al. 2010b. Optimizing soil nitrogen supply in the root zone to improve maize management. Soil Science Society of America Journal, 74 (4): 1367-1373.

Chen X P, Cui Z L, Vitousek P M, et al. 2011. Integrated soil-crop system management for food security. Proceedings of the National Academy of Sciences, 108 (16): 6399-6404.

Chen X, Stewart P S. 2000. Biofilm removal caused by chemical treatments. Water Research, 34 (17): 4229-4233.

Chenu C, Le Bissonnais Y, Arrouays D. 2000. Organic matter influence on clay wettability and soil aggregate stability. Soil Science Society of America Journal, 64 (4): 1479-1486.

Chieng S, Ghaemi A. 2003: Uniformity in a microirrigation with partially clogged emitters. ASAE Annual International Meeting, ASAE Paper No 032097.

Choi C, Song I, Stine S, et al. 2004. Role of irrigation and wastewater reuse: comparison of subsurface irrigation and furrow irrigation. Water Science and Technology, 50 (2): 61-68.

Christou A, Maratheftis G, Eliadou E, et al. 2014. Impact assessment of the reuse of two discrete treated wastewaters for the irrigation of tomato crop on the soil geochemical properties, fruit safety and crop productivity. Agriculture, Ecosystems and Environment, 192: 105-114.

Cirelli G L, Consoli S, Licciardello F, et al. 2012. Treated municipal wastewater reuse in vegetable production. Agricultural Water Management, 104: 163-170.

Cliquet J B, Deléens E, Bousser A, et al. 1990. Estimation of carbon and nitrogen allocation during stalk elongation by ^{13}C and ^{15}N tracing in *Zea mays* L. Plant Physiology, 92 (1): 79-87.

Clothier B, Elrick D. 1985. Solute dispersion during axisymmetric three-dimensional unsaturated water flow. Soil Science Society of America Journal, 49 (3): 552-556.

Coelho R D, Resende R S. 2001. Biological clogging of Netafim's drippers and recovering process through chlorination impact treatment. ASAE Annual International Meeting, ASAE Paper No. 012231.

Comper W D. 1994. The thermodynamic and hydrodynamic properties of macromolecules that influence the hydrodynamics of porous systems. Journal of theoretical biology, 168 (4): 421-427.

Cools D, Merckx R, Vlassak K, et al. 2001. Survival of *E. coli* and Enterococcus spp. derived from pig slurry in soils of different texture. Applied Soil Ecology, 17 (1): 53-62.

Coppola A, Santini A, Botti P, et al. 2004. Methodological approach for evaluating the response of soil hydrological behavior to irrigation with treated municipal wastewater. Journal of Hydrology, 292 (1): 114-134.

Cote C M, Bristow K L, Charlesworth P B, et al. 2003. Analysis of soil wetting and solute transport in subsurface trickle irrigation. Irrigation Science, 22 (3): 143-156.

Cui Z L, Zhang F S, Chen X P, et al. 2010. In-season nitrogen management strategy for winter wheat: Maximizing yields, minimizing environmental impact in an over-fertilization context. Field Crops Research, 116 (1): 140-146.

Cui Z L, Chen X P, MiaoY X, et al. 2008a. On- farm evaluation of the improved soil N_{min}- based nitrogen management for summer maize in North China Plain. Agronomy Journal, 100 (3): 517-525.

Cui Z L, Zhang F S, Miao Y X, et al. 2008b. Soil nitrate-N levels required for high yield maize production in the North China Plain. Nutrient Cycling in Agroecosystems, 82 (2): 187-196.

da Fonseca A F, Herpin U, Dias C T S, et al. 2007a. Nitrogen forms, pH and total carbon in a soil incubated with treated sewage effluent. Brazilian Archives of Biology and Technology, 50 (5): 743-752.

da Fonseca A F, Herpin U, Paula A M, et al. 2007b. Agricultural use of treated sewage effluents: agronomic and environmental implications and perspectives for Brazil. Scientia Agricola, 64 (2): 194-209.

da Fonseca A F, Melfi A J, Monteiro F A, et al. 2007c. Treated sewage effluent as a source of water and nitrogen for Tifton 85 bermudagrass. Agricultural Water Management, 87 (3): 328-336.

da Fonseca A F, Melfi A J, Montes C R. 2005. Maize growth and changes in soil fertility after irrigation with treated sewage effluent. I. Plant dry matter yield and soil nitrogen and phosphorus availability. Communications in Soil Science and Plant Analysis, 36 (13-14): 1965-1981.

Dai J, Wang Z H, Li F C, et al. 2015. Optimizing nitrogen input by balancing winter wheat yield and residual nitrate-N in soil in a long-term dryland field experiment in the Loess Plateau of China. Field Crops Research, 181: 32-41.

Das S K, Varma A. 2010. Role of Enzymes in Maintaining Soil Health, Soil Enzymology. Springer, 25-42.

De Roever, C. 1998. Microbiological safety evaluations and recommendations on fresh produce. Food Control, 9 (6), 321-347.

Dehghanisanij H, Yamamoto T, Ahmad B O, et al. 2005. The effect of chlorine on emitter clogging induced by algae and protozoa and the performance of drip irrigation. Transaction of the ASAE, 48 (2): 519-527.

Dehghanisanij H, Agassi M, Anyoji H, et al. 2006. Improvement of saline water use under drip irrigation system. Agricultural Water Management, 85 (3): 233-242.

Delin S, Stenberg M. 2014. Effect of nitrogen fertilization on nitrate leaching in relation to grain yield response on loamy sand in Sweden. European Journal of Agronomy, 52: 291-296.

Dettori M, Cesaraccio C, Motroni A, et al. 2011. Using CERES-Wheat to simulate durum wheat production and phenology in Southern Sardinia, Italy. Field Crops Research, 120 (1): 179-188.

Duan R, Fedler C B. 2009. Field study of water mass balance in a wastewater land application system. Irrigation Science, 27 (5): 409-416.

Duncan R, Carrow R, Huck M. 2008. Turfgrass and landscape irrigation water quality: assessment and management. CRC Press: Boca Raton, Florida, USA.

Duncan R, Carrow R, Huck M. 2008. Turfgrass and landscape irrigation water quality: assessment and management. CRC Press: Boca Raton, Florida, USA.

Dwivedi D, Mohanty B P, Lesikar B J. 2016. Impact of the linked surface water-soil water-groundwater system on transport of *E. coli* in the subsurface. Water, Air, and Soil Pollution, 227 (9): 351.

Ebrahimizadeh M A, Amiri M J, Eslamian S S. 2009. The effects of different water qualities and irrigation methods on soil chemical properties. Research Journal of Environmental Sciences, 3: 497-503.

Elgallal M, Fletcher L, Evans B. 2016. Assessment of potential risks associated with chemicals in wastewater used for irrigation in arid and semiarid zones: A review. Agricultural Water Management, 177: 419-431.

Engström E, Thunvik R, Kulabako R, et al. 2015. Water transport, retention, and survival of *Escherichia coli* in unsaturated porous media: a comprehensive review of processes, models, and factors. Critical Reviews in Environmental Science and Technology, 45 (1): 1-100.

EPB. 2014. Treated Municipal Wastewater Irrigation Guidelines. Saskatchewan: Environmental Protection Board.

Falkiner R A, Smith C J. 1997. Changes in soil chemistry in effluent-irrigated Pinus radiata and Eucalyptus grandis plantations. Soil Research, 35 (1): 131-148.

FAO. Coping with water scarcity. 2012. An Action Framework for Agriculture and Food Security. FAO Water Reports 38. Food and Agriculture Organization of the United Nations (FAO), Rome.

Feddes R A, Kowalik P J, Zaradny H. 1978. Simulation of Field Water Use and Crop Yield. Centre for Agricultural Publishing and Documentation.

Feigin A, Feigenbaum S, Limoni H. 1981. Utilization efficiency of nitrogen from sewage effluent and fertilizer applied to corn plants growing in a clay soil. Journal of Environmental Quality, 10 (3): 284-287.

Feigin A, Ravina I, Shalhevet J. 1991. Irrigation with Treated Sewage Effluent, Management for Environmental Protection. Berlin: Springer-Verlag.

Feigin A, Vaisman I, Bielorai H. 1984. Drip irrigation of cotton with treated municipal effluents: Ⅱ. nutrient availability in soil. Journal of Environmental Quality, 13 (2): 234-238.

Filip Z, Kanazawa S, Berthelin J. 2000. Distribution of microorganisms, biomass ATP, and enzyme activities in organic and mineral particles of a long-term wastewater irrigated soil. Journal of Plant Nutrition and Soil Science, 163 (2): 143-150.

Flemming H C, Wingender J. 2001. Relevance of microbial extracellular polymeric substances (EPSs) - Part 1: Structural and ecological aspects. Water Science and Technology, 43 (6): 1-8.

Fonseca J M, Fallon S D, Sanchez C A, et al. 2011. *Escherichia coli* survival in lettuce fields following its introduction through different irrigation systems. Journal of Applied Microbiology, 110 (4): 893-902.

Ford R M, Harvey R W. 2007. Role of chemotaxis in the transport of bacteria through saturated porous media. Advances in Water Resources, 30 (67): 1608-1617.

Forslund A, Plauborg F, Andersen M N, et al. 2011. Leaching of human pathogens in repacked soil lysimeters and contamination of potato tubers under subsurface drip irrigation in Denmark. Water Research, 45 (15): 4367-4380.

Forslund A, Ensink J H J, Markussen B, et al. 2012. *Escherichia coli* contamination and health aspects of soil and tomatoes (*Solanum lycopersicum* L.) subsurface drip irrigated with on-site treated domestic wastewater. Water Research, 46 (18): 5917-5934.

Frankenberger W T, Bingham F T. 1982. Influence of salinity on soil enzyme activities. Soil Science Society of

America Journal, 46: 1173-1177.

Fuchs M. 2007. Impact of research on water use for irrigation in Israel. Irrigation Science, 25 (4): 443-445

Gallais A, Coque M, Le Gouis J, et al. 2007. Estimating the proportion of nitrogen remobilization and of postsilking nitrogen uptake allocated to maize kernels by nitrogen-15 labeling. Crop Science, 47 (2): 685-691.

Gannon J T, Manilal V B, Alexander M. 1991. Relationship between cell surface properties and transport of bacteria through soil. Applied and Environmental Microbiology, 57 (1): 190-193.

Garbrecht K, Fox G A, Guzman J A, et al. 2009. *E. coli* transport through soil columns: implications for bioretention cell removal efficiency. Transactions of the ASABE, 52 (2): 481-486.

Garcia C, Hernandez I. 1996. Influence of salinity on the biological and biochemical activity of a calciorthird soil. Plant and Soil, 178 (2): 255-263.

Gardner W R. 1958. Some steady-state solutions of the unsaturated moisture flow equation with application to evaporation from a water table. Soil Science, 85 (4): 228-232.

Gatica J, Cytryn E. 2013. Impact of treated wastewater irrigation on antibiotic resistance in the soil microbiome. Environmental Science and Pollution Research, 20 (6): 3529-3538.

Geisseler D, Horwath W R. 2009. Relationship between carbon and nitrogen availability and extracellular enzyme activities in soil. Pedobiologia, 53 (1): 87-98.

Gerba C P, Mcleod J S. 1976. Effect of sediments on the survival of *Escherichia coli* in marine waters. Applied and Environmental Microbiology, 32 (1): 114-120.

Germann P F, Douglas L A. 1987. Comments on "Particle transport through porous media" by Laura M. McDowell-Boyer, James R. Hunt, and Nicholas Sitar. Water Resources Research, 23 (8): 1697-1698.

Ghaemi A, Chieng S. 1997. Impact of emitter clogging on hydraulic characteristics in micro-irrigation: Field Evaluation. Proceeding of the Canadian Sherbrooke, Canada, 162-171.

Ghali G. 1989. Multi-dimensional analysis of soil moisture dynamics in trickle irrigated fields. II: Model testing. Water Resources Management, 3 (1): 35-47.

Gheysari M, Mirlatifi S M, Homaee M, et al. 2009. Nitrate leaching in a silage maize field under different irrigation and nitrogen fertilizer rates. Agricultural Water Management, 96 (6): 946-954.

Ghiberto P, Libardi P, Brito A, et al. 2009. Leaching of nutrients from a sugarcane crop growing on an Ultisol in Brazil. Agricultural Water Management, 96 (10): 1443-1448.

Ginn T R, Wood B D, Nelson K E, et al. 2002. Processes in microbial transport in the natural subsurface. Advances in Water Resources, 25 (8): 1017-1042.

Gloaguen T V, Forti M C, Lucas Y, et al. 2007. Soil solution chemistry of a Brazilian Oxisol irrigated with treated sewage effluent. Agricultural Water Management, 88 (1): 119-131.

Goode C, Allen D G. 2011. Effect of calcium on moving-bed biofilm reactor biofilms. Water Environment Research, 83 (3): 220-232.

Gouidera M, Bouzida J, Sayadi S, et al. 2009. Impact of orthophosphate addition on biofllm development in drinking water distribution systems. Journal of Hazardous Materials, 167 (1): 1198-1202.

Green V S, Stott D E, Cruz J C. 2009. Tillage impacts on soil biological activity and aggregation in a Brazilian Cerrado Oxisol. Soil and Tillage Research, 92 (1-2): 114-121.

Gu L M, Liu T N, Wang J F, et al. 2016. Lysimeter study of nitrogen losses and nitrogen use efficiency of Northern Chinese wheat. Field Crops Research, 188: 82-95.

Guo L J, Li J S, Li Y F, et al. 2017a. Balancing the nitrogen derived from sewage effluent and fertilizers applied with drip irrigation. Water, Air, and Soil Pollution, 228 (1): 1-15.

Guo L J, Li J S, Li Y F, et al. 2018. Nitrogen availability of sewage effluent to maize compared to synthetic fertilizers under surface drip irrigation. Transactions of the ASABE, 61 (4): 1365-1377.

Guo L J, Li J S, Li Y F. 2017b. Nitrogen utilization under drip irrigation with sewage effluent in the north China plain. Irrigation and Drainage, 66: 699-710.

Gwenzi W, Munondo R. 2008. Long-term impacts of pasture irrigation with treated sewage effluent on nutrient status of a sandy soil in Zimbabwe. Nutrient Cycling in Agroecosystems, 82 (2): 197-207.

Gärdenäs A I, Hopmans J W, Hanson B R, et al. 2005. Two-dimensional modeling of nitrate leaching for various fertigation scenarios under micro-irrigation. Agricultural Water Management, 74 (3): 219-242.

Généreux M, Grenier M, Côté C. 2015. Persistence of *Escherichia coli* following irrigation of strawberry grown under four production systems: Field experiment. Food Control, 47: 103-107.

Halalsheh M, Ghunmi L A, Al-Alami N, et al. 2008. Fate of Pathogens in Tomato Plants and Soil Irrigated with Secondary Treated Wastewater, Efficient Management of Wastewater. Springer: 81-89.

Hamilton A J, Stagnitti F, Xiong X, et al. 2007. Wastewater irrigation: The state of play. Vadose Zone Journal, 6: 823-840.

Hanson B R, Šimůnek J, Hopmans J W. 2006. Evaluation of urea-ammonium-nitrate fertigation with drip irrigation using numerical modeling. Agricultural Water Management, 86 (1): 102-113.

Hanson B, Hopmans J W, Šimůnek J. 2008. Leaching with subsurface drip irrigation under saline, shallow groundwater conditions. Vadose Zone Journal, 7 (2): 810-818.

Hao F Z, Li J S, Wang Z, et al. 2017. Effect of ions on clogging and biofilm formation in drip emitters applying secondary sewage effluent. Irrigation and Drainage, 66, 687-698.

Hao F Z, Li J S, Wang Z, et al. 2018a. Effect of chlorination and acidification on clogging and biofilm formation in drip emitters applying secondary sewage effluent. Transactions of the ASABE, 61 (4): 1351-1363.

Hao F Z, Li J S, Wang Z, et al. 2018b. Influence of chlorine injection on soil enzyme activities and maize growth under drip irrigation with secondary sewage effluent. Irrigation Science, 36: 363-379.

Hartmann T E, Yue S, Schulz R, et al. 2014. Nitrogen dynamics, apparent mineralization and balance calculations in a maize-wheat double cropping system of the North China Plain. Field Crops Research, 160: 22-30.

Harvey R W, Garabedian S P. 1991. Use of colloid filtration theory in modeling movement of bacteria through a contaminated sandy aquifer. Environmental Science and Technology, 25 (1): 178-185.

Hassan G, Reneau R B, Hagedorn J C. 2005. Modeling water flow behavior where highly treated effluent is applied to soil at varying rates and dosing frequencies. Soil Science, 170 (9): 692-706.

Hassanli A M, Ahmadirad S, Beecham S. 2010. Evaluation of the influence of irrigation methods and water quality on sugar beet yield and water use efficiency. Agricultural Water Management, 97: 357-362.

Healy R W, Warrick A W. 1988. A generalized solution to infiltration from a surface point source. Soil Science Society of America Journal, 52 (5): 1245-1251.

Heidarpour M, Mostafazadeh-Fard B, Abedi Koupai J, et al. 2007. The effects of treated wastewater on soil chemical properties using subsurface and surface irrigation methods. Agricultural Water Management, 90 (1-2): 87-94.

Hills D J, Brenes M J. 2001. Microirrigation of wastewater effluent using drip tape. Applied Engineering in Agriculture, 17 (3): 303-308.

Hills D J, Tajrishy M A, Tchobanoglous G. 2000. The influence of filtration on ultraviolet disinfection of secondary for microirrigation. Transactions of the ASAE, 43 (6): 1499-1505.

Hills D, Nawar F, Waller P. 1989. Effects of chemical clogging on drip-tape irrigation uniformity. Transactions of the ASAE, 32: 1202-1206.

Hou Z A, Chen W P, Li X, et al. 2009. Effects of salinity and fertigation practice on cotton yield and ^{15}N recovery. Agricultural Water Management, 96 (10): 1483-1489.

Hove M, Hille R P V, Lewis A E. 2008. Mechanisms of formation of iron precipitates from ferrous solutions at high and low pH. Chemical Engineering Science, 63 (6), 1626-1635.

Howell T A, Hiler E A. 1974. Trickle irrigation lateral design. Transactions of the ASAE, 17 (5): 902-908.

Hu H Y, Zhang L N, Wang Y P. 2016. Crop development based assessment framework for guiding the conjunctive use of fresh water and sewage water for cropping practice—A case study. Agricultural Water Management, 169: 98-105.

Hu K, Li B, Chen D, et al. 2008. Simulation of nitrate leaching under irrigated maize on sandy soil in desert oasis in Inner Mongolia, China. Agricultural Water Management, 95 (10): 1180-1188.

Hua F, West J, Barker R, et al. 1999. Modelling of chlorine decay in municipal water supplies. Water Research, 33 (12): 2735-2746.

Huang J, Pinder K L. 1995. Effects of calcium on development of anaerobic acidogenic biofilms. Biotechnology and Bioengineering, 45 (3): 212-218.

Hussain G, Al- Jaloud A A, Karimulla S. 1996. Effect of treated effluent irrigation and nitrogen on yield and nitrogen use efficiency of wheat. Agricultural Water Management, 30 (2): 175-184.

Hussain G, Al- Saati A J. 1999. Wastewater quality and its reuse in agriculture in Saudi Arabia. Desalination, 123: 241-251.

Jenneman G E, McInerney M J, Knapp R M. 1985. Microbial penetration through nutrient-saturated Berea sandstone. Applied and Environmental Microbiology, 50 (2): 383-391.

Jiang G, Noonan M J, Buchan G D, et al. 2005. Transport and deposition of Bacillus Subtilis through an intact soil column. Soil Research, 43, 695-703.

Jiang S, Pang L, Buchan G D, et al. 2010. Modeling water flow and bacterial transport in undisturbed lysimeters under irrigations of dairy shed effluent and water using HYDRUS-1D. Water Research, 44 (4): 1050-1061.

Jnad I, Lesikar B, Kenimer A, et al. 2001. Subsurface drip dispersal of residential effluent: Ⅱ. soil hydraulic characteristics. Transactions of the ASAE, 44 (5): 1159-1165.

Ju X T, Gao Q, Christie P, et al. 2007. Interception of residual nitrate from a calcareous alluvial soil profile on the North China Plain by deep-rooted crops: a ^{15}N tracer study. Environmental Pollution, 146 (2): 534-542.

Ju X T, Kou C L, Zhang F S, et al. 2006. Nitrogen balance and groundwater nitrate contamination: comparison among three intensive cropping systems on the North China Plain. Environmental Pollution, 143: 117-25.

Ju X T, Xing G X, Chen X P, et al. 2009. Reducing environmental risk by improving N management in intensive Chinese agricultural systems. Proceedings of the National Academy of Sciences, 106 (9): 3041-3046.

Kaddous F G A, Stubbs K J, Morgans A. 1986. Recycling of Secondary Treated Effluent Through Vegetables and a Loamy Sand Soil. Frankston, Victoria: Research Report Series 18.

Kandelous M M, Šimůnek J. 2010b. Numerical simulations of water movement in a subsurface drip irrigation system under field and laboratory conditions using HYDRUS-2D. Agricultural Water Management, 97 (7): 1070-1076.

Kang Y H, Liu S H, Wan S Q, et al. 2013. Assessment of soil enzyme activities of saline-sodic soil under drip irrigation in the Songnen plain. Paddy and Water Environment, 11 (1-4): 87-95.

Kang Y, Nishiyama S, Chen H. 1996. Design of microirrigation laterals on nonuniform slopes. Irrigation Science, 17 (1): 3-14.

Karaca A, Cetin S C, Turgay O C, et al. 2010. Soil enzymes as indication of soil quality. Soil Enzymology. Springer: 119-148.

Khajanchi L, Minhas P S, Yadav R K. 2015. Long-term impact of wastewater irrigation and nutrient rates II. Nutrient balance, nitrate leaching and soil properties under peri-urban cropping systems. Agricultural Water Management, 156: 110-117.

Khan S, Cao Q, Zheng Y, et al. 2008. Health risks of heavy metals in contaminated soils and food crops irrigated with wastewater in Beijing, China. Environmental Pollution, 152: 686-692.

Kimetu J M, Mugendi D N, Palm C A, et al. 2004. Nitrogen fertilizer equivalencies of organics of differing quality and optimum combination with inorganic nitrogen source in Central Kenya. Nutrient Cycling in Agroecosystems, 68 (2): 127-135.

Kinzler K, Gehrke T, Telegdi J, et al. 2003. Bioleaching-a result of interfacial processes caused by extracellular polymeric substance (EPS) . Hydrometallurgy, 71: 83-88.

Kiziloglu F M, Turan M, Sahin U, et al. 2008. Effects of untreated and treated wastewater irrigation on some chemical properties of cauliflower (*Brassica olerecea* L. var. botrytis) and red cabbage (*Brassica olerecea* L. var. rubra) grown on calcareous soil in Turkey. Agricultural Water Management, 95 (6): 716-724.

Kokkora M, Vyrlas P, Papaioannou C, et al. 2015. Agricultural use of microfiltered olive mill wastewater: effects on maize production and soil properties. Agriculture and Agricultural Science Procedia, 4: 416-424.

Kouznetsov M Y, Pachepsky Y A, Gillerman L, et al. 2004. Microbial transport in soil caused by surface and subsurface drip irrigation with treated wastewater. International Agrophysics, 18, 239-247.

Ladha J K, Pathak H, Krupnik T J, et al. 2005. Efficiency of fertilizer nitrogen in cereal production: retrospects and prospects. Advances in Agronomy, 87: 85-156.

Lamm F R, Trooien T P, Manges H L, et al. 2001. Nitrogen fertilization for subsurface drip-irrigated corn. Transactions of the ASAE, 44 (3): 533-542.

Lamm F R, Ayars J. 2007. Microirrigation for Crop Production: Design, Operation, and Management. Amsterdam: Elsevier.

Leal R M P, Firme L P, Herpin U, et al. 2010. Carbon and nitrogen cycling in a tropical Brazilian soil cropped with sugarcane and irrigated with wastewater. Agricultural Water Management, 97 (2): 271-276.

Levin I, Van R P C, Van R F C. 1979. The effect of discharge rate and intermittent water application by point-source irrigation on the soil moisture distribution pattern. Soil Science Society of America Journal, 43 (1): 8-16.

Levy G J, Fine P, Bar-Tal A. 2011. Treated Wastewater in Agriculture: Use and Impacts on the Soil Environments and Crops. Hoboken, New Jersey, US: John Wiley and Sons.

Li C S, Farahbakhshazad N, Jaynes D B, et al. 2006. Modeling nitrate leaching with a biogeochemical model modified based on observations in a row-crop field in Iowa. Ecological Modelling, 196 (1): 116-130.

Li C S, Frolking S, Frolking T A. 1992a. A model of nitrous oxide evolution from soil driven by rainfall events: 1. Model structure and sensitivity. Journal of Geophysical Research: Atmospheres, 97 (D9): 9759-9776.

Li C S, Frolking S, Frolking T A. 1992b. A model of nitrous oxide evolution from soil driven by rainfall events: 2. Model applications. Journal of Geophysical Research: Atmospheres, 97 (D9): 9777-9783.

Li J S, Chen L, Li Y F. 2009. Comparison of clogging in drip emitters during application of sewage effluent and groundwater. Transactions of the ASABE, 52 (4): 1203-1211.

Li J S, Li Y F, Zhang H. 2012a. Tomato yield and quality and emitter clogging as affected by chlorination schemes of drip irrigation systems applying sewage effluent. Journal of Integrative Agriculture, 11 (10): 1744-1754.

Li J S, Liu Y C. 2011. Water and nitrate distributions as affected by layered-textural soil and buried dripline depth under subsurface drip fertigation. Irrigation Science, 29 (6): 469-478.

Li J S, Meng Y B, Li B. 2007. Field evaluation of fertigation uniformity as affected by injector type and manufacturing variability of emitters. Irrigation Science, 25 (2): 117-125.

Li J S, Wen J. 2016. Effects of water managements on transport of *E. coli* in soil-plant system for drip irrigation applying secondary sewage effluent. Agricultural Water Management, 178: 12-20.

Li J S, Zhang J J, Rao M J. 2004. Wetting patterns and nitrogen distributions as affected by fertigation strategies from a surface point source. Agricultural Water Management, 67 (2): 89-104.

Li J S, Chen L, Li Y F, et al. 2010. Effects of chlorination schemes on clogging in drip emitters during application of sewage effluent. Applied Engineering in Agriculture, 26 (4): 565-578.

Li Y F, Li J S, Zhang H. 2014. Effects of chlorination on soil chemical properties and nitrogen uptake for tomato drip irrigation with secondary sewage effluent. Journal of Integrative Agriculture, 13 (9): 2049-2060.

Li Y K, Liu Y, Li G, et al. 2012b. Surface topographic characteristics of suspended particulates in reclaimed wastewater and effects on clogging in labyrinth drip irrigation emitters. Irrigation Science, 30 (1): 43-56.

Li Y K, Song P, Pei Y, et al. 2015. Effects of lateral flushing on emitter clogging and biofilm components in drip irrigation systems with reclaimed water. Irrigation Science, 33: 235-245.

Li Y K, Yang P L, Xu T, et al. 2008. CFD and digital particle tracking to assess flow characteristics in the labyrinth flow path of a drip irrigation emitter. Irrigation Science, 26 (5): 427-438.

Liang Q, Gao R, Xi B, et al. 2014. Long-term effects of irrigation using water from the river receiving treated industrial wastewater on soil organic carbon fractions and enzyme activities. Agricultural Water Management, 135 (31): 100-108.

Liu H J, Huang G H. 2009. Laboratory experiment on drip clogging with fresh water and treated sewage effluent. Agricultural Water Management, 52 (4): 1203-1211.

Liu L, Hu Q Y, Le Y, et al. 2017. Chlorination-mediated EPS excretion shapes early-stage biofilm formation in drinking water systems. Process Biochemistry, 55: 41-48.

Liu W H, Zhao J, Ouyang Z, et al. 2005. Impacts of sewage irrigation on heavy metal distribution and contamination in Beijing, China. Environment International, 31 (6): 805-812.

Liu X J, Ju X T, Zhang F S, et al. 2003. Nitrogen dynamics and budgets in a winter wheat-maize cropping system in the North China Plain. Field Crops Research, 83 (2): 111-124.

Lockington D, Parlange J Y, Surin A. 1984. Optimal prediction of saturation and wetting fronts during trickle irrigation. Soil Science Society of America Journal, 48 (3): 488-494.

Logan B E, Jewett D G, Arnold R G, et al. 1995. Clarification of clean-bed filtration models. Journal of Environmental Engineering, 121 (12): 869-873.

Lowry O H, Rosebrough N J, Farr A L, et al. 1951. Protein measurement with the Folin phenol reagent. Journal of Biological Chemistry, 193 (1): 265-275.

Lucho-Constantino C A, Prieto-García F, Del Razo L M, et al. 2005. Chemical fractionation of boron and heavy metals in soils irrigated with wastewater in central Mexico. Agriculture, Ecosystems and Environment, 108:

57-71.

Lyu S, Chen W P, Zhang W L, et al. 2016. Wastewater reclamation and reuse in China: Opportunities and challenges. Journal of Environmental Sciences, 39: 86-96.

Maier S H, Powell R S, Woodward C A. 2000. Calibration and comparison of chlorine decay models for a test water distribution system. Water Research, 34 (8): 2301-2309.

Manios T, Moraitaki G, Mantzavinos D. 2006. Survival of total coliforms in lawn irrigated with secondary wastewater and chlorinated effluent in the Mediterranean region. Water Environment Research, 78 (3): 330-335.

Marofi S, Shakarami M, Rahimi G, et al. 2015. Effect of wastewater and compost on leaching nutrients of soil column under basil cultivation. Agricultural Water Management, 158: 266-276.

Mass E V. Crop salt tolerance. 1990. *In*: Agricultural Salinity Assessment and Management. American Society of Civil Engineers, New York,

Master Y, Laughlin R J, Stevens R J, et al. 2004. Nitrite formation and nitrous oxide emissions as affected by reclaimed effluent application. Journal of Environmental Quality, 33 (3): 852-860.

Matheyarasu R, Bolan N S, Naidu R. 2016. Abattoir wastewater irrigation increases the availability of nutrients and influences on plant growth and development. Water, Air, and Soil Pollution, 227 (8): 1-16.

McCaulou D R, Bales R C, Arnold R G. 1995. Effect of temperature-controlled motility on transport of bacteria and microspheres through saturated sediment. Water Resources Research, 31 (2): 271-280.

Meschke J S, Sobsey M D. 1998. Comparative adsorption of Norwalk virus, poliovirus 1 and F + RNA coliphage MS2 to soils suspended in treated wastewater. Water Science and Technology, 38 (12): 187-189.

Michelakis N, Vougioucalou E, Clapaki G. 1993. Water use, wetted soil volume, root distribution and yield of avocado under drip irrigation. Agricultural Water Management, 24 (2): 119-131.

Minhas P S, Yadav R K, Dubey S K, et al. 2015. Long term impact of waste water irrigation and nutrient rates: I. Performance, sustainability and produce quality of peri urban cropping systems. Agricultural Water Management, 156: 100-109.

Mmolawa K, Or D. 2000. Root zone solute dynamics under drip irrigation: A review. Plant and Soil, 2000, 222 (1-2): 163-190.

Mohammad M J, Mazahreh N. 2003. Changes in soil fertility parameters in response to irrigation of forage crops with secondary treated wastewater. Communications in Soil Science and Plant Analysis, 34 (9-10): 1281-1294.

Mohapatra S, Sargaonkar A, Labhasetwar P. 2014. Distribution network assessment using EPANET for intermittent and continuous water supply. Water Resources Management, 28 (11): 3745-3759.

Mojid M A, Biswas S K, Wyseure G C L. 2012. Interaction effects of irrigation by municipal wastewater and inorganic fertilisers on wheat cultivation in Bangladesh. Field Crops Research, 2012, 134: 200-207.

Mok H, Dassanayake K B, Hepworth G, et al. 2014. Field comparison and crop production modeling of sweet corn and silage maize (*Zea mays* L.) with treated urban wastewater and freshwater. Irrigation Science, 32 (5): 351-368.

Molz F J. 1981. Models of water transport in the soil-plant system: A review. Water Resources Research, 17 (5): 1245-1260.

Monteiro L, Figueiredo D, Dias S, et al. 2014. Modeling of Chlorine chlorine Decay decay in Drinking drinking Water water Supply supply Systems systems Using using EPANET MSX. Procedia Engineering, 70: 1192-1200.

Mosaddeghi M R, Mahboubi A A, Zandsalimi S, et al. 2009. Influence of organic waste type and soil structure on the bacterial flltration rates in unsaturated intact soil columns. Journal of Environmental Management, 90: 730-739.

Mosaddeghi M R, Safari Sinegani A A, Farhangi M B, et al. 2010. Saturated and unsaturated transport of cow manure-borne *Escherichia coli* through in situ clay loam lysimeters. Agriculture, Ecosystems and Environment, 137: 163-171.

Motavalli P P, Kelling K A, Converse J C. 1989. First-year nutrient availability from injected dairy manure. Journal of Environmental Quality, 18 (2): 180-185.

Moyne A, Sudarshana M R, Blessington T, et al. 2011. Fate of *Escherichia coli* O157: H7 in field-inoculated lettuce. Food Microbiology, 28 (8): 1417-1425.

Mualem Y. 1976. A new model for predicting the hydraulic conductivity of unsaturated porous media. Water Resources Research, 12 (3): 513-522.

Muyen Z, Moore G, Wrigley R. 2011. Soil salinity and sodicity effects of wastewater irrigation in South East Australia. Agricultural Water Management, 90: 33-41.

Muñoz G R, Kelling K A, Rylant K E, et al. 2008. Field evaluation of nitrogen availability from fresh and composted manure. Journal of Environmental Quality, 37 (3): 944-955.

Murray U, Jim K, Daryl S. 2006. Managing risks to plant health from salinity, sodium, chloride and boron in reclaimed waters. *In*: Growing Crops with Reclaimed Wastewater. Collingwood: CSIRO Publishing, 147-158.

Nagai T, Imai A, Matsushige K, et al. 2007. Growth characteristics and growth modeling of microcystis aeruginosa and planktothrix agardhii under iron limitation. Limnology, 8 (3): 261-270.

Nakayama F S, Bucks D A. 1991. Water quality in drip/trickle irrigation: a review. Irrigation Science, 12 (4): 187-192.

Nakayama F S, Boman B J, Pitts D J. 2007. Maintenance. *In*: Microirrigation for crop production: Design, Operation and Management. Amsterdam: Elsevier Science.

Nearing M A, Deer-Ascough L, Laflen J M. 1990. Sensitivity analysis of the WEPP hillslope profile erosion model. Transactions of the ASAE, 33 (3): 839-849.

Nocker A, Lepo J E, Martin L L, et al. 2007. Response of estuarine biofilm microbial community development to changes in dissolved oxygen and nutrient concentrations. Microbial Ecology, 54 (3): 532-542..

Nogueira S F, Pereira B F F, Gomes T M, et al. 2013. Treated sewage effluent: Agronomical and economical aspects on bermudagrass production. Agricultural Water Management, 116: 151-159.

Norton C D, Lechevallier M W. 2000. A pilot study of bacteriological population changes through potable water treatment and distribution. Applied and Environmental Microbiology, 66 (1): 268-276.

Nukaya A W, H Hashimoto. 2000. Effects of nitrate, chlorine and sulfate ratios and concentration in the nutrient solution on yield, growth and mineral uptake characteristics of tomato plants grown in closed rockwool system. Acta Horticulturae, 2000, 511: 165-171.

Ojeda G, Perfect E, Alcañiz J M, et al. 2006. Fractal analysis of soil water hysteresis as influenced by sewage sludge application. Geoderma, 134 (3-4): 386-401.

Olaimat A N, Holley R A. 2012. Factors influencing the microbial safety of fresh produce: a review. Food Microbiology, 32 (1), 1-19.

Oliveira M, Viñas I, Usall J, et al. 2012. Presence and survival of *Escherichia coli* O157: H7 on lettuce leaves and in soil treated with contaminated compost and irrigation water. International Journal of Food Microbiology,

156: 133-140.

Oron G, Demalach J, Hoffman Z, et al. 1991. Subsurface microirrigation with effluent. Journal of Irrigation and Drainage Engineering, 117 (1): 25-36.

Oron G. 1996. Soil as a complementary treatment component for simultaneous wastewater disposal and reuse. Water Science and Technology, 34 (11): 243-252.

Paliwal K, Karunaichamy K, Ananthavalli M. 1998. Effect of sewage water irrigation on growth performance, biomass and nutrient accumulation in Hardwickia binata under nursery conditions. Bioresource Technology, 66 (2): 105-111.

Pang L, Šimůnek J. 2006. Evaluation of bacteria-facilitated cadmium transport in gravel columns using the HYDRUS colloid-facilitated solute transport model. Water Resources Research, 42: 2405-2411.

Paranychianakis N V M. Nikolantonakis M, Spanakis Y. et al. 2006. The effect of recycled water on the nutrient status of Soultanina grapevines grafted on different rootstocks. Agricultural Water Management, 81 (1-2): 185-198.

Parker M B, TP Gaines, GJ Gascho. 1985. Chloride effects on corn. Communications in Soil Science and Plant Analysis, 16 (12): 1319-1333.

Patterson R A. 1997. Domestic wastewater and sodium factor. *In*: Site Characterization and Design of On-site Septic Systems. West Conshohocken, PA: ASTM STP, 23-25.

Paul J W, Beauchamp E G. 1995. Availability of manure slurry ammonium for corn using ^{15}N-labeled $(NH_4)_2SO_4$ Canadian Journal of Soil Science, 75 (1): 35-42.

Pedrero F, Kalavrouziotis I, Alarcón J J, et al. 2010. Use of treated municipal wastewater in irrigated agriculture-Review of some practices in Spain and Greece. Agricultural Water Management, 97 (9): 1233-1241.

Pedrero F, Alarcón J J. 2009. Effects of treated wastewater irrigation on lemon trees. Desalination, 246, 631-639.

Pei Y T, Li Y K, Liu Z W, et al. 2014. Eight emitters clogging characteristics and its suitability evaluation under on-site reclaimed water drip irrigation. Irrigation Science, 32 (2): 141-157.

Perego A, Basile A, Bonfante A, et al. 2012. Nitrate leaching under maize cropping systems in Po Valley (Italy). Agriculture Ecosystems and Environment, 147 (3): 57-65.

Peterson T C, Ward R C. 1989. Development of a bacterial transport model for coarse soils. Water Resources Bulletin, 25, 349-357.

Phillips I. 2002. Nutrient leaching losses from undisturbed soil cores following applications of piggery wastewater. Soil Research, 40 (3): 515-532.

Piri H, Rahdari V, Maleki S. 2013. Study and compare performance of four meteorological drought index in the risk management droughts in Sistan and Baluchestan province. Iranian of Irrigation and Water Engineering, 3 (11): 96-114.

Pitts D, Haman D, Smajstrla A. 1990. Causes and Prevention of Emitter Plugging in Micro-irrigation Systems. [Bulletin 258], the Institute of Food and Agricultural Sciences, University of Florida.

Polglase P J, Tompkins D. Stewart L G, et al. 1995. Mineralization and leaching of nitrogen in an effluent-irrigated pine plantation. Journal of Environmental Quality, 24 (5): 911-920.

Pollice A, ALopez A, Laera G, et al. 2004. Tertiary filtered municipal wastewater as alternative water source in agriculture: a field investigation in Southern Italy. Science of the Total Environment, 324: 201-210.

Powelson D K, Mills A L. 2001. Transport of Escherichia coli in sand columns with constant and changing water contents. Journal of Environmental Quality, 30, 238-245.

Qadir M, Wichelns D, Raschid-Sally L, et al. 2010. The challenges of wastewater irrigation in developing countries. Agricultural Water Management, 97: 561-568.

Qian Y L, Mecham B. 2005. Long term effects of recycled wastewater irrigation on soil chemical properties on golf course fairways. Agronomy Journal, 97 (3): 717-721.

Qiu Z J, Li J S, Zhao W X. 2015. Effects of lateral depth on transport of *E. coli* in soil and maize production for subsurface drip irrigation system applying treated sewage effluent. ASABE Annual International Meeting, Paper No. 152189588.

Qiu Z J, Li J S, Zhao W X. 2017a. Effect of applying sewage effluent with subsurface drip irrigation on soil enzyme activities during the maize growing season. Irrigation and Drainage, 66: 723-737.

Qiu Z J, Li J S, Zhao W X. 2017b. Effects of lateral depth and irrigation level on nitrate and Escherichia coil leaching in the North China Plain for subsurface drip irrigation applying sewage effluent. Irrigation Science, 35 (6): 469-482.

Raats P A C. 1971. Steady infiltration from point sources, cavities, and basins. Soil Science Society of America Journal, 35 (5): 689-694.

Rahil M H, Antonopoulos V Z. 2007. Simulating soil water flow and nitrogen dynamics in a sunflower field irrigated with reclaimed wastewater. Agricultural Water Management, 92 (3): 142-150.

Rajput T B S, Patel N. 2006. Water and nitrate movement in drip-irrigated onion under fertigation and irrigation treatments. Agricultural Water Management, 79 (3): 293-311.

Ramos T B, Šimůnek J, Gonçalves M C, et al. 2012. Two-dimensional modeling of water and nitrogen fate from sweet sorghum irrigated with fresh and blended saline waters. Agricultural Water Management, 111: 87-104.

Rasko D A, Webster D R, Sahl J W, et al. 2011. Origins of the *E. coli* strain causing an outbreak of hemolytic-uremic syndrome in Germany. New England Journal of Medicine, 365 (8): 709-717.

Ravina I, Paz E, Sofer Z, et al. 1992. Control of emitter clogging in drip irrigation with reclaimed wastewater. Irrigation Science, 13 (3): 129-139.

Ravina I, Paz E, Sofer Z, et al. 1997. Control of emitter clogging in drip irrigation with stored treated municipal sewage effluent. Agricultural Water Management, 33 (2-3): 127-137.

Reyes S I E, Garcia C N E, Servin R D E. 2003. Wastewater-irrigation effect in physical and chemical soil properties of Mezquital Valley. Geochimicaet Cosmochimica Acta, 67 (18): 396-402.

Reynolds P J, Sharma P, Jenneman G E, et al. 1989. Mechanisms of microbial movement in subsurface materials. Applied and Environmental Microbiology, 55 (9): 2280-2286.

Rietz D N, Haynes R J. 2003. Effects of irrigation-induced salinity and sodicity on soil microbial activity. Soil Biology and Biochemistry, 35 (6): 845-854.

Rockhold M L, Yarwood R R, Selker J S. 2004. Coupled microbial and transport processes in soils. Vadose Zone Journal, 3 (2): 368-383.

Rossman L A. 2000. EPANET 2 User's Mannal. Cincinnati, USA.

Rostami M, Koocheki A R, Mahallati M N, et al. 2008. Evaluation of chlorophyll meter (SPAD) data for prediction of nitrogen status in corn (*Zea mays* L.). American-Eurasian Journal Agriculture Science, 3 (1): 79-85.

Roy R P, Prasad J, Joshi A P. 2008. Changes in soil properties due to irrigation with paper industry wastewater. Journal of Environmental Science and Engineering, 50 (4): 277-282.

Sadovski A Y, Fattal B, Goldberg D, et al. 1978. High levels of microbial contamination of vegetables irrigated with wastewater by the drip method. Applied and Environmental Microbiology, 36 (6): 824-830.

Sanij H D, Taherpour M, Yamamoto T. 2002. Evaluation of factors affecting emitter clogging of microirrigation in Southeast Iran. Transactions of the Japanese Society of Irrigation, Drainage and Reclamation Engineering, 70 (1): 1-8.

Santos L N S, Matsura E E, Gonçalves I Z, et al. 2016. Water storage in the soil profile under subsurface drip irrigation: evaluating two installation depths of emitters and two water qualities. Agricultural Water Management, 170 (31): 91-98.

Sasidharan S, Torkzaban S, Bradford S A, et al. 2016. Transport and retention of bacteria and viruses in biochar-amended sand. Science of the Total Environment, 548: 100-109.

Scallan S, Senior J, Reilly C. 2011. Williams syndrome: daily challenges and positive impact on the family. Journal of Applied Research in Intellectual Disabilities, 24 (2): 181-188.

Schaap M G, Leij F J, Van Genuchten M T. 2011. ROSETTA: a computer program for estimating soil hydraulic parameters with hierarchical pedotransfer functions. Journal of Hydrology, 251 (3): 163-176.

Scher K, Romling U, Yaron S. 2005. Effect of heat, acidification, and chlorination on Salmonella enterica serovar typhimurium cells in a biofilm formed at the air-liquid interface. Applied and Environmental Microbiology, 71 (3): 1163-1168.

Schijven J F, Hassanizadeh S M, de Bruin R H A M. 2002. Two-site kinetic modeling of bacteriophages transport through columns of saturated dune sand. Journal of Contaminant Hydrology, 57 (3): 259-279.

Schijven J F, Šimůnek J. 2002. Kinetic modeling of virus transport at the field scale. Journal of Contaminant Hydrology, 55 (1): 113-135.

Schröder J J, Uenk D, Hilhorst G J. 2007. Long-term nitrogen fertilizer replacement value of cattle manures applied to cut grassland. Plant and Soil, 299 (1-2): 83-99.

Segal E, Dag A, Ben-Gal A, et al. 2011. Olive orchard irrigation with reclaimed wastewater: agronomic and environmental considerations. Agriculture, Ecosystems and Environment, 140 (3): 454-461.

Sexton B T, Moncrief J F, Rosen C J, et al. 1998. Optimizing nitrogen and irrigation inputs for corn based on nitrate leaching and yield on a coarse-textured soil. Journal of Environmental Quality, 27 (27): 982-992.

Sezen S M, Yazar A, Daşgan Y, et al. 2014. Evaluation of crop water stress index (CWSI) for red pepper with drip and furrow irrigation under varying irrigation regimes. Agricultural Water Management, 143: 59-70.

Shang F Z, Ren S M, Yang P L, et al. 2015. Effects of different fertilizer and irrigation water types, and dissolved organic matter on soil C and N mineralization in crop rotation farmland. Water, Air, and Soil Pollution, 226 (396): 1-25.

Shani U, Dudley L M. 2001. Field studies of crop response to water and salt stress. Soil Science Society of America Journal, 65: 1522-1528.

Sharma R V, Edwards R T, Beckett R. 1993. Physical characterization and quantification of bacteria by sedimentation field-flow fractionation. Applied and Environmental Microbiology, 59 (6): 1864-1875.

Shatanawi M, Fayyad M K. 1996. Effect of Khitbet As-Samra treated effluent on the quality of irrigation water in the Central Jordan Vally. Water Research, 30 (12): 2915-2920.

Shen G Q, Lu Y T, Zhou Q X, et al. 2005. Interaction of polycyclic aromatic hydrocarbons and heavy metals on soil enzyme. Chemosphere, 61 (8): 1175-1182.

Shirazi M A, Boersma L. 1984. A unifying quantitative analysis of soil texture. Soil Science Society of America Journal, 48 (1): 142-147.

Shukla G, Varma A. 2011. Soil Enzymology. New York: Springer.

Singh P K, Parsek M R, Greenberg E P, et al. 2002. A component of innate immunity prevents bacterial biofilm development. Nature, 417 (6888): 552-555.

Smajstrla A G. 1995. Causes and prevention of emitter clogging in microirrigation systems. Irrigation Journal, 45 (3): 14-17.

Smith C J, Hopmans P, Cook F J, et al. 1996. Accumulation of Cr, Pb, Cu, Ni, Zn and Cd in soil following irrigation with treated urban effluent in Australia. Environmental Pollution, 94 (3): 317-323.

Smith M S, Thomas G W, White R E, et al. 1985. Transport of *Escherichia coli* through intact and disturbed soil columns. Journal of Environmental Quality, 14 (1): 87-91.

Song P, Li Y, Zhou B, et al. 2017. Controlling mechanism of chlorination on emitter bio- clogging for drip irrigation using reclaimed water. Agricultural Water Management, 184: 36-45.

Souza C F, Folegatti M V, Or D. 2009. Distribution and storage characterization of soil solution for drip irrigation. Irrigation Science, 27 (4): 277-288.

Suarez-Rey E, Choi C Y, Waller P M, et al. 2000. Comparison of subsurface drip irrigation and sprinkler irrigation for Bermuda grass turf in Arizona. Transactions of the ASAE, 43 (3): 631-640.

Šimůnek J, van Genuchten M T, Šejna M. 2016 . Recent developments and applications of the HYDRUS computer software packages. Vadose Zone Journal, 15 (7): 1-25.

Šimůnek J, van Genuchten M T. 2008. Modeling nonequilibrium flow and transport processes using HYDRUS. Vadose Zone Journal, 7 (2): 782-797.

Šimůnek J, Šejna M, van Genuchten M T. 1999. The HYDRUS-2D Software Package For Simulating The Two-Dimensional Movement of Water, Heat, and Multiple Solutes In Variably-Saturated Media: Version 2. 0. US Salinity Laboratory, Agricultural Research Service, US Department of Agriculture.

Tabatabai M. 1994. Soil Enzyme. *In*: Method of Soil Analysis: Part 2 Microbiological and Biochemical Properties. Soil Science Society of America: Madison, Wisconsin, USA, 755-833.

Taghavi S A, Mariño M A, Rolston D E. 1984. Infiltration from trickle irrigation source. Journal of Irrigation and Drainage Engineering, 110 (4): 331-341.

Tamini T, Mermoud A. 2002. Water and nitrate dynamics under irrigated onion in a semi-arid area. Irrigation and Drainage, 51 (1): 77-86.

Tan J, Wang W, Wang D, et al. 1994 Adsorption, volatilization, and speciation of selenium in different types of soils in China. *In*: Selenium in the Environment, New York: 47-68.

Tavassoli A, Ghanbari A, Amiri E, et al. 2010. Effect of municipal wastewater with manure and fertilizer on yield and quality characteristics of forage in corn. African Journal of Biotechnology, 9 (17): 2515-2520.

Taylor A G, Motes J E, Kirkham M B. 1982. Osmotic regulation in germinating tomato seedlings. Journal of American Society of Horticultural Science, 107: 387-390.

Taylor H D, Bastos R K X, Pearson H W, et al. 1995. Drip irrigation with waste stabilisation pond effluents: solving the problem of emitter fouling. Water Science and Technology, 1995, 31 (12): 417-424.

Tchobanoglous G, Burton F L. 1996. Wastewater Engineering: Treatment, Disposal and Reuse. San Francisco, California: Metcalf and Eddy, Inc.

Thomsen I K. 2004. Nitrogen use efficiency of N-labeled poultry manure. Soil Science Society of America Journal, 68 (2): 538-544.

Tiwari K K, Singh N K, Patel M P, et al. 2011. Metal contamination of soil and translocation in vegetables growing under industrial wastewater irrigated agricultural field of Vadodara, Gujarat, India. Ecotoxicology and Environmental Safety, 74: 1670-1677.

Todini E, Pilati S. 1987. A gradient method for the analysis of pipe networks. *In*: International Conference on Computer Applications for Water Supply and Distribution, Leicester Polytechnic, UK, 1-20.

Toze S. 2006. Reuse of effluent water benefits and risks. Agricultural Water Management, 80 (1-3): 147-159.

Trinh L T, Duong C C, Steen P V D, et al. 2013. Exploring the potential for wastewater reuse in agriculture as a climate change adaptation measure for Can Tho City, Vietnam. Agricultural Water Management, 128: 43-54.

Trooien T P, Lamm F R, Stone L R, et al. 2000. Subsurface drip irrigation using livestock wastewater: dripline flow rates. Applied Engineering in Agriculture, 16 (5): 505-508.

Tscherko D, Rustemeier J, Richter A, et al. 2003. Functional diversity of the soil microflora in primary succession across two glacier forelands in the Central Alps. European Journal of Soil Science, 54 (4): 685-696.

Tufenkji N, Elimelech M. 2004. Correlation equation for predicting single-collector efficiency in physicochemical filtration in saturated porous media. Environmental Science and Technology, 38 (2): 529-536.

Urbano V R, Mendonça T G, Bastos R G, et al. 2017. Effects of treated wastewater irrigation on soil properties and lettuce yield. Agricultural Water Management, 181: 108-115.

US EPA (United States Environmental Protection Agency). 2004. Guidelines for Water Reuse. U. S. Environmental Protection Agency, EPA 625-R-04-108.

US EPA (United States Environmental Protection Agency). 2012. Guidelines for Water Reuse. U. S. Environmental Protection Agency, EPA 600-R-12-618.

USDA. 1997. National Engineering Handbook-Irrigation Guide. Washington, DC: U. S. Department of Agriculture.

Ustun A, Figen D M. 2005. Biological treatment of clogged emitters in a drip irrigation system. Journal of Environmental Management, 76 (4): 338-341.

Van Donk S J, Petersen J L, Davison D R. 2013. Effect of amount and timing of subsurface drip irrigation on corn yield. Irrigation Science, 31 (4): 599-609.

Van Genuchten M T. 1980. A closed-form equation for predicting the hydraulic conductivity of unsaturated soils. Soil Science Society of America Journal, 44 (5): 892-898.

VanderZaag A C, Campbell K J, Jamieson R C, et al. 2010. Survival of *Escherichia coli* in agricultural soil and presence in tile drainage and shallow groundwater. Canadian Journal of Soil Science, 90 (3): 495-505.

Vergine P, Saliba R, Salerno C, et al. 2015. Fate of the fecal indicator *Escherichia coli* in irrigation with partially treated wastewater. Water Research, 85: 66-73.

Vrugt J, Wijk M V, Hopmans J W, et al. 2001. One-, two-, and three-dimensional root water uptake functions for transient modeling. Water Resources Research, 37 (10): 2457-2470.

Vázquez N, Pardo A, Suso M L, et al. 2006. Drainage and nitrate leaching under processing tomato growth with drip irrigation and plastic mulching. Agriculture, Ecosystems and Environment, 112 (4): 313-323.

Waddell J T, Gupta S C, Moncrief J F, et al. 2000. Irrigation and nitrogen management impacts on nitrate leaching under potato. Journal of Environmental Quality, 29: 251-261.

Waldrop M P, Balser T C, Firestone M K. 2000. Linking microbial community composition to function in a tropical soil. Soil Biology and Biochemistry, 32 (13): 1837-1846.

Walker S E, Mitchell J K, Hirschi M C, et al. 2000. Sensitivity analysis of the root zone water quality model. Transactions of the ASAE, 43 (4): 841-846.

Wan J, Wilson J L. 1994. Visualization of the role of the gas-water interface on the fate and transport of colloids in porous media. Water Resources Research, 30 (1): 11-23.

Wang J, Wang G, Wanyan H. 2007. Treated wastewater irrigation effect on soil, crop and environment: Wastewater recycling in the loess area of China. Journal of Environmental Sciences, 19: 1093-1099.

Wang Y W, Zhao J, Li J K, et al. 2011. Effects of calcium on colonial aggregation and buoyancy of microcystis aeruginosa. Current Microbiology, 62 (2): 679-683.

Wang Z, Chang A C, Wu L, et al. 2003. Assessing the soil quality of long-term reclaimed wastewater-irrigated cropland. Geoderma, 114 (3-4): 261-278.

Wang Z, Li J S, Li Y F. 2014a. Effects of drip irrigation system uniformity and nitrogen applied on deep percolation and nitrate leaching during growing seasons of spring maize in semi-humid region. Irrigation Science, 32 (3): 221-236.

Wang Z, Li J S, Li Y F. 2014b. Simulation of nitrate leaching under varying drip system uniformities and precipitation patterns during the growing season of maize in the North China Plain. Agricultural Water Management, 142 (3): 19-28.

Warrick A W. 1974. Time-dependent linearized infiltration. I. Point sources. Soil Science Society of America Journal, 38 (3): 383-386.

Warrick A W, Lomen D. 1976. Time-dependent linearized infiltration: III. Strip and disc sources. Soil Science Society of America Journal, 40 (5): 639-643.

Wen J, Li J S, Wang Z, Li Y F. 2017. Modelling water flow and *Escherichia coil* transport in unsaturated soils under drip irrigation. Irrigation and Drainage, 66: 738-749.

Wen J, Li J S, Li Y F. 2016. Wetting patterns and bacterial distributions in different soils from a surface point source applying effluents with varying *E. coli* concentrations. Journal of Integrative Agriculture, 15 (7): 1625-1637.

Westcot D W, Ayers R S. 1985. Irrigation water quality criteria. Lewis Publishers, Inc., Chelsea, MI.

Whitman R L, Nevers M B, Korinek G C, et al. 2004. Solar and temporal effects on *Escherichia coli* concentration at a Lake Michigan swimming beach. Applied and Environmental Microbiology, 70 (7): 4276-4285.

World Health Organization (WHO) . 1989. Health Guidelines for the Use of Wastewater in Agriculture and Aquaculture. Technical Report Series 778, Geneva.

Wu L, Chen J, Lin H, et al. 1995. Effects of regenerant wastewater irrigation on growth and ion uptake of landscape plants. Journal of Environmental Horticulture, 13: 92-96.

Yadav R K, Goyal B, Sharma R K, et al. 2002. Post-irrigation impact of domestic sewage effluent on composition of soils, crops and ground water—a case study. Environment International, 28 (6): 481-486.

Yagüe M R, Quílez D. 2015. Pig slurry residual effects on maize yields and nitrate leaching: A study in lysimeters. Agronomy Journal, 107 (1): 278-286.

Yang J, Greenwood D J, Rowell D L, et al. 2000. Statistical methods for evaluating a crop nitrogen simulation model, N_ABLE. Agricultural Systems, 64 (1): 37-53.

Yang Z, Liu S, Zheng D, et al. 2006. Effects of cadium, zinc and lead on soil enzyme activities. Journal of Environmental Sciences, 18 (6): 1135-1141.

Yi L L, Jiao W T, Chen X N, et al. 2011. An overview of reclaimed water reuse in China. Journal of Environmental Sciences, 23 (10): 1585-1593.

Yuan Z, Waller P, Choi C. 1998. Effect of organic acids on salt precipitation in drip emitters and soil. Transactions of the ASAE, 41 (6): 1689-1696.

Yurtseven E, Kesmez G D, Unlukara A. 2005. The effects of water salinity and potassium levels on yield, fruit quality and water consumption of a native central anatolian tomato species (Lycopersicon esculentum). Agricultural Water Management, 78 (1-2): 128-135.

Zekri M. 1991. Effects of NaCl on growth and physiology of sour orange and cleopatra mandarin seedlings. Scientia Horticulturae, 47 (3-4): 305-315.

Zhang C X, Liao X P, Li J L, et al. 2013a. Influence of long-term sewage irrigation on the distribution of organochlorine pesticides in soil-groundwater systems. Chemosphere, 92 (4): 337-343.

Zhang H, Nordin N A, Olson M S. 2013b. Evaluating the effects of variable water chemistry on bacterial transport during infiltration. Journal of Contaminant Hydrology, 150: 54-64.

Zhang Q, Yang Z., Zhang H, et al. 2012. Recovery efficiency and loss of ^{15}N-labelled urea in a rice-soil system in the upper reaches of the Yellow River basin. Agriculture, Ecosystems and Environment, 158: 118-126.

Zhang Y, Li C S, Zhou X J, et al. 2002. A simulation model linking crop growth and soil biogeochemistry for sustainable agriculture. Ecological Modelling, 151 (1): 75-108.

Zhang Y, Wang Y. 2006. Soil enzyme activities with greenhouse subsurface irrigation. Pedosphere, 16 (4): 512-518.

Zhangzhong L L, Yang P L, Ren S M, et al. 2016. Chemical clogging of emitters and evaluation of their suitability for saline water drip irrigation. Irrigation and Drainage, 65: 439-450.

Zhou B, Li Y, Pei Y, et al. 2013. Quantitative relationship between biofilms components and emitter clogging under reclaimed water drip irrigation. Irrigation Science, 2013, 31 (6): 1251-1263.

Zhou B, Li Y K, Song P, et al. 2016. Formulation of an emitter clogging control strategy for drip irrigation with reclaimed water. Irrigation and Drainage, 65, 451-460.

Zhou B, Wang T Z, Li Y K, et al. 2017a. Effects of microbial community variation on bio-clogging in drip irrigation emitter using reclaimed water. Agricultural Water Management, 194: 139-149.

Zhou B, Li Y K, Song P, et al. 2017b. Anti-clogging evaluation for drip irrigation emitters using reclaimed water. Irrigation Science, 35 (3): 181-192.

Zhou S, Wu Y, Wang Z, et al. 2008. The nitrate leached below maize root zone is available for deep-rooted wheat in winter wheat-summer maize rotation in the North China Plain. Environmental Pollution, 152 (3): 723-730.

Zotarelli L, Dukes M D, Scholberg J M, et al. 2008. Nitrogen and water use efficiency of zucchini squash for a plastic mulch bed system on a sandy soil. Scientia Horticulturae, 116 (1): 8-16.

索　引

后　记

——我的学术成长之路

我主笔/独著的第五本书《再生水滴灌原理与应用》即将完稿。前面出版的四本书都没有后记，在这本书即将脱稿时，萌生了要写后记的想法。做此后记有两方面原因：一来，再有两年多就要退休了，学术生涯基本上也会在退休后逐渐画上句号，近40年的学术生涯中得到过很多师长和同事的指导、关心、抬爱和帮助，借此后记表达由衷的感激之情；二来，今年冬春之交遇上了新型冠状病毒肺炎疫情，响应政府号召，遵从单位安排，居家办公，没有了各种会议和电话，自己支配的时间充裕了不少，更坚定了写个后记的想法。

这本书的内容来自我主持的国家自然科学基金重点项目“再生水灌溉对系统性能与环境介质的影响及其调控机制”（项目批准号：51339007）部分研究结果，是中国水利水电科学研究院水利研究所团队相关研究结果的集成。

自1997年主持第一个国家自然科学基金项目开始，先后主持面上项目9项，重点项目1项，重大项目课题1项，国际会议项目3项，按时间顺序记述于下：

（1）面上项目，喷灌均匀系数对土壤水分时空分布及作物产量的影响，批准号：59779025

（2）面上项目，滴灌施肥灌溉系统运行特性及氮素运移规律的研究，批准号：59979027

（3）面上项目，喷灌作物冠层截留水量的消耗机制及其对水利用率的影响，批准号：50179037

（4）面上项目，作物对滴灌水氮的动态响应及其人工神经网络调控模型，批准号：50379058

（5）面上项目，土壤非均质条件下地下滴灌水氮运移规律及其调控机理，批准号：50579077

（6）面上项目，灌水器堵塞对再生水滴灌系统水力特性的影响及其化学处理方法，批准号：50779078

（7）面上项目，滴灌均匀系数对土壤水氮分布与作物生长的影响及其标准研究，批准号：50979115

（8）面上项目，滴灌技术参数对农田尺度水氮淋失的影响及其风险评估，批准

号：51179204

（9）重点项目，再生水灌溉对系统性能与环境介质的影响及其调控机制，批准号：51339007

（10）面上项目，大型喷灌机施肥的水肥损耗利用机制与调控方法，批准号：51679255

（11）重大项目，农田节水控盐灌溉技术与系统优化，批准号：51790531

（12）参加国际会议项目，国际灌排委员会第52次执行理事大会，批准号：50115114

（13）参加国际会议项目，美国/加拿大农业工程师学会2004年国际年会，批准号：50410205032

（14）参加国际会议项目，第19届国际灌排大会暨第56届执行理事会，批准号：50510305155

（15）国际合作与交流项目，中国－智利水资源研究双边研讨会，批准号：51881220204

国家自然科学基金项目一直伴随着我的科研生涯，在基金项目的申请和实施过程中不断完善自己的研究思路，提高学术甄别和欣赏力，同时为开展学术研究和人才培养提供了经费支持，逐渐形成了有一定特色的研究方向。

以下对我学术成长的点滴往事做些回顾。

三次高考后进入大学

我于1979年考入河北农业大学水利系农田水利专业，在此之前还经历了1977年和1978年两次高考失利。1977年是冬季高考，河北省自主命题。由于第一年恢复高考，考生少，让高中二年级选拔成绩好的学生参加高考，那时高中学制是两年。经过县里组织的初选考试，我所在的中学有两个人通过初试，我有幸是其中之一。由于当时高中课程还没学完，再加上刚刚恢复高考，社会上对高考的事也很陌生，也就没有什么压力。现在回想起来，当年考的什么题目基本上没有印象了，似乎语文试题注音标调有“余音袅袅”这个词。物理有个计算变压器输出电压的题，为了迷惑考生，输入电压符号是直流电，大概是很多考生，包括我在内，没有注意到这个符号，还按变压器公式计算出输出电压，当然不能得分。事后老师在分析试卷时物理老师多次讲到这个题，告诫我们要注意审题，注意利用知识辨别真伪。这个事说起来容易，真正做到很难，回想四十多年的学术生涯中遇到类似的事还是不少，真正能明辨“是非”当时看透的也不多，多是事后才明辨“是非”的。大概这个是参加1977年高考最深刻的教训，一直记着这个事。还记得数学试题有一个题目是因式分解，在考场上一直纠结是在实数范围内还是在有理数范围内分解。

1977年的高考未能如愿，1978年继续参加高考。由于1977年高考时还没有高中毕业，1978年还是以应届生身份参加考试。1978年高考在我就读的高中没有设考点，要到二十多公里外的另外一所中学参加考试。就读的中学到考点没有公交车，记得学校有一台拖拉机，一大早，由老师护送，分几批把考生送到一个有公交站点的地方，坐了一段公交，然后步行去考点。每个学生都背着行李和书本，走到考点时大部分学生脚上都磨起了泡。经过一年的努力，1978 年高考分数过线了。那时不像现在，老师和家长都不知道如何报志愿，分数线也没有明确的重点院校和一般院校分数线，报志愿似乎也不分重点和一般院校，曾记得和高中的班主任老师商量来商量去，师生都觉得报个偏点的学校录取的可能性大一些，记得第一志愿报了葛洲坝水电工程学院，其实当时连葛洲坝、葛洲坝水电工程学院在哪儿都不知道，更不知道这个学校的特色是什么，报这个学校的唯一理由是都觉得学校名字很陌生，由此推测报考的人会比较少，录取的概率会大一些。很遗憾，1978 年还是没被录取，事后分析主要原因是志愿报得不合适。上了大学以后才知道葛洲坝水电工程学院在宜昌，是水电部直属院校，当年的志愿还是报高了。2012 年 5 月到葛洲坝水电工程学院更名后的三峡大学参加国家自然科学基委员会第 74 期双清论坛，还特意在校园内转了转，希望能找一找当年报考的葛洲坝水电工程学院的一些印记。

1977 年、1978 年连续两年的高考失利着实有些打击，不过有 1978 年高考过线的底子，自然而然选择了复读。参加过 1979 年高考的人可能都还记得，那年的高考题奇难，尤其是化学，考完后大多数考生都感到没有信心。记得那年的本科线是 265 分，我考了 297 分。报志愿时吸取 1978 年失利的教训，这次只报了省内的大学，第一志愿报了天津河北工学院，第二志愿河北农业大学。入学后和同学一起聊天，知道那年分数比较高的考生第一志愿报天津河北工学院的不少，最后都落到了河北农业大学。大概命中注定与水利有缘，1978 年葛洲坝水电工程学院未能如愿，1979 年被河北农业大学农田水利专业录取，虽然不及葛洲坝水电工程学院的水利工程那么宏大，但仍然没有逃离水利这个圈。

四年的大学生活是充实的。那时候高考不考英语，高中也不学英语，到大学后从 26 个字母学起。那时大部分英语老师都是从俄语转过来的，语法讲得很清楚，比较重视阅读和词汇量，但发音就不大精准了，对听说能力也不大重视，学校没有语音室，也就没有专门的语音教学，因此自己英语听说一直比阅读和写作差一些。不过那时候学英语还是很拼的，英语课文全部都能背下来。应该说当年的背诵还是为后期阅读和写作能力的提高打下了很好的基础，现在的英语底子差不多都是那时候打下的。

那时大学的老师没有什么科研项目，对教学却很重视，几乎全部精力都花在备课、授课和批改作业上。不少老师讲课的神态、板书以及对课程内容的了如指掌都给我留下了深刻的印象，像高等数学张德培老师，无论需要推导的公式多么复杂，都不用看书本，并且能准确指出哪道题在哪一页，甚至还能精确到行。水力学老师崔起麟，讲课虽有些河南口音，但对每章引言讲解的高度概括，对课程内容、目的、方法、重点的把握非常清晰，还有一点给我留下深刻印象的是崔老师对课堂时间把控的精准，每节课都是同时听到崔老师的“这节课就讲到这儿”与下课铃声响起。现在我也给学生上课，能把时间控制这么精确，备课花费的时间和精力是可想而知的。还有钢结构赵鲁光老师授课严密的逻辑和整齐的板书，农田水利学张增圻老师庄重的仪表和胸有成竹的逻辑推演，弹性力学夏亨熹老师严密的数学推导和教书育人的情怀，土力学骆筱菊老师一丝不苟的试验操作，……，都给四年的大学生活留下了深深的印记。四年本科没有荒废，多数课程的考试成绩都在 90 分以上，为后来从事科研工作打下了较好的基础。

灌溉所的十年

真正接触科研和从事学术研究是从硕士阶段开始的。1983 年本科毕业时研究生招生规模不大，从百度上查到这一年硕士和博士研究生招生 11200 人，推测硕士招生规模在 10000 人左右。河北农业大学农水专业 79 级 100 人，本科毕业当年继续读硕士的只有 3 人。说起当年研究生笔试和面试，还有不少值得回忆的往事。1983 年的硕士生入学考试在春节后但在寒假开学前，离春节很近，为了应考，系里五六位报名考试的同学寒假都没有回家过年，留在学校复习。那是我平生第一次在外地过年，除了对家中亲人的思念外，放假后学校食堂的就餐时间也多有不习惯。除夕下午学校组织留校过年的学生去食堂包饺子，记得是按人头分的面和馅，面是和好的。水利系的几个同学集体领了面和馅，因为全部是男同学，没有人会包饺子，大家面面相觑不知道如何下手，还是食堂师傅手把手教，我们才包好了饺子。也是在那时候学会了包饺子。那时候粮食还是定量供应，又是饭量大的时候，尽管大家包的饺子形状不怎么好看，但吃起来还是津津有味的，多年后还能回想起那年初一早晨饺子的味道。保定的考点设在河北大学，从河北农业大学到河北大学还有几公里路程，似记得两校之间也没有公交，平时到河北大学去找同学都是步行去。上午开考的时间比较早，步行前往担心会迟到，那时还没学会骑自行车，着实有些犯愁。同班同学罗志杰从熊景铸老师家借来自行车，三天考试，志杰按时用自行车接送。同学的情谊终生难以忘怀，能考上研究生，志杰功不可没。毕业多年后，与志杰相聚还一起回忆当年考试接送的场景。

硕士入学考试结束后就进入大学的最后一个学期，主要是毕业实习和毕业设计。毕业实习在迁西县境内的大黑汀水库引滦入津渡槽工地。实习中一直惦记着什么时候公布硕士考试成绩。记得在 4 月下旬的一天，带队实习的老师接到学校系办公室的电话，通知我准备复试，但没具体时间和地点。那时候考研究生的人数不多，接到电话的第三天，带队老师同意我从工地返校准备复试。回校后到系办公室找到接电话的老师，才知道当时没有询问通知复试的电话是从哪个单位打来的，只能再等进一步通知。因为报的志愿是中国农业科学院研究生院，招生目录也没有注明研究所，因此一直以为面试地点一定在北京。那段等待的日子不免有些煎熬，每天两次到系办询问消息，大部分时间基本在校园内毫无目的地闲逛，说是返校准备复试，其实也不大看得进去书。一直到过了“五一”假期，终于等来了期盼已久的复试电报，到这时才知道招生的具体单位是灌溉所，复试地点在河南省新乡市。

接复试通知到灌溉所后参加复试，记得是接近中午时到灌溉所，时任灌水技术室副主任李英能老师接待了我，当天下午安排了复试。参加复试的老师除了导师余开德先生外，喷灌课题组的李英能、廖永诚、狄美良等几位老师都作为考官参加了面试。面试前已打听到余先生名下只有我一个过线，因此不觉得过于紧张。可能是只有一个人面试，时间比较长，估计一个小时以上，提问的问题涉及的面比较广，既有灌水技术方面的问题，也有作物需水、水资源方面的问题。我自我介绍时说来复试前正在工地实习，还问了施工管理方面的问题。余先生还专门问了农业气象方面的问题，当时也没有明白先生的用意。对一些技术性提问，我回答的不够全面时，面试的老师还进行了补充。现在回想起来，这场面试更多像一个学术讨论会。复试结束时余先生代表复试小组宣布面试结果：专业基础知识扎实，今后要注意拓宽知识面，同意录取。面试对我的科研生涯起到了启蒙的作用，懵懵懂懂知道了一些研究生与本科生的区别，对今后三年研究生的努力方向似乎有了一些了解。

1983 年是灌溉所第一年招研究生，录取了两个学生，张效先和我。那时中国农业科院研究生院还没有农田水利专业和农业水土工程专业硕士学位授予权，录取通知书告知要到武汉水利电力学院（以下简称武水）学习三个学期基础课，然后到灌溉所完成学位论文，再到武水答辩，由武水授予硕士学位。这大概是研究生招生初期很多科研单位的研究生培养模式，在武水期间我们的身份是“代培生”。去武水学习基础课之前，先到灌溉所，一方面和导师辞行，同时了解一下导师对课程学习的要求和对学位论文的构想。关于学位论文选题，余先生的设想是基于气象学原理，研究喷灌对田间小气候的影响，搞清喷灌水分的消耗途径，探明喷洒水利用率。在 20 世纪 80 年代初期，能够意识到喷灌对农田小气候的改变会影响喷灌水分的利用率，还是很有前瞻性的。此时才明白了复试时余先生提问农田小气候方面知识的用意。遗憾的是，通过进一步阅读文献发现，开展喷灌农田小气候研究需要对气象要素进行连续定位监测，20 世纪 80 年代初期国内还不具备这样的测试条件，经过几次书信沟通，最后还是放弃了这个题目。

放弃了第一次学位论文选题后，经过一段时间的思考，余先生提出了以喷灌水力学作为论文选题的想法，背景是 20 世纪 70 ~ 80 年代世界范围内出现的能源危机对降低喷灌系统能耗提出了新的更高要求，论文的主题是探索利用优化喷头结构参数实现降低能耗的目的，也是当时喷灌研究的热点。在先生的悉心指导下，硕士学位论文研究了喷嘴形状对喷头水力性能的影响，提出了异形喷嘴优化结构参数。硕士阶段在国内第一次采用面粉法对喷洒水滴分布进行了系统测试，到目前为止，可能还是对喷洒水滴分布测试最系统的研究之一，在我国制定的第一版《喷灌工程技术规范》（GBJ 85-85）发布后的综述报告中还引用了我的硕士论文。说起当时的试验，还要感谢当时负责喷灌水力学实验室的刘新民老师。难以忘记，刘老师不仅手把手教我测试技巧，和我一起骑着自行车跑遍新乡市寻找高精度机床加工试验用喷嘴，并且在试验中遇到问题时，无论是节假日还是星期天，总是第一个赶到现场，千方百计帮助解决问题。完成的“摇臂式喷头方形喷嘴水力性能研究”硕士学位论文被评为研究生院的优秀论文，毕业后又对硕士论文的结果进行了拓展和提升，获得了 1993 年度水利部科技进步奖。

余先生指导学生的理念和方法对我的学术成长和为人处世产生了极其深刻的影响，先生也是我终生学习的楷模。大约在第二学期末我完成了开题报告初稿，那时还没有计算机打字，全部是手写，曾记得当时余先生由于身体原因正在贵州治病疗养，我把报告初稿寄给了先生。先生收到报告后除了在字里行间做了详细的批注外，还专门针对报告的每个章节写了极其详尽的评述，对研究方法和预期结果做了细致的解释、分析和说明。先生将开题报告标注稿和他的评述用邮件寄给了我，当我打开信封时倍感吃惊，我的报告 20 多页，先生的评述竟有 17 页。先生在他的评述开头写道“从今天开始看你的开题报告，计划在一周内看完”。先生对学生的高度负责和对学术的严谨跃然纸上，每当我批改学生的报告或论文感到厌倦和急躁时，先生对我开题报告的圈点和评述就会浮现在脑海中，激励我以对学术负责、对学生负责的高度责任心指导培养学生。

余先生在学生选题上始终以科学问题为导向，不以研究任务作为学生论文选题，论文研究内容既强调学术性，又重视实用性，既放手让学生自主开展研究，又注意对关键节点把控，充分重视对学生论文写作能力的培养，注重论文撰写的语言质量，注重对论文撰写中逻辑关系把控能力的培养。这些指导学生的原则和方法对我后期自己指导学生产生了非常积极和重要的影响。

余先生在学生培养中注重引导学生从工程实际中发现和提炼研究课题。1984 年 9 月由先生主持的我国第一座恒压喷灌工程——郏县恒压供水半固定式喷灌工程通过验收。当时对喷灌系统型式对田间管网投资与喷头组合间距的关系在认识上存在一些分歧，我结合《喷灌工程学》课程学习一直思考这个问题，发现半固定式系统的投资并不总是随喷头组合间距的增大而减小，因为组合间距影响着移动管道的移动次数，我把这个想法写信告诉了余先生，先生鼓励我继续思考这个问题并写成论文。我完成“灌水定额和灌水周期对半固定式喷灌系统投资的影响”论文初稿，经过先生修改后，投《喷灌技术》杂志并被录用发表（1985 年第 3 期），这是我学术生涯中发表的第一篇学术论文，对我以后学术生涯中科学问题提出、论文写作要领的把握以及严谨学风的养成都产生了非常重要的影响。

现在回过头来看硕士论文，遗憾的地方是模型的内容薄弱。当时也想用弹道理论模拟喷洒水滴的运动，由于时间的限制和对模型来自内心的恐惧，在毕业前未能完成模拟工作，这成了永远的遗憾，也使我在硕士毕业很长一段时间对模型仍心存偏见和恐惧心理。在我后来自己指导博士生的过程中一直倡导和要求学位论文一定要包括模型，以便学生为将来的学术发展铺好路。

余先生对我学术生涯产生重要影响的另一个方面是他的宏观战略思维。20 世纪 80 年代，我国的喷灌虽然取得了较快发展，但在适宜发展区域、发展规模、发展模式等方面认识尚不统一，影响了喷灌事业的健康发展。余先生意识到这个问题，率先提出在全国范围内开展喷灌区划研究的建议，得到水利部批准，完成了我国第一部喷灌区划，为我国喷灌发展提供了决策支持。30 多年过去了，即使今天看来，当年提出的优先发展喷灌的区域和原则仍然适用。20 世纪 90 年代初期，随着水资源日益紧缺，节水灌溉技术，尤其是井灌区低压管道输水灌溉技术在我国得到突飞猛进发展，余先生又提出开展全国节水灌溉区划的建议，选择在山东、陕西等节水灌溉发展较快、成效较显著的省份开展试点。尽管由于年龄原因，余先生在全国节水灌溉区划没有完成之前退休，但在区划工作开展之初提出的节水灌溉技术体系和效益评价指标为区划制定发挥了重要作用。余先生做研究、写论文所站的高度可以用高屋建瓴来形容，尽管在我的学术生涯中努力领会和学习先生的宏观战略思维，但是到现在参加工作三十余年的时候，仍感觉宏观战略思维仍是自己的短板，难以望先生之项背。

硕士期间令我受益匪浅的另一件事是参加喷洒水利用系数研究课题。这个项目是为我国第一版《喷灌工程技术规范》（GBJ 85–85）的制定提供依据。为了获得准确的喷洒水利用系数，在全国分区按照统一的测试方法对喷洒水利用系数进行测定，记得武汉水利电力学院、华北水利水电学院、新疆水利水电科学研究院等单位各负责一个地区。我利用 1984 年的暑假参加了李英能老师主持的中原地区喷洒水利用系数的测定。为了获得不同气象条件下的喷洒水利用系数，需要选择不同的测试时间，凌晨和晚上测试比较多。有幸跟随李老师参加了规范初稿讨论会。那时候开会时间比较长，一般三天或更长一些，对问题讨论得很充分。很大的一个收获是对喷灌当时采用的研究方法和成果有了比较全面的了解，也对高校和研究单位在研究上的优势和差异有了初步感性认识，再一个收获是认识了国内喷灌界的不少学者和专家，如施均亮、窦以松、吴涤非、王云涛等老师，从这些老师在会议上的发言中学到很多知识和研究方法，不曾忘记施均亮老师把多元回归的 PC–1500 计算机程序打印出来给我用，鼓励我试着编写计算程序。在施均亮老师主笔编制的《喷灌系统技术规范》专题报告之一“喷洒水利用系数测定”（喷灌技术，1985 年第 2 期）中还把当时硕士在读的我列入报告参编人，施老师这种提携后辈的精神值得我学习和发扬。

到灌溉所工作后参加了水利部三峡工程科技移民扶贫项目“三峡地区特大坡度条件下柑橘喷、微灌试点工程”，项目负责人是张祖新老师，工程建设地点在万县让渡果园。这是一个乡镇集体所有制柑橘园，紧靠长江，平均地形坡度大于 30°，工程面积 380 亩。1986 年底开始建设，1991 年 11 月通过水利部验收。这是我工作后参加的第一个有工程背景的项目，参与了工程勘测、设计、施工、验收的全过程。通过这个项目积累了实际工程经验，对沿长江地区的水利和社会经济状况有了一些了解。那时交通还不像现在这么发达，从新乡到万县都是先乘火车到宜昌，然后从宜昌乘船到万县。为了节省路途时间，一般到试验点都会待比较长时间，记得最长一次待了四十多天。柑橘场的条件还是比较艰苦的，虽然紧靠长江，但由于没有提水设备，饮用水是水窖的集雨，并且水窖都是完全露天的，经常会发现水中有小虫在翻跟头。柑橘场有一个三层的小楼，给我们在二楼腾出一间房子住。有一天晚上躺在床上看到天花板有些下坠，第二天告诉场长，场长说三楼是仓库，地板上剁了化肥，可能是太重把天花板压变形了，遂安排工人把化肥搬走，避免了进一步的危险。记得有一次四川省水利厅农水局的领导专程到柑橘场看望慰问我们，晚上一起住在柑橘场。房间的三张床只有两张床有蚊帐，我年龄最小，自然要睡在没有蚊帐的床上，着实体验了柑橘场蚊子的厉害。在点上大部分时间是和工人师傅一起放线和安装管道，有一件事使我至今记忆深刻。那时法兰盘是买钢板自己切割打孔，由于在打孔之前没有想到连接螺栓的尺寸，结果法兰焊到管道上后，连接时螺栓无法穿过去，又重新返工。通过这个项目，确实积累了实际工程经验，锻炼了不怕困难的意志。

由于柑橘场坡度很陡，喷头竖管像平地上那样铅直安装会使上坡方向喷洒时射程减小并且对坡面产生严重冲刷，经过查阅文献和向老师请教，提出了将竖管向下坡方向适当倾斜的安装方法，并通过试验验证了这种安装方法的可行性和优势，在国内的喷灌工程中第一次采用了竖管向下坡方向倾斜的安装方法，取得了良好效果，后来还在其他类似喷灌工程中应用。我还根据相关结果撰写了论文“坡地喷灌系统中竖管适宜偏角的选择”，在水利学报（1988 年第 5 期）发表，这是我在水利学报发表的第一篇论文。

1991 年我承担的项目大多已经结束，像灌溉所的大多数年轻人一样，由于新的项目还没有着落心里有些打鼓，总理基金项目“华北地区节水农业技术体系研究与示范”和“八五”科技攻关项目“商丘试验区节水农业持续发展研究”是灌溉所当时承担的两个重要项目，年轻人大多想参加这两个项目。总理基金项目在河南省清丰县、山西省夏县和河北省廊坊市安次区设了三个示范区，在人员安排时，有些出乎预料，我未能进入这个项目，即使到现在，我依然不清楚原因。当时的情绪很低落，就找硕士同窗张效先诉说苦闷，并表达了想参加商丘试验区项目的愿望。效先向商丘试验区项目负责人、灌溉所原所长贾大林先生转达了我的请求。没想到贾先生很快同意我到商丘试验区工作，并专门给我确定研究内容，安排了经费。贾先生这种宽广的胸怀以及对青年人的提携令我感动不已。1997 年到气象所工作后和贾先生又有不少接触，先生的家国情怀、敬业精神、忘我境界一直激励着我勤奋工作。在商丘试验区工作的时间不长，但还是颇有收获，对示范区有了初步了解，对半湿润偏湿润气候区农业与灌溉的特点有了初步认识，和在商丘试验区工作的刘世春老师、庞鸿宾老师以及王和洲、吕谋超、何晓科等建立了深厚的友谊。还记得当年和何晓科一起骑着自行车在试验区测量地下水埋深的情景。在试验区期间，在李庄试验站院内安装了固定式喷灌系统，还记得安装时不慎把腿划伤，食堂的徐师傅用自行车带着我到乡卫生所上药。听和洲说，建成的喷灌系统还用了几年。至今说到商丘，说到商丘实验站，还感到分外亲切。

从 1983 年 9 月硕士入学至 1992 年 10 月去日本攻读博士学位，在灌溉所学习工作了十个年头，其间除了承蒙余先生的悉心指导外，李英能老师也为我的学术发展提供了无私指导和大力支持，在我硕士学习期间，李老师担负着副导师的角色，毕业后参加的第一个项目就是李老师主持的水利开发基金项目“异形喷嘴喷头研制与开发”。遇到难题时每每向李老师请教，老师都能指出独辟蹊径的创新思路，同时，李老师深厚的文字功底激励着我在论文写作中从不敢有丝毫懈怠。

灌溉所学习、工作和生活的十年间得到很多老师的指导、关心和帮助，和黄修桥、龚时宏、郭志新等在工作中建立了纯正的友谊。从事的研究主要集中在灌溉水力学和作物需水方面，在灌溉所期间的学术积累为后期的发展奠定了较好的基础。在离开灌溉所之后，遇到疑惑和困难也多次向当年的老师和同事请求帮助，每每都得到了圆满解决。灌溉所老师和同事的脚踏实地、默默奉献精神激励着我不断向前。灌溉所是我永远的母校，新乡是我的第二故乡。

日本留学

由于硕士毕业时农田水利和农业水土工程专业可以招收博士生的单位和导师很少，就没有继续读博士。1991 年末，灌溉所收到日本爱媛大学寄来的博士生招生简章，该校在全球范围内遴选 6 位博士生，日本政府提供 3 年奖学金并免除所有学杂费，更重要的是对日语没有要求，学位论文可以用英语撰写。这在当时来说，条件还是很优厚的。由于招生人数不多，可以预见竞争会异常激烈。灌溉所推荐我申请。申请材料比较简单，除了个人信息外，需要附上硕士论文的英文摘要，校方对申请者英语能力通过这个摘要进行评估。申请的导师是香川大学河野广先生，专业方向日语汉字表述是“生物环境保全”，翻译成汉语的话，大抵是“生物环境保护”，我个人觉得和美国的“生物系统工程”有些接近。看来 20 世纪 90 年代初期日本的农田水利专业的名称也已经在变革中了。

申请过程还是有些曲折的。在 1992 年元月份提交了申请。申请书要求附硕士导师的推荐信，余先生用中文拟了推荐信，我翻译成英文，余先生签字后作为附件。我当时也是疏忽了，既没有给余先生一份推荐信复印件备忘，我自己也没有留下备份。由于招收的人数很少，余先生也没抱多大希望，写完推荐信后，就把这个事放下了。4 月中旬的一天，忽然余先生接到河野先生从日本打来的电话，告诉余先生我的申请作为六个拟录取的博士生之一，已通过学校评审，在上报文部省最终批准之前需要确认我能如期到学校报到。由于从写推荐信到接到电话已经有一段时间，推荐我申请到日本读博士的事余先生已经淡忘了，再加上那时余先生刚从灌溉所所长的岗位上退下来，接到河野先生的电话时第一反应是出国的经费从哪来，他现在已不在领导岗位，没有办法解决钱的来源，因此就告诉河野先生他不确定什么时候推荐过我到日本读博士。推荐信的节外生枝使赴日留学的希望变得有些扑朔迷离。好在河野先生几年前访问过灌溉所，并且对所里的喷灌试验场留下很深的印象。河野先生对推荐信的事虽然感到很突然，但在电话中没有完全拒绝接受我读博的申请，而是告诉余先生，让我次日上午十点亲自给他打电话确认。河野先生还嘱咐，为了防止由于语言不通造成理解上的差异，让我找一位会日语的朋友用日语给他说，他也会找一位中国留学生通电话时在场，可能引起误解时，我直接用中文说。河野先生的细致周到和公正审慎的工作作风使我终生难忘，值得我终生学习。第二天是星期六，我找了灌溉所可以用日语流利会话的好友吴景社一起去给河野先生打电话。那时候从所里还不能打国际长途，我们一起到饮马口邮局去打了电话。与河野先生的电话沟通比我预想的顺利，先生听了我对推荐信原委的解释和说明，很简明地告诉我，他的顾虑打消了，文部省批准后即可入学。推荐信的风波就这样过去了，感谢河野先生的大度，感谢景社的无私帮助，感谢后来成为我师姐的姜华英博士，留学申请过程中给河野先生的沟通和联系多是通过华英师姐帮忙。

8 月下旬盼来了如期而至的爱媛大学的录取通知书，报到日期 10 月 5 日。在 1992 年，获得日本文部省奖学金对大多数学子来说，都是一件大喜事，因为对当时工薪阶层的收入而言，国外读博士的学费和生活费不亚于天文数字。

出国留学的喜悦很快被入学后的焦虑所冲淡。置身一个文化、语言、生活习俗完全不同的异国他乡，那种孤独、无助和心理反差相信很多留学生都经历过。焦虑阶段过后面临的更大挑战是博士学位论文选题。奖学金只提供三年，如果三年内拿不到学位需要延期，则需要另行支付学费。一般来说，在日本三年拿到博士学位不是一件容易事。由于我不懂日语，我和河野先生之间的沟通和交流只能借助英语。英语都不是彼此的母语，再加上文化背景的差异，沟通起来的困难、彼此的误解时有发生。从一件小事也许能了解语言和文化差异带来的误解。刚到日本不久，河野先生在农业工学研究所工作时的上司水之江正辉先生到访香川大学农学部，晚上水之江先生邀请河野先生和研究室的所有留学生共进晚餐。河野先生用英语告诉我下午 6 点一起从“农学部前”出发去就餐地点。河野先生说的“农学部前”是指电车的站，我误解为农学部大门前，结果和河野先生没有如期碰面，耽误了预定的电车班次，只能改乘下一班电车。

从 1986 年硕士毕业到 1992 年赴日本读博士的六年间我的研究方向多集中在喷灌方面，对喷灌相关研究还算有一些了解。通过进一步的文献阅读，大体确立了将喷头水力性能与土壤水分运移分布结合起来研究的总体设想，并形成了将研究兴趣逐渐拓展到养分、作物生长和产量的初步构想。1995 年博士毕业到现在二十六个年头过去了，回过头来看，我学术生涯基本按照这个构想在一步一个脚印地向前迈进，虽然由于工作环境、政策的不断变迁不时遇到一些困难，但一直不忘初心、咬紧牙关、不敢懈怠，砥砺前行。

大约在入学两个月后完成了博士学位论文开题报告。完成报告的过程是艰难的，最大的困难在语言，英语学习虽不曾间断，但英文写作方面的训练只是偶尔撰写中文论文的英文摘要，这是第一次用英文来谋篇，写一个完整的报告。感觉最难写的部分是试验设计与方法，虽然在文献中阅读过试验方法的描述，但距比较简洁清楚地把试验过程表述清楚还是有相当差距的，这次撰写开题报告使我意识到自己在英文方面的差距，也做了一个弥补短板的学习计划。

把开题报告送河野先生审阅时简单汇报了论文的结构和主要试验，令我兴奋和高兴的是我的想法与先生不谋而合。先生也一直在思考如何把喷灌水力学与土壤水分和养分的动力学研究相结合。更可喜的是先生还曾指导两个本科生做过一些喷灌均匀性与土壤水分分布的田间试验，这部分试验数据还没有来得及公开发表。先生把原始试验数据给了我，让我通过分析这些数据进一步完善试验方案。开题报告比较顺利通过了，确实还是很高兴，也为完成学位论文打下了基础。接下来是做喷头水力性能测试，试验在一个遮雨棚中进行。管路设计、器材购置、精度确认、系统安装等全面由我自己完成，没有辅助人员，这一点和国内大不相同。在毕业回国后所有试验我都尽量亲力亲为、不等不靠的工作作风与在日本博士期间的培养和锻炼有直接关系。在日本的第一次试验，让我也意识到日本的试验条件也不都是非常先进和现代化，试验中喷头流量还是用最传统的体积法测试，灌溉所喷灌试验厅多年前就采用电磁流量计测流量了。当时在河野研究室做学术访问的来自黑龙江水利科学研究所的王长君师兄和研究室的本科生藤森才博同学对水力性能试验提供了热情周到的帮助，一直心存感激。

喷头水力性能试验完成后着手筹划土壤水分方面的试验。首先是选择试验地点。河野先生经过多方协调，最终选定在香川大学附属农场的一块试验地内开展试验。附属农场到农学部大约 15 km，首先面临的困难是交通问题。从农学部到附属农场没有公共交通，学校也没有班车。这时原来协助开展水力性能试验的藤森同学已本科毕业开始在河野研究室读硕士，成了我名副其实的师弟。藤森乐于助人，工作热情也非常高，对试验极端负责任，还有一个强项是善于与人沟通。田间试验期间，与农场的沟通协调全部由藤森出面。非常幸运遇到这么好的日本师弟。更幸运的时，藤森有一辆不错的丰田轿车，可以随时拉着我去农场做试验。为了获得不同的喷灌均匀系数，需要选择在不同气象条件下开展试验，那段时间藤森基本上是随时待命出发。农场试验期间还有一件事给我留下很深印象的是农场管道化的灌溉系统。灌溉管道系统类似于我们国家的自来水供水系统，需要时从田间给水栓直接取水即可，不需要和水泵管理人员联系。当年我专门就这个事请教过河野先生，他说自动有压供水灌溉管网在日本已经有不少应用。即使现在，国内灌溉管网达到自动连续有压供水的也不是特别多，我们的灌溉自动化、智能化还有很长的路要走。田间试验结束后，我和藤森就各自学位论文对试验数据分析的方向和重点进行了分工，很好地实现了共享共赢。

完成水力性能和土壤水分分布试验后进入数据分析和学位论文撰写阶段。在论文是否要包括模型这个问题上，我和河野先生还有过一次比较深入的讨论。先生主要从时间进度上把控，建议不包括模型部分。我主要从当年硕士论文的得失上考虑，希望包含模型部分，能通过博士学位论文提升一下自己在模型上的能力。最后河野先生接受了我的建议，同意把模型内容作为学位论文的一章。论文中构建了考虑喷灌灌水不均匀性的二维土壤水分分布模型。现在回过头来看，当年读博士期间对模型的训练对后期工作还是有一些帮助的。

三年的日本留学主要收获有三个方面：一是扩大了自己的国际视野。河野先生是一位具有广阔国际视野的学者，和先生的朝夕相处，使我逐渐领略到国际学者的风采。当年河野研究室有三位留学生，一位来自越南，两位来自中国，农业工学科还有来自摩洛哥和埃塞俄比亚的留学生，河野先生不分国度贫富，不分学生研究基础优劣，平等友善地对待每一位留学生，倾听每一位留学生的诉求，对学生的学术发展能够从宏观把握和微观创新两个层面把关并提出希望和要求，这既需要人文修养，又需要深厚的学术积淀。河野先生还经常鼓励留学生毕业后返回自己的祖国，为自己国家的发展尽力。2016 年 11 月同期在河野研究室留学的越南学生 Nguyen Quang Kim 来北京访问期间我们一起叙旧，谈论最多的依然是河野先生的国际学者风范，我们都尊称先生是“学术绅士”。先生的国际视野和平等对待每一位学生的理念对我日后培养学生产生了深远影响。从 1999 年自己开始指导第一位硕士生张建君开始，先后培养的硕士生、博士生和博士后有三十多位，我都做到平等对待每位学生，并竭尽全力对学生的学术发展给予有针对性的指导。二是提高了自己的英文写作能力。三年时间完成英语学位论文的压力变成了学好英文的动力，通过不断努力，博士论文的主要内容在日本农田水利主流期刊农业土木工程学会论文集以及 *Transactions of the ASAE*，*Journal of Irrigation and Drainage Engineering*，*ASCE*，*Journal of Agricultural Engineering Research*，*Agricultural Water Management* 等国际重要期刊上发表，相关研究引起国内外同行的关注。其中，发表在 Transactions of the ASAE 的论文“Droplet Size Distributions from Different Shaped Sprinkler Nozzles”提出的喷洒水滴分布指数函数模型被美国农业与生物工程学会（ASABE）纳入《灌溉系统设计管理指南》，作为喷灌水力性能评价的推荐公式，论文还被美国农学会（ASA）出版的《农作物灌溉》手册引用，研究结果被推荐作为改善喷灌系统性能的重要技术手段。博士期间的研究为开拓自己的学术生涯营造了有利的条件。也正是这些学术生涯初期的积累，2012 年受聘担任 Irrigation Science 副主编，成为第一位担任这一重要国际期刊副主编的中国学者；2016 年担任 Irrigation and Drainage 主编，成为期刊创刊 65 年来第一位担任该刊主编的中国学者，后期又受聘担任了期刊编委会主席。三是对日本的学术文化有了一定的了解和认识，这对我的学术发展产生了重要影响。日本学者以及整个社会的专注和低调给我留下极其深刻的印象。日本的教授多能专注一两个研究方向，研究方向的拓展往往是随研究成果的积累自然而然完成，很少出现研究范围的急剧扩张或研究方向涵盖范围过广，这可能接近我们近几年提倡的“工匠精神”。遵循这一精神，我在领导和管理团队后，总是首先给每位骨干确定一个相对独立并且可以专注五年以上的方向，在团队中营造“板凳坐得十年冷”的学术氛围，克服急躁情绪。团队研究方向在工作中不断拓展是必要的，否则团队发展就会失去活力，但是我在工作中始终坚持方向拓展循序渐进的方针，防止盲目扩张。

三年的日本留学对我学术发展产生了积极而深远的影响，河野先生的“学术绅士”风范激励我战胜学术生涯中遇到的困难，促使我在喧嚣的环境中专注于学术，力戒浮躁，锤炼学术独立的品格。三年留学生活中得到很多老师、前辈和同门的帮助，除了前文提到的河野先生、长君师兄、藤森师弟、华英师姐外，香川大学农学部农业工学科行政秘书福崎富代女士对我在日期间的诸多事务和日常生活提供了细致周到的帮助，在此表示深深的感谢！

清华博士后

在博士论文答辩前就开始做回国工作的准备，偶尔河野先生也会问起国内工作单位的落实情况。95 年 9 月份答辩结束后，国内工作单位还没有落实。那时水利部的灌排中心和日本国际协力事业团（JICA）有合作项目，河野先生拜托在灌排中心担任中日合作项目专家的日高修吾先生帮助我寻找工作单位，日高先生找到中心的沈秀英教授商量此事，沈教授建议到清华大学水利系做博士后，并热情地把我推荐给杨诗秀教授。当时虽然和清华水利系没有合作，但是水利系的惠士博、雷志栋、杨诗秀、谢森传等教授的名字还是如雷贯耳，雷老师、杨老师、谢老师的《土壤水动力学》是我们这一代人心目中的巨著，我们这一代农田水利专业的学生大多是通过这本教科书学习土壤水动力学知识的，对诸位老师的崇敬之情溢于言表。我随即和杨老师写信联系，很快收到杨老师同意接受我到清华大学水利系做博士后的回信。非常高兴能有到中国的最高学府学习的机会。我们一家三口 1995 年 10 月 5 日从神户回国，10 月 7 日下午抵天津港。我小姨和内弟驱车到天津港迎接，然后从天津直奔北京清华园。到达校园时已晚上八点多了，进到校园以后才真正体验到清华校园的大。由于对校园不熟悉，怀着忐忑的心情从校园给杨老师打电话想询问一下住宿等情况，没想到杨老师从家里赶过来帮助安排住宿，并安排我们吃晚餐。这是第一次见到杨老师，给我留下的第一印象是既有大学者的风范，对人又极体贴周到。第二天是周末，那时候雷老师正担任水利系主任，想来行政事务是很繁忙的，还是专门安排时间和我见面，介绍了水利系的基本情况，谈了未来工作的一些设想。雷老师、杨老师和谢老师是我博士后的指导教师。能够成为三位老师的学生是我一生的荣光。由于当时惠老师已经退休，名义上不能作为导师，感到有些遗憾。

在清华做博士后的两年期间，主要参加了雷老师主持的国家自然科学基金“八五”重大项目“华北平原节水农业应用基础研究”课题 4 “节水农业综合技术的应用基础研究（1993 ~ 1997）”和世界银行贷款项目“新疆塔里木盆地农业灌溉排水与环境保护（一期工程）”专题：新疆叶尔羌河平原绿洲四水转化关系研究（1994 ~ 1998）”的部分工作，有幸随雷老师、杨老师、沈言琍老师和当时的博士生尚松浩、毛晓敏和硕士生李民到新疆叶尔羌河和渭干河流域进行过为期一个月的水盐监测以及调研工作。那是我第一次去新疆，对新疆的社会、经济和生产状况有了感性认识。这次新疆的行程可谓“险象环生”，既经受了老师身体不适给团队成员带来的心理担忧，又经历了社会治安和生活环境的磨炼。雷老师和杨老师献身科学、追求真理的无私无畏品质和风范激励着团队每一个人奋发前进。还清晰记着雷老师在田间给我们讲述“点、线、面”结合的水盐监测研究构想，以可控制地下水位的地中渗透仪作为“点”，探索四水转化机理，以林带作为“线”研究水盐的空间变化，“点”和“线”结合研究农田尺度的水盐变化特征，最终向流域尺度提升。雷老师娓娓道来，我们学生在聆听中领略着学者的风采和科研工作的魅力。也还记得雷老师和杨老师为了弄清干旱地区“干排”的原理，驱车数十公里去荒地取土样测试盐分含量。

清华的两年对我后期学术发展影响可概括为几个方面。一是雷老师、杨老师对学生培养不仅是学术指导，同时注重对学生的爱国爱水利教育，这些教育不是空洞的说教，而是在日常工作中潜移默化的教育，常常听到两位老师在研究调研甚至工作间隙对学生进行国情教育，培养学生的爱国情怀。受两位老师的熏陶，我在有机会领导自己的团队时，也十分注重营造积极向上、传播正能量的氛围。二是雷老师和杨老师以及团队成员之间的团结协作精神。在清华两年与两位老师朝夕相处，博士后出站后也不断有联系，从没有听两位老师讲过他们之间的分工，但两位老师之间的合作确实达到了天衣合缝、互补共赢的崇高境界。从我自己作为一个学生的视角来看，雷老师稍侧重于观点的凝练，而杨老师更娴熟于对观点的论证和逻辑关系把控。两位老师带的学生不分彼此，共同指导。三是研究工作中敢于坚持真理，不唯上，不唯书。四是两位老师的勤奋激励我在学术生涯中不敢懈怠。在清华的两年间，只要杨老师不出差，早上一定是第一个来办公室，最后一个下班，周末也总是在办公室工作。那时喝水要用暖瓶到开水房打水，多数情况下是待我们这些学生到办公室时，杨老师已经打好开水并且把办公室打扫干净，这也常常使我们这些做学生的感到惶恐和内疚，偶尔也想抢在杨老师之前到办公室，但多不能“得逞”。

清华诸位老师对学生的提携和关怀之情也使我终生难忘。从清华博士后出站到气象所工作不久，那时候自己的学术积累还很不够，雷老师、杨老师和谢老师多次让我担任他们指导研究生的答辩委员，给我提供了很好的机会，雷老师还让我作为他主持的国家自然科学基金重点项目中期检查和结题验收专家，惠老师和谢老师也让我参加他们成果的鉴定。所有这些对我早期学术成长帮助都很大。

在清华做博士后期间科研任务相对不是太重，使我有了比较多的时间到图书馆查阅文献，思考自己近期和稍远的学术发展。在我出站的 1997 年获得了第一个国家自然科学基金面上项目。

气象所的四年

1997 年 10 月从清华大学土木水利博士后流动站出站后来到中国农科院农业气象研究所工作，现在气象所已更名为农业环境与可持续发展研究所。独立的学术发展是从气象所开始的，这个时候已经没有了导师的陪伴，真正需要独当一面。实际上，从博士阶段就开始考虑今后的学术发展方向，通过三年博士加两年博士后的训练，到气象所工作时，我个人对学术发展的思路大体上是清晰的，总体思路是将现代灌溉条件下的作物–土壤–水分–养分关系作为十年或更长时间的研究内容，研究中注重灌水技术参数的调控。我的专业和研究背景与气象所的主要研究方向并不一致。旱农（雨养农业）是当时气象所的优势方向，但没有人做灌溉方面的研究。感谢林而达所长和梅旭荣书记以宽广的胸怀接受我这样一个非气象所主专业的人来所工作。

来到一个新的单位，如何能够踢开头三脚，找到合适的位置立足，是首先面临的挑战。身后没有导师和先辈站台，这种挑战显得更加严峻。气象所百花齐放百家争鸣的科研环境为个人的学术发展提供了良好平台。稍感幸运的是，当时我主持的第一个国家自然科学基金面上项目“喷灌均匀系数对土壤水分时空分布及作物产量的影响”刚刚获批，研究经费上还算能够维持。之所以选择喷灌均匀系数作为研究的主题，一来从灌溉技术参数对作物–水分关系的影响上来说，均匀系数有其特殊重要性，尤其是在当时中国经济水平不是太高时，喷灌的高投入是技术推广的重要限制因素，而投资又与均匀系数密切相关，同时均匀系数对作物水分利用的影响又比较直接；二来通过博士和博士后期间的工作，在均匀系数方面也有了一点积累，便于引起评委的共鸣。接下来面临的困难是气象所没有开展喷灌研究的试验条件。这个时候，时任气象所气象实验站站长饶敏杰伸出了援助之手。共同的价值观和研究理念使我们成为挚友，成了科研上密切合作的伙伴。敏杰在实验站安排了一块地专门开展喷灌试验。那时还没有组建起团队，所有试验都是敏杰和我以及实验站的技术员一起完成。技术人员参加试验最多的是王春辉。试验工作量过大时，敏杰的夫人小马和我爱人都是志愿者，到田间和实验室帮忙。还记得在实验站的平房内大家一起动手测叶面积的情景，每个人坐在或高或低的凳子上，用不同颜色和长度的直尺聚精会神地量着每一片叶的长和宽，样品数量实在有点多，每测完一个小区的样品，大家或会心地相视一笑，或做个深呼吸舒缓一下疲劳。也还记得小麦考种取样工作量大，为了赶时间，早晨五点就到试验田集合开始取样，取样结束时每个人的鞋子和裤腿上都沾满露水和泥巴，脸上淌着汗水，沾着小麦的枯叶，互相对望时感到有些滑稽，但望着试验田路边整齐码放着的小麦样品，每个人又充满收获的喜悦。玉米田间管理和取样时的工作环境比小麦更严酷一些，到了生育中后期，每次进到田间钻来钻去测土壤水分和取样，脸和手臂都要经受叶子的无数次划刺，待到生育期结束时，想来那些被我们无数次访问和“施虐”过的植株都能分辨出我们的脚步声，听懂我们的对话。玉米考种取样更具挑战性，可能是由于试验田紧靠市区三环路，考种取样时会受到各种叫上名和叫不上名蚊虫的猛烈攻击，取完一批样从地里钻出来，身上几乎找不到没被叮咬的地方。经过不懈的努力，圆满完成了第一个基金项目，项目的进展还在基金委的简讯做了报道。

我到气象所后的科研起步阶段承担的第二个科研项目是国家社会公益类项目“风沙区

农业用水定额的制订与修订”，这是国家第一批公益类项目，灌溉所原所长段爱旺研究员是主持人，我和敏杰是参加人，承担与喷灌用水定额相关的工作。研究基点在位于内蒙古自治区达拉特旗树林昭镇的水利部牧区水利科学研究所试验基地。为了完成试验任务，敏杰和我多次乘周五夜里的火车从北京到包头，周六、日在基地进行试验观测，周日夜里再乘夜车回北京，赶上周一到单位上班。还记得我和春辉带着安装灌溉系统的材料乘夜班长途车去包头，为的是省下乘火车托运货物的时间和费用。也还记得和敏杰一起带着两个编织袋的管道和管件去包头，从包头火车站乘出租车去实验站，中途出租车司机漫天涨价，我们不答应，就把我们撂在前不着村后不着店的路边。现在还清晰记着我们两个对望时无助的苦笑。试验观测需要有人长期驻守基点，春辉和小于在基点驻守时间最长。开始是借住在水利部沙棘中心试验基地的院子里，后来搬到牧科所为开展试验建的平房，2～3 人一间。敏杰、春辉和我在一起住的最多，还记得和春辉住一起时的彻夜长谈，每天夜里都要聊到十二点以后。春晖和小于在基点对待试验认真负责的态度和熟练的试验技能得到了基点其他单位工作人员的高度认可和赞许。2000 级硕士生闫庆健依托项目完成了硕士学位论文。

学术发展初期的创业是艰难的，但这些历练又是弥足珍贵的，在共同奋斗中建立起的同事情谊是真诚而经得起时间考验的。创业初期的磨炼为团队后期的发展积累了良好信誉，初步形成了勤奋、敬业、追求卓越的团队文化内核，为保持团队长期稳定发展奠定了基础，成为我学术生涯的一笔宝贵财富。

有创业初期积累的科研信誉和成果，接连申请的基金项目“滴灌施肥灌溉系统运行特性及氮素运移规律的研究”获得批准（批准号：59979027）。这个滴灌的基金项目是作物-土壤-水分-养分研究主题的延续。在 20 世纪 90 年代末期，我国滴灌有了一定发展，但对滴灌施肥或称水肥一体化还很陌生，滴灌施肥的研究和应用基本是空白。据检索，这是国家自然科学基金资助的第一个滴灌水肥一体化方面的项目。项目获批前我已获得中国农科院研究生院硕士生导师资格，1999 年张建君成为我的开门弟子，也成了这个项目的骨干。项目之初，无论是老师还是学生对滴灌施肥灌溉条件下的养分运移都是初学者，为了加强对学生的指导力量，聘请我的学兄、中国农业大学任理教授为副导师。任老师倾力相助，在中国农业大学协助安排土柱试验的场所，使试验能够如期进行。西安理工大学张建丰教授免费为我们加工了土柱试验的全套装置。这在当时团队人力、物力、财力都不充裕的时期，任老师和建丰老师的热情帮助对项目的启动无疑是雪中送炭。建君较强的动手能力加上理学学士良好的数理基础在研究中得到了充分展现。通过这个项目，对滴灌施肥条件下的水氮运移规律和调控原理有了较为深入的认识，研究结果在 Irrigation Science、Agricultural Water Management 等国际期刊上发表，多篇论文的单篇引用次数超过 100 次，出版了我国第一部滴灌水肥一体化方面的专著《滴灌施肥灌溉原理与应用》，中国知网的引用次数达 220 余次，这无疑是对我们进一步做好研究工作的鞭策。也正是这些研究使我们在国内外同行中的声誉和地位得以逐步巩固和提高。

20 世纪 90 年代后期我国喷灌发展经历了几起几落之后再次走入低谷，从行业决策部门到用户的一个共同疑虑是喷灌究竟是否节水？产生这种疑虑的原因是喷灌存在蒸发漂移和冠层截留损失。尽管我国在 20 世纪 80 年代对喷洒水利用系数在不同气候区做过较为系统的测试和研究，但从机理上回答喷灌水分的消耗机制和途径仍显得尤为迫切，这也是硕士阶段导师曾经为我选过的研究课题。为此，2001 年我申请了国家自然科学基金面上项目“喷灌作物冠层截留水量的消耗机制及其对水利用率的影响”并获得资助（批准号：50179037），我指导的 2003 级博士生王迪利用称重式蒸渗仪、波文比能量平衡系统和涡度协方差系统对喷灌农田能量要素、小气候及作物蒸腾进行了系统研究，2009 年来课题组从事博士后研究的赵伟霞博士在王迪结果的基础上开展模拟，开发了考虑喷灌小气候变化的喷洒水利用率模拟软件，在一定程度上圆了余先生当年提出的构想。

在气象所工作期间的另一个收获是对气候变化方向有了一些涉猎。刚到气象所不久，根据林而达所长的安排，协助林先生进行了气候变化对农业影响的文献综述，对气候变化这样一个比较新兴的学科有了初步了解，后来还参加了林先生主持的全球气候变化方面的攀登计划项目和“973”项目。尽管在后期没有机会直接参与气候变化研究，但通过参与相关项目，对气候变化的研究方法有了一点了解，对我后期在研究思路和方法上的发展还是有了有益的启迪，如在作物模型和气候模式等方面的研究方法等。感谢林先生对晚辈的大力提携，也感谢在气象所四年间林先生对不同研究方向的包容以及多方关照。

在气象所期间还有幸参加了中国工程院重大咨询项目“中国农业需水与节水高效农业建设”，协助贾大林先生开展宏观调研和资料分析工作，比较早提出了节水灌溉首先要充分利用当地水资源、工程建设重点放在渠灌区、以改进地面灌溉为主有条件地发展喷灌和微灌、加强工程与农艺节水技术结合等发展战略，明确了节水灌溉发展的重点地区和工程建设重点。参加这个项目对宏观战略研究方法有了一些了解，在一定程度上弥补自己在宏观研究上的短板。

水利所的二十年

在气象所工作四年后，2001 年 11 月调入中国水利水电科学研究院水利所工作。从 1983 年进入灌溉所算起，在中国农科院接近 20 个年头，我的身心已经深深烙上农科院的印记，就这样怀着难以割舍的心情离开了曾经日夜相伴的母校，奔赴新的岗位。水利所并不陌生，早在博士后期间就在这里工作过八个多月。再次来到曾经工作过的地方，但是身份已经不同了。

从气象所来到水利所，坦率地讲，自己也不太理得清动机，当时比较多地考虑了自己从事的研究是水利所的主专业。二十年后的今天回过头来看这个事，也许当时换单位有些多此一举了，2018 年前后农田水利的大部分业务又从水利部划归了农科院的主管部门农业农村部，真是应了“三十年河东三十年河西”那句老话！

既然来到主专业与自己专业吻合的研究所，就要在重新审视原来制定的学术发展规划和目标的基础上，利用有利条件加快学术发展。首先想到是组建团队。在2001年招研究助理的政策还没有像现在这样放开，因此组建团队比较可行的方法是招研究生。那时水利所还没有博士生导师，不过水科院拥有水文水资源专业博士学位授予权。通过和院领导的多次沟通，2002年暑假前我的博士生导师资格获得批准。由于水科院研究生招生指标很少，并且博士生导师不能招硕士生，又积极与中国农业大学水利与土木工程学院沟通，从2002～2013年学院每年都给我安排了招生指标。这样每年大体可以招到2～3个学生，团队研究力量得到较好保障。感谢水利与土木工程学院冯绍元、杨培岭、王福军等负责研究生招生工作的诸位领导的大力支持。

研究生招生难题得到较圆满解决，2002年招收了第一位博士生白美健和硕士生宿梅双。紧接着开始着手完善试验平台和条件。2001年到水利所时，国家节水灌溉北京工程技术研究中心大兴试验基地刚开始筹建，为平台建设提供了良好机遇。依托水利部“948”引进国外先进农业技术项目和水利部的基建项目，2003年前后我负责建成了称重式蒸渗仪，购置了自动气象站、涡度相关系统、波文比能量平衡系统、连续流动分析仪、土壤水分特征曲线测定系统、非饱和土壤导水率测定仪、Trime土壤水分测定系统以及土壤水分传感器系统，后来又添置了自动定氮仪和离心机土壤水分特征曲线测定系统等比较昂贵的仪器设备。2004年又建成了试验用日光温室，至今仍在使用，以后又根据需要，研发建成了地下滴灌恒压供水及土壤入渗装置、滴灌灌水器堵塞试验平台等设施。

研究工作按既定目标持续推进，这一阶段的学术发展与学生培养紧密结合为一体。学生的论文选题依然围绕国家自然科学基金项目进行。2002级硕士生宿梅双和2003年博士生王迪围绕两个喷灌方面的基金项目（59979025，50179037），利用气象所试验站的称重式蒸渗仪、涡度协方差系统、波文比能量平衡系统开展了华北平原冬小麦—夏玉米喷灌水肥高效利用机制研究，定量确定了喷灌作物冠层截留水量，明确了截留水量的消耗途径，区分了截留水量对喷灌水利用率的有效性贡献，进一步定量评估了喷灌均匀系数对水肥分布、淋失和产量的影响。

2002年10月～2003年1月在国家留学基金委的资助下到美国田纳西大学做了三个月的高级访问学者，合作导师是美国农业与生物工程学会（ASABE）前主席Ronald Yoder教授。那时Yoder教授研究方向之一是基于土壤水分和作物指标进行精准灌溉决策，就建议我利用这三个月的时间学习Matlab基础知识，探索人工神经网络在滴灌水氮运移分布方面应用的可能性。我接受了Yoder教授的建议。访学结束时完成的论文“Simulation of nitrate distribution under drip irrigation using artificial neural networks”在Irrigation Science（2004，23：29-37）发表，后来这篇论文被同行认为是最早将人工神经网络应用于滴灌水氮模拟的研究之一。从美国访学回国后，在已完成的基金项目59979027的基础上，根据在美国期间学到的人工神经网络知识和初步探索，申请了国家自然科学基金面上项目“作物对滴灌水氮的动态响应及其人工神经网络调控模型”并获得批准（批准号：50379058）。2003年入学的硕士生孟一斌和博士生栗岩峰围绕这个项目完成了学位论文。通过这个项目，在水力学方面，系统研究了不同施肥装置的水力性能，建立的压差式施肥罐的肥液浓度衰减曲线被教科书和培训教材采用。在作物对滴灌水肥响应方面，研究了作物对滴灌灌水和施肥频率、滴灌系统运行方式的动态响应特征，在试验和模拟充分论证的基础上提出了滴灌水氮管理模式，得到了一定规模的应用。

20 世纪 90 年代末，薄壁滴灌带的开发成功使微灌系统的投资成本大幅下降，带动了应用面积的快速增加，微灌技术的发展由零星示范转向规模化推广，并开始尝试应用地下滴灌技术。地下滴灌应用中出现了水分向上运移不足影响出苗、土壤水分分布不均匀影响作物生长和产量等现象。从上述现象中提炼科学问题，2005 年申请了国家自然科学基金面上项目“土壤非均质条件下地下滴灌水氮运移规律及其调控机理”并获得批准（批准号：50579077）。2004 级硕士生计红燕、2005 级博士生刘玉春和硕士生杜珍华、2006 级硕士生杨风艳等学生依托这一项目完成了学位论文。评估了农田尺度条件下土壤空间变异和水力学因素（水力损失、毛管埋深、施肥装置类型等）对土壤水氮分布和作物生长影响的相对重要性，在 ASABE 年会上发表的论文“Drip fertigation uniformity and moisture distribution as affected by spatial variation of soil properties and lateral depth and injector type” （DOI：10. 13031/2013. 38489，Paper Number：1110670）引起同行关注，稍感遗憾的是，由于当时中国农业大学的硕士学制为两年，只有一年田间试验数据，未能在学术期刊上正式发表。通过大量土柱和田间试验以及模拟，评价了土壤层状质地对地表和地下滴灌的水氮运移分布、作物吸收利用的影响，提出了复杂土壤条件下地下滴灌毛管埋深设计方法。这一项目的研究结果在一定程度上丰富和完善了滴灌系统设计和管理方法。

随着微灌技术在我国进入快速发展期，对系统设计标准的关注程度持续增长。2008 年暑期到我国微灌发展最多的地区—新疆，对微灌发展和应用情况开展了为期两周的考察，发现设计和管理部门均对能否降低现行均匀系数标准表现出极大关注。针对国内外微灌均匀系数制定中对水肥一体化考虑不足，缺乏均匀系数对土壤水氮分布、作物生长、产量、品质影响的定量评估的现状，2009 年和 2011 年相继申请了国家自然科学基金面上项目“滴灌均匀系数对土壤水氮分布与作物生长的影响及其标准研究”和“滴灌技术参数对农田尺度水氮淋失的影响及其风险评估”并获得资助（批准号：50979115，51179204）。2008 级博士生张航、硕士生尹剑锋，2009 级博士生关红杰，2010 级博士生王珍、硕士生任锐，2012 级硕士生张志云依托这两个项目完成了学位论文，赵伟霞在博士后期间（2009 ~ 2012）承担了部分温室作物的滴灌试验工作。在华北、东北、西北等不同气候区，选择玉米、棉花、温室蔬菜等典型作物，通过 10 多季的田间试验和模拟，充分论证了适当降低均匀系数标准的可能性，并就不同气候区提出了均匀系数标准值。王军博士后期间

(2013 ~ 2016) 采用二维土壤水运动与作物生长耦合模型研究了均匀系数对作物生长的影响，对均匀系数标准做了有益的补充。

二十多年关于喷、微灌水肥一体化精量调控原理与技术研究，提升了团队在国内外的学术地位，据2018年国家农业图书馆的检索报告，团队在“Drip irrigation system”（滴灌系统）和“Uniformity coefficient”（均匀系数）方向发表的论文及其引用数量世界排名第一，“Fertigation”（水肥一体化）方向发表的论文及其引用数量世界排名第二。提出滴灌水肥一体化水肥管理模式以及喷、微灌均匀系数分区标准被新修订的国家标准《微灌工程技术规范》和《喷灌工程技术规范》采纳，构建的施肥装置性能测试及评价方法纳入了行业标准《灌溉用施肥装置基本参数及技术条件》，研究成果被国际农业工程学会(CIGR)、联合国粮食及农业组织（FAO)、国际肥料工业协会（IFIA)、美国农业与生物工程学会（ASABE)、美国土木工程学会（ASCE)、美国农学会（ASA)、美国作物学会(CSSA）美国土壤学会（SSSA）等多个国际学会（组织）的技术手册采纳。

不断拓展学科方向是团队负责人的职责。根据工作积累和学科发展态势，不失时机地实现研究对象、尺度和方法拓展，既是团队成员对负责人的期待，又是负责人学术洞察力的体现。随着水资源供需矛盾的不断加剧，用于灌溉的再生水在继续增加，而滴灌在高效安全利用再生水方面又有着明显优势。因此2007年申请了国家自然科学基金面上项目“灌水器堵塞对再生水滴灌系统水力特性的影响及其化学处理方法”并获得资助（批准号：50779078)，开始将研究对象从常规水源向再生水拓展。2007级硕士生陈磊依托这个项目完成了学位论文，2008级硕士生尹剑锋参加了部分工作。通过这个项目，对滴灌灌水器物理堵塞、化学堵塞和生物堵塞的发生和发展过程有了深入了解，为防止堵塞提供了理论基础。开展了加氯加酸处理对堵塞、土壤理化性质以及作物养分吸收、产量和品质影响的田间试验，提出了适宜的加氯处理运行规程。随着项目的实施，对再生水滴灌的作物响应产生了一些新的想法，2009年，团队成员栗岩峰申报了国家自然科学基金青年基金项目“再生水滴灌条件下作物耗水规律对水质变化的响应机制及调控措施”并获得资助（批准号：50909101)，2009级硕士生温江丽依托这一项目完成了学位论文。

在作为负责人通过相继承担了8项国家自然科学基金面上项目，对基金项目的定位和要求有了比较清楚的认识，遂产生了申报重点项目的想法。基于先前完成的两个与再生水滴灌有关的基金项目，经过较长时间考虑，确定选择再生水灌溉作为重点项目的选题。2012年我们向国家自然科学基金委员会提交了“再生水滴灌关键理论与调控机制及方法”的重点项目建议书，2013年国家自然科学基金委员会工程与材料科学部将“再生水的高效安全灌溉（E0902)”列入该年度择优资助重点项目研究方向。随后，我们以“再生水灌溉对系统性能与环境介质的影响及其调控机制”为题提交了重点项目申请书。2013年8月15日工程与材料学部下达了批准通知，项目批准号：501339007。2012级博士生温洁，2013级博士生郭利君和仇振杰，2014级博士生郝锋珍依托重点项目完成了学位论文。项目以再生水高效安全灌溉为目标，重点围绕灌水效率最高的灌水技术——滴灌，开展了系统的室内外试验和理论研究。在提高再生水灌溉安全性方面，重点关注灌溉系统安全、环境安全和农产品安全，探讨再生水中典型污染物（如病原体粪大肠菌群）从滴灌灌水器内部流道到农田环境介质中的迁移富集规律和行为特征，揭示再生水灌溉对灌溉系统性能和环境介质的影响机理与数学描述方法，提出了再生水灌溉环境污染风险评估方法和安全的系统防堵塞化学处理模式；在提高再生水灌溉水肥利用率方面，以水、盐分和微生物（酶）对养分迁移转化及吸收利用规律的影响和参与机制为重点，从土壤根际到田间尺度研究再生水灌溉的水肥盐耦合循环机理，提出了利用灌溉技术参数对养分、盐分和典型污染物行为特征进行调控的方法及优化技术参数组合。通过实施再生水方面的重点和面上、青年基金项目，较好地实现了团队研究方向在再生水研究领域的拓展。

自“十五”初期开始，我相继主持了国家高技术发展研究计划（863 计划）课题“田间固定式与半固定式喷灌系统关键设备及产品研制与产业化开发”（2002AA2Z4151）、“轻质多功能喷灌产品”（2006AA100212）和“精确喷灌技术与产品”（2011AA100506）（第 2 主持）。实际上，从“十五”开始，我国的喷灌发展相对处于低潮。喷灌研究的选题和发展方向一直是我苦苦思索的一个问题。2011 年 5 月与王建东、栗岩峰一起考察了位于得克萨斯的美国农业部研究机构 Conservation and Production Research Laboratory（CPRL）和加州大学戴维斯分校等单位，意识到变量灌溉（VRI）正在成为喷灌技术研究的热点，也是未来集约农业精准灌溉发展的方向。于是决定启动变量灌溉研究，安排当时在团队做博士后研究的赵伟霞博士负责这一新研究方向的开拓，并积极协助申报国家自然科学基金项目。伟霞 2013 年申报的青年基金项目“考虑土壤空间变异的喷灌变量水分管理模式研究”（51309251）和 2019 年申报的面上项目“基于冠层温度和土壤水分亏缺时空变异的喷灌变量灌溉水分管理方法”（51979289）获得资助，2011 级博士生温江丽、2013 级硕士生杨汝苗、2014 级硕士生张星和 2015 级博士生李秀梅参加了相关项目，汝苗和秀梅完成了学位论文。经过近十年的努力，建成了我国第一套可实现变量灌溉的圆形喷灌机系统，在变量灌溉水深控制方法、变量灌溉与非充分灌溉技术的结合以及土壤含水率监测系统布置方法等方面取得颇具特色的研究结果，逐渐形成了变量灌溉研究方面的学术影响力，正在向基于土壤水分和植物等信息的动态分区管理方法研究迈进。

水肥一体化是团队创建时的研究方向，早期主要关注使用最普遍的肥料——氮，聚焦滴灌水氮一体化研究。选择氮肥研究的另一个原因是氮的研究相对简单一些。随着我国农村劳动力日益紧缺，对喷灌施肥的需求逐渐紧迫起来。较早从事喷灌水肥一体化研究的学生是 2006 级硕士生张立秋和张红梅。2016 年我申请了国家自然科学基金面上项目“大型喷灌机施肥的水肥损耗利用机制与调控方法”获得资助（批准号：51679255）。2016 级硕士生张萌依托这个项目完成了学位论文，2019 级博士生范欣瑞正在依托这一项目做学位论文。通过研究，明确了喷灌施肥的均匀性和施肥过程中的作物冠层截留量以及水肥蒸发、挥发和飘移损失，为喷灌水肥一体化管理提供了技术支撑。随着研究的深入，将覆膜引起的热变化也在水分和养分转化过程中加以考虑，依托团队承担的“十二五”国家科技支撑计划课题“玉米膜下滴灌技术集成研究与示范”（2011BAD25B06）、国家自然科学基金项目“滴灌条件下氮素迁移转化对土壤水热条件变化的响应机理及调控方法”（51479211）、研发专项课题“精量化高效滴灌技术与产品”（2016YFC0400105），逐步实现向水肥热一体化方向拓展。2015 年协助团队成员王珍博士申报了国家自然科学基金青年基金项目“再生水地下滴灌技术参数对土壤氮磷转化吸收的影响及调控”（批准号：51509270），将研究的肥料种类由氮向磷肥做了拓展。2013 级硕博连读生刘洋、2014 级硕士生张星、2015 级硕士生张守都，博士后薄晓东参与了相关项目。

微灌技术在我国的应用持续增长，地处干旱区的新疆是我国微灌应用最多的地区，占全国微灌面积的 60% 以上。在传统的地面灌溉规模化地被局部灌溉方法滴灌代替后，土壤中盐分容易随灌溉水流运移到湿润区边缘，形成积盐区，且随着滴灌年限的增长，盐分积累呈增加趋势。由此形成的土壤次生盐渍化的不断加剧对滴灌技术在西北内陆干旱区的可持续发展提出了严峻挑战。如何在发挥滴灌在农业生产中优势的同时维持土壤盐分的平衡成为学术界十分关注又急需解决的问题。我们有幸承担了中国农业大学康绍忠院士主持的国家自然科学基金重大项目“西北旱区农业节水抑盐机理与灌排协同调控”第 3 课题“农田节水控盐灌溉技术与系统优化”，团队的研究方向正在向干旱地区土壤盐分拓展。2017 级博士生林小敏、硕士生张志昊、杨晓奇，2018 级博士生车政，2019 级博士生马超正在参与这一项目。

自团队成立以来，大部分工作集中于农田小区尺度的试验研究。从农田水利学科研究的发展趋势来看，研究尺度在不断提升，而对较大尺度的研究来说，分布式模型是一种有效的手段。基于这种考虑，2013 年接受王军博士来课题组做博士后，为开展模型和大尺度方面研究做些准备。2014 年协助王军申报了国家自然科学基金青年项目“考虑根系补偿性吸水的旱区膜下滴灌二维土壤水-作物耦合模型研究”并获得资助（资助号：51409281），2016 年依托我主持的“十二五”国家科技支撑计划课题“灌区高效节水灌溉标准化技术模式及设备”（2012BAD08B02）完成了博士后出站报告“松嫩平原喷灌技术适用性评价研究”，采用分布式农业水文模型对松嫩平原发展节水灌溉技术的适应性进行评价，目前正在依托“十三五”国家重点研发计划项目“城郊高效安全节水灌溉技术集成与典型示范”用分布式模型制定城郊高效安全节水灌溉技术评价方法和指标体系。这些工作促进了团队在模型和大尺度研究方面的尝试，但对研究方向的拓展来说，依然任重而道远。

水利所是我学术生涯中工作时间最长的单位，这段时间的研究工作和研究生培养紧密相伴，在培养学生的同时，我自己也在不断学习新的知识，和学生一起成长。昔日的学生有的继续在课题组工作，大部分在其他岗位发挥着重要作用。张建君是这个团队最早的骨干，是创始人，栗岩峰从 2003 年读博士开始一直陪伴我至今，赵伟霞 2009 年加入团队，王珍、王军分别于2010和2013年加入团队，岩峰和伟霞已晋升教授级高级工程师，王珍和王军已晋升高级工程师，他们从不同阶段和视角见证了团队的起步、快速发展和徘徊，既共同分享了成功时的喜悦，也分担着失利时的低沉和懊恼，承受着对未来发展的担忧。感谢他们！

在我学术成长中使我难以忘怀的还有美国Conservation and Production Research Laboratory（CPRL）的Terry Howell Sr. 博士和内布拉斯加大学的Ronald E. Yoder教授。在日本读博士时，我的第一篇英文论文投稿到*Transactions of the ASAE*，当时Howell博士是期刊土壤和水专栏的主编，他觉得论文内容不错，但在语言、逻辑和写作规范上问题较多，就把论文寄给副主编Yoder教授帮助修改。Yoder教授仔细读了论文，对论文进行了改写和编辑，然后把存储论文的磁盘寄给我，让我对改写和编辑内容进行确认。对主编和副主编的这种无私和热情帮助深受感动。他们逐字逐句的修改对我英文写作能力的提高帮助很大。现在我也做了国际期刊的主编和副主编，他们当初对我的帮助一直激励着我去认真对待每一篇投稿，尽我所能去提携和帮助年轻或经验不足的作者。

在我的求学和学术生涯中，先后在河北农业大学、中国农业科学院研究生院、武汉水利电力学院、中国农业科学院灌溉所、清华大学水利系、中国农业科学院气象所、中国水利水电科学研究院水利所学习和工作过，诸多老师、同学、同事在我学术成长中提供了无私的指导和帮助，给予诸多鞭策和鼓励，虽不能在这里一一记下姓名，但他们的情谊将永远铭记在心！

2020年3月10日于北京